# GS1通用规范（第24版）

## GS1 GENERAL SPECIFICATIONS

中 国 物 品 编 码 中 心　译

Article Numbering Center of China

中国质量标准出版传媒有限公司
中　国　标　准　出　版　社

北　京

**图书在版编目(CIP)数据**

GS1 通用规范 ：第 24 版/中国物品编码中心译．—
北京：中国质量标准出版传媒有限公司，2024. 4
ISBN 978－7－5026－5332－3

Ⅰ.①G… Ⅱ.①中… Ⅲ.①编码标准-规范 Ⅳ.
①TN911. 21-65

中国国家版本馆 CIP 数据核字（2024）第 052585 号

中国质量标准出版传媒有限公司
中　国　标　准　出　版　社　出版发行
北京市朝阳区和平里西街甲 2 号（100029）
北京市西城区三里河北街 16 号（100045）
网址：www. spc. net. cn
总编室：(010) 68533533　发行中心：(010) 51780238
读者服务部：(010) 68523946
北京联兴盛业印刷股份有限公司印刷
各地新华书店经销
*
开本 787×1092　1/16　印张 34. 5　字数 850　千字
2024 年 4 月第一版　　2024 年 4 月第一次印刷
*
定价 300. 00　元

# 前 言

# Preface

GS1 系统又称“全球统一标识系统”，是国际物品编码组织（GS1）负责开发和维护的应用于全球商贸领域的通用的、标准化的商务语言，是全球商贸流通领域应用最为广泛的供应链标准。GS1 系统为供应链中不同层级的贸易项目（包括产品与服务）、物流单元、资产、位置、单证文件、服务关系及其他对象提供全球唯一的标识代码，并且集条码和 EPC/RFID 标签等标识载体技术，以及电子数据交换（EDI）、全球产品分类（GPC）、全球数据同步（GDSN）、电子产品代码（EPC）信息服务（EPCIS）等信息共享技术为一体，服务于供应链全过程信息的唯一标识、自动采集与高效共享。

首先，GS1 系统包含一套完整的编码体系，解决了供应链中信息标识的问题。GS1 编码体系目前主要由标识贸易项目的全球贸易项目代码（GTIN），标识物流单元及其组合的全球系列货运包装箱代码（SSCC）、全球托运标识代码（GINC）和全球装运标识代码（GSIN），标识位置和参与方的全球位置码（GLN），标识资产的全球可回收资产代码（GRAI）、全球单个资产代码（GIAI），标识服务关系的全球服务关系代码（GSRN）、服务关系事项代码（SRIN），标识单证文件的全球文件类型代码（GDTI），以及其他标识对象的诸如全球优惠券代码（GCN）、组件/部件代码（CPID）、全球型号代码（GMN）以及附加属性标识代码构成。GS1 编码体系为供应链中的不同对象提供了全球唯一的身份标识，使得供应链中的企业/组织可以据此记录和访问相关信息，并与贸易伙伴便捷共享。GS1 编码体系为采用高效、可靠的自动识别和数据采集技术奠定了基础。

其次，GS1 系统包含供应链中成熟应用的标识载体技术，解决了信息的自动采集问题。GS1 标识载体技术包括条码技术和射频识别技术两种，条码技术又包括一维条码技术和二维码技术。GS1 系统通过一系列标准化的条码符号来表示编码信息，实现快速、高效的数据采集和人机交互。随着网络技术和移动互联网的发展，目前条码技术的使用正在逐步向二维码迁移和发展，帮助实现供应链更丰富、便捷和高效的信息采集和数据交换，以及线上和线下一体化的应用。GS1 系统采用 EPC 标签，将射频识别技术成功应用于物流过程和供应链管理，在实现自动数据采集的同时，也为行业间信息交互和流程的整合提供技术支撑。

最后，GS1 系统提供了供应链中标识主数据、业务交易数据和可见性事件数据的共享标准与方法，解决了信息交互的问题。GS1 系统包含用于主数据交换的全球数据同步网络（GDSN），用于交易数据交换的电子数据交换标准（EANCOM 和 GS1 XML）和用于事件数据共享的标准（EPCIS&CBV）。GS1 系统共享标准为商贸流通中信息交互提供了标准化的技术解决方案。

随着全渠道交易的发展，GS1 提出了 GS1 编码体系在网络环境应用的数据结构—GS1 数字链接（Digital Link）标准。该标准将 GS1 编码与 Web 完美结合，从而实现了 GS1 标识代码在线上、线下的一致性表示，进一步强化了 GS1 标识代码（如 GTIN）作为消费者获取商品信息，实现供应链管理、产品信息追溯等应用的关键作用，使 GS1 标识代码成为数字化时代链接产品相关网络资源服务的重要纽带。

经过 40 多年的发展，GS1 系统在全球 150 多个国家和地区广泛应用于贸易、物流、电子商务、电子政务等领域，尤其是在日用品、食品、医疗、纺织等行业的应用更为普及，已成为全球通用的商务语言。无论是超市、仓库、物流公司，还是医院、学校、政府机关；无论是服装、食品、医疗卫生，还是图书、办公用品、化工建材；无论是线上交易，移动支付，还是工业制造、军事国防、农业生产，到处都可以见到 GS1 系统的身影。并且，随着信息化的发展，GS1 系统与各行业的结合会更加紧密，应用会更加广泛。

在我国，GS1 系统由中国物品编码中心负责组织技术研究和应用推广。中国物品编码中心自 1988 年成立以来，在我国大力推广全球统一的商品条码、物品编码与自动识别技术。我国商品条码的应用，从早期满足产品出口对条码的急需，拓展到解决商业流通全过程的自动化需求，再到满足网络经济和数字经济的应用需求，呈现持续、快速、稳定发展的良好态势。发展到现在，以商品条码为核心的 GS1 系统在我国已经广泛应用于国民经济的各个领域，对促进零售业、制造业、交通运输业、邮电通讯业、物流服务业等产业发展，保障食品安全、医疗卫生、工商、海关、金融、军工等国民经济各领域发展做出了重要贡献，也在我国数字经济发展、企业数字化转型和政府智慧监管方面起到越来越重要的支撑作用。

为适应全球经济贸易一体化发展，满足供应链贸易伙伴之间的信息互联互通和共享需求，GS1 通过全球标准化管理流程（global standards management process，GSMP）对 GS1 系统标准技术方案的开发、管理和应用推广等不断创新、完善。《GS1 通用规范》主要介绍 GS1 系统中的编码与标识载体技术，其既是 GS1 系统的基础和核心内容，也是我国建立商品条码技术和标准体系的依据。为更好地推广和宣传 GS1 全球统一标识系统，便于 GS1 系统成员、物品编码工作人员、相关技术专家及各类用户应用 GS1 标准，我们基于 GS1 出版的《GS1 GENERAL SPECIFICATION》（Release 24. 0），结合我国实际情况，编译形成此书。为便于读者中英文对照阅读，本书在章节结构和内容上与《GS1 GENERAL SPECIFICATION Release》（Release 24. 0）基本保持一致。

本书各章节结构如下：

■ 第 1 章　GS1 系统的基础和原则：对 GS1 系统的基本介绍。

■ 第 2 章　应用标准：为不同标识对象的应用标准进行定义和阐述。每项应用都包含应用说明、GS1 标识代码、定义以及相关数据结构和属性（第 3 章）、应用规则（第 4 章）、数据载体规范（第 5 章）、符号放置（第 6 章）和特殊应用处理要求（第 7 章）。

■ 第 3 章　GS1 应用标识符定义：给出 GS1 应用标识符目录，以及对每项应用标识符相对应的 GS1 单元字符串的含义、结构和功能进行描述，帮助应用程序正确处理相关数据。

■ 第 4 章　应用规则：提供在具体的应用环境中使用不同 GS1 标识代码的规则。包括应用 GS1 应用标识符的数据关系规则以及行业差异等。

■ 第 5 章　数据载体：提供 GS1 许可的标识载体的详细说明。其中包括用于供应链不同应用环境的符号规范表，以及实现高扫描率所需的条码符号质量评估要求。

■ 第 6 章　符号放置指南：提供有关符号放置以及运输标签标准的指导。

■ 第 7 章　自动识别与数据采集（AIDC）验证规则：提供无需人工干预即可验证和处理 GS1 单元字符串的规则。

■ 第 8 章　应用标准配置文件：提供了对应用一致性要求的介绍。

■ 第 9 章　标准术语表：提供了 GS1 系统中使用的标准术语。

本版《GS1 通用规范》在中国物品编码中心译稿《GS1 通用规范（第 18 版）》中文版基础上，由中国物品编码中心张成海、罗秋科、李素彩、李铮、孙小云、王春光、石新宇和浙江省标准化研究院丁炜组织编译，由中国物品编码中心张成海、罗秋科、李素彩统一审稿。此外，宁波市标准化研究院楼庆华，河北省标准化研究院李丛芬，陕西省标准化研究院刘力真，河南省标准化研究院杨世民、杨钧元，内蒙古自治区质量和标准化研究院顾海涛，中国物品编码中心房艳、张刚、沈丁成等，也对本书内容的修订与完善做出了重要贡献。

限于时间仓促，加之编译者学识水平有限，书中难免有疏漏之处，恳请读者批评指正。

另外：本书内容主要是关于 GS1 系统的编码与标识载体部分，为了让读者进一步了解 GS1 系统架构及其内容，特将《GS1 系统架构》作为附录附在本书后面。

**注：本书中若有与 GB 12904《商品条码 零售商品编码与条码表示》和《商品条码管理办法》不符之处，按 GB 12904 和《商品条码管理办法》规定执行。本书中的条码符号仅作示例，不作扫描或使用的参考，特此声明。**

## 免责声明

GS1 ®根据其知识产权政策条款，通过要求制定本《GS1 通用规范》标准的工作组的参与者同意向 GS1 成员授予必要声明的免版税许可或 RAND 许可，力求避免知识产权声明的不确定性。此外，请注意本规范的一个或多个特性的实施可能是关于专利或其他知识产权，并不涉及必要声明。任何此类专利或其他知识产权不受 GS1 许可义务的约束。此外，根据 GS1 知识产权政策授予许可的协议不包括知识产权和非工作组参与者的第三方的任何声明。

因此，GS1 建议任何组织在进行与本规范相符合的实施时，都应该确定是否有任何专利可以包含该组织正在进行的与本规范相符合的具体实施中，以及是否需要专利或其他知识产权的许可。应根据该组织与其专利律师协商后设计的具体制度的细节来确定是否需要许可。

本文档按“原样”提供，不提供任何保证，包括对适销性、非侵权性、特定用途适用性的任何保证，或由本规范引起的任何其他保证。GS1 不对因使用或误用本标准而造成的任何损害承担任何责任，无论是特殊、间接、后果性或补偿性损害，包括对与使用或依赖本文档中的信息相关的任何知识产权的侵权责任。

GS1 保留随时更改本文档的权利，恕不另行通知。GS1 对本文档的使用不做任何保证，对文档中可能出现的任何错误不承担任何责任，也不承诺更新此处包含的信息。

GS1 和 GS1 标志是 GS1 AISBL 的注册商标。

## 受众群体

使用 GS1 系统的技术专家应阅读本规范。本规范是一份全球性参考文件，涵盖了 GS1 系统的所有技术方面。其主要目的是定义国际标准，使各个 GS1 成员组织可以据此开发用户文档。

# 目 录
# Contents

## 第2章 应用标准 11

## 第3章 GS1应用标识符定义 121

## 第4章 应用规则管理实践 195

## 第6章 符号放置指南 367

# 第1章　GS1系统的基础和原则

# 1.1　GS1 通用规范

## 1.1.1　引言

GS1 系统起源于美国，由美国统一代码委员会（Uniform product Code Council，UCC）于 1973 年创建。UCC 创造性地采用 12 位的数字标识代码（UPC）。继 UPC 系统成功应用之后，欧洲物品编码协会，即早期的国际物品编码协会（EAN International），于 1977 年成立并开发了与之兼容的系统并在北美以外的地区使用。2005 年 2 月，GS1 正式成立，成为之前 EAN 和 UCC 组织的继承者，该系统以现在的名字命名：GS1 系统。

GS1 标准体系旨在通过基于全球唯一标识和数字信息来实现自动化以提高业务流程的效率并节省成本。

GS1 系统为货物、服务、资产和位置在全球范围内提供了准确的标识代码。这些代码能够以条码符号或 EPC/RFID 标签来表示，从而实现自动数据采集。它们还可用于电子通信中，以提高主数据、交易数据和可见性事件数据共享的效率和准确性。

GS1 系统旨在克服使用公司、组织或部门特定标准的局限性。它能够实现大规模部署、灵活选择最合适的系统组件和创新——最终使贸易更加高效，对客户的反应更加迅速。

GS1 系统适用于任何行业和贸易部门，系统任何更新都不会对当前的用户产生干扰。

本书介绍了在自动识别和数据采集（AIDC）等应用中使用 GS1 系统的规则。使用 GS1 标准的组织应完全遵守《GS1 通用规范》。

## 1.1.2　谁应该阅读本规范

《GS1 通用规范》是 GS1 系统的基本标准，它定义了在商业应用程序中应如何应用标识代码、数据属性和条码符号。

《GS1 通用规范》主要使用者为技术公司员工、解决方案供应商和 GS1 成员组织（GS1 MO）。

## 1.1.3　基础标准

《GS1 通用规范》是其他 GS1 标准和服务的基础，这些标准有：

- GEPIR（Global Electronic Party Information Registry，全球电子参与方信息注册）；
- GS1 注册平台；
- GDSN（全球数据同步）；
- GS1 EDI（包括 GS1 EANCOM ®和 GS1 XML 标准）；
- GS1 EPCIS（GS1 EPC 信息服务）。

## 1.1.4　维护和管理

GS1 全球标准管理流程（GSMP）是《GS1 通用规范》内容增加和变更的批准机制。关于 GSMP，请参阅《全球标准管理流程指南》。

**注：** *Global Standards Management Process（GSMP）Manual*（《全球标准管理流程指南》）定

义了 GS1 制修订标准的流程，见 https：//www. gs1. org/standards/gsmp-manual/current-standard。

### 1.1.5　规范语句中的能愿动词形式

在 GS1 标准中，规范语句能愿动词形式包括“应”、“不应”、“宜”和“不宜”。概括如下：

■“应”是指所有符合规定的应用或实施必须按照规定执行，否则就不符合规定，且不允许偏差。

■“宜”指在几种可能性中，推荐其中一种特别适合于可以一致应用或实施的，但不排除其他可能性。换句话说，应该遵照声明保证一致性，但是如果有很好的理由也可以不遵照。类似于“可”，但“宜”语气更强些。

## 1.2　GS1 系统原理

GS1 系统是一种开放的体系结构。它经过精心设计，可以进行模块化扩展，能够对现有应用程序的干扰降到最小。企业资源计划（ERP）等供应链应用软件能够促进 GS1 系统的实施。如果应用中出现新的需求，其也会做相应的更新。

## 1.3　标识系统政策

GS1 标识系统（GS1 标识体系）为在供应链上进行交换的物理实体、参与方和服务关系等提供了全球唯一的和准确的标识，适用于所有使用 GS1 公司前缀及 GS1 标识代码和应用标识系统的行业或部门。

### 1.3.1　强制性标识符

GS1 所有标准应强制使用 GS1 标识符并遵循其应用标准，不能使用其他标识符。

### 1.3.2　非 GS1 标识符

非 GS1 标识符可以作为 GS1 标准的附加标识符（不是替代性标识符）。GS1 标准不允许将非 GS1 标识符作为主标识符使用。

### 1.3.3　GS1 公司前缀

GS1 公司前缀为 GS1 标识标准所专用，可以在 GS1 认可的条码符号、GS1 EDI 报文、全球数据同步、网络注册和为 GS1 系统预留标头值的 EPC（产品电子代码）标签中使用。关于 GS1 公司前缀的更多内容请见 1.4。

### 1.3.4　载体独立

GS1 标识代码是单独定义和使用的，与载体（如条码、RFID、商业报文）无关。

### 1.3.5　GS1 商业报文

GS1 商业报文或基于 GS1 标准的应用均可使用 GS1 标识代码进行标识，而不考虑 GS1 数据载体的特征。数据载体特征示例包括：

■ 应用模块 103 的 GS1-128 符号校验字符保证数据采集的安全。

■ 应用 GS1-128 条码符号第二位置的功能 1 符号字符（FNC1）或产品电子代码（EPC）标头值来区分 GS1 数据内容和数据载体。

■ 作为分隔符的 FNC1 或 EPC 解析值，用于将被解码的数据串解析为有含义的数据部分。

**例外：** 如果一个 EPC 用户在应用中同时采用 GS1 系统和非 GS1 系统标头，该方案不适用，建议使用 EPC 标头来实现多个编码系统的唯一性。

## 1.4　GS1 标识系统

### 1.4.1　全球、开放与限域

#### 1.4.1.1　全球、开放代码（非限域分销）

在非限域分销中使用的全球开放代码意味着系统数据可在全球通用，不受国家、公司和行业的限制。

#### 1.4.1.2　限域分销代码（RCN）

限域分销代码是在限域分销环境下特定应用的 GS1 标识代码，由当地的 GS1 成员组织定义（如：在一个国家、公司或行业范围内）。它们由 GS1 分配用于公司内部应用，或分配给 GS1 成员组织以满足当地商业需求。

■ RCN-12 是一个 12 位的限域分销代码。

■ RCN-13 是一个 13 位的限域分销代码。

■ RCN-8 是一个 8 位的限域分销代码。

RCN 只能用 EAN-8、EAN-13、UPC-A 或 UPC-E 编码。不得使用任何应用标识符对 RCN 进行编码。

### 1.4.2　GS1 前缀

GS1 前缀是一个 2 位或 2 位以上的唯一字符串，由 GS1 总部发布，通过将其分配给 GS1 成员组织来分配公司前缀，或用于表 1.4.2-1 中列出的其他特殊领域。使用 GS1 前缀的主要目的是实现标识代码的分散式管理。GS1 前缀范围见表 1.4.2-1。

**注：** 由于 GS1 前缀的长度不同，所以当分配 GS1 前缀时应将相同数字开头的较长字符串排除。

表 1.4.2-1 GS1 前缀范围简表

| GS1 前缀范围 | 含义 |
| --- | --- |
| 0000000 | 用于公司内限域分销代码 |
| 0000001~0000099 | 不使用，避免与 GTIN-8 发生冲突 |
| 00001~00009<br>0001~0009<br>001~019 | 用于 GS1 公司前缀，从中可以派生出 UPC 公司前缀 |
| 02 | 用于在一地理范围内的限域分销代码 |
| 03 | 用于 GS1 公司前缀，从中可以派生出 UPC 公司前缀 |
| 04 | 用于公司内部的限域分销代码 |
| 05 | GS1 US 保留，供将来使用 |
| 06~09 | 用于 GS1 公司前缀，从中可以派生出 UPC 公司前缀 |
| 10~19 | 用于 GS1 公司前缀 |
| 20~29 | 用于在一定地域范围内的限域分销代码 |
| 300~950 | 用于 GS1 公司前缀 |
| 951 | 根据《EPC 标签数据标准》[①]定义，EPC 通用标识符（GID）方案的通用管理者代码 |
| 952 | 用于 GS1 系统的演示和示例 |
| 953~976 | 用于 GS1 公司前缀 |
| 977 | 分配给 ISSN 系列出版物国际中心 |
| 978~979 | 分配给国际 ISBN 图书机构，979 的一部分分配给国际 ISMN 音乐机构 |
| 980 | 用于退款收据的 GS1 标识 |
| 981~983 | 用于发行通用货币区域的 GS1 优惠券标识 |
| 984~989 | 预留，将来用于 GS1 优惠券标识 |
| 99 | 用于 GS1 优惠券标识 |

## 1.4.3 GS1-8 前缀

GS1-8 前缀是由 GS1 全球总部（GS1 GO）发布的 2 位或更多位数字的唯一字符串，分配给 GS1 成员组织发行 GTIN-8，或者分配给其他特定领域。GS1-8 前缀范围见表 1.4.3-1。

表 1.4.3-1 GS1-8 前缀范围简表

| GS1-8 前缀 | 含义 |
| --- | --- |
| 000~099 | 用于公司内部限域分销代码 |
| 100~199 | 用于 GTIN-8 代码 |

① https://www.gs1.org/epc/tag-data-standard

表1.4.3-1(续)

| GS1-8 前缀 | 含义 |
|---|---|
| 200~299 | 用于公司内部限域分销代码 |
| 300~951 | 用于 GTIN-8 代码 |
| 952 | 用于 GS1 系统的演示和示例 |
| 953~976 | 用于 GTIN-8 代码 |
| 977~999 | 预留，将来使用 |

## 1.4.4 GS1 公司前缀

GS1 公司前缀是4~12 位数字的唯一字符串，用于发布 GS1 标识代码。前几位数字是有效的 GS1 前缀，并且，GS1 公司前缀长度应大于 GS1 前缀。GS1 公司前缀由 GS1 成员组织或 GS1 全球总部发行，基于分配给发行者的 GS1 前缀，可以分配给 GS1 用户公司或者发行者自身（例如用于发布单个标识代码）。

使用以 0 开头的 GS1 公司前缀（“0”）用于生成 GTIN-12 代码（以及其他 GS1 标识代码）。以（“0”）以外的数字开始的 GS1 公司前缀用于生成 GTIN-13 代码（以及其他 GS1 标识代码）。

**注：**由于 GS1 公司前缀长度可变，所以与 GS1 公司前缀相同数字开头的较长的字符串就不是 GS1 公司前缀。

## 1.4.5 UPC 前缀

一个 UPC 前缀是由以零（“0”）开头的 GS1 前缀（通过删除前导 0）派生的。一个 UPC 前缀：

- 用于发布 UPC 公司前缀；
- 预留，用于限域流通代码；
- 预留，用于特殊功能。

UPC 前缀范围见表 1.4.5-1。

表 1.4.5-1 UPC 前缀范围简表

| GS1 前缀范围 | UPC 前缀范围 | 含义 |
|---|---|---|
| 0000000 | 000000 | 用于公司内限域分销代码 |
| 0000001~0000099 | N/A | 不使用，避免与 GTIN-8 冲突 |
| 00001~01999 | 0001~1999 | 用于 UPC 公司前缀 |
| 02 | 2 | 用于一定地理区域内限域分销代码 |
| 03 | 3 | 用于 UPC 公司前缀，预留与 FDA（美国食品药品监督管理局）药品索引代码一致 |
| 04 | 4 | 用于公司内限域分销代码 |
| 05 | 5 | 预留，将来使用 |

表1.4.5-1(续)

| GS1 前缀范围 | UPC 前缀范围 | 含义 |
|---|---|---|
| 06 ~09 | 6~9 | 用于 UPC 公司前缀 |

## 1.4.6 UPC 公司前缀

一个 UPC 前缀是由以零（“0”）开头的 GS1 公司前缀（通过删除前导 0）派生的。一个 UPC 公司前缀只能用于构建 12 位数字的贸易项目标识符，详见第 2 章。

将一个前导 0 添加到一个 UPC 公司前缀，其就成为 GS1 公司前缀，可用于发行所有其他相关的 GS1 标识代码。

**注：**例如，6 位数的 UPC 公司前缀 614141 衍生自 7 位数 GS1 公司前缀 0614141。

## 1.4.7 GS1 标识代码

GS1 标识代码是对一类对象（例如贸易项目）或某一对象（例如物流单元）的唯一标识符。

GS1 标识代码的类型由承载该标识代码的数据载体或电子报文隐含或明确地声明。

**注：**例如：

- 在条码中，类型由前面的 GS1 应用标识符（AI）说明；
- 对于 EAN/UPC 和 ITF-14 条码符号，AI（01）是隐含的；
- 在电子通信（EDI 报文，EPCIS，语义标签等）中，类型由底层架构或规范说明。

类型定义了值的语法（字符集和结构）。GS1 标识代码至少包含以下之一：

- GS1 前缀；
- GS1-8 前缀（仅适用于 GTIN-8）；
- GS1 公司前缀；
- UPC 前缀；
- UPC 公司前缀（仅限于 GTIN-12）。

## 1.4.8 字符集

GS1 标识系统支持三种字符集，具体字符集的应用取决于标识代码类型。三种字符集是：

（1）数字字符（“0” ~ “9”）；

（2）ISO/IEC 646 中的表 1 “唯一图形字符分配”，在本规范中称为 “GS1 AI 编码字符集 82”（见表 7.11-1）；

（3）数字字符（“0” ~ “9”），大写字母字符（“A” ~ “Z”）和三个特殊字符（“#”，“-” 和 “/”），参看本规范 “GS1 AI 编码字符集 39”（见表 7.11-2）。

无论标识代码类型如何，GS1 前缀和（如果适用）GS1 公司前缀在任何标识符中仅使用数字字符。具有系列标识代码的一些标识代码类型也支持对系列部分使用不同字符集，而不同其前面的部分一样。GS1 标识代码见表 1.4.8-1。

表 1.4.8-1　GS1 标识代码简表

| GS1 标识代码类型 | 字符集 |
| --- | --- |
| 全球贸易项目代码（GTIN） | 数字字符集 |
| 全球位置码（GLN） | 数字字符集 |
| 系列货运包装箱代码（SSCC） | 数字字符集 |
| 全球可回收资产代码（GRAI） | 数字字符集（系列组件之前）<br>CS1 AI 编码字符集 82（系列组件） |
| 全球单个资产代码（GIAI） | GS1 AI 编码字符集 82 |
| 全球服务关系代码（GSRN） | 数字字符集 |
| 全球文件类型代码（GDTI） | 数字字符集（系列组件之前）<br>GS1 AI 编码字符集 82（系列组件） |
| 全球托运标识代码（GINC） | GS1 AI 编码字符集 82 |
| 全球装运标识代码（GSIN） | 数字字符集 |
| 全球优惠券代码（GCN） | 数字字符集 |
| 组件/部件标识代码（CPID） | GS1 AI 编码字符集 39 |
| 全球型号代码（GMN） | GS1 AI 编码字符集 82 |

GS1 标识系统中的每个标识符都是一个字符串，即使仅由数字字符组成。所有字符，包括前导 0，都很重要。

# 1.5　GS1 标识许可

GS1 标识许可、GS1 公司前缀或单个的 GS1 标识代码不得全部或部分出售、租赁或赠送给任何其他公司使用。其包括：

- GS1 公司前缀许可，包括基于 GS1 公司前缀分配的任何 GS1 标识代码；
- 单个的 GS1 标识代码许可。

从 GS1 成员组织（GS1 MO）获得的 GS1 公司前缀许可，能分配以下任一 GS1 标识代码：

- 全球贸易项目代码（GTIN）；
- 全球位置码（GLN）；
- 系列货运包装箱代码（SSCC）；
- 全球可回收资产代码（GRAI）；
- 全球单个资产代码（GIAI）；
- 全球服务关系代码（GSRN）；
- 全球文件类型代码（GDTI）；
- 全球装运标识代码（GSIN）；
- 全球托运标识代码（GINC）；
- 全球优惠券代码（GCN）；
- 组件/部件标识代码（CPID）；
- 全球型号代码（GMN）。

单个的 GS1 标识代码许可只能在 GS1 成员组织授权的范围内使用。

**注：如果一家公司持有多个 GS1 公司前缀许可，则该公司可拥有由这些公司前缀生成的所有 GS1 标识代码。**

# 1.6　许可管理

GS1 成员组织向公司发放 GS1 公司前缀，在某些情况下还向企业分配单个的 GS1 标识代码（例如 GTIN 和 GLN）。

不管 GS1 公司前缀或单个 GS1 标识代码是否已经由 GS1 成员组织分配，其使用及重用始终要遵循一定的标准。具体重用规则详见第 4 章。

当组织因收购、合并、部分收购、拆分或“剥离”等情况发生法律主体改变时，下述章节给出了附加的导则。

GS1 成员组织可以根据本地法律要求对以下导则进行相应调整。

获得 GS1 标识许可的公司法律主体发生任何变更，应在变更后一年内通知 GS1 成员组织。

**重要：当拥有 GS1 公司前缀或单个 GS1 标识代码的公司发生变化时，对于由 GS1 标识代码标识的对象交易所涉及的相关方应保留 GS1 标识代码记录，并确保遵守 GS1 分配和非重用规则。**

## 1.6.1　收购与合并

在收购或合并期间，收购公司可以对被收购公司的 GS1 公司前缀及/或单个 GS1 标识代码的许可承担责任。在许可转让的情况下，收购公司可以：

- 使用被收购公司的 GS1 公司前缀及 GS1 标识代码；
- 使用新获得的 GS1 公司前缀分配 GS1 标识代码。

例如，由被收购公司的公司前缀或单个 GS1 标识代码标识的产品，在公司合并后仍可沿用合并前分配给该产品的 GTIN。此外，参与方、位置、资产和其他由 GS1 标识代码标识的对象仍能在合并后继续使用这些标识代码。

如果发生部分收购，即规模较大实体只有一部分被收购，则相关公司应根据其具体业务需求确定是否变更 GS1 标识许可所有权。

如果变更 GS1 标识许可，GS1 标识代码归收购方时，被收购公司尚有库存，则可保留使用现有库存产品的 GTIN；如果收购公司不继续沿用原有的 GS1 公司前缀或 GS1 标识代码时，收购公司应对其产品启用新的 GS1 标识代码。

## 1.6.2　拆分或“剥离”

当一家公司拆分为两个或更多独立的公司时，原公司的 GS1 公司前缀或单个 GS1 标识代码的许可只能由其中一家新公司沿用。如果新公司没有 GS1 标识许可，且需要标识产品、位置、资产等时，则需向 GS1 成员组织申请获得一个新的 GS1 公司前缀或单个 GS1 标识代码。

# 第2章　应用标准

# 2.1 贸易项目

## 2.1.1 引言

贸易项目是指任意一项产品或服务，对于这些产品和服务，需要获取预定义的信息，并且可以在供应链任一节点进行定价、订购或开具发票。这个定义涵盖了从原材料到最终用户使用的一切产品或服务，这些产品或服务都具有预定义特征。

贸易项目的标识与条码表示可以使 POS 零售（通过价格查询系统）、货物接收、库存管理、自动补货、销售分析及许多其他商业应用实现自动化。

如果是变量贸易项目，那么对于商业应用来说，相应的计量信息或价格信息通常具有重要的意义。与贸易项目有关的属性（如日期、批号等）可以用标准化的单元数据串来表示。

对于每一贸易项目，如果在设计和/或基本特征上不同于另一贸易项目，就应被分配一个不同的且唯一的标识代码，而且该标识代码在贸易项目的整个交易过程中保持不变。相同的标识代码只能分配给那些具有相同基本特征的贸易项目，并且这些标识代码在供应链中必须保持完整性。

通过使用 GS1 应用标识符 AI（01）GTIN 和 AI（21）系列号可以实现贸易项目的系列化标识，从而可实现信息交换系统完全联通。

贸易项目的性质和企业的应用范围不同则其适用的标准化解决方案也不同。下面各节列出了适用于不同应用场景的贸易项目标识与条码表示规则。

#### 2.1.1.1 实体或非实体贸易项目

非实体贸易项目通常称为服务。在开放的贸易环境或限域分销环境中，服务也可以用 GS1 标识代码进行标识。

#### 2.1.1.2 开放或限域分销

GS1 系统的好处主要在于：它为每一贸易项目提供了一个唯一且准确的适用于全球开放环境的标识代码。此外，该系统也为只用于限域分销的贸易项目提供了系列标识代码（如只供国内或公司内部使用）。GS1 成员组织可以使用限域分销代码开发适合其辖区内的解决方案。

#### 2.1.1.3 定量或变量

定量贸易项目总是按照相同的规格和组成（如类型、尺寸、重量、含量、设计等）来生产。同定量贸易项目相同的是，变量贸易项目也具有预定义的特征，如产品的性质或含量；不同的是，变量贸易项目在预定义特征不变的情况下至少有一个特征是变化的，变化的特征可能是重量、尺寸、体积或包含的项目数量。变量贸易项目的完整标识包含一个标识代码和可变特征的信息。

#### 2.1.1.4 贸易项目类型

GS1 系统的一个主要应用是在零售 POS 端扫描，通过 POS 扫描的贸易项目应遵守相应的规则。根据应用场景和行业贸易项目可分为以下四类。如果一个贸易项目属于多个类型，则适用最严格的规则，请参见相应应用标准。

■ 一般零售贸易项目：在零售 POS 端出售，使用全向一维条码编码的 GTIN-13、GTIN-12 或

GTIN-8 标识。在过渡期，可以在一维条码之外额外应用二维码。有关如何管理多个条码，请参阅 4.15。有关此 AIDC 应用标准的所有符合性要求摘要、二维码、跨应用规则和相关技术规范，请参阅 8.2。

■ 受管制的零售医疗贸易项目：在零售药店出售给最终消费者。使用一维条码或可被影像式扫描器识读的 GS1 DataMatrix 编码的 GTIN-13、GTIN-12 或 GTIN-8 标识。

■ 非零售贸易项目：这类贸易项目不用于零售 POS 端扫描，通常会在多种扫描环境（如激光扫描器、影像式扫描器等）下使用，具体要看应用的环境和行业，典型的使用案例是贸易项目的储运包装和零部件直接标记项目等。

■ 非全新贸易项目：这类贸易项目是指在首次使用或消费者购买后可供销售或使用的任何上述类型的贸易项目（例如，使用过的、再利用的、翻新的、第二次使用）。有关此类贸易项目的标识规则，见 2.1.15。

**注：** 非全新贸易项目通常不包括以原包装退货的贸易项目。

#### 2.1.1.5 书籍和连续出版物

针对出版物（报纸、杂志和书籍）类项目的标识应当考虑以下因素：

■ 批发商和出版商对出版物进行回购处理时的需求（分类和统计），这就需要使用附加码，但并非是识别书籍和连续出版物所必须的。

■ 已经用于连续出版物和书籍的国际编码 ISSN、ISBN 和 ISMN。

#### 2.1.1.6 单个项目或贸易项目组合

贸易项目可能是单个、不可分的单元，也可能是由一系列单个贸易项目组成的预定义组合。

单个的、不可分的贸易项目可能由包装上没有唯一标识且标记为不单独销售的项目（例如，一袋独立包装的糖果或不同颜色的牙刷）组成，在 23 版之前的 GS1 通用规范中，它们被称为“随机组合”。

贸易项目组合可能有多种物理形式，如纤维板板箱、有盖或系带的托盘、薄膜包装的托盘或装瓶子的板条箱。由一个单元构成的贸易项目用一个全球贸易项目代码（GTIN）来标识。由相同或不同单元组成的贸易项目组合，虽然所包含的单个单元都标识有一个 GTIN，但贸易项目组合必须使用一个单独的 GTIN 进行标识，并且在任何贸易项目组合中的单个贸易项目的 GTIN 应当保持不变。例如：贸易项目 A 始终保持相同的 GTIN，无论是以 12 个贸易项目 A 组成贸易项目组合进行销售，还是以 24 个贸易项目 A 组成贸易项目组合进行销售。

#### 2.1.1.7 贸易项目组合/捆扎包

贸易项目组合/捆扎包是贸易项目的联合体（见表 2.1.1.7.2-1）。贸易项目组合/捆扎包可分为：

● **实物贸易项目组合/捆扎包：** 不同的贸易项目在物理上组合成一个贸易项目，从而创建为一个新的贸易项目。

**注：** 相同贸易项目的组合可以是用于常规分销的贸易项目组合（见 2.1.1.6 和 2.1.7），也可以是用于服装和家居用品的预包装/多件装/套装包装（见 4.2.4.3.1）。

● **虚拟贸易项目组合/捆扎包：** 多个（相同或不同）贸易项目的组合，这些项目在物理上并未组合成一个贸易项目，而是在销售环节中作为贸易项目组合进行报价（如：产品或服务）。

**注：** 在GS1通用规范中，有很多术语用于描述组合（例如，“分组”“贸易项目分组”“混合包装”“贸易项目组合/捆扎包”）。考虑到这些术语在GS1通用规范外可能有“通俗”的含义，在此我们尽可能地确保以上术语在用法上的一致性。

**注：** 本节不适用于受控环境中受管制的非零售医疗贸易项目（例如，医院、诊所）。

**注：** 创建贸易项目组合/捆扎包必须符合相关法律法规。

#### 2.1.1.7.1 实物贸易项目组合/捆扎包

■ 预定义组合：两个或多个不同贸易项目构成的固定组合，每个贸易项目都有GTIN标识（见4.2）并且可以单独销售，而且组合/捆扎包中的贸易项目可能来自一或多个GTIN分配方。

无论贸易项目组合/捆扎包的构成单元如何，GTIN的分配都由创建贸易项目组合/捆扎包的组织负责，并且组合/捆扎包的任何变动都应被视为一个新的贸易项目。

**例如：** 一个预定义组合/捆扎包总是包含三个贸易项目，且三个贸易项目始终是一个GTIN A，一个GTIN B和一个GTIN C，见表2.1.1.7中的图例。

■ 动态组合：两个或多个不同贸易项目构成的动态组合，每个贸易项目都有GTIN标识（见4.2）并且可以单独销售。组合中的所有贸易项目及其GTIN都将在交易发生前告知买方。买方同意贸易项目组合/捆扎包的GTIN分配方可以在不事先通知的情况下更改贸易项目组合/捆扎包的组成。

贸易项目组合/捆扎包是一系列预先定义的贸易项目集合，这些贸易项目可能来自不同的GTIN分配方。每个贸易项目的数量可能各不相同，但整个组合中包含的单个贸易项目的总数是固定的，形成一个完整的捆扎包。

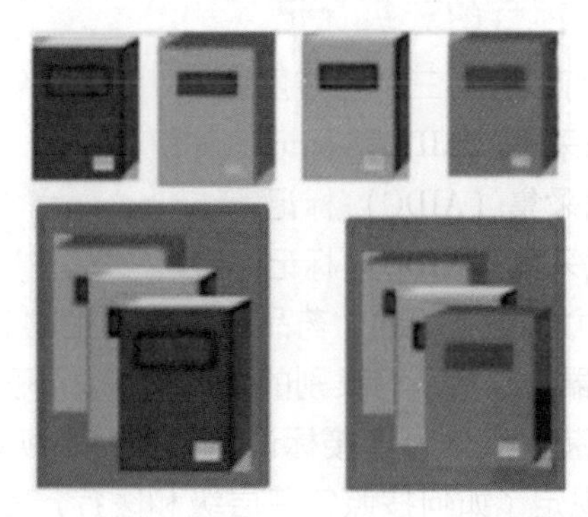

**例如：** 一个动态组合可以包含任意三个具有不同GTIN的贸易项目，每个贸易项目都是来自于

该动态贸易项目组合/捆扎包预定义的贸易项目池，且只要贸易项目组合/捆扎包中始终有三个贸易项目即可。

#### 2.1.1.7.2 虚拟贸易项目组合/捆扎包

多个（相同或不同）未被物理合并成一个贸易项目的贸易项目组合。虚拟贸易项目组合/捆扎包通常是在电商环境中使用，用于将多个贸易项目虚拟组合为多种销售单元进行上架/销售。虚拟贸易项目组合/捆扎包中的每个贸易项目都应具有 GTIN 标识（见 4.2）。虚拟贸易项目组合/捆扎包本身不需要分配 GTIN，因为它不是贸易项目的实际物理组合，因此本身也不是新的贸易项目。

**注：虚拟贸易项目组合/捆扎包不会以单一贸易项目的形式储存，而是在履行销售订单时按购买数量组合每个贸易项目形成的。**

表 2.1.1.7.2-1 贸易项目组合/捆扎包概要

| | 组合/捆扎包类型 | 图例 | 组合是否需要 GTIN | 组合：固定/变化 | 物理上是否组合在一起 | 贸易项目是否需要 GTIN |
|---|---|---|---|---|---|---|
| 实物 | 预定义组合<br>两个或多个不同贸易项目构成的固定组合，每个贸易项目都有 GTIN 标识 | 3-pack | 是 | 固定 | 是 | 是 |
| | 动态组合<br>两个或多个不同贸易项目构成的动态贸易组合，每个贸易项目都有 GTIN 标识 | | 是 | 变化 | 是 | 是 |
| 虚拟 | 多个（相同或不同）未被物理合并成一个贸易项目实体的贸易项目组合 | | 否 | 固定 | 否 | 是 |

### 2.1.1.8 受管制的医疗贸易项目（RHTI）

受管制的医疗贸易项目是指在受控环境中销售或分配的药品或医疗器械类贸易项目，例如零售药房、医院药房等。

#### 2.1.1.8.1 受管制医疗贸易项目的分级标记

受管制医疗贸易项目的标识可以分为三个包装层级：

- 初级包装自动识别与数据采集（AIDC）标记；
- 二级包装自动识别与数据采集（AIDC）标记；
- 高级包装自动识别与数据采集（AIDC）标记。

药品与医疗器械的标识解决方案是不同的，药品通常包括生物制剂、疫苗、受控物质、临床试验药品和治疗性营养产品，医疗器械包括所有类别的医疗器械。不同配置及包装层级的药品与医疗器械的标识解决方案也不同，包装层级分为直接标记贸易项目、初级包装、二级包装、箱子/储运单元、托盘及物流单元。2.1.6 规定了如何按照包装层级和医疗产品类型分配编码。制造商有义务遵循当地的监管要求，为每项受管制的医疗零售贸易项目分配编码，并满足自动识别与数据采集（AIDC）的标记要求。另外，因某些场景或法规的要求，一些医疗器械需要用零部件直接标记

(DPM) 的方式标识 AIDC 数据载体，更多关于医疗器械 DPM 应用的细节见 2.1.8。

##### 2.1.1.8.2　国家医疗保险代码

国家医疗保险代码（NHRN）是药品和/或医疗器械的标识代码，用于满足国家或地区的医疗管理机构对产品注册和/或报销管理。当全球贸易项目代码（GTIN）不能完全满足国家或地区对于医疗贸易项目的监管或产业的需求时，可使用 GTIN 和适用的 NHRN GS1 应用标识符对医疗贸易项目进行标识。

关于国家医疗保险代码（NHRN）GS1 应用标识符的结构和规则的详细描述请见 2.1.5，2.1.6 和 3.8.19。

#### 2.1.1.9　由多个组件构成的单个贸易项目

由于贸易项目的物理性质，一个贸易项目可能包装成几个独立的部分。例如，家具可能由几个部分组成（如，不能单独订购或出售的一个沙发和两把椅子）。我们可以通过一个标准方案对多个实物组成的贸易项目的每一个组成部分进行标识并使用条码符号表示。

#### 2.1.1.10　GTIN 数据串

GTIN 可以是 8 位、12 位、13 位、14 位的数据串。当这些数据串中按规则具有 GS1 公司前缀、UPC 公司前缀或 GS1-8 前缀，并且数据串的最后一位是校验码时，便能确保 GTIN 的唯一性。关于校验码的解释见 7.9，使用校验码可确保条码的译码正确性。见表 2.1.1.10-1。

表 2.1.1.10-1　GTIN 格式一览表

| | GTIN 格式 | | | | | | | | | | | | | |
|---|---|---|---|---|---|---|---|---|---|---|---|---|---|---|
| (GTIN-8) | | | | | | | $N_1$ | $N_2$ | $N_3$ | $N_4$ | $N_5$ | $N_6$ | $N_7$ | $N_8$ |
| (GTIN-12) | | | $N_1$ | $N_2$ | $N_3$ | $N_4$ | $N_5$ | $N_6$ | $N_7$ | $N_8$ | $N_9$ | $N_{10}$ | $N_{11}$ | $N_{12}$ |
| (GTIN-13) | | $N_1$ | $N_2$ | $N_3$ | $N_4$ | $N_5$ | $N_6$ | $N_7$ | $N_8$ | $N_9$ | $N_{10}$ | $N_{11}$ | $N_{12}$ | $N_{13}$ |
| (GTIN-14) | $N_1$ | $N_2$ | $N_3$ | $N_4$ | $N_5$ | $N_6$ | $N_7$ | $N_8$ | $N_9$ | $N_{10}$ | $N_{11}$ | $N_{12}$ | $N_{13}$ | $N_{14}$ |

当数据载体要求 GTIN 编码长度必须为 14 位的数据串时，小于 14 位长度的 GTIN 必须添加前导 0 来填充数位。见表 2.1.1.10-2。

表 2.1.1.10-2　4 种 GTIN 的 14 位数字表示形式

| | 添加的 0 | | | | | | 右对齐的 GTIN 数据串 | | | | | | | |
|---|---|---|---|---|---|---|---|---|---|---|---|---|---|---|
| (GTIN-8) | 0 | 0 | 0 | 0 | 0 | 0 | $N_1$ | $N_2$ | $N_3$ | $N_4$ | $N_5$ | $N_6$ | $N_7$ | $N_8$ |
| (GTIN-12) | 0 | 0 | $N_1$ | $N_2$ | $N_3$ | $N_4$ | $N_5$ | $N_6$ | $N_7$ | $N_8$ | $N_9$ | $N_{10}$ | $N_{11}$ | $N_{12}$ |
| (GTIN-13) | 0 | $N_1$ | $N_2$ | $N_3$ | $N_4$ | $N_5$ | $N_6$ | $N_7$ | $N_8$ | $N_9$ | $N_{10}$ | $N_{11}$ | $N_{12}$ | $N_{13}$ |
| (GTIN-14) | $N_1$ | $N_2$ | $N_3$ | $N_4$ | $N_5$ | $N_6$ | $N_7$ | $N_8$ | $N_9$ | $N_{10}$ | $N_{11}$ | $N_{12}$ | $N_{13}$ | $N_{14}$ |

有或没有这些前导 0 都不会对 GTIN 造成影响。

**注：**在相同的数据库字段中存储时，是否包含 GTIN 前导 0 取决于特定的应用需求。

**注：**GTIN-12 可能以 1 个、2 个或 3 个前导 0 开始。这些 0 是有意义的，因为他们是 UPC

公司前缀的一部分，因此将 GTIN-12 存储在数据库字段中时必须保留这些 0。有关 UPC 前缀列表见 1.4.5。

## 2.1.2 定量贸易项目——开放式供应链

定量贸易项目总是按照相同的规格和组成来生产（如类型、尺寸、重量、含量和设计等）。项目标识代码明确标识对应的项目。每一个项目通过分配一个单独的 GTIN 区分于其他贸易项目。

## 2.1.3 用于零售 POS 端的定量贸易项目

用来在零售 POS 端扫描识读的定量消费贸易项目必须用 GTIN-8、GTIN-12 或 GTIN-13 标识，并且这类项目上必须带有 EAN/UPC 系列条码或 GS1 DataBar ®零售 POS 系列的条码。在一维码向二维码过渡时期，除了一维码外还可以附加二维码。关于如何管理多条码的规则见 4.15。有关 AIDC 应用标准、二维码、并行应用规则和相关技术规范的所有一致性要求，见 8.2。

### 2.1.3.1 GTIN-12 和 GTIN-13

#### 应用说明

GS1 公司前缀是由 GS1 成员组织为系统用户分配的，它提供全球范围唯一的厂商识别代码，但它并不代表贸易项目的产地。任何有效的 GS1 公司前缀（以“0”开头的除外），都可用 GTIN-13 表示，任何有效的 UPC 公司前缀都可用 GTIN-12 表示。关于 GS1 前缀的此类用法见 1.4。

项目参考代码由系统用户分配，系统用户必须按照第 4 章中的相关规则进行分配。

校验码的解释见 7.9，它的验证由条码识读器自动实施，用于保证编码的正确组成。

见表 2.1.3.1-1。

表 2.1.3.1-1 GTIN-12/GTIN-13 数据结构

| | GS1 公司前缀 → | | | | | ← 项目参考代码 | | | | | | 校验码 | |
|---|---|---|---|---|---|---|---|---|---|---|---|---|---|
| (GTIN-13) | $N_1$ | $N_2$ | $N_3$ | $N_4$ | $N_5$ | $N_6$ | $N_7$ | $N_8$ | $N_9$ | $N_{10}$ | $N_{11}$ | $N_{12}$ | $N_{13}$ |
| | UPC 公司前缀 → | | | | | ← 项目参考代码 | | | | | | 校验码 | |
| (GTIN-12) | | $N_1$ | $N_2$ | $N_3$ | $N_4$ | $N_5$ | $N_6$ | $N_7$ | $N_8$ | $N_9$ | $N_{10}$ | $N_{11}$ | $N_{12}$ |

#### GS1 标识代码

**要求**

标识代码格式：

- GTIN-12；
- GTIN-13。

**规则**

GTIN 规则见第 4 章。

#### 属性

**必要属性**

无

**可选属性**

所有可与 GTIN 一起使用的 GS1 应用标识符（AI），见第 3 章。

**规则**

无

数据载体规范

**载体选择**

该单元数据串的数据载体有：

- UPC-A（GTIN-12 适用的数据载体）；
- EAN-13（GTIN-13 适用的数据载体）；
- GS1 Databar 零售 POS 系列（GTIN-12 或 GTIN-13 使用该数据载体，必须添加前导 0 使编码长度变为 14 位）。

**注：**在过渡期，可以在一维条码之外额外应用二维码。有关此 AIPC 应用标准的所有符合性要求摘要、二维码、跨应用规则和相关技术规范，请参阅 8.2。

**条码符号 X 尺寸、最小条高和最低质量要求**

见 5.12.3.1 "GS1 条码符号规范表 1"。

**符号放置**

符号放置指南见第 6 章。

特殊应用的处理规则

处理规则见第 7 章。

#### 2.1.3.2 GTIN-12 使用 UPC-E 条码表示

应用说明

有些 GTIN-12 的 UPC 前缀以 0 开头，这些 GTIN-12 也可以用 UPC-E 条码表示，此时 GTIN-12 被压缩成可以用由 6 位条码字符构成的条码表示。在应用时，条码识读软件或应用软件必须把被压缩的 GTIN-12 转换回 12 位的长度，因此 6 位的 UPC-E 实际上是不存在的。关于 UPC-E 条码详见 7.10。

GS1 标识代码

**要求**

- GTIN-12。

**规则**

GTIN 规则见第 4 章。

属性

无

数据载体规范

**载体选择**

UPC-E（在使用消零压缩技术将 GTIN-12 压缩成为 6 位编码后，GTIN-12 适用的数据载体）。

**注：**在过渡期，可以在一维条码之外额外应用二维码。有关此 AIPC 应用标准的所有符合

性要求摘要、二维码、跨应用规则和相关技术规范，请参阅 8.2。

**条码符号 X 尺寸、最小条高和最低质量要求**

见 5.12.3.1 “GS1 条码符号规范表 1”。

**符号放置**

符号放置指南见第 6 章。

### 特殊应用的处理规则

处理规则见第 7 章。

## 2.1.3.3　GTIN-8

### 应用说明

当贸易项目的包装太小，没有足够的空间使用 EAN-13 条码时，可以使用 GTIN-8。GTIN-8 由 GS1 成员组织按照规则单独分配。表 2.1.3.3-1 给出了 GTIN-8 数据结构。

表 2.1.3.3-1　GTIN-8 数据结构

| GS1-8 前缀 → | | | ← 项目参考代码 | | | | 校验码 |
|---|---|---|---|---|---|---|---|
| $N_1$ | $N_2$ | $N_3$ | $N_4$ | $N_5$ | $N_6$ | $N_7$ | $N_8$ |

GS1-8 前缀是由 GS1 总部统一管理，由两位或多位数字组成，具有唯一性。GS1-8 前缀使用规则见 1.4.3。

项目参考代码由 GS1 成员组织分配。GS1 成员组织发布获得 GTIN-8 的程序。

校验码的解释见 7.9。它的验证由条码识读器自动实施，用于保证编码的正确组成。

### GS1 标识代码

**要求**

■ GTIN-8。

**规则**

GTIN 规则见第 4 章。

### 属性

**必要属性**

无

**可选属性**

所有可与 GTIN 一起使用的 GS1 应用标识符（AI），见第 3 章。

**规则**

无

### 数据载体规范

**载体选择**

■ EAN-8（GTIN-8 适用的数据载体）；

■ GS1 Databar 零售 POS 系列条码（GTIN-8 适用的数据载体）。

**注：**在过渡期，可以在一维条码之外额外应用二维码。有关此 AIPC 应用标准的所有符合

性要求摘要、二维码、跨应用规则和相关技术规范，请参阅8.2。

**条码符号X尺寸、最小条高和最低质量要求**

见5.12.3.1“GS1条码符号规范表1”。

**符号放置**

符号放置指南见第6章。

#### 特殊应用的处理规则

处理规则见第7章。

### 2.1.3.4　精装书和平装书：ISBN、GTIN-13和GTIN-12的使用

#### 应用说明

当标识图书时，可以采用与其他零售贸易项目相同的标识方法（见2.1.3）。但是，建议企业使用国际标准书号（ISBN编码系统）标识图书。GS1前缀978和979[①]已经分配给ISBN（*http://www.isbn-international.org/*）用于图书领域的代码分配。

**注：** ISBN不允许分配给非图书类产品，即使这些产品与书籍有关（例如，与新书发行会相关的泰迪熊、咖啡杯、T恤衫等）。这些非图书类产品应该采用与其他零售贸易项目相同的方式标识和编码（见2.1.3）。如果出版商是GS1组织的成员，并获得本地GS1成员组织和本地印刷商代表组织授权，那么ISBN也可以用于创建带有包装指示符的14位GTIN来标识相同图书组成的贸易项目组合（见2.1.7.2）。

#### GS1标识代码

**要求**

标识代码格式：

- 使用GS1前缀978或979的ISBN；
- GTIN-12；
- GTIN-13。

**规则**

GTIN规则见第4章。

#### 属性

**必要属性**

无

**可选属性**

一些出版商为了满足其内部需求，可能希望使用条码表达更多信息。例如，出版商可能希望包含版本变化（如，再版、价格变化），ISBN、GTIN-13或GTIN-12无法表示这些附加信息。GS1系统提供了另外的一种可以编码两位或五位数字的条码符号，即附加码条码符号，可以放置在图书上并位于主条码右侧。

两位或五位的附加码可为图书提供更多特定信息。但对于图书的标识而言，它不是必需的。

表2.1.3.4-1给出了两位数字附加码格式。

---

① GS1前缀979的子集9790已被国际ISMN机构所采用，专门用于标识音乐作品。

表 2.1.3.4-1 两位数字附加码格式

| 附加信息 | |
|---|---|
| $N_1$ | $N_2$ |

附加码由任意结构与含义的数字组成，由出版商负责定义编码方案。该单元数据串的数据载体是两位数字的附加码条码符号。

译码系统通过码制标识符]E1 识别该单元数据串。两位数字附加码条码符号必须和 UPC-A、UPC-E 或者 EAN-13 条码共同使用。附加码条码符号无法被单独识读，两个条码的编码数据应同时进行加工处理。

表 2.1.3.4-2 给出了五位数字附加码的格式。

表 2.1.3.4-2 五位数字附加码格式

| 附加信息 | | | | |
|---|---|---|---|---|
| $N_1$ | $N_2$ | $N_3$ | $N_4$ | $N_5$ |

附加码由任意结构与含义的数字组成，由出版商负责确定编码方案。该单元数据串的数据载体是五位附加码条码符号。

译码系统通过码制标识符]E2 识别该单元数据串。五位数字附加码条码符号必须和 UPC-A、UPC-E 或者 EAN-13 条码共同使用。附加码条码符号无法被单独识读，两个条码的编码数据应同时进行加工处理。

**规则**

附加码条码符号应遵循以下规则:

- 附加码条码符号不应包含 GTIN-13（或 GTIN-12）已表示的信息;
- 零售 POS 对于附加码条码符号的识读是可选的;
- 是否使用附加码条码符号取决于出版商。

## 数据载体规范

**载体选择**

不论精装书或平装书都应使用 EAN-13、UPC-A 或者 UPC-E 来标记，且条码符号应遵循 GS1 系统的印刷质量要求。两位或五位数字附加码条码符号应与 EAN/UPC 条码一起使用。

相同精装书和平装书的组合应当使用 GS1-128 或 ITF-14 条码符号进行标记，见 2.1.7.2。

✔ **注：连续出版物的标识，见 2.1.3.5。**

**条码符号 X 尺寸、最小条高和最低质量要求**

见 5.12.3.1 “GS1 条码符号规范表 1”。

**符号放置**

符号放置指南见 6.4。

## 特殊应用的处理规则

处理规则见第 7 章。

### 2.1.3.5　连续出版物：ISSN、GTIN-13 和 GTIN-12 的使用

#### 应用说明

首选使用 ISSN 编码系统标识连续出版物。GS1 前缀 977 已经分配给 ISSN 用于标识连续出版物，需要注意的是此时不采用 ISSN 的校验码。

第二种选择是采用和其他贸易项目一样的方式来标识连续出版物，即使用 GTIN-13 或 GTIN-12。

第三种选择是使用专用的 GS1 公司前缀（由 GS1 成员组织在其辖区内分配）、出版物编号和出版物价格（需有国家法律允许）。在这种情况下，价格直接表示在条码上，并可在出版物发行的国家/地区直接使用。但是，一旦出版物离开了这个国家，价格便不再有直接意义，GTIN 必须按照常规方式解读，而不再解析具体数字的含义。

表 2.1.3.5-1 给出了单元数据串格式。

表 2.1.3.5-1　单元数据串格式

| GS1 前缀 | ISSN（不含校验码） | 变量 | 校验码 |
|---|---|---|---|
| 9 7 7 | $N_4$ $N_5$ $N_6$ $N_7$ $N_8$ $N_9$ $N_{10}$ | $N_{11}$ $N_{12}$ | $N_{13}$ |

变量 $N_{11}$和 $N_{12}$也可用于表示同一种连续出版物的不同价格变体，或用于识别一周内的不同日刊，这种情况下 $N_{11}N_{12}$取值为 00。

#### GS1 标识代码

**要求**

标识代码格式：

- 使用 GS1 前缀 977 的 ISSN；
- GTIN-12；
- GTIN-13。

**规则**

GTIN 规则见第 4 章。

#### 属性

**必要属性**

无

**可选属性**

一些出版商为了满足其内部需要，可能希望用条码表达更多信息。

两位或五位的附加码可为连续出版物提供更多特定信息。但对于连续出版物的标识而言，它不是必需的。

表 2.1.3.5-2 给出了两位数字附加码格式。

表 2.1.3.5-2　两位数字附加码格式

| 附加信息 | |
|---|---|
| $N_1$ | $N_2$ |

GS1 建议采用以下代码分配方案：

- 日刊（或一周出版若干期的连续出版物）：一周内每天出版的连续出版物视为不同的贸易项目，并且必须用 EAN-13，UPC-A，或 UPC-E 表示。两位附加码只用于表示周的序号，并与 GTIN-13 或 GTIN-12 标识代码一起确定出版日。
- 周刊：周的序号（01~53）。
- 双周刊：每个周期第一个周的序号（01~53）。
- 月刊：月的序号（01~12）。
- 双月刊：每个周期第一个月的序号（01~12）。
- 季刊：每个周期第一个月的序号（01~12）。
- 季节刊：第一位数字=当年最后一位数字；第二位数字=1 春季，2 夏季，3 秋季，4 冬季。
- 半年刊：第一位数字=当年的最后一位数字；第二位数字=每个周期第一个季节的序号。
- 年刊：第一位数字=当年的最后一位数字；第二位数字=5。
- 专刊：从 01 到 99 连续编号。

两位数字附加码的条码表示，附加码条码符号应放置在主条码符号的右侧并与其平行。附加码条码符号必须遵循 GS1 系统条码符号的印刷质量要求。例如，附加码条码符号的 X 尺寸应与主条码一致。

连续出版物还可以使用五位数字附加码，五位数字附加码由五位附加码条码符号表示，附加码条码符号在零售 POS 端的扫描识读是可选的。附加码条码符号不能对 GTIN 应包含的信息再进行编码。附加码条码符号表示连续出版物的额外信息，编码方案由出版商负责确定。表 2.1.3.5-3 给出了五位数字附加码的格式。

表 2.1.3.5-3　五位数字附加码格式

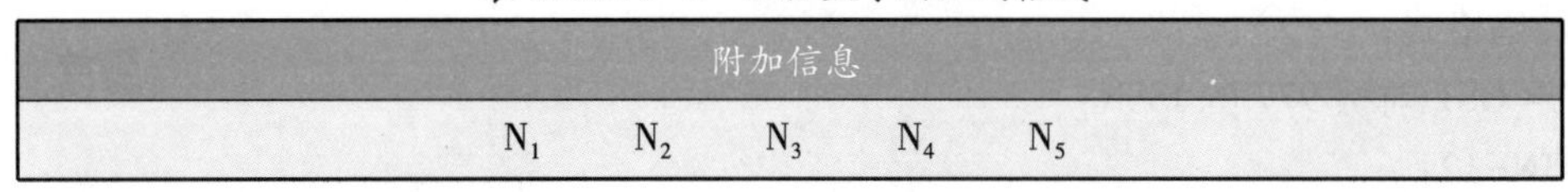

| 附加信息 |
| --- |
| $N_1$　$N_2$　$N_3$　$N_4$　$N_5$ |

为了区分连续出版物，五位附加码条码符号中的编码信息可以包括连续出版物的实际日期。

五位附加码条码符号应放置在主条码符号的右侧并与其平行。附加码条码符号的印刷质量必须遵循 GS1 系统的要求，例如，附加符号的 X 尺寸应与主条码一致。

**规则**

五位附加码条码符号不能与两位附加码符号同时使用。

### 数据载体规范

**载体选择**

连续出版物使用 EAN-13、UPC-A 或 UPC-E 进行标记，且条码符号印刷质量应遵循 GS1 系统的要求。是否与 EAN/UPC 条码符号一起使用两位或五位附加码条码符号，由出版商决定。

**条码符号 X 尺寸、最小条高和最低质量要求**

见 5.12.3.1 “GS1 条码符号规范表 1”。

**符号放置**

符号放置指南见 6.4。

### 特殊应用的处理规则

处理规则见第 7 章。

#### 2.1.3.6 定量生鲜食品贸易项目

应用说明

生鲜类食品包括：水果、蔬菜、肉类、海产品、面包和即食食品（如奶酪、冷食或腌制肉类、沙拉等）。

定量生鲜食品有以下两种情况：

- 散装生鲜食品：单个分拣——单个销售的生鲜食品；
- 预包装生鲜食品：按相同重量或数量进行了预包装的生鲜食品。

散装生鲜食品

散装产品是指那些被散装在盒子或箱子中运送到商店供消费者从陈列架上按所需数量选择的商品，类似水果或蔬菜类商品。如果散装产品被允许单个销售，则其销售方式就如同零售商售卖一罐汤或豆子一样。

从品牌商的角度来看，这种贸易项目是可以用 GTIN 标识进行销售的定量贸易项目，无需再进行其他任何标识。

预包装生鲜食品

无论是散装或是从大的贸易项目切下部分，或把大的贸易项目分割成几部分而构成的生鲜食品贸易项目，当被预包装成定量贸易项目时，即可像其他定量贸易项目一样使用 GTIN 标识进行销售，无需再进行其他任何标识。

GS1 标识代码

**要求**

标识代码格式：

- GTIN-8；
- GTIN-12；
- GTIN-13。

**规则**

GTIN 规则见第 4 章。

属性

**必要属性**

无

**可选属性**

所有可与 GTIN 一起使用的 GS1 应用标识符（AI），见第 3 章。

**规则**

无

数据载体规范

**载体选择**

该单元数据串的数据载体有：

- UPC-A（GTIN-12 适用的数据载体）；
- EAN-8（GTIN-8 适用的数据载体）；

- EAN-13（GTIN-13 适用的数据载体）;
- GS1 DataBar 零售 POS 系列（GTIN-12 或 GTIN-13 适用的数据载体）。

GS1 DataBar 条码符号的编码为定长 14 位的数字数据串。当 GS1 DataBar 条码符号编码 GTIN-8，GTIN-12 或者 GTIN-13 时，GTIN 左边需填充 6 个、2 个或 1 个前导 0。

**条码符号 X 尺寸、最小条高和最低质量要求**

见 5.12.3.1 “GS1 条码符号规范表 1”。

**符号放置**

散装食品条码符号的放置没有具体规定。

#### 特殊应用的处理规则

无

### 2.1.4　用于常规分销和零售 POS 的定量贸易项目

用于常规分销和零售 POS 的贸易项目必须载有 EAN/UPC 条码或 GS1 Databar 零售 POS 系列条码。

这些贸易项目应使用 GTIN-8、GTIN-12 或 GTIN-13 进行标识（见 2.1.3）。关于符号 X 尺寸、最小条高和最低质量要求，见 5.12.3.3 “GS1 条码符号规范表 3”。在一维码向二维码过渡时期，除了一维码外还可以附加二维码。关于如何管理多条码的规则见 4.15。有关 AIDC 应用标准、二维码、并行应用规则和相关技术规范的所有一致性要求，见 8.3。

**注：新贸易项目需要使用 GTIN-8 标识时应遵循 4.2.7 的要求。**

### 2.1.5　初级包装医疗项目（非零售贸易项目）

#### 应用说明

初级包装医疗贸易项目是指为了护理点方便按照正确的药物、剂量和给药途径直接消费的最小包装的药物和医疗产品。由于这类产品从不用于零售，因此允许使用 EAN/UPC 以外的条码码制，并可以使用 GTIN-14。这些产品可能包装在无菌包装中，也可能在非无菌包装中，只有打算将这些产品在医院或同类场景（例如，野战医院、疗养院、家庭护理）中分发给消费者时才需要进行标识。

如果这些产品用于一般零售，就必须遵守各种市场对零售医疗贸易项目的管理要求，见 4.15.1 至 4.15.3。如果贸易项目既是受管制的零售医疗贸易项目，也属非零售医疗贸易项目，那么至少要按照受管制零售医疗贸易项目进行条码标记。

#### GS1 标识代码

**要求**

标识代码格式：

- GTIN-8;
- GTIN-12;
- GTIN-13;
- GTIN-14。

**规则**

GTIN 规则见第 4 章。

如果受管制的零售医疗贸易项目仅有初级包装，没有被二次包装，那么本章所讲的初级包装标识要求就不适用，而应当遵循 2. 1. 6 二级包装医疗项目标识要求。

例如：装有 50 粒药片的瓶子（此时瓶子为初级包装）没有被封装入一盒子中（此时盒子就相当于二级包装）。在这种情况下，瓶体上就应标记本该在二级包装上标记的信息。

如果符合要求的 AIDC 标识直接标注在零件上，这些 AIDC 标识（例如条码、HRI）满足初级包装标识的要求，并且可以扫描，那么无需在初级包装上增加额外的 AIDC 标识。

如果被标记产品的初级包装是泡罩包装且包含多个独立药品项目，例如泡罩包装的 12 粒药丸或药片，应遵守以下规则：

- 包装上仅需标识 GTIN。
- 除第 4 章 GTIN 规则，使用 GTIN-8 时还需参见 4. 2. 7。

## 属性

**必要属性**

见表 2. 1. 5-1。

表 2. 1. 5-1　必要属性一览表

| 受管制的医疗贸易项目的 AIDC 标记等级 | 标识代码 | 批号 AI（10） | 有效期 AI（17） | 系列号 AI（21） | 其他 |
|---|---|---|---|---|---|
| 最低级（仅适用于药品） | GTIN-8、GTIN-12、GTIN-13 或 GTIN-14 | 否 | 否 | 否 | 无 |
| 加强级（仅适用医疗器械） | GTIN-8、GTIN-12、GTIN-13 或 GTIN-14 | 是 | 是 | 否 | 无 |
| 最高级——药品生产商 AIDC 标记 | GTIN-8、GTIN-12、GTIN-13 或 GTIN-14 | 否 | 否 | 否 | 无 |
| 最高级——医疗器械生产商 AIDC 标记 | GTIN-8、GTIN-12、GTIN-13 或 GTIN-14 | 是 | 是 | 是 | 带有药品的器械，需使用活性值 AI(7004) |
| 最高级——医院药品的 AIDC 标记 | GTIN-8、GTIN-12、GTIN-13 或 GTIN-14 | 否 | 是，如果是短有效期药品，那么就应使用 AI（7003） | 是 | 无 |
| 最高级——医院特定医疗器械的 AIDC 标记（见 2. 1. 8） | 如果 GTIN、AI（01）+系列号、AI（21）没有标记在产品上，那么可选择标记 GRAI、AI（8003）或 GIAI，AI（8004） | 否 | 否 | 如果 GTIN、AI（01）+系列号、AI（21）没有标记在产品上，那么可选择标注 GRAI、AI（8003）或 GIAI、AI(8004) | |

如需使用 GS1 的 EPC/RFID 标签来管理医疗数据，见 3. 11 以及最新版的 EPC 标签数据标准。

**可选属性**

当 GTIN 不能满足国家/区域的监管或产业需求时，为了满足这些需求，可以使用 GTIN 和国家医疗保险代码（NHRN）标识受管制的医疗贸易项目，国家医疗保险代码（NHRN）应用标识符 AI（710）、AI（711）、AI（712）、AI（713）、AI（714）及 AI（715）的使用规则见 3.8.19。

**规则**

GTIN 规则见第 4 章。

国家医疗保险代码（NHRN）应用标识符 AI（710）、AI（711）、AI（712）、AI（713）、AI（714）及 AI（715）必须同 GTIN 一起使用。

**HRI**

HRI 规则见 4.14。受管制的零售医疗贸易项目的 HRI 规则见 4.14.1。

### 数据载体规范

**载体选择**

见表 2.1.5-2。

表 2.1.5-2 载体选择

| | |
|---|---|
| 首选选项（AIDC 标记的长期目标） | GS1 DataMatrix<br>GS1-128<br>GS1 Databar<br>提示：如果医疗产品服务于不同市场，2.1.3 的规范若适用其中一个市场，那么至少 GTIN 编码必须遵守 2.1.3 的规范要求，多条码的使用规则见 4.15 |
| 条码之外的选项 | EPC/RFID 标签。GS1 希望医疗产品至少要有条码标记，而 EPC/RFID 是一种被认可的可作为条码的补充的 AIDC 载体 |
| 其他可选方案（GS1 的指导原则强烈推荐使用现有条码码制，但它也支持所有之前的 AIDC 标记规范） | 下列条码符号已经通过 GS1 的许可，因此可以出现在一些现有医疗产品的包装上。因此，GS1 不希望将它们任何一个禁止使用，特别是在仅需要 GTIN 而无需附加属性信息（最低级别标识）的情况下。虽然如此，还是应当首选可以在一个条码符号中承载所有数据的条码码制。<br>EAN/UPC 系列条码（UPC-A、UPC-E、EAN-8 和 EAN-13）可以用来为 GTIN-8、GTIN-12 或 GTIN-13 编码。ITF-14 符号可以在对印刷质量要求低时使用，但如需编码属性信息则不能使用。ITF-14 能对 GTIN-8、GTIN-12、GTIN-13 或 GTIN-14 进行编码，但是不能编码任何附加属性信息。<br>GS1 复合码由多个线性条码组成，它也一直是一种可用的条码符号。但是，GS1 DataMatrix 仍然是首选项，原因在于其印刷速度快、符号面积小，且可承载任何信息 |

**条码符号 X 尺寸、最小条高和最低质量要求**

见 5.12.3.6 "GS1 条码符号规范表 6"。

**符号放置**

符号放置指南见第 6 章。

### 特殊应用的处理规则

处理规则见第 7 章。

## 2.1.6 二级包装医疗项目（受管制的零售医疗贸易项目）

受管制的零售医疗贸易项目（RHRCTI）在零售端交易时不需要被高容扫描器扫描，但是需要标识 GTIN 以外的附加属性信息以满足法规需要，因此零售医疗贸易项目需要标识：

- GTIN-8、GTIN-12 或者 GTIN-13 。
- GTIN 属性，例如批次/批号、有效期或者系列号。

零售医疗贸易项目可以使用基于影像式扫描器识读的 GS1 DataMatrix，也可以使用 GS1 Databar、GS1-128 等一维条码进行标记。如果贸易项目用于常规零售并且还是受管制的零售医疗贸易项目，那么此类贸易项目需要用常规零售要求使用的条码标记。

### GS1 标识代码

**要求**

标识代码格式：

- GTIN-8；
- GTIN-12；
- GTIN-13。

GS1 坚决支持 GTIN 应用于所有的市场，但在某些情况下，一些 GS1 成员组织将部分编码资源授权给外部机构，由外部机构分配和管理。

在医疗领域，通过分配的 GS1 前缀而被纳入 GS1 系统框架的编码方案，被定义为国家贸易项目代码（NTIN）而不是全球贸易项目代码（GTIN）。NTIN 相对 GTIN 是唯一的，因为 NTIN 的值是 GTIN 所有可能值的子集。然而，NTIN 的定义、分配和生命周期规则由其他组织负责定义。

NTIN 定义和规则与 GTIN 的定义和规则的兼容程度取决于每个国家的定义而不同。虽然 NTIN 可以在 GTIN 代码池内提供全球唯一标识，但这不意味着 NTIN 可以提供与 GTIN 一样的在其他 GS1 标准（如 GDSN 和 ONS）中相同水平的互操作性。在完全采用 NTIN 而非 GTIN 的贸易市场中，GTIN 标识和标记的跨市场交易互惠性就会丧失，并在服务多元化市场（例如：通用语言）时由于一个产品包装需要多个 NTIN 而不是一个 GTIN 而出现问题。

**规则**

GTIN 规则见 4. 2。

### 属性

**必要属性**

见表 2. 1. 6-1。

表 2. 1. 6-1　必要属性一览表

| 受管制医疗贸易项目的 AIDC 标记等级 | 标识代码 | 批号 AI（10） | 有效期 AI（17） | 系列号 AI（21） | 其他 |
|---|---|---|---|---|---|
| 最低级——药品与医疗器械 | GTIN-8、GTIN-12 或 GTIN-13 | 否 | 否 | 否 | 无 |
| 增强级——药品与医疗器械 | GTIN-8、GTIN-12 或 GTIN-13 | 是 | 是 | 否 | 无 |

表2.1.6-1(续)

| 受管制医疗贸易项目的 AIDC 标记等级 | 标识代码 | 批号 AI (10) | 有效期 AI (17) | 系列号 AI (21) | 其他 |
|---|---|---|---|---|---|
| 最高级——生产商 AIDC 标记 | GTIN-8、GTIN-12 或 GTIN-13 | 是 | 是 | 是 | 活性值 AI (7004)，适用于药品及附带药品的医疗器械（仅用于以上两种情况） |
| 最高级——医院药品的 AIDC 标记 | GTIN-8、GTIN-12 或 GTIN-13 | 否 | 是，AI (7003) 适用于有效期短的药品 | 是 | 无 |
| 最高级——医院特定医疗器械的 AIDC 标记（见 2.1.8） | 如果 GTIN、AI (01) + 系列号、AI (21) 没有在产品上标记，那么可以选择标记 GRAI AI (8003) 或 GIAI AI (8004) | 否 | 否 | 如果 GTIN、AI (01) + 系列号、AI (21) 没有在产品上标记，那么可以选择标记 GRAI AI (8003) 或 GIAI AI(8004) | |

使用 EPC/RFID 标签管理医疗数据的要求，见 3.11 和最新版的 EPC 标签数据标准。

**可选属性**

当 GTIN 不能满足国家/区域的监管或产业需求时，为了满足这些需求，可以使用 GTIN 和国家医疗报销码（NHRN）标识受管制的医疗贸易项目，国家医疗保险代码（NHRN）应用标识符 AI (710)、AI (711)、AI (712)、AI (713)、AI (714) 及 AI (715) 的使用规则见 3.8.19。

**规则**

国家医疗保险代码（NHRN）标识符 AI (710)、AI (711)、AI (712)、AI (713)、AI (714) 及 AI (715) 必须同 GTIN 一起使用。

### 数据载体规范

**载体选择**

见 2.1.5 末尾部分“数据载体规范—载体选择”中有关首选选项、条码之外的选项与其他可选方案的建议。

**条码符号 X 尺寸、最小条高和最低质量要求**

关于在零售药房和常规分销中扫描或在非零售药房和非常规分销中扫描的受管制零售医疗贸易项目，见 5.12.3.8“GS1 条码符号规范表 8”。

关于不在常规分销中扫描的受管制的零售医疗贸易项目见 5.12.3.10“GS1 条码符号规范表 10”。

**符号放置**

符号放置指南见第 6 章。

特殊应用的处理规则

处理规则见第 7 章。

## 2.1.7 常规分销定量贸易项目

当一个贸易项目与其他贸易项目具有不同的属性特征时，该贸易项目应被分配一个新的 GTIN。这里所指的贸易项目包括由零售或非零售贸易项目组成的贸易项目组合，也包括单个非零售贸易单元。例如，表 2.1.7-1 中列出的每一种包装类型，如果进行交易，应被分配一个单独的 GTIN。

表 2.1.7-1 GTIN 编码选项示例

| 贸易项目 | GTIN 代码选项 | | | |
|---|---|---|---|---|
| | GTIN-8 | GTIN-12 | GTIN-13 | GTIN-14 |
| 单个产品 A | √ | √ | √ | |
| 50×A（贸易项目组合） | | √ | √ | √ |
| 50×A（贸易项目组合，例如：展示柜） | | √ | √ | √ |
| 100×A（贸易项目组合） | | √ | √ | √ |
| 单个产品 B | √ | √ | √ | |
| 50×A<br>50×B | | √ | √ | |

在任何时候，如果贸易项目作为一个独立的物流单元被装运或托运，那么装运时它应该附加一个 SSCC 标识，且 GTIN 和系列号（也称为 SGTIN）的组合不能取代 SSCC 作为物流单元的标识。

贸易项目除用 GTIN 标识外，如果还需要标识产品型号，则该贸易项目的产品型号应该用全球型号代码（GMN）标识。GMN 的应用标准见 2.6.13。

### 2.1.7.1 单个产品的贸易项目标识

应用说明

制造商或供应商应分配唯一的 GTIN-8、GTIN-12、GTIN-13 给单个产品的贸易项目，或者分配唯一的 GTIN-14 给受管制的医疗贸易项目和用于只在保养、维修和大修（MRO）中使用的单个产品贸易项目，见表 2.1.7-1。此单元数据串不能使用限域分销代码（RCN）。

GS1 标识代码

要求

标识代码格式：

■ GTIN-8；

■ GTIN-12；

■ GTIN-13；

■ GTIN-14：用于受管制的医疗贸易项目，或用于只在保养、维修和大修（MRO）中使用的单个产品贸易项目。

规则

GTIN 规则见第 4 章。

## 属性

### 必要属性

对于受管制的医疗贸易项目，表 2.1.7.1-1 给出了 AIDC 标记级别的规则。

表 2.1.7.1-1 必要属性概述

| 受管制贸易项目的 AIDC 标识层级 | 标识代码 | 批号 AI (10) | 有效期 AI (17) | 系列号 AI (21) | 其他 |
|---|---|---|---|---|---|
| 最低级 | GTIN-8、GTIN-12、GTIN-13 或 GTIN-14 | 否 | 否 | 否 | 无 |
| 加强级 | GTIN-8、GTIN-12、GTIN-13 或 GTIN-14 | 是 | 是 | 否 | 无 |
| 最高级——生产商 AIDC 标记 | GTIN-8、GTIN-12、GTIN-13 或 GTIN-14 | 是 | 是 | 是 | 活性值 AI（7004），适用于药品及附带药品的医疗器械（仅用于以上两种情况） |
| 最高级——医院药品的 AIDC 标记 | GTIN-8，GTIN-12，GTIN-13 或 GTIN-14 | 否 | AI（7003）用于有效期短的产品 | 是 | 无 |
| 医院医疗器械的 AIDC 标记 | 否 | 否 | 否 | 否 | 无 |

使用 EPC/RFID 标签管理医疗数据的要求，见 3.11 以及最新版的 EPC 标签数据标准。

### 可选属性

无

### 规则

无

## 数据载体规范

### 载体选择

■ EAN/UPC 系列条码（UPC-A 和 UPC-E 用于对 GTIN-12 编码，EAN-13 可用于对 GTIN-13 编码，如果产品的包装尺寸符合条件，EAN-8 可以用于对单个产品贸易项目的 GTIN-8 编码）。

■ 在印刷条件对码制要求不高的情况下，可使用 ITF-14。ITF-14 可用于对 GTIN-12 或 GTIN-13 的编码。

■ 如果印刷条件允许，GS1-128 或 GS1 DataBar 可以使用 GS1 应用标识符（01）对贸易项目的 GTIN 编码。如果除了标识 GTIN 之外还需要对附加属性信息编码，那么选用 GS1-128 或 GS1 DataBar 条码就尤为必要。

一些扫描系统可能能够处理二维码以及一维条码。在这种情况下，除了使用一维条码外，还可使用 GS1 DataMatrix 和 GS1 QR。如何管理多条码的规则，见 4.15。

对于只用于制造和保养、维修和大修（MRO）过程中的贸易项目，优先选择 GS1-128、GS1 DataMatrix、GS1 QR 码和 EPC/RFID 这些数据载体进行标记。

对于医疗领域，根据表 2.1.7.1-2 中的建议进行载体选择，并且这适用于所有受管制的零售医疗贸易项目。

表 2.1.7.1-2 医疗项目的载体选择

| | |
|---|---|
| 首选（AIDC 标记的长期目标） | 第一选择：GS1-128。在 2010 年 1 月之后，GS1 Data Bar 被允许在所有贸易项目上使用，且可能用在常规分销中。首选 GS1-128 是因为如今的扫描器广泛支持它。<br>第二选择：当一维条码不能满足数据容量要求（超过 48 字符）时，应使用两个一维条码标记。<br>第三选择：当包装或标签尺寸大小不允许使用前两个选择时，可使用 GS1 DataMatrix。当条码的扫描识读是在传送带环境下时，应避免使用 Data Matrix |
| 条码之外的选择 | 见 2.1.5 的末尾部分"数据载体规范—载体选择"中除条码之外的选择建议 |
| 其他可选方案（GS1 的指导原则强烈推荐使用现有条码码制，但它也支持所有之前的 AIDC 标记规范） | 见 2.1.5 的末尾部分"数据载体规范—载体选择"中其他可选方案建议 |

**条码符号 X 尺寸、最小条高和最低质量要求**

对于零售或受管制的医疗贸易项目之外多领域应用的贸易项目，见 5.12.3.2"GS1 条码符号规范表 2"。

对于受管制的非零售医疗贸易项目，见 5.12.3.8"GS1 条码符号规范表 8"。

对于只用于制造和 MRO 过程中的贸易项目，见 5.12.3.4"GS1 条码符号规范表 4"。

**符号放置**

符号放置指南见第 6 章。

特殊应用的处理规则

处理规则见第 7 章。

### 2.1.7.2 相同贸易项目的组合

应用说明

相同贸易项目的组合是指由相同贸易项目构成的预定义组合。制造商或供应商可选择为每个贸易项目组合分配一个唯一的 GTIN-13 或 GTIN-12，或是分配一个唯一的 GTIN-14。14 位的 GTIN 包含每个分组中贸易项目的 GTIN（校验码除外），GTIN-14 的校验码需重新计算获得。GTIN-14 数据结构见表 2.1.7.2-1。

GTIN-14 的指示符是没有任何含义的。指示符的数字不需要按顺序使用，有些数字可能根本不会被使用。贸易项目组合的 GTIN-14 结构增加了额外的编码容量。

表 2.1.7.2-1 GTIN-14 数据结构

| | 全球贸易项目代码（GTIN） | | | | | | | | | | | | | |
|---|---|---|---|---|---|---|---|---|---|---|---|---|---|---|
| | 指示符 | 组合内单个贸易项目的 GTIN（校验码除外） | | | | | | | | | | | | 校验码 |
| 基于 GTIN-8 | $N_1$ | 0 | 0 | 0 | 0 | 0 | $N_7$ | $N_8$ | $N_9$ | $N_{10}$ | $N_{11}$ | $N_{12}$ | $N_{13}$ | $N_{14}$ |
| 基于 GTIN-12 | $N_1$ | 0 | $N_3$ | $N_4$ | $N_5$ | $N_6$ | $N_7$ | $N_8$ | $N_9$ | $N_{10}$ | $N_{11}$ | $N_{12}$ | $N_{13}$ | $N_{14}$ |
| 基于 GTIN-13 | $N_1$ | $N_2$ | $N_3$ | $N_4$ | $N_5$ | $N_6$ | $N_7$ | $N_8$ | $N_9$ | $N_{10}$ | $N_{11}$ | $N_{12}$ | $N_{13}$ | $N_{14}$ |

指示符是一个取值范围为 1~8 的数值型数字。企业根据实际需要分配指示符来为贸易项目组合

创建标识代码，指示符的使用可以提供8个单独的GTIN-14来标识不同数量的相同贸易项目构成的贸易项目组合。相同贸易项目的不同组合见表2.1.7.2-2。

校验码的验证通常由条码识读器自动完成，以确保编码的正确组成，详见7.9。

表2.1.7.2-2　相同贸易项目的不同组合

| 指示符 | 组合内单个贸易项目的GTIN（不包含校验码） | 新校验码 | 描述 | 数量 |
|---|---|---|---|---|
| | 061414112345 | 2 | 贸易项目 | 一个 |
| 1 | 061414112345 | 9 | 贸易项目组合 | 一个组合 |
| …… | …… | …… | …… | …… |
| 8 | 061414112345 | 8 | 贸易项目组合 | 另一个组合 |
| 指示符1~8用于构建新的GTIN-14，当这8个指示符用完后，则必须用新的GTIN-12或GTIN-13对更多的贸易项目组合进行标识。指示符9用于变量贸易项目，见2.1.10 | | | | |

对于由带有GTIN-13、GTIN-12或GTIN-8标识的零售贸易项目构成的贸易项目组合，则该零售贸易项目必须始终是构成各包装层级贸易项目组合的一个包装层级，通常是最低级别（关于在初级包装上GTIN-14分配见下面的说明）。且标识该零售贸易项目的单元数据串不能使用限域分销代码。

**注：对于初级包装的医疗贸易项目，“最低等级”是指允许在零售医疗贸易项目包装级别以下的包装配置上使用GTIN-14。该注解不适用于其他类贸易项目，例如DIY或食品服务。**

在柜台扫描或被列入POS销售清单的任何贸易项目包装层级都应按照零售POS规范来标识。

当要改变零售贸易项目级别的GTIN时，在高于零售贸易项目的所有包装层级上的GTIN也应进行相应改变。如果初级包装和零售贸易项目级别之间存在关联，且GTIN-14被用于初级包装，那么初级包装上的GTIN-14也要基于零售级别的GTIN进行更改。关于此种GTIN分配的关系需考虑以下三种情形：

- 如果初级包装GTIN的改变会导致零售贸易项目GTIN的改变，那么应更改初级包装GTIN使其与零售贸易项目GTIN保持一致。
- 如果零售贸易项目GTIN的改变并不是由初级包装GTIN的改变导致的，那么初级包装的GTIN是否需要更改，由制造商自行决定。
- 如果在原有零售包装的外层增加了额外的零售包装或者用新的零售包装替代了原有零售包装，初级包装上的GTIN-14可以仍然与原有零售包装层级的GTIN相关联。

GS1标识代码

**要求**

标识代码格式：

- GTIN-8；
- GTIN-12；
- GTIN-13；
- GTIN-14。

**规则**

GTIN规则见第4章。

### 属性

**必要属性**

对于受管制的非零售医疗贸易项目，表 2.1.7.2-3 给出了 AIDC 的标记级别。

表 2.1.7.2-3 必要属性

| 受管制的非零售医疗贸易项目的 AIDC 标记等级 | 标识代码 | 批号 AI (10) | 有效期 AI (17) | 系列号 AI (21) | 其他 |
|---|---|---|---|---|---|
| 最低级 | GTIN-8、GTIN-12、GTIN-13 或 GTIN-14 | 否 | 否 | 否 | 无 |
| 加强级 | GTIN-8、GTIN-12、GTIN-13 或 GTIN-14 | 是 | 是 | 否 | 无 |
| 最高级——生产商 AIDC 标记 | GTIN-8、GTIN-12、GTIN-13 或 GTIN-14 | 是 | 是 | 否 | 活性 AI (7004)，适用于药品及附带药品的医疗设备（仅用于以上两种情况） |
| 最高级——医院药品的 AIDC 标记 | GTIN-8、GTIN-12、GTIN-13 或 GTIN-14 | 否 | AI (7003) 用于有效期短的药品 | 是 | 无 |
| 医院医疗器械的 AIDC 标记 | 否 | 否 | 否 | 否 | 无 |

EPC/RFID 标签医疗数据管理的要求，见 3.11 以及最新版本的 EPC 标签数据标准。

**可选属性**

无

**规则**

无

### 数据载体规范

**载体选择**

■ 多领域使用时，EAN/UPC 系列条码（UPC-A、UPC-E、和 EAN-13）可以用于对贸易项目组合的 GTIN-12 或 GTIN-13 的编码。

■ 在印刷条件对码制要求不高的情况下，贸易项目组合可用 ITF-14。ITF-14 可用于对 GTIN-12、GTIN-13 或 GTIN-14 的编码。

■ 如果印刷条件许可，GS1-128 和 GS1 Databar 可以使用 GS1 应用标识符（01）对表示贸易项目组合的 GTIN-12、GTIN-13 或 GTIN-14 编码。如果除了标识 GTIN 之外，还需对附加属性信息编码，那么选用 GS1-128 或 GS1 DataBar 条码就尤为必要。

一些扫描系统可能能够处理二维码以及一维条码。在这种情况下，除了使用一维条码外，还可使用 GS1 DataMatrix 和 GS1 QR。如何管理多个码制信息，见 4.15。

对于制造和保养、维修和大修（MRO）过程中使用的贸易项目，优先选择 GS1-128、GS1 DataMatrix、GS1 QR 码和 EPC/RFID 这些数据载体进行标记。

对于医疗领域，优先使用 2.1.7.1 末尾给出的医疗项目载体选择建议，且此建议适用于所有受管制的零售医疗贸易项目。

**条码符号 X 尺寸、最小条高和最低质量要求**

对于受管制的医疗贸易项目之外领域应用的贸易项目，见 5.12.3.2 “GS1 条码符号规范表 2”。

对于受管制的非零售医疗贸易项目，见 5.12.3.8 “GS1 条码符号规范表 8”。

对于只用于生产制造和 MRO 过程中的贸易项目，见 5.12.3.4 “GS1 条码符号规范表 4”。

**符号放置**

符号放置指南见第 6 章。

特殊应用的处理规则

处理规则见第 7 章。

### 2.1.7.3　混合贸易项目的组合

应用说明

混合贸易项目组合是两个或多个不同贸易项目构成的预定义组合。

例如：

■ 产品 C 是产品 A（GTIN A）和产品 B（GTIN B）的贸易项目组合，并且产品 C 可以采用 GTIN-12 或 GTIN-13 创建 GTIN C 来标识。

■ 还可以使用 GTIN C 来构建 GTIN-14 用于标识由产品 C 构成的贸易项目组合。

如表 2.1.7.3-1 所示，分别标识有 GTIN-12（614141234561 和 614141345670）的两个贸易项目产品 A 和产品 B 混合构成贸易项目组合/捆扎包产品 C，而产品 C 的标识代码为 GTIN 614141456789。

表 2.1.7.3-1　混合贸易项目组合标识示例

| 指示符 | 贸易项目的 GTIN，不包含校验码 | 校验码 | 描述 | 数量 |
|---|---|---|---|---|
| | 061414123456<br>061414134567 | 1<br>0 | 零售贸易项目（产品 A）<br>零售贸易项目（产品 B） | 一个<br>一个 |
| | 061414145678 | 9 | 零售贸易项目（产品 C） | 贸易项目组合/捆扎包 |
| 1 | 061414145678 | 6 | 贸易项目组合 | 贸易项目组合/捆扎包的组合 |
| …… | …… | …… | …… | …… |
| 8 | 061414145678 | 5 | 贸易项目组合 | 贸易项目组合/捆扎包的另一个组合 |
| 指示符 1~8 可用于构成新的 GTIN-14。当这 8 个指示符已用完后，则必须用新的 GTIN-12 或 GTIN-13 对更多的贸易项目组合进行标识。指示符 9 用于变量贸易项目，见 2.1.10 | | | | |

GS1 标识代码

**要求**

标识代码格式：

■ GTIN-12；

■ GTIN-13；

■ GTIN-14。

规则

第 4 章中给出的所有 GTIN 规则；此外，只有 GTIN-14 标识的贸易项目组合包含的贸易项目组合/捆扎包是由两种或多种不同贸易项目混合构成的，GTIN-14 才对贸易项目组合有效。

属性

无

数据载体规范

**载体选择**

■ EAN/UPC 系列条码（UPC-A、UPC-E 和 EAN-13）都可用于对贸易项目组合 GTIN-12 或 GTIN-13 的编码。

■ 在印刷条件对码制要求不高的情况下，贸易项目组合可用 ITF-14。ITF-14 可用于对 GTIN-12、GTIN-13 或 GTIN-14 的编码。

■ 如果印刷条件许可，GS1-128 和 GS1 Databar 可以使用 GS1 应用标识符（01）对表示贸易项目组合的 GTIN-12、GTIN-13 或 GTIN-14 编码。如果除了标识 GTIN 之外，还需对附加属性信息编码，那么选用 GS1-128 或 GS1 DataBar 就尤为必要。

一些扫描系统可能能够处理二维码以及一维条码。在这种情况下，除了一维条码之外，还可以使用 GS1 DataMatrix 和 GS1 QR。如何管理多个码制信息，见 4. 16。

对于只用于制造和保养、维修和大修（MRO）过程的贸易项目，优先选择 GS1-128、GS1 DataMatrix、GS1 QR 码和 EPC/RFID 这些数据载体进行标记。

对于医疗领域，优先使用 2. 1. 7. 1 末尾给出的医疗项目载体选择建议，且此建议适用于所有受管制的零售医疗贸易项目。

**条码符号 X 尺寸、最小条高和最低质量要求**

对于受管制的医疗贸易项目之外各领域应用的贸易项目，见 5. 12. 3. 2 “GS1 条码符号规范表 2”。

对于受管制的非零售医疗贸易项目，见 5. 12. 3. 8 “GS1 条码符号规范表 8”。

对于只用于生产制造和 MRO 过程中的贸易项目，见 5. 12. 3. 4 “GS1 条码符号规范表 4”。

**符号放置**

符号放置指南见第 6 章。

特殊应用的处理规则

处理规则见第 7 章。

### 2. 1. 8　医疗器械（非零售贸易项目）

应用说明

本应用是关于医疗器械采用零部件直接标记（DPM）的方式实现自动识别和数据采集（AIDC）的相关规则和建议，包括在微观物流内经过重新处理而循环使用的医疗器械，其处理方式包括清洁和灭菌。

GTIN 和任何适用的 GS1 应用标识符都可用于对医疗器械的标识，具体的标识内容由医疗器械的责任主体来确定。对于可经处理后再使用的医疗器械，建议制造商采用 DPM 的方式标记 GTIN 和系列号，以便在医疗器械的全生命周期内具备可追溯性。

此外，关于经处理后再使用类医疗器械的标识，建议医院或器械所有者使用 GTIN 和系列号。已经在内部系统中使用 GS1 资产系列代码（GIAI 或 GRAI，见 2.3）对此类医疗器械进行标识的不用改变，这种标识方法也符合 GS1 标准。

**注：标识单个器械，只能使用 GS1 标识代码（GTIN 或 GIAI/GRAI）中的一个。**

### GS1 标识代码

**要求**

标识代码格式：

- GTIN-12；
- GTIN-13；
- GTIN-14；
- GRAI；
- GIAI。

**规则**

- GTIN 规则见第 4 章。
- GIAI 和 GRAI 标识规则见 4.4。
- 如果医疗器械消毒后放置在防护包装中时，医疗器械上的 AIDC 标记可见并可扫描，则防护包装上就不必有 AIDC 标记。

### 属性

**必要属性**

无

**可选属性**

当使用 GTIN-12、GTIN-13 或 GTIN-14 来标识经处理后再使用类医疗器械时，建议使用 GTIN+系列号来完成标识。EPC/RFID 标签 GS1 医疗数据管理要求，见 3.11 和 EPC 标签数据标准。

**规则**

无

### 数据载体规范

**载体选择**

直接标记医疗器械（非零售贸易项目）时，应使用 GS1 DataMatrix，更多详细信息见 2.6.14。

**条码符号 X 尺寸、最小条高和最低质量要求**

见 5.12.3.7“GS1 条码符号规范表 7”。

**符号放置**

符号放置指南见第 6 章。

### 特殊应用的处理规则

处理规则见第 7 章。

## 2.1.9 多个单独包装的非零售组件构成的定量贸易项目

### 应用说明

标记贸易项目包含的两个或多个组件不是为了零售 POS 扫描而是为了诸如库存管理、预防偷盗或质量管控。每一个单独组件的标识包括贸易项目的 GTIN、组件代码和该贸易项目的组件总数三部分，且贸易项目所有组件包装上的 GTIN 必须一致。

### GS1 标识代码

**要求**

全球贸易项目代码（GTIN）是用于标识贸易项目的 GS1 标识代码。为识别贸易项目的组件，编码时应添加组件代码和组件总数信息。见 3.9.6，贸易项目组件代码 AI（8006）。

**规则**

- AI（8006）不可用于标识单个贸易项目组件。
- AI（8006）不可用于标识本身就是贸易项目的组件，如备件。
- 贸易项目所有组件的 AI（8006）单元数据串应包含相同的 GTIN、相同的组件总数和一个不同的组件代码。
- 贸易项目组件被包装在一起时，标记于包装上面的 GTIN 必须同标记于所含组件实物上的 GTIN 一致。
- 当贸易项目通过 POS 端销售时，贸易项目的所有组件应组成一个包装或一起呈现，并由 GTIN 标识。

GTIN 规则见第 4 章。

### 属性

**必要属性**

无

**可选属性**

见第 3 章“GS1 应用标识符定义”。

**规则**

见 4.13。如果使用，贸易项目组件上的和贸易项目自身的 AI 必须相同。

### 数据载体规范

**载体选择**

除受管制的零售医疗贸易项目之外多领域应用的贸易项目，使用 GS1 应用标识符 AI（8006）表示每一个组件的数据载体可以使用 GS1-128、GS1 DataMatrix、GS1 QR 码和 EPC/RFID。

对于医疗领域，所有受管制的零售医疗贸易项目，优先选择表 2.1.9-1 所示的数据载体。

表 2.1.9-1 医疗贸易项目数据载体选择

| 首选 | GS1-128 |
|---|---|
| 条码之外的选项 | 见 2.1.5 末尾“条码之外的选项”建议 |

**条码符号 X 尺寸、最小条高和最低质量要求**

见 5.12.3.2“GS1 条码符号规范表 2”和 5.12.3.4“GS1 条码符号规范表 4”。

**符号放置**

符号放置指南见第 6 章。

**特殊应用的处理规则**

处理规则见第 7 章。

## 2.1.10 常规分销变量贸易项目

**应用说明**

贸易项目可以是变量单元，这是因为有些贸易项目生产过程不能保证重量、尺寸或长度的一致性（如：胴体、整块干酪等），或者贸易项目的创建是专门用于满足特殊订单的，这些订单对数量进行规定（如：按米订购的纺织品，按平方米订购的玻璃）。

本节给出的规则仅适用于销售、订购或生产的数量不断变化的贸易项目。以离散变量和预先规定的参数（如：标称重量）销售的贸易项目被视为定量贸易项目。

如果贸易项目的计量在供应链中的任何一处是可变的，则贸易项目必须被视为变量贸易项目。例如：如果供应商按照每箱 15kg 销售鸡和开具发票，那么箱中所包含的鸡的数量就是变化的。在此例中零售商作为客户，必须知道每箱中包含鸡的确切数量，以便向他的各个商店组织分销。供应商应该使用变量全球贸易项目代码和变量贸易项目数量单元数据串来标识该贸易项目。

常规分销变量贸易项目使用以 9 为指示符的 GTIN-14 来标识。数字 9 指示符表明被标识项目为非 POS 扫描的变量贸易项目。见表 2.1.10-1。

**注：指示符为 9 的 GTIN-14 与定制产品变体代码 AI（242）一起使用的规则及其在制造和 MRO 中的应用，见 2.6.8。**

与指示符为 1~8 的标识定量贸易项目的 GTIN-14 不同的是（见 2.1.7.2 “相同贸易项目的组合”），标识变量贸易项目的 GTIN-14 并非来源于所含贸易项目的 GTIN（不含校验码），该 GTIN-14 必须被视为一个整体，且不能分解组成元素。

表 2.1.10-1 单元数据串格式

| | 全球贸易项目代码（GTIN） | | | | | | | | | | | | |
|---|---|---|---|---|---|---|---|---|---|---|---|---|---|
| | 指示符 | GS1 公司前缀 → | | | | | | ← 项目参考代码 | | | | | 校验码 |
| （GTIN-14） | 9 | $N_2$ | $N_3$ | $N_4$ | $N_5$ | $N_6$ | $N_7$ | $N_8$ | $N_9$ | $N_{10}$ | $N_{11}$ | $N_{12}$ | $N_{13}$ | $N_{14}$ |

校验码的解释见 7.9。它的验证由条码识读器自动实施，用于保证编码的正确组成。

特定构成的贸易项目，若不能对其数量/计量信息做预先规定，则该贸易项目为变量贸易项目。表 2.1.10-2 列出了其主要类型。

表 2.1.10-2 变量贸易项目主要类型

| 类型 | 项目描述 |
|---|---|
| A | 散装贸易项目：不为零售而分装或预先包装，可以以任何数量订购，并作为变量贸易项目交货（例如：鱼、水果、蔬菜、电缆、地毯、木材、纺织品等）<br>标识代码表示该项目是包含特定产品的任意数量贸易实体，必要时也表示包装的形式。重量或尺寸可用于单个项目的标识 |

表2.1.10-2(续)

| 类型 | 项目描述 |
|---|---|
| B | 按件订购与交付的贸易项目（以包装或未包装的形式），按重量或尺寸开票，此类产品因属性或生产过程的原因其重量或尺寸是随机的（例如：整块奶酪、熏肉、生牛肉、鱼、香肠、火腿、鸡、菜花等）<br>标识代码表示该项目为特殊的预定义的贸易实体，必要时也表示包装的形式。价格或重量或尺寸可用于单个项目的标识 |
| C | 分装的贸易项目，按重量预先包装好再出售给消费者，但每个按重量分装的贸易项目中的单个数量不固定（例如；肉类、奶酪、水果、鱼片、分段猪肉等）<br>标识代码表示按商业惯例和包装形式而划分的项目类型，价格或重量或尺寸可用于单个单元的标识 |
| D | 具有可选尺寸的贸易项目，GS1 系统的编码未能包含所有变化种类（例如：木板、地毯等）<br>标识代码表示预先规定了基本属性的贸易项目。尺寸可用于单个单元的标识 |
| E | 由一定数量的 B 类或 C 类贸易项目组合，例如：贸易项目包含 10 只鸡<br>标识代码表示贸易项目组合是一个项目实体，必要时也表示包装的形式。组合包含的所有项目的总重量可以用于单个贸易项目组合的标识 |
| F | 按照客户要求生产的贸易项目，仅限用于 MRO 供应行业及 B2B 销售<br>标识代码表示一个定制项目。定制产品变量代码用于标识特定的变量（见 3.2“GS1 应用标识符目录”） |

## GS1 标识代码

### 要求

指示符为 9 的 GTIN-14。

### 规则

带有指示符 9 的 GTIN-14 用来标识变量贸易项目。变量的标记是准确识别变量贸易项目的关键，因此第一位的数字 9 是 GTIN 必不可少的组成部分。

使用指示符 9 的 GTIN-14，适用于不通过零售 POS 的贸易项目。用于零售 POS 的变量生鲜贸易项目的编码见 2.1.12。

## 属性

### 必要属性

GTIN-14 标识变量贸易项目需要根据其固有属性或特征。为准确标识变量贸易项目必须使用表示变量的单元数据串。

### 可选属性

贸易计量单位的选用取决于产品的自身属性，可以是数量、重量或尺寸等。

- 如果贸易项目的变量计量单位是所包含的项目数量，则使用 GS1 应用标识符（30）单元数据串。为使生成的条码符号尽量短，建议“变量贸易项目中的数量”为奇数位的插入一个前导零，使该数据变为偶数位。该单元数据串与该变量贸易项目的 GTIN 一起使用可提高应用的准确率。变量贸易项目中项目数量 AI（30）见 3.6.1。
- 如果贸易项目的变量计量单位是重量、尺度、面积或体积，则使用 GS1 应用标识符“31nn”“32nn”“35nn”和“36nn”单元数据串。当然对于一个具体项目，只能使用一种贸易计量单位的 GS1 单元数据串。如果贸易项目可通过任意计量单位获得，并且适用的计量单位在订购和开具发票时不做区分，那么可在这个特定项目上使用包含若干个贸易计量的 GS1 单元数据串。比如，将重量表示为千克和磅。贸易计量 AI（31nn、32nn、35nn、36nn）见 3.2。

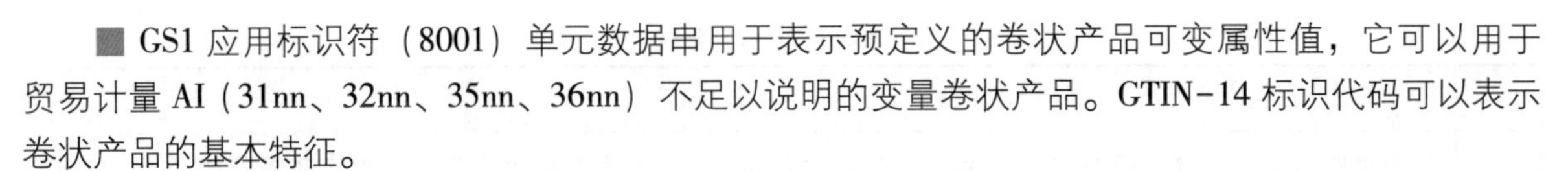

■ GS1 应用标识符（8001）单元数据串用于表示预定义的卷状产品可变属性值，它可以用于贸易计量 AI（31nn、32nn、35nn、36nn）不足以说明的变量卷状产品。GTIN-14 标识代码可以表示卷状产品的基本特征。

**规则**

GS1 应用标识符（30）单元数据串不允许用于标识定量贸易项目的数量。但是如果该应用标识符出现在定量贸易项目中，它不会使定量贸易项目的标识无效。

GS1 应用标识符（8001）单元数据串禁止与其他表示贸易计量的单元数据串一起使用。

### 数据载体规范

**载体选择**

非零售 POS 扫描的变量贸易项目应使用 ITF-14、GS1-128 或 GS1 Databar 表示。

一些扫描系统可能能够处理二维码以及一维条码。在这种情况下，除了一维条码符号之外，还可以使用 GS1 DataMatrix 和 GS1 QR。如何管理多条码信息，见 4. 15。

**条码符号 X 尺寸、最小条高和最低质量要求**

见 5. 12. 3. 2 “GS1 条码符号规范表 2”。

**符号放置**

符号放置指南见第 6 章。

### 特殊应用的处理规则

处理规则见第 7 章。

### 变量贸易项目的编码与符号表示示例

在后面的几小节示例中，以下几点适用：

■ 为了说明问题，所有示例使用了相同的表示方式，即价格表、订单、交货、发票和数据文件中的记录。

■ 采用了 GS1-128 条码符号。

■ 这些示例阐明了如何正确使用给定的 GS1 应用标识符。当不使用 AI（02）时，货物信息必须在实际收到货物之前，通过电子数据交换（EDI）或其他方式获得有关货物的信息。

**示例 1：按件交易**

本例显示了按件交易并按重量开具发票的贸易项目的订购和交付（见表 2. 1. 10-3）。

■ 供应商的产品目录包含一条记录：约 500g 的意大利腊肠。

■ 一个有 100 个“约 500g 的意大利腊肠”单元的订单，用三只箱子交付。每只箱子使用 SSCC（系列货运包装箱代码）标记，同时可视情况在箱子上注明有关箱内物品信息，编码方案如下：

□ AI（02）用来指明箱子中所含变量贸易单元的 GTIN。

□ AI（3101）用来指明箱子中所含单元的总重量。

□ AI（37）用来指明箱子中所含项目单元的数量。

■ 三只箱子放在一个托盘上，一托箱子用 SSCC 标识，同时还可视情况注明托盘内物品的信息，编码方案如下：

□ AI（02）指明托盘内变量单元的 GTIN。

□ AI（3101）指明托盘内单元的总重量。

□ AI（37）指明托盘内单元的数量。

■ 发票涉及交货的 GTIN 及其数量，同时显示总重量及每千克的价格。发票中涉及的 GTIN 及其数量需与订单中的 GTIN 及其数量相匹配。

表 2.1.10-3　例 1：按件交易并按重量开具发票

| 过程 | 描述 | 所用单元数据串/项目符号表示 |
|---|---|---|
| 供应商目录 | 1 件约 500g 的意大利腊肠 | GTIN 97612345000018 |
| 订单 | 100 件约 500g 的意大利腊肠 | 100×97612345000018 |
| 交付 | 3 个物流单元<br>单元 1=33 个意大利腊肠重 16.7kg<br>单元 2=33 个意大利腊肠重 16.9kg<br>单元 3=34 个意大利腊肠重 17.1kg | 单元 1：00 376123450000010008<br>02 97612345000018 3101 000167 37 33<br>单元 2：00 376123450000010015<br>02 97612345000018 3101 000169 37 33<br>单元 3：00 376123450000010022<br>02 97612345000018 3101 000171 37 34 |
|  | 如果以托盘形式运输 | 托盘：00 376123450000010039<br>02 97612345000018 3101 000507 37 0100 |
| 发票 | 项目 GTIN 和总重量（50.7kg）以及每千克价格 | 100×97612345000018；50.7kg×价格/kg |

| 物流单元数据文件 | 物流单元标识（SSCC） | 内含贸易项目的 GTIN | 所含项目总重量（g） | 所含单元数量 |
|---|---|---|---|---|
| 托盘 | 376123450000010039 | 97612345000018 | 50700 | 100 |
| 或：每个单元 | 376123450000010008 | 97612345000018 | 16700 | 33 |
|  | 376123450000010015 | 97612345000018 | 16900 | 33 |
|  | 376123450000010022 | 97612345000018 | 17100 | 34 |

| 贸易项目的数据文件 | 贸易项目的 GTIN | 总贸易重量 | 贸易项目的数量 |
|---|---|---|---|
| 每个标识代码一条记录 | 97612345000018 | 50700 | 100 |

GS1 应用标识符（410）单元数据串用来表示物流单元接收方的全球位置码（GLN）。GLN 是指使用 SSCC 标识的特定物流单元需要被送达的地址。该单元数据串用于单向的运输业务。一个物流单元可以载有一个标识该单元预定目的地 GLN 的条码符号。当扫描该单元数据串时，传输的数据被用于检索相关地址和/或按目的地对物品进行分类。

**示例 2：按贸易项目组合交易**

本例显示了按贸易项目组合进行交易并按重量开发票的贸易项目的订购和交付（见表 2.1.10-4）。

■ 供应商的产品目录包含一条记录：一箱 20 块牛排，每块约重 200g。

■ 一个 3 箱的订单。每箱在交付时要用 GTIN 进行标识，后面还要有每箱所包含的实际重量。

■ 三只箱子可以放在一个托盘上，一托箱子可以用 SSCC 标识，同时还可以标明托盘中物品的信息，编码方案如下：

□ AI（02）用来指明托盘内的变量单元的 GTIN。

□ AI（3102）用来指明托盘内项目的总重量。

□ AI（37）用来指明托盘内所包含箱子的数量。

■ 发票涉及交货的 GTIN 及数量，同时显示总重量及每千克的价格。发票中涉及的贸易项目组合 GTIN 及数量需与订单的 GTIN 及数量相匹配。

表 2.1.10-4 例 2：按贸易项目组合交易并按重量开具发票

| 过程 | 描述 | 所用单元数据串/项目符号表示 |
|---|---|---|
| 供应商目录 | 1 箱 20 块烤肉，每块约重 200g，真空包装 | GTIN 97612345000117 |
| 订单 | 三箱 | 3 ×97612345000117 |
| 交付 | 三个贸易项目<br>单元 1：重量=4.150kg<br>单元 2：重量=4.070kg<br>单元 3：重量=3.980kg | 单元 1：01 97612345000117 3102 000415<br>单元 2：01 97612345000117 3102 000407<br>单元 3：01 97612345000117 3102 000398 |
|  | 如果以托盘形式运输 | 托盘：00 376123450000010091<br>02 97612345000117 3102 001220 37 03 |
| 发票 | 项目的 GTIN 和总重量（12.20kg）+每千克的价格 | 3×97612345000117；12.20kg×价格/kg |

| 物流单元数据文件 | 物流单元标识（SSCC） | 内含贸易项目的 GTIN | 所含项目总重量（g） | 所含单元数量 |
|---|---|---|---|---|
| 托盘 | 376123450000010091 | 97612345000117 | 12200 | 3 |

| 贸易项目数据文件 | 贸易项目的 GTIN | 总贸易重量 | 贸易项目的数量 |
|---|---|---|---|
| 每个标识代码一条记录 | 97612345000117 | 12200 | 3 |

示例 3：批量交易

本例显示了批量贸易项目的订购和交货（见表 2.1.10-5）。

■ 供应商的产品目录包含一条记录：以千克为单位批量销售的未包装的卷心菜。

■ 一个 100kg 的订单，需用两箱交付。每只箱子都要标识卷心菜的 GTIN，其后还要有所包含卷心菜的实际重量。

■ 两只箱子可以放在一个托盘上，一托箱子可以用 SSCC 标识。

发票涉及订货的 GTIN，同时显示总重量及每千克的价格。交付的重量与订购的数量要相符。

表 2.1.10-5 例 3：批量交易

| 过程 | 描述 | 所用单元数据串/项目符号表示 |
|---|---|---|
| 供应商目录 | 以千克为单位批量销售的未包装的卷心菜 | GTIN 97612345000049 |
| 订单 | 100kg 的卷心菜 | 100kg×97612345000049 |
| 交付 | 两个贸易项目：<br>单元 1：重量=42.7kg<br>单元 2：重量=57.6kg | 单元 1：01 97612345000049 3101 000427<br>单元 2：01 97612345000049 3101 000576 |
|  | 如果以托盘形式运输 | 托盘：00 376123450000010107 |

表2.1.10-5(续)

| 过程 | 描述 | 所用单元数据串/项目符号表示 |
|---|---|---|
| 发票 | 项目的 GTIN 和总重量（100.3kg）+每千克的价格 | 97612345000049；100.3kg×价格/kg |

| 物流单元数据文件 | 物流单元标识（SSCC） | 内含贸易项目的 GTIN | 所含项目总重量（g） | 所含单元数量 |
|---|---|---|---|---|
| 托盘 | 376123450000010107 | 97612345000049<br>97612345000049 | 42700<br>57600 | 1<br>1 |

| 贸易项目数据文件 | 贸易项目的 GTIN | 总贸易重量 | 贸易项目的数量 |
|---|---|---|---|
| 每个贸易项目一个记录 | 97612345000049<br>97612345000049 | 42700<br>57600 | 1<br>1 |

示例 4：按贸易项目组合交易

本例显示了以包装箱为单位订货、按交付件数开发票的变量贸易项目的订购（见表 2.1.10-6）。

■ 供应商目录包含一条记录：一箱内含约 10 颗卷心菜，按颗出售。

■ 一个两箱的订单，交付时，每箱都用 GTIN 标识，其后要有每箱包含卷心菜的实际数量。

■ 两个箱子可以放在托盘上，一托箱子可以使用 SSCC 标识，同时还可以标明托盘内货物的信息，编码方案如下：

□ AI（02）用来指明托盘内的变量单元的 GTIN。

□ AI（30）用来指明托盘内卷心菜的总数量。

□ AI（37）用来指明托盘内箱子的数量。

■ 发票涉及订购与交付卷心菜的 GTIN 及卷心菜的总数。

表 2.1.10-6 例 4：项目组合贸易并按重量开具发票

| 过程 | 描述 | 所用单元数据串/项目符号表示 |
|---|---|---|
| 供应商目录 | 每箱内含约 10 颗卷心菜，按颗出售 | GTIN 97612345000285 |
| 订单 | 两箱 | 2×97612345000285 |
| 交付 | 第一箱：11 颗<br>第二箱：12 颗 | 第一箱：01 97612345000285 30 11<br>第二箱：01 97612345000285 30 12 |
|  | 如果以托盘形式运输 | 托盘：00 376123450000010138<br>02 97612345000285 30 23 37 02 |
| 发票 | 贸易项目的 GTIN 和总数 | 2×97612345000285；23 件×价格/件 |

| 物流单元数据文件 | 物流单元标识（SSCC） | 内含贸易项目的 GTIN | 贸易项目所含的单元总数 | 所含单元数量 |
|---|---|---|---|---|
| 托盘 | 376123450000010138 | 97612345000285 | 23 | 2 |

| 贸易项目数据文件 | 贸易项目的 GTIN | 总数 | 贸易项目的数量 |
|---|---|---|---|
| 一条记录 | 97612345000285 | 23 | 2 |

示例 5：批量交易

本例显示了一个产品，以米为长度计量单位从供应商处购买或向客户出售（见表 2.1.10-7）。

■ 供应商的目录包含一条记录：按米出售的 T49 电缆。

■ 一根长 150m 电缆的订单。交付包装用 GTIN 标识，其后要有电缆的实际长度。

■ 发票涉及订购与交货的 GTIN 及电缆的总长度。

表 2.1.10-7　例 5：批量交易

| 过程 | 描述 | 所用单元数据串/项目符号表示 |
|---|---|---|
| 供应商目录 | 按米出售的 T49 电缆 | GTIN 97612345000063 |
| 订单 | 长 150m 的一个贸易项目 | 97612345000063×150m |
| 交付 | 一个贸易项目，长 150m | 01 97612345000063 3110 000150 |
| 发票 | 贸易项目的 GTIN 和总数 | 1×97612345000063；150×价格/m |

| 贸易项目数据文件 | 贸易项目的 GTIN | 总的贸易长度/m |
|---|---|---|
| 一条记录 | 97612345000063 | 150 |

## 2.1.11　定量贸易项目——限域分销应用

本节介绍在封闭式供应链环境中物品标识的应用。虽然是在封闭环境中，这些物品也可以与开放环境下的标识全球贸易项目代码（GTIN）的贸易项目一起处理。

在封闭式环境中使用的标识代码称为限域分销代码（RCN），其数据长度可以是 8 位、12 位或 13 位。8 位代码的就称为 RCN-8，12 位的称为 RCN-12，13 位的称为 RCN-13。

对于限域分销代码的分配，必须严格遵守由 GS1 成员组织为其所在国家或指定地区制定的规则。

■ 当在公司内部使用时，单元数据串的编码结构和管理由公司负责。代码的变更以及逾期代码的重新使用必须由用户按照其自身需求进行管理。

■ 在进行区域性集中管理的情况下，由 GS1 成员组织按照用户需求决定代码的结构以及管理规则。

限域分销定量贸易项目仅在封闭的环境下流通。因此，以限域分销代码标识的贸易项目限制在一个给定的地域或仅供公司内部使用。这些贸易项目可以由零售商在店内标记，也可以由供应商在源头标记。

GS1 成员组织可指定一个或多个 GS1 前缀码 02、20~29，在特定的地域或仅在公司内部使用 RCN-12 或 RCN-13 用来标识限域分销的定量贸易项目。

RCN 只能用 EAN-8、EAN-13、UPC-A 或 UPC-E 编码，不得使用任何应用标识符对 RCN 进行编码。

### 2.1.11.1　公司内部编码——前缀为 0 或 2 的 RCN-8

应用说明

本节给出的单元数据串是使用前缀 0 或 2 的 RCN-8（见表 2.1.11.1-1）。它可为公司内部应用提供两百万个标识代码。当 RCN-8 的前缀为 0 时，构成的单元数据串通常被称为“快速码”，这是因为它用键盘输入时更快捷。

因该单元数据串是供公司内部使用，所以这些代码由公司自行分配，当超出公司内部范围时则不能确保这些代码标识的唯一的性。

表 2.1.11.1-1　前缀为 0 或 2 的 RCN-8 的数据结构

| RCN-8 前缀 | 项目参考代码 | 校验码 |
| --- | --- | --- |
| $N_1$ | $N_2$ $N_3$ $N_4$ $N_5$ $N_6$ $N_7$ | $N_8$ |

RCN-8 前缀是 0 或 2 时，0 或 2 是系统标识符，表示该项目标识代码是被其分配的公司管理，并且只在公司内部分销时使用。

项目参考代码由使用该单元数据串的公司进行分配。$N_2$~$N_7$ 的数位上可以使用任意数字。

校验码在 7.9 中阐述。校验码由条码识读器自动验证，来确保编码组成的正确性。

条码识读器传送了数据就意味着标识限域分销定量贸易项目的 RCN-8 被采集了。

✔ **注：**除贸易项目标识之外，该单元数据串也可用于公司设备供应商所支持的任何项目。

✔ **注：**在某些环境下，代码可能必须手工输入，此时 EAN-8 条码符号所表示的 RCN-8（RCN-8 的前缀为 0）可能会与用 UPC-E 条码符号编码的代码相混淆。如果存在这样的问题，那么在内部应用中最好使用前缀为 2 的 RCN-8。

GS1 标识代码

无

属性

无

数据载体规范

**载体选择**

EAN-8（RCN-8 适用的数据载体）。

**条码符号 X 尺寸、最小条高和最低质量要求**

见 5.12.3.1 “GS1 条码符号规范表 1”。

**符号放置**

无

特殊应用的处理要求

无

### 2.1.11.2　公司内部编码——GS1 前缀为 04 的 RCN-13（为 UPC 前缀 4 的 RCN-12）

应用说明

任何公司都可使用这个单元数据串为公司内部的贸易项目编码（见表 2.1.11.2-1）。公司也可使用 UPC 前缀 4 构成 RCN-12，自行构建贸易项目代码。

尽管这个单元数据串主要用于贸易项目的标识，但只要在限制环境中，该单元数据串可作为任何目的应用。该单元数据串仅能在公司内部使用，因为任一公司都可使用该单元数据串，所以一旦超出了公司内部范围，贸易项目标识的唯一性就得不到保证。

表 2.1.11.2-1　前缀为 04 的 RCN-13 数据结构

| GS1 前缀 | 项目参考代码 | 校验码 |
|---|---|---|
| 0 4 | $N_3$ $N_4$ $N_5$ $N_6$ $N_7$ $N_8$ $N_9$ $N_{10}$ $N_{11}$ $N_{12}$ | $N_{13}$ |

GS1 前缀码 04 是系统标识符，表示该项目标识代码是被其分配的公司管理，并且只在公司内部分销时使用。

项目参考代码由使用该单元数据串的公司自行分配。$N_3$～$N_{12}$的数位上可以使用任意数字。

校验码在 7.9 中阐述。校验码由条码识读器自动验证，来确保编码组成的正确性。

条码识读器传送了数据就意味着标识定量贸易项目的 RCN-13 或 RCN-12 被采集了。

GS1 标识代码

无

属性

无

数据载体规范

**载体选择**

- EAN-13（RCN-13 适用的数据载体）；
- UPC-A（RCN-12 适用的数据载体）。

**条码符号 X 尺寸、最小条高和最低质量要求**

见 5.12.3.1“GS1 条码符号规范表 1”。

**符号放置**

无

特殊应用的处理规则

无

### 2.1.11.3　公司内部编码——使用 UPC 前缀 0 的 RCN-12（LAC 和 RZSC）

应用说明

UPC 公司前缀 0 包含为公司内部编码［内部分配代码（LAC）或零售消零压缩代码（RZSC）］的预留空间，以 UPC-E 条码符号作为数据载体。UPC 公司前缀 000000、0001000～007999 也是这种结构特征。详细内容请参见图 2.1.11.3-1。

尽管该单元数据串主要用于限域分销贸易项目的标识，但只要在限域环境中，该单元数据串可作为任何目的应用。

该单元数据串仅能在公司内部使用。因为任一公司都可使用该单元数据串，所以一旦超出了公司内部范围，贸易项目标识的唯一性就得不到保证。

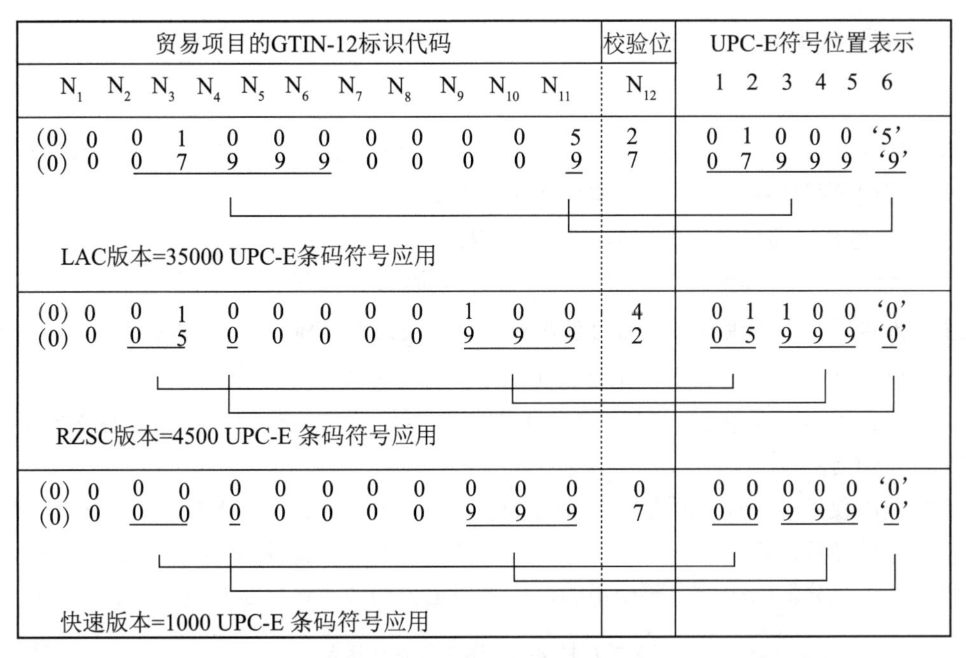


图 2.1.11.3-1 UPC-E 公司内限域分销 GTIN 的 UPC-E 编码方案

如图 2.1.11.3-1 所示，“UPC-E 符号位置表示”中的每个数字必须只包含 GTIN-12 中每个下划线划出的数字，且 UPC-E 编码的每个数字的位置必须是下划线给出的对应位置。解码时，是根据“UPC-E 符号位置表示”中的单引号中的数值和各列位置上的数值扩展至全长进行的。

校验码适用于全长的 RCN-12。在 UPC-E 条码中，它是由实际编码的六个条码字符的奇偶校验组合表示的。校验码及其计算方法见 7.9，其验证由条码识读器自动实施，来确保编码的正确组成。

### GS1 标识代码

无

### 属性

无

### 数据载体规范

**载体选择**

UPC-E（GS1 前缀为 00 且后两位为 01~07 的 RCN-12 适用的数据载体）。

**条码符号 X 尺寸、最小条高和最低质量要求**

见 5.12.3.1“GS1 条码符号规范表 1”。

**符号放置**

无

### 特殊应用的处理规则

如果没有正确地运用编码规则，可能会创建错误的 UPC-E 条码符号。UPC-E 条码符号表示的数字是否能正确地扩展成 RCN-12 可使用 7.10 给出的测试进行验证。

### 2.1.11.4　限域分销——使用 GS1 前缀 02、20~29 的贸易项目代码

应用说明

GS1 前缀 02 和 20~29 是留作限定区域内贸易项目的标识。每个 GS1 成员组织都有权在其所在国家或指定区域内分配这些前缀码用于构建限域分销贸易项目代码。

- 可用于变量贸易项目或定量贸易项目的标识；
- 可用于个别公司对其变量贸易项目或定量贸易项目的内部编码。

**注：为不同客户提供自己产品的供应商，应该使用具有唯一性的 GS1 代码来区分他们的客户。如果不采取 GS1 系统，供应商将无法使用电子数据交换或电子目录。**

尽管该单元数据串（见表 2.1.11.4-1）主要用于贸易项目的标识，但只要在限制环境中，该数据串可用作任何目的。

该单元数据串仅用于 GS1 成员组织的地域内。GS1 的成员组织可以分配一个 GS1 前缀码给一个公司以在整个区域使用，或者分配一个前缀在一个区域内使用。如果超出该区域，标识代码将不再具有唯一性。如果是分配给公司内部使用的，那么超出公司或地区范围也将不再具有唯一性。

表 2.1.11.4-1　单元数据串格式

| GS1 前缀 | 项目参考代码 | 校验码 |
|---|---|---|
| 0 2 | $N_3$ $N_4$ $N_5$ $N_6$ $N_7$ $N_8$ $N_9$ $N_{10}$ $N_{11}$ $N_{12}$ | $N_{13}$ |
| 2 $N_2$ | $N_3$ $N_4$ $N_5$ $N_6$ $N_7$ $N_8$ $N_9$ $N_{10}$ $N_{11}$ $N_{12}$ | $N_{13}$ |

GS1 的前缀码必须是 02、20~29。一个特定的前缀既可以分配给限域分销的定量贸易项目，也可以分配给限域分销的变量贸易项目（见 2.1.12）。

项目参考代码由使用该单元数据串的公司自行分配。$N_3$~$N_{12}$可以使用任意数字。

校验码在 7.9 中阐述。校验码由条码识读器自动验证，来确保编码组成的正确性。

条码识读器传送了数据就意味着标识定量贸易项目的 RCN-13 或 RCN-12 被采集了。

GS1 标识代码

无

属性

无

数据载体规范

**载体选择**

- EAN-13。

**条码符号 X 尺寸、最小条高和最低质量要求**

见 5.12.3.1“GS1 条码符号规范表 1”。

**符号放置**

无

特殊应用的处理规则

无

## 2.1.12 用于零售 POS 的变量贸易项目

本节介绍用于零售 POS 扫描的变量贸易项目的标识应用。主要有以下两种：

■ 采用 GTIN 和附加属性信息标识的变量生鲜食品贸易项目，编码使用扩展式 GS1 DataBar 或层排扩展式 GS1 DataBar、GS1 DataMatrix 或 GS1 QR 码，见 2.1.12.1。在过渡期内，除了一维条码，还可同时使用二维码。关于 AIDC 应用标准、二维码、并行应用规则和相关技术规范的所有一致性要求，见 8.4。

■ 采用限域分销代码（RCN）标识的变量贸易项目，编码使用 EAN/UPC 系列条码，见 2.1.12.2。

关于如何管理多条码的规则见 4.15。

### 2.1.12.1 变量生鲜食品贸易项目：GTIN

#### 应用说明

与定量贸易项目一样，变量贸易项目也具有预定义特征，如产品的自然属性或其含量。与定量贸易项目不同的是，变量贸易项目有一个属性是不断变化的，而其他特征保持不变。对于生鲜食品贸易项目来说，这个不断变化的属性可能是重量、长度、所含物品的数量或体积。变量生鲜食品的出售有各种不同的处理方式，例如：

■ 顾客将散装的生鲜食品装进一个袋子，并自助生成条码标签附着在袋子上。

■ 工作人员在店内制作条码标签贴在预先包装好的生鲜食品上。

■ 在 POS 机上直接对散装生鲜食品称重并计算价格。

零售商可自行决定如何计算价格及选择何种处理方式。

#### 变量生鲜食品

变量散装生鲜食品贸易项目可以采用 GTIN 和附加属性信息进行标识。由零售商决定如何处理在 POS 端销售的变量生鲜食品贸易项目。一般情况下，单个的商品（如散装农产品）会被顾客或者工作人员装进一个袋子用于 POS 的扫描（如果标签由店内生成）或称重以生成价格。当变量贸易项目在店内被称重或计量的时候，其属性信息由条码承载。如果变量贸易项目在 POS 端交与收银员称重，价格在收银柜台生成并且可直接与其他产品价格累加以完成交易。

#### 变量预包装生鲜食品贸易项目

无论是散装产品还是从大的贸易项目上分割下来的部分，如果以不同的重量或其他的计量方式进行了预包装，且使用 GTIN 和附加属性信息进行了标识，则都属于变量生鲜食品贸易项目。贸易项目标签上的 GTIN 编码是否标识计量信息和/或价格信息由零售商决定。

#### GS1 标识代码

**要求**

标识代码格式：

■ GTIN-12；

■ GTIN-13。

**规则**

GTIN 规则见 4.2。

属性

必要属性

变量贸易项目中项目数量和贸易计量 AI（30、31nn、32nn、35nn、36nn），见 3.6.1 和 3.6.2。

可选属性

■ GS1 应用标识符，见 3.2。例如，应支付金额和/或保质期应用标识符。

■ 有关生鲜食品的 GS1 应用标识符的更多详细信息，请参阅 GS1 AIDC 生鲜食品 POS 端实施指南。(https://www.gs1.org/docs/freshfood/Fresh_Food_Implementation_Guide.pdf)

规则

无

数据载体规范

载体选择

■ 扩展式 GS1 DataBar；

■ 层排扩展式 GS1 DataBar；

■ GS1 DataMatrix；

■ GS1 QR 码。

**注**：在过渡期内，除了一维条码，还可同时使用二维码。关于 AIDC 应用标准、二维码、并行应用规则和相关技术规范的所有一致性要求，见 8.4。

**注**：使用 AI（01）的 GS1 数据载体必须采用 GTIN-14 结构。当编码 GTIN-13 或 GTIN-12 的 GS1 数据载体需要使用 AI（01）时，应将这两种结构的 GTIN 补一位和或两位前导 0 转为 GTIN-14。

条码符号 X 尺寸、最小条高和最低质量要求

见 5.12.3.1 "GS1 条码符号规范表 1"。

符号放置

无

特殊应用的处理规则

无

#### 2.1.12.2 变量贸易项目：RCN

应用说明

限域流通变量贸易项目是指那些按单元的价格出售，且每一贸易单元中物品的数量是随机的，并通过 POS 端销售的商品（例如：按每千克固定价格出售的苹果）。这些贸易项目要么由零售商在店内进行标识，要么由供应商在源头进行标识。为了解决此类贸易项目的标识问题，可使用此解决方案。

GS1 成员组织应指定一个或几个 GS1 前缀 02、20~29，用于识别其境内的变量贸易项目。GS1 成员组织应给使用的公司留下部分编码容量，以供公司内部使用。

在相关的 GS1 前缀码（由 GS1 成员组织规定其范围）之后的数据字段可以采用多种结构来标识产品类型、净重、价格或单元数量。商用设备可以用于自动称重、通过单价计算项目价格并将信息打印成条码标签。然后按照选定的 GS1 单元数据串结构对扫描设备和应用程序编程，就可以将前

缀码作为指令对其后的数据区进行译码了。

表 2.1.12.2-1 的第一行显示了 GS1 US 为北美地区指定的结构。许多其他 GS1 成员组织也使用了这一结构。接下来的两行显示的是没有预先特殊定义的结构。表 2.1.12.2-2 中列出了推荐结构的示例。GS1 成员组织可以为本地区选择适合的结构。

表 2.1.12.2-1　单元数据串格式

| GS1 前缀 | 项目参考代码 | 价格校验码 | 项目价格 | 检验码 |
|---|---|---|---|---|
| 0 2 | $N_3$ $N_4$ $N_5$ $N_6$ $N_7$ | $N_8$ | $N_9$ $N_{10}$ $N_{11}$ $N_{12}$ | $N_{13}$ |
| 0 2 | $N_3$ $N_4$ $N_5$ $N_6$ $N_7$ $N_8$ $N_9$ $N_{10}$ $N_{11}$ $N_{12}$ | | | $N_{13}$ |
| 2 $N_2$ | $N_3$ $N_4$ $N_5$ $N_6$ $N_7$ $N_8$ $N_9$ $N_{10}$ $N_{11}$ $N_{12}$ | | | $N_{13}$ |

表 2.1.12.2-2　备选数据结构示例

| 项目参考代码 | 价格校验码 | 项目价格 |
|---|---|---|
| 项目参考代码 | | 项目价格 |
| 项目参考代码 | 计量校验码 | 项目计量 |
| 项目参考代码 | | 项目计量 |

项目参考代码通常由在其 POS 端扫描该单元数据串的公司分配。然而，有些国家可能会指定他们自己的标准编码体系，用于其 GS1 组织成员或贸易协会管理的变量贸易项目。

价格校验码是一个特殊的计算结果，它的验证确保了产品价格的正确识读。没有价格校验码的单元数据串，其正确识读，取决于该单元数据串的校验码（见 7.9）。

商品价格是以贸易伙伴或相关的 GS1 成员组织定义的隐含小数点的相关货币表示的贸易项目的价格。隐含小数点的位置不同单元数据串的格式也不同，单元数据串多种格式的准确区分，可通过分配不同 GS1 前缀码来实现。

校验码由条码识读器自动进行校验，确保数据符合校验规则。

当贸易项目的价格（或重量）的编码采用该单元数据串时，应当使用价格校验码或计量校验码。价格校验码是由贸易项目价格数据段中的数据计算得出，同样，计量校验码是由贸易项目计量数据段中的数据计算得出（见第 7 章）。

项目计量是在确定了计量单位和小数点位置的情况下对贸易项目的计量。计量单位与小数点位置在 GS1 前缀码或格式码的相关区域内定义。如果当地重量和计量规则许可，项目计量类型可以只是重量。

条码识读器传送了数据，表示变量贸易项目的单元数据串被采集了。条码识读器通常会进行价格校验码与计量校验码的计算，如果条码识读器无此功能，则应用软件必须进行校验码的计算。

虽然每个 GS1 成员组织和/或用户可以完全自由地开发其自己的变量贸易项目的编码解决方案，但是为了实现条码设备的标准化，GS1 系统推荐了数据结构。这些数据结构可包括项目参考代码、零售价格以及价格校验码。推荐的数据结构如表 2.1.12.2-3 所示。

表 2.1.12.2-3　推荐的数据结构

| GS1 前缀 | 推荐的数据结构（GS1 成员组织规定的确切结构） | | | | | | | | | | 校验码 |
|---|---|---|---|---|---|---|---|---|---|---|---|
| 02<br>或<br>20~29 | I | I | I | I | I | V | P | P | P | P | C |
| | I | I | I | I | V | P | P | P | P | P | C |
| | I | I | I | I | I | I | P | P | P | P | C |
| | I | I | I | I | I | P | P | P | P | P | C |

GS1 前缀由每一个 GS1 成员组织管理，特定单元数据串的格式和意义如下：

- I. . I＝项目参考代码；
- V＝按照 7.9 中规定的算法计算的价格检验码；
- P. . P＝以当地币种表示的价格；
- C＝按照 7.9 中规定的标准算法计算的校验码。

**注：根据所使用的货币单位，价格字段可能包含 0、1 或 2 位小数点。条码符号中不包含小数点，但标记设备在标签上打印 HRI 信息时必须予以考虑。**

GS1 的成员组织可以选择对零售供应商贴标的变量贸易项目实施统一的国家解决方案。这些解决方案都需要 GS1 的成员组织在国家层面上对项目参考代码的分配进行管理。

GS1 标识代码

无

属性

无

数据载体规范

**载体选择**

- UPC-A（RCN-12 适用的数据载体）；
- EAN-13（RCN-13 适用的数据载体）。

**条码符号 X 尺寸、最小条高和最低质量要求**

见 5.12.3.1 “GS1 条码符号规范表 1”。

**符号放置**

无

特殊应用的处理规则

无

## 2.1.13　贸易项目包装扩展应用

当消费者使用移动设备扫描商品包装上条码时，可以获得贸易项目包装信息之外的扩展信息，这些扩展信息可以使消费者获得更多的产品信息或应用。本规范为消费者获取生产商或品牌商授权的扩展信息，提供了一个标准化的包装解决方案。

无论贸易项目是用于零售还是非零售、定量的还是变量的，如果它最终是出售给消费者并使用基于 GTIN 的标识，那么它就在本应用的范围内。

本应用标准有三种方法来实现包装扩展应用：

- GS1 数字链接 URI 语法（见 2.1.13.1）。
  - □ 对于新的包装扩展应用，GS1 数字链接 URI 语法用 QR 码和 Data Matrix 进行编码。
- GS1 单元数据串（基于 AI）语法（见 2.1.13.2）。
  - □ 在 GS1 数字链接标准之前，GS1 批准了两种方法来实现 GS1 标准体系中可用的包装扩展应用。
    - 通过 GTIN 进行的间接访问模式。
    它依赖于移动设备应用程序（APPs）使用编码在 EAN/UPC、GS1 DataBar、GS1 DataMatrix 或 GS1 QR 码中的 GTIN。虽然这种方法是有效的，由于 GTIN 缺乏对贸易项目属性的支持则需要通过 GTIN 进行检索才能找到基于 Web 的属性信息资源（间接模式），所以它的实现是受到限制的。
    - 使用 GS1 单元数据串（基于 AI）语法的直接查找模式，该方法依赖于 AI（01）和 AI（8200）来生成产品 URL。

使用 GTIN 和 AI（8200）来生成产品 URL。此方法可直接获得生产商或品牌商授权的信息和应用，但由于需要应用程序通过解码数据构建 URL，因此在全球范围内的实施受到限制。

有关 AIDC 应用标准、并行应用规则和相关技术规范的所有一致性要求，见 8.5。

#### 2.1.13.1 用于贸易项目包装扩展应用的 GS1 数字链接 URI 语法

GS1 数字链接标准提供了一个能够获得生产商或品牌商授权信息的包装扩展解决方案，它使用 Web URI 语法将 GS1 数据（例如 GTIN 和附加信息）编码到 QR 码和 Data Matrix 条码中。按照 GS1 数字链接标准：URI 语法的定义，以及如下面的示例所示，GTIN 应该用 14 位数字表示，并用前导 0 作为填充数字。GS1 数字链接标准：URI 语法是经过批准的 GS1 技术标准，见 https://www.gs1.org/standards/gs1-digital-link。

虽然 GS1 数字链接标准提供了 GS1 数字链接 URI 语法的压缩模式，但该应用必须使用非压缩模式。例如，GTIN 09506000134369 用 QR 码和 Data Matrix 进行编码，形成 GS1 数字链接 URI https://example.com/01/09506000134369。见图 2.1.13.1-1。

图 2.1.13.1-1　使用 GS1 数字链接 URI 语法的 QR 码和 Data Matrix 码示例

**注**：example.com 域名（保留在 RFC 2606［https://tools.ietf.org/html/rfc2606］中）在示例中用作任何域名的占位符。

由于 GS1 数字链接使用 Web URI 语法在条码中编码 GS1 数据，因此它不同于之前描述的“直接”和“间接”方法（见 2.1.13.2），因为它明确编码了可解析的 Web URI。GS1 数字链接 URI 语法也与之前描述的方法不同，因为它支持所有 GTIN 属性，并提供多个单元数据串的标准化链接。

GS1 标识代码

要求

标识代码格式：

- GTIN-8；

■ GTIN-12；
■ GTIN-13。

规则

GTIN 规则，见第 4 章。

属性

必要属性

无

可选属性

可用于贸易项目的所有 GS1 应用标识符的，见第 3 章。

数据载体规范

载体选择

■ QR 码；
■ Data Matrix。

条码符号 X 尺寸、最小条高和最低质量要求

见 5. 12. 3. 1 中表 5. 12. 3. 1-3。

符号放置

见 4. 15. 1。

特殊应用的处理规则

处理规则见第 7 章和 GS1 数字链接标准。

#### 2. 1. 13. 2 用于贸易项目包装扩展应用的 GS1 单元数据串语法

GS1 单元数据串语法提供一个能够获得生产商或品牌商授权信息的包装扩展解决方案。GTIN 是访问 GS1 B2C 数据标准和服务的 GS1 的主标识代码，所有贸易项目 GS1 应用标准都需要 GTIN，因此在表 2. 1. 13. 2-1 中对 GS1 通用规范中与贸易项目相关的章节进行了规范性参考。

除了可使用 GTIN 和间接模式访问可信数据外，还可通过直接模式使用带有 GTIN 的 URL AI（8200）访问品牌商授权的信息或应用。GTIN 和 AI（8200）在条码符号中是作为独立的数据元素进行编码，但是一旦解码，它们会依照标准被转换为链接在一起的三个数据串：AI（8200）单元数据串，随后是一个斜线（/）字符，最后是 14 位的 GTIN。例如，贸易项目的 14 位 GTIN 是 01234567890128，则直接模式获取信息的 URL 就是：http：//example. com/01234567890128。

在条码符号中编码时，编码顺序为（01）1234567890128（8200）http：//example. com，当转化为 URL 时，将 AI（8200）后的 http：//example. com 与"/"和 GTIN 组合为 http：//example. com/01234567890128.

提供这个示例不是意图限制生产商或品牌商使用 URL http 模式，". com"一级域名或 URL 的特定结构。可以使用任何 URL，只要在后面附加斜线字符和 14 位 GTIN 即可。

这些值也可以在标签上用非 HRI 文本表示（见 4. 15）。如果在条码符号中除了 GTIN 和 AI（8200）表示的产品 URL 地址外，还想包括其他属性值，也是可以的，例如：http：//brandowneras-signedURL. com/gtin/serialnumber，这里的系列号最长为 20 位字母数字。

表 2.1.13.2-1 本章节中相关规则概述

| 章节 | 标题 | 一般零售 POS | 受管制的医疗项目：零售 | 受管制的医疗项目：非零售/POC |
|---|---|---|---|---|
| 2.1.3 | 用于零售 POS 的定量贸易项目 | 是 | | |
| 2.1.3.6 | 定量生鲜食品贸易项目 | 是 | | |
| 2.1.4 | 用于常规分销和零售 POS 的定量贸易项目 | 是 | | |
| 2.1.5 | 初级包装医疗项目（非零售贸易项目）* | | | 是 |
| 2.1.6 | 二级包装医疗项目（受管制的零售医疗贸易项目）* | | 是 | |
| 2.1.7.1 | 单个产品构成的贸易项目* | | | 是 |
| 2.1.12.1 | 变量生鲜食品贸易项目：GTIN | 是 | | |
| *重要：2026 年 12 月 31 日后医疗应用不得使用 AI（8200）。 | | | | |

## GS1 标识代码

### 要求

标识代码格式：

- GTIN-8；
- GTIN-12；
- GTIN-13；
- 适用于受管制非零售医疗项目：GTIN-14。

### 规则

表 2.1.13.2-1 列出的各节中的所有规则。

## 属性

### 必要属性

对于直接模式，当生产商或品牌商提供包装扩展信息或应用时，AI（8200）必须与 GTIN 一起使用。

### 可选属性

对于间接模式，表 2.1.13.2-1 列出的所有属性。

### 规则

表 2.1.13.2-1 列出的所有规则。

## 数据载体规范

### 载体选择

为支持间接模式，表 2.1.13.2-1 列出的所有载体。

对于直接模式，除了间接模式要求的条码符号，当使用 AI（8200）时，只能使用数据载体 GS1 DataMatrix 和 GS1 QR 码。见 4.15。

### 条码符号 X 尺寸、最小条高和最低质量要求

见表 2.1.13.2-1。

符号放置

无

特殊应用的处理规则

处理规则见第 7 章。

## 2.1.14　欧盟法规 2018/574，烟草产品可追溯

该应用标准提供了 GS1 对特定法规需求的规范性响应，并涵盖了欧盟委员会实施条例 EU2018/574 关于烟草产品可追溯性系统的建立和实施技术标准的各实体标识和标记。https://ec.europa.eu/health/tobacco/tracking_tracing_system_en。如果其他监管机构（欧盟以外）采用欧盟方法，则此应用标准旨在支持其工作并可实现全球互操作性。

该法规规定了符合 ISO/IEC 15459 的 GS1 标识代码可用于标识的位置：

1. 用于可追溯目的的单元包装（零售贸易项目消费单元）（零售 POS 规范有单独的应用标准见 2.1.3）。

2. 组合包装是指“包含多个烟草产品单元的任意包装”（贸易项目组合），包括：

   a）2.1.4 或 2.1.7 中定义的贸易项目组合（单元包装的更高等级，如盒子和箱子）；

   b）2.2.1 中定义的物流单元（例如，作为运输单元的单元包装集合）。

3. EU 2018/574 对经营商、设施和机器的定义如下：

   1）经营商定义为“任何参与烟草产品贸易（包括出口）的自然人或法人，从制造商到进入第一家零售店之前的最后一家经营商”，且“经营商和第一家零售店的运营商（至少运营一个设施）应向每个成员国的 ID 发行主管部门申请经营者识别代码”。

   2）设施定义为“烟草产品在制造、存储或投放市场过程中的任意位置、建筑物或自动售货机”。

   3）机器定义为“用于制造烟草产品的设备，是制造过程中不可或缺的一部分”。

该法规还规定了符合 ISO/IEC、AIM 和 GS1 标准的用于标识单元包装和组合包装的条码符号，且条码符号的印刷质量的最低要求应符合 ISO/IEC 15415 和 15416。

该法规对 ISO/IEC 15459 发行机构代码（IAC）进行了扩展，以识别由成员国指定的 ID 发行机构，被称为唯一标识代码（UIC）。随着 EU 2018/574 将 IAC 功能扩展到识别 ID 发行机构，GS1 将从其发行机构代码中给 ID 发行机构分配唯一标识代码（UIC）。GS1 标识代码将沿用当前使用方式，其“价值”在供应链功能和系统中不变，因为 GS1 标识代码已广泛使用，并且对单元包装唯一标识符（upUI）来说，也已用于 EU-CEG 2015/2186 烟草产品代码的注册。另外，在 GS1 认可且指定 ID 发行机构授权其使用 GS1 标识代码之前，GS1 标识代码不能作为 EU 2018/574 的标识代码用于识别经营商、设施或机器。由于多个 ID 发行机构可能授权相同的 GS1 标识代码的值，因此 UIC 必须先与 GS1 标识代码建立连接，以便为国家授权使用 GS1 标识代码创建经营商 ID（EOID）、设施 ID（FID）或机器 ID（MID）提供语境。

为了满足 EU 2018/574 要求，同时又不修改 GS1 标识代码中先前分配的值，应遵守以下规则：

基于 GS1 发行机构代码、ID 发行的唯一标识代码（带有扩展名）

1. 每个采用基于 GS1 标准的 EU 2018/574 识别方法的 ID 发行机构均应获得一个 ID 发行机构唯一标识码（UIC）的许可。注：由 GS1 分配的 UICs 应在 ID 发行机构唯一标识代码的第一位以数字字符开头。发行机构代码 0~9 是专门分配给 GS1 的，除非由 GS1 分配，否则不得在符合 ISO/IEC

的标识符的第一位使用。

2. 应在GS1标识代码之前添加GS1 ID发行机构UIC，以形成符合EU 2018/574的经营商标识代码（EOIDs）、设施标识代码（FIDs）和机器标识代码（MIDs），同时允许在不使用UIC的情况下使用GS1标识代码，以支持开放式的供应链业务流程。

3. UIC应使用相同的AI，与其在EOID、FID或MID中的使用无关，无论在upUI，EOID，FID或MID中使用ID发行机构的UIC值均应相同，且与ID发行机构（个人法人实体）所在国家无关。

4. 由于GS1标识代码具有国际性，并且由于ID发行机构的UIC对其运营的所有国家/地区都是相同的，因此UIC后应直接加GS1 UIC扩展1。GS1 UIC扩展1允许ID发行机构在所有28个欧盟成员国中运行。此外，还预留了多达54个国家/地区的可用容量，为欧盟以外的国家采用EU 2018/574方法提供方案。在这54个国家中，GS1占有20个，以便有能力应对地缘政治变化。

5. GS1支持GS1和非GS1 TPX算法。为了表达正在使用的算法，GS1 UIC扩展2分别为基于GS1和非基于GS1的算法用户提供了41个字母数字字符。

### 单元包装唯一标识符（upUI）

1. UIC应出现在第三方管理的GTIN序列化扩展（TPX）的第一位，并应与GS1 UIC扩展1和扩展2一起，由国家授权给仍在任命期内的每个ID发行机构。GS1 UIC扩展1表示ID发行机构运营的成员国，UIC扩展2表明使用的是GS1或非GS1算法。这两项规定确保标识在国家主管部门以及被各国主管部门指派为ID发行机构的实体间均是唯一的。

2. TPX应出现在GTIN之前，以容纳UIC。TPX后需附加一个组别分隔符（因为TPX是一个未预定义的单元数据串）。包括组分隔符和AI，TPX单元数据串的最大长度不应超过21个条码字符，以适应快速识读（例如，GS1应用标识符的两个字符和TPX的第一个数字，以及其余TPX数据元素的19个字母数字）。

### 贸易项目的组合单元包装（aUI）（GS1称为贸易项目组合）

1. 序列化GTIN（SGTIN）应由生产商确定。

2. 由于SGTIN是由经营商分配的，因此在EU 2018/574系统中UIC不得在SGTIN之前形成用于贸易项目的aUI。

### 运输单元层级的组合单元包装（GS1称为物流单元）

1. 应使用经营商分配的系列货运包装箱代码（SSCC）。

2. 由于SSCC是由经营商分配的，因此在EU 2018/574系统中UIC不得在SSCC之前形成用于贸易项目的aUI。

### 经营商ID（EOID）

1. 由经营商分配的GLN应在经营商ID请求报文中提交，以供ID发行机构授权。

2. 经ID发行机构授权后，GLN前必须加上UIC、GS1 UIC扩展位1和进口商目录，以形成供EU 2018/574系统使用的EOID。

3. 未使用UIC的GLNs可以按GS1数据共享标准继续使用，以支持现有的供应链要求。

### 设施ID（FID）

1. 由经营商分配的GLN应在设施ID请求报文中提交，以供ID发行机构授权。

2. 经ID发行机构授权后，GLN前必须加上UIC、GS1 UIC扩展位1和进口商目录，以形成供EU 2018/574系统使用的FID。

3. 未使用 UIC 的 GLNs 应继续按 GS1 数据共享标准使用，以支持现有的供应链要求。

机器 ID（MID）

1. 由运营商分配的 GIAI 应在机器 ID 请求报文中提交，以供 ID 发行机构授权。

2. 经 ID 发行机构授权后，GIAI 前必须加上 UIC，GS1 UIC 扩展位 1 和进口商目录，以形成供 EU 2018/574 系统使用的 MID。

3. 未使用 UIC 的 GIAI 应继续按 GS1 数据共享标准使用，以支持现有的供应链要求。

### 2.1.14.1 EU2018/574 中单元包装层级的贸易项目

GS1 标识代码

**定义**

用于识别单元包装层级的贸易项目：

1. GTIN-8 是由 GS1-8 前缀、项目参考代码和校验码组成的用于识别贸易项目的 8 位 GS1 标识代码。

2. GTIN-12 是由 UPC 公司前缀、项目参考代码和校验码组成的用于识别贸易项目的 12 位 GS1 标识代码。

3. GTIN-13 是由 GS1 公司前缀、项目参考代码和校验码组成的用于识别贸易项目的 13 位 GS1 标识代码。

**注：** EU 2015/2186 指定 GTIN、UPC-12 和 EAN-13 为产品代码。UPC-12 是被 GTIN-12 代替的传统术语。EAN-13 是被 GTIN-13 代替的传统术语。GTIN-8 是 GTIN 的另一种合法结构，用于零售的消费贸易项目。由于 GTIN 在 EAN/UPC 和 upUI 条码中的值必须相同，所以不允许在零售的消费贸易项目上使用 GTIN-14，因此，EU 2018/574 不允许单元包装使用 GTIN-1 标识。

**规则**

GTIN 只用于 GS1 可追溯性解决方案（例如，基于 GS1 EPCIS 的解决方案）。

当需要附加条码（零售点需求以外的条码）来支持在线打印，根据 4.13 的规定，两个条码中的 GTIN 值必须相同。

GTIN 规则见第 4 章。

RHI 规则见 4.14。该规定要求供人识读的文本反映为进行存储库查询必须输入的字符。为了减少海关和其他监管机构的混淆，包装上应清楚注明用于存储库查询的供人识读文本，不得打印 GS1 应用标识符。

属性

**必要属性**

单元包装层级，第三方管理的 GTIN 序列化扩展（TPX）。

**规则**

该解决方案通过在单元层级的唯一标识符（用于序列产品代码的 EU2018/574 术语）中指定“全球贸易项目代码（GTIN）”作为“产品代码”的主要标识代码来支持互操作性。在 GTIN 之后，第三方管理的 GTIN 序列化扩展（TPX）作为 GTIN 的属性，满足所有其他要求。

根据 EU 2018/574 规定，单元包装标识代码（upUI）最多应为 50 个字符，长度应尽可能短，以容纳 GTIN 单元数据串的编码。这是因为 GTIN 为零售供应链提供了向后兼容性，且尽可能短的长度可实现高速打印。

注：如果 TPX 用于高速在线打印，则 TPX 数据串不应超过 20 个字符。在条码编码时，14 位 GTIN 和应用标识符（01）需要 8 位条码字符，因为数字字符在条码中的编码效率是字母或特殊字符的两倍。因此当分配给高速生产线时，GTIN 和 TPX 的编码字符总数不应超过 29 位条码字符。

TPX 应始终在 GTIN 之前进行编码，以符合 EU 2018/574 UIC 规范。

当使用 AI（235）时，则不得使用 AI（21）系列号。

可选属性

对于 EU2018/574 单元包装，数据载体中的时间戳是可选的。

如果时间戳编码为独立的数据串，则应使用 AI（8008）生产日期和时间，精确到每小时。如果编码，除了必需的 GTIN 和所需的 TPX 单元数据串（不应超过 29 位条码字符）外，AI（8008）单元数据串精确到每小时（12 个数字字符，8008YYMMDDhh）还需六位条码字符。

如果时间戳已编码，则可以从与数据载体相邻的 HRI 中将其省略，除非 ID 发布机构指定需要时间戳来检索与 upUI 相关的存储的信息。

如果时间戳未编码，则必须在数据载体下方的 HRI 中显示。

在 HRI 中，TPX 应出现在第一个位置。

在 non-HRI 文本中，当未编码 AI（8008）时，时间戳应出现在最后一个位置，并与 GTIN 明确分开。EU 2018/574 只允许 GTIN、TPX 和可选的时间戳在数据载体中使用单元包装唯一标识符。

数据载体规范

根据 EU 2018/574 规定，EU 2018/574 单元包装层级贸易项目的数据载体：

- GS1 DotCode；

注：GS1 DotCode 的使用仅限于此单元层级。

- GS1 DataMatrix；
- GS1 QR 码。

条码符号 X 尺寸、最小符号高度和最低符号质量要求

见 5.12.3.12“GS1 条码符号规范表 12”。

符号放置

对于此应用，除零售 POS 使用的条码符号外，在单元包装上还需要有条码符号，因此应遵循 4.15.1 中的规则 4“不相邻放置”。

特殊应用的处理规则

处理规则见第 7 章。

#### 2.1.14.2　贸易项目的组合单元包装（aUI）（GS1 称为贸易项目组合）

GS1 标识代码

定义

在基于 GS1 的应用中，组合层级 UI 应由经营商直接生成和发布。根据 EU 2018/574，由生产商分配的 GTIN 和由生产商确定的系列号支持组合包装唯一标识符（aUI）。贸易项目组合的识别（单元包装组合——纸箱、包装箱），见 2.1.4 或 2.1.7。

规则

GTIN 只用于 GS1 可追溯性解决方案（例如，基于 GS1 EPCIS 的解决方案）。

GTIN 规则见第 4 章。

属性

**必要属性**

AI（21）系列号。

**规则**

不适用。

**可选属性**

可与 GTIN 一起使用的所有 GS1 应用标识符（AI），见第 3 章。

数据载体规范

根据 EU 2018/574 规定，贸易项目组合数据载体（单元包装组合成盒或箱子）：

- GS1 DataMatrix；
- GS1 QR 码；
- GS1-128。

**注：** 当贸易项目组合超出本规范所涵盖的供应链系统时，至少应使用 GS1-128。如果贸易项目组合也将在零售点销售（例如，一箱香烟），则除了本规范中引入的条码外，还应使用零售 POS 指定的条码（见 2.1.4）。如规定的条码被指定为零售点专用条码，则一个条码就足够了。

**条码符号 X 尺寸、最小符号高度和最小符号质量**

见 5.12.3.12 "GS1 条码符号规范表 12"。

**符号放置**

符号放置指南见第 6 章。

特殊应用的处理要求

处理规则见第 7 章。

### 2.1.14.3　运输单元层级的组合单元包装（GS1 称为物流单元）

GS1 标识代码

**定义**

在基于 GS1 的应用中，组合层级唯一标识符（UI）应由经营商直接生成和发布。由经营商分配的 SSCC 支持 EU 2018/574 运输单元组合包装唯一标识符（aUI）。根据 ISO/IEC 15459-1 来识别物流单元（单元包装组合运输单元），见 2.2.1。

**规则**

见 4.3。

属性

**必选属性**

不适用。

**规则**

见 4.3。

**可选属性**

不适用。

数据载体规范

根据 EU 2018/574 规定，物流单元数据载体（单元包装组合作为运输单元）：

- GS1 DataMatrix；
- GS1 QR 码；
- GS1-128。

注：当遇到超出本规定范围的物流供应链系统时，应至少使用 GS1-128。

**条码符号 X 尺寸、最小符号高度和最低符号质量**

见 5.12.3.12 “GS1 条码符号规范表 12”。

**符号放置**

符号放置指南见第 6 章。

特殊应用的处理规则

处理规则见第 7 章。

#### 2.1.14.4　符合 EU 2018/574 的机器标识（GS1 称为单个资产）

GS1 标识代码

**定义**

在基于 GS1 的应用中，分两步对机器（单个资产）进行标识。首先，经营商提供由 GS1 验证的全球单个资产代码（GIAI）。同时，ID 发布机构验证机器 ID（MID）请求的所有其他属性。一旦验证通过，将在 GIAI 之前将 ID 发布机构 UIC、GS1 UIC 扩展 1 和进口商目录串联起来，形成 MID。单个资产的识别见 2.3.2 和 3.9.4 全球单个资产代码（GIAI）：AI（8004）。

**规则**

见 4.4。

属性

**必要属性**

带有扩展 1 和进口商目录 AI（7040）的 GS1 UIC。

**可选属性**

不适用。

数据载体规范

不适用 EU 2018/574。

特殊应用的处理规则

处理规则见第 7 章。

#### 2.1.14.5　EU 2018/574 中的设施（GS1 中称为物理位置）

GS1 标识代码

**定义**

在基于 GS1 的应用中，分两步对设施（物理位置）进行标识。首先，经营商提供由 GS1 验证的全球位置码（GLN），ID 发布方验证设施 ID（FID）请求的所有其他属性。一旦验证通过，将在 GLN 之前将 ID 发布方 UIC、GS1 UIC 扩展位 1 和进口商目录串联起来，以形成 FID。物理位置的识别，见 2.4 和 3.7.9 全球位置码（GLN）：AI（414）。

**规则**

GLN 规则见 4.5。

属性

**必要属性**

带有扩展 1 和进口商目录 AI（7040）的 GS1 UIC。

**规则**

见 4.5。

**可选属性**

不适用。

数据载体规范

不适用 EU 2018/574。

特殊应用的处理规则

处理规则见第 7 章。

#### 2.1.14.6 EU 2018/574 的经营商（GS1 称为参与方）

GS1 标识代码

**定义**

在基于 GS1 的应用中，分两步对经营商进行标识。首先，经营商提供由 GS1 验证的全球位置码（GLN），ID 发布方验证经营商 ID（EOID）请求的所有其他属性。一旦验证通过，将在 GLN 之前将 ID 发布者方 UIC、GS1 UIC 扩展 1 和进口商目录串联起来，以形成 EOID。参与方的识别，见 2.4.5 和 3.7.12 参与方全球位置码（GLN）：AI（417）。

**规则**

GLN 规则见 4.5。

属性

**必要属性**

带有扩展 1 和进口商目录 AI 的 GS1 UIC（7040）。

**规则**

见 4.5。

**可选属性**

不适用。

数据载体规范

不适用 EU 2018/574。

特殊应用的处理规则

处理规则见第 7 章。

## 2.1.15　非全新贸易项目的标识

### 应用说明

**背景**

所有使用GS1系统进行标识的新贸易项目在首次使用或消费者购买之前都将被分配一个GTIN。同一贸易项目的所有实例的GTIN是相同的。除了GTIN之外，一些贸易项目还有其他更为详细的标识信息，如消费品变体（CPV）、批次/批号以及系列号，并且这些GS1标识代码信息都与GTIN相关联。在大多数情况下，GTIN存在于新贸易项目包装上的条码符号中（见4.13.2）。

有些新贸易项目的条码或RFID标签中除GTIN外，还包含一个或多个更细化的标识信息。例如，采用GS1标识进行编码的RFID标签，就同时含有新贸易项目的GTIN及系列号。除此之外，还有二维码，例如带有GS1数字链接URI的QR码，它们在GTIN的基础上，还能承载更细化的GS1标识代码信息。

### 贸易项目声明和销售声明

**贸易项目声明**

任何贸易项目都有贸易项目声明（见4.2.2.2），即标签和原始包装上的所有信息集合。并且该声明由最初的GTIN分配方（在首次使用或消费者购买之前为贸易项目分配GTIN的一方）负责。

**销售声明**

任何正在挂牌出售的贸易项目都有一套销售声明，即卖方进行发布或认可的有关贸易项目的所有信息（包括价格、供货情况、销售条款、索赔要求、物品状况、运输信息、退货信息等）。

### 非全新贸易项目

首次使用或消费者购买后，贸易项目即被视为非全新的，但需要注意的是，非全新贸易项目不包括已退货退款的贸易项目。如上所述，非全新贸易项目包括多种产品，并且其现有标识的精确度各不相同。

在决定如何标识非全新贸易项目时，应考虑几个因素，包括：

- 非全新贸易项目现有标识的可用性/了解程度（例如，由原始GTIN分配方所分配的贸易项目原始GTIN和系列号）；
- 下游业务流程的需求（非全新贸易项目需要如何存储、订购、销售、交付等）；
- 能够扫描、处理和管理GTIN以外任何精度级别的标识信息的能力，因为预计目前所有系统都能管理GTIN级别的标识。

### 非全新贸易项目标识规则

个别行业可能有特定的应用标准来管理翻新贸易项目的标识，在这种情况下，优先考虑这些标准。关于铁路行业翻新零部件的标识，见《铁路行业组件和部件标识　应用标准》。对于所有其他情况，适用以下规则：

1. 如果不需要分别标识同一贸易项目的新的和非全新的实例，也不需要用GTIN和系列号来标识每个非全新的实例，那么用最初分配的GTIN进行标识就足够了。

如果无法立即知道生产商为贸易项目分配的原始GTIN，则应尽可能地查询并使用该原始标识符来识别非全新贸易项目。如果无法恢复原始GTIN，则应根据《GTIN管理标准》或《GS1医疗GTIN分配规则标准》（对于受监管的医疗产品）分配新的GTIN。

2. 如果需要分别标识同一贸易项目的新的和非全新的实例，则可采用以下方法标识非全新贸易项目：

- 当所有下游参与方可以在系列化实例层面管理非全新贸易项目的标识时，则适用以下规则：
  - 如果已知原始 GTIN 和与 GTIN 相关联的原始系列号，且系列号尚未失效，则应使用它们来标识非全新贸易项目。为了在库存管理和价格查询等业务流程中利用这种实例级标识代码，系统需要能够使用系列号和 GTIN 来访问报价的价格、条款和其他要素。
- 当某些或所有下游参与方无法在系列化实例层面管理非全新贸易项目的标识时：
  - 如果参与方对贸易项目进行调整、翻新或修改，从而产生一套新的贸易项目声明（见 4.2.2.2），应分配一个新的 GTIN。该参与方可以是原 GTIN 分配方，也可以是下游参与方。在这种情况下，应保持新 GTIN 和原始 GTIN 之间的联系，并在需要时提供给下游贸易伙伴。
  - 在某些情况下，非全新贸易项目在限域分销应用中进行销售，在这种应用中可能不需要用 GTIN 进行标识。这种封闭式的供应链环境可使用第 2.1.11 节所述的贸易项目标识。若有此类情况，建议咨询当地的 GS1 成员机构。

**注：**当然，有些企业会采用非全新的贸易项目的原始 GTIN，并结合系统中可能存在的其他数据（如卖方标识或其他内部代码）的独特组合，生成非全新贸易项目特定报价的唯一标识代码。不过需要明确的是，这种方法并不具备全球互操作性，其使用需经过双方的一致同意。此外，本节中明确的规则，正是为了确保非全新贸易项目标识的全球互操作性。

### GS1 标识代码

#### 要求

标识代码格式：

- GTIN-8；
- GTIN-12；
- GTIN-13。

#### 规则

GTIN 规则见 4.2。

### 属性

#### 必要属性

无

#### 可选属性

所有可与 GTIN 一起使用的 GS1 应用标识符（AI），见第 3 章。

### 数据载体规范

#### 载体选择

该单元数据串的数据载体有：

- UPC-A（GTIN-12 或 RCN-12 适用的数据载体）；
- EAN-13（GTIN-13 或 RCN-13 适用的数据载体）；
- UPC-E；
- EAN-8；
- GS1 DataBar 零售 POS 系列（GTIN-12 或 GTIN-13 使用该数据载体，必须添加前导 0 使编码

长度变为 14 位)；

■ EPC/RFID。

**条码符号 X 尺寸、最小条高和最低质量要求**

见 5.12.3.1 “GS1 条码符号规范表 1”。

**符号放置**

符号放置指南见 6.9。

**特殊应用的处理规则**

处理规则见第 7 章。

## 2.2　物流单元

物流单元是指为进行运输和/或储存而建立，需要在供应链中进行管理的包装单元。

跟踪和追溯供应链中的物流单元是 GS1 系统的一个主要应用。通过扫描每个物流单元的标识代码，可以在物品的物理移动与相关的信息流之间建立联系，从而实现对每个物流单元的物理移动单独跟踪和追溯，并为实现更广泛的应用创造了机会，比如直接转运、运输路线安排和自动收货。

物流单元使用 GS1 标识代码 SSCC（系列货运包装箱代码）进行标识。SSCC 是唯一可用于标识物流单元的 GS1 标识代码。SSCC 保证了物流单元标识的全球唯一性。

除作为物流单元外，如果还被当成一个贸易项目，那么它也可以用 GTIN 标识。但是 GTIN 和系列号的组合不能代替 SSCC 作为物流单元的标识。

除了是一个物流单元外还作为托运货物和/或装运货物的一部分，那么它也可以与 GINC 和/或 GSIN 相关联。

属性信息如全球托运标识代码 AI（401）作为可选，可以采用国际通用的数据结构和条码符号，以实现准确的译码。

### 2.2.1　单个物流单元

**应用说明**

物流单元是指为进行运输和/或储存而建立，需要在供应链中进行管理的包装单元。物流单元的标识和条码表示，使许多应用得以实现。如系列货运包装箱代码（SSCC）将物理的物流单元与物流单元的相关信息关联起来，使这些信息在贸易伙伴间可通过 EDI 进行交换。

物流单元使用单元数据串 AI（00）（SSCC）进行标识（见第 3 章）。给每个物流单元分配一个唯一的代码，该代码在其生命周期中保持不变。SSCC 的分配规则是，一个 SSCC 在被分配使用后一年内，该 SSCC 不得再次分配使用。但是，主要的管理机构或行业组织可根据特殊要求延长这个期限。

原则上 SSCC 是访问信息系统中存储的相关物流单元信息的标识代码，然而物流单元的相关属性（例如，运输目的地信息、物流单元重量等）也可从标准的单元数据串中获得。

**GS1 标识代码**

**要求**

■ SSCC

SSCC 的 GS1 应用标识符为 AI（00），见 3.2。

规则

SSCC 规则见 4.3。

### 属性

**必要属性**

不适用。

**可选属性**

可与 SSCC 一起使用的所有 GS1 应用标识符，见 3.2。

**注：** *在某些行业，使用物流单元内贸易项目应用标识符 AI（02）、物流单元内贸易项目数量应用标识符 AI（37），用来描述物流单元内的贸易项目。但医疗行业更倾向于单独使用 SSCC，SSCC 与 EDI 一起使用可以实现医疗产品的标识和可追溯性。*

规则

无

### 数据载体规范

**载体选择**

GS1-128 是单个物流单元强制性使用的数据载体。

除 GS1-128 之外，适用的数据载体还包括 GS1 DataMatrix 或 GS1 QR 码。当使用二维码时，应包括 GS1-128 中包含的所有单元数据串及附加属性信息单元数据串。

如果物流单元任何一面的表面积不足以采用 A6 或 4″×6″的物流标签（见 6.6.4.5），则可以在物流标签上使用 GS1 DataMatrix 或 GS1 QR 码，但仍建议使用包含 SSCC 的 GS1-128。如果物流标签上只能使用 GS1 DataMatrix 或 GS1 QR 码，则需确保贸易伙伴能够扫描该条码。

关于医疗行业，见 2.1.5 中表 2.1.5-2 推荐的条码。

**条码符号 X 尺寸、最小条高和最低质量要求**

见 5.12.3.5 “GS1 条码符号规范表 5”。

**符号放置**

符号放置指南见第 6 章。

### 特殊应用的处理规则

处理规则见第 7 章。

## 2.2.2 多个物流单元——全球托运标识代码

### 应用说明

■ 托运单元可以由一个或几个物流单元组成。如果托运单元包含多个物理实体，并不需要将这些实体组合在一起，一个托运代码就可以标识一个逻辑组合。一个托运代码被识读就表明此物理实体与标有相同托运代码的其他物理实体建立了关联，其中单个物理实体单元标识的 SSCC 见 2.2.1。

■ 全球托运标识代码是由运输货物的货运代理方或承运方分配，并被相关的运输报文和文件（如运单）等引用。它可以作为运输链中各参与方的信息交换代码，例如电子数据交换（EDI）报文中，全球托运标识代码可作为托运货物代码和/或货运代理或承运方的装载清单。全球托运标识代码 GINC 应用标识符 AI（401），见 3.2。

**注**：装运与托运是运输和物流行业经常交叉使用的两个概念，为准确起见，当多个物流单元的标识用于贸易时，GS1 使用装运一词；当多个物流单元的标识用于运输时，GS1 使用托运一词。

GS1 标识代码

**要求**

GINC

GINC 的 GS1 应用标识符是 AI（401），见 3.2。

**规则**

数据的传送就意味着表示全球托运标识代码的单元数据串已被采集。在适用的情况下，全球托运标识代码可以作为一个独立的信息进行处理，也可以与同一个物流单元上标识的其他数据一起处理。关于 GINC 与 SSCC 的联合使用，见 2.2.1 和 6.6。

属性

**必要属性**

无

**可选属性**

无

数据载体规范

**载体选择**

GS1 全球托运标识代码适用的数据载体是 GS1-128、GS1 DataMatrix 和 GS1 QR 码。

**条码符号 X 尺寸、最小条高和最低质量要求**

见 5.12.3.5 "GS1 条码符号规范表 5"。

**符号放置**

符号放置指南见第 6 章。

特殊应用的处理规则

处理规则见第 7 章。

## 2.2.3　多个物流单元——全球装运标识代码

应用说明

■ 装运单元可以由一个或几个物流单元组成。如果装运单元包含多个物流实体，并不需要将这些实体组合在一起，一个装运标识代码就可以标识一个逻辑组合。一个装运代码被识读就表明此物理实体与标有相同装运代码的其他物理实体建立了关联，其中单个物理实体单元标识的 SSCC 见 2.2.1。

■ 全球装运标识代码（GSIN）是由销售商（发货人）分配，并被相关的发货通知和提单等引用。它为运输链中标识一个物理实体的逻辑组合提供了全球唯一的代码。它可以作为运输链中的各参与方的信息交换代码，例如 EDI 报文中，全球装运标识代码可用于装运代码和/或发货人的装货清单。

**注**：装运与托运是运输和物流行业经常交叉使用的两个概念，为准确起见，当多个物流单元的标识用于贸易时，GS1 使用装运一词；当多个物流单元的标识用于运输时，GS1 使用托运一词。

GS1 标识代码

**要求**

GSIN

GSIN 的 GS1 应用标识符是 AI（402），见 3.2。

**规则**

数据的传送就意味着表示全球装运标识代码的单元数据串已被采集。在适用的情况下，全球装运标识代码可以作为一个独立的信息进行处理，也可以与同一个单元上标识的其他数据一起处理。关于 GSIN 与 SSCC 的联合使用，见 2.2.1 和 6.6。

属性

**必要属性**

无

**可选属性**

无

数据载体规范

**载体选择**

GS1 全球装运标识代码适用的数据载体是 GS1-128、GS1 DataMatrix 和 GS1 QR 码。

**条码符号 X 尺寸、最低条高和最高符号质量**

见 5.12.3.5 “GS1 条码符号规范表 5”。

**符号放置**

符号放置指南见第 6 章。

特殊应用的处理规则

处理规则见第 7 章。

## 2.3　资产

GS1 系统规定了一种标识资产的方法。资产标识的目的是将一个物理实体标识为库存项目。

每一个持有 GS1 公司前缀的公司都可以使用全球可回收资产代码（GRAI）和全球单个资产代码（GIAI）。如果资产是一家公司制造的，则最佳做法是可要求制造公司为客户在制造过程中完成 GRAI 或 GIAI 的标识。

**注**：订购同一类型资产时，需在订购过程中采用 GTIN 标识。这种情况下，虽然 GTIN 和 GRAI（GS1 公司前缀，资产类型和校验码）使用相同的数字但并不会发生冲突，因为数据载体（EDI 限定符，使用 GS1 应用标识符的 GS1 条码或 EPC/RFID）可以区分这两种 GS1 标识代码。

GS1 资产标识可作为标识代码用于访问计算机文件中存储的资产特性以及资产的移动记录。

**注**：应使用 GS1 资产标识作为信息标识代码，以数字方式记录并共享资产的属性。资产的

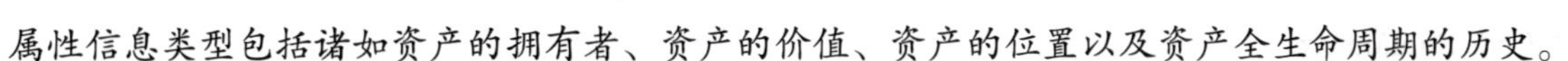
属性信息类型包括诸如资产的拥有者、资产的价值、资产的位置以及资产全生命周期的历史。

资产标识的基本应用，如特定资产（如一台 PC 机或可回收的交通工具）的位置和用户；也可用于一些复杂应用，如记录可回收资产（如可重复使用的啤酒桶）的特征、其移动情况、生命周期的历史及其他与财务相关的数据。

## 2.3.1 全球可回收资产代码（GRAI）应用标识符 AI（8003）

### 应用说明

可回收资产是指具有一定价值，可重复使用的包装或运输设备，例如：啤酒桶、气瓶、塑料托盘或板条箱。GS1 系统用于可回收资产的标识即全球可回收资产代码（GRAI），可跟踪并记录可回收资产的所有相关数据。

GRAI 由 GS1 公司前缀（分配资产类型代码的公司的前缀）和资产类型代码组成。资产类型代码与 GS1 公司前缀一起唯一标识一种类型的资产。同一公司的同一种可回收资产，其资产标识是相同的。虽然建议使用连续代码进行标识，但资产类型代码的分配由厂商自己决定。系列代码是可选择的，它可用来标识特定资产类型中的单个资产。

资产标识符的一个典型应用案例是跟踪可回收的啤酒桶。啤酒桶的所有者采用一种永久性标签把载有全球可回收资产代码（GRAI）的条码符号标记于啤酒桶上。在装满啤酒交给顾客和顾客归还空桶时扫描该条码，这样啤酒桶的所有者可以自动采集给定啤酒桶的全生命周期的历史记录，需要时也可用于押金处理。

**注：** 这个单元数据串将一个物理实体标识为一个可回收的资产。当这样的物理实体被用于运输或包含一个贸易项目时，单元数据串 AI（8003）不能用于标识被运输或被包含的贸易项目。

**注：** 2.1.8 中涉及的 GRAI，是关于在微观物流内循环使用、清洁和灭菌的医疗器械的自动识别和数据采集（AIDC），更多详细信息见 2.1.8。

### GS1 标识代码

**要求**

GRAI

全球可回收资产代码（GRAI）的应用标识符是 AI（8003），见 3.2。

**规则**

应用规则见 4.4。

### 属性

**必要属性**

无

**可选属性**

可与 GRAI 一起使用的所有 GS1 应用标识符，见 3.2。

### 数据载体规范

**载体选择**

GRAI 适用的数据载体有：

- GS1-128；

- GS1 DataMatrix;
- GS1 QR 码;
- EPC/RFID 标签。

医疗器械的资产标识编码见 2.1.8。

永久标记的应用见 2.6.14。

**条码符号 X 尺寸、最小条高和最低质量要求**

关于数据载体 GS1-128、GS1 DataMatrix 和 GS1 QR 码见 5.12.3.9 “GS1 条码符号规范表 9” 和 5.12.3.7 “GS1 条码符号规范表 7” （零部件直接标记）或 5.12.3.13 “GS1 条码符号规范表 13”（远距离扫描）。

**符号放置**

无

特殊应用的处理规则

处理规则见第 7 章。

## 2.3.2 全球单个资产代码（GIAI）应用标识符 AI（8004）

应用说明

在 GS1 系统中，单个资产是指具有特定属性的物理实体。

该单元数据串把一个特定的物理实体标识为一项资产。在资产全生命周期以及以外的一段时间内，该单元数据串应具有唯一性，不能另作他用。当资产所有人变更时，全球单个资产代码（GIAI）保留与否取决于具体的应用。如果保留，则该代码将永远不得重复使用。

全球单个资产代码（GIAI）由 GS1 公司前缀（分配单个资产代码的公司的前缀）和单个资产参考代码组成（见第 3 章）。单个资产参考代码是字母数字型的，其结构由资产所有者或管理者决定。

例如，该单元数据串用于记录飞机零部件的全生命周期。通过把表示 GIAI、AI（8004）单元数据串的条码标记在零部件上，飞机运营商便能够自动更新其零部件库存数据，并可跟踪其从购置使用到报废的全过程。

2.1.8 中涉及的 GIAI，是关于在微观物流内循环使用、清洁和灭菌的医疗器械的自动识别和数据采集（AIDC），更多详细信息见 2.1.8。

GS1 标识代码

**要求**

GIAI

全球单个资产代码（GIAI）的应用标识是 AI（8004），见 3.2。

**注：** 当组装项目本身没有专用的空间用于标识 GIAI 时，可将 GIAI 标记在其中一个组件（即所谓主要部件）上面。例如，用于标识铁路车辆侧面缓冲器的 GIAI 可能被单独标记在缓冲器外壳上（见图 2.3.2-1），另外该缓冲器外壳上还会标记其本身的标识。为识别组装项目上的标记，必须使用 AI（7023）作为其 GIAI 的应用标识符。

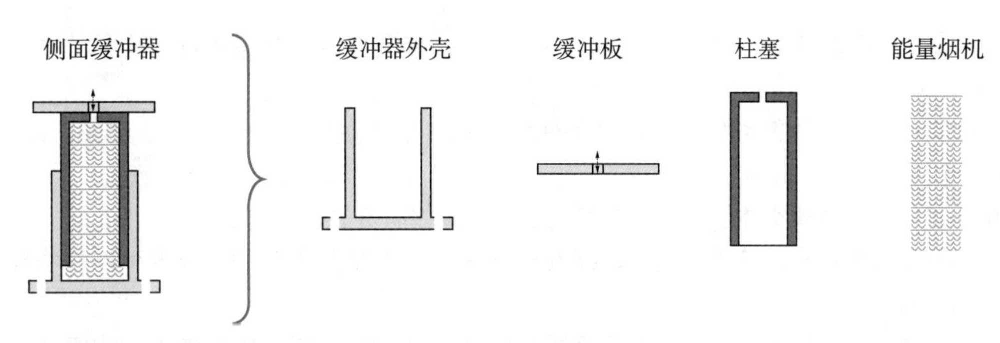


图 2.3.2-1 例：侧面缓冲器（组装项目）和缓冲器外壳（主要部件）的标识

规则

见4.5。

属性

必要属性

无

可选属性

可与 GIAI 一起使用的所有 GS1 应用标识符，见 3.2。

数据载体规范

载体选择

GIAI 适用的 GS1 数据载体有：

- GS1-128；
- GS1 DataMatrix；
- GS1 QR 码；
- EPC/RFID 标签。

医疗器械的资产标识编码见 2.1.8。

永久标记的应用见 2.6.14。

条码符号 X 尺寸、最小条高和最低质量要求

关于数据载体 GS1-128、GS1 DataMatrix 和 GS1 QR 码见 5.12.3.9 “GS1 条码符号规范表 9” 和 5.12.3.7 “GS1 系统符号规范 7”（零部件直接标记）或 5.12.3.13 “GS1 条码符号规范表 13”（远距离扫描）。

符号放置

无

特殊应用的处理

处理规则见第 7 章。

# 2.4 参与方与位置

GLN 是全球唯一能够对业务流程中任何类型的参与方和位置进行准确标识的 GS1 标识代码。全球位置代码（GLN）的使用是由给定业务流程中各参与方和（或）位置的具体角色所决定的。

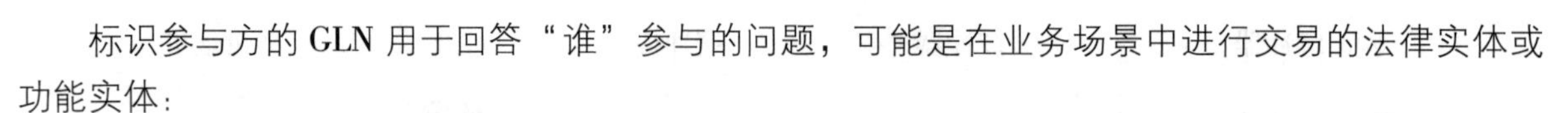

标识参与方的 GLN 用于回答“谁”参与的问题，可能是在业务场景中进行交易的法律实体或功能实体：

□ 法律实体：具有法律身份，并且具备使协议和合同生效能力的任何商业组织、政府部门、慈善组织、个人或者公共机构。

□ 功能实体：由法律实体规定的、在其内部履行具体职责的机构或部门。

标识位置的 GLN 用于回答某物过去、现在或将来在“哪里”的问题。位置可以是物理位置也可以是数字位置。

□ 物理位置：指某物过去、现在或将来所在的地方（一个区域、建筑物或一组建筑）或者场地内区域。

  ○ 物理位置的标识是供应链可视化的基本要素。分配给一个物理位置的 GLN 通常都有可辨识的地理位置参数（例如地址、坐标），该位置与在此进行的业务流程无关。物理位置可以是永久的并保持在固定位置或者是移动的，且其位置可以随时间而变化（例如移动献血车）。

□ 数字位置：数字位置是指电子的（非物理的）地址，用于计算机系统之间的通信。

  ○ 就像公司之间实物商品的交换一样，数据交换是系统之间的交易，例如发票的交付可以映射到由 GLN 标识的 EDI 网关。

## 2.4.1　应用概述

GLN 通过自动识别和数据采集（AIDC）用于共享参与方和位置信息。2.4 着重介绍了 GLN 在 AIDC 应用中的使用。GLN 的使用分为以下四类：

1. 物理位置的标识，例如通过贴在装货码头或者仓库货架上的标签对物理位置进行标识。
2. 运输和物流过程中指定的位置，例如物流标签上交货地。
3. 参与方的标识，例如在文件上指定法律实体。
4. 参与方的指定，如在付款单中的开票方。

GLN 被广泛用于系统之间的数据共享（过程）中，因此 GLN 是相关的 GS1 标准中的基础标识代码。如需更多信息，请参考相关 GS1 标准。

1. 电子数据交换（EDI）使用 GLN 来识别交易中的贸易参与方和物理位置。另外，GLN 也常用于标识公司的 EDI 邮箱或网络地址。

2. 全球数据同步网络（GDSN）授权使用 GLN 来识别向任何数据池提供信息的参与方以及需要有关产品和位置信息的参与方。

3. 电子产品代码信息服务（EPCIS）使用 GLN 来识别相关参与方、读取节点和贸易位置，以采集和共享可视性数据。例如，可以使用 EPCIS 标准跟踪由 GLN 标识的移动位置。

## 2.4.2　物理位置的标识

### 应用说明

使用如下 GS1 应用标识符，通过在具体位置标记相应的数据载体实现物理位置的标识：

■ AI（414）标识物理位置的全球位置码；

■ AI（254）标识 GLN 扩展部分。

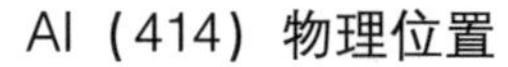

AI（414）物理位置

通过将数据载体标记在具体位置上，GLN 可用于标识物理位置。物理位置可以是某房间，仓库某扇门，医院的一个 X 光室或者一个控制点。

该单元数据串可用于记录并确认任何给定位置。在电子报文中，有相应部分来表示这个信息。

AI（254）GLN 扩展组件

业务流程导致对象（如产品、资产或其他设备）从一个物理位置移动至另一物理位置。在供应链中对这些活动的可视性至关重要。这些物理位置可以是一个地点（如配送中心）或者是一个地点内的具体位置（如一个交易大厅），或者是医院的一个房间、仓库中的一个区域；它甚至可以是货架上的一处货位。

GLN 扩展组件用于标识一些由 GLN 标识位置的内部物理位置，称为子位置。当然，企业也可以不用 GLN 扩展组件，而是选择为其分配单独的 GLN 标识子位置。

图 2.4.2-1 展示了 GLN 扩展组件应用的一种情形。

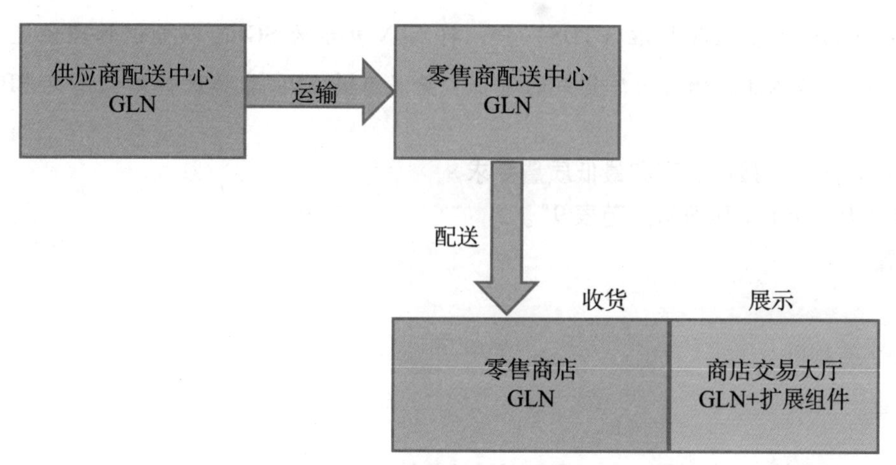


图 2.4.2-1　物流过程中的物理位置

重要信息

■ GLN 扩展组件只能与标识物理位置的 GLN 联合使用。

■ GLN 扩展组件应仅用于所有相关贸易伙伴之间有相互协议，且所使用的标准支持 GLN 扩展部分。

■ 如 GLN+GLN 拓展组件用于识别地点内的位置，则每个子位置标识应遵循 GLN 管理规则，详情可咨询中国物品编码中心。

GS1 标识代码

要求

■ GLN。

规则

GLN 规则见 4.5。

属性

必要属性

无

**可选属性**

GS1 应用标识符（254）可用于表示与 AI（414）相关联的 GLN 扩展组件。

更多详细信息，见 3.2“GS1 应用标识符目录”。

**规则**

见 4.13“数据关系”中强制联合使用的单元数据串。

### 数据载体规范

**载体选择**

GLN 或 GLN+GLN 扩展组件适用的数据载体：

- GS1-128；
- GS1 DataMatrix；
- GS1 QR 码；
- EPC/RFID 标签。

**注：** 在 GS1 标签数据标准（TDS）中，将 GLN 表示为 SGLN 以标识物理位置，AI（254）是可选。例如一个具体建筑物或仓库货架的货位。更多有关 EPC 载体的详细信息见 EPC 标签数据标准。

**条码符号 X 尺寸、最小条高和最低质量要求**

见 5.12.3.9“GS1 条码符号规范表 9”。

**符号放置**

无

### 特殊应用的处理规则

见第 7 章。

## 2.4.3 业务过程中物理位置的标识

### 应用说明

基于业务过程中位置的具体角色，可以在标签或文件上使用如下 GS1 应用标识符来标识物理位置：

- AI（410）标识交货地全球位置码；
- AI（413）标识货物最终目的地全球位置码；
- AI（416）标识产品或服务位置码。

**AI（410）交货地全球位置码**

AI（410）单元数据串标识物流单元收货方的全球位置码。一个使用 SSCC 标识的物流单元可以由 GLN 指示其交货地。此单元数据串适用于单程运输操作。物流单元上可以用条码符号来表示交货地的 GLN。

扫描物流单元上的此单元数据串得到的数据可用于检索相关地址，也可将物流单元按目的地分类。

**AI（413）货物最终目的地全球位置码**

AI（413）单元数据串供收货方使用，以决定物理单元的最终目的地，该目的地可以是收货方内部的具体地点。

使用该单元数据串的一个典型应用是越库配送（见图 2.4.3-1）。在物流单元创建时，将带有 AI（410）单元数据串的条码，标记在物流单元上指示商品的中间目的地（如配送中心），将带有 AI（413）单元数据串的条码，标记物流单元上指示商品的最终目的地。（如由配送中心供货的零售商店）

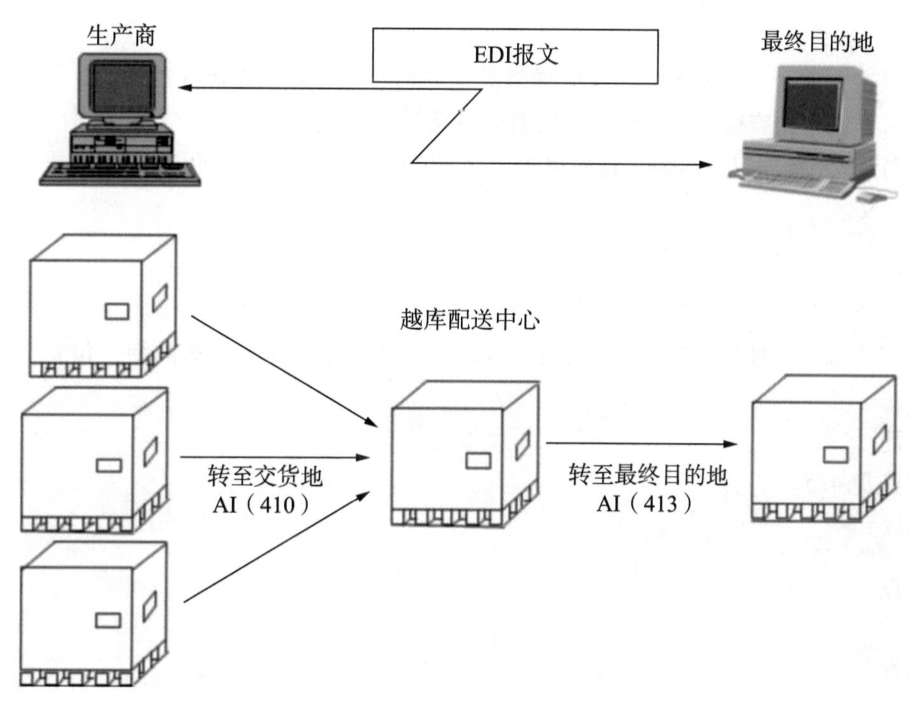


图 2.4.3-1　越库配送应用示例

AI（416）生产或服务位置全球位置码

AI（416）单元数据串标识产品或服务位置的全球位置代码，例如用于标识贸易项目或者资产的生产或翻新的场所。

GS1 标识代码

要求

GLN。

规则

GLN 规则见 4.5。

属性

无

数据载体规范

如 GLN 使用条码符号或 EPC/RFID 标签标记在产品上，则应适用贸易项目的应用规则，见 2.1。

如 GLN 使用条码符号标记在 GS1 物流标签上，则应适用物流单元的应用规则，见 2.2。

特殊应用的处理规则

见第 7 章。

### 2.4.4 参与方的标识

应用说明

参与方标识使用 GS1 应用标识符（417）用数据载体标记。

**AI（417）参与方全球位置码**

GLN 可以在文件、位置或者其他可以增值的地方将参与方表示在数据载体中。例如，这些参与方可能是法律实体、政府机构、会计部门或其他业务职能部门。

AI（417）单元数据串可以为了任何目的记录和确认参与方，并可用对应的数据段将这些资料保存为电子报文。

GS1 标识代码

**定义**

GLN 是用于标识物理位置或参与方的 GS1 标识代码。它由 GS1 公司前缀、位置参考代码和校验码构成。

**应用规则**

GLN 规则见 4.5。

属性

**必要属性**

无

**可选属性**

更多详细信息，见 3.2“GS1 应用标识符目录”。

**应用规则**

见 4.13“数据关系”。

数据载体规范

**载体选择**

GLN 或 GLN+GLN 扩展组件适用的数据载体：

- GS1-128；
- GS1 DataMatrix；
- GS1 QR 码；
- EPC/RFID 标签。

**注**：GS1 的 EPC 标签数据标准（TDS）将 PGLN 定义为全球位置码（GLN）或参与方。此类参与方的例子包括运营商或结算中心。更多有关 EPC 载体的详细信息见 *EPC Tag Data Standard*（*TDS*）（EPC 标签数据标准）（https：//ref. gs1. org/standards/tds/）。

**条码符号 X 尺寸、最小条高和最低质量要求**

见 5.12.3.9“GS1 条码符号规范表 9”。

**符号放置**

无

特殊应用的处理规则

见第 7 章。

## 2.4.5 业务过程中参与方的标识

### 应用说明

基于业务过程中位置的具体角色，可以在标签或文件上使用如下GS1应用标识符来标识参与方或物理位置：

- AI（411）标识受票方全球位置码；
- AI（412）标识供货方全球位置码；
- AI（415）标识开票方全球位置码；
- AI（703*）标识批准的加工方（和ISO国家代码“999”一起使用）全球位置码。

**AI（411）受票方全球位置码**

AI（411）单元数据串表示受票方的全球位置码。GLN用于表明贸易合作中受票方的名称和地址，还可包括与财务相关的信息。

**AI（412）供货方全球位置码**

在商务活动中，有时需要知道某个贸易项目来自哪里。AI（412）单元数据串用于表明供货方的GS1全球位置码。

**AI（415）开票方全球位置码**

AI（415）单元数据串是用于指明开票方的全球位置码。它是支付单应用的必备信息（见2.6.6）。

**AI（703*）加工方（和ISO国家代码“999”一起使用）全球位置码**

GS1应用标识符（703s）单元数据串用于表示贸易项目加工方的ISO国家代码和批准号或GLN。如果输入“999”作为ISO国家代码，则表示后续的数据是全球位置代码（GLN），而不是“批准号”。

贸易项目加工方代码是贸易项目的一个属性，应当与贸易项目相关的GTIN一起使用。见3.8.17。

### GS1标识代码

**要求**

GLN

**规则**

GLN规则见4.5。

### 属性

无

### 数据载体规范

如果GLN使用条码符号标记在GS1物流标签上，则应适用物流单元的应用规则，见2.2。

如果GLN使用条码符号标记在支付单上，则应适用支付单的应用规则，见2.6.6。

### 特殊应用的处理规则

见第7章。

# 2.5 服务关系

应用说明

全球服务关系代码（GSRN）用于标识提供服务的组织与提供服务或接受服务的单个实体之间的关系，具有全球唯一性。GSRN是获取计算机系统中存储的服务提供方和接受方相关信息的标识代码，在某些情况下，这些服务可能是重复性的。全球服务关系代码（GSRN）也用于查阅由电子数据交换（EDI）传输的信息。

当使用全球服务关系代码（GSRN）时，通常需要在交易中获取两种关系：

■ 提供服务的组织和实际服务接受方之间的关系。

■ 提供服务的组织和实际服务提供方之间的关系。

需要注意，全球服务关系代码（GSRN）并非将某一服务标识为贸易项目，也不用于将物理单元标识为贸易项目。它可以标识一个以服务为目标的物理单元（比如带有服务协议的电脑）。

## 2.5.1 全球服务关系代码——服务提供方AI（8017）

AI（8017）单元数据串是用于表示提供服务的组织和服务提供方之间关系的全球服务关系代码。使用全球服务关系代码（GSRN）标识该服务关系的示例如下：

■ 医疗程序。用于按角色标识单个医疗服务提供方。为了识别单个服务提供方，医院或者主管部门为每个护理人员生成一个带有AI（8017）的GSRN，并将其编码到适当的GS1数据载体（条码）中，然后将条码附在护理人员的身份证、工作台、工作单等上面。在这种情况下，GSRN将对一般的标识进行管理并确保其唯一性，并允许与当地的管理系统连接。

■ 服务协议。用于管理商定的服务，如电视或电脑的维修服务。

■ 忠诚度计划。用于识别忠诚度计划和该计划的服务提供方之间的服务关系。（如，服务提供方使用顾客忠诚度积分来提供商品）

■ 医院的管理。用于标识医院和医生、护士之间的服务关系。

GS1标识代码

**要求**

GSRN

见3.2，全球服务关系代码AI（8017）和AI（8018）的GS1应用标识符。

**规则**

GSRN规则见4.6。

属性

**必要属性**

无

**可选属性**

服务关系事项代码GS1应用标识符AI（8019），见3.2。

AIDC介质类型GS1应用标识符AI（7241），见3.2。

版本控制代码GS1应用标识符AI（7242），见3.2。

数字签名（DigSig）GS1 应用标识符 AI（8030），见 3.2。

**规则**

无

**数据载体规范**

**载体选择**

全球服务关系代码（GSRN）适用的数据载体：

- 扩展式 CS1 DataBar；
- 层排扩展式 GS1 DataBar；
- GS1-128；
- GS1 DataMatrix；
- GS1 QR 码。

**条码符号 X 尺寸、最小条高和最低质量要求**

见 5.12.3.11 “GS1 条码符号规范表 11”。

**符号放置**

无

**特殊应用的处理规则**

见第 7 章。

## 2.5.2　全球服务关系代码——服务接受方 AI（8018）

AI（8018）单元数据串是用于表示提供服务的组织和服务接收方之间关系的全球服务关系代码。使用全球服务关系代码（GSRN）标识该服务关系的示例如下：

- 入院患者。在不侵犯个人隐私的情况下，GSRN 可以为每个护理对象建立一个具有全球唯一性标识从而实现自动数据采集与处理。医院为每个患者（护理对象）生成带有 AI（8018）的 GSRN，并将其编码到适当的 GS1 数据载体（条码）中，再标记在患者腕带上，从而实现准确识别患者和相对应的医疗记录、病理样本等。然后，GSRN 就可作为标识代码，将多个特定的治疗、房费、医疗检查和患者付费关联起来。
- 航空公司术语常旅客计划的会员。可用来记录奖励、索赔和偏好。
- 忠诚度计划的会员。可用来记录来访情况、消费金额和奖品。
- 俱乐部的会员。可用来记录权限、使用的设备和订购的项目。
- 忠诚度计划中，可用于标识忠诚度计划和该计划接受者之间（获得忠诚度积分的最终用户或顾客）的服务关系。
- 患者入住医院可用于标识医院和患者之间的服务关系。
- 公共事业服务网络。比如提供电力、燃气或者水的公共服务机构，可以用来标识网络服务提供商和公共事业产品供应商之间的服务关系。
- GSRN 可以用于标识学生的借阅证，使学生可以从其他已经达成借阅协议的图书馆借阅图书。典型的应用如标识图书馆会员，图书馆向所有会员发放一张会员卡，其中标记了唯一的 GSRN，以识别图书馆和学生之间的关系。然后，只要借出或归还图书，图书馆就将扫描 GSRN。扫描仪获得的电子信息将被用来自动更新图书馆的库存。服务关系标识代码如何标记在会员卡上的示例见图 2.5.2-1。

XYZ州立学生图书馆卡

A先生年级
学生宿舍54
学生园区
XYZ，州
会员卡号：950110153123456781

(8018)950110153123456781

图 2.5.2-1　会员卡上使用 GSRN 的例子

## GS1 标识代码

**要求**

GSRN

全球服务关系代码应用标识符 AI（8017）和 AI（8018），见 3.2。

**应用规则**

GSRN 规则见 4.6。

## 属性

**必要属性**

无

**可选属性**

服务关系事项代码 GS1 应用标识符 AI（8019），见 3.2。

AIDC 介质类型 GS1 应用标识符 AI（7241），见 3.2。

版本控制代码 GS1 应用标识符 AI（7242），见 3.2。

数字签名（DigSig）GS1 应用标识符 AI（8030），见 3.2。

**规则**

无

## 数据载体规范

全球服务关系代码（GSRN）适用的数据载体：

- 扩展式 GS1 DataBar；
- 层排扩展式 GS1 DataBar；
- GS1-128；
- GS1 DataMatrix；
- GS1 QR 码。

**条码符号 X 尺寸、最小条高和最低质量要求**

见 5.12.3.11“GS1 条码符号规范表 11”。

**符号放置**

无

特殊应用的处理规则

见第7章。

### 2.5.3 服务关系事项代码（SRIN）AI（8019）

服务提供方和服务接受方可以分别使用AI（8017）和AI（8018）开头的GSRN来识别。如果服务提供方或服务接受方的识别需要（可选的）更细的颗粒度，可以使用服务关系事项代码（SRIN）对服务关系期间的事项进行相应标识（使用AI（8019）编码，见3.2）。

例如，当GSRN被编码到数据载体并应用于患者腕带以将患者识别为护理接受者时，关联到患者的GSRN的每个SRIN可以对应于该患者的护理事件中的特定事项或遭遇。对于可能需要多个护理事项并为每个事项采集记录的治疗，例如化疗，可以使用SRIN与GSRN关联。此外，在管理产品或服务（例如，给予特定治疗）时，通过扫描产品或服务的全球贸易项目代码（GTIN），然后将其与患者的GSRN和相关SRIN以及护理人员的GSRN相关联，可以容易地将产品或服务与病人和相应的护理事项相关联。

**重要：在版本控制编码（VCN）AI（7242）的开发之前，SRIN还可以选择性地作为序列指示符与GSRN一起用于版本控制目的。只有当没有进一步识别特定服务事项的要求时，才能以这种方式使用SRIN。对于新版本控制要求，应使用VCN代替SRIN（见第3.8.23节）。**

## 2.6 特殊应用

### 2.6.1 优惠券

优惠券是一种在POS端被当作一定现金或换取免费商品的电子或纸质凭证。优惠券标识是按地区管理的，因此，GS1成员组织应负责确定其管辖区域内的优惠券的数据结构。

对优惠券的标识是为了加快在POS端自动处理优惠券的速度。此外，优惠券发行方和零售商还可以减少在优惠券分类、制造商的支付管理以及生成兑换报表方面的成本。

所有的GS1系统优惠券标识标准都允许“优惠券确认”（例如检查顾客的订购单内是否包含优惠券的项目）。

如果执行优惠券确认或金额检查，生产商还要提醒其分销商和零售商“优惠券即将发行”，以便于零售商可以更新其数据使POS能够处理优惠券信息。

GS1系统优惠券代码用于制造商和零售商促销优惠券以及具有货币价值的纪念品的标识，如：礼品券、图书券、食品券、就餐券、社会保障代币等。

与GS1系统其他代码不同，只有在相关的GS1成员组织的货币区域内使用时，GS1系统优惠券代码的唯一性才能得到保证。

### 2.6.2 使用全球优惠券代码标识优惠券

#### 2.6.2.1 纸质优惠券

应用说明

纸质优惠券是一种物理介质，是以硬拷贝的形式分发和呈现的，可以在订货时据此获取折扣或积分。

纸质优惠券可以用全球优惠券代码（GCN）标识，优惠券代码由优惠券发行方分配。GCN 由 GS1 公司前缀（厂商识别代码）和优惠券参考代码组成，后面也可增加可选的系列号。

在用 GCN 标识纸质优惠券之前，建议优惠券发行方与合作伙伴确认是否同意使用 GCN。在限域分销地域有几种优惠券标识方法，详见 2.6.3。

### GS1 标识代码

**要求**

GCN

GCN 的 GS1 应用标识符是 AI（255），见 3.2。

**规则**

GCN 规则见第 4 章。

### 属性

**必要属性**

无

**可选属性**

全球优惠券代码附加信息适用的应用标识符：AI（17）——有效期，AI（390N）——单一货币区内优惠券价值，AI（394n）——优惠券抵扣百分比，AI（8111）——优惠券忠诚点数积分（见第 3 章）。

可与 GCN 一起使用的所有 GS1 应用标识符，见 3.2。

### 数据载体规范

**载体选择**

扩展式 GS1 Databar

层排扩展式 GS1 Databar

**符号放置**

无

### 示例

示例 1：带有 GCN 的优惠券

优惠券条码包括应用标识符 AI（255）GCN（序列化）用于所有相关优惠券数据的数据库访问。

示例 2：带有 GCN 和免费礼品金额的优惠券

优惠券条码包括应用标识符 AI（255）GCN（序列化）和 AI（3900）AMOUNT（000 表示免费礼物）。为了正确处理优惠券面值，有关的软件程序需要做相应的调整。

示例 3：带有 GCN、优惠券使用截止日期和面值的优惠券

优惠券条码包括应用标识符 AI（255）GCN，AI（17）有效期，AI（3902）AMOUNT（两位小数）。

示例 4：带有 GCN 和客户奖励积分的优惠券

优惠券条码包括应用标识符 AI（255）GCN（序列化），AI（8111）POINTS。

示例 5：带有 GCN 和折扣率的优惠券

优惠券条码包括应用标识符 AI（255）GCN，AI（394）PRCNT OFF（一位小数）。

### 2.6.2.2　电子优惠券

应用说明

电子优惠券是以电子化的形式呈现，而不是以“纸”或其他硬拷贝形式，可以在订货时据此获取折扣或积分。GS1 全球标准电子优惠券使处理过程更高效，而且有以下好处：

品牌商可以与特定因素（如位置、消费者、产品、爱好、互动媒体）关联进行更多相关的/有针对性的营销和活动。

移动行业和方案提供商将以一个基准线和一个标准来实施，而不用多个标准。

零售商只用接受优惠券发行方提供的一种优惠券形式，而不是多种，并配置（或升级）POS 系统。零售商也可以接受多个分销渠道的电子优惠券，采用统一标准处理这些电子优惠券，并且与他们的积分系统整合为一体。

消费者在管理优惠券的优惠时将获得一致且令人满意的体验（数字优惠券可搜索和分类，允许客户按商家、类别、优惠日期和其他条件进行浏览）。

图 2. 6. 2. 2-1 说明了电子优惠券管理流程。在《电子优惠券管理标准规范文档》中列出了详细的流程。

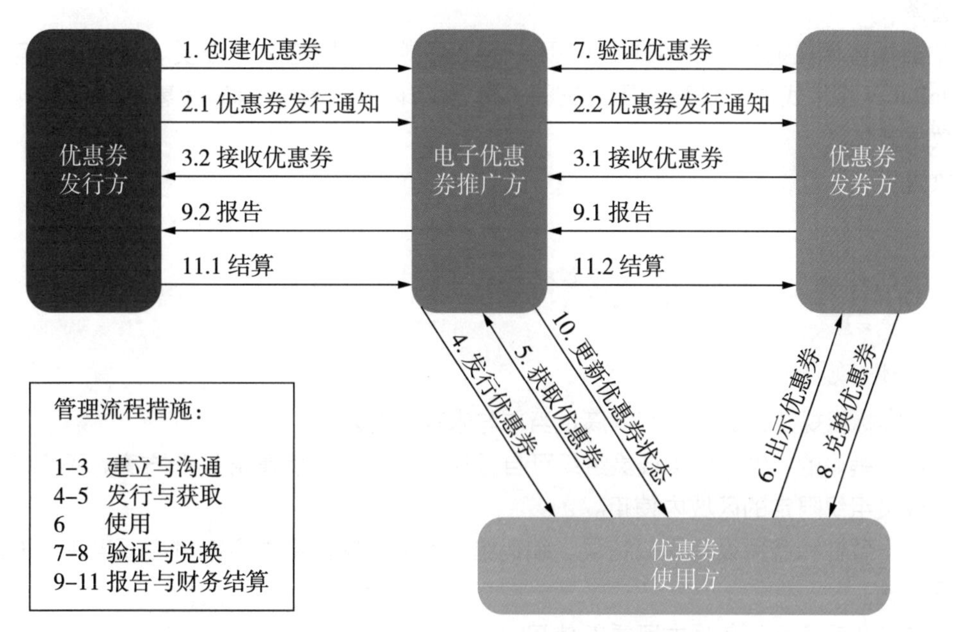


图 2. 6. 2. 2-1 电子优惠券管理流程

### 2. 6. 2. 2. 1 与现有优惠券规范的关系

由 GS1 成员组织规定的在限定国家和统一货币区域使用优惠券的规范见 2. 6. 3，电子优惠券规范将来将与之共存。

### 2. 6. 2. 2. 2 电子优惠券的标识要求

电子优惠券管理规范规定了以下方面的标识要求：

- 参与方，如优惠券发行者、电子优惠券推行方将都应使用 GLN 标识。
- 电子优惠券总是与产品或服务的促销有关联。产品或服务都应使用 GTIN 标识。
- 电子优惠券一般与积分卡相关联。如有的话，消费者积分卡账户可以用 GSRN 标识。

电子优惠券由优惠券发行者分配的全国优惠券代码（GCN）标识。GCN 包含 GS1 公司前缀和优惠券参考代码，可以用系列号进行补充。

#### GS1 标识代码

**要求**

GCN

GCN 的 GS1 应用标识符是 AI（255），见 3. 2。

**规则**

GCN 规则见第 4 章。

属性

必要属性

无

可选属性

可与 GCN 一起使用的所有 GS1 应用标识符，见 3.2。

数据载体规范

载体选择

GCN 的数据载体规范超出了 GS1 的范围，因此在制定本规范时未涉及。当地应用可以选择使用 GS1 DataBar 来携带优惠券代码，因为它是 GS1 系统内唯一能够编码优惠券代码并被授权用于 POS 端的数据载体。

符号放置

无

## 2.6.3　优惠券——限域分销

### 2.6.3.1　一般规则

GS1 优惠券标识规范很灵活，可以满足当前与未来的需求。

根据优惠券编码的特性，GS1 成员组织可自行规定国家层面优惠券编码方案，不用考虑全球唯一性，只在成员组织限定的区域内使用。

为了保持一致性和避免设备译码错误，编码组织在制定国家层面方案时应适当考虑 GS1 系统优惠券的数据结构。

优惠券参考代码停用三年后方可重新使用。

### 2.6.3.2　对分配优惠券参考代码的建议

GS1 优惠券代码的具体分配方法由发行机构确定，在每个促销活动中，优惠券代码要保证唯一性。为便于管理，GS1 推荐分配连续的优惠券参考代码。

### 2.6.3.3　限域分销优惠券的标识（GS1 前缀 99）

应用说明

优惠券是可在 POS 端抵用相应现金价值的一种凭证。有时与一个具体的贸易项目关联。优惠券标识是国家层面的，因此在全球不唯一。各 GS1 成员组织负责规定优惠券单元数据串的数据结构。国际认可的 GS1 优惠券代码标准如表 2.6.3.3-1 所示。

表 2.6.3.3-1　单元数据串格式

| GS1 前缀 | 优惠券数据（结构由各成员组织确定） | 校验码 |
|---|---|---|
| 9　9 | $N_3$ $N_4$ $N_5$ $N_6$ $N_7$ $N_8$ $N_9$ $N_{10}$ $N_{11}$ $N_{12}$ | $N_{13}$ |

GS1 前缀 99 是用于表示优惠券单元数据串的 GS1 优惠券标识。

优惠券数字字段结构根据具体国家的需求而定。优惠券发行方代码与优惠券参考代码是必备组成部分，代码中可表示其他有用信息，如：兑换金额或编码格式、小数点位或税率。

数据校验码在 7.9 中说明，它是由条码识读器自动验证以保持数据与校验规则的一致性。

条码识读器传送了数据，表示优惠券的信息已被采集。在 POS 端处理优惠券通常是指优惠券有效性校验以及其价值的抵用。

每个 GS1 成员组织都可使用 GS1 系统优惠券代码规范来开发本国的优惠券解决方案。四种推荐结构在一定程度上有助于设备的标准化。四种推荐性结构如表 2.6.3.3-2 所示。

表 2.6.3.3-2 推荐性优惠券数据结构

| GS1 前缀 | 推荐性优惠券数据结构（精确的数据结构由 GS1 成员组织共同确定） | 校验码 |
|---|---|---|
| 9 9 | Y Y Y Y R R R V V V | C |
| 9 9 | Y Y Y R R R V V V V | C |
| 9 9 | Y Y Y Y Y R R R T T | C |
| 9 9 | Y Y Y Y Y R R R R R | C |

其中：Y=优惠券发行方代码（由 GS1 成员组织分配）；

R=优惠券参考代码（由优惠券发行方分配）；

V=兑换金额；

T=金额代码（由 GS1 成员组织进行标准化）；

C=校验码（根据标准算法计算）。

GS1 成员组织或零售商可能需要对优惠券代码的第三位数字（990~999）进行定义以满足特定需求，如由第三位数字来定义下述情况：

- 征税优惠券或不征税优惠券；
- 不同币种；
- 小数点位置指示。

GS1 标识代码

无

属性

无

数据载体规范

**载体选择**

EAN-13。

**条码符号 X 尺寸、最小条高和最低质量要求**

见 5.12.3.1 “GS1 条码符号规范表 1”。

**符号放置**

无

特殊应用的处理规则

处理规则见第 7 章。

### 2.6.3.4 同一货币区域内的 GS1 优惠券标识（GS1 前缀 981~983）

优惠券是在 POS 端抵用相应额度现金的一种凭证。有时与一个特定的贸易项目关联。国家层面优惠券标识的 GS1 前缀通常是 99，然而在使用同一货币的区域内，其优惠券标识应由参与国家共同决定，并负责规定同一货币区域的优惠券单元数据串的数据结构。GS1 前缀 981~983 是用于同币种区表示一定金额的优惠券。

优惠券数据位置结构根据相关国家的需求而确定。优惠券发行方代码与优惠券参考代码是必备组成部分，其他数据可以包括实际中的兑换金额或编码格式、小数点位或税率等。

校验码见 7.9，它使条码识读器自动验证以保持数据与校验规则的一致性。国际认可的 GS1 通用货币优惠券代码如表 2.6.3.4-1 所示。

表 2.6.3.4-1 单元数据串格式

| GS1 前缀 | 优惠券数据（结构由同一货币区域的 GS1 成员组织共同确定） | | | | | | | | | 校验码 |
|---|---|---|---|---|---|---|---|---|---|---|
| 981~983 | $N_4$ | $N_5$ | $N_6$ | $N_7$ | $N_8$ | $N_9$ | $N_{10}$ | $N_{11}$ | $N_{12}$ | $N_{13}$ |

按此结构，在同一币种区域的成员组织应开发适用于整个区域的优惠券方案。

### 2.6.3.5 GS1 通用货币优惠券代码在欧元区的使用

应用说明

目前，GS1 前缀 981、982、983 的唯一应用仅在欧元区。在欧元区，优惠券发行方代码由以下机构管理：

GS1 全球办公室
路易丝大道 326 号
1050 布鲁塞尔
比利时
电话：+32.2.788.78.00
联系方式：helpdesk@gs1.org

欧元区优惠券数据结构见表 2.6.3.5-1。

表 2.6.3.5-1 单元数据串格式

| GS1 前缀 | 优惠券数据 | | | 校验码 |
|---|---|---|---|---|
| 9 8 1 | $Y_1$ $Y_2$ $Y_3$ $Y_4$ | $R_1$ $R_2$ | E E,E | C |
| 9 8 2 | $Y_1$ $Y_2$ $Y_3$ $Y_4$ | $R_1$ $R_2$ | E,E E | C |
| 9 8 3 | $Y_1$ $Y_2$ $Y_3$ $Y_4$ | $R_1$ $R_2$ | E,E E | C |

Y=优惠券发行方代码（由 GS1 成员组织分配）；
R=优惠券参考代码（由优惠券发行方分配）；
E=兑换金额（用欧元标识），值 000 表示免费礼品；
C=校验码，按照标准算法计算

注：两种结构的唯一区别在于小数点的位置。

GS1 标识代码

无

属性

无

数据载体规范

载体选择

EAN-13。

条码符号 X 尺寸、最小条高和最低质量要求

见 5.12.3.1 “GS1 条码符号规范表 1”。

符号放置

无

特殊应用的处理规则

在 POS 端处理优惠券通常包括有效性核验和扣除其面值。

#### 2.6.3.6 用于北美地区的优惠券代码标识：AI（8110）

应用说明

2011 年，此 GS1 应用标识符（AI）取代了 UPC 前缀 5 系统。AI（8110）仅用于纸质优惠券。

GS1 美国编写的《基于扩展式 GS1 DataBar 的北美优惠券应用指南》详细介绍了 GS1 美国优惠券代码数据内容。

#### 2.6.3.7 用于北美地区的无纸化优惠券代码标识 AI（8112）

应用说明

GS1 美国编写的《基于扩展式 GS1 DataBar 的北美优惠券应用指南》详细介绍了 GS1 美国优惠券代码数据内容。

当在 POS 端使用传统的 AI（8110）纸质优惠券进行交易时，单元数据串数据用于表达购买要求和券面价值，以便可以相应地处理优惠券。然而，不太可能非常可靠地来验证特定 GTIN 列表，或者系统性地保证序列化优惠券在零售商中的不重复使用。AI（8112）的使用会提示 POS 系统调用外部官方优惠文件，而零售商 POS 系统则用该信息来验证优惠并使其失效以防重复使用。如果优惠细节已在官方优惠文件中正确设置，则 AI（8112）可用于无纸化的或纸质金额的优惠券。

### 2.6.4 返还凭证

应用说明

返还凭证是一种在顾客返还空包装物时，用于自动支付退款的凭证。通过使用返还凭证，可在零售店内自动处理具有退款价值的空包装（如瓶子、板条箱），并加快处理速度。

当顾客归还（有退还价值的）空包装时，应对其进行检查和估价，这一过程即可人工实现也可自动处理。归还的包装经估价后，给顾客打印一张返还凭证，顾客在商店结账处出示该凭证，（收款台）给顾客退还相应的钱款，或从顾客账单中扣除相应钱款。

可通过 EAN-13 条码对返还凭证包括其安全码和货币金额进行编码，印在收据上。

与其他 GS1 系统标识代码不同，返还凭证的结构只有在 GS1 成员组织限定的区域内使用，才能保证返还凭证代码的唯一性。

GS1 前缀 980 用于返还凭证代码。国际上认可的 GS1 系统返还凭证单元数据串格式如表 2.6.4-1 所示。

表 2.6.4-1　GS1 系统返还凭证单元数据串格式

| GS1 前缀 | 返还凭证数据（结构由 GS1 成员组织确定） | 校验码 |
|---|---|---|
| 9 8 0 | $N_4$ $N_5$ $N_6$ $N_7$ $N_8$ $N_9$ $N_{10}$ $N_{11}$ $N_{12}$ | $N_{13}$ |

上述结构中，各 GS1 成员组织可自主制定其返还凭证国家方案。推荐结构如表 2.6.4-2 所示，一定程度上有助于设备的标准化。

表 2.6.4-2　自主制定的返还凭证单元数据串格式

| GS1 前缀 | 推荐结构 | 校验码 |
|---|---|---|
| 9 8 0 | S S S S S V V V V | C |
| S=安全码，用于提供返还凭证处理的安全性，例如它可由一个系列号构成，对产生的每张票，号码增加 1。这样 POS 系统可识别出已退款的凭证。安全码也可以由一个 2 位的机器编码和一个 3 位的系列代码组成，这样在同一地点可有几台机器来处理顾客返还。<br>V=返还金额，小数点位置取决于所用货币。<br>C=校验码，按标准算法计算 | | |

GS1 标识代码

**要求**

无

**规则**

返还凭证规范是灵活的，能满足当前以及未来需求。

根据返还凭证的标识性质，由有关的 GS1 成员组织定义国家层面的方案，不具有全球唯一性，只能在本国编码组织限定的区域内使用。

数据载体规范

**载体选择**

EAN-13。

**条码符号 X 尺寸、最小条高和最低质量要求**

见 5.12.3.1“GS1 条码符号规范表 1”。

**符号放置**

无

特殊应用处理要求

见第 7 章。

## 2.6.5　蜂窝移动电话（CMTI）的电子系列标识符：AI（8002）

应用说明

使用蜂窝移动电话（CMTI）的电子系列标识符 AI（8002）的目的，是为了在给定的管辖范围内唯一标识移动电话。

条码表示的信息可用于实现并加快蜂窝移动电话（CMTI）信息的自动采集。CMTI 通常是由一国或多国机构分配的。发行机构必须确保每个电话的电子系列标识代码是唯一的。然而，由于电子系列标识代码是由不同机构分配的，在世界范围内就不唯一了。AI（8002）电子系列标识代码由一国或多国机构分配，该代码可打印成条码直接放置在电话机上，每个电话的电子系列标识代码在发行区内唯一。

GS1 标识代码

无

**规则**

无

属性

**必要属性**

移动电话标识代码应用标识符是 AI（8002），见 3.2。

**可选属性**

无

**规则**

无

数据载体规范

**载体选择**

GS1-128。

**条码符号 X 尺寸、最小条高和最低质量要求**

见 5.12.3.4 “GS1 条码符号规范表 4”。

**符号放置**

无

特殊应用的处理规则

无

## 2.6.6　付款单

应用说明

付款单是纸面发票的一部分，以便于付款。它包括各种各样的支付需求，如：电话账单、电费账单、保险费续费账单等。付款单一般由服务商（开票方）给最终客户（受票方）开具，代表付款要求。一般付款单要列出 Non-HRI 部分的如下内容：

- 顾客详细资料；
- 服务商详细资料；
- 提供服务的详细发票；
- 参考代码；
- 应付款额；
- 付款条件（如某日前支付、付款地点）。

GS1 标识代码

无

属性

必要属性

■ 开票方的 GS1 全球位置码：表示开票方的 GS1 全球位置码（GLN）的应用标识符是 AI（415），见 3.2 的 GS1 应用标识符目录。开票方的 GLN 用来标识付款单的开票人，是访问开票方数据库信息（一般由收款代理商保存）的标识代码。相同的 GLN 用于标识在相同支付条件下开票方发布的全部付款单。收款代理商利用开票方的 GLN 作为开票方合同特征的参考，如：

□ 付款能否接受；

□ 开票方的联系信息；

□ 如果逾期付款应采取的措施；

□ 资金转账给开票方银行。

支付条件不同，应该用不同的 GLN。详细信息见第 4 章。

■ 国际银行账号代码（IBAN）：表示国际银行账号代码（IBAN）的 GS1 应用标识符是 AI（8007），见 3.2 “GS1 应用标识符目录”。

开票方银行账号标识符在 ISO 13616 中定义，该标识符可用来标识国际支付的汇付地、汇款接收国的开户行。

■ 付款单参考代码：表示付款单参考代码的 GS1 应用标识符是 AI（8020），见 3.2 “GS1 应用标识符目录”。

付款单的性质决定其需分别给每个受票人开具发票，因此要有唯一的参考代码：付款单参考代码 AI（8020）。催款通知应该使用与原始通知相同的代码。付款单参考代码是由开票方发布的，在系统内唯一，推荐连续分配付款单参考代码。

付款单参考代码在与开票方的 GLN 一起使用时，唯一标识付款单。用于在全部参与方之间传递付款的详细信息，如：开票方、受票方、收款代理和银行，也用于访问本地信息。

■ 应付金额：表示应付金额的 GS1 应用标识符有两个。

□ AI（390n）= 单一货币区域的应付金额，见 3.2 “GS1 应用标识符目录”。

□ AI（391n）= 有 3 位 ISO 货币代码的应付金额，见 3.2 “GS1 应用标识符目录”。

（n = 表示隐含的小数点位置）

如果用条码表示应付金额，应使用 AI（391n），以保证系统能够自动处理并检验付款币种。如果系统明确表明了币种，则可使用 AI（390n）。为避免误读，只能使用一个应用标识符对应付金额编码，所用币种应以 HRI 方式表明。

扫描系统应该能够覆盖应付金额，这一功能是由于受票人希望支付最低额度，而这可能低于应付总额。应付金额是属性信息，使用时必须和开票方的 GLN 一起处理。

■ 付款单到期日：表示到期日的应用标识符是 AI（12），见 3.2 “GS1 应用标识符目录”。

到期日显示受票人应付款的到期日期，是属性信息，使用时必须与开票方的全球 GLN 一同处理。

**注：** 条码表示的到期日必须是 YYMMDD 格式，但是 HRI 的数据表示则不受此格式限制。

可选属性

无

规则

见 4.13.2，强制联合使用的单元数据串。

### 数据载体规范

**载体选择**

GS1-128。

**条码符号 X 尺寸、最小条高和最低质量要求**

见 5. 12. 3. 4 “GS1 条码符号规范表 4”。

**符号放置**

符号放置无标准要求。示例如图 2. 6. 6 1 所示。

ABC-电力公司

客户：Mr A.N.
45 Sunrise Drive
Cape Town, TX 765444

电用周期：
2001年1月1日到2001年3月31日

应付金额：
12.50 南非兰特

到期日：2001年4月25日
付款至：5412345678908
参考代码： ABC123

(415)5412345678908(3911)710125

(12)010425(8020)ABC123

图 2. 6. 6-1 付款单的编码与条码表示示例

**注：**

■ 示例：(415) 5412345678908——在 (415) 5412345678908 中，应用标识符 AI (415) 表示开票方的 GLN。GLN 是 13 位定长代码，最后一位是标准校验码。GLN 的分配原则保证了该代码的全球唯一性，并被收款代理商用来区分该付款单能否接受。

■ 示例：(12) 010425——在 (12) 010425 中，应用标识符 AI (12) 表示付款的到期日期，日期编码格式为 YYMMDD，HRI 部分可以用其他格式。是否使用到期日期是可选的，但是一旦选择使用到期日期，收款代理商和开票方应就超过到期日期的处理办法达成协议。

■ 示例：(3911) 710125——在 (3911) 710125 中，应用标识符 AI 3911 表示带有 ISO 货币代码的应付金额。根据 ISO 4217：710 表示南非兰特。

我们极力推荐在对该可选数据单元编码时使用 ISO 货币代码。应用标识符的第四位是“小数点位置指示符”，例如 3911 表示小数点后一位，3912 表示小数点后二位。

■ 示例：(8020) ABC123——应用标识符 8020 表示付款单参考代码。在此应用中，付款单参考代码 AI (8020) 是必备数据元，它与开票方的全球位置码一起处理，并为开票方和收款代理商之间的所有通信过程提供唯一的参考代码。

### 特殊应用的处理规则

无

## 2.6.7 客户指定物品

### 2.6.7.1 前言

GS1 系统贸易项目指南（见 2.1）说明，在开放环境中，要给每个贸易项目分配一个唯一标识该项目的无含义代码。该代码用于标识一系列相同项目，其变体应分配不同代码，只要这种变体的变化是明显的而且对供应链中贸易伙伴或最终用户是有意义的。

该系统使在全球贸易环境中应用自动数据采集和电子数据交换成为可能。但在一些商务环节，由于某些指定物品可能有大量不同的特征表现，事先在最低级别分配“全球贸易项目代码（GTIN）”的做法不可行。

对于从事此类订制产品交易的组织，GS1 与相关业界代表联合制定了以下指南。该指南旨在通过电子数据交换（EDI）实现自动数据采集（ADC）和高效订货，从而提高供应链效率。

该指南作为 GS1 系统的一个特例，与其贸易项目编码和符号表示完全兼容。

### 2.6.7.2 应用概述

#### 2.6.7.2.1 定义

广义上，客户指定物品（CSA）是泛指由供应商定义了所有可能属性供客户选择的任何项目，无法预先在最低级别对这些项目分配项目代码。客户指定物品从不为库存生产，总是按订购单生产。不过按订购单生产的物品也可能是标准的，不一定是为客户特制的。

典型的客户指定物品的例子是一把椅子，其座位、椅背和扶手各有 300 种不同的装潢样式。这 300 种装潢可能也适合该供应商提供的其他家具。这个例子中一把椅子可能有 300×300×300＝27000000 种可能，一般供应商产品目录会列出一个一般式样的椅子以及 300 种不同装潢选择，然后客户可以先选择椅子式样，再从目录中挑选座位、椅背和扶手的装潢样式。

接到订购单后，供应商按客户定制要求生产椅子并提供给客户。因为供应商已定义了客户可选择的范围，而客户必须在此可选范围内决定其选择，因此订购单包括了供应商生产这把椅子所需的全部信息。

这个简单的例子说明了四个处理步骤：

- 供应商提供一项物品的全部可能特征；
- 客户根据供应商的目录说明自己实际要求的物品；
- 供应商根据客户的要求生产物品；
- 客户指定物品的交货。

GS1 系统已经将这些步骤模式化，以便在整个供应链中可以进行高效自动数据采集和电子数据交换。客户指定物品数据模型的基础是：假设供应商“定义”可能的组成部分（书面的或电子目录），客户确定实际需求。

对指定物品的标识过程和订购过程是分别处理的。尽管这些过程密切相关，但在开放系统中要求分别考虑每个过程。

#### 2.6.7.2.2 客户指定物品数据流

数据流模型是在一系列假设基础上组织起来的，以保证该模型独立于物品类型甚至贸易环节：它是一个通用模型。由于不同制造商可能采用不同的程序，通用模型是个通用指南。但是通过该模型可以使企业用一种标准的方式进行通信，并按照本指南组织（或再组织）客户指定物品规范的自动处理。

该模型假定供应商通过电子目录告知客户各种可能的订购单选择和规格（见图 2.6.7.2.2-1）。

客户从这个目录中决定订购哪些物品。通过订购单报文传送基础产品代码和所选择的规格。

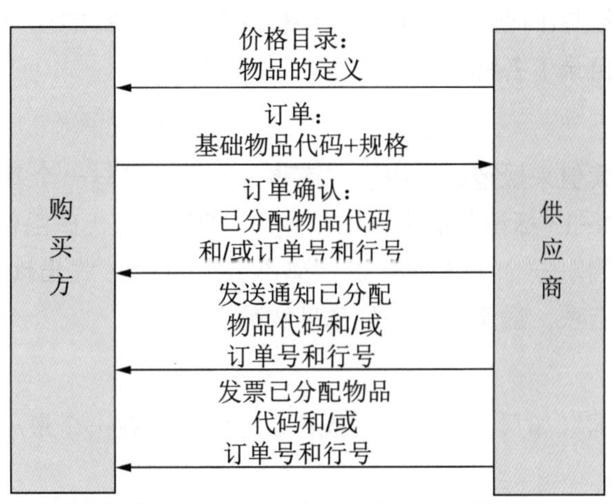


图 2.6.7.2.2-1　客户指定物品——数据流

在订购单确认中，供应商确认能够按照客户所订购物品进行生产（这表明买方所作规格组合是正确的），这就需要客户首先应该有最新的规格数据库信息。订购单确认也可用来通知客户已分配的物品编码，以后所有的通信中就可以使用这个编码。例如发货通知和发票报文，如果需要的话，还可以使用订单号和订单行号建立与客户指定物品的明确关联。

生产出来的物品编码可能不是基于基础物品代码加上相应的规格代码而产生的（见 2.6.7.3.8）。

### 2.6.7.3　客户指定物品代码的分配

#### 2.6.7.3.1　一般规则

每个不同的产品应用一个不同的代码标识。这意味着相同产品的变体应分配不同的代码。例如，不同尺寸和不同颜色的服装应有自己单独的标识代码，为此，建议物品代码顺序分配。

#### 2.6.7.3.2　客户指定物品的订购

客户指定物品的订购过程即客户详述规格的过程，以供应商在目录中的定义为基础。除此以外，内部标识系统通常是手工的，会随着贸易方的增加变得更加复杂和容易出错。此外使用内部码会很麻烦、不灵活，不同的供应商之间容易重复。在开放系统原理的基础上，建议避免使用内部系统。采用 GS1 系统标识代码的目录产品保证了全球的唯一标识。

《客户指定物品 EANCOM 用户手册》已经出版，包括价格目录报文（PRICAT）、订购单报文（ORDERS）、订购单应答报文（ORDRSP），其中利用了下述代码系统。

#### 2.6.7.3.3　基础物品代码

为了订购，由供应商给每个普通产品类型分配一个“基础物品编码”。用 GTIN-12 或 GTIN-13 标识代码来实现此功能。GTIN-标识代码由供应商定义，它对于其他所有的 GS1 体系标识代码是唯一的。因为基础物品代码不标识一个项目，它从不以条码形式出现在物品上，仅仅用于订购目的。

对于客户来说，“基础物品编码”表明有一些“供应商指定”的问题需要回答。这些与基础物品编码相关的规格（问题和有关答案）通过（电子）目录来传递。每个不同物品的可选规格都是由供应商定义的。

#### 2.6.7.3.4 规格

为了订购，各种规格是与不同的基础物品编码相联系的。同样的规格可能用于不同的基础物品编码，以下各节描述同一目录下各种规格的类型。

#### 2.6.7.3.5 选项

一种选项用一个不连续值来规范，它由供应商事先定义，且与一个基础物品编码相联系。每个选项可用 GTIN-12 或 GTIN-13 标识代码来标识，这个 GTIN 标识代码由供应商定义，对于所有其他 GS1 体系标识代码是唯一的。一个选项的标识代码不会以条码形式出现在物品上，只用于通信目的。如红皮革座套这样的选项，适用于不同的基础物品。

#### 2.6.7.3.6 参数

参数是在一段数值范围（如尺寸）之内的规格，它的范围在一个最小值和一个最大值之间并且包括规格之间的间隔大小。

每个参数可用 GTIN-12 或 GTIN-13 标识代码来标识，这个 GTIN 标识代码由供应商定义，对于所有其他 GS1 体系标识代码是唯一的。参数标识代码不会以条码形式出现在物品上，但只能用于订购目的。参数应使用标准 EANCOM 语法进行通信，与基础物品代码相关。

#### 2.6.7.3.7 部件

部件也是可以单独订购的实物物品。部件用全球贸易项目代码（GTIN）进行标识。部件的 GTIN-12 或 GTIN-13 标识代码可与相应的基础物品编码一起使用，构成一个组合，该组合包含一个或多个部件。一个部件可与多个不同的基础物品相关。

#### 2.6.7.3.8 外部参考

外部参考通常用于客户设计或客户定制，通过单独的非 EDI 渠道通信，如传真或 CAD/CAM 制图，可用于传输一套客户定义（非供货商预定义）的规格。

#### 2.6.7.3.9 数据载体

为订购目的，标识客户指定物品的 GS1 系统标识代码可能从不以条码形式标识在实物上，但供应商可能希望利用条码扫描把它作为订货过程的一部分。为此，可在纸面目录中把基础物品和说明的标识代码以机器识读方式表示。为此可以用 GS1-128 码制，利用表示内部应用的应用标识符来实现。

### 2.6.7.4 已生产实物物品的标识

应用说明

在有自动化系统的环境中，需要对已生产实物物品进行标识，并且要求能以机器识读方式（条码）表示。实物物品的“标识”应从供应商传递到客户，双方应能够使用同样的标识代码并需要为此代码保存一个记录。

对于开放系统，最适合的标识代码是 GTIN-12 或 GTIN-13。使用 GTIN 标识代码和条码符号对实物物品进行标识，使得客户指定物品（CSA）可以整合到系统中，该系统同时管理所有其他 GS1 体系标识项目。供应商在订购单确认时给产品分配一个 GTIN-12 或 GTIN-13 标识代码。只要分配给那些实际生产的产品即可，不必给所有可能的物品事先分配代码。

每一个不同的产品用一个唯一代码表示，这意味着一个产品的每一个不同变量需要分配一个不同的代码。如，不同颜色、尺寸的衣服都有自身的标识代码。物品标识代码应按顺序分配。

GS1 标识代码

要求

GTIN。

规则

GTIN 规则见 4.2。

属性

必要属性

无

可选属性

无

数据载体规范

载体选择

客户指定物品的条码符号的要求与贸易项目的相同。用于表示实物物品的 GS1 标识代码数据载体应该是下述之一：

- EAN-13 或 UPC-A；
- ITF-14；
- GS1-128（属性信息总是用 GS1-128 表示）。

数据载体的选择由分配 GS1 系统标识代码的组织决定，但任何打算在 POS 系统扫描的贸易项目，必须采用 EAN/UPC 条码码制。

条码符号 X 尺寸、最小条高和最低质量要求

见 5.12.3.1 “GS1 条码符号规范表 1”。

符号放置

无

特殊应用的处理规则

处理规则见第 7 章。

## 2.6.8 定制贸易项目

### 2.6.8.1 定制贸易项目代码的分配

#### 2.6.8.1.1 一般规则

2.6.7 中概述的客户指定物品按照各类已知的参数进行配置，如物品的颜色、尺寸、样式及材料种类被列出并唯一标识。按照流程经过选择相应的种类就可以确定一个客户指定物品。客户指定物品（如家具）可能是服务于最终消费者，可以用 GTIN 标记并用适用于 POS 扫描的载体作为数据载体。

定制贸易项目与客户指定项目的不同之处在于，它们都是独一无二的定制商品，其买卖严格按照 B2B（企业对企业）的交易模式进行，这种模式适用于制造和 MRO（保养、维修、大修）环境，即工业供应环境，如定制研磨带、特殊粘接胶、特定机器和切割程序所需的定制切割工具需要。它们的规格在一系列“蓝图”或是其他技术资料中公布。

每一个不同产品必须用唯一的代码标识。若为库存类贸易项目，则用适当的定量贸易项目的GTIN标识；若为任一贸易项目，不论是否为定制，如需在POS端扫描，必须用GTIN-12、GTIN-8或GTIN-13代码标识，并采用适合于POS端的条码。对于供应商来说，无论是否定制，他们总是接受GTIN-12、GTIN-8或GTIN-13标识的贸易项目。换言之，一个供应商或是制造商不必要使用下述标识贸易项目的方法，他们只需对每一个不同的贸易项目分配一个唯一的GTIN即可。然而，这将更快地用完可用的GTIN数据资源。

标识产品的唯一性的方法是使用基础GTIN-14，指示符9指示GTIN带有变量成分（即一个客户定制项目），其后跟着定制变量代码。定制变量代码是一个可变长的、可达到6位长度数字代码。以指示符9开头的GTIN-14可标识1000000种不同的定制变量。按照同一定制要求生产的多个贸易项目的编码与此相同。

### 2.6.8.1.2 定制贸易项目的订购

供应商或制造商用纸质或电子目录来确认某种项目可根据客户定制的规格订购。指示符为9的GTIN-14可以用来标识客户定制的贸易项目。然而，在这种情况下无实体项目存在。一旦订单被接受为定制项目，则需分配一个定制变量代码。可以一次订购多个相同的贸易项目。采用指示符为9的GTIN-14及定制变量代码来唯一标识定制项目。

### 2.6.8.1.3 定制贸易项目代码

指示符为9的GTIN-14标识变量贸易项目。贸易项目的标识需要附加信息，一个定制贸易项目代码是GTIN-14（指示符9）和定制变量代码的组合。该组合用于电子商务交易并可用条码表示。若一次生产多个具有完全相同规格的贸易项目，那么每一个贸易项目带有相同的GTIN-14（指示符9）和定制变量代码的组合。

### 2.6.8.1.4 基础GTIN-14

用基础GTIN-14（指示符9）来标识一个可定制的贸易项目。GTIN-14（指示符9）可能出现在供应商纸质或电子货单上以标识定制项目。此时GTIN不标识具体的一个贸易项目，标识的是定制贸易项目的一般总类，表明该项目是定制贸易项目。一个制造商可能创建一个GTIN-14（指示符9）来表示任何的定制贸易项目，或它们可以用来标识定制项目一类中的一个（如定制研磨带、研磨垫等）。更进一步，一个制造商可能选择为子类（1~2in[①]宽的定制研磨带、2~3in宽的定制研磨带等）创建一个指示符为9的GTIN-14代码。

### 2.6.8.1.5 定制变量代码

一旦客户与制造商在定制贸易项目的规格上达成一致，制造商便会为该项目分配一个定制变量代码。这个定制变量代码始终与指示符为9的GTIN-14配合使用。

通过报价请求/报价请求应答或订单确认报文或其他相互认可方法，制造商和顾客之间传递定制变量代码信息。在条码表示方面，应用标识符AI（242）用来标识定制变量代码。定制变量代码是可变长的、最长为6位的数字。

定制变量代码不可单独出现，必须与指示符为9的GTIN-14一起出现。另外，定制变量代码不能和GTIN-8、GTIN-12、GTIN-13以及指示符为1~8的GTIN-14一起使用。

使用GTIN-14时，指示符9与定制变量代码仅能被制造和保养、维修和大修（MRO）等工业环境认可。

---

① 1in=25.4mm。

#### 2.6.8.1.6 数据载体

GS1 系统的标识代码可用来标识制造、拣选、包装、运输、接收、库存管理过程中的定制项目，用一种机器可识读的条码符号表示。GS1 条码使用应用标识符后可标识在项目实体上，并作为数据载体由机器识读。

### 2.6.8.2 实际生产的实物物品的标识

应用说明

在自动化系统环境中，需要对已生产出来的实物物品进行标识，并且要以机器识读方式（条码）表示。实物物品的标识应从供应商传递到客户，双方应能够使用同样的标识代码并需要为此代码保存一个记录。

在开放系统环境下，合适的定制贸易项目标识代码是指示符为 9 的 GTIN-14 与定制变量代码构成。在订单确认期间，供应商给该产品分配定制变量代码。

具有相同规格的产品可以使用指示符为 9 的 GTIN-14 和相同的定制变量代码标识。

GS1 标识代码

**要求**

GTIN。

**规则**

指示符为 9 的 GTIN-14 与定制变量代码相结合，构成了定制贸易项目的标识代码。GTIN-14 由指示符 9、GS1 公司前缀，后面接项目参考代码和校验码组成。定制变量代码的数字长度可变，最多包括六位数字。

属性

AI（01）用在指示符为 9 的 GTIN-14，加上 AI（242）的定制变量代码表示贸易项目。AI（02）、AI（242）、AI（37）（物流单元贸易项目数量）一起与 AI（00）系列货运包装箱代码来标识定制贸易项目组成的物流单元。

数据载体规范

**载体选择**

- GS1-128；
- GS1 DataBar；
- GS1 DataMatrix；
- GS1 QR 码。

**条码符号 X 尺寸、最小条高和最低质量要求**

见 5.12.3.4 “GS1 条码符号规范表 4”。

**符号放置**

无

## 2.6.9 用于文档管理的全球文件类型代码

介绍

全球文件类型代码（GDTI）用于文档管理，是识别文档、电子报文和数字化文件的 GS1 标识代码。无论是在企业内部还是与贸易伙伴间，文档的修改、版本管理、特定实例记录等都属于文档的管理，都需要唯一标识。

术语“文档”被广泛应用到包括所有的纸质文件或数字化文件中。GDTI 可以用于标识包括但不限于下列文档类型：

- 商业文档（例如，发票、订购单）；
- 推断权利的文档（例如，所有权证明）；
- 推断义务的文档（例如，兵役通知或征召）；
- 标识文档（例如，驾照、护照）；
- 数字化文件；
- 电子报文。

### 应用说明

与其他参与方交换的物理文档和电子报文通常推荐使用唯一标识代码。同样，与其他参与方共享的数字化文件也需要一个唯一标识代码，以确保使用正确的类型和版本。该文档的标识通常由文档的发布者来负责。

GDTI 允许发布者给文档分配全球唯一的代码，并在适用的情况下，在物理文档上用条码或 EPC/RFID 格式直接标记。

可以用 GDTI 标识的文档包括但不限于以下示例：

- 土地登记文件；
- 催税单；
- 货运凭证/收据；
- 海关清关表；
- 保险单；
- 内部收据；
- 国内新闻文档；
- 教育文凭；
- 运输公司文档；
- 邮件公司文档；
- 图像。

### GS1 标识代码

**要求**

全球文件类型代码（GDTI）的 GS1 应用标识符为 AI（253），见 3.2。

**规则**

见 4.7，GDTI 规则。

### 属性

**必要属性**

无

**可选属性**

无

数据载体规范

**载体选择**

■ GS1-128；
■ GS1 DataMatrix；
■ GS1 QR 码。

**条码符号 X 尺寸、最小条高和最低质量要求**

见 5.12.3.9 "GS1 条码符号规范表 9"。

**符号放置**

无放置标准。以下为文档管理的编码与条码表示示例：

**例 1：旅行前须依法申报**

本示例给出了怎样使用 GS1-128 自动采集出入境旅客信息（见图 2.6.9-1）。

旅客行李和钱物申报

(253) 950110153005812345678901

姓名：

地址：

入境日期：

申报项目：

| 数量 | 描述 | 价值 | 海关估价 |
| --- | --- | --- | --- |
| | | | |
| | | | |

我已阅读说明事项且所述为事实：

签字和日期：

文件序列号：12345678901

图 2.6.9-1　法律规定的旅行申报单

**例 2：保险单**

本示例说明了怎样使用 GS1-128 自动采集保险单上的信息（见图 2.6.9-2）。该标准解决方案给保险公司、投保者、其他潜在受益人带来益处，方便了自动化的监管审查，以满足法律规定。

保单号：
67890543210987

保险公司

| 保险公司：Bogota | 保单日期：2014年3月23日 |
| --- | --- |
| 投保人姓名 | |
| 年龄：34 | 保单生效日期：2014年3月23日 |
| | 保单截止日期：2017年3月22日 |
| 合同保障范围：人身 | 价值：10,000 |
| | |
| 签字及日期： | |

(253) 9501101530065678905432 10987

图 2.6.9-2 保险单

**例 3：申请表**

本示例说明了怎样使用 GS1-128 自动采集申请表上的信息（见图 2.6.9-3）。许多组织要求他们的客户完成申请表的填写。

会员申请表 7654321

| 姓名 | |
| --- | --- |
| 地址 | |
| 邮政编码 | |
| 城市 | |
| 国家 | |
| 电话号码 | |
| 邮箱 | |

签名：

地点和日期：

(253) 9501101530065 7654321

图 2.6.9-3 成员申请表

例 4：货运代理授权

图 2.6.9-4 说明了如何采用 GS1-128 来自动采集货运代理单的信息。许多组织要求在付款前提供书面证据来体现产品已经被发送。

Suppliers or Forwarders Principals

Emblem of National Association

FIATA FCT

No. 123456

Forwarders Certificate of Transport
ORIGINAL

Form Ref.

Consigned to order of

(253)9501101530065123456

Notify address

Conveyance　from/via

Destination

Marks and numbers　Number and kind of packages　Description of goods　Gross weight　Measurement

specimen

according to the declaration of the consignor

The goods and instructions are accepted and dealt with subject to the General Conditions printed overleaf.

Acceptance of this document or the invocation of rights arising therefrom acknowledges the validity of the following conditions, regulations and exceptions also of the trading conditions printed overleaf, except where the latter conflict with conditions 1–6 below.
1. The undersigned are authorized to enter into contracts with carriers and others involved in the execution of the transport subject to the latter's usual terms and conditions.
2. The undersigned do not act as Carriers but as Forwarders. In consequence they are only responsible for the careful selection of third parties, instructed by them, subject to the conditions of Clause 3 hereunder.
3. The undersigned are responsible for delivery of the goods to the holder of this document through the intermediary of a delivery agent of their choice. They are not responsible for acts or omissions of Carriers involved in the execution of the transport or of other third parties. The undersigned Forwarders will, on request, assign their rights and claims against Carriers and other parties.
4. Insurance of the goods will only be effected upon express instructions in writing.
5. Unforeseen and/or unforeseeable circumstances entitle the undersigned to arrange for deviation from the envisaged route and/or method of transport.
6. Unforeseen and/or unforeseeable disbursements and charges are for the account of the goods.

Insurance through the intermediary or the undersigned Forwarders

☐ Not covered

☐ Covered according to the attached Insurance Policy/Certificate

All disputes shall be governed by the law and within the exclusive jurisdiction of the courts at the place of issue.

For delivery of the goods please apply to:

Freight and charges prepaid to:

thence for account of goods, lost or not lost.

We, the Undersigned Forwarders in accordance with the instructions of our Principals, have taken charge of the abovementioned goods in good external condition at:

for despatch and delivery as stated above or order against surrender of this document properly endorsed.

In witness thereof the Undersigned Forwarders have signed originals of this FCT document, all of this tenor and date. When one of these has been accomplished, the other(s) will lose their validity.

Place and date of issue

Stamp and signature

Text authorized by FIATA. COPYRIGHT FIATA / Zurich – Switzerland 3.96

图 2.6.9-4　货运代理授权

特殊应用的处理规则

处理规则见第 7 章。

## 2.6.10　内部应用

GS1 系统为内部应用提供 10 个 GS1 应用标识符。

数据载体规范

可用于表示内部应用 GS1 应用标识符的 GS1 数据载体有：

■ GS1 DataBar 扩展版本；

■ GS1-128；

- GS1 DataMatrix;
- GS1 QR 码;
- EPC/RFID。

数据载体的规范（例如，大小、质量、位置）由企业确定，但是 GS1-128 的编码长度不应超过 48 数据字符，GS1 DataBar 扩展版本的编码长度不应超过 74 个数字字符或 41 个字母字符，因而若字符数超过该限制则需要选用其他码制的条码符号作为数据载体。

尽管 GS1 标签数据标准（TDS）对 AI（91~99）的定义允许更大的字符数，但为了确保与通用规范的兼容性，AI（91~99）字符数在 EPC/RFID 标签的存储器中编码长度不应超过 90 个字符。

#### 2.6.10.1 贸易伙伴之间相互约定信息的应用标识符：AI（90）

AI（90）单元数据串可用于表示两个贸易伙伴之间约定的任何信息。约定信息可以包括 FACT 数据标识符（DI）。如要使用 FACT 数据标识符，它应紧跟在应用标识符 AI（90）之后，然后是相应的数据。对用户来说，使用 FACT 数据标识符没有安全保障。

离开交易双方的管辖范围后，包含此类应用标识符的条码应当从物品上移除。如不移除，当第三方贸易伙伴使用相同的应用标识符在其内部进行扫描时，会造成识别混乱。

#### 2.6.10.2 企业内部信息应用标识符：AI（91~99）

应用标识符 AI（91~99）可以包含企业内部应用的任何信息。

离开交易双方的管辖范围后，包含此类应用标识符的条码应当从物品上移除。如不移除，当第三方贸易伙伴使用相同的应用标识符在其内部进行扫描时，会造成识别混乱。

### 2.6.11 最终消费贸易项目的生产管理

通过 GTIN 和 GTIN 的一个属性，消费贸易项目制造商可确保某个最终消费贸易项目产品与其包装组件信息的关联。该属性叫做包装组件代码（PCN）。包装组件代码标识的包装组件仅由某一个制造商使用，是最终消费贸易项目的 GTIN 的一个属性。如，一瓶咳嗽糖浆有前后的标签。标签上显示的信息需要和瓶子中装的产品信息相一致，这一点非常关键。在对某个 GTIN 标识的贸易项目进行包装的过程中，对贸易项目的每个标签使用不同的 PCN，制造商可以确保用于产品生产的标签的准确性（GTIN 和 PCN 关联使用）。PCN 可以使用单独的条码符号进行编码，也可以与 GTIN 一同编码。此标准不涉及不同制造商共享包装组件的情况，制造商及其包装组件供应商需要单独考虑这种情况。PCN 由制造商进行分配管理（可能需要在生产商或品牌商的指导下进行分配）。

GS1 标识代码

**要求**

标识代码格式：

- GTIN-8;
- GTIN-12;
- GTIN-13;
- 用于受管制的医疗应用和非零售领域应用，GTIN-14 。

**规则**

虽然不应为了最终贸易项目的生产管理而使用其 GTIN 来标识包装组件（如瓶子、瓶盖、前后的商标），但 GTIN 被指定了用作消费贸易项目生产管理的 GS1 标识代码，因为在生产中使用何种包装组件取决于 GTIN。

### 属性

**必要属性**

标识包装组件代码的 GS1 应用标识符是 AI（243），见 3.2。

**应用规则**

PCN 不得代替 GTIN 用于对上游包装组件进行定价、订购或者开具发票，见 4.13。PCN 必须与一个或多个 GTIN 相关联。PCN 和 GTIN 可以在一个条码符号中编码，也可以不在。

PCN 仅由供应商在其产品的包装组件上使用。与 GTIN 相关联的 PCN 可能有多个，一个 PCN 也可能关联多个 GTIN。

一个包装组件的整个生命周期只能有一个 PCN 代码，产品的多个包装组件中的某个包装组件可能会改变，而其余的可能不改变。例如，正面标签和背面标签可能都有唯一的 PCN，正面标签可能会改变，而背面标签不会改变。

在某个 GTIN 的整个生命周期中，每个包装组件（如，正面标签）因改变可能会有多个 PCN。

**可选属性**

无

### 数据载体规范

**载体选择**

见表 2.6.11-1。

表 2.6.11-1 载体选择

| 基于最终消费贸易项目类型的符号选择 | 最终消费贸易项目类型 | | |
|---|---|---|---|
| | 一般零售 POS | 受管制的医疗 POS（零售） | 受管制的医疗 POC（非零售） |
| GTIN 和 PCN 在一个符号上 | GS1 DataBar | GS1 DataBar 或 GS1 DataMatrix | GS1 DataBar、GS1 DataMatrix、GS1-128、复合码组分 |
| PCN 单独编码 | 由制造商自行确定选择 GS1 条码/大小规范 | | |
| GTIN、PCN 和包装扩展信息 URL 在一个符号上 | （*） GS1 DataMatrix 或 GS1 QR 码 | GS1 DataMatrix | GS1 DataMatrix |
| （*）对常规零售消费贸易项目，PCN 与应用标识符 AI（8200）绑定使用，可使用 GS1 DataMatrix 或 GS1 QR 码对其进行表示，具体规则参照表 5.12.3.1-2。 | | | |

**条码符号 X 尺寸、最小条高和最低质量要求**

为了确定条码合适的印制规范和质量控制，可参照每个应用标准中提及的 GS1 条码规范表。

**符号放置**

当 PCN 与 GTIN 一同编码时，符号放置应符合零售贸易项目条码放置规则。如果生产线上 PCN 扫描与条码放置规则相冲突，PCN 需要用单独的条码表示。

### 特殊应用的处理规则

见第 7 章。

## 2.6.12 组件/部件代码

### 2.6.12.1 应用说明

本应用有如下限制：

- 对于产品由买方标识的商务过程，可使用组件/部件应用标识符。买方指导其供应商对要交付给他的产品进行标识和标注。
- 该标识不能用于开放供应链，它用于协商的双方。GTIN 是开放供应链中唯一可使用的 GS1 贸易项目标识。

组件/部件是至少经历一种进一步处理以生成一个可用于下游消费的商品。组件/部件的例子包括：

- 洗衣机的驱动马达；
- 喷气式发动机引擎的风扇；
- 管子；
- 电视的集成电路板；
- 汽车的启动装置；
- 核磁共振仪的电磁线圈；
- 轮轴。

一些工业部门使用已经建立的体系对供应链中的组件/部件进行标识。公司大多使用字母数字来标识其产品组件或部件，字母数字可进行系列化标识。许多 IT 系统惯用包含有限含义信息的标识符结构。时间要求严格的流程（如物料资源计划、配送计划等）不允许标识方案和其他标识符相匹配。另外，也没有那么广泛的网络通道可用。现实中，网络失败的现象可能会发生，并致使产品生产中断，进一步导致巨额的经济损失。因此，一些技术产业实施自主的产品装配线，这些装配线由不需要永久网络访问的专用控制终端进行操控。

该应用描述了用于如下流程的组件/部件代码：

- 组件/部件代码可由原始设备制造商（OEM）在其产品的组件/部件采购中使用。典型的方案是，一个 OEM 将标识代码分配给构建成品（如汽车）所需的组件/部件。组件/部件的生产承包给供应商，他们使用其客户（即 OEM 制造商）分配的组件/部件代码。
- OEM 制造商和/或其代理在产品生产流程中使用组件/部件代码。
- 组件/部件代码同样可用于售后服务、维修和采购等活动中。

**注：** *在项目市场后续零售端，GTIN 仍然是项目的强制性标识方案。*

图 2.6.12.1-1 描述了组件/部件代码适用的三种主要业务流程。

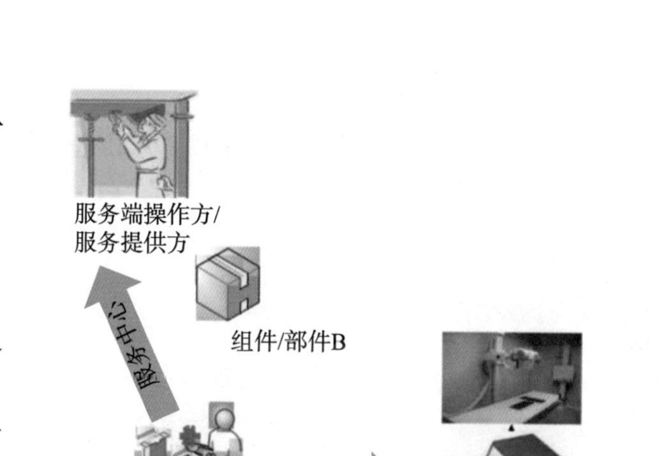


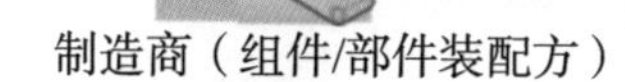

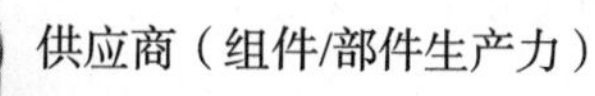

图 2.6.12.1-1　组件/部件代码适用的三种主要业务流程

### 2.6.12.2　标识要求

满足上述要求的组件/部件可用一个组件/部件代码来进行标识，该标识符具有如下特征：

■ 组件/部件代码由 GS1 公司前缀和 GS1 公司前缀拥有者分配的组件/部件参考代码构成。

■ 组件/部件代码参考代码长度可变，仅可由数字、大写字母或者特殊符号“#”“-”或“/”构成。

■ 标识符总长度不能超过 30 个字符。

■ 依据目前的 GS1 定义，组件/部件代码可以被归类为一种 GS1 标识代码。尽管如此，不可将其用于开放供应链，但可以用作条码、EPC/RFID 和 EPCIS 应用中的一个主要标识符。

GS1 标识代码

**要求**

CPID。

用于表示组件/部件代码（CPID）的 GS1 应用标识符是 AI（8010），见 3.2。

**应用规则**

根据当前的 GS1 定义，组件/部件代码将被归类为“GS1 标识代码”。但是，它不能用于开放的供应链。

属性

**必要属性**

无

可选属性

组件/部件代码系列号长度可变，为数字型，其最长长度为12位数字。见3.9.11。

数据载体规范

载体选择

- GS1-128；
- GS1 DataMatrix；
- GS1 QR码；
- EPC/RFID。

数据载体要求将由OEM提供给其合作方。

符号放置

无

特殊应用的处理规则

无

### 2.6.13 全球型号代码（GMN）

应用说明

GS1全球型号代码（GMN）是GS1标识代码的一种，生产企业可根据行业指南（如有）或法规定义的模型通用属性来标识产品模型（例如医疗设备产品系列、服装款式、消费电子产品型号）。产品模型是相关的贸易项目产生的基础。GMN包括GS1公司前缀、型号参考代码和一对校验码。型号参考代码使用GS1 AI可编码字符集82中的字符，它的结构是由分配它的生产商决定。(见3.9.13)

GMN一旦被分配给一个产品型号，就不能被重新分配给另一个产品型号。此外，GMN不用于标识贸易项目。GMN是用GTIN标识的贸易项目的属性。一个GMN可与一个或多个GTIN直接关联，但一个GTIN只能与一个GMN关联。

全球型号可供任何行业使用，但对于受管制的医疗器械，适用以下规则：

受管制的医疗器械

对于受管制的医疗器械，GMN是GS1标识代码，以支持基本UDI-DI要求的实施。

对于受管制的医疗器械，基本UDI-DI是医疗器械UDI监管数据库中的关键元素。

通过为医疗器械产品系列提供标识符，GMN将UDI数据库中由GTIN识别的医疗器械贸易项目与前期市场和后期市场活动联系起来（例如，证书、一致性声明、警示、市场监督和临床调查）。

以下几点强调了基本UDI-DI（GMN）和UDI-DI（GTIN）的关系：

- 基本UDI-DI（GMN）用于医疗器械注册且它的分配独立于包装/标记，它不同于供应链对贸易项目的标识（UDI-DI/GTIN）。
- （UDI监管数据库中的）所有基本UDI-DI级别属性对所有与它相关联的GTIN都是通用的。
- 一个基本UDI-DI（GMN）关联的所有UDI-DI（GTIN）的属性可能不是通用的。
- 基本UDI-DI（GMN）用于数据库中的医疗器械的注册。UDI-DI（GTIN）用于UDI数据库中贸易项目的标识。基本UDI-DI（GMN）和UDI-DI（GTIN）的分配可能相互提前、并行或滞后，并且只有当两者都存在时，实体之间的归属和/或联系才可能存在。基于这个原因，基本UDI-DI（GTIN）和UDI-DI（GMN）的分配将是相互独立的。

■ 生产商负责分配基本 UDI-DI（GMN）和 UDI-DI（GTIN）。

### GS1 标识代码

**要求**

GMN。

全球型号代码的 GS1 应用标识符是 AI（8013），见 3.2。

**规则**

见 4.12，GMN 规则。

■ 全球型号代码不能用于代替 GTIN 的使用。

■ GTIN 不能用于代替全球型号代码的使用。

对于受管制的医疗器械设备，以下适用：

■ 在任何情景下，基本 UDI-DI（GMN）和 UDI-DI（GTIN）的对应关系是 1∶n（1 对 1 或 1 对多），意味着一个基本 UDI-DI（GMN）可以关联一个或多个 UDI-DI（GTIN）。

■ 基本 UDI-DI（GMN）不可用于供应链中的标识和事务处理（例如：标签、订单、交付和支付），而供应链中只用 UDI-DI（GTIN）。

■ UDI-DI（GTIN）不能用于代替基本 UDI-DI（GMN）的使用。

■ 在文档中，基本 UDI-DI（GMN）应该作为一个单独的数据字段显示，但是，可以在标识符的文本表示中使用粗体或斜体等格式，以提高标识代码输入的效率和准确性。空格不允许作为基本 UDI-DI（GMN）标识符中的字符。

■ 对于建筑行业，以下适用：

□ 全球型号代码可在适用的情况下作为独立信息处理，或与同一商品的 GTIN 一起处理。见 2.1.7 和 4.15 中 GMN 和 GTIN 的使用。

### 属性

无

### 数据载体规范

除了建筑行业外，GMN 是一个不用数据载体表示的 GS1 标识代码。

**载体选择**

对于建筑行业，以下载体选择适用：

■ GS1 DataMatrix；

■ GS1 QR 码；

■ EPC/RFID（仅在用户内存中）。

**注：** 如果该项目也作为零售贸易项目进行扫描，则需要符合零售规范的条码。

**注：** 对于受管制的医疗器械，基本 UDI-DI（GMN）不能在与其相关的贸易项目上的任何标签、物理标记或 GS1 AIDC 数据载体上使用。GMN 可以包含在文件或证书中，在这种情况下，适用 3.9.13 中关于数据内容、格式和数据标题的规则。

**条码符号 X 尺寸、最小条高和最低质量要求**

见 5.12.3.4 “GS1 条码符号规范表 4”。

**符号放置**

无

### 特殊应用的处理规则

见第 7 章。

## 2.6.14 永久标记的项目

### 应用说明

某些应用需要在物品上打上永久性标记，以便在其整个生命周期内独立于其包装对其进行识别。这些物品可以用 GIAI、GRAI 或 GTIN 加系列号标识。

以下是贸易项目永久标记的三种方法：

1. 零部件直接标记（DPM）：采用侵入式或非侵入式方法将符号直接标记于项目的过程，而不是采用标签或其他非直接的标记方法。这些符号通常从较短的距离读取。

2. 永久标签和标记：在标签或物品本身上标记符号的过程，旨在永久识别物品、部件或资产（即医疗设备、消费电子产品等）。这些符号也将出现在为保养、维修和大修（MRO）目的而被跟踪和追溯的项目上。其中一些符号必须能够承受恶劣的环境条件，并且可以远距离读取，通常超过 3m（10ft）。

3. 永久射频标签：使用 RFID 标签使其永久置于贸易项目、部件或资产上。

### GS1 标识代码

**要求**

标识代码格式：

- GTIN-12；
- GTIN-13；
- GTIN-14；
- GRAI；
- GIAI。

**规则**

见 4.2 中 GTIN 规则以及 4.4 中 GIAI 和 GRAI 规则。

### 属性

**必要属性**

对于受管制的零售医疗贸易项目，表 2.6.14-1 描述了 AIDC 的标记级别。

表 2.6.14-1　受管制的零售医疗贸易项目的 AIDC 标记级别

| 受管制的医疗贸易项目的 AIDC 标注等级 | 标识代码 | 批号 AI（10） | 有效期 AI（17） | 系列号 AI（21） | 其他 |
|---|---|---|---|---|---|
| 最高级——生产商特定医疗器械 AIDC 标记 | GTIN-12、GTIN-13 或 GTIN-14 | 无 | 无 | 是 | 无 |
| 最高级——医院特定医疗器械 AIDC 标记（见 2.1.8） | 如果 GTIN AI（01）、系列号 AI（21）没有标记在产品上，那么可选择 GRAI AI（8003）或 GIAI AI（8004）进行标记 | 无 | 无 | 如果 GTIN AI（01）、系列号 AI（21）没有标记在产品上，那么可选择 GRAI AI（8003）或 GIAI AI（8004）进行标记 | |

GS1 EPC/RFID 标签中医疗数据的管理要求，见 3.11 以及最新版本的 EPC 标签数据标准。

**可选属性**

所有的能和 GTIN 一起使用的 GS1 应用标识符，见第 3 章。当 GTIN 标识贸易项目组合时，可选的属性也适用于该组合。

**规则**

无

**数据载体规范**

**载体选择**

- GS1 DataMatrix；
- GS1 QR 码；
- EPC/RFID。

表 2. 6. 14-2 描述了受管制零售医疗贸易项目标识的载体选择。

表 2. 6. 14-2 受管制零售医疗贸易项目标识的载体选择

| 首选 | GS1 DataMatrix |
| --- | --- |
| 条码补充项 | 见 2. 1. 5 中推荐的条码补充选项，见“数据载体规范载体选择” |

根据 2. 1. 5 中的规定使用 GTIN 和 AI（17）/AI（10）编码的 GS1 DataMatrix 示例见图 2. 6. 14-1。

图 2. 6. 14-1 使用 GTIN 和 AI（17）/AI（10）编码的 GS1 DataMatrix 示例

使用 GTIN 和系列号 AI（21）编码的 GS1 DataMatrix 示例见图 2. 6. 14-2。

图 2. 6. 14-2 使用 GTIN 和系列号 AI（21）编码的 GS1 DataMatrix 示例

**条码符号 X 尺寸、最小条高和最低质量要求**

<u>零部件直接标记</u>

在零部件直接标记的应用中，GS1 支持使用 GS1 DataMatrix 和 GS1 QR 码对零部件全生命周期进行永久标记。对于包括医疗器械的受管制医疗贸易项目，GS1 DataMatrix 是唯一批准用于直接标记的 GS1 数据载体。这些符号通常适用于短距离读取。

有些材料就 Y 尺寸对二维码模块的高度进行了描述。对于 GS1 DataMatrix 和 GS1 QR 码来说，在最佳打印情况下，模块的长宽尺寸相同，因此 X=Y。

条码尺寸取决于需要编码数据的数据量以及所选定的 X 尺寸适用的行数与列数（见表

5.6.3.2)。

有关最小和最大尺寸以及其他尺寸要求，见5.12.3.7，“GS1条码符号规范表7”。

永久标签和标记

对于长距离扫描，见5.12.3.13“GS1条码符号规范表13”。

对于短距离扫描，见5.12.3.9“GS1条码符号规范表9”（资产）或5.12.3.4“GS1条码符号规范表4”（贸易项目）。

**符号放置**

条码放置指南见第6章。

这些条码大多使用在带有弯曲表面的非常小的项目上，例如小玻璃瓶、一次用量的针剂、非常小的瓶。关于将标签标于曲面，见6.2。

零部件直接标记的特殊应用处理规则

见第7章和5.12.4.3。

## 2.6.15 运输过程信息的编码

介绍

全球运输和物流业正经历着货运量的指数级增长并且其为了支持不断增长的需求而变得越来越开放且有竞争力。越来越多的服务提供商（尤其是在最后1mile①）和来自传统运输及物流环境之外的新进入者给供应链带来了挑战，而参与供应链的各方有时甚至互不认识，更不用说整合了系统。行业碎片化的特性、连接限制（如互联网接入）和冗余需求（如缺乏预先的信息交换）推动了对更高互操作性和通过条码采集运输过程信息的能力的需求。信息（如送货地址和其他交付信息）会被直接编码在物流标签上，以支持第一/最后1mile和分拣过程。

应用说明

此应用描述了如何使用二维码在GS1运输标签上包含必要运输数据。所有运输标签上强制要求SSCC使用GS1-128条码符号，此应用定义了如何将其与二维码中的可选属性一起使用，用于支持运输和物流流程。

GS1标识代码

**要求**

SSCC。

SSCC的GS1应用标识符是AI（00），见3.2。

**规则**

见4.3中描述的所有SSCC规则。

属性

**必要属性**

无

**可选属性**

要提供可选的运输过程信息，请参见表2.6.15-1以获取GS1应用标识符。对于可以与SSCC

---

① 1mile=1609.344m。

一起使用以支持运输过程信息编码和格式的所有 GS1 应用标识符，见 3.2。

表 2.6.15-1 用于支持运输过程的应用标识符

| AI | 数据内容 | 允许非拉丁字符 |
|---|---|---|
| 420 | 同一邮政区域内交货地的邮政编码 | |
| 4300 | 收货公司名称 | X |
| 4301 | 收货联系人 | X |
| 4302 | 收货地址行 1 | X |
| 4303 | 收货地址行 2 | X |
| 4304 | 收货地的郊区名 | X |
| 4305 | 收货地的城镇名 | X |
| 4306 | 收货地的州名称 | X |
| 4307 | 收货地国家（或地区）代码 | |
| 4308 | 收货方电话号码 | |
| 4309 | 收货方地理定位 | |
| 4310 | 退货接收公司名称 | X |
| 4311 | 退货接收方联系人 | X |
| 4312 | 退货接收地址行 1 | X |
| 4313 | 退货接收地址行 2 | X |
| 4314 | 退货接收地的郊区名 | X |
| 4315 | 退货接收地的城镇名 | X |
| 4316 | 退货接收地的州名称 | X |
| 4317 | 退货接收国家（或地区）代码 | |
| 4318 | 退货接收地邮政编码 | |
| 4319 | 退货接收地电话号码 | |
| 4320 | 服务代码描述 | X |
| 4321 | 危险货物标记 | |
| 4322 | 授权离开标记 | |
| 4323 | 签名需求标记 | |
| 4324 | 最早交货日期/时间 | |
| 4325 | 最晚交货日期/时间 | |
| 4326 | 发布日期 | |
| 4330 | 最高温度（华氏度，精确到 2 位小数） | |
| 4331 | 最高温度（摄氏度，精确到 2 位小数） | |
| 4332 | 最低温度（华氏度，精确到 2 位小数） | |
| 4333 | 最低温度（摄氏度，精确到 2 位小数） | |

要在字母数字值中编码非拉丁字符，请使用 RFC 3986 中定义的百分比编码。空格字符应编码为单个加号+。

**规则**

运输过程信息规则见第 7 章。

对于一般 HRI 规则，见 4.14。

#### 数据载体规范

**载体选择**

- GS1-128;
- GS1 DataMatrix;
- GS1 QR 码;
- EPC/RFID。

用于在单个物流单元上表示 SSCC 的强制性数据载体是 GS1-128 条码符号。

如表 2.6.15-1 所示，除了 GS1-128 符号之外，还可以包含二维码。使用时，二维码应包括 GS1-128 符号中包含的所有数据串，并且可以包括其他数据串。

如果物流单元的物流标签表面积不大于 A6 或 4″×6″（见 6.6.4.5），则可以在物流标签上单独使用 GS1 DataMatrix 或 GS1 QR 码，但仍然建议使用包含 SSCC 的 GS1-128。如果物流标签仅与 GS1 DataMatrix 或 GS1 QR 码一起使用，则必须注意确保贸易伙伴能够扫描此条码。

**条码符号 X 尺寸、最小条高和最低质量要求**

对于 GS1-128、GS1 DataMatrix 和 GS1 QR 码，见 5.12.3.5 “GS1 符号规范表 5”。

**符号放置**

条码放置指南见第 6 章。

#### 特殊应用的处理规则

处理规则见第 7 章。请注意，一些运输过程信息可能包括重音/非拉丁字符和空格字符，这些字符在用于所有 GS1 应用标识符（AI）数据串的 ISO/IEC 646 国际参考版本（如表 7.11-1 所示）子集中不可用。可以使用 RFC 3986 中定义的百分比编码来对这些字符进行编码，同时使用表 7.11-1 中定义的 ISO/IEC 646 国际参考版本子集中的现有字符。请注意，空格字符可以编码为加号（+）来作为%20 的别名。

### 2.6.16 数字签名（DigSig）

#### 应用说明

数字签名能够检查：

- 数据未被更改（篡改检测）；
- 数据的来源，即，谁对数据进行了数字签名（不可抵赖性）。

ISO/IEC 20248：信息技术　自动识别和数据采集技术　数字签名数据结构模式（https://www.iso.org/standard/81314.html）指定了一种将数字签名和其他可验证数据添加到条码或 RFID 数据结构中的方法，通过该方法可以验证以下内容，而无需连接外部数据源：

- 通过物理特征和安全标记，验证与物理对象的链接。
- 通过使用唯一且安全的芯片 ID，可以检测特定 RFID 标签上的数据是否从另一个标签克隆而来。

ISO/IEC 20248 数据结构通常被称为 DigSig，指的是一种具有特定含义的命名事物；而“数字签名”指的是一般意义上通用的数字签名。

数字签名可以存储在 AIDC 数据载体中，也可以从在线资源中检索。应用标识符（8030）指示其值是 ISO/IEC 20248 DigSig 数据结构，这是一种有效压缩的数据信封，包含数字证书 ID、数字签名、时间戳以及数据。数字签名是通过对一些数据值进行计算得出的，这些数据值可能来自 DigSig 信封内部，也包括其他外部数据，例如输入 PIN 码，或从产品的安全标记上（如全息图、UV 油墨标记）读取的代码。ISO/IEC 20248 通过这种方式支持数字签名和数据所对应的物理对象之间的强绑定。

还有一种在线数字签名方法也可以支持类似的与物理对象之间的强绑定，这种数字签名的数据使用的是 GS1 Web 词汇表中定义的属性，参阅 https://gs1.org/voc/AuthenticityDetails。与 ISO/IEC 20248 类似，可以在数字签名的计算中包括一个值，同时从数据有效载荷中省略它，迫使验证方从其他地方检索丢失的数据值，例如，从已知的 PIN 码或从物理对象上的安全标记读取的代码。在线数字签名的格式包括 JSON Web 签名（JWS）、XML 签名或可验证凭证。可以使用 GS1 数字链接的解析程序基础结构（例如，linkType=GS1:jws）来查找 GS1 数字链接 URI（或其等效单元字符串）中的数字签名数据源。

**注：对于受监管的医疗贸易项目，数字签名（DigSig）不得用于相关贸易项目的任何标签、物理标记或 GS1 AIDC 数据载体。**

以下 GS1 标识代码可与数字签名（DigSig）一起使用。

### GS1 标识代码

**要求**

本应用允许以下标识代码格式：

- GTIN-8；
- GTIN-12；
- GTIN-13；
- GTIN-14；
- ITIP；
- SSCC；
- GRAI；
- GIAI；
- GSRN（提供方）；
- GSRN（接受方）；
- GCN；
- GDTI；
- CPID。

**规则**

所有相关 GS1 标识代码的应用规则见第 4 章。

属性

必要属性

AI（8030）数字签名（DigSig）

除了 AI（8030）之外，还需要实例级的标识，请参阅附录中附表 4.2-1（简单或复合）GS1 标识代码标识的实体。

可选属性

无

规则

无

数据载体规范

载体选择

下面列出了存储 DigSig 所需的数据载体，但数据载体的规范是根据 GS1 标识代码的应用标准制定的。在不同的应用场景中，实体所携带的数据载体存在差异：在某些应用中，只需以下数据载体之一，而无需要其他；在另一些应用中，应将以下数据载体之一附加于另一个不能编码 DigSig 的数据载体（例如 EAN/UPC、GS1-128、ITF-14、GS1 DataBar）。

- GS1 DataMatrix；
- GS1 QR 码；
- Data Matrix（GS1 数字链接 URI）；
- QR 码（GS1 数字链接 URI）；
- EPC/RFID。

条码符号 X 尺寸、最小条高和最低质量要求

要确定哪个符号规范表适用，请参阅第 2 章中 GS1 标识代码相关的应用标准。

符号放置

无

特殊应用的处理规则

处理规则见第 7 章。

# 2.7 系统应用和有效扫描环境概述

表 2.7-1 为第 2 章中定义的所有系统应用和第 5 章的 GS1 条码符号规范表（SST）提供了对照参考。在找到正确的条码符号规范表（SST）条目之前，需要先确定使用的条码。然后利用对应 SST 列查找对应用领域适合的 SST。因为大部分应用领域在有效扫描环境的基础上提供两个条码符号规范表供参考，所以必须在两个表中确定一个。查阅决策树图 5.12.2.6-2 确定正确的条码符号规范表。

表 2.7-1　GS1 系统应用的领域

| 应用 | 对应章节 | 对应 SST |
| --- | --- | --- |
| 用于零售 POS 端的定量贸易项目 | 2.1.3 | |
| ■GTIN-12 和 GTIN-13 | 2.1.3.1 | 1 |
| ■GTIN-12 使用 UPC-E 条码表示 | 2.1.3.2 | 1 |
| ■GTIN-8 | 2.1.3.3 | 1 |
| ■精装书和平装书：ISBN、GTIN-13 和 GTIN-12 的使用 | 2.1.3.4 | 1 |
| ■连续出版物：ISSN、GTIN-13 和 GTIN-12 的使用 | 2.1.3.5 | 1 |
| ■定量生鲜食品贸易项目 | 2.1.3.6 | 1 |
| 用于常规分销和零售 POS 的定量贸易项目 | 2.1.4 | 3 |
| 初级包装医疗项目（非零售贸易项目） | 2.1.5 | 6 |
| 二级包装医疗项目（受管制的零售医疗贸易项目） | 2.1.6 | 8 或 10 |
| 常规分销定量贸易项目 | 2.1.7 | 2 |
| ■受管制医疗贸易项目 | 2.1.7 | 8 |
| ■制造、保养、维修和大修的贸易项目 | 2.1.7 | 4 |
| 医疗器械（非零售贸易项目） | 2.1.8 | 7 |
| 多个单独包装的非零售组件构成的定量贸易项目 | 2.1.9 | 2、4 |
| ■医疗贸易项目 | 2.1.9 | 8 或 10 |
| 常规分销变量贸易项目 | 2.1.10 | 2 |
| 定量贸易项目——限域分销应用 | 2.1.11 | |
| ■公司内部编码——前缀为 0 或 2 的 RCN-8 | 2.1.11.1 | 1 |
| ■公司内部编码——GS1 前缀为 04 的 RCN-13（为 UPC 前缀 4 的 RCN-12） | 2.1.11.2 | 1 |
| ■公司内部编码——使用 UPC 前缀 0 的 RCN-12（LAC 和 RZSC） | 2.1.11.3 | 1 |
| ■限域分销——使用 GS1 前缀 02、20~29 的贸易项目代码 | 2.1.11.4 | 1 |
| □变量生鲜食品贸易项目：GTIN | 2.1.12.1 | 1 |
| □变量贸易项目：RCN | 2.1.12.2 | 1 |
| □用于贸易项目包装扩展应用的 GS1 数字链接 URI 语法 | 2.1.13.1 | 1<br>附录 2 |
| □用于贸易项目包装扩展应用的 GS1 单元数据串语法 | 2.1.13.2 | 1<br>附录 1 |
| ■管制医疗贸易项目 | 2.1.13.2 | 6、7、8<br>或 10 |
| EU 2018/574 烟草产品可追溯性，单元包装层级的受管制贸易项目（GTIN+第三方控制的 GTIN 序列化扩展） | 2.1.14 | 12 |
| 根据 EU 2018/574 烟草可追溯性规定标准贸易组合级别的受管制贸易项目（SGTIN） | 2.1.14 | 12 |
| 根据 EU 2018/574 烟草可追溯性规定的受管制的物流单元（SSCC） | 2.1.14 | 12 |

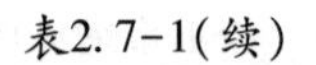
表2.7-1(续)

| 应用 | 对应章节 | 对应 SST |
|---|---|---|
| 物流单元——单个物流单元（SSCC） | 2.2.1 | 5 |
| 物流单元——多个物流单元（GSIN、GINC） | 2.2.2，2.2.3 | 5 |
| 资产——全球可回收资产代码（GRAI） | 2.3.1 | 9 |
| ■零部件直接标记 | 2.3.1<br>2.6.14 | 7 |
| ■永久标记的项目 | 2.3.1<br>2.6.14 | 9、13 |
| 资产——全球单个资产代码（GIAI） | 2.3.2 | 9 |
| ■零部件直接标记 | 2.3.2<br>2.6.14 | 7 |
| ■永久标记的项目 | 2.3.2<br>2.6.14 | 9、13 |
| 物理位置标识 | 2.4.2 | 9 |
| 服务关系 | 2.5 | 11 |
| 使用全球优惠券代码标识优惠券 | 2.6.2 | 1 |
| 限域分销优惠券标识（GS1 前缀 99）<br>同一货币区域的 GS1 优惠券标识（GS1 前缀 981 到 983） | 2.6.3.3<br>2.6.3.4<br>2.6.3.5 | 1 |
| 用于北美地区的优惠券标识符：AI（8110、8112） | 2.6.3.6<br>2.6.3.7 | （*） |
| 返还凭证 | 2.6.4 | 1 |
| 蜂窝移动电话（CMTI）的电子系列标识符：AI（8002） | 2.6.5 | 4 |
| 付款单 | 2.6.6 | 4 |
| 客户指定物品 | 2.6.7 | 1 |
| 定制贸易项目 | 2.6.8 | 4 |
| 用于文档管理的全球文件类型代码 | 2.6.9 | 9 |
| 内部应用 | 2.6.10 | 不适用 |
| 最终消费贸易项目生产管理 | 2.6.11 | 不适用 |
| 组件/部件代码 | 2.6.12 | 不适用 |
| 全球型号代码（GMN） | 2.6.13 | 4 |
| 永久标记的项目 | 2.6.14 | 4、7、9、13 |
| 运输过程信息的编码 | 2.6.15 | 5 |
| ISO/IEC 20248 中详细介绍的数字签名（DigSig） | 2.6.16 | （**） |
| （*）对应 SST 见《使用 GS1 DataBar 扩展符号的美国优惠券应用指南》。 | | |
| （**）对应 SST 见所需 GS1 标识代码的应用标准。 | | |

# 第3章 GS1应用标识符定义

# 3.1 介绍

本章介绍了GS1系统单元数据串的含义、结构和功能，以便用户正确使用。GS1应用标识符及其对应的数据字段相结合成为单元数据串。被允许使用的GS1应用标识字符集在7.11中定义。还有一些应用标识符有额外的语法限制，例如仅限数字，其定义在下文中有单独说明。

商业应用中，自动处理单元数据串时需要传输数据涉及的业务类型信息，见第7章流程说明。单元数据串可由GS1-128码、GS1 Databar码、GS1复合码、GS1 DataMatrix以及GS1 QR码符号表示。应用标识符之间的相互关系与使用规则见第2章和第4章。

当一个预定义长度的GS1标识代码与属性值一起使用时，GS1标识代码宜放在属性值之前。大多数情况下预定义长度的单元数据串宜放在未定义的单元数据串之前。单元数据串的顺序宜由数据生成者决定。

# 3.2 GS1应用标识符目录

GS1应用标识符见表3.2-1。

表3.2-1 GS1应用标识符

| AI | 含义 | 格式[1] | 是否需要FNC1[4] | 数据名称 |
|---|---|---|---|---|
| 00 | 全球系列货运包装箱代码（SSCC） | N2+N18 | | SSCC |
| 01 | 全球贸易项目代码（GTIN） | N2+N14 | | GTIN |
| 02 | 物流单元内贸易项目的GTIN | N2+N14 | | CONTENT |
| 10 | 批次/批号 | N2+X..20 | (FNC1) | BATCH/LOT |
| 11[2] | 生产日期 | N2+N6 | | PROD DATE |
| 12[2] | 付款截止日期 | N2+N6 | | DUE DATE |
| 13[2] | 包装日期 | N2+N6 | | PACK DATE |
| 15[2] | 保质期 | N2+N6 | | BEST BEFORE 或 BEST BY |
| 16[2] | 停止销售日期 | N2+N6 | | SELL BY |
| 17[2] | 有效期 | N2+N6 | | USE BY 或 EXPIRY |
| 20 | 内部产品变体 | N2+N2 | | VARIANT |
| 21 | 系列号 | N2+X..20 | (FNC1) | SERIAL |
| 22 | 消费产品变体 | N2+X..20 | (FNC1) | CPV |
| 235 | 第三方管理的GTIN的序列化扩展（TPX） | N3+X..28 | (FNC1) | TPX |
| 240 | 生产商分配的附加产品标识 | N3+X..30 | (FNC1) | ADDITIONAL ID |
| 241 | 客户方代码 | N3+X..30 | (FNC1) | CUST. PART NO |

表3.2-1(续)

| AI | 含义 | 格式[1] | 是否需要 FNC1[4] | 数据名称 |
|---|---|---|---|---|
| 242 | 定制产品变量代码 | N3+N..6 | (FNC1) | MTO VARIANT |
| 243 | 包装组件代码 | N3+X..20 | (FNC1) | PCN |
| 250 | 二级系列号 | N3+X..30 | (FNC1) | SECONDARY SERIAL |
| 251 | 源实体参考代码 | N3+X..30 | (FNC1) | REF. TO SOURCE |
| 253 | 全球文件类型标识代码（GDTI) | N3+N13［+X..17］ | (FNC1) | GDTI |
| 254 | GLN 扩展部分代码 | N3+X..20 | (FNC1) | GLN EXTENSION COMPONENT |
| 255 | 全球优惠券代码（GCN) | N3+N13［+N..12］ | (FNC1) | GCN |
| 30 | 项目可变数量 | N2+N..8 | (FNC1) | VAR. COUNT |
| 310n[3] | 净重，千克（变量贸易项目） | N4+N6 |  | NET WEIGHT（kg) |
| 311n[3] | 长度或第一尺寸，米（变量贸易项目） | N4+N6 |  | LENGTH（m) |
| 312n[3] | 宽度、直径或第二尺寸，米（变量贸易项目） | N4+N6 |  | WIDTH（m) |
| 313n[3] | 深度、厚度、高度或第三尺寸，米（变量贸易项目） | N4+N6 |  | HEIGHT（m) |
| 314n[3] | 面积，平方米（变量贸易项目） | N4+N6 |  | AREA（$m^2$) |
| 315n[3] | 净体积/净容积，升（变量贸易项目） | N4+N6 |  | NET VOLUME（l) |
| 316n[3] | 净体积/净容积，立方米（变量贸易项目） | N4+N6 |  | NET VOLUME（$m^3$) |
| 320n[3] | 净重，磅（变量贸易项目） | N4+N6 |  | NET WEIGHT（lb) |
| 321n[3] | 长度或第一尺寸，英寸（变量贸易项目） | N4+N6 |  | LENGTH（i) |
| 322n[3] | 长度或第一尺寸，英尺（变量贸易项目） | N4+N6 |  | LENGTH（f) |
| 323n[3] | 长度或第一尺寸，码（变量贸易项目） | N4+N6 |  | LENGTH（y) |
| 324n[3] | 宽度、直径或第二尺寸，英寸（变量贸易项目） | N4+N6 |  | WIDTH（i) |
| 325n[3] | 宽度、直径或第二尺寸，英尺（变量贸易项目） | N4+N6 |  | WIDTH（f) |
| 326n[3] | 宽度、直径或第二尺寸，码（变量贸易项目） | N4+N6 |  | WIDTH（y) |
| 327n[3] | 深度、厚度、高度或第三尺寸，英寸（变量贸易项目） | N4+N6 |  | HEIGHT（i) |
| 328n[3] | 深度、厚度、高或第三尺寸，英尺（变量贸易项目） | N4+N6 |  | HEIGHT（f) |

表3.2-1(续)

| AI | 含义 | 格式(1) | 是否需要 FNC1(4) | 数据名称 |
|---|---|---|---|---|
| 329n(3) | 深度、厚度、高或第三尺寸，码（变量贸易项目） | N4+N6 | | HEIGHT（y） |
| 330n(3) | 物流重量，千克 | N4+N6 | | GROSS WEIGHT（kg） |
| 331n(3) | 长度或第一尺寸，米 | N4+N6 | | LENGTH（m），log |
| 332n(3) | 宽度、直径或第一尺寸，米 | N4+N6 | | WIDTH（m），log |
| 333n(3) | 深度、厚度、高度或第三尺寸，米 | N4+N6 | | HEIGHT（m），log |
| 334n(3) | 面积，平方米 | N4+N6 | | AREA（$m^2$），log |
| 335n(3) | 物流体积，升 | N4+N6 | | VOLUME（l），log |
| 336n(3) | 物流容积或体积，立方米 | N4+N6 | | VOLUME（$m^3$），log |
| 337n(3) | 千克/平方米（$kg/m^2$） | N4+N6 | | KG PER $m^2$ |
| 340n(3) | 物流重量，磅 | N4+N6 | | GROSS WEIGHT（lb） |
| 341n(3) | 长度或第一尺寸，英寸 | N4+N6 | | LENGTH（i），log |
| 342n(3) | 长度或第一尺寸，英尺 | N4+N6 | | LENGTH（f），log |
| 343n(3) | 长度或第一尺寸，码 | N4+N6 | | LENGTH（y），log |
| 344n(3) | 宽度、直径或第二尺寸，英寸 | N4+N6 | | WIDTH（i），log |
| 345n(3) | 宽度、直径或第二尺寸，英尺 | N4+N6 | | WIDTH（f），log |
| 346n(3) | 宽度、直径或第二尺寸，码 | N4+N6 | | WIDTH（y），log |
| 347n(3) | 深度、厚度、高度或第三尺寸，英寸 | N4+N6 | | HEIGHT（i），log |
| 348n(3) | 深度、厚度、高度或第三尺寸，英尺 | N4+N6 | | HEIGHT（f），log |
| 349n(3) | 深度、厚度、高度或第三尺寸，码 | N4+N6 | | HEIGHT（y），log |
| 350n(3) | 面积，平方英寸（变量贸易项目） | N4+N6 | | AREA（$i^2$） |
| 351n(3) | 面积，平方英尺（变量贸易项目） | N4+N6 | | AREA（$f^2$） |
| 352n(3) | 面积，平方码（变量贸易项目） | N4+N6 | | AREA（$y^2$） |
| 353n(3) | 面积，平方英寸 | N4+N6 | | AREA（$i^2$），log |
| 354n(3) | 面积，平方英尺 | N4+N6 | | AREA（$f^2$），log |
| 355n(3) | 面积，平方码 | N4+N6 | | AREA（$y^2$），log |
| 356n(3) | 净重，金衡制盎司（变量贸易项目） | N4+N6 | | NET WEIGHT（t） |
| 357n(3) | 净重（或净体积），盎司（变量贸易项目） | N4+N6 | | NET VOLUME（oz） |

表3.2-1(续)

| AI | 含义 | 格式[1] | 是否需要 FNC1[4] | 数据名称 |
|---|---|---|---|---|
| 360n[3] | 净体积/净容积，跨脱（变量贸易项目） | N4+N6 | | NET VOLUME（q） |
| 361n[3] | 净体积/净容积，美国加仑（变量贸易项目） | N4+N6 | | NET VOLUME（g） |
| 362n[3] | 物流体积/容积，跨脱 | N4+N6 | | VOLUME（q），log |
| 363n[3] | 物流体积/容积，美国加仑 | N4+N6 | | VOLUME（g），log |
| 364n[3] | 净体积/净容积，立方英寸（变量贸易项目） | N4+N6 | | VOLUME（$i^3$） |
| 365n[3] | 净体积/净容积，立方英尺（变量贸易项目） | N4+N6 | | VOLUME（$f^3$） |
| 366n[3] | 净体积/净容积，立方码（变量贸易项目） | N4+N6 | | VOLUME（$y^3$） |
| 367n[3] | 物流体积/容积，立方英寸 | N4+N6 | | VOLUME（$i^3$），log |
| 368n[3] | 物流体积/容积，立方英尺 | N4+N6 | | VOLUME（$f^3$），log |
| 369n[3] | 物流体积/容积，立方码 | N4+N6 | | VOLUME（$y^3$），log |
| 37 | 物流单元内贸易项目或贸易项目组件的数量 | N2+N..8 | (FNC1) | COUNT |
| 390n[3] | 单一货币区内应付金额或优惠券价值 | N4+N..15 | (FNC1) | AMOUNT |
| 391n[3] | 具有 ISO 货币代码的应付金额 | N4+N3+N..15 | (FNC1) | AMOUNT |
| 392n[3] | 单一货币区内的应付金额（变量贸易项目） | N4+N..15 | (FNC1) | PRICE |
| 393n[3] | 具有 ISO 货币代码的应付金额（变量贸易项目） | N4+N3+N..15 | (FNC1) | PRICE |
| 394n[3] | 优惠券的抵扣百分比 | N4+N4 | (FNC1) | PRCNT OFF |
| 395n[3] | 单一货币区内每一计量单位的应付金额（变量贸易项目） | N4+N6 | (FNC1) | PRICE/UoM |
| 400 | 客户订购单代码 | N3+X..30 | (FNC1) | ORDER NUMBER |
| 401 | 全球托运标识代码 | N3+X..30 | (FNC1) | GINC |
| 402 | 全球装运标识代码 | N3+N17 | (FNC1) | GSIN |
| 403 | 路径代码 | N3+X..30 | (FNC1) | ROUTE |
| 410 | 交货地全球位置码 | N3+N13 | | SHIP TO LOC |
| 411 | 受票方全球位置码 | N3+N13 | | BILL TO |
| 412 | 供货方全球位置码 | N3+N13 | | PURCHASE FROM |
| 413 | 最终目的地全球位置码 | N3+N13 | | SHIP FOR LOC |
| 414 | 标识物理位置的全球位置码 | N3+N13 | | LOC NO |

表3.2-1(续)

| AI | 含义 | 格式[1] | 是否需要 FNC1[4] | 数据名称 |
|---|---|---|---|---|
| 415 | 开票方全球位置码 | N3+N13 | | PAY TO |
| 416 | 产品或服务位置的全球位置码 | N3+N13 | | PROD/SERV LOC |
| 417 | 参与方全球位置码 | N3+N13 | | PARTY |
| 420 | 同一邮政区域内交货地的邮政编码 | N3+X..20 | (FNC1) | SHIP TO POST |
| 421 | 含3位ISO国家代码的交货地邮政编码 | N3+N3+X..9 | (FNC1) | SHIP TO POST |
| 422 | 贸易项目的原产国（或地区） | N3+N3 | (FNC1) | ORIGIN |
| 423 | 贸易项目初始加工的国家（或地区） | N3+N3+N..12 | (FNC1) | COUNTRY-INITIAL PROCESS |
| 424 | 贸易项目加工的国家（或地区） | N3+N3 | (FNC1) | COUNTRY-PROCESS |
| 425 | 贸易项目拆分的国家（或地区） | N3+N3+N..12 | (FNC1) | COUNTRY-DISASSEMBLY |
| 426 | 全程加工贸易项目的国家（或地区） | N3+N3 | (FNC1) | COUNTRY-FULL PROCESS |
| 427 | 贸易项目原产国家（或地区）行政区划代码 | N3+X..3 | (FNC1) | ORIGIN SUBDIVISION |
| 4300 | 收货公司名称 | N4+X..35 | (FNC1) | SHIP TO COMP |
| 4301 | 收货联系人 | N4+X..35 | (FNC1) | SHIP TO NAME |
| 4302 | 收货地址行1 | N4+X..70 | (FNC1) | SHIP TO ADD1 |
| 4303 | 收货地址行2 | N4+X..70 | (FNC1) | SHIP TO ADD2 |
| 4304 | 收货地的郊区名 | N4+X..70 | (FNC1) | SHIP TO SUB |
| 4305 | 收货地的城镇名 | N4+X..70 | (FNC1) | SHIP TO LOC |
| 4306 | 收货地的州名称 | N4+X..70 | (FNC1) | SHIP TO REG |
| 4307 | 收货地国家（或地区）代码 | N4+X2 | (FNC1) | SHIP TO COUNTRY |
| 4308 | 收货方电话号码 | N4+X..30 | (FNC1) | SHIP TO PHONE |
| 4309 | 收货方地理定位 | N4+N20 | (FNC1) | SHIP TO GEO |
| 4310 | 退货接收公司名称 | N4+X..35 | (FNC1) | RTN TO COMP |
| 4311 | 退货接收方联系人 | N4+X..35 | (FNC1) | RTN TO NAME |
| 4312 | 退货接收地址行1 | N4+X..70 | (FNC1) | RTN TO ADD1 |
| 4313 | 退货接收地址行2 | N4+X..70 | (FNC1) | RTN TO ADD2 |
| 4314 | 退货接收地的郊区名 | N4+X..70 | (FNC1) | RTN TO SUB |
| 4315 | 退货接收地的城镇名 | N4+X..70 | (FNC1) | RTN TO LOC |
| 4316 | 退货接收地的州名称 | N4+X..70 | (FNC1) | RTN TO REG |
| 4317 | 退货接收国家（或地区）代码 | N4+X2 | (FNC1) | RTN TO COUNTRY |
| 4318 | 退货接收地邮政编码 | N4+X..20 | (FNC1) | RTN TO POST |

表3.2-1(续)

| AI | 含义 | 格式(1) | 是否需要 FNC1(4) | 数据名称 |
|---|---|---|---|---|
| 4319 | 退货接收地电话号码 | N4+X..30 | (FNC1) | RTN TO PHONE |
| 4320 | 服务代码描述 | N4+X..35 | (FNC1) | SRV DESCRIPTION |
| 4321 | 危险货物标记 | N4+N1 | (FNC1) | DANGEROUS GOODS |
| 4322 | 授权离开标记 | N4+N1 | (FNC1) | AUTH LEAV |
| 4323 | 签名需求标记 | N4+N1 | (FNC1) | SIG REQUIRED |
| 4324 | 最早交货日期/时间 | N4+N10 | (FNC1) | NBEF DEL DT |
| 4325 | 最晚交货日期/时间 | N4+N10 | (FNC1) | NAFT DEL DT |
| 4326 | 发布日期 | N4+N6 | (FNC1) | REL DATE |
| 4330(7) | 最高温度（华氏度） | N4+N6+［-］ | (FNC1) | MAX TEMP F |
| 4331(7) | 最高温度（摄氏度） | N4+N6+［-］ | (FNC1) | MAX TEMP C |
| 4332(7) | 最低温度（华氏度） | N4+N6+［-］ | (FNC1) | MIN TEMP F |
| 4333(7) | 最低温度（摄氏度） | N4+N6+［-］ | (FNC1) | MIN TEMP C |
| 7001 | 北约物资代码 | N4+N13 | (FNC1) | NSN |
| 7002 | UNECE 胴体肉与分割产品分类 | N4+X..30 | (FNC1) | MEAT CUT |
| 7003 | 产品的有效日期和时间 | N4+N10 | (FNC1) | EXPIRY TIME |
| 7004 | 活性值 | N4+N..4 | (FNC1) | ACTIVE POTENCY |
| 7005 | 捕获区 | N4+X..12 | (FNC1) | CATCH AREA |
| 7006 | 初次冷冻日期 | N4+N6 | (FNC1) | FIRST FREEZE DATE |
| 7007 | 收获日期 | N4+N6［+N6］ | (FNC1) | HARVEST DATE |
| 7008 | 渔业物种 | N4+X..3 | (FNC1) | AQUATIC SPECIES |
| 7009 | 渔具类型 | N4+X..10 | (FNC1) | FISHING GEAR TYPE |
| 7010 | 生产方式 | N4+X..2 | (FNC1) | PROD METHOD |
| 7011 | 检测日期 | N4+N6+［N4］ | (FNC1) | TEST BY DATE |
| 7020 | 翻新批号 | N4+X..20 | (FNC1) | REFURB LOT |
| 7021 | 功能状态 | N4+X..20 | (FNC1) | FUNC STAT |
| 7022 | 修订状态 | N4+X..20 | (FNC1) | REV STAT |
| 7023 | 组合件的全球单个资产代码（GI-AI） | N4+X..30 | (FNC1) | GIAI-ASSEMBLY |
| 703s(6) | 具有三位 ISO 国家（或地区）代码的加工方代码 | N4+N3+X..27 | (FNC1) | PROCESSOR#S |
| 7040 | GS1 UIC 扩展 1 和进口商目录 | N4+N1+X3 | (FNC1) | UIC+EXT |
| 710 | 国家医疗保险代码-德国 PZN | N3+X..20 | (FNC1) | NHRN PZN |
| 711 | 国家医疗保险代码-法国 CIP | N3+X..20 | (FNC1) | NHRN CIP |
| 712 | 国家医疗保险代码-西班牙 CN | N3+X..20 | (FNC1) | NHRN CN |

表3.2-1(续)

| AI | 含义 | 格式[1] | 是否需要 FNC1[4] | 数据名称 |
|---|---|---|---|---|
| 713 | 国家医疗保险代码-巴西 DRN | N3+X..20 | (FNC1) | NHRN DRN |
| 714 | 国家医疗保险代码-葡萄牙 AIM | N3+X..20 | (FNC1) | NHRN AIM |
| 715 | 国家医疗保险代码-美国 NDC | N3+X..20 | (FNC1) | NHRN NDC |
| ...[5] | 国家医疗保险代码-“某某”国家 NHRN | N3+X..20 | (FNC1) | NHRN ××× |
| 723s[6] | 认证参考代码 | N4+X2+X..28 | (FNC1) | CERT#s |
| 7240 | 协议 ID | N4+X..20 | (FNC1) | PROTOCOL |
| 7241 | AIDC 媒体类型 | N4+N2 | (FNC1) | AIDC MEDIA TYPE |
| 8001 | 卷状产品的尺寸-宽度、长度、内径、方向、拼接 | N4+N14 | (FNC1) | DIMENSIONS |
| 8002 | 蜂窝移动电话标识代码 | N4+X..20 | (FNC1) | CMT No. |
| 8003 | 全球可回收资产代码 | N4+N14 [+X..16] | (FNC1) | GRAI |
| 8004 | 全球单个资产代码 | N4+X..30 | (FNC1) | GIAI |
| 8005 | 单价 | N4+N6 | (FNC1) | PRICE PER UNIT |
| 8006 | 贸易项目组件代码 | N4+N14+N2+N2 | (FNC1) | ITIP |
| 8007 | 国际银行账号代码 | N4+X..34 | (FNC1) | IBAN |
| 8008 | 产品生产日期与时间 | N4+N8 [+N..4] | (FNC1) | PROD TIME |
| 8009 | 光学可读传感器表示符 | N4+X..50 | (FNC1) | OPTSEN |
| 8010 | 组件/部件代码 | N4+Y..30 | (FNC1) | CPID |
| 8011 | 组件/部件系列号 | N4+N..12 | (FNC1) | CPID SERIAL |
| 8012 | 软件版本 | N4+X..20 | (FNC1) | VERSION |
| 8013 | 全球型号代码 | N4+X..25 | (FNC1) | GMN |
| 8017 | 全球服务关系代码（确定提供服务的组织与服务提供方之间的关系） | N4+N18 | (FNC1) | GSRN-PROVIDER |
| 8018 | 全球服务关系代码（确定提供服务的组织和服务接受方之间的关系） | N4+N18 | (FNC1) | GSRN-RECIPIENT |
| 8019 | 服务关系事项代码 | N4+N..10 | (FNC1) | SRIN |
| 8020 | 付款单参考代码 | N4+X..25 | (FNC1) | REF NO |
| 8026 | 物流单元内贸易项目组件代码 | N4+N14+N2+N2 | (FNC1) | ITIP CONTENT |
| 8030 | 数字签名（DigSig） | N4+Z..90 | (FNC1) | DIGSIG |
| 8110 | 用于北美地区的优惠券代码标识 | N4+X..70 | (FNC1) | — |
| 8111 | 优惠券忠诚点数积分 | N4+N4 | (FNC1) | POINTS |

表3.2-1(续)

| AI | 含义 | 格式[1] | 是否需要 FNC1[4] | 数据名称 |
|---|---|---|---|---|
| 8112 | 用于北美地区的无纸化优惠券代码标识 | N4+X..70 | (FNC1) | — |
| 8200 | 包装扩展信息 URL | N4+X..70 | (FNC1) | PRODUCT URL |
| 90 | 贸易伙伴之间相互约定的信息 | N2+X..30 | (FNC1) | INTERNAL |
| 91—99 | 公司内部信息 | N2+X..90 | (FNC1) | INTERNAL |

注：(1) 第一位表示 GS1 应用标识符的长度（数字的位数）。随后的数值指数据内容的格式。惯例如下：
▪n：小数位；
▪N：数位；
▪X：表 7.11-1 GS1 AI 可编码字符集 82 中任意字符；
▪Y：表 7.11-2 GS1 AI 可编码字符集 39 中任意字符；
▪Z：表 7.11-3 GS1 AI 可编码字符集 64（文件安全/URI 安全 base64）中任意字符；
▪N3：三个数字，定长；
▪X3：三个字符，定长；
▪N...3：最多三个数字；
▪X...3：表 7.11-1 GS1 AI 可编码字符集 82 中最多 3 个字符；
▪Y...3：表 7.11-2 GS1 AI 可编码字符集 39 中最多 3 个字符；
▪Z...3：表 7.11-3 GS1 AI 可编码字符集 64（文件安全/URI 安全 base64）中最多 3 个字符；
▪[ ]：括号内的值为可选。
(2) 如果只有年和月，“日”必须填写“00”，除非特别说明。
(3) 此 GS1 应用标识符的第四位数字表示小数位数（以及隐含的小数点位置）。
如：
▪3100 以千克计量的净重表示没有小数点；
▪3102 以千克计量的净重表示带有两位小数点。
(4) 所有不包含在如表 7.8.5-1 所示的预定义的 GS1 应用标识符开头的 GS1 单元数据串，都应该用分隔符分隔，除非该单元数据串是符号中最后一个被编码的单元数据串。关于分隔符的详细说明见 7.8.4。
(5) 一个未来新增国家医疗保险代码（NHRN）的例子。如果必须增加 NHRN 的应用标识符，新的 NHRN 应用标识符将通过 GS1 全球标准管理流程（GSMP）来制定。
(6) 该 GS1 应用标识符的第四个数字表示系列号，使得该应用标识符可以多次出现。
(7) 该 GS1 应用标识符中的温度精确到 2 位小数。

# 3.3 以“0”开头的 GS1 应用标识符

## 3.3.1 物流单元（SSCC）：AI（00）

GS1 应用标识符（00）表示的 GS1 应用标识符数据字段包含全球系列货运包装箱代码（SSCC）。单元数据串格式见表 3.3.1-1。SSCC 用于标识物流单元（见 2.2）。

扩展位用于增加 SSCC 内序列参考代码的容量。由编制 SSCC 的公司自行分配。扩展位数字的范围为 0~9。

GS1 公司前缀由 GS1 成员组织分配给公司，公司（物流单元的构建者）分配 SSCC（见 1.4.4）。GS1 公司前缀使得 SSCC 为全球唯一，但不标识物流单元的来源。

序列参考代码的结构和内容由 GS1 公司前缀的所有者自行处理，用于对每个物流单元进行唯一标识。校验码的说明见 7.9。校验工作必须由相应的应用软件完成，确保代码的正确组合。

表 3.3.1-1 单元数据串格式

| AI | SSCC 全球系列货运包装箱代码 | | | | | | | | | | | | | | | | | |
|---|---|---|---|---|---|---|---|---|---|---|---|---|---|---|---|---|---|---|
| | 扩展位 | GS1 公司前缀 → | | | | | | | | ← 序列参考代码 | | | | | | | | 校验码 |
| 00 | $N_1$ | $N_2$ | $N_3$ | $N_4$ | $N_5$ | $N_6$ | $N_7$ | $N_8$ | $N_9$ | $N_{10}$ | $N_{11}$ | $N_{12}$ | $N_{13}$ | $N_{14}$ | $N_{15}$ | $N_{16}$ | $N_{17}$ | $N_{18}$ |

条码识读器传输的数据，表示物流单元数据串 SSCC 的单元数据串已被采集。当在条码符号中，为该单元数据串标注 non-HRI 时，宜使用以下数据名称：SSCC。

## 3.3.2 贸易项目（GTIN）：AI（01）

GS1 应用标识符（01）表示的 GS1 应用标识符数据字段中包含一个 GTIN。单元数据串格式见表 3.3.2-1。GTIN 用于标识贸易项目（见 2.1）。

贸易项目的 GTIN 可以是 GTIN-8、GTIN-12、GTIN-13 或 GTIN-14 标识代码。有关 GTIN 在不同应用中的格式和必选及可选属性见 2.1。

校验码的说明见 7.9。校验工作必须由相应的应用软件完成，确保代码的正确组合。

表 3.3.2-1 单元数据串格式

| | AI | 全球贸易项目代码（GTIN） | | | | | | | | | | | | | |
|---|---|---|---|---|---|---|---|---|---|---|---|---|---|---|---|
| | | GS1-8 前缀或 GS1 公司前缀 → | | | | | | | | ← 项目参考代码 | | | | | 校验码 |
| (GTIN-8) | 01 | 0 | 0 | 0 | 0 | 0 | 0 | $N_1$ | $N_2$ | $N_3$ | $N_4$ | $N_5$ | $N_6$ | $N_7$ | $N_8$ |
| (GTIN-12) | 01 | 0 | 0 | $N_1$ | $N_2$ | $N_3$ | $N_4$ | $N_5$ | $N_6$ | $N_7$ | $N_8$ | $N_9$ | $N_{10}$ | $N_{11}$ | $N_{12}$ |
| (GTIN-13) | 01 | 0 | $N_1$ | $N_2$ | $N_3$ | $N_4$ | $N_5$ | $N_6$ | $N_7$ | $N_8$ | $N_9$ | $N_{10}$ | $N_{11}$ | $N_{12}$ | $N_{13}$ |
| (GTIN-14) | 01 | $N_1$ | $N_2$ | $N_3$ | $N_4$ | $N_5$ | $N_6$ | $N_7$ | $N_8$ | $N_9$ | $N_{10}$ | $N_{11}$ | $N_{12}$ | $N_{13}$ | $N_{14}$ |

条码识读器传输的数据，表示贸易项目单元数据串的 GTIN 已被采集。

当在条码符号中，为该单元数据串标注 non-HRI 时，宜使用以下数据名称：GTIN。

## 3.3.3 物流单元内的贸易项目：AI（02）

应用标识符（02）表示 GS1 应用标识符数据字段包含物流单元内贸易项目的 GTIN。单元数据串格式见表 3.3.3-1。GTIN 用于标识贸易项目（见第 4 章）。

贸易项目的 GTIN 可以是 GTIN-8、GTIN-12、GTIN-13 或 GTIN-14 标识代码。GTIN 在不同应用中的格式和必选及可选属性见第 2 章。

物流单元内贸易项目的 GTIN 表示在物流单元内包含贸易项目的最高包装层级上的标识代码。

**注：** 只有在下列情况下，该单元数据串才用于物流单元：

- 物流单元本身不是贸易项目；并且

■ 所有处于最高包装层级的贸易项目具有相同的 GTIN。

校验码的说明见 7.9。校验工作必须由相应的应用软件完成，确保代码的正确组合。

表 3.3.3-1 单元数据串格式

| | AI | 全球贸易项目代码（GTIN） | | | | | | | | | | | | | |
|---|---|---|---|---|---|---|---|---|---|---|---|---|---|---|---|
| | | GS1-8 前缀 or GS1 公司前缀 → | | | | | | ← 项目参考代码 | | | | | | | 校验码 |
| (GTIN-8) | 02 | 0 | 0 | 0 | 0 | 0 | 0 | $N_1$ | $N_2$ | $N_3$ | $N_4$ | $N_5$ | $N_6$ | $N_7$ | $N_8$ |
| (GTIN-12) | 02 | 0 | 0 | $N_1$ | $N_2$ | $N_3$ | $N_4$ | $N_5$ | $N_6$ | $N_7$ | $N_8$ | $N_9$ | $N_{10}$ | $N_{11}$ | $N_{12}$ |
| (GTIN-13) | 02 | 0 | $N_1$ | $N_2$ | $N_3$ | $N_4$ | $N_5$ | $N_6$ | $N_7$ | $N_8$ | $N_9$ | $N_{10}$ | $N_{11}$ | $N_{12}$ | $N_{13}$ |
| (GTIN-14) | 02 | $N_1$ | $N_2$ | $N_3$ | $N_4$ | $N_5$ | $N_6$ | $N_7$ | $N_8$ | $N_9$ | $N_{10}$ | $N_{11}$ | $N_{12}$ | $N_{13}$ | $N_{14}$ |

条码识读器传输的数据，表示物流单元内贸易项目的 GTIN 已被采集。

这个单元数据串必须与 AI（37）数据串表示的同一物流单元上贸易项目的数量一起使用（见 3.6.5）。AI（02）与其他 AI 结合使用时存在限制，见 4.13“数据关系”。

当在条码符号中，为该单元数据串标注 non-HRI 时，宜使用以下数据名称：CONTENT。

# 3.4 以“1”开头的 GS1 应用标识符

## 3.4.1 批次/批号：AI（10）

应用标识符（10）表示的 GS1 应用标识符数据字段包含贸易项目的批次/批号代码。单元数据串格式见表 3.4.1-1。批次/批号代码关联贸易项目和生产商认为与追溯相关的信息。数据信息可涉及贸易项目本身或其所包含的项目，如生产批号、班次号、机器号、时间或内部的产品代码等。如果同一产品在不同地点生产，生产商有责任确保 GTIN 的批次/批号代码不重复。对于带有 GTIN 的批次/批号的重复使用，需要考虑特定行业的限制。批次/批号为字母数字型，包含表 7.11-1 中的所有字符。

✔ **注：** 批次/批号不是贸易项目唯一标识的一部分。

表 3.4.1-1 单元数据串格式

| AI | 批次/批号 |
|---|---|
| 10 | $X_1$ ——→ 可变长度 ——→ $X_{20}$ |

从条码识读器传输的单元数据串表明一个批次/批号信息被采集。由于此单元数据串是特定项目的一个属性，必须与相关贸易项目的 GTIN 一起使用，见 4.13.2。

当在条码符号中，为该单元数据串标注 non-HRI 时，宜使用以下数据名称：BATCH/LOT。

## 3.4.2 生产日期：AI（11）

应用标识符（11）表示的 GS1 应用标识符数据字段包含贸易项目的生产日期。单元数据串格式见表 3.4.2-1。生产日期是指生产或组装的日期，由生产商确定。数据可涉及贸易项目自身或所包含的项目。

结构如下：

- 年：以 2 位数字表示，不可省略。例如 2003 年为 03。
- 月：以 2 位数字表示，不可省略。例如 1 月为 01。
- 日：以 2 位数字表示，例如某月的 2 日为 02。如果无须表示具体日期，填写 00。

**注：**当具体日期不是必须填写的时候（日期处填写 00），整体数据应被理解为那个月的最后一天，包括闰年的调整（例如："130200" 是 "2013 年 2 月 28 日"，"160200" 是 "2016 年 2 月 29 日"）。

**注：**自 2025 年 1 月 1 日起，受监管的医疗保健产品的月份日期表示方式将发生变化。自该日期起，月份日期不应表示为 00。应表示为一个有效日期（例如，7 月的最后一天为 31）。

**注：**该单元数据串表达的生产日期的范围为过去的 49 年和未来的 50 年。世纪的确定见 7.12。

表 3.4.2-1　单元数据串格式

| AI | 生产日期 | | |
|---|---|---|---|
| | 年 | 月 | 日 |
| 11 | $N_1$ $N_2$ | $N_3$ $N_4$ | $N_5$ $N_6$ |

从条码识读器传输的单元数据串表明一个生产日期被采集。由于此单元数据串是贸易项目的一个属性，必须与相关贸易项目的 GTIN 一起使用，见 4.13 "数据关系"。

当在条码符号中，为该单元数据串标注 non-HRI 时，宜使用以下数据名称：PROD DATE。

## 3.4.3　付款截止日期：AI（12）

应用标识符（12）表示的 GS1 应用标识符数据字段包含贸易项目的付款截止日期。单元数据串格式见表 3.4.3-1。此数据串表示支付单据参考代码 AI（8020）和开票方的全球位置码（GLN）的属性。

结构如下：

- 年：以 2 位数字表示，不可省略。例如 2003 年为 03。
- 月：以 2 位数字表示，不可省略。例如 1 月为 01。
- 日：以 2 位数字表示，例如某月的 2 日为 02。如果无须表示具体日期，填写 00。

**注：**当具体日期不是必须填写的时候（日期处填写 00），整体数据应被理解为那个月的最后一天，包括闰年的调整（例如："130200" 是 "2013 年 2 月 28 日"，"160200" 是 "2016 年 2 月 29 日" 等）。

**注：**该单元数据串表达的截止日期的范围为过去的 49 年和未来的 50 年。有关世纪的确定见 7.12。

表 3.4.3-1　单元数据串格式

| AI | 付款截止日期 | | |
|---|---|---|---|
| | 年 | 月 | 日 |
| 12 | $N_1$ $N_2$ | $N_3$ $N_4$ | $N_5$ $N_6$ |

从条码识读器传输的数据表明单元数据串表示的一个支付截止日期被采集。此 AI 与其他 AI 结合使用时存在限制，见 4.13 “数据关系”。

当在条码符号中，为该单元数据串标注 non-HRI 时，宜使用以下数据名称：DUE DATE。

## 3.4.4　包装日期：AI（13）

应用标识符（13）表示的 GS1 应用标识符数据字段包含贸易项目的包装日期。单元数据串格式见表 3.4.4-1。包装日期是包装者决定的货物包装的日期。包装日期数据可涉及贸易项目自身或包含的项目。

结构如下：

- 年：以 2 位数字表示，不可省略。例如 2003 年为 03。
- 月：以 2 位数字表示，不可省略。例如 1 月为 01。
- 日：以 2 位数字表示，例如某月的 2 日为 02。如果无须表示具体日期，填写 00。

**注：当具体日期不是必须填写的时候（日期处填写 00），整体数据应被理解为那个月的最后一天，包括闰年的调整（例如：“130200” 是 “2013 年 2 月 28 日”，“160200” 是 “2016 年 2 月 29 日” 等）。**

**注：该单元数据串表达的包装日期的范围为过去的 49 年和未来的 50 年。世纪的确定见 7.12。**

表 3.4.4-1　单元数据串格式

| AI | 包装日期 | | |
|---|---|---|---|
| | 年 | 月 | 日 |
| 13 | $N_1$ $N_2$ | $N_3$ $N_4$ | $N_5$ $N_6$ |

从条码识读器传输的单元数据串表明一个包装日期代码被采集。由于此单元数据串是贸易项目的一个属性，必须与相关贸易项目的 GTIN 一起使用，见 4.13 “数据关系”。

当在条码符号中，为该单元数据串标注 non-HRI 时，宜使用以下数据名称：PACK DATE。

## 3.4.5　保质期：AI（15）

应用标识符（15）表示的 GS1 应用标识符数据字段包含贸易项目的保质期。单元数据串格式见表 3.4.5-1。标签或包装上的保质期表示产品保持特定质量属性的最终期限，尽管在这个日期之后产品可能仍将具有优质属性。保质期主要用于消费信息，可能是市场监管中所必备的信息。

**注：零售商有可能使用这个日期作为他们不再销售该商品的日期。目前，一部分标有“保质期”的商品在销售流程中可以被理解为停止销售日期。**

结构如下：

- 年：以 2 位数字表示，不可省略。例如 2003 年为 03。
- 月：以 2 位数字表示，不可省略。例如 1 月为 01。
- 日：以 2 位数字表示，例如某月的 2 日为 02。如果无须表示具体日期，填写 00。

**注：当具体日期不是必须填写的时候（日期处填写 00），整体数据应被理解为那个月的最后一天，包括闰年的调整（例如：“130200” 是 “2013 年 2 月 28 日”，“160200” 是 “2016 年 2 月**

29 日”等)。

注：该单元数据串表达的保质期的范围为过去的 49 年和未来的 50 年。世纪的确定见 7.12。

表 3.4.5-1　单元数据串格式

| AI | 保质期 | | |
|---|---|---|---|
| | 年 | 月 | 日 |
| 15 | $N_1$ $N_2$ | $N_3$ $N_4$ | $N_5$ $N_6$ |

从条码识读器传输的单元数据串表明一个保质期代码被采集。由于此单元数据串是贸易项目的一个属性，必须与相关贸易项目的 GTIN 一起使用，见 4.13“数据关系”。

当在条码符号中，为该单元数据串标注 non-HRI 时，宜使用以下数据名称：BEST BEFORE 或 BEST BY。

### 3.4.6　停止销售日期：AI (16)

GS1 应用标识符 (16) 定义了生产商确定销售商将产品销售给消费者的最终日期。单元数据串格式见表 3.4.6-1。产品不应该在这个日期之后再被销售。

注：这个应用标识符是被用在那些生产商同意标注停止销售日期给消费者使用的行业中。

结构如下：

- 年：以 2 位数字表示，不可省略。例如 2003 年为 03。
- 月：以 2 位数字表示，不可省略。例如 1 月为 01。
- 日：以 2 位数字表示，例如某月的 2 日为 02。如果无须表示具体日期，填写 00。

注：当具体日期不是必须填写的时候 (日期处填写 00)，整体数据应被理解为那个月的最后一天，包括闰年的调整 (例如：“130200”是“2013 年 2 月 28 日”，“160200”是“2016 年 2 月 29 日”等)。

注：该单元数据串表达的停止销售日期的范围为过去的 49 年和未来的 50 年。世纪的确定见 7.12。

表 3.4.6-1　单元数据串格式

| AI | 停止销售日期 | | |
|---|---|---|---|
| | 年 | 月 | 日 |
| 16 | $N_1$ $N_2$ | $N_3$ $N_4$ | $N_5$ $N_6$ |

从条码识读器传输的单元数据串表明一个停止销售日期代码被采集。由于此单元数据串是贸易项目的一个属性，必须与相关贸易项目的 GTIN 一起使用，见 4.13“数据关系”。

当在条码符号中，为该单元数据串标注 non-HRI 时，宜使用以下数据名称：SELL BY。

### 3.4.7　有效期：AI (17)

应用标识符 (17) 表示的 GS1 应用标识符数据字段包含贸易项目的有效期。单元数据串格式见表 3.4.7-1。有效期是决定一个产品/优惠券消费或使用期限的日期。其含义由贸易项目的背景决定（如，对于食品，食用过期食品意味着可能直接产生健康风险。对于药物，食用过期无效药物意味着可能间接产生健康风险）。有效期经常被称为“使用期”或“最长保质期”。

结构如下：

- 年：以 2 位数字表示，不可省略。例如 2003 年为 03。
- 月：以 2 位数字表示，不可省略。例如 1 月为 01。
- 日：以 2 位数字表示，例如某月的 2 日为 02。如果无须表示具体日期，填写 00。

**注：**当具体日期不是必须填写的时候（日期处填写 00），整体数据应被理解为那个月的最后一天，包括闰年的调整（例如：“130200”是“2013 年 2 月 28 日”，“160200”是“2016 年 2 月 29 日”等）。

**注：**自 2025 年 1 月 1 日起，受监管的医疗保健产品的月份日期表示方式将发生变化。自该日期起，月份日期不得表示为 00。应包括该月的有效日期（例如，7 月的最后一天为 31）。

**注：**该单元数据串表达的有效期的范围为过去的 49 年和未来的 50 年。世纪的确定见 7.12。

表 3.4.7-1 单元数据串格式

| AI | 有效期 | | |
|---|---|---|---|
| | 年 | 月 | 日 |
| 17 | $N_1$ $N_2$ | $N_3$ $N_4$ | $N_5$ $N_6$ |

从条码识读器传输的单元数据串表明一个有效期代码被采集。由于此单元数据串是贸易项目或优惠券的一个属性，必须与相关贸易项目的 GTIN 或全球优惠券代码（GCN）一起使用，见 4.13“数据关系”。

当在条码符号中，为该单元数据串标注 non-HRI 时，宜使用以下数据名称：USE BY 或 EXPIRY。

# 3.5 以“2”开头的 GS1 应用标识符

## 3.5.1 内部产品变体：AI（20）

如果贸易项目的某些改变不足以需要重新分配一个 GTIN，并且此改变仅仅与生产商和代表生产商利益的第三方有关，内部产品变体代码数据用于将内部产品变体区别于常规的贸易项目。

内部产品变体代码仅限于生产商和代表生产商利益的第三方使用，并且不用于与任何贸易伙伴进行交易。如果产品改变导致需要分配新的 GTIN，则不应使用内部产品变体代码。

虽然单元数据串对所有贸易伙伴没有意义，但可以在整个分销过程中保留在项目上。

应用标识符（20）表示的 GS1 应用标识符数据字段包含内部产品变体代码。单元数据串格式见表 3.5.1-1。

表 3.5.1-1 单元数据串格式

| AI | 内部产品变体代码 |
|---|---|
| 20 | $N_1$ $N_2$ |

内部产品变体代码必须由生产商分配。内部变体代码为贸易项目 GTIN 之外的辅助代码，一个特定的贸易项目只允许产生 100 个变体。

从条码识读器传输的数据表明单元数据串表示的一个内部产品变体代码被采集。内部产品变体代码必须永远与同一项目的 GTIN 一起处理，见 4.13 “数据关系”。

当在条码符号中，为该单元数据串标注 non-HRI 时，宜使用以下数据名称：VARIANT。

## 3.5.2　系列号：AI（21）

应用标识符（21）表示的 GS1 应用标识符数据字段包含贸易项目的系列号。单元数据串格式见表 3.5.2-1。系列号是分配给一个实体永久性的系列代码，与 GTIN 结合唯一标识每个单独的项目。系列号为字母数字型，可包含表 7.11-1 中的所有字符。生产商有责任确保 GTIN 的系列号不重复。对于带有 GTIN 的系列号的重复使用，需要考虑特定行业的限制。

表 3.5.2-1　单元数据串格式

| AI | 系列号 |
|---|---|
| 21 | $X_1$——可变长度——→$X_{20}$ |

从条码识读器传输的数据表明单元数据串表示的一个系列号代码被采集。此单元数据串是贸易项目的一个属性，必须与相关贸易项目的 GTIN 一起使用，见 4.13 “数据关系”。

当在条码符号中，为该单元数据串标注 non-HRI 时，宜使用以下数据名称：SERIAL。

## 3.5.3　消费产品变体：AI（22）

当零售消费贸易项目变更，但并不需要分配不同 GTIN 时，本单元数据串可用于区分此零售消费贸易项目的不同变体，但是需要在贸易伙伴之间进行沟通以支持消费者。生产商负责分配消费产品变体代码。本单元数据串为字母数字型，并可包括表 7.11-1 包含的所有字符。

GS1 应用标识符 AI（22）标识数据区域包含一个消费产品变体代码（CPV）。单元数据串格式见表 3.5.3-1。

表 3.5.3-1　单元数据串格式

| AI | 消费产品变体代码 |
|---|---|
| 22 | $X_1$——可变长度——→$X_{20}$ |

**注：**消费产品变体应用标识符 AI（22）区别于内部产品变体应用标识符 AI（20），后者只与生产商和代表生产商的第三方相关。

从条码识读器传输的数据表明表示消费产品变体代码的单元数据串已被采集。此消费产品变体代码必须与同一贸易项目的 GTIN 一同处理，见 4.13 “数据关系”。

当在条码符号中，为该单元数据串标注 non-HRI 时，宜使用以下数据名称：CPV。

## 3.5.4　第三方管理的 GTIN 序列化扩展（TPX）：AI（235）

GS1 应用标识符（235）表示 GS1 应用标识符数据字段包含第三方管理的 GTIN 序列化扩展（TPX）。单元数据串格式见表 3.5.4-1。

该标识符用于实体的整个生命周期。当与 GTIN 结合使用时，TPX 可以唯一地标识单个物品，并根据欧盟 2018/574 构成烟草可追溯性的单元包装唯一标识符（upUI）。系列号字段为字母数字，可能包含表 7.11-1 中的所有字符。由第三方确定 TPX，但 TPX 必须以标识签发者唯一识别代码（UIC）为起始，其后跟 GS1 UIC 扩展 1 和 GS1 UIC 扩展 2。

- UIC 以一个数字开头，后跟表 7.11-1“GS1 AI 可编码字符集 82”中的一个字母数字字符。
- GS1 UIC 扩展 1 是表 7.11-1“GS1 AI 可编码字符集 82”中的一个字母数字字符。
- GS1 UIC 扩展 2 是表 7.11-1“GS1 AI 可编码字符集 82”中的一个字母数字字符。对于 GS1 算法的用户，字符 0~9，A~Z 和 a~e 应该用于 GS1 UIC 扩展 2。对于非 GS1 算法的用户，应使用字符 f~z 和特殊字符。

当嵌入 GS1 条码时，TPX 应在 GTIN 之前编码。

注：在所有贸易项目应用标准中，默认使用生产商的系列号 AI（21），除非应用标准中另有规定。（法规要求的）第三方管理的 GTIN 序列化扩展切勿与生产商的系列号一起使用。

表 3.5.4-1　单元数据串格式

| AI | 第三方管理的 GTIN 序列化扩展（TPX） |
|---|---|
| 235 | $X_1$——可变长度——→$X_{28}$ |

从条码识读器发送的数据表示由第三方管理的 GTIN 序列化扩展的单元数据串被采集。由于此单元数据串是贸易项目的属性，因此必须和它相关的贸易项目的 GTIN 一起处理，见 4.13“数据关系”。

当在条码符号中，为该单元数据串标注 non-HRI 时，non-HRI 部分应使用以下数据名称：TPX。

### 3.5.5　生产商分配的附加产品标识：AI（240）

应用标识符（240）表示的 GS1 应用标识符数据字段包含贸易项目的附加产品标识代码。单元数据串格式见表 3.5.5-1。此单元数据串的目的是使全球贸易项目代码（GTIN）以外的标识数据能够在 GS1 系统数据载体中表示。它是对以前使用的目录编号的交叉引用。附加产品标识代码作为 GTIN 的属性（例如，用于在一个过渡时期内向 GS1 系统过渡），不可以用于替代 GTIN。

附加产品标识代码为字母数字型，可包含表 7.11-1 中的所有字符。附加产品标识代码的内容与结构由采用附加产品标识代码的公司确定。

表 3.5.5-1　单元数据串格式

| AI | 附加产品标识代码 |
|---|---|
| 240 | $X_1$——可变长度——→$X_{30}$ |

从条码识读器传输的数据表明单元数据串表示的一个附加产品标识代码被采集。此单元数据串必须与同一贸易项目的 GTIN 一起使用，见 4.13“数据关系”。

当在条码符号中，为该单元数据串标注 non-HRI 时，宜使用以下数据名称：ADDITIONAL ID。

### 3.5.6　客户方代码：AI（241）

应用标识符（241）表示的 GS1 应用标识符数据字段包含客户方代码。单元数据串格式见

表3.5.6-1。此单元数据串的目的是使全球贸易项目代码（GTIN）以外的标识数据能够在GS1系统数据载体中表示。该单元数据串只应在目前使用客户方代码进行订购的贸易伙伴之间使用，这些贸易伙伴已经计划好为其业务目的转换到使用GTIN的时间。在转换过程中，贸易项目上GTIN和AI（241）的应用是过渡使用的。客户方代码不可以替代GTIN。客户方代码为字母数字型，包含表7.11-1中的所有字符。

表3.5.6-1　单元数据串格式

| AI | 客户方代码 |
|---|---|
| 241 | $X_1$——可变长度——→$X_{30}$ |

从条码识读器传输的数据表明单元数据串表示的一个客户方代码被采集。此单元数据串必须与同一贸易项目的GTIN一起使用，见4.13“数据关系”。

当在条码符号中，为该单元数据串标注non-HRI时，宜使用以下数据名称：CUST. PART NO。

## 3.5.7　定制产品变量代码：AI（242）

应用标识符（242）表示的GS1应用标识符数据字段包含定制产品变量代码。单元数据串格式见表3.5.7-1。定制产品变量代码为数字字符，数据长度可变，最长6位。

定制产品变量代码为唯一标识定制贸易项目提供所需的附加数据（见2.6.8）。

AI（242）应与指示符为9的GTIN-14一起使用。AI（242）与指示符为9的GTIN-14一起唯一标识一个定制的贸易项目。

定制产品变量代码不能与GTIN-8、GTIN-12、GTIN-13以及指示符为1~8的GTIN-14一起使用。指示符为9的GTIN-14与定制产品变量代码仅用于MRO环境。MRO即制造（manufacturing）、保养（maintenance）、维修（repair）和大修（overhaul）。

表3.5.7-1　单元数据串格式

| AI | 定制产品变量代码 |
|---|---|
| 242 | $N_1$——可变长度——→$N_6$ |

从条码识读器传输的数据表明单元数据串表示的一个定制产品变量代码被采集。此单元数据串必须与同一贸易项目的GTIN一起使用，见4.13“数据关系”。

当在条码符号中，为该单元数据串标注non-HRI时，宜使用以下数据名称：MTO VARIANT。

## 3.5.8　包装组件代码：AI（243）

GS1应用标识符（243）表示的GS1应用标识符数据字段包含包装组件代码（PCN）。单元数据串格式见表3.5.8-1。一个包装组件全生命周期只分配一个PCN。当与GTIN共同使用时，一个PCN唯一定义出了最终消费贸易项目与其包装组件的关联关系。

当前PCN一般仅供内部使用，然而PCN未来有可能考虑在开放的供应链应用中使用。包装组件代码字段是字母数字型，可使用表7.11-1中包含的所有字符表示。

表 3.5.8-1 单元数据串格式

| AI | 包装组件代码 |
| --- | --- |
| 243 | $X_1$——可变长度——→$X_{20}$ |

从条码识读器传输的数据表明一个包装组件代码的单元数据串已被采集。作为贸易项目特定属性的单元数据串，它必须与它所涉及的贸易项目的 GTIN 一同处理（见 4.13.2）。

当在条码符号中，为该单元数据串标注 non-HRI 时，宜使用以下数据名称：PCN。

## 3.5.9 二级系列号：AI（250）

应用标识符（250）表示的 GS1 应用标识符数据字段包含贸易项目的二级系列号。单元数据串格式见表 3.5.9-1。当使用 AI（21）（见 3.5.2）的单元数据串包含贸易项目的系列号，此单元数据串表示该贸易项目的某个组件的系列号。应用二级系列号的公司决定单元数据串代表给定贸易项目的哪个部件。二级系列号含义的识别是通过 GTIN 和发行人提供的关于二级系列号所指组件的信息来完成的。

如果使用 AI（250）单元数据串，还须在贸易项目上标记以下数据信息：

- AI（01）：表示贸易项目的 GTIN；
- AI（21）：表示贸易项目的系列号；
- AI（250）：表示贸易项目中一个部件的系列号。

只有一个带有 AI（250）的单元数据串才可以与一个特定 GTIN 结合。

二级系列号编码数据为字母数字型，包含表 7.11-1 中的所有字符。代码与相关部件由发行方确定。

表 3.5.9-1 单元数据串格式

| AI | 二级系列号 |
| --- | --- |
| 250 | $X_1$——可变长度——→$X_{30}$ |

从条码识读器传输的单元数据串表明单元数据串表示的一个二级系列号代码被采集。此单元数据串必须与相关贸易项目的 GTIN 和贸易项目的系列号 AI（21）一起使用（见 4.13.2）。

当在条码符号中，为该单元数据串标注 non-HRI 时，宜使用以下数据名称：SECONDARY SERIAL。

## 3.5.10 源实体参考代码：AI（251）

应用标识符（251）表示的 GS1 应用标识符数据字段包含贸易项目的源实体参考代码。单元数据串格式见表 3.5.10-1。源实体参考代码是贸易项目的一个属性，用于追溯贸易项目的初始来源。贸易项目的发行方必须通过其他方式指出数据涉及的源实体。

例如，源自某个牛胴体的各种产品，其源头是一只活牛。采用此应用标识编码数据能够对源自该活牛的产品溯源，一旦发现它受到污染，所有来自该牛身上的其他产品都要被隔离。此外，在规范管理回收利用各种大型家电，如电冰箱时，可能涉及初始的设备，此时也可使用此应用标识符。

源实体参考代码为字母数字型，包含表 7.11-1 中的所有字符。

表 3.5.10-1 单元数据串格式

| AI | 源实体参考代码 |
|---|---|
| 251 | $X_1$——可变长度——→$X_{30}$ |

从条码识读器传输的单元数据串表明单元数据串表示的一个源实体参考代码被采集。由于此单元数据串是一个贸易项目的属性，此单元数据串必须与相关贸易项目的 GTIN 一起使用，见 4.13 “数据关系”。

当在条码符号中，为该单元数据串标注 non-HRI 时，宜使用以下数据名称：REF. TO SOURCE。

## 3.5.11 全球文件类型标识代码（GDTI）：AI（253）

应用标识符（253）表示的 GS1 应用标识符数据字段包含全球文件类型标识代码（GDTI）。单元数据串格式见表 3.5.11-1。GDTI 用于标识具有可选系列号的文件类型。

GS1 公司前缀由 GS1 成员组织分配给公司，公司分配 GDTI，即文件的发行方（见 1.4.4），GS1 公司前缀使得编码全球唯一。

文件类型的结构与内容由文件的发行方自行决定，以便唯一标识文件的各个类型。

校验码的说明见 7.9。校验工作必须由相应的应用软件完成，确保代码的正确组合。

可选系列组件代码是分配给单个文件的永久代码。当包含系列组件代码时，GDTI 唯一标识单独的文件。系列组件编码数据是字母数字字符，最长 17 位。可以包含表 7.11-1 中的所有字符。系列组件代码由文件/单证的发行方分配。

表 3.5.11-1 单元数据串格式

| AI | 全球文件类型标识代码（GDTI） | | |
|---|---|---|---|
| | GS1 公司前缀 → ← 文件类型 | 校验码 | 系列组件代码（可选） |
| 253 | $N_1$ $N_2$ $N_3$ $N_4$ $N_5$ $N_6$ $N_7$ $N_8$ $N_9$ $N_{10}$ $N_{11}$ $N_{12}$ | $N_{13}$ | $X_1$——可变长度——→$X_{17}$ |

从条码识读器传输的数据表明单元数据串表示的一个全球文件类型标识代码被采集。

当在条码符号中，为该单元数据串标注 non-HRI 时，宜使用以下数据名称：GDTI。

## 3.5.12 全球位置码（GLN）扩展组件代码：AI（254）

GS1 应用标识符（254）表示的 GS1 应用标识符数据字段包含全球位置码（GLN）的扩展组件代码。单元数据串格式见表 3.5.12-1。AI（254）为可选择项，但是如果选择使用，则应与 AI（414）（物理位置标识代码）一起使用。

由定义位置的一方确定扩展组件代码。扩展组件代码一旦确定，在相关 GLN 生命周期内不得改变。GLN 扩展组件字段由字母和数字组成，可以包括表 7.11-1 中包含的所有字符。

表 3.5.12-1 单元数据串格式

| AI | GLN 扩展部分代码 |
|---|---|
| 254 | $X_1$—— 可变长度 ——→ $X_{20}$ |

从条码识读器传输的单元数据串表明单元数据串表示的一个 GLN 的扩展部分代码被采集。此

单元数据串是一个物理位置的属性，必须与相关的 GLN 一起使用，见 4.13 “数据关系”。

当在条码符号中，为该单元数据串标注 non-HRI 时，宜使用以下数据名称：GLN EXTENSION COMPONENT。

### 3.5.13　全球优惠券代码（GCN）：AI（255）

GS1 应用标识符（255）表示的 GS1 应用标识符数据字段包含全球优惠券代码（GCN）。单元数据串格式见表 3.5.13-1。GCN 带有一个可选的系列号，提供优惠券的全球唯一标识。

GS1 公司前缀由 GS1 成员组织分配给公司，公司分配 GCN，GS1 公司前缀使得编码全球唯一。

优惠券参考代码的结构和内容由发行方自行决定，以便唯一标识每一类型的优惠券。

校验码的说明见 7.9。校验工作必须由相应的应用软件完成，确保代码的正确组合。

可选的系列组件代码分配给单独的优惠券实例。GS1 公司前缀、优惠券参考代码和系列组件代码的组合唯一地标识一个单独的优惠券。系列组件字段是数字型，最多包含 12 位数字。全球优惠券代码的发行方决定系列组件代码。

表 3.5.13-1　单元数据串格式

| AI | 全球优惠券代码（GCN） | | |
|---|---|---|---|
| | GS1 公司前缀 → ← 优惠券参考代码 | 校验码 | 系列组件代码（可选） |
| 255 | $N_1$ $N_2$ $N_3$ $N_4$ $N_5$ $N_6$ $N_7$ $N_8$ $N_9$ $N_{10}$ $N_{11}$ $N_{12}$ | $N_{13}$ | $N_1$ ——可变长度——→ $N_{12}$ |

当在条码符号中，为该单元数据串标注 non-HRI 时，宜使用以下数据名称：GCN。

## 3.6　以“3”开头的 GS1 应用标识符

### 3.6.1　项目可变数量：AI（30）

应用标识符（30）表示的 GS1 应用标识符数据字段包含在一个变量贸易项目中项目的数量。单元数据串格式见表 3.6.1-1。此单元数据串用于完成一个变量贸易项目的标识，因此不能单独使用。

项目数量数据字段表示在相应贸易项目中包含的项目的数量，长度可变，最长 8 位。

**注：此单元数据串不得用于表示定量贸易项目包含的数量。如果此单元数据串（错误地）出现在一个定量贸易项目上，不应使项目标识无效，而是只作为多余数据处理。**

表 3.6.1-1　单元数据串格式

| AI | 贸易项目数量 |
|---|---|
| 30 | $N_1$ ——可变长度——→ $N_8$ |

从条码识读器传输的数据表明单元数据串表示的项目的数量被采集，作为一个变量贸易项目标识的一部分。此单元数据串必须与贸易项目相关的 GTIN 一起使用，见 4.13 “数据关系”。

当在条码符号中，为该单元数据串标注 non-HRI 时，宜使用以下数据名称：VAR. COUNT。

## 3.6.2　贸易计量：AI（31nn，32nn，35nn，36nn）

应用标识符 $A_1 \sim A_4$（见表 3.6.2-1）表示的 GS1 应用标识符数据字段包含变量贸易项目的尺寸和数量。它还表示度量单位。这些单元数据串用于完成变量贸易项目的标识，包括一个变量贸易单元的重量、大小、体积、尺寸等信息。变量贸易项目量度不能单独使用。如果需要的变量是多个尺寸或以千克和磅表示的重量，则可以使用多个单元数据串。

应用标识符数字 $A_4$ 表示隐含的小数点的位置，例如数字 0 表示没有小数点，数字 1 表示小数点在 $N_5$ 和 $N_6$ 之间。“适用值”字段包含适用于相应贸易项目的变量度量。

表 3.6.2-1　单元数据串格式

| AI | 适用值 |
|---|---|
| $A_1$ $A_2$ $A_3$ $A_4$ | $N_1$ $N_2$ $N_3$ $N_4$ $N_5$ $N_6$ |

应用标识符及其对应数据编码见表 3.6.2-2。

**注：** AI（3nnn）的其他值指定总量度和物流计量。

表 3.6.2-2　用于贸易计量的 GS1 应用标识符

| $A_1$ | $A_2$ | $A_3$ | $A_4$ | 贸易计量 | 计量单位 |
|---|---|---|---|---|---|
| 3 | 1 | 0 | n | 净重 | 千克 |
| 3 | 1 | 1 | n | 长度或第一尺寸 | 米 |
| 3 | 1 | 2 | n | 宽度、直径或第二尺寸 | 米 |
| 3 | 1 | 3 | n | 深度、厚度、高度或第三尺寸 | 米 |
| 3 | 1 | 4 | n | 面积 | 平方米 |
| 3 | 1 | 5 | n | 净容积 | 升 |
| 3 | 1 | 6 | n | 净容积 | 立方米 |
| 3 | 2 | 0 | n | 净重 | 磅 |
| 3 | 2 | 1 | n | 长度或第一尺寸 | 英寸 |
| 3 | 2 | 2 | n | 长度或第一尺寸 | 英尺 |
| 3 | 2 | 3 | n | 长度或第一尺寸 | 码 |
| 3 | 2 | 4 | n | 宽度、直径或第二尺寸 | 英寸 |
| 3 | 2 | 5 | n | 宽度、直径或第二尺寸 | 英尺 |
| 3 | 2 | 6 | n | 宽度、直径或第二尺寸 | 码 |
| 3 | 2 | 7 | n | 深度、厚度、高度或第三尺寸 | 英寸 |
| 3 | 2 | 8 | n | 深度、厚度、高度或第三尺寸 | 英尺 |
| 3 | 2 | 9 | n | 深度、厚度、高度或第三尺寸 | 码 |
| 3 | 5 | 0 | n | 面积 | 平方英寸 |
| 3 | 5 | 1 | n | 面积 | 平方英尺 |
| 3 | 5 | 2 | n | 面积 | 平方码 |

表3.6.2-2(续)

| $A_1$ | $A_2$ | $A_3$ | $A_4$ | 贸易计量 | 计量单位 |
|---|---|---|---|---|---|
| 3 | 5 | 6 | n | 净重 | 金衡制盎司 |
| 3 | 5 | 7 | n | 净重（或净容积） | 盎司 |
| 3 | 6 | 0 | n | 净容积 | 跨脱 |
| 3 | 6 | 1 | n | 净容积 | （美制）加仑 |
| 3 | 6 | 4 | n | 净容积 | 立方英寸 |
| 3 | 6 | 5 | n | 净容积 | 立方英尺 |
| 3 | 6 | 6 | n | 净容积 | 立方码 |

从条码识读器传输的数据表明单元数据串表示的项目的数量被采集，作为一个变量贸易项目标识的一部分。此单元数据串必须与贸易项目相关的GTIN一起使用，见4.13“数据关系”。

当一个条码标签non-HRI部分中表示这个单元数据串时，数据名称见3.2。

## 3.6.3 物流计量：AI（33nn，34nn，35nn，36nn）

**注：**AI（337）见3.6.4。

应用标识符$A_1$~$A_4$（见表3.6.3-1）表示的GS1应用标识符数据字段包含一个物流单元或变量贸易项目的尺寸和数量。它还表示量度单位。

**注：**GS1系统为物流度量衡提供国际单位制和其他量度单位的标准。原则上一个给定的物流单元只应采用一个物流量度单位。然而，同一属性应用多个计量单位不影响传输数据的正确处理。

应用标识符数字$A_4$表示隐含的小数点的位置，例如数字0表示没有小数点，数字1表示小数点在$N_5$和$N_6$之间。适用值字段表示相应编码数据为物流单元的度量值。“适用值”字段包含适用于相应贸易项目的变量度量。

表3.6.3-1 单元数据串格式

| AI | 适用值 |
|---|---|
| $A_1$ $A_2$ $A_3$ $A_4$ | $N_1$ $N_2$ $N_3$ $N_4$ $N_5$ $N_6$ |

用于这个单元数据串的应用标识符见表3.6.3-2。

表3.6.3-2 用于物流计量的GS1应用标识符

| $A_1$ | $A_2$ | $A_3$ | $A_4$ | 物流计量定义 | 计量单位 |
|---|---|---|---|---|---|
| 3 | 3 | 0 | n | 物流重量 | 千克 |
| 3 | 3 | 1 | n | 长度或第一尺寸 | 米 |
| 3 | 3 | 2 | n | 宽度、直径或第二尺寸 | 米 |
| 3 | 3 | 3 | n | 深度、厚度、高度或第三尺寸 | 米 |
| 3 | 3 | 4 |  | 面积 | 平方米 |

表3.6.3-2(续)

| $A_1$ | $A_2$ | $A_3$ | $A_4$ | 物流计量定义 | 计量单位 |
|---|---|---|---|---|---|
| 3 | 3 | 5 | n | 物流体积或物流容积 | 升 |
| 3 | 3 | 6 | n | 物流体积或物流容积 | 立方米 |
| 3 | 4 | 0 | n | 物流重量 | 磅 |
| 3 | 4 | 1 | n | 长度或第一尺寸 | 英寸 |
| 3 | 4 | 2 | n | 长度或第一尺寸 | 英尺 |
| 3 | 4 | 3 | n | 长度或第一尺寸 | 码 |
| 3 | 4 | 4 | n | 宽度、直径或第二尺寸 | 英寸 |
| 3 | 4 | 5 | n | 宽度、直径或第二尺寸 | 英尺 |
| 3 | 4 | 6 | n | 宽度、直径或第二尺寸 | 码 |
| 3 | 4 | 7 | n | 深度、厚度、高度或第三尺寸 | 英寸 |
| 3 | 4 | 8 | n | 深度、厚度、高度或第三尺寸 | 英尺 |
| 3 | 4 | 9 | n | 深度、厚度、高度或第三尺寸 | 码 |
| 3 | 5 | 3 | n | 面积 | 平方英寸 |
| 3 | 5 | 4 | n | 面积 | 平方英尺 |
| 3 | 5 | 5 | n | 面积 | 平方码 |
| 3 | 6 | 2 | n | 物流体积或物流容积 | 跨脱 |
| 3 | 6 | 3 | n | 物流体积或物流容积 | (美制) 加仑 |
| 3 | 6 | 7 | n | 物流体积或物流容积 | 立方英寸 |
| 3 | 6 | 8 | n | 物流体积或物流容积 | 立方英尺 |
| 3 | 6 | 9 | n | 物流体积或物流容积 | 立方码 |

从条码识读器传输的数据表明单元数据串表示的一个物流量度被采集。此单元数据串必须与物流单元的 SSCC 或与相关变量贸易项目的 GTIN 一起使用，见 4.13“数据关系”。

当一个条码标签 non-HRI 部分中表示这个单元数据串时，数据名称见 3.2。

### 3.6.4 千克/米$^2$（kg/m$^2$）：AI（337n）

应用标识符（337n）表示的 GS1 应用标识符数据字段包含一个特定贸易项目的千克/米$^2$（kg/m$^2$）。单元数据串格式见表 3.6.4-1。

应用标识符数字“n”表示隐含的小数点的位置。例如数字 0 表示没有小数点，数字 1 表示小数点在 $N_5$ 和 $N_6$ 之间。

千克/米$^2$（kg/m$^2$）数据字段包含各个贸易项目的单位面积重量。计量单位是千克。

表 3.6.4-1 单元数据串格式

| AI | 千克/米$^2$ | | | | | |
|---|---|---|---|---|---|---|
| 337n | $N_1$ | $N_2$ | $N_3$ | $N_4$ | $N_5$ | $N_6$ |

从条码识读器传输的数据表明单元数据串表示的一个千克/米$^2$（$kg/m^2$）被采集。此单元数据串表示一个贸易项目的属性，必须与相关贸易项目的 GTIN 一起使用，见 4.13 “数据关系”。

当在条码符号中，为该单元数据串标注 non-HRI 时，宜使用以下数据名称：KG PER $m^2$。

### 3.6.5 物流单元内贸易项目或贸易项目组件的数量：AI（37）

应用标识符（37）表示的 GS1 应用标识符数据字段包含物流单元内贸易项目的数量。单元数据串格式见表 3.6.5-1。此单元数据串是 AI（02）（见 3.3.3）和 AI（8026）（见 3.9.17）的必要补充部分。

贸易项目数量数据字段包含各自物流单元中贸易项目或贸易项目组件的数量。此信息涉及物流单元内包含贸易项目数量的标识。

表 3.6.5-1 单元数据串格式

| AI | 贸易项目数量 |
|---|---|
| 37 | $N_1$——可变长度——→$N_8$ |

从条码识读器传输的数据表明，一个物流单元内贸易项目数量的单元数据串被采集。AI（37）与其他 AI 结合使用时存在限制，见 4.13 “数据关系”。

当在条码符号中，为该单元数据串标注 non-HRI 时，宜使用以下数据名称：COUNT。

### 3.6.6 单一货币区内应付金额或优惠券价值：AI（390n）

GS1 应用标识符（390n）表示 GS1 应用标识符数据字段包含一个支付单的支付总额或优惠券价值。单元数据串格式见表 3.6.6-1。

GS1 应用标识符数字 “n” 表示隐含的小数点的位置，例如数字 0 表示没有小数点，数字 1 表示小数点在应支付金额末位之前的一位，示例见表 3.6.6-2。

应支付金额为支付单中应支付的总额（见 2.6.6）或优惠券价值（见 2.6.2）。

表 3.6.6-1 单元数据串格式

| AI | 应付金额或票面金额 |
|---|---|
| 390n | $N_1$——可变长度——→$N_{15}$ |

**注：**为有助于准确处理，宜采用 AI（391n）（见 3.6.7）表示应支付金额的货币单位。

表 3.6.6-2 小数点位置示例

| AI | 金额编码 | 实际金额 |
|---|---|---|
| 3902<br>3901<br>3900 | 1234567<br>1234567<br>12345 | 12345.67<br>123456.70<br>12345.00 |

从条码识读器传输的数据表明单元数据串表示的一个支付单的应支付金额或优惠券价值被采集。AI（390n）与其他 AI 结合使用时存在限制，见 4.13 “数据关系”。

当在条码符号中，该单元数据串标注 non-HRI 时，宜使用以下数据名称：AMOUNT。

### 3.6.7 具有 ISO 货币代码的应付金额：AI（391n）

GS1 应用标识符（391n）表示 GS1 应用标识符数据字段包含 ISO 货币代码和应支付金额。单元数据串格式见表3.6.7-1。

GS1应用标识符数字“n”表示隐含的小数点的位置，例如数字0表示没有小数点，数字1表示小数点在应支付金额末位之前的一位，示例见表3.6.7-2。

ISO国家代码数据字段包含国际标准ISO 4217中三位数字的货币代码，表示应支付金额的币种。应支付金额为支付单中应支付的总额。适用的应付金额字段包含为相应付款单支付的总额（见2.6.6）。

表3.6.7-1 单元数据串格式

| AI | ISO货币代码 | 应付金额 |
|---|---|---|
| 391n | $N_1$ $N_2$ $N_3$ | $N_4$——可变长度——→$N_{18}$ |

表3.6.7-2 小数点位置示例

| AI | ISO货币代码 | 金额编码 | 实际金额 |
|---|---|---|---|
| 3912 | 710* | 1230 | 12.30 |
| 3911 | 710* | 1230 | 123.00 |
| 3910 | 978** | 123 | 123.00 |

*南非货币。
**欧元。

从条码识读器传输的数据表明，单元数据串表示一个支付单的应付金额的单元数据串被采集。AI（391n）与其他AI结合使用时存在限制，见4.13“数据关系”。

当在条码符号中，为该单元数据串标注non-HRI时，宜使用以下数据名称：AMOUNT。

### 3.6.8 单一货币区内的应付金额（变量贸易项目）：AI（392n）

GS1应用标识符（392n）表示的GS1应用标识符数据字段包含单一货币区内变量贸易项目的应支付金额。单元数据串格式见表3.6.8-1。

支付金额涉及由变量贸易项目的GTIN标识的一个项目，并且以当地货币表示。AI（392n）是GTIN的一个属性，应与变量贸易项目的GTIN一起使用。

GS1应用标识符数字“n”表示隐含的小数点的位置，数字“0”表示没有小数点，数字“1”表示小数点位于应支付金额最后一位之前。示例见表3.6.8-2。

应支付金额数据域包含变量贸易项目支付的总和。

表3.6.8-1 单元数据串格式

| AI | 应支付金额 |
|---|---|
| 392n | $N_1$——可变长度——→$N_{15}$ |

表3.6.8-2 小数点位置示例

| AI | 金额编码 | 实际金额 |
|---|---|---|
| 3922 | 1234567 | 12345.67 |
| 3921 | 1234567 | 123456.70 |
| 3920 | 12345 | 12345.00 |

条码识读器传输的数据表明，一个变量贸易项目的应支付金额的单元数据串被采集。此单元数据串是贸易项目的一个属性，必须与相关贸易项目的GTIN一起使用，见4.13“数据关系”。

当在条码符号中，为该单元数据串标注non-HRI时，宜使用以下数据名称：PRICE。

### 3.6.9 具有 ISO 货币代码的应付金额（变量贸易项目）：AI（393n）

GS1 应用标识符（393n）表示的 GS1 应用标识符数据字段包含 ISO 货币代码和变量贸易项目的应支付金额单元数据串格式见表 3.6.9-1。支付金额涉及由变量贸易项目的 GTIN 标识的一个项目，并且以指定货币表示。AI（393n）是 GTIN 的一个属性，应与变量贸易项目的 GTIN 一起使用。

GS1 应用标识符数字“n”表示隐含的小数点的位置，数字“0”表示没有小数点，数字“1”表示小数点位于应支付金额最后一位之前。示例见表 3.6.9-2。

ISO 国家代码数据字段包含国际标准 ISO/IEC 4217 中三位数字的货币代码，表示应支付金额的币种。适用的应付金额字段包含为变量贸易项目支付的总额。

表 3.6.9-1 单元数据串格式

| AI | ISO 货币代码 | 应支付金额 |
|---|---|---|
| 393n | $N_1$ $N_2$ $N_3$ | $N_4$——可变长度——→$N_{18}$ |

表 3.6.9-2 小数点位置示例

| AI | ISO 货币代码 | 金额编码 | 实际金额 |
|---|---|---|---|
| 3932 | 710* | 1230 | 12.30 |
| 3931 | 710* | 1230 | 123.00 |
| 3930 | 978** | 123 | 123.00 |

*南非货币。
**欧元。

条码识读器传输的数据表明，一个变量贸易项目的应付金额的单元数据串被采集。由于此单元数据串是贸易项目的一个属性，必须与相关贸易项目的 GTIN 一起使用见 4.13“数据关系”。

当在条码符号中，为该单元数据串标注 non-HRI 时，宜使用以下数据名称：PRICE。

### 3.6.10 优惠券抵扣百分比：AI（394n）

GS1 应用标识符（394n）表示的 GS1 应用标识符数据字段包含优惠券抵扣百分比。单元数据串格式见表 3.6.10-1。

GS1 应用标识符数字“n”表示隐含的小数点的位置，数字“0”表示没有小数点，数字“1”表示小数点位于应支付金额最后一位之前。示例见表 3.6.10-2。

表 3.6.10-1 单元数据串格式

| AI | 优惠券抵扣百分比 |
|---|---|
| 394n | $N_1$ $N_2$$N_3$ $N_4$ |

从条码识读器传输的单元数据串表明单元数据串表示的采购金额中的抵扣百分比被采集。采购金额中的抵扣百分比取决于促销条件（可以是一个贸易项目的价格，可以是一组捆绑贸易项目的价格或所有购买贸易项目的总价格）。表 3.6.10-2 是小数点位置的示例。

表 3.6.10-2　小数点位置示例

| AI | 金额编码 | 实际金额 |
|---|---|---|
| 3940 | 0010 | 10 % |
| 3941 | 0055 | 5.5 % |

该单元数据串必须和与之相关的全球优惠券代码 GCN 共同使用，见 4.13“数据关系”。

当在条码符号中，为该单元数据串标注 non-HRI 时，宜使用以下数据名称：PRCNT OFF。

### 3.6.11　单一货币区内每一计量单位的应付金额（变量贸易项目）：AI（395n）

GS1 应用标识符（395n）表示的 GS1 应用标识符数据字段包含单一货币区内每一计量单位的应付金额（变量贸易项目）。单元数据串格式见表 3.6.11-1。

每一计量单位的应付金额涉及由全球贸易项目编号（GTIN）标识的变量贸易项目，以当地货币表示。该 AI 是 GTIN 的一个属性，并始终与其结合使用。

GS1 应用标识符数字“n”表示隐含的小数点的位置，数字“0”表示没有小数点，数字“1”表示小数点位于每一计量单位应支付金额（在单一货币区内）最后一位之前。示例见表 3.6.11-2。

单一货币区内每一计量单位的应付款金额包含该变量贸易项目应付的单价。

表 3.6.11-1　单元数据串格式

| AI | 单一货币区内每一计量单位的应付金额（变量贸易项目） |
|---|---|
| 395n | $N_1$ $N_2$ $N_3$ $N_4$ $N_5$ $N_6$ |

表 3.6.11-2　小数点位置示例

| AI | 金额编码 | 实际金额 |
|---|---|---|
| 3953 | 123456 | 123.456 |
| 3952 | 123456 | 1234.56 |
| 3951 | 123456 | 12345.60 |
| 3950 | 123456 | 123456 |

条码识读器传输的数据表明，每一个计量单位的应付金额（单一货币区内）的单元数据串被采集。由于此单元数据串是贸易项目的一个属性，必须与相关贸易项目的 GTIN 一起使用。AI（395n）与其他 AI 结合使用时存在限制（见 4.13“数据关系”）。

当在条码标签的 non-HRI 部分中表示此单元数据串时，宜使用以下数据标题：PRICE/UoM。

## 3.7　以“4”开头的 GS1 应用标识符

### 3.7.1　客户订购单代码：AI（400）

GS1 应用标识符（400）表示 GS1 应用标识符数据字段包含客户订购单代码，限于两个贸易伙伴之间使用。单元数据串格式见表 3.7.1-1。

客户订购单代码为字母数字字符，包含表 7.11-1 中的所有字符。客户订购单代码由发出订购单的公司分配。客户订购单代码的结构与内容由客户决定。例如，客户订购单代码可以包括发布号与行号。

表 3.7.1-1 单元数据串格式

| AI | 客户订购单代码 |
|---|---|
| 400 | $X_1$——可变长度——→$X_{30}$ |

条码识读器传输的数据表明，一个客户订购单代码的单元数据串被采集。此单元数据串可单独处理，或与同一单元的 GS1 标识代码一起处理。

**重要提示：此单元离开客户场所之前，客户订购单代码应从单元中删除。**

当在条码符号中，为该数据串标注 non-HRI 部分时，宜使用以下数据名称：ORDER NUMBER。

## 3.7.2 全球托运标识代码（GINC）：AI（401）

GS1 应用标识符（401）表示的 GS1 应用标识符数据字段包含全球托运标识代码（GINC）。单元数据串格式见表 3.7.2-1。此代码标识货物（一个或多个物理实体）为一个逻辑组合，表明这组货物已交付给货运代理并将作为一个整体运输。GINC 必须由货运代理、承运方或事先与货运代理订立协议的发货人分配。AI（401）的一个典型应用是 HWB（分运单号码）。

根据 GS1 物流互操作模型——LIM，货运代理是代表托运人或收货人安排货物运输的一方，包括转接服务和/或办理相关手续。承运方是承担将货物从一点运输到另一点的一方。托运方是发送货物的一方。收货方是接收货物的一方。

GS1 公司前缀由 GS1 成员组织分配给负责分配 GINC 的公司，即承运方（见 1.4.4），使得该 GS1 代码全球唯一。

托运参考代码的结构与内容由承运方自行处理，用于对托运货物的唯一标识。托运参考代码包含表 7.11-1 中的所有字符。

表 3.7.2-1 单元数据串格式

| AI | 全球托运标识代码（GINC） | |
|---|---|---|
| | GS1 公司前缀 → | 托运参考代码 → |
| 401 | $N_1$ … $N_i$ | $X_{i+1}$ … 可变长度 $X_{j\,(j\leq 30)}$ |

条码识读器传输的数据表明，表示一个 GINC 的单元数据串被采集。GINC 可以单独处理，或与 SSCC 一起处理。

当在条码符号中，为该数据串标注非 non-HRI 部分时，宜使用以下数据名称：GINC。

## 3.7.3 全球装运标识代码（GSIN）：AI（402）

GS1 应用标识符（402）表示的 GS1 应用标识符数据字段包含全球装运标识代码（GSIN）。单元数据串格式见表 3.7.3-1。

全球装运标识代码（GSIN）由托运人（卖方）分配。它为托运人（卖方）向收货人（买方）发送的一票运输货物提供了全球唯一的代码，标识物流单元的逻辑组合。它标识一个或多个物流单元的逻辑组合，每个物流单元分别由一个 SSCC 标识，每个物流单元包含的贸易项目作为一个特定卖方/买方关系的部分根据发货通知单和/或提货单运输。它可用于运输环节的各方信息参考，例如 EDI 报文中能够用于一票货物装运的参考和/或托运人的装货清单。GSIN 满足了世界海关组织（WCO）的 UCR（唯一托运代码）需求。

GS1 公司前缀由 GS1 成员组织分配给负责分配 GSIN 的公司，即托运人（卖方）（见 1.4.4），使得 GS1 代码全球唯一。

装运参考代码的结构与内容由托运人自行处理，用于对托运货物的唯一标识。该代码宜按顺序分配。

校验码的说明见 7.9。校验工作必须由相应的应用软件完成，确保代码的正确组合。

表 3.7.3-1 单元数据串格式

| AI | 全球装运标识代码（GSIN） | | |
|---|---|---|---|
| | GS1 公司前缀 → | ← 装运参考代码 | 校验码 |
| 402 | $N_1$ $N_2$ $N_3$ $N_4$ $N_5$ $N_6$ $N_7$ $N_8$ | $N_9$ $N_{10}$ $N_{11}$ $N_{12}$ $N_{13}$ $N_{14}$ $N_{15}$ $N_{16}$ | $N_{17}$ |

从条码识读器传输的数据表明，一个 GSIN 的单元数据串被采集。此单元数据串可单独处理，或与 SSCC 一起处理。

当在条码符号中，为该数据串标注 non-HRI 部分时，宜使用以下数据名称：GSIN。

## 3.7.4 路径代码：AI（403）

GS1 应用标识符（403）表示的 GS1 应用标识符数据字段包含路径代码。单元数据串格式见表 3.7.4-1。路径代码由承运方分配，是 SSCC 的一个属性。它旨在为采用尚未定义的国际且多种模式的解决方案提供迁移路径。路径代码不能用于对其他数据信息（如交货地邮政编码）进行编码。

路径代码数据字段为字母数字字符，包含表 7.11-1 中的所有字符。其内容与结构由分配代码的承运方确定。如果承运方希望与其他承运方达成合作协议，则需要一个多方认可的表示符表示路径代码的结构。

表 3.7.4-1 单元数据串格式

| AI | 路径代码 |
|---|---|
| 403 | $X_1$——可变长度——→$X_{30}$ |

从条码识读器传输的单元数据串表明，一个路径代码的单元数据串被采集。由于路径代码是物流单元的一个属性，应与相关的 SSCC 一起使用，见 4.13 “数据关系”。

当在条码符号中，为该数据串标注 non-HRI 部分时，宜使用以下数据名称：ROUTE。

**注：** 该字段可用于在 GS1 符号内对 UPU S10 货运单元标识符进行编码。

## 3.7.5 交货地全球位置码：AI（410）

GS1 应用标识符（410）表示的 GS1 应用标识符数据字段包含交货地全球位置码。单元数据串格式见表 3.7.5-1。

GS1 公司前缀由 GS1 成员组织分配给负责分配 GLN 代码的公司，即收货方（见 1.4.4），使得 GS1 代码全球唯一。

位置参考代码的结构和内容由收货方自行处理，用于对物理位置的唯一标识。

校验码的说明见 7.9。校验工作必须由相应的应用软件完成，确保代码的正确组合。

表 3.7.5-1　单元数据串格式

| AI | GS1 公司前缀 → | | | | | | ← 位置参考代码 | | | | | 校验码 |
|---|---|---|---|---|---|---|---|---|---|---|---|---|
| 410 | $N_1$ | $N_2$ | $N_3$ | $N_4$ | $N_5$ | $N_6$ | $N_7$ | $N_8$ | $N_9$ | $N_{10}$ | $N_{11}$ | $N_{12}$ | $N_{13}$ |

从条码识读器传输的单元数据串表明，一个物理项目收件人的 GLN 被采集。该 GLN 可以单独处理，或与相关的 GS1 标识代码一起处理。

当在条码符号中，为该数据串标注 non-HRI 部分时，宜使用以下数据名称：SHIP TO LOC。

## 3.7.6　受票方全球位置码：AI（411）

GS1 应用标识符（411）表示的 GS1 应用标识符数据字段包含发票接收方全球位置码（GLN）。单元数据串格式见表 3.7.6-1

GS1 公司前缀由 GS1 成员组织分配给负责分配 GLN 代码的公司（收货方）（见 1.4.4），使得 GS1 代码全球唯一。

位置参考代码的结构和内容由定义该位置的一方自行处理，用于对物理位置的唯一标识。

校验码的说明见 7.9。校验工作必须由相应的应用软件完成，确保代码的正确组合。

表 3.7.6-1　单元数据串格式

| AI | GS1 公司前缀 → | | | | | | ← 位置参考代码 | | | | | | 校验码 |
|---|---|---|---|---|---|---|---|---|---|---|---|---|---|
| 411 | $N_1$ | $N_2$ | $N_3$ | $N_4$ | $N_5$ | $N_6$ | $N_7$ | $N_8$ | $N_9$ | $N_{10}$ | $N_{11}$ | $N_{12}$ | $N_{13}$ |

从条码识读器传输的单元数据串表明，一个发票接收方的 GLN 的单元数据串被采集。该 GLN 可以单独处理，或与相关的 GS1 标识代码一起处理。

当在条码符号中，为该数据串标注 non-HRI 部分时，宜使用以下数据名称：BILL TO。

## 3.7.7　供货方全球位置码：AI（412）

GS1 应用标识符（412）表示的 GS1 应用标识符数据字段包含供货方全球位置码。单元数据串格式见表 3.7.7-1。

GS1 公司前缀由 GS1 成员组织分配给负责分配 GLN 代码的公司（供货方）（见 1.4.4），使得 GS1 代码全球唯一。

位置参考代码的结构和内容由确定该位置的一方自行处理，用于对物理位置的唯一标识。

校验码的说明见 7.9。校验工作必须由相应的应用软件完成，确保代码的正确组合。

表 3.7.7-1 单元数据串格式

| AI | GS1 公司前缀 | | | | | | 位置参考代码 | | | | | | 校验码 |
|---|---|---|---|---|---|---|---|---|---|---|---|---|---|
| 412 | $N_1$ | $N_2$ | $N_3$ | $N_4$ | $N_5$ | $N_6$ | $N_7$ | $N_8$ | $N_9$ | $N_{10}$ | $N_{11}$ | $N_{12}$ | $N_{13}$ |

从条码识读器传输的单元数据串表明，表示供应贸易项目的公司的 GLN 的单元数据串被采集。该 GLN 可以单独处理，或与相关的 GS1 标识代码一起处理。

当在条码符号中，为该数据串标注 non-HRI 部分时，宜使用以下数据名称：PURCHASE FROM。

## 3.7.8 最终目的地全球位置码：AI（413）

GS1 应用标识符（413）表示的 GS1 应用标识符数据字段包含内部或随后的货物最终目的地全球位置码。单元数据串格式见表 3.7.8-1。

GS1 公司前缀由 GS1 成员组织分配给负责分配 GLN 代码的公司（最终收货方）（见 1.4.4），使得 GS1 代码全球唯一。

位置参考代码的结构和内容由确定货物最终目的地位置的一方自行处理，用于对物理位置的唯一标识。

校验码的说明见 7.9。校验工作必须由相应的应用软件完成，确保代码的正确组合。

**注：**货物最终目的地全球位置码是收货方内部使用，承运方不使用。

表 3.7.8-1 单元数据串格式

| AI | GS1 公司前缀 | | | | | | 位置参考代码 | | | | | | 校验码 |
|---|---|---|---|---|---|---|---|---|---|---|---|---|---|
| 413 | $N_1$ | $N_2$ | $N_3$ | $N_4$ | $N_5$ | $N_6$ | $N_7$ | $N_8$ | $N_9$ | $N_{10}$ | $N_{11}$ | $N_{12}$ | $N_{13}$ |

从条码识读器传输的单元数据串表明，一个物理项目的最终接受者的 GLN 的单元数据串被采集。该 GLN 可以单独处理，或与相关的 GS1 标识代码一起处理。

当在条码符号中，为该数据串标注 non-HRI 部分时，宜使用以下数据名称：SHIP FOR LOC。

## 3.7.9 标识物理位置的全球位置码：AI（414）

GS1 应用标识符（414）表示的 GS1 应用标识符数据字段包含标识物理位置的全球位置码（见 2.4）。单元数据串格式见表 3.7.9-1。

GS1 公司前缀由 GS1 成员组织分配给负责分配 GLN 代码的公司（物理位置拥有方）（见 1.4.4），使得 GS1 代码全球唯一。

位置参考代码的结构和内容由确定该位置的一方自行处理，用于对物理位置的唯一标识。

校验码的说明见 7.9。校验工作必须由相应的应用软件完成，确保代码的正确组合。

表 3.7.9-1　单元数据串格式

| AI | GS1 公司前缀 | | | | | 位置参考代码 | | | | | | 校验码 |
|---|---|---|---|---|---|---|---|---|---|---|---|---|
| 414 | $N_1$ | $N_2$ | $N_3$ | $N_4$ | $N_5$ | $N_6$ | $N_7$ | $N_8$ | $N_9$ | $N_{10}$ | $N_{11}$ | $N_{12}$ | $N_{13}$ |

从条码识读器传输的单元数据串表明，一个物理位置的 GLN 的单元数据串被采集。该 GLN 可以单独处理，或与相关的 GS1 标识代码一起处理。

当在条码符号中，为该数据串标注 non-HRI 部分时，宜使用以下数据名称：LOC NO。

### 3.7.10　开票方全球位置码：AI（415）

GS1 应用标识符（415）表示的 GS1 应用标识符数据字段包含开票方的全球位置码。单元数据串格式见表 3.7.10-1。

GS1 公司前缀由 GS1 成员组织分配给负责分配 GLN 代码的公司（开票方）（见 1.4.4），使得 GS1 代码全球唯一。

位置参考代码的结构和内容由确定该位置的一方自行处理，用于对物理位置的唯一标识。

校验码的说明见 7.9。校验工作必须由相应的应用软件完成，确保代码的正确组合。

**注：** 开票方全球位置码是付款单上的必备要素，与付款单代码 AI（8020）一起唯一标识付款单。

表 3.7.10-1　单元数据串格式

| AI | GS1 公司前缀 | | | | | | 位置参考代码 | | | | | | 校验码 |
|---|---|---|---|---|---|---|---|---|---|---|---|---|---|
| 415 | $N_1$ | $N_2$ | $N_3$ | $N_4$ | $N_5$ | $N_6$ | $N_7$ | $N_8$ | $N_9$ | $N_{10}$ | $N_{11}$ | $N_{12}$ | $N_{13}$ |

从条码识读器传输的数据表明，表示一个开票方全球位置的单元数据串被采集。开票方全球位置码应与相关付款单代码 AI（8020）一起使用，见 4.13“数据关系”。

当在条码符号中，为该数据串标注 non-HRI 部分时，宜使用以下数据名称：PAY TO。

### 3.7.11　生产或服务位置的全球位置码：AI（416）

应用标识符（416）表示 GS1 应用标识符数据字段包含生产或服务位置的全球位置码（GLN）。单元数据串格式见表 3.7.11-1。

GS1 成员组织将 GS1 公司前缀分配给使用 GLN 的公司（见 1.4.4）。

位置参考代码的结构和内容由定义该位置的一方决定。

校验码在 7.9 中说明。必须在应用程序软件中进行验证，以确保组成数字的正确性。

表 3.7.11-1　单元数据串格式

| AI | GS1 公司前缀 | | | | | | 位置参考代码 | | | | | | 校验码 |
|---|---|---|---|---|---|---|---|---|---|---|---|---|---|
| 416 | $N_1$ | $N_2$ | $N_3$ | $N_4$ | $N_5$ | $N_6$ | $N_7$ | $N_8$ | $N_9$ | $N_{10}$ | $N_{11}$ | $N_{12}$ | $N_{13}$ |

从条码识读器传输的数据表明，生产或服务地点的 GLN 数据的单元数据串被采集。该数据单

元串可作为独立信息处理，也可以与其相关的 GS1 标识代码结合使用。

当在条码符号中，为该数据串标注 non-HRI 部分时，宜使用以下数据名称：PROD/SERV LOC。

## 3.7.12 参与方全球位置码：AI（417）

GS1 应用标识符（417）表示 GS1 应用标识符数据字段包含参与方全球位置码（GLN）。单元数据串格式见表 3.7.12-1。GS1 成员组织将 GS1 公司前缀（GCP）分配给使用 GLN 的公司。GCP 使这个编码具有全球唯一性。位置参考代码的结构和内容由参与方确定，以确保唯一标识。

校验码在 7.9 中说明。必须在应用程序软件中进行验证，以确保组成数字的正确性。

表 3.7.12-1 单元数据串格式

| AI | GS1 公司前缀 → | | | | | | ← 位置参考代码 | | | | | 校验码 |
|---|---|---|---|---|---|---|---|---|---|---|---|---|
| 416 | $N_1$ | $N_2$ | $N_3$ | $N_4$ | $N_5$ | $N_6$ | $N_7$ | $N_8$ | $N_9$ | $N_{10}$ | $N_{11}$ | $N_{12}$ | $N_{13}$ |

从条码识读器传输的单元数据串表明，表示一个参与方 GLN 的单元数据串被采集。

当在条码符号中，为该数据串标注 non-HRI 部分时，宜使用以下数据名称：PARTY。

## 3.7.13 同一邮政区域内交货地的邮政编码：AI（420）

GS1 应用标识符（420）表示的 GS1 应用标识符数据字段包含交货地地址的邮政编码（国家格式）。单元数据串格式见表 3.7.13-1。邮政编码数据字段包含邮政部门定义的收件人的邮政编码。左对齐输入并且不包含任何填充字符。

表 3.7.13-1 单元数据串格式

| AI | 邮政编码 |
|---|---|
| 420 | $X_1$——可变长度——→$X_{20}$ |

从条码识读器传输的单元数据串表明，表示一个交货地邮政编码的单元数据串被采集，可单独处理或与相关的 GS1 标识代码一起处理。AI（420）与其他 AI 结合使用时存在限制，见 4.13“数据关系”。

当在条码符号中，为该数据串标注 non-HRI 部分时，宜使用以下数据名称：SHIP TO POST。

## 3.7.14 含三位 ISO 国家（或地区）代码的交货地邮政编码：AI（421）

GS1 应用标识符（421）表示的 GS1 应用标识符数据字段包含交货地地址的邮政编码（国际格式）。单元数据串格式见表 3.7.14-1。ISO 国家（或地区）数据字段包含三位数字 ISO 国家（或地区）代码，见国际标准 ISO 3166。

邮政编码数据字段在三位 ISO 国家（或地区）代码之后，包含邮政部门定义的收件人的邮政编码。左对齐输入并且不包含任何填充字符。

表 3.7.14-1　单元数据串格式

| AI | ISO 国家（或地区）代码 | 邮政编码 |
|---|---|---|
| 421 | $N_1$ $N_2$ $N_3$ | $X_4$——可变长度——→$X_{12}$ |

从条码识读器传输的单元数据串表明，一个含三位 ISO 国家（或地区）代码的交货地邮政编码的单元数据串被采集，可单独处理或与相关的 GS1 标识代码一起处理。AI（421）与其他 AI 结合使用时存在限制，见 4.13“数据关系”。

当在条码符号中，为该数据串标注 non-HRI 部分时，宜使用以下数据名称：SHIP TO POST。

## 3.7.15　贸易项目的原产国（或地区）：AI（422）

GS1 应用标识符（422）表示的 GS1 应用标识符数据字段包含贸易项目原产国（或地区）的 ISO 国家代码。单元数据串格式见表 3.7.15-1。ISO 国家（或地区）数据字段包含三位数字 ISO 国家代码，见国际标准 ISO 3166。

**注：** 贸易项目原产国（或地区）通常是指贸易项目的生产或制造的国家（或地区）。在肉类供应链中，AI（422）表示的是动物的出生地。然而，由于出于不同的目的对贸易项目原产国的定义范围广泛，生产商负责正确分配贸易项目原产国。

表 3.7.15-1　单元数据串格式

| AI | ISO 国家（或地区）代码 |
|---|---|
| 422 | $N_1$ $N_2$ $N_3$ |

从条码识读器传输的数据表明，各个贸易项目原产国（或地区）ISO 代码的单元数据串被采集。由于此单元数据串是贸易项目的一个属性，必须与相关贸易项目的 GTIN 一起处理。AI（422）与其他 AI 结合使用时存在限制，见 4.13“数据关系”。

当在条码符号中，为该数据串标注 non-HRI 部分时，宜使用以下数据名称：ORIGIN。

## 3.7.16　贸易项目初始加工的国家（或地区）：AI（423）

应用标识符（423）表示的 GS1 应用标识符数据字段包含贸易项目初始加工的国家（或地区）ISO 国家代码。单元数据串格式见表 3.7.16-1。

ISO 国家（或地区）数据字段包含三位数字 ISO 国家（或地区）代码，见国际标准 ISO 3166。

**注：** 贸易项目的初始加工国（或地区）通常是指贸易项目的生产或制造的国家（或地区）。在肉类供应链中，AI（423）表示的是动物饲养和育肥的国家（或地区）。在某些应用中，如家畜育肥，初次加工的国家（或地区）可以最多包括 5 个不同国家（或地区），所有国家（或地区）都应指出。供应商负责正确分配国家（或地区）代码。

表 3.7.16-1　单元数据串格式

| AI | ISO 国家（或地区）代码 |
|---|---|
| 423 | $N_1$ $N_2$ $N_3$ …… $N_{15}$ |

从条码识读器传输的数据表明，贸易项目初始加工国家（或地区）ISO 代码的单元数据串被采

集。由于此单元数据串是贸易项目的一个属性，必须与相关贸易项目的 GTIN 一起处理。AI (423) 与其他 AI 结合使用时存在限制，见 4.13 “数据关系”。

当在条码符号中，为该数据串标注 non-HRI 部分时，宜使用以下数据名称：COUNTRY-INITIAL PROCESS。

## 3.7.17 贸易项目加工的国家（或地区）：AI (424)

GS1 应用标识符 (424) 表示的 GS1 应用标识符数据字段包含贸易项目加工的国家（或地区）ISO 国家代码。单元数据串格式见表 3.7.17-1。

ISO 国家（或地区）数据字段包含三位数字 ISO 国家（或地区）代码，指贸易项目的加工国家（或地区），见国际标准 ISO 3166。

**注：** 贸易项目的加工者负责正确分配国家代码。在肉类或鱼类供应链中，AI (424) 表示的是动物屠宰或加工的国家（或地区）。

表 3.7.17-1 单元数据串格式

| AI | ISO 国家（或地区）代码 |
|---|---|
| 424 | $N_1$ $N_2$ $N_3$ |

从条码识读器传输的数据表明，一个贸易项目加工国家（或地区）ISO 代码的单元数据串被采集。由于此单元数据串是贸易项目的一个属性，必须与相关贸易项目的 GTIN 一起处理。AI (424) 与其他 AI 结合使用时存在限制，见 4.13 “数据关系”。

当在条码符号中，为该数据串标注 non-HRI 部分时，宜使用以下数据名称：COUNTRY-PROCESS。

## 3.7.18 贸易项目拆分的国家（或地区）：AI (425)

GS1 应用标识符 (425) 表示的 GS1 应用标识符数据字段包含拆分贸易项目的国家（或地区）ISO 国家代码。单元数据串格式见表 3.7.18-1。ISO 国家（或地区）数据字段包含三位数字 ISO 国家（或地区）代码，指贸易项目的拆分国家，见国际标准 ISO 3166。

**注：** 在肉类供应链中，AI (425) 表示的是动物剔骨的国家（或地区）。在某些像肉或鱼加工链的应用中，其拆分是一个多阶段的过程，拆分过程可能涉及不同的国家，这些国家都应该被表示。贸易项目的拆分方负责正确分配国家代码。

表 3.7.18-1 单元数据串格式

| AI | ISO 国家（或地区）代码 |
|---|---|
| 425 | $N_1$ $N_2$ $N_3$ …… $N_{15}$ |

从条码识读器传输的数据表明，一个贸易项目拆分国家（或地区）ISO 代码的单元数据串被采集。由于此单元数据串是贸易项目的一个属性，必须与相关贸易项目的 GTIN 一起处理。AI (425) 与其他 AI 结合使用时存在限制，见 4.13 “数据关系”。

当在条码符号中，为该数据串标注 non-HRI 部分时，宜使用以下数据名称：COUNTRY-DISASSEMBLY。

## 3.7.19 全程加工贸易项目的国家（或地区）：AI（426）

GS1 应用标识符（426）表示的 GS1 应用标识符数据字段包含全程加工贸易项目的国家（或地区）的 ISO 国家代码。单元数据串格式见表 3.7.19-1。ISO 国家（或地区）数据字段包含三位数字 ISO 国家代码，指全程加工贸易项目的国家，见国际标准 ISO 3166。

**注：** 如果此应用标识符编码数据用于全程加工一个贸易项目，加工工作应发生在同一国家（或地区）内。这点在某些应用中特别重要，如家禽牲畜（包括出生、育肥和屠宰等），这些加工过程如果发生在不同的国家（或地区），就不能采用 AI（426）。贸易项目的供应者负责分配正确的 ISO 国家（或地区）代码。

表 3.7.19-1 单元数据串格式

| AI | ISO 国家（或地区）代码 |
|---|---|
| 426 | $N_1$ $N_2$ $N_3$ |

从条码识读器传输的数据表明，一个全程加工贸易项目的国家（或地区）ISO 代码的单元数据串被采集。由于此单元数据串是贸易项目的一个属性，必须与相关贸易项目的 GTIN 一起处理。AI（426）与其他 AI 结合使用时存在限制，见 4.13“数据关系”。

当在条码符号中，为该数据串标注 non-HRI 部分时，宜使用以下数据名称：COUNTRY-FULL PROCESS。

## 3.7.20 贸易项目原产国家（或地区）行政区划代码：AI（427）

GS1 应用标识符（427）表示的 GS1 应用标识符数据字段包含贸易项目原产国家的 ISO 国家行政区划（如省、州、行政区等）代码。单元数据串格式见表 3.7.20-1。ISO 国家行政区划代码数据字段包含了 ISO 3166-2 这一国际标准中分隔符后最多三位字母数字字符，是主要原产地的国家行政区域。

**注：** 此 GS1 应用标识符适用于内容全部来自一个地区的贸易项目组合。

**注：** 原产地是指贸易项目主要生产或制造的行政区域。贸易项目的生产商负责决定主要的行政区域。

表 3.7.20-1 单元数据串格式

| AI | ISO 国家行政区划代码 |
|---|---|
| 427 | $X_1$——可变长度——→$X_3$ |

从条码识读器传输的数据表明，一个贸易项目的 ISO 国家行政区代码的单元数据串被采集。此单元数据串必须与相关贸易项目的 GTIN 和贸易项目原产国的 AI（422）一起处理，见 4.13“数据关系”。

当在条码符号中，为该数据串标注 non-HRI 部分时，宜使用以下数据名称：ORIGIN SUBDIVISION。

## 3.7.21 收货公司名称：AI（4300）

GS1 应用标识符（4300）表示 GS1 应用标识符数据字段包含计划接收物流单元的公司的名称。

单元数据串格式见表 3.7.21-1。

表 3.7.21-1　单元数据串格式

| AI | 收货公司名称 |
| --- | --- |
| 4300 | $X_1$——可变长度——→$X_{35}$ |

从条码识读器传输的数据表明，收货公司名称的单元串被采集。该单元数据串是运输过程信息的自由文本字段，因而允许对非拉丁字符和空格字符进行编码，见 2.6.15。由于该单元数据串是物流单元的属性，因此必须与相关的物流单元的 SSCC 一起处理（见 4.13“数据关系”）。

当在条码符号中，为该数据串标注 non-HRI 部分时，宜使用以下数据名称：SHIP TO COMP。

## 3.7.22　收货联系人：AI（4301）

应用标识符（4301）表示 GS1 应用标识符数据字段包含收货地址的联系人姓名，即计划接收物流单元的人员的姓名。单元数据串格式见表 3.7.22-1。

表 3.7.22-1　单元数据串格式

| AI | 收货联系人 |
| --- | --- |
| 4301 | $X_1$——可变长度——→$X_{35}$ |

从条码识读器传输的数据表明，物流单元收货联系人姓名的单元数据串被采集。该单元数据串是运输过程信息的自由文本字段，因而允许对非拉丁字符和空格字符进行编码，见 2.6.15。由于该单元数据串是物流单元的属性，因此必须与相关的物流单元的 SSCC 一起处理，见 4.13“数据关系”。

当在条码符号中，为该数据串标注 non-HRI 部分时，宜使用以下数据名称：SHIP TO NAME。

## 3.7.23　收货地址行 1：AI（4302）

GS1 应用标识符（4302）表示 GS1 应用标识符数据字段包含收货街道地址的行 1 信息（例如：××街道）。单元数据串格式见表 3.7.23-1。

表 3.7.23-1　单元数据串格式

| AI | 收货地址行 1 |
| --- | --- |
| 4302 | $X_1$——可变长度——→$X_{70}$ |

从条码识读器传输的数据表明，收货地址行 1 的单元数据串被采集。由于该单元数据串是物流单元的属性，因此必须与相关的物流单元的 SSCC 一起处理（见 4.13“数据关系”）。该单元数据串是运输过程信息的自由文本字段，因而允许对非拉丁字符和空格字符进行编码，见 2.6.15。

当在条码符号中，为该数据串标注 non-HRI 部分时，宜使用以下数据名称：SHIP TO ADD1。

## 3.7.24　收货地址行 2：AI（4303）

GS1 应用标识符（4303）表示 GS1 应用标识符数据字段包含收货街道地址的行 2 信息。单元数据串格式见表 3.7.24-1。

表 3.7.24-1 单元数据串格式

| AI | 收货地址行 2 |
|---|---|
| 4303 | $X_1$——可变长度——→$X_{70}$ |

从条码识读器传输的数据表明，收货地址行 2 的单元数据串被采集。此单元数据串必须与收货地址行 1 一起处理（见 4.13“数据关系”）。AI（4303）与其他 AI 结合使用时存在限制（见 4.13“数据关系”）。该单元数据串是运输过程信息的自由文本字段，因而允许对非拉丁字符和空格字符进行编码，见 2.6.15。

当在条码符号中，为该数据串标注 non-HRI 部分时，宜使用以下数据名称：SHIP TO ADD2。

## 3.7.25 收货地的郊区名：AI（4304）

GS1 应用标识符（4304）表示 GS1 应用标识符数据字段包含收货地的郊区的信息。单元数据串格式见表 3.7.25-1。

表 3.7.25-1 单元数据串格式

| AI | 收货地的郊区名 |
|---|---|
| 4304 | $X_1$——可变长度——→$X_{70}$ |

从条码识读器传输的数据表明，收货地郊区地址的单元数据串被采集。由于该单元数据串是物流单元的属性，因此必须与相关的物流单元的 SSCC 一起处理（见 4.13“数据关系”）。该单元数据串是运输过程信息的自由文本字段，因而允许对非拉丁字符和空格字符进行编码，见 2.6.15。

当在条码符号中，为该数据串标注 non-HRI 部分时，宜使用以下数据名称：SHIP TO SUB。

## 3.7.26 收货地的城镇名：AI（4305）

应用标识符（4305）表示 GS1 应用标识符数据字段包含收货地的城镇的信息。“城镇”通常指城镇或城市。单元数据串格式见表 3.7.26-1。

表 3.7.26-1 单元数据串格式

| AI | 收货地的城镇名 |
|---|---|
| 4305 | $X_1$——可变长度——→$X_{70}$ |

从条码识读器传输的数据表明，收货地区地址的单元串被采集。由于该单元数据串是物流单元的属性，因此必须与相关的物流单元的 SSCC 一起处理（见 4.13“数据关系”）。该单元数据串是运输过程信息的自由文本字段，因而允许对非拉丁字符和空格字符进行编码，见 2.6.15。

当在条码符号中，为该数据串标注 non-HRI 部分时，宜使用以下数据名称：SHIP TO LOC。

## 3.7.27 收货地的州名称：AI（4306）

GS1 应用标识符（4306）表示 GS1 应用标识符数据字段包含收货地的州的信息。单元数据串格式见表 3.7.27-1。州通常指一个国家里的一级行政区，如美国和澳大利亚的州、英国的郡。

表 3.7.27-1　单元数据串格式

| AI | 交货区域 |
|---|---|
| 4306 | $X_1$——可变长度——→$X_{70}$ |

从条码识读器传输的数据表明，交货区域地址的单元数据串被采集。该单元数据串是运输过程信息的自由文本字段，因而允许对非拉丁字符和空格字符进行编码，见 2.6.15。由于该单元数据串是物流单元的属性，因此必须与相关的物流单元的 SSCC 一起处理（见 4.13“数据关系”）。

当在条码符号中，为该数据串标注 non-HRI 部分时，宜使用以下数据名称：SHIP TO REG。

## 3.7.28　收货地国家（或地区）代码：AI（4307）

GS1 应用标识符（4307）表示 GS1 应用标识符数据字段包含收货地国家（或地区）代码的信息。单元数据串格式见表 3.7.28-1。应使用 ISO 3166《国家代码》中的两位字母代码，例如，法国是 FR，德国是 DE。

表 3.7.28-1　单元数据串格式

| AI | 收货地国家（或地区）代码 |
|---|---|
| 4307 | $X_1X_2$ |

从条码识读器传输的数据表明交货国家（或地区）代码的单元串被采集。由于该单元数据串是物流单元的属性，因此必须与相关的物流单元的 SSCC 一起处理（见 4.13“数据关系”）。

当在条码符号中，为该数据串标注 non-HRI 部分时，宜使用以下数据名称：SHIP TO COUNTRY。

## 3.7.29　收货方电话号码：AI（4308）

GS1 应用标识符（4308）表示 GS1 应用标识符数据字段包含收货方的电话号码。单元数据串格式见表 3.7.29-1。

表 3.7.29-1　单元数据串格式

| AI | 收货方电话号码 |
|---|---|
| 4308 | $X_1$——可变长度——→$X_{30}$ |

从条码识读器传输的数据表明交货地点的电话号码单元数据串被采集。由于该单元数据串是物流单元的属性，因此必须与相关的物流单元的 SSCC 一起处理（见 4.13“数据关系”）。

此 AI 允许最长 30 位的字母数字字符，从 GS1 AI 可编码字符集 82 中选取，见表 7.11-1。建议指定完整的国际直拨（IDD）电话号码，包括国家代码、区号和用户号码（如果需要，还可以添加任何分机号）。请注意，表 7.11-1 中不包含空格字符，因此可以使用连字符代替。

ITU 标准 E.164 格式是 IDD 的全数字格式，它假设国家代码是前几位数字，并且不包含国际拨号前缀。例如，GS1 全球办公室的电话号码的 IDD 格式是+32-2-788-78-0，对应的 E.164 格式是 322788780。AI（4308）的值对于这两种格式都可以接受。

当在条码符号中，为该数据串标注 non-HRI 部分时，宜使用以下数据名称：SHIP TO PHONE。

## 3.7.30 收货地理定位：AI（4309）

GS1 应用标识符（4309）表示 GS1 应用标识符数据字段包含一个数字字符串，该数字字符串可以被转换为收货地点的地理坐标。单元数据串格式见表 3.7.30-1。

地理坐标转换算法见 7.13 和 7.14。转换必须在应用软件中进行，可以将与收货地点相关的 20 位字符串转换为纬度和经度，见 7.14。将纬度和经度转换为 20 位字符串的过程见 7.13。

表 3.7.30-1 单元数据串格式

| AI | 收货地理定位 | |
|---|---|---|
| | ←纬度转换数字→ | ←经度转换数字→ |
| 4309 | $N_1$ $N_2$ $N_3$ $N_4$ $N_5$ $N_6$ $N_7$ $N_8$ $N_9$ $N_{10}$ | $N_{11}$ $N_{12}$ $N_{13}$ $N_{14}$ $N_{15}$ $N_{16}$ $N_{17}$ $N_{18}$ $N_{19}$ $N_{20}$ |

从条码识读器传输的数据表明单元数据串表示的收货地理定位被采集。由于此单元数据串是物流单元的一个属性，必须与相关物流单元的 SSCC 一起处理（见 4.13“数据关系”）。

当在条码符号中，为该数据串标注 non-HRI 部分时，宜使用以下数据名称：SHIP TO GEO。

## 3.7.31 退货接收公司名称：AI（4310）

应用标识符（4310）表示 GS1 应用标识符数据字段包含与退货地址相关的退货接收公司的名称。单元数据串格式见表 3.7.31-1。

表 3.7.31-1 单元数据串格式

| AI | 退货接收公司名称 |
|---|---|
| 4310 | $X_1$——可变长度——→$X_{35}$ |

从条码识读器传输的数据表明退货接收公司名称的单元数据串被采集。该单元数据串是运输过程信息的自由文本字段，因而允许对非拉丁字符和空格字符进行编码，见 2.6.15。由于该单元数据串是物流单元的属性，因此必须与相关的物流单元的 SSCC 一起处理（见 4.13“数据关系”）。

当在条码符号中，为该数据串标注 non-HRI 部分时，宜使用以下数据名称：RTN TO COMP。

## 3.7.32 退货接收方联系人：AI（4311）

GS1 应用标识符（4311）表示 GS1 应用标识符数据字段包含退货接收方联系人的姓名，即计划接收退还物流单元的人员的姓名。单元数据串格式见表 3.7.32-1。

表 3.7.32-1 单元数据串格式

| AI | 退货接收方联系人 |
|---|---|
| 4311 | $X_1$——可变长度——→$X_{35}$ |

从条码识读器传输的数据表明物流单元退货接收方联系人姓名的单元数据串被采集。该单元数据串是运输过程信息的自由文本字段，因而允许对非拉丁字符和空格字符进行编码，见 2.6.15。由

于该单元数据串是物流单元的属性，因此必须与相关的物流单元的 SSCC 一起处理（见 4.13“数据关系”）。

当在条码符号中，为该数据串标注 non-HRI 部分时，宜使用以下数据名称：RTN TO NAME。

### 3.7.33 退货接收地址行 1：AI（4312）

应用标识符（4312）表示 GS1 应用标识符数据字段包含退货接收地址的街道信息的第一行（例如：××街道）。单元数据串格式见表 3.7.33-1。

表 3.7.33-1 单元数据串格式

| AI | 退货接收地址行 1 |
| --- | --- |
| 4312 | $X_1$——可变长度——→$X_{70}$ |

从条码识读器传输的数据表明退货接收地址行 1 的单元数据串被采集。该单元数据串是运输过程信息的自由文本字段，因而允许对非拉丁字符和空格字符进行编码，见 2.6.15。由于该单元数据串是物流单元的属性，因此必须与相关的物流单元的 SSCC 一起处理（见 4.13“数据关系”）。

当在条码符号中，为该数据串标注 non-HRI 部分时，宜使用以下数据名称：RTN TO ADD1。

### 3.7.34 退货接收地址行 2：AI（4313）

GS1 应用标识符（4313）表示 GS1 应用标识符数据字段包含退货接收地址街道的第二行。单元数据串格式见表 3.7.34-1。

表 3.7.34-1 单元数据串格式

| AI | 退货接收地址行 2 |
| --- | --- |
| 4313 | $X_1$——可变长度——→$X_{70}$ |

从条码识读器传输的数据表明退货地址行 2 的单元数据串被采集。该单元数据串是运输过程信息的自由文本字段，因而允许对非拉丁字符和空格字符进行编码，见 2.6.15。AI（4313）与其他 AI 结合使用时存在限制，见 4.13“数据关系”。

当在条码符号中，为该数据串标注 non-HRI 部分时，宜使用以下数据名称：RTN TO ADD2。

### 3.7.35 退货接收地的郊区名：AI（4314）

GS1 应用标识符（4314）表示 GS1 应用标识符数据字段包含退货接收地的郊区的信息。单元数据串格式见表 3.7.35-1。

表 3.7.35-1 单元数据串格式

| AI | 退货接收地的郊区名 |
| --- | --- |
| 4314 | $X_1$——可变长度——→$X_{70}$ |

从条码识读器传输的数据表明退货郊区地址的单元数据串被采集。该单元数据串是运输过程信息的自由文本字段，因而允许对非拉丁字符和空格字符进行编码，见 2.6.15。由于该单元数据串是

物流单元的属性，因此必须与相关的物流单元的 SSCC 一起处理（见 4.13“数据关系”）。

当在条码符号中，为该数据串标注 non-HRI 部分时，宜使用以下数据名称：RTN TO SUB。

### 3.7.36 退货接收地的城镇名：AI（4315）

GS1 应用标识符（4315）表示 GS1 应用标识符数据字段包含退货接收地的城镇的信息。“城镇”通常指城镇或城市。单元数据串格式见表 3.7.36-1。

表 3.7.36-1 单元数据串格式

| AI | 退货接收地的城镇名 |
| --- | --- |
| 4315 | $X_1$——可变长度——→$X_{70}$ |

从条码识读器传输的数据表明退货地区地址的单元数据串被采集。该单元数据串是运输过程信息的自由文本字段，因而允许对非拉丁字符和空格字符进行编码，见 2.6.15。由于该单元数据串是物流单元的属性，因此必须与相关的物流单元的 SSCC 一起处理（见 4.13“数据关系”）。

当在条码符号中，为该数据串标注 non-HRI 部分时，宜使用以下数据名称：RTN TO LOC。

### 3.7.37 退货接收地的州名称：AI（4316）

GS1 应用标识符（4316）表示 GS1 应用标识符数据字段包含退货接收地的州的信息。州通常指一个国家里的一级行政区，如美国和澳大利亚的州、英国的郡。单元数据串格式见表 3.7.37-1。

表 3.7.37-1 单元数据串格式

| AI | 退货接收地的州名称 |
| --- | --- |
| 4316 | $X_1$——可变长度——→$X_{70}$ |

从条码识读器传输的数据表明退货区域地址的单元数据串被采集。该单元数据串是运输过程信息的自由文本字段，因而允许对非拉丁字符和空格字符进行编码，见 2.6.15。由于该单元数据串是物流单元的属性，因此必须与相关的物流单元的 SSCC 一起处理（见 4.13“数据关系”）。

当在条码符号中，为该数据串标注 non-HRI 部分时，宜使用以下数据名称：RTN TO REG。

### 3.7.38 退货接收国家（或地区）代码：AI（4317）

GS1 应用标识符（4317）表示 GS1 应用标识符数据字段包含退货接收国家（或地区）代码的信息。单元数据串格式见表 3.7.38-1。应使用 ISO 3166《国家代码》中的两位字母代码，例如，法国是 FR，德国是 DE。

表 3.7.38-1 单元数据串格式

| AI | 退货接收国家（或地区）代码 |
| --- | --- |
| 4317 | $X_1X_2$ |

从条码识读器传输的数据表明退货接收国家（或地区）代码单元数据串被采集。由于该单元数据串是物流单元的属性，因此必须与相关的物流单元的 SSCC 一起处理（见 4.13“数据关系”）。

当在条码符号中，为该数据串标注 non-HRI 部分时，宜使用以下数据名称：RTN TO COUNTRY。

### 3.7.39　退货接收地邮政编码：AI（4318）

GS1 应用标识符（4318）表示 GS1 应用标识符数据字段包含退货接收地邮政编码。单元数据串格式见表 3.7.39-1。

表 3.7.39-1　单元数据串格式

| AI | 退货接收地邮政编码 |
| --- | --- |
| 4318 | $X_1$——可变长度——→$X_{20}$ |

从条码识读器传输的数据表明退货接收地邮政编码单元数据串被采集。由于该单元数据串是物流单元的属性，因此必须与相关的物流单元的 SSCC 一起处理（见 4.13“数据关系”）。

当在条码符号中，为该数据串标注 non-HRI 部分时，宜使用以下数据名称：RTN TO POST。

### 3.7.40　退货接收地电话号码：AI（4319）

GS1 应用标识符（4319）表示 GS1 应用标识符数据字段包含退货接收地电话号码。单元数据串格式见表 3.7.40-1。

表 3.7.40-1　单元数据串格式

| AI | 退货接收地电话号码 |
| --- | --- |
| 4319 | $X_1$——可变长度——→$X_{30}$ |

从条码识读器传输的数据表明退货接收地的电话号码单元数据串被采集。由于该单元数据串是物流单元的属性，因此必须与相关的物流单元的 SSCC 一起处理（见 4.13“数据关系”）。

此 AI 允许最长 30 位的字母数字字符，从 GS1 AI 可编码字符集 82 中选取，见表 7.11-1。建议指定完整的国际直拨（IDD）电话号码，包括国家代码、区号和用户号码（如果需要，还可以添加任何分机号）。请注意，表 7.11-1 中不包含空格字符，因此可以使用连字符代替。

ITU 标准 E.164 格式是 IDD 的全数字格式，它假设国家代码是前几位数字，并且不包含国际拨号前缀。

例如，GS1 全球办公室的电话号码的 IDD 格式是+32-2-788-78-0，对应的 E.164 格式是 322788780。AI（4308）的值对于这两种格式都可以接受。

当在条码符号中，为该数据串标注 non-HRI 部分时，宜使用以下数据名称：RTN TO PHONE。

### 3.7.41　服务代码描述：AI（4320）

GS1 应用标识符（4320）表示 GS1 应用标识符数据字段包含对适用于物流单元的服务类型或操作方式的描述。单元数据串格式见表 3.7.41-1。

表 3.7.41-1 单元数据串格式

| AI | 服务代码描述 |
| --- | --- |
| 4320 | $X_1$——可变长度——→$X_{35}$ |

从条码识读器传输的数据表明适用于物流单元的服务类型或操作方式的单元数据串被采集。该单元数据串是运输过程信息的自由文本字段，因而允许对非拉丁字符和空格字符进行编码，见2.6.15。该描述可以是使用此 AI 的运输公司确定的一段文本字段。由于该单元数据串是物流单元的属性，因此必须与相关的物流单元的 SSCC 一起处理（见 4.13“数据关系”）。

当在条码符号中，为该数据串标注 non-HRI 部分时，宜使用以下数据名称：SRV DESCRIPTION。

## 3.7.42 危险货物标记：AI（4321）

GS1 应用标识符（4321）表示 GS1 应用标识符数据字段包含对该物流单元是否含有危险货物的说明。单元数据串格式见表 3.7.42-1。

表 3.7.42-1 单元数据串格式

| AI | 危险货物标记 | 定义值 |
| --- | --- | --- |
| 4 3 2 1 | $N_1$ | 0（表示不是危险货物）<br>1（表示是危险货物） |

从条码识读器传输的数据表明危险货物标志的单元数据串被采集。要表示该项目不是危险货物，请编码为 0；要表示该项目是危险货物，请编码为 1。由于该单元数据串是物流单元的属性，因此必须与相关的物流单元的 SSCC 一起处理（见 4.13“数据关系”）。

当在条码符号中，为该数据串标注 non-HRI 部分时，宜使用以下数据名称：DANGEROUS GOODS。

## 3.7.43 授权离开标记：AI（4322）

GS1 应用标识符（4322）表示 GS1 应用标识符数据字段表示是否可以将项目留给接收者而无需签名或其他认证。单元数据串格式见表 3.7.43-1。

表 3.7.43-1 单元数据串格式

| AI | 授权离开标记 | 定义值 |
| --- | --- | --- |
| 4 3 2 2 | $N_1$ | 0（表示“否”）<br>1（表示“是”） |

从条码识读器传输的数据表明标识授权离开的单元数据串被采集。要表示“否”（未经准许不得离开），请编码为 0；要表示“是”（有离开授权），请编码为 1。由于该单元数据串是物流单元的属性，因此必须与相关的物流单元的 SSCC 一起处理（见 4.13“数据关系”）。

当在条码符号中，为该数据串标注 non-HRI 部分时，宜使用以下数据名称：AUTH LEAVE。

## 3.7.44 签名需求标记：AI（4323）

GS1 应用标识符（4323）表示 GS1 应用标识符数据字段表示递送物流单元时是否需要收货人签名。单元数据串格式见表 3.7.44-1。

表 3.7.44-1 单元数据串格式

| AI | 签名需求标记 | 定义值 |
|---|---|---|
| 4323 | $N_1$ | 0（表示“否”）<br>1（表示“是”） |

从条码识读器传输的数据表明签名需求标记的单元数据串被采集。要表示“否”（无需签名），请编码为 0；要表示“是”（需要签名），请编码为 1。由于该单元数据串是物流单元的属性，因此必须与相关的物流单元的 SSCC 一起处理（见 4.13“数据关系”）。

当在条码符号中，为该数据串标注 non-HRI 部分时，宜使用以下数据名称：SIG REQUIRED。

## 3.7.45 最早交货日期/时间：AI（4324）

GS1 应用标识符（4324）表示 GS1 应用标识符数据字段包含最早交货日期和时间。单元数据串格式见表 3.7.45-1。物流单元不能早于指定日期/当地时间送到收货人手中。

表 3.7.45-1 单元数据串格式

| AI | 最早交货日期/时间 | | | | |
|---|---|---|---|---|---|
| | 年 | 月 | 日 | 时 | 分 |
| 4324 | $N_1$ $N_2$ | $N_3$ $N_4$ | $N_5$ $N_6$ | $N_7$ $N_8$ | $N_9$ $N_{10}$ |

结构如下：

- 年：以 2 位数字表示，不可省略。例如 2003 年为 03。
- 月：以 2 位数字表示，不可省略。例如 1 月为 01。
- 日：以 2 位数字表示，不可省略。例如某月的 2 日为 02。
- 时、分：基于当地时间 24 小时制，例如 2：30 p.m. 为 1430。如果无须表示具体时间，填写 9999。

**注：**当具体日期不是必须填写的时候（日期处填写 00），整体数据将被理解为那个月的最后一天，包括闰年的调整（例如：“130200”是“2013 年 2 月 28 日”，“160200”是“2016 年 2 月 29 日”）。

**注：**该单元数据串表达的日期的范围为过去的 49 年和未来的 50 年。世纪的确定见 7.12。

从条码识读器传输的数据表明最早交货日期/时间的单元数据串被采集。由于该单元数据串是物流单元的属性，因此必须与相关的物流单元的 SSCC 一起处理（见 4.13“数据关系”）。

当在条码符号中，为该数据串标注 non-HRI 部分时，宜使用以下数据名称：NBEF DEL DT。

## 3.7.46 最晚交货日期/时间：AI（4325）

GS1 应用标识符（4325）表示 GS1 应用标识符数据字段包含最晚交货日期/时间。单元数据串格式见表 3.7.46-1。物流单元不能晚于指定日期/当地时间送到收货人手中。

表 3.7.46-1 单元数据串格式

| AI | 最晚交货日期/时间 | | | | |
|---|---|---|---|---|---|
| | 年 | 月 | 日 | 时 | 分 |
| 4 3 2 5 | $N_1$ $N_2$ | $N_3$ $N_4$ | $N_5$ $N_6$ | $N_7$ $N_8$ | $N_9$ $N_{10}$ |

结构如下：

■ 年：以 2 位数字表示，不可省略。例如 2003 年为 03。

■ 月：以 2 位数字表示，不可省略。例如 1 月为 01。

■ 日：以 2 位数字表示，不可省略。例如某月的 2 日为 02。

■ 时、分：基于当地时间 24 小时制，例如 2：30 p.m. 为 1430。如果无须表示具体时间，填写 9999。

**注**：当具体日期不是必须填写的时候（日期处填写 00），整体数据将被理解为那个月的最后一天，包括闰年的调整（例如："130200" 是 "2013 年 2 月 28 日"，"160200" 是 "2016 年 2 月 29 日"）。

**注**：该单元数据串表达的日期的范围为过去的 49 年和未来的 50 年。世纪的确定见 7.12。

从条码识读器传输的数据表明最晚交货日期/时间的单元数据串被采集。由于该单元数据串是物流单元的属性，因此必须与相关的物流单元的 SSCC 一起处理（见 4.13 "数据关系"）。

当在条码符号中，为该数据串标注 non-HRI 部分时，宜使用以下数据名称：NAFT DEL DT。

## 3.7.47 发布日期：AI（4326）

GS1 应用标识符（4326）表示 GS1 应用标识符数据字段包含物流单元的发布日期。单元数据串格式见表 3.7.47-1。物流单元可在指定日期之后发货。

表 3.7.47-1 单元数据串格式

| AI | 发布日期 | | |
|---|---|---|---|
| | 年 | 月 | 日 |
| 4 3 2 6 | $N_1$ $N_2$ | $N_3$ $N_4$ | $N_5$ $N_6$ |

结构如下：

■ 年：以 2 位数字表示，不可省略。例如 2003 年为 03。

■ 月：以 2 位数字表示，不可省略。例如 1 月为 01。

■ 日：以 2 位数字表示，不可省略。例如某月的 2 日为 02。

从条码识读器传输的数据表明发布日期的单元数据串被采集。由于该单元数据串是物流单元的属性，因此必须与相关的物流单元的 SSCC 一起处理（见 4.13 "数据关系"）。

当在条码符号中，为该数据串标注 non-HRI 部分时，宜使用以下数据名称：REL DATE。

## 3.7.48 最高温度（华氏度）：AI（4330）

GS1 应用标识符（4330）表示 GS1 应用标识符数据字段包含物流单元运输和存储所允许的最高

温度，单位为华氏度，精确到 2 位小数。单元数据串格式见表 3.7.48-1。

GS1 系统提供了以华氏度和摄氏度为计量单位的温度标准。最高温度只能用一个计量单位表示。

表 3.7.48-1　单元数据串格式

| AI | 温度 | |
|---|---|---|
| | 温度的绝对值（单位华氏度，精确到 2 位小数） | 负温度指示符（如需要） |
| 4330 | $N_1N_2N_3N_4N_5N_6$ | — |

结构如下：

■ 温度的绝对值，单位为华氏度，精确到 2 位小数：小数点在最后 2 位数字之前（例如：023020=230.20°F）。

■ 负温度指示符：如果要表示负温度，在此 AI 字段最后编码一个“-”字符（例如：000250-=-2.50°F）如果最后一位不是“-”字符，则表示正温度。

从条码识读器传输的数据表明单位为华氏度、精确到 2 位小数的最高温度的单元数据串被采集。由于该单元数据串是物流单元的属性，因此必须与相关的物流单元的 SSCC 一起处理（见 4.13“数据关系”）。

当在条码符号中，为该数据串标注 non-HRI 部分时，宜使用以下数据名称：MAX TEMP F。

## 3.7.49　最高温度（摄氏度）：AI（4331）

GS1 应用标识符（4331）表示 GS1 应用标识符数据字段包含物流单元运输和存储所允许的最高温度，单位为摄氏度，精确到 2 位小数。单元数据串格式见表 3.7.49-1。

GS1 系统提供了以华氏度和摄氏度为计量单位的温度标准。最高温度只能用一个计量单位表示。

表 3.7.49-1　单元数据串格式

| AI | 温度 | |
|---|---|---|
| | 温度的绝对值（单位摄氏度，精确到 2 位小数） | 负温度指示符（如需要） |
| 4330 | $N_1N_2N_3N_4N_5N_6$ | — |

结构如下：

■ 温度的绝对值，单位为摄氏度，精确到 2 位小数：小数点在最后 2 位数字之前（例如：000090=0.90℃）。

■ 负温度指示符：如果要表示负温度，在此 AI 字段最后编码一个“-”字符（例如：001000-= -10.00℃）如果最后一位不是“-”字符，则表示正温度。

从条码识读器传输的数据表明单位为摄氏度、精确到 2 位小数的最高温度的单元数据串被采集。由于该单元数据串是物流单元的属性，因此必须与相关的物流单元的 SSCC 一起处理（见 4.13“数据关系”）。

当在条码符号中，为该数据串标注 non-HRI 部分时，宜使用以下数据名称：MAX TEMP C。

### 3.7.50 最低温度（华氏度）：AI（4332）

GS1 应用标识符（4332）表示 GS1 应用标识符数据字段包含物流单元运输和存储所允许的最低温度，单位为华氏度，精确到 2 位小数。单元数据串格式见表 3.7.50-1。

GS1 系统提供了以华氏度和摄氏度为计量单位的温度标准。最低温度只能用一个计量单位表示。

表 3.7.50-1 单元数据串格式

| AI | 温度 | |
|---|---|---|
| | 温度的绝对值（单位华氏度，精确到 2 位小数） | 负温度指示符（如需要） |
| 4330 | $N_1N_2N_3N_4N_5N_6$ | — |

结构如下：

■ 温度的绝对值，单位为华氏度，精确到 2 位小数：小数点在最后 2 位数字之前（例如：023020 = 230.20°F）。

■ 负温度指示符：如果要表示负温度，在此 AI 字段最后编码一个“-”字符（例如：000250- = -2.50°F）如果最后一位不是“-”字符，则表示正温度。

从条码识读器传输的数据表明单位为华氏度、精确到 2 位小数的最低温度的单元数据串被采集。由于该单元数据串是物流单元的属性，因此必须与相关的物流单元的 SSCC 一起处理（见 4.13“数据关系”）。当在条码符号中，为该数据串标注 non-HRI 部分时，宜使用以下数据名称：MIN TEMP F。

### 3.7.51 最低温度（摄氏度）：AI（4333）

GS1 应用标识符（4333）表示 GS1 应用标识符数据字段包含物流单元运输和存储所允许的最低温度，单位为摄氏度，精确到 2 位小数。单元数据串格式见表 3.7.51-1。

GS1 系统提供了以华氏度和摄氏度为计量单位的温度标准。最低温度只能用一个计量单位表示。

表 3.7.51-1 单元数据串格式

| AI | 温度 | |
|---|---|---|
| | 温度的绝对值（单位摄氏度，精确到 2 位小数） | 负温度指示符（如需要） |
| 4330 | $N_1N_2N_3N_4N_5N_6$ | — |

结构如下：

■ 温度的绝对值，单位为摄氏度，精确到 2 位小数：小数点在最后 2 位数字之前（例如：000090=0.90℃）。

■ 负温度指示符：如果要表示负温度，在此 AI 字段最后编码一个“-”字符（例如：001000- = -10.00℃）如果最后一位不是“-”字符，则表示正温度。

从条码识读器传输的数据表明单位为摄氏度、精确到 2 位小数的最低温度的单元数据串被采集。由于该单元数据串是物流单元的属性，因此必须与相关的物流单元的 SSCC 一起处理（见 4.13“数据关系”）。

当在条码符号中，为该数据串标注 non-HRI 部分时，宜使用以下数据名称：MIN TEMP C。

# 3.8　以“7”开头的 GS1 应用标识符

## 3.8.1　“7”系列应用标识符——重要提示

7 系列应用标识符应用在特殊情况中，只限于以下情况应用：

- 一个或少数部门（即非多部门）；
- 一个国家或一个地区（即非全球）。

## 3.8.2　北约物资代码（NSN）：AI（7001）

GS1 应用标识符（7001）表示的数据编码的含义为北约物资代码。单元数据串格式见表 3.8.2-1。

北约物资代码是为在北约联盟内供应的任何项目分配的代码。项目制造或控制项目设计的国家负责分配代码。

**注：**仅限于北约联盟供应范围内使用，并且要遵循联盟委员会 135（AC/135）、北约国家编目理事小组的规章制度。

表 3.8.2-1　单元数据串格式

| AI | 北约供应品分类→ | 分配国→ | 系列号→ |
|---|---|---|---|
| 7001 | $N_1\ N_2\ N_3\ N_4$ | $N_5\ N_6$ | $N_7\ N_8 N_9\ N_{10}\ N_{11}\ N_{12}\ N_{13}$ |

从条码识读器传输的数据表明一个北约物资代码被采集。由于此单元数据串是贸易项目的一个属性，必须与相关贸易项目的 GTIN 一起使用（见 4.13“数据关系”）。

当在条码符号中，为该数据串标注 non-HRI 部分时，宜使用以下数据名称：NSN。

## 3.8.3　UNECE 胴体肉与分割产品分类：AI（7002）

GS1 应用标识符（7002）表示的 GS1 应用标识符数据字段包含联合国欧洲经济委员会（UNECE，以前叫 UN/ECE）胴体肉与分割产品分类代码。单元数据串格式见表 3.8.3-1。

UNECE 胴体肉与分割产品分类代码是 GTIN 的一个属性，表示该产品的商品说明。它为字母数字字符，长度可变，最长 30 位。

**注：**此单元数据串只用于符合 UNECE 质量标准的肉类胴体和分割产品（如牛、猪、绵羊、山羊）。

表 3.8.3-1　单元数据串格式

| AI | UN/ECE 胴体肉与分割产品分类代码 |
|---|---|
| 7002 | $X_1$——可变长度——→$X_{30}$ |

从条码识读器传输的数据表明一个UNECE胴体肉与分割产品分类代码被采集。由于它是贸易项目的一个属性，必须与相关贸易项目的GTIN一起使用（见4.13“数据关系”）。

当在条码符号中，为该数据串标注non-HRI部分时，宜使用以下数据名称：MEAT CUT。

### 3.8.4 产品的有效日期和时间：AI（7003）

GS1应用标识符（7003）表示的GS1应用标识符数据字段包含产品的有效日期和时间。单元数据串格式见表3.8.4-1。

产品的有效日期和时间由生产商确定，仅与短期和无需远距离运送的且不在时区之外的项目有关。AI（7003）的典型应用是在医院或药店，针对“生命期”短于一个单日、专用的、定制的产品。生命期依据治疗药物的性质而变化。产品准确的有效期和时间在制作加工结束时确定，并能够以产品GTIN的属性信息在产品标签上用条码表示出来。当商业上无需表示有效期至小时，甚至分时，应采用有效期的应用标识符AI（17）。

结构为：

- 年：以2位数字表示，不可省略，例如2007年为07。
- 月：以2位数字表示，不可省略，例如1月份为01。
- 日：以2位数字表示，不可省略，例如某月的2日为02。
- 时：以2位数字表示当地24小时制的小时数，不可省略。例如下午2点为14。
- 分：以2位数字表示的分钟数，可以省略。例如15分为15。如果没有必要规定分，填写00。有效期将被理解为在整点结束。例如14：00表示产品在14点失效。

表3.8.4-1 单元数据串格式

| AI | 产品有效日期和时间 | | | | |
|---|---|---|---|---|---|
| | YY | MM | DD | HH | MM |
| 7003 | $N_1N_2$ | $N_3N_4$ | $N_5$ $N_6$ | $N_7$ $N_8$ | $N_9$ $N_{10}$ |

从条码识读器传输的数据表明一个产品的有效日期和时间代码被采集。由于它是贸易项目的一个属性，必须与相关贸易项目的GTIN一起使用（见4.13“数据关系”）。

当在条码符号中，为该数据串标注non-HRI部分时，宜使用以下数据名称：EXPIRY TIME。

**注：**该数据串表示的日期的范围为过去的49年和未来的50年。世纪的确定见7.12。

### 3.8.5 活性效价：AI（7004）

GS1应用标识符（7004）表示的GS1应用标识符数据字段包含活性效价。单元数据串格式见表3.8.5-1。

某些医疗卫生产品的活性效价（例如某些生物制剂，如血友病产品）随批次而变化，这个变化在贸易项目的标称活性效价允许偏差范围内。项目的标称活性和活性效价使用国际单位衡量。

表3.8.5-1 单元数据串格式

| AI | 活性效价 |
|---|---|
| 7004 | $N_1$——可变长度——→ $N_4$ |

从条码识读器传输的数据表明一个贸易项目的活性效价被采集。活性值必须与相关贸易项目的

GTIN 和批次或批号一起使用（见 4.13“数据关系”）。

当在条码符号中，为该数据串标注 non-HRI 部分时，宜使用以下数据名称：ACTIVE POTENCY。

## 3.8.6　捕获区：AI（7005）

GS1 应用标识符（7005）表示的 GS1 应用标识符数据字段包含捕获区。单元数据串格式见表 3.8.6-1。捕获区指水产品捕获的区域，是由联合国粮农组织（FAO）的渔业及水产养殖部门规定的国际渔区及其分区。通过网站 http：//www.fao.org/fishery/area/search/en 可以查看完整的 FAO 捕获区目录。它由捕获水产品的渔船分配。主要的捕鱼区包括：

- 覆盖各大洲内陆水域的主要内陆渔区；
- 覆盖大西洋、印度洋、太平洋、南大洋及与它们相邻的海域的主要海洋渔区。

**注：使用此 GS1 应用标识符时，可以标识内陆和海洋主要捕鱼区以及子区域。FAO 示例：27.8.e.2 非东北大西洋渔业委员会（NEAFC）监管区域的比斯开湾西部。**

表 3.8.6-1　单元数据串格式

| AI | 捕获区 |
|---|---|
| 7005 | $X_1$——可变长度——→$X_{12}$ |

从条码识读器传输的数据表明一个贸易项目的捕获地区被采集。由于它是贸易项目的一个属性，必须与相关贸易项目的 GTIN 一起使用（见 4.13“数据关系”）。

当在条码符号中，为该数据串标注 non-HRI 部分时，宜使用以下数据名称：CATCH AREA。

## 3.8.7　初次冷冻日期：AI（7006）

GS1 应用标识符（7006）表示的 GS1 应用标识符数据字段包含初次冷冻日期。单元数据串格式见表 3.8.7-1。初次冷冻日期指产品被屠宰、收获、捕获或初加工后直接被冷冻的日期，包括生肉、肉制品或水产品。它由进行冷冻作业的机构分配。

结构为：

- 年：以 2 位数字表示，不可省略，例如 2003 年为 03。
- 月：以 2 位数字表示，不可省略，例如 1 月份为 01。
- 日：以 2 位数字表示，不可省略，例如某月的 2 日为 02。

**注：该数据串表示的日期的范围为过去的 49 年和未来的 50 年。世纪的确定见 7.12。**

表 3.8.7-1　单元数据串格式

| AI | 初次冷冻日期 | | |
|---|---|---|---|
| | 年 | 月 | 日 |
| 7006 | $N_1$　$N_2$ | $N_3$　$N_4$ | $N_5$　$N_6$ |

从条码识读器传输的数据表明一个贸易项目的初次冷冻日期被采集。由于它是贸易项目的一个属性，必须与相关贸易项目的 GTIN 一起使用（见 4.13“数据关系”）。

当在条码符号中，为该数据串标注 non-HRI 部分时，宜使用以下数据名称：FIRST FREEZE

DATE。

### 3.8.8 收获日期：AI（7007）

GS1应用标识符（7007）表示的GS1应用标识符数据字段包含收获日期或日期范围。单元数据串格式见表3.8.8-1。例如，收获日期可以指动物被杀死或屠宰、鱼被捕捞、粮食被收割的日期或时间范围。它由实施收获作业的机构分配。不同的机构可能根据其具体需求使用更多专用术语，如：捕获日期或屠宰日期。对于动物，其日期范围指整个动物，以及所有肉或鱼肉从动物体上分割下来的日期。

结构包括以下两个部分：

■ 开始日期：标识时间段的起始时间：
- □ 年：以2位数字表示，不可省略，例如2003年为03。
- □ 月：以2位数字表示，不可省略，例如1月份为01。
- □ 日：以2位数字表示，不可省略，某月的2日为02；指收获日期。

■ 结束日期：标识时间段的结束时间：
- □ 年：以2位数字表示，例如2003年为03。
- □ 月：以2位数字表示，例如1月份为01。
- □ 日：以2位数字表示，例如某月的2日为02；指收获日期。

**注：**该数据串表示的日期的范围为过去的49年和未来的50年。世纪的确定见7.12。

**注：**如果捕获日期仅一天，那么不应指明结束日期；如果捕获日期持续多天，那么起始和结束日期均需指明，且结束日期应大于起始日期。

表3.8.8-1 单元数据串格式

| AI | 收获起始日期 | | | 收获截止日期 | | |
|---|---|---|---|---|---|---|
| | 年 | 月 | 日 | 年 | 月 | 日 |
| 7007 | $N_1$ $N_2$ | $N_3$ $N_4$ | $N_5$ $N_6$ | $N_7$ $N_8$ | $N_9$ $N_{10}$ | $N_{11}$ $N_{12}$ |

从条码识读器传输的数据表明一个贸易项目的收获日期范围被采集。由于它是贸易项目的一个属性，必须与相关贸易项目的GTIN一起使用（见4.13“数据关系”）。

当在条码符号中，为该数据串标注non-HRI部分时，宜使用以下数据名称：HARVEST DATE。

### 3.8.9 渔业物种：AI（7008）

GS1应用标识符（7008）表示的GS1应用标识符数据字段包含3位字母编码标识的水生科学和渔业信息系统（ASFIS）品种清单。单元数据串格式见表3.8.9-1。

联合国粮农组织（FAO）的渔业和水产养殖部门渔业与水产养殖信息及统计处（FIPS）负责核对世界捕捞和水产养殖产量中有关种、属、科或更高分类级别的统计数据，共2119个统计类别（2011年数据），称为品种项目。ASFIS的种类清单包括根据重要性或与渔业及水产养殖的关系收集的12421个品种。为记录中储存的每个品种提供了代码（国际水生动植物标准统计分类代码，3位字母）和分类信息（学名、创建人、科和更高分类级别）。大多数记录还包括英文名称，而且其中的三分之一还附有法文和西班牙文名称。此外还就粮农组织数据库中是否收集了相关品种的渔业产量统计数据提供信息。例如：IZX。访问网站http：//www.fao.org/fishery/collection/asfis/en可以查看该清单。

表 3.8.9-1　单元数据串格式

| AI | 渔业物种 |
|---|---|
| 7008 | $X_1$——可变长度——→ $X_3$ |

从条码识读器传输的数据表明一个渔业物种代码被采集。由于它是贸易项目的一个属性，必须与相关贸易项目的 GTIN 一起使用（见 4.13“数据关系”）。

当在条码符号中，为该数据串标注 non-HRI 部分时，宜使用以下数据名称：AQUATIC SPECIES。

## 3.8.10　渔具类型：AI（7009）

GS1 应用标识符（7009）表示的 GS1 应用标识符数据字段包含渔具类型的信息。单元数据串格式见表 3.8.10-1。

它由捕获水产品的渔船分配。渔具类型由联合国粮农组织（FAO）的渔业和水产养殖部门定义，用于标识捕获水产品的渔具种类。渔具类型列表提供了各种渔具的定义，并按类别分组。这些定义和分类在世界范围内的内陆水域、海洋渔业及大中小规模的渔场均有效，例如 01.1.1（一艘进行围网作业的船）。访问网站 http://www.fao.org/fishery/cwp/handbook/M/en 可以查看该清单。

表 3.8.10-1　单元数据串格式

| AI | 渔具类型 |
|---|---|
| 7009 | $X_1$——可变长度——→$X_{10}$ |

从条码识读器传输的数据表明一种渔具类型被采集。由于它是贸易项目的一个属性，必须与相关贸易项目的 GTIN 一起使用（见 4.13“数据关系”）。

当在条码符号中，为该数据串标注 non-HRI 部分时，宜使用以下数据名称：FISHING GEAR TYPE。

## 3.8.11　生产方式：AI（7010）

GS1 应用标识符（7010）表示的 GS1 应用标识符数据字段包含生产方式。单元数据串格式见表 3.8.11-1。

它由捕获水产品的渔船分配。生产方式应用标识符为联合国粮农组织（FAO）的渔业和水产养殖部门指定的鱼和海鲜的生产方法，例如 01。

允许值由联合国粮农组织（FAO）的渔业和水产养殖部门定义：

- 01：海中捕获。
- 02：淡水中捕获。
- 03：养殖。
- 04：栽培。

表 3.8.11-1　单元数据串格式

| AI | 生产方式 |
|---|---|
| 7010 | $X_1$——可变长度——→$X_2$ |

从条码识读器传输的数据表明生产方式代码被采集。由于它是贸易项目的一个属性，必须与相关贸易项目的 GTIN 一起使用（见 4.13“数据关系”）。

当在条码符号中，为该数据串标注 non-HRI 部分时，宜使用以下数据名称：PROD METHOD。

## 3.8.12　测试日期：AI（7011）

GS1 应用标识符（7011）表示 GS1 应用标识符数据字段包含测试日期和可选时间。单元数据串格式见表 3.8.12-1。测试日期和可选时间是由生产商规定，是产品无需测试仍可使用的最后日期和时间。例如，生产商可以使用测试日期来表示何时对用于制造药品的成分进行测试。

结构如下：

- 年：以 2 位数字表示，不可省略。例如 2003 年为 03。
- 月：以 2 位数字表示，不可省略。例如 1 月为 01。
- 日：以 2 位数字表示，不可省略。例如某月的 2 日为 02。
- 时和分：以 4 位数字表示当地 24 小时制的小时数和分钟数，可以省略。例如下午 2：30 为 1430。

**注：该单元数据串表达的日期的范围为过去的 49 年和未来的 50 年。世纪的确定见 7.12。**

**注：日不得表示为两个 0。应表示为当月的有效日期（例如，7 月最后一天为 31）。**

表 3.8.12-1　单元数据串格式

| AI | 测试日期 | | | | |
|---|---|---|---|---|---|
| | 测试日期 | | | 测试时间（可选） | |
| | 年 | 月 | 日 | 时 | 分 |
| 7011 | $N_1$　$N_2$ | $N_3$　$N_4$ | $N_5$　$N_6$ | $N_7$　$N_8$ | $N_9$　$N_{10}$ |

从条码识读器传输的数据表明，表示测试日期和可选时间的单元数据串被采集。由于此单元数据串是贸易项目的一个属性，必须与相关贸易项目的 GTIN 一起使用，见 4.13“数据关系”。在测试日期以后，如果确定产品适合使用，则应由责任方传达结果，并在必要时确定新的测试日期。

当在条码标签中，为该单元数据串标注 non-HRI 时，宜使用以下数据名称：TEST BY DATE。

## 3.8.13　翻新批号：AI（7020）

GS1 应用标识符（7020）表示的 GS1 应用标识符数据字段包含翻新批号标识代码。单元数据串格式见表 3.8.13-1。

翻新批号标识代码与贸易项目的 GTIN 和产品/服务位置的 GLN 一起，标识通过重用、修复及新零件的结合，制造成原有标准的一批项目。翻新批号标识代码是字母数字字符型，长度可变，最多为 20 个字符的字符串。

表 3.8.13-1 单元数据串格式

| AI | 翻新批号标识代码 |
| --- | --- |
| 7020 | $X_1$——可变长度——→$X_{20}$ |

从条码识读器传输的数据表明项目的翻新批号标识代码被采集。它必须与产品/服务位置的 GLN 和相关贸易项目的 GTIN 一起使用（见 4.13“数据关系”）。

当在条码符号中，为该数据串标注 non-HRI 部分时，宜使用以下数据名称：REFURB LOT。

### 3.8.14 功能状态：AI（7021）

GS1 应用标识符（7021）表示的 GS1 应用标识符数据字段包含功能状态。单元数据串格式见表 3.8.14-1。

生产商为满足监管或商业要求时，可采用贸易项目的功能状态。例如有关批准类型，允许该贸易项目在某一特定国家出售的要求。

表 3.8.14-1 单元数据串格式

| AI | 功能状态 |
| --- | --- |
| 7021 | $X_1$——可变长度——→$X_{20}$ |

从条码识读器传输的数据表明项目的功能状态代码被采集。由于它是贸易项目的一个属性，必须与相关贸易项目的 GTIN 一起使用（见 4.13“数据关系”）。

当在条码符号中，为该数据串标注 non-HRI 部分时，宜使用以下数据名称：FUNC STAT。

### 3.8.15 修订状态：AI（7022）

GS1 应用标识符（7022）表示的 GS1 应用标识符数据字段包含修订状态。单元数据串格式见表 3.8.15-1。

生产商为满足监管或商业要求时，可采用贸易项目的修订状态。例如有关批准类型，允许该贸易项目在某一特定国家出售的要求。

表 3.8.15-1 单元数据串格式

| AI | 修订状态 |
| --- | --- |
| 7022 | $X_1$——可变长度——→$X_{20}$ |

从条码识读器传输的数据表明项目的修订状态代码被采集。由于该数据串从属于功能状态，它必须与相关贸易项目的 GTIN 和功能状态代码一起使用（见 4.13“数据关系”）。

当在条码符号中，为该数据串标注 non-HRI 部分时，宜使用以下数据名称：REV STAT。

### 3.8.16 组合件的全球单个资产代码：AI（7023）

GS1 应用标识符（7023）表示的 GS1 应用标识符数据字段包含组合件的全球单个资产代码（GIAI）。单元数据串格式见表 3.8.16-1。

如果组合件没有一个专有的表面（也不属于任何子组件的），那么需要在组合件的子组件（也就是主导部件）上贴上一个包含组合件 GIAI 的附加条码。为了区分子组件和组合件标识，需要一个单独的应用标识符来标识后者。

由 GS1 成员组织分配 GS1 公司前缀（见 1.4.4）的公司来分派 GIAI——这些公司就是资产所有者或单个资产管理者。

单个资产参考代码的结构和组成由资产所有者或管理者决定。它可能包含表 7.11-1 所示的所有字符。

表 3.8.16-1 单元数据串格式

| AI | 组合件的全球单个资产代码（GIAI） | |
|---|---|---|
| | GS1 公司前缀 → | 单个资产参考代码 → |
| 7023 | $N_1$ … $N_i$ | $X_{i+1}$ … 可变长度 $X_{j\,(j\leqslant 30)}$ |

从条码识读器传输的数据表明父级 GIAI 代码被采集。当在条码符号中，为该数据串标注 non-HRI 部分时，宜使用以下数据名称：GIAI-ASSEMBLY。

## 3.8.17 具有三位 ISO 国家（或地区）代码的加工方代码：AI (703s)

GS1 应用标识符（703s）表示的 GS1 应用标识符数据字段包含贸易项目加工者的 ISO 国家（或地区）代码及批准号码或 GLN。单元数据串格式见表 3.8.17-1。加工方代码是 GTIN 的一个属性，其含义为进行加工处理的公司的代码。

由于可能涉及许多加工者，每个加工者都独有一个批准号码，应用标识符 AI 的第四位指明了加工者的顺序。

对于一个典型的肉类供应链，加工者批准号码的顺序如下：

- 7030：屠宰场。
- 7031：第一去骨/分割场。
- 7032~7037：第二至第七加工场/分割场。
- 7038：屠宰场。
- 7039：屠宰场。

对于一个典型的海鲜类供应链，加工者批准号码的顺序如下：

- 7030：船舶/水产养殖地。
- 7031：初级加工者。
- 7032：次级加工者。

ISO 国家（或地区）数据字段包含三位数字 ISO 国家代码，见国际标准 ISO 3166，它与随后的加工商批准号码有关。

如果 ISO 国家代码为“999”，它表示随后的数据是一个全球位置码（GLN），而不是一个批准号码。

**注：** 加工商批准号码通常由一个国家或多个国家的权威部门分配给食品供应链的加工企业。这些权威部门为此目的可以采用 GLN（见 2.4）。无论贸易项目的所有权或功能是否发生改变，该项目仍保留此加工商批准号码（或 GLN）。

表 3.8.17-1　单元数据串格式

| AI | ISO 国家（或地区）代码 | 加工商代码 |
|---|---|---|
| 703s | $N_1$ $N_2$ $N_3$ | $X_4$——可变长度——→$X_{30}$ |

从条码识读器传输的数据表明一个 ISO 国家（或地区）代码和加工者号码被采集。由于它是贸易项目的一个属性，必须与相关贸易项目的 GTIN 一起使用（见 4.13“数据关系”）。

当在条码符号中，为该数据串标注 non-HRI 部分时，宜使用以下数据名称：PROCESSOR#S。

## 3.8.18　GS1 UIC 扩展 1 和进口商目录：AI（7040）

GS1 应用标识符（7040）表示 GS1 应用标识符数据字段包含 EU 2018/574 ID 发行机构的唯一标识代码（UIC）、授权它的国家主管部门（通过 GS1 UIC 扩展 1）和进口商（通过进口商目录）。单元数据串格式见表 3.8.18-1。根据 7.11，UIC 从一个数字开始，后跟一个 7.11 规定的 ISO/IEC 646 固定字符集中的字母数字字符。GS1 UIC 扩展 1 是 7.11 规定的 ISO/IEC 646 固定字符集中的一个字母数字字符。进口商目录是一个字符，包括 A~Z、a~z、0~9、“-”（连字符）和“_”（下划线）。下划线表示进口商目录不可用。其他字符表示每个放置国的 1 个产品最多有 63 个产品进口商。符合 GS1 规定的最低要求的 ID 发行机构即可授权使用此标识符。UIC 的使用仅适用于 2.1.14 的应用标准：EU 2018/574 烟草产品可追溯性。UIC 应仅用于在非法贸易监视系统内对 GS1 标识代码识别国家级授权。UIC 不得用于开放式供应链系统中的 GS1 标识代码。

表 3.8.18-1　单元数据串格式

| GS1 应用标识符 | GS1 UIC 扩展 1 和进口商目录 | | |
|---|---|---|---|
| | GS1 UIC | 扩展 1 | 进口商目录 |
| 7040 | $N_1X_2$ | $X_3$ | $X_4$ |

从条码识读器传输的数据表示用于标识 UIC 的单元数据串已被采集。

当在条码标签的 non-HRI 部分中表示此单元数据串时，单元数据串应使用以下数据标题：UIC+EXT。

## 3.8.19　国家医疗保险代码（NHRN）：AI（710）、（711）、（712）、（713）、（714）和（715）

GS1 应用标识符（710）、（711）、（712）、（713）、（714）和（715）表示的 GS1 应用标识符数据字段包含来自国家医疗保险代码 GS1 应用标识符系列的国家医疗保险代码，与贸易项目的 GTIN 相关。GS1 应用标识符（710）、（711）、（712）、（713）、（714）和（715）表示从指定系列中选取的一个特定的国家医疗保险代码（NHRN）。

如果 GTIN 不能满足国家/地区或行业监管需求时，采用 NHRN GS1 应用标识符和贸易项目的 GTIN，可满足监管要求。

GTIN 是药物和医疗器械贸易项目的 GS1 标识符。国家医疗保险代码 GS1 应用标识符用以满足监管或行业要求，直到其被修改为并认可 GTIN 是合规性标识符。

该应用标识符的内部规则和推荐性规范是将 NHRN 关联到全球贸易项目代码（GTIN），监管需要 NHRN 来实现产品标识、登记或报销的目的。

有许多已知的 NHRN，但这时并非所有的 NHRN 被要求编码在贸易项目的数据载体中。额外分配的 NHRN AI 在需要时提供了灵活性。

国家医疗保险代码 GS1 应用标识符是实现识别贸易项目最有效方法的第一步。GS1 给医疗利益相关者使用国家代码的建议是：

a）将 GTIN 用于所有供应链和报销中（GTIN 用于数据载体，作为 NHRN），因为这是对所有利益相关者识别贸易项目最高效和有用的方式；

b）在已有 NHRN 系统的情况下，使用 GTIN 时，交叉引用现有数据库中的 NHRN（也就是将 GTIN 用于数据载体，交叉引用 NHRN）；

c）对于不能使用上述“a”或“b”的，将 GTIN 与相关的 NHRN 一起（GTIN 和 NHRN 均通过 NHRN AI 用于数据载体）用作一个中间解决方案。GS1 只建议将这种做法作为选择“a”或“b”的过渡。

**重要提示：**

——国家医疗保险代码与全球贸易项目代码间存在强制性关联。

——NHRN 通常由国家主管部门针对特定的贸易项目向医疗生产商分配，应只用于 GTIN 不能独自满足监管要求的情形。

——额外的 NHRN AI 只能由 GS1 分配，并且需要通过 GSMP 系统提交工作请求。

——GTIN 和所有相关的 NHRN 宜关联到一个单独的数据载体中（即单一的 GS1-128，GS1 DataMatrix）。

——在贸易项目中使用 NHRN，受控并服从于国家/地区机构的规章条例。那些规章和/或条例可能取代这些建议。

——可能需要多个 NHRN 与一个给定的 GTIN 相关联。

NHRN GS1 应用标识符的一般格式见表 3.8.19-1。

表 3.8.19-1 单元数据串格式

| AI | 国家医疗保险代码 |
|---|---|
| nnn | $X_1$——可变长度——→$X_{20}$ |

一个 NHRN AI 被批准时，其整体可变长度（即允许的字符数）由国家主管部门指定，如果适用的话，如上面一般格式中最大字符数为 20。

使用该字符串的 GS1 应用标识符，其特定的格式和相关监管机构或分配组织，如表 3.8.19-2 所示。

表 3.8.19-2 NHRN 应用标识符概述

| AI | 国家医疗保险代码 | | | 组织机构 |
|---|---|---|---|---|
| 710 | $X_1$ | 可变长度 | $X_{20}$ | 德国 IFA |
| 711 | $X_1$ | 可变长度 | $X_{20}$ | 法国 CIP |
| 712 | $X_1$ | 可变长度 | $X_{20}$ | 西班牙国家代码 |
| 713 | $X_1$ | 可变长度 | $X_{20}$ | 巴西 ANVISA |
| 714 | $X_1$ | 可变长度 | $X_{20}$ | 葡萄牙 INFARMED |

表3.8.19-2(续)

| AI | 国家医疗保险代码 | | | 组织机构 |
|---|---|---|---|---|
| 715 | $X_1$ | 可变长度 | $X_{20}$ | 美国 FDA |
| nnn (*) | $X_1$ | 可变长度 | $X_{20}$ | “A” 国 NHRN 机构 |
| (*) 未来附加的 NHRN 示例。如果需要额外的 NHRN AI，应当通过 GS1 GSMP 申请一个新的 NHRN AI。 | | | | |

想要应用表中所列 NHRN AI 的公司需要根据 NHRN AI 的规则，将 NHRN AI 与贸易项目的 GTIN 相关联，并且应联系当地的 GS1 成员组织进一步审议如何使用。

从条码识读器传输的数据表明一个国家医疗保险代码被采集。由于它是贸易项目的一个属性，必须与相关贸易项目的 GTIN 一起使用（见 4.13“数据关系”）。

当在条码符号中，为该数据串标注 non-HRI 部分时，宜使用表 3.2-1 中的数据名称。

### 3.8.20 认证参考代码：AI（723s）

GS1 应用标识符（723s）表示 GS1 应用标识符数据字段包含对产品认证的参考代码。单元数据串格式见表 3.8.20-1。认证参考代码是贸易项目或单个资产的属性。

由于可能存在多个认证，每个认证都有一个单独的认证参考代码，AI 的第四个数字（表 3.8.20-1 中的 s）表示认证参考代码引用的顺序。

AI（723s）的一般结构：

■GS1 定义的认证计划（2 个字符）。当前允许以下代码值：

□ “EM”（欧洲船舶设备指令）更多信息见 http：//eur-lex.europa.eu/legal-content/EN/AUTO/? uri=CELEX：32018R0608。

■认证参考代码（28 个字符）。

表 3.8.20-1 单元数据串格式

| GS1 应用标识符 | 认证计划 | 认证参考代码 |
|---|---|---|
| 723s | $X_1$ $X_2$ | $X_3$——可变长度——→ $X_{30}$ |

从条码识读器传输的数据表示认证参考代码的单元数据串已被采集。由于此单元数据串是贸易项目或资产的属性，因此必须将其与贸易项目的 GTIN 或与之相关的资产的 GIAI 一起处理（见 4.13“数据关系”）。

当在条码符号中，为该数据串标注 non-HRI 部分时，宜使用以下数据名称：CERT#s。

### 3.8.21 协议 ID：AI（7240）

GS1 应用标识符（7240）表示 GS1 应用标识符数据字段包含临床试验协议的标识符。单元数据串格式见表 3.8.21-1。数据为字母数字，可能包含 7.11 中列出的所有字符。

表 3.8.21-1 单元数据串格式

| GS1 应用标识符 | 协议 ID |
|---|---|
| 7240 | $X_1$——可变长度——→$X_{20}$ |

从条码读取器传输的数据表示协议 ID 的单元数据串已被采集。由于此单元数据串是贸易项目

的属性，因此必须与它相关的贸易项目的 GTIN 一起处理（见 4. 13. 2）。

当在条码符号中，为该数据串标注 non-HRI 部分时，宜使用以下数据名称：PROTOCOL。

## 3. 8. 22　AIDC 介质类型：AI（7241）

GS1 应用标识符（7241）表示 GS1 应用标识符数据段包含 AIDC 介质类型，并且 AIDC 介质类型允许区分 GS1 AIDC 数据载体所显示或携带的对象或实体类型。例如，用全球服务关系代码（GSRN）编码的 GS1 AIDC 数据载体可能会在身份证或订单上显示。

表 3. 8. 22-1 和表 3. 8. 22-3 中定义了 AIDC 介质类型的结构和内容，可以确保引用正确的 AIDC 介质类型值。表 3. 8. 22-2 提供了 AIDC 介质类型值范围的概述。

表 3. 8. 22-1　单元数据串格式

| GS1 应用标识符 | AIDC 介质类型值 |
|---|---|
| 7241 | $N_1N_2$ |

从条码识读器传输的数据意味着已经采集到了表示 AIDC 介质类型的单元数据串。由于 AIDC 介质类型是服务关系的一个属性，因此必须使用与之相关的服务关系的 GSRN 进行处理（见 4. 13 “数据关系”）。

当在条码标签上的 non-HRI 文本部分显示此单元数据串时，应使用下列数据标题：AIDC MEDIA TYPE。

表 3. 8. 22-2　AIDC 介质类型表值概述

| AIDC 介质类型表值 | |
|---|---|
| AIDC 介质类型值 | AIDC 介质类型值范围的分配 |
| 00 | 未使用 |
| 01~10 | 当前由 ICCBBA 进行分配 |
| 11~29 | 保留给 ICCBBA 未来进行分配 |
| 30~59 | 保留给 GS1 进行分配 |
| 60~79 | 如果 ICCBBA 或 GS1 的初始值容量用尽，则保留其用于未来的容量需求 |
| 80~99 | 保留给当地或国家使用 |

表 3. 8. 22-3　AIDC 介质类型值

| AIDC 介质类型值 | AIDC 介质类型 | 定义机构 |
|---|---|---|
| 00 | 未使用 | ICCBBA |
| 01 | 腕带 | ICCBBA |
| 02 | 预订单 | ICCBBA |
| 03 | 样品管 | ICCBBA |
| 04 | 工作清单/实验室清单/表格 | ICCBBA |
| 05 | 检验报告 | ICCBBA |

表3.8.22-3(续)

| AIDC 介质类型值 | AIDC 介质类型 | 定义机构 |
|---|---|---|
| 06 | 发货通知单/文件 | ICCBBA |
| 07 | 预期接受者标签（粘在容器上） | ICCBBA |
| 08 | 贴在产品上的标签 | ICCBBA |
| 09 | 身份证明卡 | ICCBBA |
| 10 | 临床或进展记录 | ICCBBA |
| 11~29 | 留给 ICCBBA 未来分配 | ICCBBA |
| 30~59 | 留给 GS1 未来分配 | GS1 |
| 60~79 | ICCBBA 或 GS1 一方的码段用尽时分配 | ICCBBA 或 GS1 |
| 80~99 | 留给当地或国家使用 | ICCBBA |

注：以上数值皆为技术标准，而 GS1 要规范性使用这些值则是基于应用标准（例如，在管理生物样本时可能会在几种 AIDC 介质类型上使用这种 AI，例如，患者腕带、样管本或员工工作证）。

注：GS1 和 ICCBBA 独立但又相互协作地管理 AIDC 介质类型值定义及其规范使用。例如，GS1 可能规范性地使用或不使用由 ICCBBA 定义的介质类型，反之亦然。如果两个组织同时考虑使用一个值，则这种独立性可能会导致重复的值。为了避免这种情况，两个组织一致同意在考虑使用新的值时需通知对方。

ICCBBA（www.isbt128.org）是一家总部位于美国的国际非营利组织，负责管理、开发和许可 ISBT 128，即人源医疗产品术语、编码和标签的国际信息标准。ICCBBA 全称为 International Council for Commonality in Blood Banking Automation，即国际血库自动化委员会。

ICCBBA-ISBT 128-表 RT018 详细说明了它们的 AIDC 介质类型-定义：www.isbt128.org/RT018。

## 3.8.23　版本控制代码（VCN）：AI（7242）

GS1 应用标识符（7242）表示 GS1 应用标识符数据段包含版本控制代码（VCN）。单元数据串格式见表 3.8.23-1。

当需要区分可能在同一 AIDC 介质类型上多次出现的标识时，应使用 VCN。例如，当 AIDC 介质（如，带有服务提供方 GSRN（8017）的身份徽章或显示服务接受方 GSRN（8018）的患者腕带）由于丢失或丢弃而需要更换时，VCN 可以区分重新使用的 AIDC 介质和以前的任何版本。

VCN 的结构和内容由管理物理标识实体的颁发和验证的组织自行决定。

表 3.8.23-1　单元数据串格式

| GS1 应用标识符 | 版本控制代码（VCN） |
|---|---|
| 7242 | $X_1$——可变长度——→$X_{25}$ |

条码识读设备所传输的数据表示 VCN 的单元数据串已被成功采集。由于 VCN 是服务关系的属性，因此需要与相关服务关系的 GSRN 一同处理（详见 4.13）。在条码标签的 non-HRI 文本部分显

示该单元数据串时，应当采用如下的数据标题：VCN。

**重要提示：**在开发 VCN 之前，可以选择同时使用 SRIN 和 GSRN 作为序列指示符，以实现版本控制的目的。然而，除了版本控制之外，当需要进一步限定服务经历时，仅使用 SRIN 可能无法满足需求。为了满足新的版本控制要求，建议使用 VCN 替代 SRIN。

# 3.9 以“8”开头的 GS1 应用标识符

## 3.9.1 卷状产品的变量属性（宽度、长度、内径、方向、拼接）应用标识符：AI（8001）

GS1 应用标识符（8001）表示的 GS1 应用标识符数据字段包含卷状产品的变量属性。单元数据串格式见表 3.9.1-1。由于生产方式的缘故，有些卷状产品不能按照已有的标准编码。因此，卷状产品按变量项目处理。对这些产品，标准贸易计量无法满足，应使用如下指南。

卷状产品的标识由 GTIN 标识代码和变量属性编码数据组成。卷状产品（如一种类型的纸）由 GTIN-14 标识（见 2.1.10），变量属性包括生产的特定项目的特征信息。

卷状产品的变量值，$N_1 \sim N_{14}$，如下所示：

- $N_1 \sim N_4$：以毫米计量的卷宽；
- $N_5 \sim N_9$：以米计量的实际长度；
- $N_{10} \sim N_{12}$：以毫米计量的内径；
- $N_{13}$：缠绕方向（面朝外为 0，面朝里为 1，不确定为 9）；
- $N_{14}$：拼接数（0~8 为实际数，9 为未知数）。

表 3.9.1-1 单元数据串格式

| AI | 卷状产品的变量属性 | | | | |
|---|---|---|---|---|---|
| 8001 | $N_1$ $N_2$ $N_3$ $N_4$ | $N_5$ $N_6$ $N_7$ $N_8$ $N_9$ | $N_{10}$ $N_{11}$ $N_{12}$ | $N_{13}$ | $N_{14}$ |

从条码识读器传输的数据表明单元数据串表示的一个卷状贸易项目标识的变量属性被采集。此单元数据串必须与相关贸易项目的 GTIN 一起使用（见 4.13“数据关系”）。

当在条码符号中，为该数据串标注 non-HRI 部分时，宜使用以下数据名称：DIMENSIONS。

## 3.9.2 蜂窝移动电话标识代码：AI（8002）

GS1 应用标识符（8002）表示的 GS1 应用标识符数据字段包含蜂窝移动电话的标识代码。单元数据串格式见表 3.9.2-1。

系列号是字母数字字符，长度可变，包含表 7.11-1 中的所有字符。系列号通常由一个或多个国家的主管部门分配。系列号是在主管部门的职权范围内，为特定的监管目的而对每个移动电话进行的唯一标识。系列号不作为贸易项目的标识属性。

表 3.9.2-1 单元数据串格式

| AI | 蜂窝移动电话标识代码 |
|---|---|
| 8002 | $X_1$——可变长度——→ $X_{20}$ |

从条码识读器传输的数据表明一个蜂窝移动电话的电子系列号被采集。此单元数据串通常作为独立信息处理。

当在条码符号中，为该数据串标注 non-HRI 部分时，宜使用以下数据名称：CMT NO。

### 3.9.3 全球可回收资产标识代码（GRAI）：AI（8003）

GS1 应用标识符（8003）表示的 GS1 应用标识符数据字段包含全球可回收资产标识代码（GRAI）。单元数据串格式见表 3.9.3-1。GRAI 用于标识可回收资产。

GS1 公司前缀（见 1.4.4）由 GS1 成员组织分配给负责分配 GRAI 的公司（可回收资产的所有者或管理者），以保证 GRAI 的全球唯一。

使用 AI（8003）时，应在 GRAI 之前添加一个"0"。最初添加此"0"是为了支持 GS1-128 的高效使用。对于所有可以编码 AI（8003）的 GS1 条码，此"0"是必填的。资产类型代码的结构与内容由资产的所有者或管理者自行处理。

校验码的说明见 7.9。校验工作必须由相应的应用软件完成，确保代码的正确组合。

系列代码为可选，由资产的所有者或管理者分配。它用于在给定的资产类型中可唯一标识单个资产。此数据字段是字母数字字符，包含表 7.11-1 中的所有字符。

表 3.9.3-1 单元数据串格式

| AI | 前导 0 | 全球可回收资产标识代码（GRAI） | | | |
|---|---|---|---|---|---|
| | | GS1 公司前缀 → | ← 资产类型代码 | 校验码 | 系列代码（可选） |
| 8003 | 0 | $N_1$ $N_2$ $N_3$ $N_4$ $N_5$ $N_6$ $N_7$ | $N_8$ $N_9$ $N_{10}$ $N_{11}$ $N_{12}$ | $N_{13}$ | $X_1$ 可变长度 $X_{16}$ |

从条码识读器传输的单元数据串表明单元数据串表示的 GRAI 被采集。

当在条码符号中，为该数据串标注 non-HRI 部分时，宜使用以下数据名称：GRAI。

### 3.9.4 全球单个资产代码（GIAI）：AI（8004）

GS1 应用标识符（8004）表示的 GS1 应用标识符数据字段包含全球单个资产代码（GIAI）。单元数据串格式见表 3.9.4-1。GIAI 用于唯一标识单个资产。

**注**：GIAI 禁止用于标识作为贸易项目或物流单元的实体。如果一个资产在贸易伙伴之间传递，GIAI 不能用于订购资产。但是 GIAI 可用于各参与方对资产的追溯。

GS1 公司前缀（见 1.4.4）由 GS1 成员组织分配给负责分配 GIAI 的公司（单个资产的所有者或管理者），使得 GS1 编码全球唯一。

单个资产参考代码的结构与内容由资产的所有者或管理者自行处理，包含表 7.11-1 中的所有字符。

表 3.9.4-1 单元数据串格式

| AI | 全球单个资产代码（GIAI） | |
|---|---|---|
| | GS1 公司前缀 → | 单个资产参考代码 → |
| 8004 | $N_1$ … $N_i$ | $X_{i+1}$ … 可变长度 $X_{j(j\leq30)}$ |

从条码识读器传输的单元数据串表明 GIAI 被采集。

当在条码符号中，为该数据串标注 non-HRI 部分时，宜使用以下数据名称：GIAI。

### 3.9.5 单价：AI（8005）

GS1 应用标识符（8005）表示的 GS1 应用标识符数据字段包含单价。单元数据串格式见表 3.9.5-1。此单元数据串用于表示变量贸易项目上标记货物的单价，以便区分相同项目的不同价格变量。单价是贸易项目的一个属性，但不作为标识的一部分。

单价数据字段的内容和结构由贸易伙伴确定。

表 3.9.5-1 单元数据串格式

| AI | 单价 |
|---|---|
| 8005 | $N_1$ $N_2$ $N_3$ $N_4$ $N_5$ $N_6$ |

从条码识读器传输的数据表明变量贸易项目的单价被采集。此单元数据串是贸易项目的一个属性，必须与相关贸易项目的 GTIN 一起处理（见 4.13“数据关系”）。

当在条码符号中，为该数据串标注 non-HRI 部分时，宜使用以下数据名称：PRICE PER UNIT。

**注：**不建议将此单元数据串用于开放的和全球的应用。在该情况下建议使用 AI（395n）单一货币区内每一计量单位的应付金额（变量贸易项目）。

### 3.9.6 单个贸易项目组件代码（ITIP）：AI（8006）

GS1 应用标识符（8006）表示的 GS1 应用标识符数据字段包含贸易项目的一个组件代码，每个组成部分不能单独交易，因此不能被分配单独的 GTIN。单元数据串格式见表 3.9.6-1。

这个单元数据串中包含的 GTIN 是整个贸易项目的 GTIN。

组件代码标识贸易项目中一个组件。组件总数表明贸易项目不同组件的总数。

表 3.9.6-1 单元数据串格式

| AI | GTIN | 组件代码 | 组件总数 |
|---|---|---|---|
| 8006 | $N_1$ $N_2$ $N_3$ …… $N_{12}$ $N_{13}$ $N_{14}$ | $N_{15}$ $N_{16}$ | $N_{17}$ $N_{18}$ |

从条码识读器传输的单元数据串表明一个贸易项目组件代码被采集。当在条码符号中，为该数据串标注 non-HRI 部分时，宜使用以下数据名称：ITIP。

**注：**ITIP 为 AI（8006）首选的数据名称，GCTIN 自 2020 年 1 月起停用。

### 3.9.7 国际银行账号代码（IBAN）：AI（8007）

GS1 应用标识符（8007）表示的 GS1 应用标识符数据字段包含国际银行账号代码。单元数据串格式见表 3.9.7-1。

国际银行账号代码（IBAN）定义见 ISO 13616，表示付款单金额应转账到哪个账户（见 2.6.6）。开票方选取转账的银行账号号码。国际银行账号代码是字母数字型，包含表 7.11-1 中的所有字符。

表 3.9.7-1　单元数据串格式

| AI | 国际银行账号代码 |
|---|---|
| 8007 | X——可变长度——→$X_{34}$ |

从条码识读器传输的数据表明一个 IBAN 被采集。AI（8007）与其他 AI 结合使用时存在限制，见 4.13“数据关系”。

当在条码符号中，为该数据串标注 non-HRI 部分时，宜使用以下数据名称：IBAN。

## 3.9.8　产品生产日期与时间：AI（8008）

GS1 应用标识符（8008）表示的 GS1 应用标识符数据字段包含产品（或组合件）生产日期与时间。单元数据串格式见表 3.9.8-1。产品生产和组装的日期和时间由生产商确定。日期和时间可涉及贸易项目自身或贸易项目内组分。

结构如下：

- 年：以 2 位数字表示，不可省略，例如 2000 年为 00。
- 月：以 2 位数字表示，不可省略，例如 1 月为 01。
- 日：以 2 位数字表示，不可省略，例如某月的 2 日为 02。
- 时：以 2 位数字表示当地时间的小时数，不可省略。例如下午 2 点为 14。
- 分：如果不需要可以省略。
- 秒：如果不需要可以省略。

**注：单元数据串表示的生产日期的范围为过去的 49 年和未来的 50 年。世纪的确定见 7.12。**

表 3.9.8-1　单元数据串格式

| AI | 产品生产的日期与时间 | | | | | |
|---|---|---|---|---|---|---|
| | YY | MM | DD | HH | MM | SS |
| 8008 | $N_1$ $N_2$ | $N_3$ $N_4$ | $N_5$ $N_6$ | $N_7$ $N_8$ | $N_9$ $N_{10}$ | $N_{11}$ $N_{12}$ |

从条码识读器传输的单元数据串表明一个产品生产日期与时间代码被采集。由于此单元数据串是 GTIN 的一个属性，必须与相关贸易项目的 GTIN 一起使用（见 4.13“数据关系”）。

当在条码符号中，为该数据串标注 non-HRI 部分时，宜使用以下数据名称：PROD TIME。

## 3.9.9　光学可读传感器表示符：AI（8009）

GS1 应用标识符（8009）表示 GS1 应用标识符数据字段包含由 AIM（自动识别和移动协会）定义的光学可读传感器指令参数。单元数据串格式见表 3.9.9-1。参数字段为字母数字，包含表 7.11-1 中所有字符。有关传感器指令参数请参考 AIM 官网 http：//www.aimglobal.org/。

表 3.9.9-1　单元数据串格式

| GS1 应用标识符 | AIM 定义的光传感器指令参数 |
| --- | --- |
| 8009 | X——可变长度——→$X_{50}$ |

注：该单元数据串与载体无关，但要提醒用户关于 GS1 数据载体的有效载荷限制（例如 GS1-128 是 48 个字符）。

条码读取器传输的数据表示传感器/显示器参数的单元数据串已被采集。由于此单元数据串是贸易项目或物流单元的属性，因此必须与它相关的贸易项目的 GTIN 或物流单元的 SSCC 一同处理（见 4.13“数据关系”）。

注：该单元数据串可能出现在单独的条码中（该条码与用于编码 GTIN 或 SSCC 的条码不同）。

当在条码符号中，该单元数据串标注 non-HRI 部分时，宜使用以下数据名称：OPTSEN。

## 3.9.10　组件/部件代码（CPID）：AI（8010）

GS1 应用标识符（8010）表示的 GS1 应用标识符数据字段包含组件/部件代码（CPID）。单元数据串格式见表 3.9.10-1。

GS1 公司前缀由 GS1 成员组织分配给负责分配 CPID 的公司，使得 GS1 代码全球唯一。

组件/部件参考代码的结构与内容由已获得 GS1 公司前缀的公司自行处理，来唯一标识每个组件/部件。

组件/部件参考代码长度可变，仅由数字，大写字母或特殊字符“#”“-”“/”组成（见 7.11.2）。

表 3.9.10-1　单元数据串格式

| AI | 组件/部件代码 | |
| --- | --- | --- |
| | GS1 公司前缀 → | 组件/部件参考代码 → |
| 8010 | $N_1$ … $N_j$ | $X_{j+1}$ … 可变长度 $X_{k\,(k\leq 30)}$ |

从条码识读器传输的单元数据串表明组件/部件代码被采集。

当在条码符号中，为该数据串标注 non-HRI 部分时，宜使用以下数据名称：CPID。

## 3.9.11　组件/部件系列号：AI（8011）

GS1 应用标识符（8011）表示的 GS1 应用标识符数据字段包含组件/部件系列号。单元数据串格式见表 3.9.11-1。组件/部件系列号分配给组件/部件用于整个生命周期，与组件/部件代码一起，唯一标识单个项目。组件/部件系列号数据字段只能是数字字符，由组件/部件代码发布者（如组件/部件买方或 OEM）确定组件/部件系列号。

组件/部件系列号不应以“0”开头，除非整个系列号由单个数字“0”组成。

表 3.9.11-1　单元数据串格式

| AI | 组件/部件系列号 |
| --- | --- |
| 8011 | $N_1$———可变长度———→$N_{12}$ |

从条码识读器传输的数据表明一个组件/部件系列号被采集。由于此单元数据串是组件/部件代码的一个属性，必须与相关的组件/部件代码一起使用（见 4.13“数据关系”）。

当在条码符号中，为该数据串标注 non-HRI 部分时，宜使用以下数据名称：CPID SERIAL。

## 3.9.12　软件版本：AI（8012）

GS1 应用标识符（8012）表示的 GS1 应用标识符数据字段包含软件版本代码。单元数据串格式见表 3.9.12-1。赋予软件版本代码是给计算机软件唯一的状态分配一个唯一的版本代码的过程。

例如：

■ 受监管的医疗设备软件版本代码。

■ 商用办公软件（Microsoft ® word 2013 版本 15.0.4701.1001，Adobe ® Reader ® XI 11.0.10 版本）。

当生产商决定同时需要批号和版本控制来满足监管或商业需求时，该应用标识符可能结合 AI 10（批次/批号）使用。

软件版本代码是字母数字字符，可包含表 7.11-1 中的所有字符。

表 3.9.12-1　单元数据串格式

| AI | 软件版本代码 |
| --- | --- |
| 8012 | $X_1$———可变长度———→$X_{20}$ |

从条码识读器传输的数据表明一个软件版本代码被采集。由于此单元数据串是软件贸易项目的一个属性，必须与软件相关的 GTIN 一起使用（见 4.13“数据关系”）。

当在条码符号中，为该数据串标注 non-HRI 部分时，宜使用以下数据名称：VERSION。

## 3.9.13　全球型号代码（GMN）：AI（8013）

GS1 应用标识符（8013）表示的 GS1 应用标识符数据字段含义为全球型号代码。单元数据串格式见表 3.9.13-1。GMN 用于唯一标识产品型号。

**注：本单元数据串不能用于标识贸易项目实体。**

GS1 公司前缀（见 1.4.4）由 GS1 成员组织分配给生产商，生产商负责分配 GMN，保障该代码全球范围的唯一性。

型号参考代码的结构和内容由生产商自行决定，可包含表 7.11-1 中的所有字符。

校验字符的说明见 7.9.5。校验工作必须由相应的应用软件完成，确保代码的正确组合。

GMN（包括检验码）的总长度不能超过 25 个字符。

表 3.9.13-1 单元数据串结构

| AI | 全球型号代码（GMN） | | |
|---|---|---|---|
| | GS1 公司前缀 | 型号参考代码 | 校验字符 |
| 8013 | $N_1$ … $N_i$ | $X_{i+1}$ … 可变长度 $X_{j\,(j\leq 23)}$ | $X_{j+1}X_{j+2}$ |

当在条码符号中，为该数据串标注 non-HRI 部分时，宜使用以下数据名称：GMN。

**注：**对于医疗设备，GMN 不应在相关贸易项目上的任何标签、物理标记或 GS1 AIDC 数据载体上使用。当在文档或证书的文本中表示基本 UDI-DI（GMN）时，应使用以下数据标题 GMN。此类文档或证书中不应出现 AI（8013）。

对于欧盟法规范围内的医疗器械，见 2.6.13。

## 3.9.14 全球服务关系代码（GSRN）：AI（8017，8018）

GS1 应用标识符（8017，8018）表示的 GS1 应用标识符数据字段包含全球服务关系代码（GSRN）。GSRN 用于标识服务关系中服务的接受者或单个服务提供者。如果要识别服务关系中的两个角色，接受者和提供者，则可采用两个 GSRN AI。此单元数据串为提供服务的组织提供了一种有关服务接受者的或每一项服务提供者的信息存储方法。

GS1 公司前缀由 GS1 成员组织分配给分配 GSRN 的公司（提供服务的组织机构）（见 1.4.4），使得 GS1 代码全球唯一。

服务参考代码的结构与内容由提供服务的组织机构自行处理，唯一标识每个服务关系。

校验码的说明见 7.9。校验工作必须由相应的应用软件完成，确保代码的正确组合。

提供者全球服务关系代码（见表 3.9.14-1）标识提供服务的组织机构和服务提供者的关系。

表 3.9.14-1 单元数据串格式

| AI | 提供者全球服务关系代码 | | |
|---|---|---|---|
| | GS1 公司前缀 | 服务参考代码 | 校验码 |
| 8017 | $N_1$ $N_2$ $N_3$ $N_4$ $N_5$ $N_6$ $N_7$ $N_8$ | $N_9$ $N_{10}$ $N_{11}$ $N_{12}$ $N_{13}$ $N_{14}$ $N_{15}$ $N_{16}$ $N_{17}$ | $N_{18}$ |

从条码识读器传输的数据表明，一个服务提供者的全球服务关系代码的单元数据串被采集。

当在条码符号中，为该数据串标注 non-HRI 部分时，宜使用以下数据名称：GSRN-PROVIDER。

接受者全球服务关系代码（见表 3.9.14-2）标识提供服务的组织机构和服务接受者的关系。

表 3.9.14-2 单元数据串格式

| AI | 接受者全球服务关系代码 | | |
|---|---|---|---|
| | GS1 公司前缀 | 服务参考代码 | 校验码 |
| 8018 | $N_1$ $N_2$ $N_3$ $N_4$ $N_5$ $N_6$ $N_7$ $N_8$ | $N_9$ $N_{10}$ $N_{11}$ $N_{12}$ $N_{13}$ $N_{14}$ $N_{15}$ $N_{16}$ $N_{17}$ | $N_{18}$ |

从条码识读器传输的数据表明，一个接受者的全球服务关系代码的单元数据串被采集。

当在条码符号中，为该数据串标注 non-HRI 部分时，宜使用以下数据名称：GSRN-RECIPIENT。

**注**：AI（8017）和 AI（8018）不得组合使用标识一个个体，见 4.13“数据关系”。

### 3.9.15 服务关系事项代码（SRIN）：AI（8019）

GS1 应用标识符（8019）表示的 GS1 应用标识符数据字段包含服务关系事项代码（SRIN）。单元数据串格式见表 3.9.15-1。如果在护理过程中，“护理对象”的标识全球服务关系代码-接受者（GSRN-RECIPIENT）需要进一步使用系列表示符进行限定，则可以使用 SRIN。另外，如果“护理提供者”的标识全球服务关系代码-提供者（如一个徽章）需要停用并替换，则可以使用 SRIN，该字符串为发布徽章的组织提供一种把具有相同 GSRN 的徽章区分开的方法。

服务事项代码的结构与内容由提供服务的组织机构自行处理，唯一标识每个服务关系实例。

表 3.9.15-1 单元数据串格式

| AI | 服务关系事项代码 |
| --- | --- |
| 8019 | $N_1$——可变长度——→$N_{10}$ |

从条码识读器传输的数据表明，一个服务关系事项代码的单元数据串被采集。由于此单元数据串是服务关系的一个属性，必须与相关的服务关系标识符 GSRN 一起使用（见 4.13“数据关系”）。

当在条码符号中，为该数据串标注 non-HRI 部分时，宜使用以下数据名称：SRIN。

### 3.9.16 付款单参考代码：AI（8020）

GS1 应用标识符（8020）表示 GS1 的应用标识符数据字段包含付款单参考代码。单元数据串格式见表 3.9.16-1。

付款单参考代码由开票方分配，并与开票方的 GLN 一起唯一标识一个付款单。付款单参考代码是字母数字字符，包含表 7.11-1 中的所有字符。

表 3.9.16-1 单元数据串格式

| AI | 付款单参考代码 |
| --- | --- |
| 8020 | $X_1$——可变长度——→$X_{25}$ |

从条码识读器传输的数据表明一个付款单参考代码被采集。AI（8020）与其他 AI 结合使用时存在限制，见 4.13“数据关系”。

当在条码符号中，为该数据串标注 non-HRI 部分时，宜使用以下数据名称：REF NO。

### 3.9.17 物流单元内贸易项目组件代码（ITIP）：AI（8026）

GS1 应用标识符（8026）表示 GS1 应用标识符数据字段包括所包含的贸易项目的 ITIP。单元数据串格式见表 3.9.17-1。ITIP 用于标识贸易项目的一个组件。

此单元数据串中包含的 GTIN 是完整贸易项目的 GTIN。

组件代码用于标识贸易项目的组件。总数提供贸易项目组件的数量。

表 3.9.17-1 单元数据串格式

| GS1 应用标识符 | GTIN | 组件代码 | 总数 |
|---|---|---|---|
| 8026 | $N_1$ $N_2$ $N_3$..................$N_{12}$ $N_{13}$ $N_{14}$ | $N_{15}$ $N_{16}$ | $N_{17}$ $N_{18}$ |

**注：** 只有在以下情况下，此单元数据串才可用于物流单元：

- 物流单元本身不是贸易项目；以及
- 包含的所有贸易项目组件的 ITIP 都相同。

从条码识读器传输的数据表示包含在物流单元中的贸易项目组件的 ITIP 的单元数据串已被采集。此单元数据串必须与同一单元的项目总数一起处理（见 4.13“数据关系”）。

当在条码符号中，为该数据串标注 non-HRI 部分时，宜使用以下数据名称：ITIP CONTENT。

### 3.9.18 数字签名（DigSig）：AI（8030）

GS1 应用标识符（8030）表示的 GS1 应用标识数据字段包含符合 ISO/IEC 20248 信息技术——自动识别和数据采集技术——数字签名数据结构模式（https：//www. iso. org/standard/81314. html）的数字签名（DigSig）。单元数据串格式见表 3.9.18-1。DigSig 数据字段应仅由 RFC 4648 第 5 章中定义的文件安全/URI 安全 base64 字符集（ISO/IEC 646 表 1 的 64 个字符的子集）中的字母数字字符组成，见表 7.11-3。

表 3.9.18-1 单元数据串格式

| AI | 数字签名（DigSig） |
|---|---|
| 8030 | $Z_1$ ——可变长度——→$Z_{90}$ |

从条码识读器传输的单元数据串表明单元数据串表示的一个数字签名（DigSig）被采集。因为此单元数据串是一个贸易项目、资产、优惠券、文件、组件、服务关系或物流单元的属性，所以必须与其相关的物理实体的标识符一起使用（见 4.13“数据关系”）。

当在条码符号中，为该单元数据串标注 non-HRI 时，宜使用下列数据名称：DIGSIG。

### 3.9.19 用于北美地区的优惠券代码标识：AI（8110）

GS1 US 美国优惠券代码数据内容的详细信息请参阅 GS1 US 制定的北美地区优惠券应用指南——《使用 GS1 Databar 扩展符号的北美优惠券应用指南》。单元数据串格式见表 3.9.19-1。

优惠券条码由一个优惠券应用标识符（8110）开始，随后是必需的和可选的数据组成，直到所有所需的数据被编码为止（或达到 70 位上限）。

表 3.9.19-1 单元数据串格式

| AI | 按照北美地区优惠券应用指南规定的格式 |
|---|---|
| 8110 | $X_1$——可变长度——→$X_{70}$ |

从条码识读器传输的数据表明一个用于北美优惠券的代码被采集。

### 3.9.20 优惠券忠诚点数积分：AI（8111）

GS1 应用标识符（8111）表示 GS1 的应用标识符数据字段包含优惠券忠诚点数积分。单元数据串格式见表 3.9.20-1。

表 3.9.20-1 单元数据串格式

| AI | 优惠券忠诚点数积分 |
| --- | --- |
| 8111 | $N_1$ $N_2$ $N_3$ $N_4$ |

从条码识读器传输的数据表明一个优惠券忠诚点数积分被采集。优惠券忠诚点数积分必须和与优惠券相关的全球优惠券代码 AI（255）一起使用（见 4.13“数据关系”）。

当在条码符号中，为该数据串标注 non-HRI 部分时，宜使用以下数据名称：POINTS。

### 3.9.21 用于北美地区的无纸化优惠券代码标识：AI（8112）

有关 GS1 US 优惠券代码数据内容的详细信息，请参阅 GS1 US 的北美地区优惠券应用指南。单元数据串格式见表 3.9.21-1。无纸化优惠券数据串由一个优惠券应用标识符（8112）开始，随后是必需和可选的数据组成，直到所有想要的数据被编码为止（或达到 70 位上限）。

表 3.9.21-1 单元数据串格式

| AI | 按照北美地区优惠券应用指南规定的格式 |
| --- | --- |
| 8112 | $X_1$——可变长度——→$X_{70}$ |

从条码识读器传输的数据表明适用于北美地区的无纸化优惠券代码被采集。

### 3.9.22 包装扩展信息 URL：AI（8200）

GS1 应用程序标识符（8200）表示的 GS1 应用标识符数据字段包含标识一个生产商授权使用的 URL，须与 GTIN AI（01）编码在一个符号中使用。单元数据串格式见表 3.9.22-1。

表 3.9.22-1 单元数据串格式

| AI | 生产商授权 URL |
| --- | --- |
| 8200 | $X_1$——可变长度——→$X_{70}$ |

从条码识读器传输的数据表明一个贸易项目的包装扩展信息 URL 被采集。此单元数据串必须按照 2.1.13 规定处理，以获得一个与 GTIN 标识的贸易项目相关的 URL 地址。

当在条码符号中，为该数据串标注 non-HRI 部分时，宜使用以下数据名称：PRODUCT URL。

## 3.10 以“9”开头的 GS1 应用标识符

### 3.10.1 贸易伙伴之间相互约定的信息：AI（90）

GS1 应用标识符（90）表示的 GS1 应用标识符数据字段包含贸易伙伴之间相互约定的信息。单元数据串格式见表 3.10.1-1。

数据字段显示两个贸易伙伴之间约定的信息。该字段由字母和数字组成，可以包含表 7.11-1 中包含的所有字符。它也可用来合并由 ASC MH10 数据标识符引导的数据。

表 3.10.1-1　单元数据串格式

| AI | 数据字段 |
|---|---|
| 90 | $X_1$——可变长度——→$X_{30}$ |

从条码识读器传输的数据表明，表示贸易伙伴之间相互约定信息的单元数据串被采集。由于该单元数据串可以包含任何信息，应依据贸易伙伴之间预先达成的协议处理。

**重要提示：包括此单元数据串的条码在离开贸易伙伴的管辖范围时应从项目上去除。**

当在条码符号中，为该数据串标注 non-HRI 部分时，宜使用以下数据名称：INTERNAL。

### 3.10.2　公司内部信息：AI（91~99）

GS1 应用标识符（91~99）表示的 GS1 应用标识符数据字段包含公司内部信息。单元数据串格式见表 3.10.2-1。

GS1 应用标识数据字段可以包含公司的任何内部信息。该字段由字母和数字组成，可以显示表 7.11-1 中包含的所有字符。

表 3.10.2-1　单元数据串格式

| AI | 数据字段 |
|---|---|
| $A_1$ $A_2$ | $X_1$——可变长度——→$X_{90}$ |

**注：若要将此 AI 用于长度超过 41 个字符的数据字段，需要选择合适的数据载体，见 2.6.10。**

从条码识读器传输的数据表明公司内部信息被采集。由具体应用的公司组织处理。

**重要提示：包括此单元数据串的条码在离开公司的管辖范围时应从项目上去除。**

当在条码符号中，为该数据串标注 non-HRI 部分时，宜使用以下数据名称：INTERNAL。

## 3.11　EPC 标签数据标准与 GS1 通用规范的兼容性

本章定义的 GS1 应用标识符，可用于符合第 2 章应用标准大纲的 GS1 条码。GS1 应用标识符还可用于《EPC 标签数据标准》最新版本中定义的 EPC/RFID 标签。

**注：某些 EPC 二进制编码方案无法对第 3 章中定义的完整系列号值进行编码。有关 EPC 二进制编码方案中对系列号的限制，见《EPC 标签数据标准》的表 12-2。**

# 第4章　应用规则管理实践

4.1　引言
4.2　GTIN规则
4.3　SSCC 规则
4.4　GS1 资产代码规则
4.5　GLN 规则
4.6　GSRN 规则
4.7　GDTI 规则
4.8　GINC 规则
4.9　GSIN 规则
4.10　GCN 规则
4.11　CPID 规则
4.12　GMN规则
4.13　数据关系
4.14　供人识读字符（HRI）规则
4.15　贸易项目的多条码管理实践（跨部门）
4.16　弃用规则

# 4.1 引言

自动数据采集（ADC）的主要目的是替代人工录入信息。这意味着在没有人为干预的情况下，ADC 信息能够提供交易所需的全部信息。例如，GS1 系统的数据可以用于在计算机文件中记录实物商品、在传送带上分拣货物、检查货物的完整性、校验日期以及记录库存盘点等。

在规定的业务应用中，由扫描源和交易类型决定所需的信息。这些信息可以单元数据串形式直接用在实物商品上或打印在清单、文件上。GS1 系统能让用户通过使用适当的单元数据串以保证所需的数据准确性。

由于 ADC 数据有可能全部被共享应用，所以必须要对数据进行严格的验证。GS1 系统的数据标准规定的逻辑结构使系统用户能够验证扫描的数据信息（见第 7 章）。验证有两个层级：第一级是验证数据是否符合系统规则（例如，提供一条包含所有信息的单元数据串，无需人工干预即可进行逻辑处理），第二级是验证数据是否符合特定业务应用要求。

为了正确处理已扫描的数据，一些业务应用可能需要单元数据串的组合来表示标识数据的特定组合。4.13 给出了在同一物理实体上使用单元数据串组合的规则。4.13.1 定义了不能出现在同一物理实体上的单元数据串。4.13.2 定义了在同一物理实体上必须与其他单元数据串联合使用的单元数据串。尽管除此之外的其他单元数据串组合可能在第二级别的应用层没有意义，但它们都可以通过第一层级验证。

# 4.2 GTIN 规则

## 4.2.1 唯一性管理

全球贸易项目代码（GTIN）必须进行唯一分配。GTIN 不应含有任何信息或可解析的字符串，同时，由于内部编码变动的规则与 GTIN 变动的规则不同，所以不鼓励在 GTIN 中嵌入内部编码。

对于某些产品类型（例如，医疗卫生项目），国家医疗卫生监管机构通常要求该机构管辖范围内的一方提交一份产品备案。这种安排对 GTIN 管理没有直接影响，但需要包含在正常的合同中（例如，授权分销商、分公司、代理商）。

## 4.2.2 分配代码

全球贸易项目代码（GTIN）用于标识需要检索预定义信息的任意贸易项目（产品或服务），这些贸易项目可以在任意供应链节点进行定价、订购或开发票。无论何时只要任何贸易项目声明中存在与贸易过程相关的差异性，都需要分配单独、唯一的 GTIN。

全球贸易项目代码（GTIN）管理标准中包含了何时需要变更 GTIN 的详细信息。该标准旨在帮助行业在开放的供应链中对贸易项目唯一标识保持一致性。GTIN 管理标准规定了在零售消费贸易项目级别（基本单元）以及用于配送过程中的更高级别贸易项目（例如箱、托盘）中的 GTIN 变更的要求。

GTIN 管理标准和适用于上游行业、生鲜食品、医疗卫生和其他特定行业的具体标准规则见 http://www.gs1.org/gtinrules。

当地的国家或地方性法规可能要求更频繁的变更 GTIN。这些规定优于 GTIN 管理标准中提供的规则。

#### 4.2.2.1 GTIN 相关术语

■ 物流单元——在供应链上管理的，为运输和/或仓储而建立的任意组合项目。由 SSCC（全球系列货运包装箱代码）标识。

■ 零售消费贸易项目——在零售销售点出售给终端消费者的贸易项目。由唯一的 GTIN-13、GTIN-12 或 GTIN-8 标识。(见第 2 章)

■ 零售消费贸易项目变体——零售消费贸易项目（本身可能是同类型的，或其他零售消费贸易项目组成的实物贸易项目组合/捆扎包）的变动不需要新的 GTIN，但是可能需要对该变体进行标识。

■ 贸易项目——任意一项产品或服务，对于这些产品和服务，需要获取预定义的信息，并且可以在供应链任意一点进行定价、订购或开具发票。

■ 贸易项目组合——不在销售点扫描的一组零售消费贸易项目。由唯一的 GTIN-14、GTIN-13 或 GTIN-12 标识。

**注：**

1. GTIN 管理标准全球通用。当地法规或法律另有要求时除外。

2. 跨全球供应链的产品数据交换需要遵守产品标识和数据归属规则。

3. 建议所有零售消费贸易项目均在 GS1 数据库注册。更多信息，请咨询当地 GS1 成员组织(在中国即为中国物品编码中心)。

#### 4.2.2.2 贸易项目声明

贸易项目声明是关于贸易项目所有信息的集合（如：厂商保修、成分、规格、使用说明、含量、认证)。对于贸易项目来说，这是标签上和原始包装中的所有信息，它还包括扩展包装方面的相关信息。

贸易项目声明基本内容如下：

■ 主品牌或者可以由法规定义的产品名称和产品描述；

■ 贸易项目的类型和种类；

■ 贸易项目的净含量（和/或净重、体积或其他影响贸易的因素)；

■ 组合贸易项目，包含基本项目的数量或次级包装单元的细分数量；

■ 预定义贸易项目组合/捆扎包的组成。

对贸易项目的任何基本要素进行修改通常会导致全球贸易项目代码（GTIN）发生变化。

**注：**上述规则全球通用。当地法规或法律另有要求时除外。例如，医疗卫生行业，法规或其他要求可以规定贸易项目发生任何变动时，都需要一个新 GTIN。

**注：**如果参与方对贸易项目进行调整、翻新或修改，见 2.1.15，了解如何标识非全新贸易项目。

**注：**对于复杂产品，像一些医疗设备，GTIN 分配的关键考虑因素是产品的商业化（例如，不同的定价、订购或开具发票)。若产品“不同”则要求“不同的 GTIN”。图 4.2.2.2-1 是表现复杂医疗设备变更 GTIN 时的复杂性，其取决于该设备的情况（例如，从商业和/或外形结构、安装或功能的角度考虑)。名义上，项目的商业因素决定了 GTIN 的变更，其目的是辨别出存在的其他重要

因素，这些因素不一定意味着商业化转变，但会影响 GTIN 的分配，尤其是在医疗卫生行业。生产商有责任对任何复杂设备的配置及其 GTIN 的分配进行适当管理。该示例表明，由 GTIN 和系列号组合管理的主要硬件组件，使人认识到在这个复杂的医疗设备中，有其他潜在参数在配置更改时必须加以管理。GTIN 变动可以是基于生产商变更管理流程，并对标识要求做出决定。

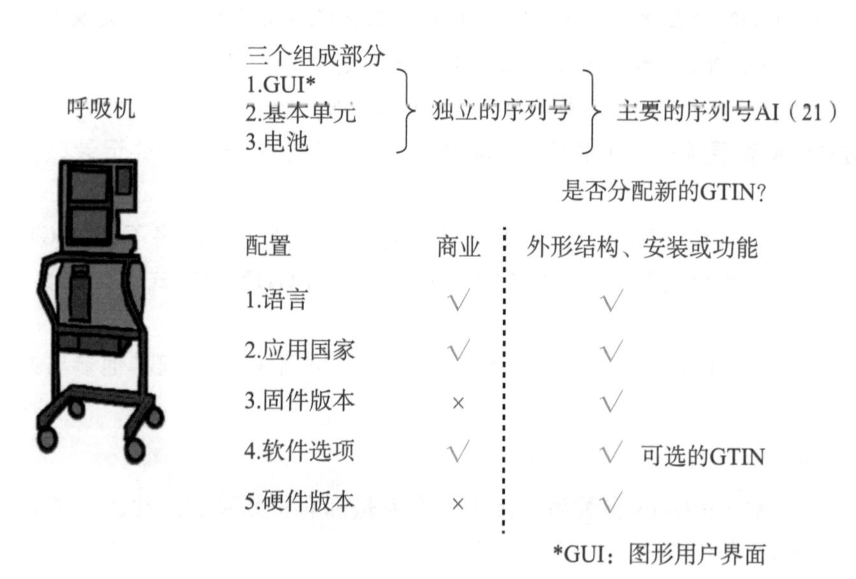


图 4.2.2.2-1　关于某个医疗设备产品的 GTIN 分配示例

### 4.2.2.3　贸易项目变体

#### 4.2.2.3.1　消费产品变体

每个生产商有权自行决定消费产品变体，在下列条件下，消费产品变体代码（CPV）应与零售消费贸易项目的 GTIN 一起使用。

1. 生产商可以将 CPV 分配给零售消费贸易项目的一种变体，根据 GTIN 管理标准，该变体不应再被分配新的 GTIN，但可能需要就变体进行沟通。

2. 每个零售消费贸易项目变体不得有 1 个以上的 CPV 值。

3. CPV 可以分配给包含相同数量的零售消费贸易项目，或者一种预定义组合的零售消费贸易项目。

4. 当零售消费贸易项目以不同数量（例如，单件、6 包、12 包）报价时，每种数量的包装各使用一个唯一的 GTIN 进行标识。同时，这些包装也可能各有一个唯一的 CPV，不同包装的 CPV 值可以是相同的，也可以是不同的。

5. 包含相同数量或者预定义组合的零售消费贸易项目的 CPV 可以独立于所包含的零售消费贸易项目的 CPV 而改变。但如果所包含的任何零售消费贸易项目的 CPV 发生变动，则这个组合的 CPV 应该变动。

#### 4.2.2.3.2　用于贸易项目组合的次级贸易项目变体

贸易项目组合包含的项目本身是次级贸易项目变体，且其 GTIN 保持不变，规则如下：

■ 如果次级贸易项目变体的识别仅与生产商相关，他们应该通过使用 AI（20）内部产品变体的单元数据串来区分这些变体。例如，在两个不同地点制造的相同产品，包装设计有微小变化的相同产品。

## 4.2.3 分配全球贸易项目代码的责任

并非所有使用GS1系统的行业都熟悉GS1系统术语。本书使用的术语框架，使各行业都能够一致且准确地识别谁有责任分配或谁是分配GTIN的一方。

注：术语“GTIN分配者”指负责将GTIN分配给贸易项目的一方（定义见4.2.3.1）。

在所有情况下，将GTIN分配给贸易项目的基本规则如下：

- 在贸易项目销售前，应为该贸易项目分配一个GTIN；
- GTIN应在任何贸易项目的生命周期的最早时间点开始进行分配，并记录该贸易项目的全生命周期；
- 任何下游参与方（如分销商、批发商、进口商、零售商）不得将不同的GTIN分配给已有GTIN的贸易项目，除非是该贸易项目按照GS1标准以需要新GTIN的方式进行更改（见GTIN管理标准）；
- 当下游参与方将GTIN分配给贸易项目时，同一GTIN不得由任何其他参与方分配给任何其他贸易项目。

### 4.2.3.1 为品牌贸易项目分配GTIN

一般来说，生产商即是GTIN分配者，因为生产商是拥有贸易项目规格的一方，也是提交贸易项目信息声明的一方。

GTIN分配者可为下列情况：

- 制造商或供应商：在任何国家制造贸易项目的一方；
- 进口商或批发商：以自有品牌销售贸易项目的一方，或更改贸易项目（例如，改变贸易项目的包装）的进口商或批发商；
- 零售商：以自有品牌销售贸易项目的零售商；
- 对尚未分配GTIN的贸易项目质量负责并以自有品牌销售的一方。

通常情况下，负责分配GTIN的一方也是贸易项目声明的一方，即GTIN分配者。

注：GTIN分配者被许可使用由GS1成员组织提供的GS1公司前缀和/或单个的GS1标识代码。GS1公司前缀和/或单个的GS1标识代码归他们所有。

### 4.2.3.2 特定规则

关于GTIN分配责任的规则有一些特殊情况，如下所述：

- **无品牌项目：**无品牌名称的贸易项目和通用项目（非专用品牌），GTIN分配者应为无品牌商品的生产商。不同的生产商和/或供应商可能会给买方（可能是消费者、零售商或生产商）提供GTIN不同但外观相似或相同的无品牌项目。从事这类商品交易的公司需要安排他们的计算机应用程序（例如，补货程序）以应对这种情况。如果将品牌应用于无品牌的商品，则应参考GTIN管理标准中的GTIN分配规则。
- **客户定制物品：**如果一个贸易项目是为某一个贸易客户特制的，并仅由该客户订购，那么该客户即是GTIN分配者。在这种情况下，GTIN应使用客户的GS1公司前缀或单个GTIN标识代码（见1.4.4）。如果供应商把贸易项目出售给一个以上的客户，则该供应商为GTIN分配者。
- **合同相关方：**合同中约定的代表GTIN分配者或由GTIN分配者授权的贸易项目创建者，应从GTIN分配者许可的GS1公司前缀或单个GS1标识代码中为贸易项目分配GTIN。这种情况下，应在合同内容中规定所有分配的GTIN都由GTIN分配者正确注册和管理。

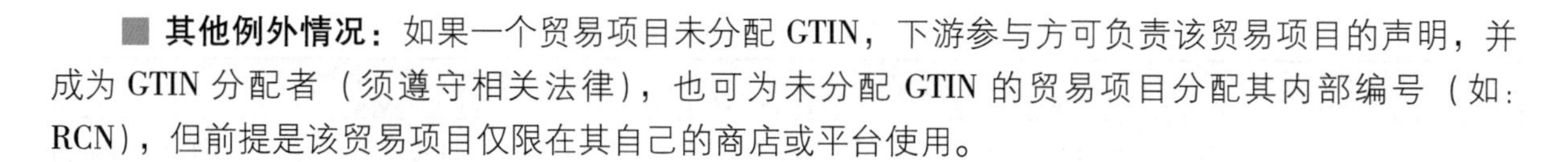

■ **其他例外情况：** 如果一个贸易项目未分配 GTIN，下游参与方可负责该贸易项目的声明，并成为 GTIN 分配者（须遵守相关法律），也可为未分配 GTIN 的贸易项目分配其内部编号（如：RCN），但前提是该贸易项目仅限在其自己的商店或平台使用。

## 4.2.4 特定行业规则

### 4.2.4.1 医疗卫生贸易项目 GTIN 分配规则

用于医疗卫生贸易项目的具体规则见《GS1 医疗卫生 GTIN 分配规则标准》，网址：https：//www. gs1. org/standards/gs1-healthcare-gtin-allocation-rules-standard/current-standard。

### 4.2.4.2 上游供应商的 GTIN 分配规则

用于制造企业的包装和原料贸易项目的具体规则见 http：//www. gs1. org/1/gtinrules/en/tree/29/upstream。

上游供应商通常是供应或生产贸易项目的公司，这些项目会被供应给其他公司作进一步加工处理。常见的这类贸易项目包含生产原材料和包装材料。

每一个预先定义的贸易项目以及定价、订购或开具发票过程中使用的任意计量单位都必须分配全球贸易项目代码（GTIN）。

✔ **注：** 这些原则全球通用。当地法规或法律另有要求时除外。

### 4.2.4.3 服装和家居用品 GTIN 分配的注意事项

本节包括服装和家居用品具体的方案，可能与其他行业不同。

#### 4.2.4.3.1 预包装、多包装、套包装

对于预包装贸易项目或分类组合贸易项目，预包装中每个不同的项目会分配一个 GTIN，并确保贸易项目/颜色 ID/尺寸 ID 和 GTIN 之间具有一一对应的关系。每个 GTIN 都必须进行标记以保证在销售点可以被扫描。为每个可订购的预包装分配单独的、唯一的 GTIN，并且该预包装上的 GTIN 不计划用于在零售销售点进行扫描。当预包装的组成项目或内容物数量不同时，贸易项目的不同预包装应分配不同的 GTIN。

多包装是在销售点以单个销售单元出售的一组贸易项目（相同或不同），例如，3 件装男式白色 T 恤或是 12 件套玻璃器皿。多包装不可以拆分包装作为单独的贸易项目出售。一个多包装分配一个 GTIN，并且与分配给单个贸易项目的 GTIN 不同。通常，多包装的组成部分不标识单独的 GTIN。相同贸易项目的每个不同的多包装（例如，3 双一包的袜子与 6 双一包的袜子）必须分配不同的 GTIN。每个不同的多包装的 GTIN 也必须有自己的贸易项目/颜色 ID/尺寸 ID。

对于套包装而言，该套包装中的每个不同的贸易项目应分配一个 GTIN，并确保贸易项目/颜色 ID/尺寸 ID 与 GTIN 之间具有一一对应的关系。必须对单个贸易项目的 GTIN 进行标记以保证在零售销售点可以扫描，并且可以选择是否单独订购。每个套包装都会分配单独的、唯一的 GTIN。当贸易项目或内容物数量不同时，不同的套包装分配不同的 GTIN。表 4. 2. 4. 3. 1-1 提供了对于包装类型的相关要求。

表 4.2.4.3.1-1　包装类型的要求

| | 包装 | | | 包装中的单个项目 | | |
|---|---|---|---|---|---|---|
| | 零售商订购 | 出售给消费者 | GTIN 标识 | 零售商订购 | 出售给消费者 | GTIN 标识 |
| 预包装 | 是 | 否 | 是 | 也许可以 | 是 | 是 |
| 多包装 | 是 | 是 | 是 | 否 | 否 | 否 |
| 套包装 | 是 | 是 | 是 | 也许可以 | 是 | 是 |

**注：** 多包装中单个贸易项目的 GTIN 是可选的。

**注：** 因为单件物品可以出售给消费者，套包装的 GTIN 是必需的。

**注：** 预包装和套包装中单个组件可以基于单个伙伴关系协议单独订购。

#### 4.2.4.3.2　赠品、换购、附属项目

购物赠品是在消费者购买了其他一件或多件项目后，作为促销活动的一部分赠送给消费者的一种贸易项目。购物赠品被视为库存，并且没有零售价格。

换购是在消费者购买一个或多个项目的条件下，在促销活动中以特定价格出售给消费者的贸易项目。换购被视为库存，有零售价格。当分配和跟踪购物赠品和换购贸易项目的全球贸易项目代码（GTIN）时，应给所有的购物赠品和换购项目分配 GTIN，并进行标记以便于在销售点扫描。

附属项目是一种由厂商提供给零售层面展示用的项目，该项目不视为库存，并且没有零售价格（例如，一个陈列箱需要标识，但并没有零售价格）。GTIN 应分配给所有附属项目。

### 4.2.4.4　直接标记的 GTIN 分配注意事项

与项目上标记的 GTIN 相关联的主数据（见 2.6.14）通常适用于生产和首次购买时的项目。当贸易项目发生变更时（翻新、升级、内存扩展等），主数据将不再适用。当进行此类更改时，项目上标记的 GTIN 可以保持不变，GTIN 分配者需要使各参与方明确哪些主数据可能会随着时间的推移而改变。

## 4.2.5　重新启用 GTIN

原则上，已分配的 GTIN 不得重新分配给其他贸易项目。详细规定，可咨询中国物品编码中心。

## 4.2.6　数据一致性

当一个新的全球贸易项目代码（GTIN）分配给贸易项目时，生产商必须向贸易伙伴提供详尽的贸易项目特征信息，并且应该在交易实际发生之前尽快提供这些信息。尽快给买家提供 GTIN 信息会减少订单异常情况，缩短了货物上架所需周期。

### 4.2.6.1　数据一致性最佳实践

在供应链中，采取必要措施对于确保全球贸易项目代码（GTIN）准确传输至关重要，这些措施能够确保通过扫描条码得到的数据都是准确且最实时的。对于在销售点扫描的贸易项目，因为缺乏准确的数据可能会产生不利影响。

GTIN 为任何贸易项目交易（定价、开具发票或订购）的标识提供了供应链解决方案。供应链中的所有合作伙伴坚持一致的 GTIN 管理标准（见 4.2.2）可以使供应链整体成本最小化。

以下是为所有贸易项目提供的最佳实践。由生产商、经销商和零售商开发，旨在消除产品标识

和供应链中零售商数据库内的产品清单的不一致性。

1. GTIN 管理和 GTIN 编码是一个技术过程，这些技术要求在本书中有详尽说明。产品清单是商业组织在产品分类中采用一种新产品的行为。产品清单是买方和卖方之间进行商业协商的结果。GTIN 管理和 GTIN 编码应独立于产品清单。

2. 出于管理的原因，或为确保能将正确的信息传达给最终消费者，项目变更时可以要求一个新 GTIN。新 GTIN 并不直接意味着新的产品清单。

GTIN 管理和数据库清单被视为两个完全独立的决定，即 GTIN 管理不是协商的目标。

生产商最迟在贸易项目上市时，提供给客户有关上市项目的所有信息，且最好是通过 EDI 报文或电子产品目录的形式。倘若是限时促销活动或产品更新，应尽可能事先通报该情况，从而使零售商确认这些信息，并将其在内部发布。

## 4.2.7　GTIN-8 使用指南和包装尺寸限制

在决定使用 GTIN-8 而不是 GTIN-13 或 GTIN-12 之前，公司及其合作的印刷公司应考虑以下条件：

- 条码是否可以缩小尺寸，例如，考虑到最低条码打印质量要求（见 5.12），以较低的 X 尺寸打印。
- 是否可以合理地更改标签或插图用以包含 EAN-13 或 UPC-A 条码或 GS1 DataBar 零售 POS 系列的条码符号。
- 是否可以选择重新设计标签和增加标签尺寸，尤其是当现有标签与包装面积相比较小时。
- 是否可以使用截短式的条码。

**注：** *只有在完全不可能打印完整尺寸的条码时，才可以使用截短的条码（正常长度，但高度减小）。截短条码不具有全向扫描功能。截短过多的条码将无任何实际用途。考虑此选项的用户应咨询其客户，以确定是否可以接受。*

### 包装尺寸限制

在下列情况下，授权使用 GITN-8（见图 4.2.7-1）：

- 产品包装总的可打印面积小于 80cm² 或
- 该商品最大的标签面积小于 40cm² 或
- 产品为圆柱形，直径小于 30mm。

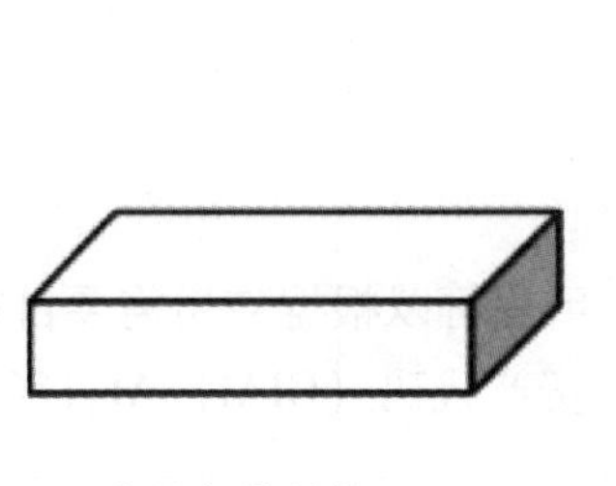


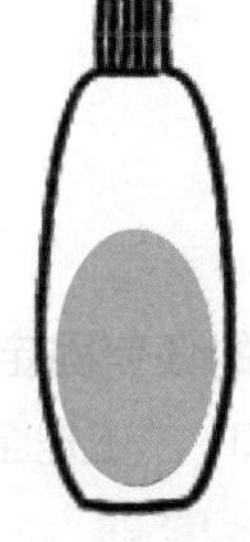


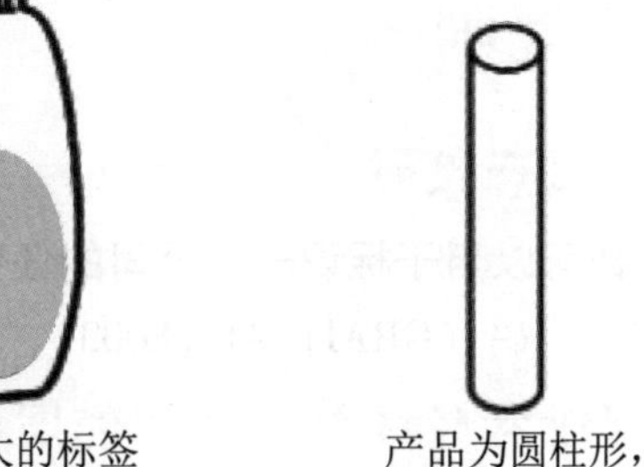


图 4.2.7-1　GTIN-8 包装限制

# 4.3　SSCC 规则

## 4.3.1　SSCC 的分配

### 4.3.1.1　通用规则

单个全球系列货运包装箱代码（SSCC）是唯一的，一旦被分配，将在物流单元生命周期内保持不变。在分配 SSCC 时，在发送货物日期的一年内，SSCC 代码不得重新分配。但是，现行的监管或行业组织的特定需求可以延长该期限。

### 4.3.1.2　责任

SSCC 在整个供应链中提供支持物流单元管理（跟踪、追溯、仓储等）功能。为了保证全球唯一性和可追溯性，物流单元的创建者负责分配 SSCC。

## 4.3.2　整合/嵌套的物流单元

在到达最终目的地之前，物流单元可以被整合或嵌套到其他物流单元中。例如，包裹可以组合在托盘上。在这种情况下，较高级别物流单元的 SSCC 可以用来跟踪和追踪其包含的物流单元。GS1 EDI 和 EPCIS 通过启用指定子 SSCC 和父 SSCC 之间的链接来支持此类整合或嵌套的电子通信。

当在 AIDC 应用程序中处理整合/嵌套物流单元时，应用以下规则确保能正确识别高级别物流单元：

■ 只有较高级别的物流单元的 SSCC 条码才可被识读。应该掩盖或防止读取较低级别物流单元的 SSCC 条码（例如，通过标准的操作程序进行扫描）。

■ 当使用 EPC/RFID 标签时，用于较高级别物流单元的滤值应与较低级别的物流单元所用的滤值不同。

**注：**可参见《GS1 物流标签指南》（https：//www.gs1.org/docs/tl/GS1_ Logistic_ Label_ Guideline.pdf）以了解如何处理嵌套/整合的物流单元。

# 4.4　GS1 资产代码规则

## 4.4.1　通用规则

### 4.4.1.1　GS1 资产代码

GS1 资产代码可以用于标识一个公司的任何固定资产。用户可以根据应用需要自行决定选择使用全球可回收资产代码（GRAI）AI（8003），还是全球单个资产代码（GIAI）AI（8004）。

### 4.4.1.2　重复使用 GS1 资产代码的周期

GS1 资产代码不得用于任何其他目的，并且必须在相关记录的使用期之后的一段时间内保持唯一性。如果公司将 GS1 资产代码分配给为其客户提供的贸易项目，该公司必须确保永远不会重复使用该 GS1 资产代码。

所有 GS1 资产代码的发行方必须确保分配给用于治疗患者的医疗器械/设备的 GS1 资产代码（GRAI、GIAI）不得重复使用。同样，直接刻印在关键安全零部件上的 GIAI 不得重复使用，例如用于铁轨的 GIAI。

#### 4.4.1.3 责任

资产所有者或管理者对 GS1 资产代码的核发和分配负责。

**注：** 术语中的“资产管理者”包括核发和分配用于资产整个生命周期的 GS1 资产代码的生产商。此外，最佳实践可能要求贸易项目制造商在制造过程中使用由资产所有者或管理者发布的资产标识代码（见 2.3）。

### 4.4.2 分配全球可回收资产代码（GRAI）：AI（8003）

全球可回收资产代码（GRAI）单元数据串的结构可以包含两个部分（见表 4.4.2-1）：必选的资产类型标识代码和可选的序列组件，序列组件用于区分在相同资产类型中的单个资产（见 2.3.1）。

表 4.4.2-1 单元数据串的格式

| 应用标识符 | 前导 0 | 全球可回收资产代码（GRAI） | | | |
|---|---|---|---|---|---|
| | | GS1 公司前缀 → | ← 资产类型代码 | 校验码 | 序列组件（可选） |
| 8003 | 0 | $N_1$ $N_2$ $N_3$ $N_4$ $N_5$ $N_6$ $N_7$ $N_8$ | $N_9$ $N_{10}$ $N_{11}$ $N_{12}$ | $N_{13}$ | $X_1$ 可变长度 $X_{16}$ |

分配 GRAI 的具体方法由分配方自行决定。但是，必须给每种要标识的资产类型分配一个唯一的代码，为便于管理，GS1 系统建议按顺序分配且不含任何含义。

当无法分配资产类型代码（如博物馆展品），或应用中不需要资产类型代码（例如项目仅用于单一类型资产）时，应使用全球单个资产代码（GIAI）AI（8004）。

使用 AI（8003）时，必须在 GRAI 之前使用前导 0。

#### 4.4.2.1 相同资产标识

一系列相同的资产应分配单一全球可回收资产代码（GRAI）。不包含系列号的 GRAI 示例见表 4.4.2.1-1。

表 4.4.2.1-1 不包含系列号的 GRAI 示例

| 资产类型 | GRAI |
|---|---|
| 50 升铝制啤酒桶 | 1234567890005 |
| 10 升铝制啤酒桶 | 1234567890012 |
| 110 升木制啤酒桶 | 1234567890029 |
| 注：与 AI（8003）一起使用时，GRAI 前所需的前导 0 在显示为 non-HRI 文本时不需要。 | |

#### 4.4.2.2 序列组件（可选）

资产所有者或管理者分配可选的序列组件标识给定资产类型中的单个资产。本字段是由字母数字组成的，用于区分相同资产类型中的单个资产。包含序列组件的 GRAI 示例见表 4.4.2.2-1。

表 4.4.2.2-1 包含序列组件的 GRAI 示例

| 资产类型 | GRAI（包含序列组件） |
|---|---|
| 50L 铝制啤酒桶 | 12345678900051234AX01 |
| 50L 铝制啤酒桶 | 12345678900051234AX02 |
| 50L 铝制啤酒桶 | 12345678900051234AX03 |
| 注：与 AI（8003）一起使用时，GRAI 前所需的前导 0 在显示为 non-HRI 文本时不需要。 | |

### 4.4.3 分配全球单个资产代码（GIAI）：AI（8004）

全球单个资产代码（GIAI）的结构见表 4.4.3-1。

表 4.4.3-1 单元数据串的格式

| 应用标识符 | 全球单个资产代码（GIAI） | |
|---|---|---|
| | GS1 公司前缀 → | 单个资产参考代码 → |
| 8004 | $N_1$ … $N_i$ | $X_{i+1}$ … 可变长度 $X_{j\,(j\leq30)}$ |

分配 GIAI 的具体方法由分配机构自行决定。但是，需要标识的每个单个资产必须分配唯一的 GIAI，并且为便于管理，GS1 系统建议 GIAI 按顺序分配且不含任何意义。

### 4.4.4 资产所有权的变更

GS1 资产代码用于多种业务，从追踪可重复使用的移动托盘到记录飞机部件生命周期的历史。

如果一家公司将资产出售给另一家公司，那么理想情况下，GS1 资产代码应该由另一个全球单个资产代码（GIAI）或全球可回收资产代码（GRAI）替换，或被删除。

如果新的资产所有者对 GS1 资产代码相关的 GS1 公司前缀负责，或当 GS1 资产代码由生产商分配，所有权发生变更时，可允许 GS1 资产代码保留在商品上。有关所有权变更的信息见 1.6。

### 4.4.5 与 GS1 资产代码有关的信息

应使用 GS1 资产代码作为信息的标识代码，以数字化方式记录和共享与资产相关的数据。例如这类信息包含资产所有者或管理者的 GLN、资产价值、资产位置和资产生命周期历史。

## 4.5 GLN 规则

### 4.5.1 分配全球位置码

#### 4.5.1.1 分配通用规则

不管何时，当需要将一个参与方和/或位置与另一个区分开来时，都需要分配一个单独且唯一的 GLN。例如，每个商店都需要有一个单独的 GLN 来识别其物理位置。

一般情况下，GLN 应该由定义了该参与方/位置以支持其业务运营的组织来分配。

以下说明了谁负责将 GLN 分配给法律实体、功能实体、物理位置和/或数字位置。如果 GLN 用于识别法律实体、功能实体、物理位置和/或数字位置的组合，则适用以下所有规则。

■ 法律实体：法律实体的 GLN 由其自身分配，或由同一组织内的另一法律实体分配。如果一个组织内的多个法律实体获得使用 GS1 公司前缀或者单个 GLN 的许可，各方应协调分配 GLN。

■ 功能实体：组织应确定其内部职能并为其分配 GLN，以支持其业务运作。

当组织在交易中将自己表示为法律实体或功能实体时，应该只使用其已获得许可的 GLN，即一个组织不得使用另一个组织的 GLN。

■ 物理位置：物理位置的所有者或主要使用者负责分配 GLN。

□ 当一方将 GLN 分配给一个不属于自身的位置时，其应该通知该位置的所有者和/或主要使用者。

□ 各方应使用由自身组织、位置所有者或作为直接贸易伙伴的位置使用者分配的 GLN，但不得使用与其没有直接业务关系的组织分配的 GLN。

■ 数字位置：数字位置的所有者或主要使用者负责分配 GLN。

**注：所有者是指对物理或数字位置拥有合法所有权的组织。主要使用者是指直接与物理或数字位置进行交易的组织，而且可能有多个主要使用者与单个位置相关联。**

例如，所有者是拥有购物中心合法所有权的组织。主要使用者则是在商场内租赁场地的零售店。

当分配 GLN 时，组织宜：

1. 确认参与方和/或位置尚未被 GLN 标识。
2. 将被标识的参与方/位置的主数据关联到 GLN（见 4.5.3）。
3. 及时向贸易伙伴传达 GLN 和相关日期。

分配 GLN 的组织应该在交易/交付发生之前将分配给参与方/位置的 GLN 传达给合作伙伴，以便所有系统都可以为交易做好准备。有关详细信息见 4.5.2。

各个组织需要决定如何分配 GLN。有的组织可能给订单、交付和发票分配单个 GLN，因为每个流程都是在组织（法律实体）层面进行的。此外，组织也可以给其组织内的位置和功能实体申请不同的 GLN。

请参阅《GS1 GLN 分配规则标准》（https：//www.gs1.org/standards/gs1-gln-allocation-rules-standard/current-standard）中的管理规则和方案，其中定义了何时应该给新的参与方/位置分配 GLN，或何时需要因为变更而分配 GLN。

**注：这些规则全球适用。国家或者当地的法规可能优先于这些规则。例如，影响公司注册、税费或债务的法规和行业规定。**

#### 4.5.1.2　无全球位置码的参与方/位置

当参与方/位置需要由 GLN 识别时，定义该参与方/位置的组织应该为其分配 GLN，以支持其业务运营。详见 4.5.1.1。

如果该组织没有 GS1 公司前缀，则可以向 GS1 成员组织申请 GS1 公司前缀或一个单独的 GLN。GLN 不得出售、出租或借用给其他参与方。

**注：GS1 成员组织提供各种可选方案，公司可以通过这些方案获得该公司自己的 GLN。**

#### 4.5.1.3　分配 GLN 值

GLN 应该在没有任何分类含义的情况下进行分配。

没有必要在不同的 GS1 标识代码值之间作调整，即使这些标识代码具有完全相同的格式。例如，当 GTIN-13 和 GLN 有相同的值时没有冲突的风险：GS1 应用标识符、数据限定符和 XML 标签（EDI）可防止误解。

### 4.5.2 重复使用全球位置码的周期

以前使用过且已过时的全球位置码（GLN）必须至少 48 个月后才允许重新用于其他位置。根据政府要求（例如发票和税收），或者与位置属性有关的要求（例如保税仓库），可能需要更长的期限。这段时期也为从贸易伙伴文件中删除所有旧 GLN 的引用提供了时间。

全球位置码（GLN）的所有分配者必须确保，分配给用于医疗健康供应链位置的 GLN 永远不会被重复使用，例如，病人进行治疗的位置等。

**重要提示：** GLN 重复使用的标准于 2022 年 7 月 1 日更改。自该日期起，分配给参与方和/或地点的 GLN 不得重新分配给另一参与方和/或地点。以下情况除外：

■ 如果 GLN 从未以外部可访问的方式发布（例如，向注册机构或直接向贸易伙伴发布），则可以重复使用。

■ 已撤销并重新引入的参与方和/或位置可以使用原始 GLN，前提是参与方和/或位置在重新引入时没有作更改，这些更改是指按照《GS1 GLN 分配规则标准》的规定需要分配新的 GLN。

**注：** 这些规则旨在供全球使用。当地方性法规或法律要求另有规定时除外。

### 4.5.3 全球位置码的相关信息

GLN 被分配给各参与方和地点，以提供访问业务流程（例如，订单、发票、交付）中主数据的标识代码。对于每个 GLN，将分配主数据以支持业务流程。

与 GLN 相关的主数据应该在数据库中建立，然后可以使用 GLN 促进信息的有效通信。

法律实体、功能实体、物理位置和数字位置的信息可能包括但不限于姓名、地址、账户信息、证明和联系方式。

每个 GLN 相关的信息由贸易伙伴内部保存或在中央数据库储存。如果参与方或位置改变但是详细信息没有更新，通信或交付将发送已经过时的文件中保存的信息。因此，组织应尽快通知贸易伙伴有关新 GLN 分配或 GLN 相关信息的变动。

《GS1 GLN 分配规则标准》中包含 GLN 管理规则，此规则定义了对参与方或位置的哪些更改需要新的 GLN。GLN 管理规则旨在帮助行业就参与方和地点的唯一标识做出一致性决定，当参与方、地点和与之相关的信息发生变化时，应该参考这些规则。

地方、国家或地区法规可能要求更频繁地更改 GLN。此类法规优先于《GS1 GLN 分配规则标准》的规定。

**重要提示：** 相同的邮政地址、地理坐标、地理图形或其他用于表示事物所处位置、运行位置或可访问位置的表示方法，都可以与多个 GLN 相关联。

# 4.6 GSRN 规则

## 4.6.1 全球服务关系代码的分配

### 4.6.1.1 通用规则

全球服务关系代码（GSRN）可以用来标识任何服务关系中的服务提供方和/或服务接收方。通常来说，提供服务的组织可以分配一个单独并唯一的代码以标识服务提供方和/或服务接收方，并标识任意给出的服务关系。一旦分配，该 GSRN 即成为一个能够让该服务关系的所有参与者使用的唯一且通用的参考代码。

带有 AI（8018）的 GSRN 或带有 AI（8017）的 GSRN 是互相排斥的，也就是说，一个 GSRN 只能分配给一个单独的角色，即接收方或提供方，而不可能同时是两者。

### 4.6.1.2 服务关系的变动

与全球服务关系代码（GSRN）相关的详细信息经常会发生变动。如果 GSRN 最初设置的环境改变，可能发生以下的常见情况：

■ 如果提供服务的组织终止交易（可能由于清算），由该组织分配的所有的 GSRN 应该被淘汰。当该 GSRN 标识的活动被转让时，如果提供该服务的新组织接管了原有提供服务机构 GS1 公司前缀，该新组织可以继续使用现有的 GSRN；如果提供该服务的新组织没有接管原有提供服务机构的 GS1 公司前缀，该 GSRN 应该被淘汰，并且新分配的 GSRN 使用该新组织的 GS1 公司前缀。

■ 如果由 GSRN 标识的服务的范围变化，提供该服务的组织应该在相关电脑文件记录中改变与该 GSRN 有关的详细信息。这种情况不要求分配新的 GSRN。

■ 如果由 GSRN 标识的一项具体服务关系已经终止，该 GSRN 不得被重新分配的时限要远远超出相关记录的存在时限。

### 4.6.1.3 分配全球服务关系代码的建议

用于分配全球服务关系代码（GSRN）的具体方法由分配者自行决定。然而，对于每个单独的服务提供方和接收方来说 GSRN 必须是唯一的，并且每个在超出该服务关系相关记录生命周期的一段时间内必须保持唯一。

全球服务关系代码（GSRN）的所有分配者必须保证分配给医疗服务提供方和服务接受方的 GSRN 没有被重复使用。

为了便于管理，GS1 建议 GSRN 按顺序分配且不含分类意义。

### 4.6.1.4 全球服务关系代码的相关信息

全球服务关系代码（GSRN）可以用作一个单独的单元数据串，全部信息需要基于电脑文件使用单独的 GSRN 作为标识代码获取信息。这种信息的存储由服务关系的性质决定。典型的信息包括服务接收方或提供方的全名、地址和该服务接收或提供的详细信息。

在一段服务关系中，如果服务接收方的全球服务关系代码（GSRN）的识别需要用一个与具体事项相对应的序列指示符进一步限定，可以将服务关系事项代码（SRIN）AI（8019）与 GSRN 相关联。在医疗放射性检查时，可以通过标识腕带的标识信息替换之前和之后的变化来区分“护理对象”，或者为“护理提供方”核发身份识别卡来标识。

# 4.7　GDTI 规则

## 4.7.1　全球文件类型代码的分配

全球文件类型代码（GDTI）用于标识任意文档以实现文档管理的目的。与业务流程相关的文档，无论何时或以何种方式发生变化，都需要分配单独的、唯一的 GDTI。作为一项指导准则，如果终端用户要求区分文档并进行相应的处理，则每个文档应该分配自己的 GDTI。

GDTI 由文档发行人分配。GDTI 作为获取数据库信息的标识代码，通常由发布机构负责。

相同的文件类型要用于所有以相同目的发布的文档类别。这可以作为文档主要特征的参考，例如：

■ 文档规定的确切的权利或义务；

■ 文档的用途（例如，保险单、政府文件、产品形象）。

每当文档的主要特征不同时应该使用不同的文档类型。

例如：

成员给机构的申请表可以用特定的文档类型标识，并且所有填写的表格应该通过序列组件唯一标识。如果成员资格的范围发生改变（现在受法律约束），为了记录这个修改，文档类型应该改变。之后使用修改后表格的应用可以通过序列组件跟踪。

每个单独发布的文档的标识需要在文档类型上添加一个唯一的序列组件。该单独发布的文档的任何副本应使用与原始文档相同的序列组件。序列组件是可选的，由文档发布者分配，并且它在相同文档类型下发布的一系列文档中是唯一的。理想情况下，序列组件应该顺序分配给每一个新产生的文档。序列组件用于传递相关的详细特征给单个文档，例如：

■ 接收方的名称和地址；

■ 文档详细资料。

主要特征（用文档类型标识）和详细特征（用序列组件标识）的定义由文档发布者自行决定。

所有 GDTI 的发布者必须确保分配给病人治疗/护理相关的 GDTI 永不被重复使用。

## 4.7.2　GDTI 变动规则

如果文档的功能、类型或主要内容（由文档发布者决定）改变，GDTI 应改变。

文档发布者决定文档内容的改变是否需要改变 GDTI，或者增加或更改序列组件。

改变嵌入的元数据通常不会影响文档的功能，因此也不会改变内容，所以这些都不需要改变 GDTI。

# 4.8　GINC 规则

## 4.8.1　全球托运标识代码的分配

### 4.8.1.1　通用规则

全球托运标识代码具有唯一性，它在一组物流或运输单元的生命周期内保持一致。当货运代理商分配了一个 GINC 给运输商，在装运日期后的一年内，这个 GINC 不能被重新分配。但是，现行的法规或行业组织的具体要求可以延长这一期限。

# 4.9　GSIN 规则

## 4.9.1　全球装运标识代码的分配

### 4.9.1.1　通用规则

全球装运标识代码（GSIN）具有唯一性，它在一组物流或运输单元的生命周期内保持一致。根据国际海关组织（WCO）的规定，一旦销售商或第三方物流提供商（发货方）向贸易购买方（接受方）发货时使用了一组 GSIN，则在装运日期后的十年内不能重新分配使用该 GSIN。对国内流通（国内运输）的货物，重新使用的周期可以依据政府、行业的规定，也可以由该货物的销售商（发货方）自行决定。

# 4.10　GCN 规则

## 4.10.1　全球优惠券代码分配

分配全球优惠券代码（GCN）的确切方法由发行机构决定。但是，GCN 必须在与优惠券相关记录的生命周期之后的一段时间内保持唯一性。为便于管理，GS1 建议按顺序分配 GCN 且不包含分类意义。

# 4.11　CPID 规则

## 4.11.1　组件/部件代码分配

用于分配组件/部件代码（CPID）的确切方法由发行机构决定。

# 4.12　GMN 规则

## 4.12.1　全球型号代码的分配

可以使用全球型号代码来标识衍生和/或注册贸易项目的基本产品设计或规范。如何分配 GMN 由生产商自行决定。但是，用于标识产品型号的每一个 GMN 都必须是唯一的，并且 GMN 一旦被分配给一个产品型号，就不能重新发布来标识其他的产品型号。

对于受管制的医疗器械设备，虽然由生产商负责，但 BUDI-DI（GMN）的分配需要符合法规的规定。

#### 4.12.1.1　责任

生产商负责发行和分配全球型号代码。

### 4.12.2　与全球型号代码相关的信息

宜使用全球型号代码作为信息的标识代码记录并共享与产品型号相关的数据。例如与 GMN 相关的信息，可能包括品牌、获得的证书、缝制图案（如服装业）、形状/材料/分类模式（如建筑业）、生产线（如化妆品领域）。

GMN 和 GTIN 的关系如下：

- 所有 GMN 相关的属性对与它相关联的所有 GTIN 都是通用的；
- 与一个 GMN 关联的所有 GTIN 的附加属性可能并不通用。

如果为 GMN 定义的任何属性发生变化，而贸易伙伴希望将改变的/新的产品型号与现在/以前的产品型号区分开来，则必须分配一个新的 GMN。

对于受管制的医疗器械设备，BUDI-DI 属性对与之关联的所有 GTIN（UDI-DI）都是通用的。在 UDI 数据库中（例如，EUDAMED），该标识符（BUDI-DI）可归属于与之关联的 GTIN（UDI-DI）。

## 4.13　数据关系

本节定义了在同一物理实体上允许单元数据串组合使用的规则，且不考虑应用于该实体的数据载体。这些规则在应用中通用，意味着它们适用于第 2 章中列出的所有应用，以及在同一物理实体上组合的多个单元数据串的所有其他应用。

表 4.13.1-1、表 4.13.2-1 分别给出以下规则：

1. 无效单元数据串组合，列出了不能在同一物理实体上使用的单元数据串组合。
2. 强制联合使用的单元数据串，列出了必须与一个或多个其他单元数据串组合在一起使用的单元数据串组合。

**注：**在这两个表中，GS1 应用标识符（AI）用于指示单元数据串，但实际应用时需考虑完整的单元数据串，即 AI 和数据字段。

**注：**以 EAN/UPC 和 ITF-14 符号编码的 GTIN 将被视为以 AI（01）为前缀的单元数据串。

**注：**重复的单元数据串（例如，两个系列号、两个批次/批号、两个扩展包装 URL）可能出现在同一个物理实体上（例如在多个条码中）。在这种情况下，单元数据串每次出现时应具有相同的值。

### 4.13.1　无效单元数据串组合

本节定义了不能在同一物理实体上使用的单元数据串组合。该表没有提供所有可能的无效组合，目前只包括了所有在实践中证明会造成应用困难的无效单元数据串组合。

关于表 4.13.1-1 的解释：

- 该表按照 AI 的数值排序，AI 数值较小的排列在前面；
- 第 1 列和第 3 列中可能有多个 AI，由逗号隔开，表示它们遵守相同的规则；

■ 表中的规则是双向有效的，例如，如果 AI（01）不能与 AI（37）结合使用，也意味着 AI（37）不能与 AI（01）结合使用。

表 4.13.1-1　无效单元数据串组合

| 无效单元数据串组合 | | | | 规则 |
|---|---|---|---|---|
| AI | 名称 | AI | 名称 | |
| 01 | CTIN | 01 | CTIN | 只能出现一个 GTIN。例如，不允许包含其他包装层级的 GTIN |
| 01 | GTIN | 02 | 物流单元内的贸易项目的 GTIN | 物流单元内贸易项目的 GTIN 旨在列出物流单元中包含的贸易项目，不用于标识贸易项目的内容 |
| 01 | GTIN | 37 | 单元内贸易项目的数量 | 单元内贸易项目的数量仅与物流单元内包含贸易项目或贸易项目组件的 GTIN 使用 |
| 01 | GTIN | 255 | 全球优惠券代码 | 贸易项目不能被标识为优惠券 |
| 21 | 系列号 | 235 | 第三方管理的 GTIN 系列号扩展 | 系列号或第三方管理的 GTIN 系列号扩展只能有一个和 GTIN 一起使用 |
| 420 | 单一邮政区域内交货地邮政编码 | 421 | 含 3 位 ISO 国家（或地区）代码的交货地邮政编码 | 只有一个交货地的邮政编码可以在同一物理实体上使用 |
| 421 | 含 3 位 ISO 国家（或地区）代码的交货地邮政编码 | 4307 | 交货国家（或地区）代码 | 只有一个交货地的国家代码可以在同一物理实体上使用 |
| 422，423，424，425 | 原产国，初始加工的国家，加工或分拆的国家 | 426 | 全程加工的国家 | 原产国、初始加工国、加工或分拆国不应与全程加工国家联合使用，这将导致不明确的数据 |
| 390n | 单一货币区域的应付金额 | 391n | 使用 ISO 货币代码的应付金额 | 付款单上只应有一个应付金额的单元数据串 |
| 390n | 优惠券金额 | 394n，8111 | 优惠券的折扣比例，优惠积分 | 优惠券金额、优惠券的折扣比例、优惠积分不应同时使用 |
| 392n | 单一货币区域的变量贸易项目应付金额 | 393n<br>395n | 变量贸易项目的应付金额和 ISO 货币代码<br>单一货币区域内单元计量的应付金额（变量贸易项目） | 只有一个应付金额数据串可以用在一个变量贸易项目单元上 |
| 394n | 优惠券的折扣比例 | 8111 | 优惠券的优惠积分 | 只有一个折扣条件单元数据串可以用在优惠券上 |
| 395n | 单一货币区域内单元计量的应付金额（变量贸易项目） | 8005 | 单价 | 单一货币区域内单元计量的应付金额（变量贸易项目）和单价不应同时使用 |

表4.13.1-1(续)

| 无效单元数据串组合 | | | | 规则 |
|---|---|---|---|---|
| AI | 名称 | AI | 名称 | |
| 395n | 单一货币区域内单元计量的应付金额（变量贸易项目） | 392n<br>393n | 单一货币区域内的应付金额（变量贸易项目），具有ISO货币代码的应付金额（变量贸易项目） | 一个变量贸易项目只应适用一个应付金额单元数据串 |
| 4330 | 最高温度（华氏度） | 4331 | 最高温度（摄氏度） | 1个SSCC只能结合1个最高温度 |
| 4332 | 最低温度（华氏度） | 4333 | 最低温度（摄氏度） | 1个SSCC只能结合1个最低温度 |
| 8006 | ITIP | 01 | GTIN | GTIN不能与单个贸易项目组件的标识结合使用。单个贸易项目组件所属的GTIN已包含在ITIP中 |
| 8006 | ITIP | 37 | 包含的单元数量 | 包含的单元数量，应和包含贸易项目或贸易项目组件的GTIN一起使用 |
| 8018 | GSRN中的接收方 | 8017 | GSRN中的提供方 | 在一段给定服务关系中一个个体只能用一个全球服务关系代码（接收方或提供方）标识 |
| 8026 | 包含在物流单元里的贸易项目组件标识 | 02，<br>8006 | 物流单元内贸易项目GTIN，贸易项目组件标识 | 包含在物流单元里的贸易项目组件标识，不能和包含的贸易项目或单个贸易项目组件的GTIN一起使用 |

## 4.13.2　强制联合使用的单元数据串

本节定义了在同一物理实体上强制联合使用的单元数据串。

**注：** 但这并不意味单元数据串需要出现在相同的数据载体中，也可以将多个GS1-128条码符号组合在GS1物流标签上。

表4.13.2-1反映了迄今为止的用例需求。如果将来的应用场景需要新的关联，将会添加到表4.13.2-1中。

关于表4.13.2-1的解释：

■ 此表按AI的数值排序，第一列中的AI是规则产生的前提条件。这意味着该表中的规则不是双向有效的。例如，AI（17）必须与AI（01）一起使用，这并不意味着AI（01）只能与AI（17）一起使用，因为AI（01）也可以与其他AI一起使用。

■ 第1列中的多个AI由逗号隔开，表示该规则适用于所有列出的单元数据串。

■ 相同的AI可以在第一个列的多行中出现。这意味着，根据单元数据串的值，需要遵守不同的规则。

■ 第三列中包含多个AI时，它们之间用AND、OR、XOR表示逻辑关系：

□“AND”表明单元数据串同时出现在物理实体上；

□“OR”表明单元数据串的一个或多个同时出现在物理实体上；

□“XOR”表明一个单元数据串出现在物理实体上，则另一个单元数据串不应该出现。

表 4.13.2-1 强制联合使用的单元数据串

| 单元数据串 | | 需要强制联合使用的单元数据串 | 规则 |
|---|---|---|---|
| AI | 名称 | AI | |
| $N_1$=0 的 01 | POS 扫描的变量贸易项目的 GTIN | 30 OR 3nnn* | POS 中扫描的变量贸易项目的 GTIN 应与以下联合使用：<br>■项目的变量计数；<br>■贸易测量。<br>注：需要主数据来确定 GTIN 是否标识了一个 POS 扫描的变量贸易项目。<br>还可参看本表下面的说明 |
| $N_1$=9 的 01，$N_1$=9 的 02 | 非 POS 扫描的变量贸易项目的 GTIN | 30 OR 3nnn* OR 8001 | 非 POS 中扫描的变量贸易项目的 GTIN 应与以下联合使用：<br>■项目的变量计数；<br>■贸易测量；<br>■卷状产品的尺寸。<br>注：这类贸易项目 GTIN 的首位字符是“9”。<br>还可参看本表下面的说明。 |
| $N_1$=9 的 01 | 定制贸易项目的 GTIN | 242 | 定制贸易项目的 GTIN 应与定制产品变量应用标识符联合使用<br>注：这类贸易项目 GTIN 的首位字符是“9”。 |
| 02 | 物流单元内的贸易项目的 GTIN | 00 AND 37 | 物流单元内的贸易项目的 GTIN 应当与 SSCC 和贸易项目数量单元数据串联合使用 |
| 10 | 批次/批号 | 01 XOR 02 XOR 8006 XOR 8026*** | 批次/批号应与以下单元数据串联合使用：<br>■GTIN；<br>■物流单元内的贸易项目的 GTIN；<br>■ITIP；<br>■包含贸易项目组件的 ITIP |
| 11，13，15，16，17 | 贸易项目的生产日期，包装日期，保质期，停止销售日期和贸易项目有效期 | 01 XOR 02 XOR 8006 XOR 8026*** | 这些日期应与以下单元数据串联合使用：<br>■GTIN；<br>■物流单元内的贸易项目的 GTIN；<br>■ITIP；<br>■包含贸易项目组件的 ITIP |
| 12 | 付款截止日期 | 8020 AND 415 | 付款截止日期应当与付款单参考代码和开具发票的参与方 GLN 联合使用 |
| 17 | 优惠券有效期 | 255 | 优惠券截止日期应当与 GCN 联合使用 |
| 20 | 内部产品变体代码 | 01 XOR 02 XOR 8006 XOR 8026*** | 内部产品变体代码应当与以下单元数据串联合使用：<br>■GTIN；<br>■物流单元内的贸易项目的 GTIN；<br>■ITIP；<br>■包含贸易项目组件的 ITIP |
| 21 | 系列号 | 01 XOR 8006*** | 系列号应当与以下单元数据串联合使用：<br>■GTIN；<br>■ITIP<br>注：SGTIN 是 GTIN 和系列号结合的术语。 |

表4. 13. 2-1(续)

| 单元数据串 | | 需要强制联合使用的单元数据串 | 规则 |
|---|---|---|---|
| AI | 名称 | AI | |
| 22 | 消费产品变体代码 | 01 | 消费产品变体代码应当与 GTIN 一起出现在零售消费贸易项目上 |
| 235 | 第三方管理的 GTIN 系列号扩展 | 01 | 第三方管理的 GTIN 系列号扩展应该和贸易项目的 GTIN 联合使用 |
| 240 | 附加的产品标识 | 01 XOR 02 XOR 8006 XOR 8026*** | 附加产品标识应当与以下单元数据串联合使用：<br>■GTIN；<br>■物流单元内的贸易项目的 GTIN；<br>■ITIP；<br>■包含贸易项目组件的 ITIP |
| 241 | 客户方代码 | 01 XOR 02 XOR 8006 XOR 8026*** | 客户方代码应当与以下单元数据串联合使用：<br>■GTIN；<br>■物流单元内的贸易项目的 GTIN；<br>■ITIP；<br>■包含贸易项目组件的 ITIP |
| 242 | 定制产品代码 | ($N_1=9$ 的 01) XOR ($N_1=9$ 的 02) XOR ($N_1=9$ 的 8006***)<br>XOR ($N_1=9$ 的 8026) | 定制产品代码应当与以下单元数据串联合使用：<br>■GTIN；<br>■物流单元内的贸易项目的 GTIN；<br>■ITIP；<br>■一个包含贸易项目组件的 ITIP<br>注：GTIN 必须与定制贸易项目相关。这类贸易项目 GTIN 的首位字符是“9”。 |
| 243 | 包装组件代码 | 01 | 包装组件代码应当与 GTIN 联合使用 |
| 250 | 二级系列号 | (01 XOR 8006***)<br>AND 21 | 二级系列号应当与系列号以及以下单元数据串联合使用：<br>■GTIN；<br>■ITIP |
| 251 | 源实体参考代码 | 01 XOR 8006*** | 源实体参考代码应当与以下单元数据串联合使用：<br>■GTIN；<br>■ITIP |
| 254 | 全球位置码（GLN）扩展组件代码 | 414 | GLN 扩展部分代码应当与 GLN 联合使用 |
| 30 | 项目可变数量 | 01 XOR 02 | 项目可变数量应当与以下单元数据串联合使用：<br>■GTIN；<br>■物流单元内的贸易项目的 GTIN<br>注：GTIN 必须与一个变量贸易项目相关。 |
| 3nnn* | 贸易计量 | 01 XOR 02 | 贸易计量应当与以下单元数据串联合使用：<br>■GTIN；<br>■物流单元内的贸易项目的 GTIN<br>注：GTIN 必须与一个变量贸易项目相关。 |

表4.13.2-1(续)

| 单元数据串 | | 需要强制联合使用的单元数据串 | 规则 |
|---|---|---|---|
| AI | 名称 | AI | |
| 3nnn** | 物流计量 | 00 OR 01 | 物流计量应当与以下单元数据串联合使用：<br>▪SSCC；<br>▪GTIN |
| 337n | 千克每平方米（$kg/m^2$） | 01 | 千克每平方米应当与GTIN联合使用 |
| 37 | 物流单元内贸易项目或贸易项目组件的数量 | 00AND（02 XOR 8026） | 物流单元内贸易项目数量应当与SSCC和以下单元数据串联合使用：<br>▪物流单元内的贸易项目的GTIN；<br>▪包含贸易项目组成部分的ITIP |
| 390n | 单一货币区内应付金额 | 8020 AND 415 | 单一货币区内应付金额应当与付款单参考代码和开票方全球位置码联合使用 |
| 390n | 单一货币区内优惠券价值 | 255 | 单一货币区内优惠券价值应当与全球优惠券代码联合使用 |
| 391n | 具有ISO货币代码的应付金额 | 8020 AND 415 | 具有ISO货币代码应付金额应当与付款单参考代码和开票方全球位置码联合使用 |
| 392n | 单一货币区域内应付金额（变量贸易项目） | 01 AND（30 XOR 31nn XOR 32nn XOR 35nn XOR 36nn*） | 单一货币区内变量贸易项目应付金额应当与GTIN和以下单元数据串联合使用：<br>▪变量贸易项目计数；<br>▪贸易计量<br>注：GTIN必须与一个变量贸易项目相关。 |
| 393n | 具有ISO货币代码的应付金额（变量贸易项目） | 01 AND（30 XOR 31nn XOR 32nn XOR 35nn XOR 36nn*） | 具有ISO货币代码的变量贸易项目应付金额应当与GTIN和以下单元数据串联合使用：<br>▪变量贸易项目计数；<br>▪贸易计量<br>注：GTIN必须与一个变量贸易项目相关。 |
| 394n | 优惠券的抵扣百分比 | 255 | 优惠券的抵扣百分比应当与全球优惠券代码联合使用 |
| 395n | 单一货币区内每一计量单位的应付金额（变量贸易项目） | 01AND（30 XOR 31nn XOR 32nn XOR 35nn XOR 36nn*） | 单一货币区内每一计量单位的应付金额（变量贸易项目）应和GTIN和其他单元数据串联合使用：<br>▪变量贸易项目计数；<br>▪贸易计量<br>注：该GTIN必须和变量贸易项目相关。 |
| 403 | 路径代码 | 00 | 路径代码应当与SSCC联合使用 |
| 415 | 开票方全球位置码 | 8020 | 开票方全球位置码应当与付款单参考代码联合使用 |
| 422 | 原产国 | 01 XOR 02 XOR 8006 XOR 8026*** | 贸易项目原产国应当与以下单元数据串联合使用：<br>▪GTIN；<br>▪物流单元内的贸易项目的GTIN；<br>▪ITIP；<br>▪包含贸易项目组成部分的ITIP |

表4.13.2-1(续)

| 单元数据串 | | 需要强制联合使用的单元数据串 | 规则 |
|---|---|---|---|
| AI | 名称 | AI | |
| 423 | 初始加工的国家 | 01 XOR 02 | 贸易项目初始加工的国家应当与以下单元数据串联合使用：<br>■GTIN；<br>■物流单元内的贸易项目的GTIN |
| 424 | 贸易项目加工的国家 | 01 XOR 02 | 贸易项目加工的国家应当与以下单元数据串联合使用：<br>■GTIN；<br>■物流单元内的贸易项目的GTIN |
| 425 | 贸易项目拆分的国家 | 01 XOR 02 | 贸易项目拆分的国家应当与以下单元数据串联合使用：<br>■GTIN；<br>■物流单元内的贸易项目的GTIN |
| 426 | 全程加工贸易项目的国家 | 01 XOR 02 | 全程加工贸易项目的国家应当与以下单元数据串联合使用：<br>■GTIN；<br>■物流单元内的贸易项目的GTIN |
| 427 | 贸易项目原产地的国家行政区域划分代码 | （01 XOR 02）AND 422 | 贸易项目原产地国家行政区域划分代码应当与贸易项目原产国代码和以下单元数据串联合使用：<br>■GTIN；<br>■物流单元内的贸易项目的GTIN |
| 430n | 交货地应用标识符 | 00 | 交货地应用标识符，应该和SSCC一起使用 |
| 4303 | 交货地址第2栏 | 4302和00 | 交货地址第2栏，应与交货地址第1栏和SSCC联合使用 |
| 4309 | 收货地理位置 | 00 | 收货地理位置，应与SSCC一起使用 |
| 431n | 退货地址第1栏 | 00 | 退货地址应该和SSCC一起使用 |
| 4313 | 退货地址第2栏 | 4321和00 | 退货地址第2栏应和退货地址第1栏联合使用 |
| 432n | 运输过程中服务相关的应用标识符 | 00 | 服务相关的应用标识符应和SSCC一起使用 |
| 4330 | 最高温度（华氏度） | 00 | 最高温度（华氏度）应和SSCC一起使用 |
| 4331 | 最高温度（摄氏度） | 00 | 最高温度（摄氏度）应和SSCC一起使用 |
| 4332 | 最低温度（华氏度） | 00 | 最低温度（华氏度）应和SSCC一起使用 |
| 4333 | 最低温度（摄氏度） | 00 | 最低温度（摄氏度）应和SSCC一起使用 |
| 7001 | 北约物资代码 | 01 XOR 02 XOR 8006 XOR 8026*** | 北约物资代码应当与以下单元数据串联合使用：<br>■GTIN；<br>■物流单元内的贸易项目的GTIN；<br>■ITIP；<br>■包含贸易项目组成部分的ITIP |

表4.13.2-1(续)

| 单元数据串 | | 需要强制联合使用的单元数据串 | 规则 |
|---|---|---|---|
| AI | 名称 | AI | |
| 7002 | UN/ECE 胴体肉与分割产品分类 | 01 XOR 02 | 联合国/欧洲经济委员会胴体肉与分割产品分类应当与以下单元数据串联合使用：<br>■GTIN；<br>■物流单元内的贸易项目的 GTIN |
| 7003 | 产品的有效日期和时间 | 01 OR 02 | 产品的有效日期和时间应当与以下单元数据串联合使用：<br>■GTIN；<br>■物流单元内的贸易项目的 GTIN |
| 7004 | 活性效价 | 01 AND 10 | 活性效价应当与 GTIN 和批号/批次联合使用 |
| 7005 | 捕获区 | 01 XOR 02 | 捕获区应当与以下单元数据串联合使用：<br>■GTIN；<br>■物流单元内的贸易项目的 GTIN |
| 7006 | 初次冷冻日期 | 01 XOR 02 | 初次冷冻日期应当与以下单元数据串联合使用：<br>■GTIN；<br>■物流单元内的贸易项目的 GTIN |
| 7007 | 收获日期 | 01 XOR 02 | 收获日期应当与以下单元数据串联合使用：<br>■GTIN；<br>■物流单元内的贸易项目的 GTIN |
| 7008 | 渔业物种 | 01 XOR 02 | 渔业物种应当与以下单元数据串联合使用：<br>■GTIN；<br>■物流单元内的贸易项目的 GTIN |
| 7009 | 渔具类型 | 01 XOR 02 | 渔具类型应当与以下单元数据串联合使用：<br>■GTIN；<br>■物流单元内的贸易项目的 GTIN |
| 7010 | 生产方式 | 01 XOR 02 | 生产方法应当与以下单元数据串联合使用：<br>■GTIN；<br>■物流单元内的贸易项目的 GTIN |
| 7011 | 检测日期 | 01 XOR 02 | 检测日期应当与以下单元数据串联合使用：<br>■GTIN；<br>■物流单元内的贸易项目的 GTIN |
| 703（s） | 加工者代码 | 01 XOR 02 | 加工者代码应当与以下单元数据串联合使用：<br>■GTIN；<br>■物流单元内的贸易项目的 GTIN |
| 710，711，712，713，714，715 | 国家医疗保险代码 | 01 | 国家医疗保险代码应当与 GTIN 联合使用 |

表4.13.2-1(续)

| 单元数据串 | | 需要强制联合使用的单元数据串 | 规则 |
|---|---|---|---|
| AI | 名称 | AI | |
| 7020 | 翻新批号代码 | (01 XOR 8006***) AND 416 | 翻新批次标识代码应当与产品/服务位置的GLN和以下单元数据串联合使用：<br>▪GTIN；<br>▪ITIP |
| 7021 | 功能状态 | 01 XOR 8006*** | 功能状态应当与以下单元数据串联合使用：<br>▪GTIN；<br>▪ITIP |
| 7022 | 修订状态 | (01 XOR 8006***) AND 7021 | 修订状态应当与功能状态以及以下单元数据串联合使用：<br>▪GTIN；<br>▪ITIP |
| 723S | 证书参考 | 01 XOR 8004*** | 证书参考应该与以下单元数据串联合使用：<br>▪GTIN；<br>▪GIAI |
| 7240 | 协议 ID | 01 XOR 8006 | 协议 ID 应和一个 GTIN 或 ITIP 联合使用 |
| 8001 | 卷状产品的尺寸 | 01 | 卷状产品的尺寸应当与 GTIN 联合使用<br>注：GTIN 必须与一个变量贸易项目相关。 |
| 8005 | 单价 | 01 XOR 02 | 单价应当与以下单元数据串联合使用：<br>▪GTIN；<br>▪物流单元内的贸易项目的 GTIN<br>注：GTIN 必须与一个变量贸易项目相关。 |
| 8007 | 国际银行账号代码 | 8020 AND 415 | 国际银行账号代码应当与付款单参考代码和开票方的全球位置码联合使用 |
| 8008 | 产品生产日期与时间 | 01 XOR 02 | 产品生产日期与时间应当与以下单元数据串联合使用：<br>▪GTIN；<br>▪物流单元内的贸易项目的 GTIN |
| 8009 | 光学可读传感器指示符 | 01 OR 00 | 光学可读传感器指示符应当与 GTIN 或 SSCC 联合使用。注意这两个单元数据串可能出现在同一个数据载体上，也可能出现在不同的数据载体上 |
| 8011 | CPID 系列号 | 8010 | CPID 系列号应当与 CPID 联合使用 |
| 8012 | 软件版本 | 01 XOR 8006*** | 软件版本应当与以下单元数据串联合使用：<br>▪GTIN；<br>▪ITIP |
| 8019 | 服务关系事项代码 | 8017 XOR 8018 | 服务关系事项代码应当与以下单元数据串联合使用：<br>▪服务提供方 GSRN；<br>▪服务接受方 GSRN |
| 8020 | 付款单参考代码 | 415 | 付款单参考代码应当与开票方全球位置码联合使用 |

表4.13.2-1(续)

| 单元数据串 | | 需要强制联合使用的单元数据串 | 规则 |
|---|---|---|---|
| AI | 名称 | AI | |
| 8026 | 包含组件的 ITIP | 00 AND 37 | 包含组件的 ITIP 应该和 SSCC 以及组件的数量联合使用 |
| 8030 | 数字签名（DigSig） | (01 AND 21)<br>XOR<br>(8006 AND 21)<br>XOR<br>(8010 AND<br>8011<br>XOR 8003<br>XOR 8004<br>XOR 8017<br>XOR 8018<br>XOR 00<br>XOR 253<br>XOR 255 | 数字签名（DigSig）应与以下单元数据串之一联合使用：<br>■GTIN 和系列号；<br>■单个贸易项目组件标识和系列号；<br>■组件/部件标识和组件/部件系列号；<br>■带系列号部分的 GRAI；<br>■GIAI；<br>■SSCC；<br>■GSRN（提供方）；<br>■GSRN（接受方）；<br>■带系列号部分的 GDTI；<br>■带系列号部分的 GCN |
| 8111 | 优惠券忠诚度积分 | 255 | 优惠券忠诚度积分应当与全球优惠券代码联合使用 |
| 8200 | 包装扩展信息 URL | 01 | 包装扩展信息 URL 应当与 GTIN 联合使用 |

*这里的 AI 是在 3.6.2 中描述的贸易计量：AI（31nn，32nn，35nn，36nn）。
注：3.6.2 中的所有 AI 都可以与此 AI 395n 一起使用。
**这里的 AI 是在 3.6.3 中描述的物流计量：AI（33nn，34nn，35nn，36nn）。
***如果与贸易项目相关组件标识一起使用，贸易项目的所有单个组件的 AI 必须是相同的。
N　0~9 的任意数字。

**注**：零售店除外。见表 2.7-1GS1 系统应用的领域。

# 4.14　供人识读字符（HRI）规则

供人识读字符（HRI）规则用于规范标准化打印，并培训工作人员对无法扫描或读取的 GS1 AIDC 数据载体进行处理。有两种类型的规则：

■ 适用于任何行业、可能应用或产品类别的一般规则。

■ 与一般规则保持一致的行业或应用的特定规则：

□ 4.14.1 医疗卫生贸易项目的 HRI 规则；

□ 4.14.2 一般零售消费贸易项目供人识读文本规则；

□ 4.14.3 手动日期标记。

在物品上有两种类型的文本：HRI 和 non-HRI 文本。

供人识读文本是指用于描述数据载体中编码数据的文本，包括 HRI 和 non-HRI 文本。示例见图 4.14-1。

■ 供人识读字符（HRI）表示编码在条码或 RFID 标签中的相同数据（请参见第 9 章术语表中

的完整定义)。

■ Non-HRI 文本指的是物品上所有其他文本，这些文本可能会被编码在条码或 RFID 标签中，也可能不被编码其中（完整定义见第 9 章术语表）。

图 4.14-1 供人识读文本的示例

注：规则适用于全球，除非地方性法规或法律另有规定。

注：目前 HRI 规则只适用于条码，适用于 EPC/RFID 标签的规则正在研究制定中。

注：关于 EAN/UPC 码制和附加符号的 HRI 规则在 5.2.5 “HRI” 中进行了解释。

## 通用供人识读文本的规则

1. HRI 放置规则

a）无论条码是否编码了 GS1 标识代码、GS1 标识代码属性或两者的组合，宜有 HRI 且宜与条码相邻，并在可能的情况下尽量使 HRI 组合在一起，同时需保持 HRI 易读性、最小的条码高度和/或空白区（参考 5.12.3 GS1 AIDC 应用标准符号规范表的说明）。

b）在受到包装或空间限制情况下，HRI 必须在条码上方、左侧或右侧时，HRI 的打印位置宜紧邻条码，能明显地展示出与条码相关联。本规则适用于所有条码，无论打印方向（如阶梯式打印）。示例见图 4.14-2。

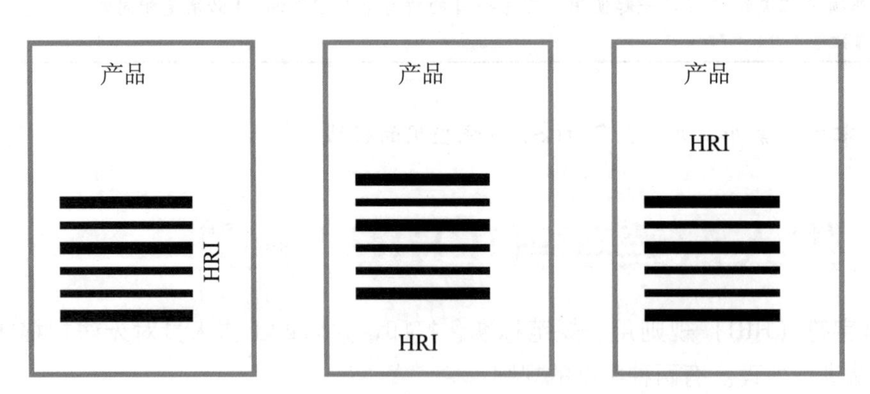


图 4.14-2 梯状条码的 HRI 位置

c）如果 HRI 组合在一起，宜放置在条码相邻位置，且应按照条码编码的顺序排列。

d）如果 HRI 的 GS1 标识代码和 GS1 标识代码属性被分开，则 GS1 标识代码的 HRI 宜放置在条码相邻位置。如图 4.14-3 所示，GS1 标识代码的 HRI 放在条码下面，GS1 标识代码属性的 HRI 放在条码上面。

(10) YA12AB
(17) 271231

(01) 09524810000339

图 4.14-3 HRI 分开放置的示例

e）在 HRI 中，一个单元数据串（包含应用标识符和关联数据）不应分成两行。例如，系列号（21）ABCDEF12345 的 HRI 应在一行显示。

f）在 non-HRI 文本中，单元数据串不宜分成多行。

g）除非在极端空间限制（例如，直接零部件标记、散装生鲜农产品）的特殊应用中，都应标出 HRI。如果无法读取或扫描条码，并且物品上没有 HRI，则宜将 non-HRI 文本用作备份信息。

2. 字体和可读性

a）应使用清晰可读的字体（例如，ISO/IEC 30116 中定义的 OCR-B）。如果字迹清晰，也可以接受合理的替代字体类型和字符大小。关于“清晰可读”原则，以下原则和示例对比了最佳实践案例和低水平的案例。

i. 首选 monospace（等宽字体族）的字体，如 OCR-B；或 sans-serif（无衬线字体族）的字体，如 Arial。

ii. 不应使用粗体、斜体、轻体或窄体字体版本。

iii. 字体高度应至少为 2mm（0.08in）。

iv. 条码中不应编码空格。

v. HRI 中可以有空格，以便于手动输入数据。

vi. 因字体类型导致的字符之间的空格不应缩小。

b）HRI 应限于单元数据串，不包括条码中的特殊字符，如分隔符字符。

c）如果使用 GS1 单元数据串语法，条码中不编码括号，但在 HRI 中应该使用括号把 AI 括起来。

3. URL

a）如果条码中编码的是 GS1 数字链接 URI（包装扩展应用），由生产商自行决定 GS1 数字链接 URI 的 non-HRI 文本（比如既可以只有 GTIN 09520123456788，也可以是完整的 URL https://brand.example.com/01/09520123456788）。

b）如果物品上有编码 AI（8200），HRI 中不应出现 URL 形式。如果要在 non-HRI 文本中表示 URL，则应表示为 http://brandownerassignedURL.com/GTIN 形式，GTIN 应为 14 位。

4. 数据标题

作为 non-HRI 文本选项，可以用数据标题（见 3.2）与数据相关联，而不是使用 AI 代码。如图 4.14-1 中，有效日期和批次既用数据标题在 non-HRI 文本中标识，又用全 AI 格式在 HRI 中标识。

5. GS1 物流标签

a）如果物流标签上 HRI 已经与 GS1-128 符号一起显示，或作为数据标题和数据内容出现在标签的其他地方，则不要求 HRI 与二维码一起出现。

b）当物流标签的运输过程信息编码成二维码符号时，如果该信息已经在标签的其他地方以文本或图形表示，则不需要额外的 HRI。

c）在 GS1 物流标签 HRI 字符的高度应不小于 3mm（0.1181in）。

## 4.14.1　医疗卫生贸易项目的 HRI 规则

GS1 系统要求印制 GS1 AIDC 数据载体和表示该 GS1 AIDC 数据载体内编码的所有信息的 HRI。

如果无法读取或扫描 GS1 AIDC 数据载体，则应将 HRI 用作备份信息。当应用于医疗卫生贸易项目时，HRI 的 GS1 优选格式应符合 4.14 中所述的一般 HRI 规则。

在产品包装创作过程中，应当考虑到 HRI 实际应用时涉及的多种因素。这些因素可能包括被定义或标记的产品类型、产品用途、可用的标记空间、可用的备用数据、法规或法律要求、技术要求等。然而，受项目的预期用途以及标记的可用空间等多种因素影响，可能会导致无法打印 GS1 AIDC 数据载体和相关的 HRI。所以应当尽量减少与 HRI 格式的偏差，并考虑对下游贸易伙伴和用户的影响。

典型示例如图 4.14.1-1、图 4.14.1-2 所示。

图 4.14.1-1　首选 HRI 格式的 GS1 DataMatrix 示例

图 4.14.1-2　首选 HRI 格式的 GS1-128 示例

如果与首选格式有所偏差，且导致 HRI 无法打印，则可以使用 HRI 和 non-HRI 文本的组合。执行此操作时，适用以下规则：

■ 如果 non-HRI 文本中表示的数据与 HRI 中的数据完全相同，那么相应的 AI 应与数据标题一起打印。见图 4.14.1-3。

■ 如果在 non-HRI 文本中表示的数据与 HRI 不匹配，则只能使用数据标题。AI 不应该被打印。图 4.14.1-4 中的全球贸易项目代码（GTIN）和有效期为不匹配项。

■ 数据标题的选择可以由生产商基于法规、本地语言要求，相关标准（例如 ISO/IEC 15223）或适当的缩写来确定。

GTIN（01）09524000059109
SERIAL（21）12345678p901
LOT（10）1234567p
EXPIRY（17）271120

图 4.14.1-3　HRI 与 AI 的组合，non-HRI 文本和数据标题

| | |
|---|---|
| GTIN | 9524000059109 |
| SERIAL（21） | 12345678p901 |
| LOT（10） | 1234567p |
| EXPIRY | 2027.11.20 |

图 4.14.1-4　HRI 与 AI 的组合，non-HRI 文本（GTIN 和有效期）和数据标题

如果不能同时打印 GS1 AIDC 数据载体和 HRI，图 4.14.1-5 给出了医疗卫生贸易项目的 HRI 实施流程。当无法打印所有 HRI 时，优先打印 GS1 标识代码。

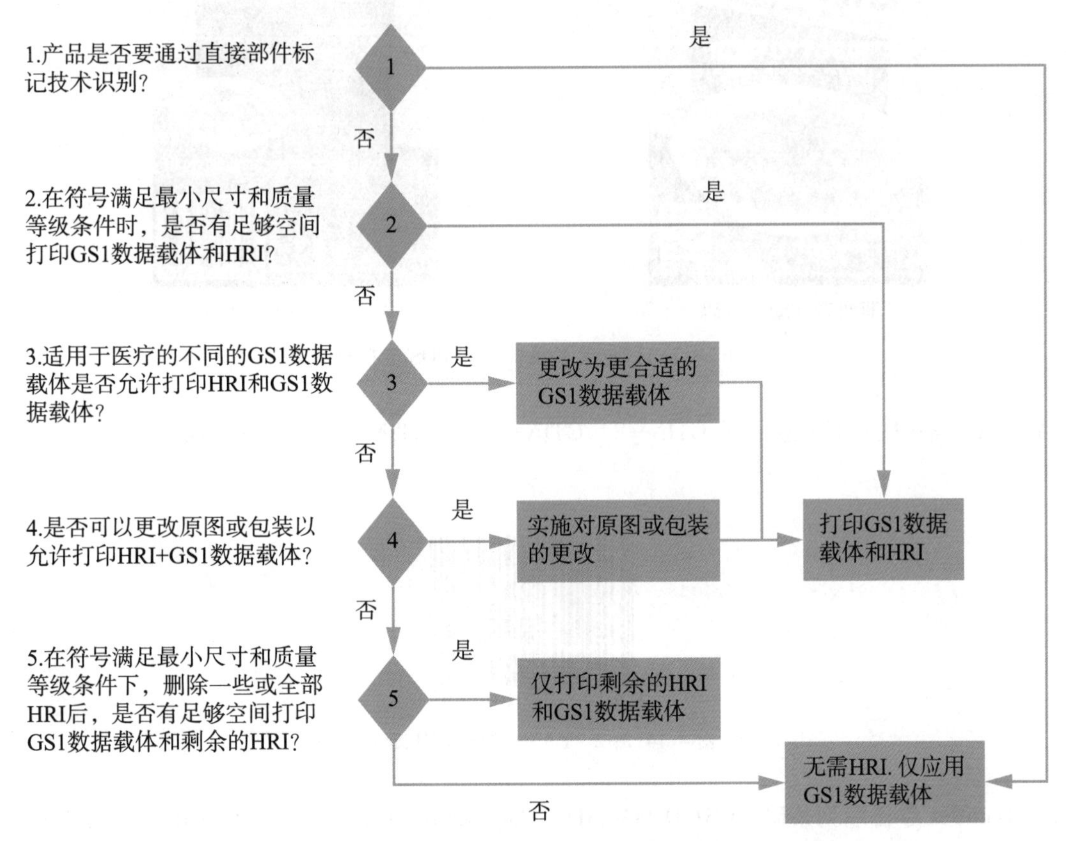


图 4.14.1-5　医疗卫生贸易项目的 HRI 实施流程
（仅供空间有限时使用）

**注：** 图 4.14.1-5 旨在本指南和法规要求不冲突、空间条件限制了同时印制 GS1 自动识别与数据采集标记和相应 HRI 文本能力的条件下使用。本文件不影响需要满足标签制作规定的 non-HRI 文本。在所有情况下，首先应符合法规要求。生产商有责任了解并遵守有关规定，将与相关规定有偏差的情况及偏离理由记录在与产品主记录文件或其他正式控制文件中。

注：活性效价，AI（7004）HRI 规则。在贸易项目上打印活性效价由相关法规进行管控。贸易项目无需打印活性效价的 HRI。

### 4.14.2　一般零售消费贸易项目供人识读文本规则

一般零售消费贸易项目有特定的规则，这些规则是基于 4.14 中的通用 HRI 规则制定的。

注：以下规则适用于全球。仅在法规或法律要求的情况下可能会出现例外。例如，针对零售销售的受监管医疗贸易项目，请参考与医疗相关的 4.14。

用于 POS 扫描的条码，HRI 中应有 GTIN，邻近条码放置。其他编码 GS1 数字链接 URI 的用于消费者互动（包装扩展）的条码，HRI 由生产商自行决定。如图 4.14.2-1 所示。

前面

消费者互动二维码

后面

2个相邻的POS条码（见6.3.3.1）

图 4.14.2-1　包装扩展条码和 POS 条码示例

EAN/UPC 条码的 HRI 应显示 GTIN-8、GTIN-12 或 GTIN-13，应放在条码下面。示例见图 4.14.2-2。

图 4.14.2-2　EAN-13 的 HRI 示例

GS1 DataBar 零售系列条码、GS1 DataMatrix、Data Matrix（GS1 数字链接 URI）和 QR 码（GS1 数字链接 URI）的 HRI 应显示（01）和 14 位的 GTIN。示例见图 4.14.2-3。

GS1 DataMatrix（GS1单元数据串语法）

QR码（GS1数字链接URI语法）

图 4.14.2-3　14 位的 GTIN-13 的 HRI 示例

**注：** 示例中的域名 example. com（在 RFC 2606 中保留）是用于任何域名的占位符。

在一般零售贸易项目上，如果一维码（EAN-8、EAN-13、UPC-A）和二维码相邻放置，只需要一维码的 HRI（见图 4. 14. 2-4）；如果一维码（EAN-8、EAN-13、UPC-A、UPC-E）不能和二维码相邻放置，那么两者都应有 HRI（见图 4. 14. 2-5）。

图 4. 14. 2-4　相邻条码的 HRI

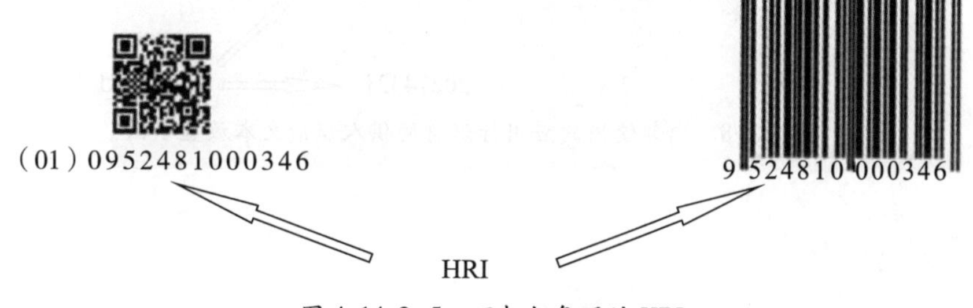


图 4. 14. 2-5　不相邻条码的 HRI

在一般零售贸易项目上，如果 UPC-E 条码和二维码相邻放置，二者都应有 GTIN 的 HRI（见图 4. 14. 2-6）。UPC-E 是采用消零压缩技术编码 GTIN-12 的条码，见 5. 2. 2. 4。

图 4. 14. 2-6　UPC-E 和二维码的 HRI

如果在一般零售贸易项目上使用 GS1 单元数据串或 GS1 数字链接 URI 编码 GTIN 以外的附加数据，这些数据通常不需要有 HRI。但是如果下游贸易伙伴（如零售商、消费者）要用到附加的 GS1 单元数据串，则宜添加到物品的供人识读文本中。示例如图 4. 14. 2-7 所示。

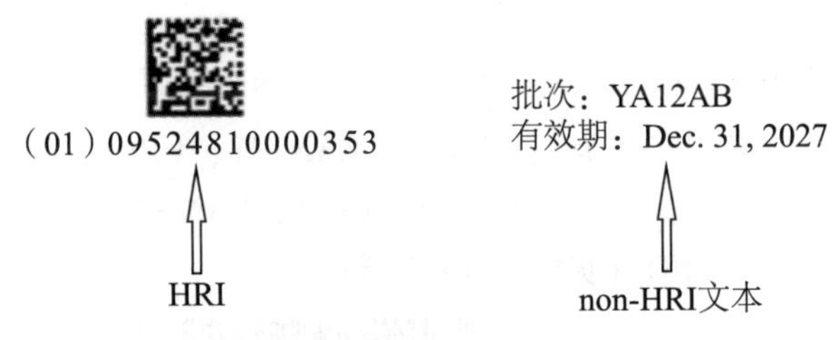

图 4.14.2-7　供人识读文本放置示例

数据载体中用于内部使用的 GS1 单元数据串，如 AI (243)，可以以 non-HRI 文本或 HRI 形式出现在物品上，但 non-HRI 文本不宜放在条码附近，因为这会干扰 GTIN 的识读。示例如图 4.14.2-8 所示。

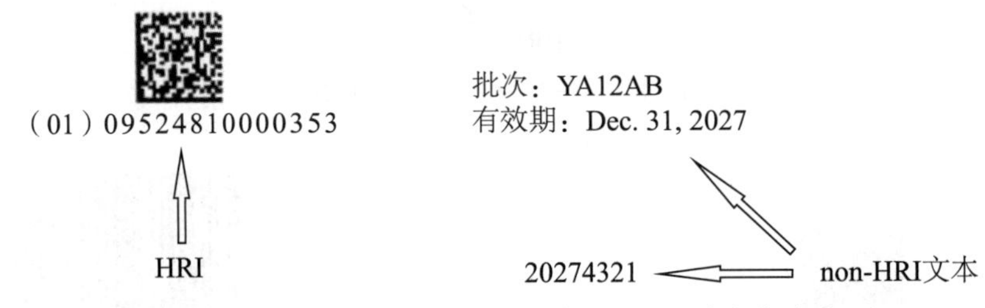

图 4.14.2-8　内部使用的应用标识符的供人识读文本放置示例

### 4.14.3　手动日期标记

如果法规和/或贸易伙伴协议要求应用日期标记进行库存周转和手动识别，应使用 ISO 标准 (8601) 的日期序列，格式应为 YYYY-MM-DD，前面是基于 ISO 标准缩写 (15223) 的日期类型形式 (参见表 4.14.3-1)。

表 4.14.3-1　日期类型的简写

| 日期类型 | 简写 |
|---|---|
| 生产 | PROD |
| 包装 | PACK |
| 保质期 | BEST |
| 有效期 | EXP |

建议使用自动识别和数据采集技术代替手动操作，以确保库存周转准确、及时。应尽一切努力采取自动化程序以提高生产力和日期管理。

## 4.15　贸易项目的多条码管理实践（跨部门）

当在现有的扫描环境或业务中引入其他的条码时，符合应用标准的条码应仍能继续使用。本章节提供一组允许在相同贸易项目上使用多条码的管理实践。

### 4.15.1 贸易项目的多条码管理实践（全部门）

1. 现行标准：所有的扫描系统应配置码制标识符（见 5.1.3），并且当使用 GS1 应用标识符时，根据 GS1 规则处理这些条码（见 7.8）。

2. GTIN：同一个贸易项目上所有 GS1 条码应编码相同的 GTIN。

3. GTIN 属性：当 GTIN 和 GTIN 属性出现在同一个贸易项目上的多个条码中时，这些属性值应相同。

4. GTIN+属性标识：当应用需要在多条码环境中采集 GTIN+额外的数据时，宜对系统进行修改，使此需求能自动满足。

5. 相邻放置：当两个条码可用于同一应用（销售点、护理点、常规分销）时，它们都应相邻放置且不侵占彼此的空白区。条码方向（横排或竖排放置）或条码顺序（放置在左、右、顶部或底部）应由生产商决定。

a）当物品的其中一个面放不下两个相邻条码时，应将条码放置到该物品的相邻的面上。这种做法不会取代第 6 章中条码放置规则中的任意一条［例如：在条码与产品平面边缘间有 8mm（0.3in）的空白区］。

6. 不相邻放置：当两个条码被用于不同的应用时（销售点、扩展包装），则它们应该放置在不相邻位置。

7. 遮蔽放置：当一个条码仅用于产品控制时（如，用编码了非 GS1 语法的 Data Matrix 码将标签和产品进行匹配），则该条码应尽可能隐蔽甚至可在贸易项目包装上将其遮住。

8. 使用 EAN/UPC 或 ITF-14 作为主要条码，使用 GS1-128 或二维码作为补充条码：在一般零售和常规分销中，当使用 EAN/UPC 或 ITF-14 条码对 GTIN 进行编码，并且使用 GS1-128 或二维码对 GTIN 属性进行编码时，相同的 GTIN 应被编码到所有的 GS1 条码中。

9. 使用 GS1-128 作为补充条码：当使用 EAN/UPC 或 ITF-14 条码对 GTIN 进行编码，并且使用 GS1-128 对 GTIN 属性进行编码时，应在同一个 GS1-128 条码中同时编码 GTIN 和 GTIN 属性，以确保准确的数据关联。

10. 使用 GS1-128 作为主要条码，使用二维码作为补充条码：在常规分销中，当使用 GS1-128 对 GTIN 和属性信息进行编码时，这些单元数据串也应该全部被编码在补充 GS1 二维码中。

### 4.15.2 一般零售的 GS1 多条码管理实践

除 4.15.1 概述的要求外，以下规则适用于一般零售中使用多个条码。

**1. 二维码迁移：**使用 GS1 DataMatrix、QR 码（GS1 数字链接 URI）或 Data Matrix（GS1 数字链接 URI）时，应附带 EAN/UPC 或 GS1 DataBar 零售 POS 系列条码，这么做是为了保证还不能扫描二维码的利益相关者不会受到影响。第 8 章应用标准模块提供了二维码迁移过渡期和未来迁移完成后使用二维码的一致性要求。

当贸易项目上有多个 GTIN 条码时，POS 系统必须确保：

- 在最终交易中，系统应只处理一组所需的数据；
- 扫描系统在从同一商品扫描多个条码时，宜只产生一个确认信号（例如“哔”声）。

❗ **重要提示：**如果没有实现上述要点，可能会产生非预期的 POS 交易。

**2. 多应用中的二维码放置：**当一个二维码用于在多种应用环境（如销售点、库存管理和消费者互动）扫描时，优先遵循 POS 方面的放置规则。4.15.1 中的相邻放置规则同样适用。

**注：**在使用 GS1 DataBar 和二维码的情况下，GTIN 和 GTIN 属性应编码在同一个条码中，以确保准确的数据关联。

### 4.15.3 医疗领域的 GS1 多条码管理实践

除 4.15.1 概述的要求外，以下规则适用于医疗领域中使用多个条码。

1. GTIN 在 GS1 DataMatrix 码与 GS1 Databar 中的处理（医疗零售）：为了促进多条码环境下的技术迁移，在一家零售药店要求 EAN/UPC 条码，另一家零售药店要求 GS1 DataMatrix 或者 GS1 Databar 扩展码时，至少，这些零售药店除了有能力处理 EAN/UPC 条码中的 AI（01）的 GTIN，也应能处理 GS1 DataMatrix 和 GS1 Databar 中的 GTIN。

2. GTIN 在 GS1 DataMatrix、GS1 Databar 和 GS1-128 中的处理（非零售医疗领域）：为了促进多条码环境下的技术迁移，在一家医疗服务供应商要求 EAN/UPC 或 ITF-14 条码，另一家医疗服务供应商要求 GS1 DataMatrix 码、GS1 Databar 扩展码以及 GS1-128 码时，非零售药店除了能够扫描识读 EAN/UPC 和 ITF-14 条码之外，至少也应有能力识读出 GS1 DataMatrix 码、扩展式 GS1 Databar 和 GS1-128 码中的 AI（01）GTIN。

3. GS1-128 作为补充符号：在医疗点应用中，使用 EAN/UPC 或 ITF-14 编码 GTIN，在 GS1-128 码用于编码 GTIN 属性的情况下，GS1-128 码也应编码 GTIN，因为最好的做法是尽可能将 GTIN 属性和 GTIN 编码在一个符号中，以确保准确的数据关联。

**注：**当使用 GS1 Databar 与 GS1 DataMatrix 码时，GTIN 与 GTIN 属性应有所关联，以确保数据关联的准确性。

4. 基于场景的管理实践：应用于所有部门的多条码管理实践可以在 4.15.1 中找到，并且代替仅在医疗中的优先级。虽然行业最佳实践侧重于每个包裹只使用一个条码，但一个服务于多个市场的产品包装可能有着应用多个条码的需求。当这种情况不可避免时，运用于管制医疗贸易项目的多条码管理实践可查阅表 4.15.3-1。此表结合扫码环境与情景给出不同的解决方案。

表 4.15.3-1 多条码管理实践

| 可遇到的扫码仪器组合 | 条码数据场景 | | 扫码仪器环境 | | 符号布置 | 条码选择 | 通用规范 | 建议 |
|---|---|---|---|---|---|---|---|---|
| | 符号 1 | 符号 2 | 零售药店或非零售药店/临床药房 | 自动化传送机 | 垂直或水平 | | 章节 | |
| #1 | GTIN A | 仅是 GTIN A 的属性 | 是 | 否 | 不适用 | GS1 DataMatrix 码<br>GS1-128<br>GS1 DataBar<br>* EAN/UPC+GS1 DataMatrix 码、GS1 Databar 扩展码、GS1-128<br>或* EAN/UPC、GS1 Datebar 或 GS1-128+** 复合部分 | 2.1.4<br>2.1.5<br>4.15.1 | 见注解 1<br>见注解 10<br>关于* 中的内容见注解 2<br>关于** 中的内容见注解 3 |

表4.15.3-1(续)

| 可遇到的扫码仪器组合 | 条码数据场景 | | 扫码仪器环境 | | 符号布置 | 条码选择 | 通用规范 | 建议 |
|---|---|---|---|---|---|---|---|---|
| | 符号1 | 符号2 | 零售药店或非零售药店/临床药房 | 自动化传送机 | 垂直或水平 | | 章节 | |
| #2 | GTIN A | 仅是GTIN A的属性 | 是 | 是 | 水平 | GS1 DataMatrix码<br>GS1-128<br>* EAN/UPC+GS1 DataMatrix或GS1-128 | 2.1.7<br>4.15.1 | 见注解1<br>见注解10<br>关于*中的内容见注解2 |
| #1 | GTIN A | GTIN A+GTIN A的属性 | 是 | 否 | 取决于包装限制 | GS1 DataMatrix码<br>GS1-128<br>GS1 Databar<br>* EAN/UPC+GS1 DataMatrix码、GS1 Databar扩展码、GS1 - 128，or GS1 Databar或GS1-128+**复合部分或* EAN/UPC与**复合部分 | 2.1.4<br>2.1.5<br>4.15.1 | 见注解1<br>见注解4<br>见注解10<br>关于*中的内容见注解6<br>关于**中的内容见注解3 |
| #2 | GTIN A | GTIN A+GTIN A的属性 | 是 | 是 | 取决于包装限制 | GS1 DataMatrix码<br>GS1-128<br>* EAN/UPC+GS1 DataMatrix码或GS1-128 | 2.1.7<br>4.15.1 | 见注解1<br>见注解2<br>见注解4<br>关于*中的内容见注解6<br>见注解10 |
| #1 | GTIN A+属性集1 | GTIN A+属性集1 | 是 | 否 | 在体积大的包装上复制符号 | GS1 DataMatrix码<br>GS1-128<br>GS1 Databar扩展码<br>EAN/UPC + 复合部分<br>复制第一个符号 | 2.1.4<br>2.1.5 | 见注解1<br>见注解5<br>见注解7<br>见注解10 |
| #2 | GTIN A+属性集1 | GTIN A+属性集1 | 是 | 是 | 在体积大的包装上复制符号 | GS1 DataMatrix码<br>GS1-128<br>EAN/UPC + 复合部分<br>复制第一个符号 | 2.1.7 | 见注解1<br>见注解5<br>见注解7<br>见注解10 |

表4.15.3-1(续)

| 可遇到的扫码仪器组合 | 条码数据场景 | | 扫码仪器环境 | | 符号布置 | 条码选择 | | 通用规范 | 建议 |
|---|---|---|---|---|---|---|---|---|---|
| | 符号1 | 符号2 | 零售药店或非零售药店/临床药房 | 自动化传送机 | 垂直或水平 | | | 章节 | |
| #1 | GTIN A+属性集1 | GTIN A+属性集2 | 是 | 否 | 取决于包装限制 | GS1 DataMatrix码<br>GS1-128<br>GS1 Databar扩展码<br>EAN/UPC+复合部分 | GS1 DataMatrix码<br>GS1-128<br>GS1 Databar扩展码<br>EAN/UPC + 复合部分 | 2.1.4<br>2.1.5 | 见注解1<br>见注解5<br>见注解8<br>见注解10 |
| #2 | GTIN A+属性集1 | GTIN A+属性集2 | 是 | 是 | 水平 | GS1 DataMatrix码<br>GS1-128 | GS1 DataMatrix码<br>GS1-128 | 2.1.7 | 见注解1<br>见注解5<br>见注解8<br>见注解10 |
| #1 | GTIN与序号 | GIAI或GRAI | 不允许用于管制医疗中的小型手术器械，这些器械只能基于可用的标示表面与由生产商标识的SGTIN在物品表面上用一个符号标示。<br>见注解10 | | | | | | |
| #1或#2 | GTIN A | GTIN B | 不允许 | | | | | | |
| #2 | GTIN A | SSCC | 允许在同时作为物流单元服务的贸易项目。符号放置遵照第6章。<br>(所有的条款均在6.2、6.4、6.6、6.7和6.8)<br>见注解10 | | | | | | |
| #1 | SSCC | AI (02) + AI (37) | 是 | 否 | 垂直 | GS1-128 | GS1-128 | 2.2.1 | 见注解9 |
| #2 | SSCC | AI (02) + AI (37) | 是 | 是 | 垂直 | GS1-128 | GS1-128 | 2.2.1 | 见注解9 |
| #1和#2 | GS1数据由符号1或2携带 | 非GS1数据 | 用于解码内部或专有数据的符号不能放置于可在开发供应链中扫描到的地方（例如：零售POS，自动传送带扫码器按照GS1规范扫描）<br>见4.15.1——遮蔽放置和注解10 | | | | | | |

表4.15.3-1(续)

| 可遇到的扫码仪器组合 | 条码数据场景 | | 扫码仪器环境 | | 符号布置 | 条码选择 | 通用规范 | 建议 |
|---|---|---|---|---|---|---|---|---|
| | 符号1 | 符号2 | 零售药店或非零售药店/临床药房 | 自动化传送机 | 垂直或水平 | | 章节 | |

**注解：**

■注解1：为了使管制医疗贸易零售项目的GTIN与GTIN属性的关联性生效，将两者串联至一个符号内是首要的选择。在任何时候，都要避免在条码中的GTIN属性与GTIN分离的情况。在EAN/UPC广泛用于零售药店用来采集GTIN的场景中，一旦一个市场支持可解码GTIN与GTIN属性的数据载体，那么当要求解码GTIN属性的时候，此数据载体应替代EAN/UPC条码。

■注解2：符号不是受管制的医疗贸易零售项目首要的选择，因为这些项目不允许串联，但仍然是允许的选项。

■注解3：GS1复合码组分不会作为一个完整符号孤立出来；它必须以一个一维码的形式与复合码组分关联起来，例如EAN/UPC、ITF-14、GS1-128或GS1 Databar。因此，GS1复合码组分留下了一个合法的选择，但只能用于非零售应用，GS1 DataMatrix码被优先用于管制医疗贸易零售项目是基于它可以解码一个符号中的所有信息，并有着高效的打印速度。

■注解4：推荐使用可解码GTIN与其属性的单一符号。

■注解5：当需要两个符号来解码很多GTIN属性时，两个符号应有相同的码制，并都可以用来解码GTIN。

■注解6：符号不是受管制的医疗贸易零售项目首要的选择，因为这些项目不允许串联，但仍然是允许的选项。

■注解7：建议用于笨重的，或大型贸易项目或托盘。

■注解8：在任何情况下，使用一个符号来解析GTIN与其所有的属性胜过用两个符号来解析。

■注解9：AI（02）与AI（37）不推荐用于管制医疗供应链中。

■注解10：自2007年，GS1建议所有在医疗部门中的贸易参与方专门购买基于图像的扫码器以来，由于GS1 DataMatrix已经上升为标准，因此有必要告知所有贸易伙伴在GS1内部有一个建立目标部署日期的过程，否则生产商就无从得知何时在他们的包装上部署GS1 DataMatrix，并且也可能会无意中购买那些不支持标准的设备。

# 4.16 弃用规则

本节包含已被弃用的规则。这些规则是作为现有规则的参考。

## 4.16.1 弃用的GTIN重复使用规则

这些规则在2019年1月1日被弃用。

分配给贸易项目的GTIN作废后，在下列情况发生的至少48个月后，才能用于其他的贸易项目：

- 最后生产并使用该GTIN的贸易项目的失效日期；或者
- 最后生产并使用此GTIN的贸易项目已提供给客户。

以下规则适用于特定行业：

- 服装：对于服装，最短保留期可缩短至30个月。
- 医疗卫生：厂商必须确保分配给受监管的医疗卫生贸易项目的GTIN绝不能重复使用。

例外：已从市场下架的受管制的医疗卫生贸易项目重新上市，在没有任何GTIN管理标准规定使用新GTIN的修改或变更时，可以使用原GTIN。

■ 技术行业：直接标记到零部件上的GTIN，例如用于铁路机车车辆和基础设施，应该永远不能重复使用（见2.6.14）。

对于其他贸易项目，取决于商品的种类和/或任何规章制度，生产商应该考虑更长的一段时间。例如，钢梁在进入供应链前可能已经储存了很多年，应该适当处理以确保该GTIN在相当长的一段时间内不会被重新分配。

此外，在打算重新使用GTIN时，应考虑到在最后一次提供原始贸易项目后的很长时间内贸易伙伴可能仍然会使用与原始GTIN相关的数据进行统计分析或服务记录。

如果GTIN已分配给项目但从未实际生产过，则该GTIN可以立即从所有目录中删除，而无需先标记为已停产。在这种特殊情况下，GTIN可以在从卖家目录中删除12个月后重新使用。

# 第5章　数据载体

# 5.1 引言

数据载体是以机器可识读的形式表示数据的手段。GS1 认可的条码符号见 5.2~5.11，条码符号的制作和质量评价见 5.12，EPC/RFID 见 5.13。

GS1 系统指明了可用于表示任何单元数据串的数据载体。第 2 章说明在具体应用中宜使用什么数据载体来表示单元数据串的规则。

## 5.1.1 GS1 条码概述

GS1 系统使用如下数据载体：

■ EAN/UPC 码制系列的条码符号（UPC-A、UPC-E、EAN-13 和 EAN-8 条码以及 2 位或 5 位数字的附加符号）可被全方位扫描识读，在 POS 端扫描的所有零售贸易项目必须使用这些符号，这些符号也可用于其他贸易项目。UPC-A 和 EAN-13 条码见图 5.1.1-1。

图 5.1.1-1 UPC-A 和 EAN-13 条码

■ ITF-14 条码（交插二五码，见图 5.1.1-2）表示的标识代码仅用于标识不通过 POS 端扫描的非零售贸易项目上。ITF-14 符号更适合于直接印刷在瓦楞纸板箱上。

图 5.1.1-2 ITF-14 条码

■ GS1-128 条码（见图 5.1.1-3）是 128 条码码制的子集，它是专门授权给 GS1 使用的。这一灵活可变长度的码制可对使用应用标识符的单元数据串进行编码。

图 5.1.1-3 GS1-128 条码

■ GS1 DataBar 条码（见图 5. 1. 1-4）是一系列应用于 GS1 系统标识的一维条码码制。这种一维条码在许多应用中隐含 GS1 应用标识符的代码（01），在扩展式 GS1 DataBar 应用中，在编码单元数据串时通过使用 GS1 应用标识符明确进行标识。

图 5. 1. 1-4 GS1 DataBar 条码

■ 复合码组分标识不是独立存在的。主标识代码总是编码为一维条码，附加的 GS1 应用标识符单元数据串可以在二维组分中编码，这种组合占据较小的面积。见图 5. 1. 1-5。

图 5. 1. 1-5 有一个复合码组分的全向层排式 DataBar 条码

■ GS1 DataMatrix（Data Matrix，见图 5. 1. 1-6）（EC 200 版）是 ISO/IEC 16022 的子集，并且是唯一支持使用 GS1 模式字符串编码方法的 GS1 系统数据结构的版本，且包括 FNC1 符号字符。GS1 DataMatrix Data Matrix 码的应用应按认可过的 GS1 系统应用标准来实施，比如用在那些受管制的零售医疗贸易项目。

图 5. 1. 1-6 GS1 DataMatrix

■ GS1 QR 码（见图 5. 1. 1-7）是 ISO/IEC 18004 的一个子集。QR 码支持 GS1 系统数据结构，包括 FNC1 符号字符。GS1 QR 码的应用应按认可过的 GS1 系统应用标准来实施。

(01) 0 9501101 530003
(8200) http://example.com

图 5.1.1-7　GS1 QR 码

■ GS1 DotCode（见图 5.1.1-8）支持 GS1 系统数据结构，由 AIM DotCode 规范（版本 3.0，2014 年 8 月发布）予以支持。由一对数字开始，在这两位数字之前或之后没有 FNC1 的数据段，被认为是默认不包含 FNC1 字符来传递 GS1 格式的数据。GS1 DotCode 的实施应按照经认可的 GS1 应用标准进行。

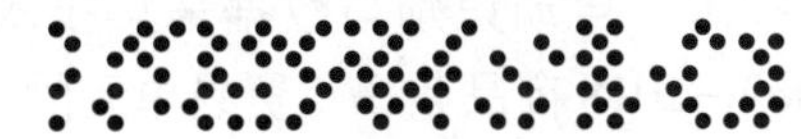

图 5.1.1-8　GS1 Dotcode

■ 数据矩阵码（Data Matrix，见图 5.1.1-9）（ECC 200 版）应符合国际标准 ISO/IEC 16022。Data Matrix 支持使用 GS1 数字链接 URI 语法编码的 GS1 系统数据结构。Data Matrix 应按照认可的 GS1 系统应用标准实施。

https://example.com/01/09506000134369

图 5.1.1-9　Data Matrix

■ QR 码（见图 5.1.1-10）应符合国际标准 ISO/IEC 18004。QR 码支持使用 GS1 数字链接 URI 语法编码的 GS1 系统数据结构。QR 码应按照认可的 GS1 系统应用标准实施。

https://example.com/01/09506000134369

图 5.1.1-10　QR 码

## 5.1.2　国际标准（数据载体部分）

很多国家和地区的标准化组织都制定了条码符号的技术标准。国际标准化组织（ISO）通过 ISO/IEC JTC1（国际标准化组织/国际电工委员会第一联合技术委员会）分技术委员会发布标准的条码码制规范。

GS1 积极参与发展这些标准，目标是保持 GS1 系统的标准与相应的已发布的国家、地区以及国际的码制标准完全兼容。第 5 章中的相应文档包含下述标准的最新版本：

■ 5.1：ISO/IEC 15424 信息技术　自动识别与数据采集技术　数据载体/码制标识符［对应我国国家标准为：GB/T 42587—2023 信息技术　自动识别与数据采集技术　数据载体标识符（等同）］。

■ 5.2：ISO/IEC 15420 信息技术　自动识别与数据采集技术　条码码制规范：EAN/UPC［对应我国国家标准为：GB 12904—2008 商品条码　零售商品编码与条码表示（非等效）］。

■ 5.3：ISO/IEC 16390 信息技术　自动识别与数据采集技术　条码码制规范：ITF-14（对应我国国家标准为：GB/T 16829—2003 信息技术　自动识别与数据采集技术　条码码制规范　交插二五条码)。

■ 5.4：ISO/IEC 15417 信息技术　自动识别与数据采集技术　条码码制规范：GS1 128（对应我国国家标准为：GB/T 15425—2014 商品条码　128 条码)。

■ 5.5：ISO/IEC 24724 信息技术　自动识别与数据采集技术　条码码制规范：GS1 DataBar（对应我国国家标准为：GB/T 36069—2018 商品条码　贸易单元的小面积条码表示)。

■ 5.6：ISO/IEC 16022 信息技术　自动识别与数据采集技术　数据矩阵码（Data Matrix）码制规范，这部分是专指 GS1 DataMatrix（对应我国国家标准为：GB/T 41208—2021 数据矩阵码)。

■ 5.7：ISO/IEC 18004：2015 信息技术　自动识别与数据采集技术　QR 码码制规范，这部分是专指 GS1 QR（对应我国国家标准为：GB/T 18284—2000 快速响应矩阵码)。

■ 5.8：AIM 版本 3.0，2014 年 8 月发布：信息技术自动识别与数据采集技术条码码制规范：DotCode。

■ 5.9：ISO/IEC 16022 信息技术　自动识别与数据采集技术　数据矩阵（Data Matrix）条码码制规范。

■ 5.10：ISO/IEC 18004 信息技术　自动识别与数据采集技术　QR 码码制规范。

■ 5.11：ISO/IEC 24723 信息技术　自动识别与数据采集技术　EAN. UCC 复合条码码制规范。

■ 5.12：条码的制作和质量评价：

□ ISO/IEC 15415 信息技术　自动识别与数据采集技术　条码印制质量测试规范　二维码符号［对应我国国家标准为：GB/T 23704—2017 二维条码符号印制质量的检验（修改）］。

□ ISO/IEC 15416 信息技术　自动识别与数据采集技术　条码印制质量测试规范　一维条码［对应我国国家标准为：GB/T 18348—2022 商品条码　符号质量的检验（非等效）］。

□ ISO/IEC 15419 信息技术　自动识别与数据采集技术　条码数字成像与印制性能的检验。

□ ISO/IEC 15421 信息技术　自动识别与数据采集技术　条码原版胶片测试规范［对应我国国家标准为：GB/T 26227—2010 信息技术　自动识别与数据采集技术　条码原版胶片测试规范（等同）］。

□ ISO/IEC 15426-1 信息技术　自动识别与数据采集技术　条码检测仪一致性规范　第 1 部分：一维条码［对应我国国家标准为：GB/T 26228. 1—2010 信息技术　自动识别与数据采集技术　条码检测仪一致性规范　第 1 部分：一维条码（等同）］。

□ ISO/IEC 15426-2 信息技术　自动识别与数据采集技术　条码检测仪　一致性规范　第 2 部分：二维码符号。

□ ISO 1703-2 光学识别用字母数字型字符集　第 2 部分：OCR-B 字符集　印刷图像的形状和尺寸［对应我国国家标准为：GB/T 12508—1990 光学识别用字母数字字符集　第二部分：OCR-B　字符集印刷图象的形状和尺寸（等同）］。

□ ISO/IEC TR 29158 信息技术　自动识别与数据采集技术　零部件直接标记指南［对应我国国家标准为：GB/T 35402—2017 零部件直接标记二维码符号的质量检验（等同］。

■ 5.13：超高频和高频 EPC/RFID：

□ ISO/IEC 18000-63 信息技术　物品管理的射频识别　第 63 部分：860 MHz 至 960 MHzC 型空中接口通信参数［对应我国国家标准为：GB/T 29768—2013 信息技术　射频识别 800/900MHz 空中接口协议（非等效）］。

□ ISO/IEC 18000-3 信息技术　物品管理的射频识别　第 3 部分：13.56MHz 空中接口通信参数［对应我国国家标准为：GB/T 33848.3—2017 信息技术　射频识别　第 3 部分：13.56MHz 的空中接口通信参数（等同）］。

■ 全部分类：ISO/IEC 646 信息技术　ISO 7 位编码字符集信息交换［对应我国国家标准为：GB/T 1988—1998 信息技术 信息交换用七位编码字符集（等同）］。

## 5.1.3　码制标识符

码制标识符不在条码符号中编码，但它由译码器在译码后生成，并作为数据报文的先导数据传输。

所有的扫描设备都具有识别所扫描的码制的能力，有些扫描器具有传送码制标识符的可选功能。码制标识符是三字符组成的数据串，由标志字符、代码字符和修正字符组成，见表 5.1.3-1。GS1 系统使用的码制标识符见表 5.1.3-2。

表 5.1.3-1　码制标识符的结构

| 字符 | 描述 |
|---|---|
| ] | 标志字符（ASCII 值 93），指示码制标识符的后两位字符 |
| c | 代码字符，指示码制的类型 |
| m | 修正字符，指示所使用码制的模式 |

注：如果使用码制标识符，则码制标识符作为数据报文的前缀传送。

表 5.1.3-2　GS1 系统使用的 ISO/IEC 15424 码制标识符

| 码制标识符* | 码制格式 | 主数据 |
|---|---|---|
| ]E 0 | EAN-13、UPC-A 或 UPC-E | 13 位数字 |
| ]E 1 | 2 位附加码 | 2 位数字 |
| ]E 2 | 5 位附加码 | 5 位数字 |
| ]E 3 | 带有附加符号的 EAN-13，UPC-A 或 UPC-E** | 15 或 18 位数字 |
| ]E 4 | EAN-8 | 8 位数字 |
| ]I 1 | ITF-14 | 14 位数字 |
| ]C 1 | GS1-128 | 标准的应用标识符单元数据串 |
| ]e0 | GS1 DataBar | 标准的应用标识符单元数据串 |
| ]e1 | GS1 复合码 | 包含编码符号分隔符之后的数据包 |
| ]e2 | GS1 复合码 | 包含转义机制字符之后的数据包 |
| ]d2 | GS1 DataMatrix | 标准的应用标识符单元数据串 |

表5.1.3-2(续)

| 码制标识符* | 码制格式 | 主数据 |
| --- | --- | --- |
| ]Q 3 | GS1 QR 码 | 标准的应用标识符单元数据串 |
| ]J1 | GS1 DotCode | 标准的 AI 单元数据串 |
| ]d1 | 采用 EC 200 的 Data Matrix | GS1 数字链接 URI |
| ]Q1 | QR 码 | GS1 数字链接 URI |

*码制标识符要区分大小写。

**带有附加码的条码符号可以被看作2个分开的符号，各以自己的码制标识符传送，也可以作为一个数据包传送。系统的设计者可以选择其中的一种方法，但选择码制标识符] E3 的方法数据安全性更好。

# 5.2　一维条码——EAN/UPC 码制规范

## 5.2.1　码制特征

EAN/UPC 码制中的条码的特征包括:

- 可编码的字符集：数字（0~9）符合 ISO/IEC 646：更多详细信息，请参见表 7.11-1。
- 码制类型：连续型。
- 符号字符密度：每个符号字符有 7 个模块。
- 每个符号字符的单元数：4，包括 2 个条（深色条）和 2 个空（浅色条），每个条或空有 1、2、3 或 4 个模块宽度（辅助符有不同的单元数）。
- 符号字符自校验。
- 定长，根据具体符号类型可编码的数据串长度：8、12 或 13 个字符，包括校验码。
- 全向可译码（双向可译码）。
- 一个必备的校验码（在 7.9 节中描述）。
- 除校验码或空白区之外的非数据的部分：
  - □ EAN-13，EAN-8，和 UPC-A 条码为 11 个模块（含起始符/中间分隔符/终止符）；
  - □ UPC-E 条码为 9 个模块（含起始符/终止符）。

### 5.2.1.1　符号类型

EAN/UPC 码制中的条码是:

- EAN-13，UPC-A 和 UPC-E 条码，并且都可有附加码。
- EAN-8 条码。

这四种符号类型分别见 5.2.2.1，5.2.2.2，5.2.2.3 和 5.2.2.4，可选择的附加符号见 5.2.2.5。

### 5.2.1.2　符号编码

#### 5.2.1.2.1　符号字符编码

符号字符对数字值，应按规则选择 A、B 和 C 三个不同的字符集子集，编码为 7 个模块组成的字符，见表 5.2.1.2.1-1。

表 5.2.1.2.1-1 字符集 A 子集、B 子集和 C 子集

| 数字字符 | 字符集 A 子集单元宽度 | | | | 字符集 B 子集单元宽度 | | | | 字符集 C 子集单元宽度 | | | |
|---|---|---|---|---|---|---|---|---|---|---|---|---|
| | S | B | S | B | S | B | S | B | B | S | B | S |
| 0 | 3 | 2 | 1 | 1 | 1 | 1 | 2 | 3 | 3 | 2 | 1 | 1 |
| 1 | 2 | 2 | 2 | 1 | 1 | 2 | 2 | 2 | 2 | 2 | 2 | 1 |
| 2 | 2 | 1 | 2 | 2 | 2 | 2 | 1 | 2 | 2 | 1 | 2 | 2 |
| 3 | 1 | 4 | 1 | 1 | 1 | 1 | 4 | 1 | 1 | 4 | 1 | 1 |
| 4 | 1 | 1 | 3 | 2 | 2 | 3 | 1 | 1 | 1 | 1 | 3 | 2 |
| 5 | 1 | 2 | 3 | 1 | 1 | 3 | 2 | 1 | 1 | 2 | 3 | 1 |
| 6 | 1 | 1 | 1 | 4 | 4 | 1 | 1 | 1 | 1 | 1 | 1 | 4 |
| 7 | 1 | 3 | 1 | 2 | 2 | 1 | 3 | 1 | 1 | 3 | 1 | 2 |
| 8 | 1 | 2 | 1 | 3 | 3 | 1 | 2 | 1 | 1 | 2 | 1 | 3 |
| 9 | 3 | 1 | 1 | 2 | 2 | 1 | 1 | 3 | 3 | 1 | 1 | 2 |

**注：**S 表示空（浅色条），B 表示条（深色条），单元宽度用模块数来表示。

表 5.2.6.1-1 用图形的形式说明表 5.2.1.2.1-1。在任何符号字符中条（深色条）的模块数总和决定了符号字符的奇偶性。在字符集 A 子集中符号字符为奇校验，在字符集 B 子集和 C 子集中的符号字符为偶校验。字符集 C 子集的字符是字符集 B 子集字符的镜面映象。

在字符集 A 子集和字符集 B 子集中符号字符总是在左端以空（浅色模块）开始，在右端以条（深色模块）结束。在字符集 C 子集中符号字符在左端以条（深色模块）开始，在右端以空（浅色模块）结束。

数据字符通常应由一个符号字符来表示。然而，在下面定义的特殊情况下（见 5.2.2.1，5.2.2.4 和 5.2.2.5），一个符号中字符集的组合本身可代表数据或校验码的值，该技术被称作可变奇偶校验编码。

### 5.2.1.2.2 辅助符编码

辅助符的组成见表 5.2.1.2.2-1。

表 5.2.1.2.2-1 辅助符

| 辅助符 | 模块数 | 用模块数表示的单元宽度 | | | | | |
|---|---|---|---|---|---|---|---|
| | | S | B | S | B | S | B |
| 标准保护符（起始符/终止符） | 3 | | 1 | 1 | 1 | | |
| 中心分隔符 | 5 | 1 | 1 | 1 | 1 | 1 | |
| 特殊保护符（专用于 UPC-E 码） | 6 | 1 | 1 | 1 | 1 | 1 | 1 |
| 附加保护符（附加码起始符） | 4 | | 1 | 1 | 2 | | |
| 附加分隔符 | 2 | 1 | 1 | | | | |

**注：**S 表示空（浅色单元），B 表示条（深色单元）。

表 5.2.6.2-1 用图形的方式阐述了 EAN/UPC 码的辅助符（不含附加码的辅助符）。

特殊保护符在 UPC-E 条码中用作终止符，标准保护符指其他码制的起始符和终止符。

## 5.2.2 符号格式

### 5.2.2.1 EAN-13 条码

EAN-13 条码的组成从左到右应如下：

- 左侧空白区；
- 标准保护符（起始符）；
- 选自字符集 A 子集和 B 子集的 6 个符号字符；
- 中间分隔符；
- 选自字符集 C 子集的 6 个符号字符；
- 标准保护符（终止符）；
- 右侧空白区。

最右侧的符号字符应对根据 7.9 计算出来的校验码进行编码。

因为 EAN-13 条码只包含 12 个符号字符（包括校验码），却对 13 位数字进行编码；前置码的值即处在数据串最左端位置的字符的值，应通过符号左侧 6 个符号字符的字符集 A 子集和 B 子集的可变奇偶排列进行编码。前置码的值的编码系统在表 5.2.2.1-1 中说明。图 5.2.2.1-1 是一个 EAN-13 条码的示例。

表 5.2.2.1-1 EAN-13 条码的左半部分

| 以隐含方式编码的前置码数值 | 对 EAN-13 条码左半部分进行编码的字符集 | | | | | |
|---|---|---|---|---|---|---|
| | 符号字符位置 | | | | | |
| | 1 | 2 | 3 | 4 | 5 | 6 |
| 0* | A | A | A | A | A | A |
| 1 | A | A | B | A | B | B |
| 2 | A | A | B | B | A | B |
| 3 | A | A | B | B | B | A |
| 4 | A | B | A | A | B | B |
| 5 | A | B | B | A | A | B |
| 6 | A | B | B | B | A | A |
| 7 | A | B | A | B | A | B |
| 8 | A | B | A | B | B | A |
| 9 | A | B | B | A | B | A |

*前置码“0”保留，用于对 GTIN-12 单元数据串进行编码的符号。

图 5.2.2.1-1 EAN-13 条码

#### 5.2.2.2 EAN-8 条码

EAN-8 条码的组成从左到右应如下：

- 左侧空白区；
- 标准保护符（起始符）；
- 选自字符集 A 子集的 4 个符号字符；
- 中间分隔符；
- 选自字符集 C 子集的 4 个符号字符；
- 标准保护符（终止符）；
- 右侧空白区。

最右侧的符号字符应对根据 7.9. 计算出来的校验码进行编码。图 5.2.2.2-1 是一个 EAN-8 条码的例子。

图 5.2.2.2-1 EAN-8 条码

#### 5.2.2.3 UPC-A 条码

UPC-A 条码的组成从左到右应如下：

- 左侧空白区；
- 标准保护符（起始符）；
- 选自字符集 A 子集的 6 个符号字符；
- 中间分隔符；
- 选自字符集 C 子集的 6 个符号字符；
- 标准保护符（终止符）；
- 右侧空白区。

最右侧的符号字符应对根据 7.9 计算出来的校验码进行编码。UPC-A 条码可通过在 GTIN-12 添加一个前导 0 来作为 13 位数字译码。图 5.2.2.3-1 是一个 UPC-A 条码的例子。

图 5.2.2.3-1　UPC-A 条码

### 5.2.2.4　UPC-E 条码

UPC-E 条码的组成从左到右应如下：

- 左侧空白区；
- 标准保护符（起始符）；
- 选自字符集 A 子集和字符集 B 子集的 6 个符号字符；
- 特殊保护符（UPC-E 码专用终止符）；
- 右侧空白区。

UPC-E 条码只可被用来对首字符位“0”并且在规定的位置包含 4 个或 5 个零的 GTIN-12 数据串进行编码。这些零在按照 5.2.2.4.1 描述的消零压缩过程编码时从数据中去除。图 5.2.2.4-1 是一个 UPC-E 条码的例子。

图 5.2.2.4-1　UPC-E 条码（用消零压缩对“001234000057”编码）

#### 5.2.2.4.1　UPC-E 条码的编码

下述算法描述了对适合消零压缩的数据串的编码：

- D1，D2，D3…D12 表示 GTIN-12 数据字符（包括校验码）。D1 应总为 0。D12 应为根据 7.9 的算法计算出来的校验码。X1，X2…X6 表示最后形成的 UPC-E 条码中的 6 个符号字符。根据下述规则，通过消除 0 将 D2，D3…D11 转化为一个 6 位的符号字符串：

| 如果 | 则编码及数据位次排放 |
| --- | --- |
| ■D11=5，6，7，8 或 9<br>■并且 D7~D10 全是 0<br>■D6 不是 0 | ■不对 D7~D10 进行编码<br>■符号字符：X1　X2　X3　X4　X5　X6<br>■数据字符：D2　D3　D4　D5　D6　D11 |

| 如果 | 则编码及数据位次排放 |
| --- | --- |
| ■D6~D10 全是 0<br>■并且 D5 不是 0 | ■不对 D6~D10 进行编码，并且 X6=4<br>■符号字符：X1　X2　X3　X4　X5　X6<br>■数据字符：D2　D3　D4　D5　D11　4 |

| 如果 | 则编码及数据位次排放 |
|---|---|
| ■D4 是 0、1 或 2<br>■并且 D5~D8 全是 0 | ■不对 D5~D8 进行编码<br>■符号字符：X1 X2 X3 X4 X5 X6<br>■数据字符：D2 D3 D9 D10 D11 D4 |

| 如果 | 则编码及数据位次排放 |
|---|---|
| ■D4 是 3，4，5，6，7，8 或 9<br>■并且 D5~D9 全是 0 | ■不对 D5~D9 进行编码，并且 X6=3<br>■符号字符：X1 X2 X3 X4 X5 X6<br>■数据字符：D2 D3 D4 D10 D11 3 |

根据表 5.2.2.4.1-1 决定用于对 D12 进行隐含编码的字符集。

按第三步决定使用的字符集 A 子集和 B 子集对符号字符 X1~X6 进行编码。消零压缩示例见表 5.2.2.4.1-2~表 5.2.2.4.1-5。

表 5.2.2.4.1-1 D12 的隐含编码的字符集

| 校验码 D12 的值 | 用于 UPC-E 条码编码的字符集 | | | | | |
|---|---|---|---|---|---|---|
| | 符号字符位置 | | | | | |
| | 1 | 2 | 3 | 4 | 5 | 6 |
| 0 | B | B | B | A | A | A |
| 1 | B | B | A | B | A | A |
| 2 | B | B | A | A | B | A |
| 3 | B | B | A | A | A | B |
| 4 | B | A | B | B | A | A |
| 5 | B | A | A | B | B | A |
| 6 | B | A | A | A | B | B |
| 7 | B | A | B | A | B | A |
| 8 | B | A | B | A | A | B |
| 9 | B | A | A | B | A | B |

表 5.2.2.4.1-2 消零压缩示例 1

| 例 1 | 原始数据 | | | | | | | | | | | | 消零压缩 | | | | | | 规则 |
|---|---|---|---|---|---|---|---|---|---|---|---|---|---|---|---|---|---|---|---|
| | 0 | 1 | 2 | 3 | 4 | 5 | 0 | 0 | 0 | 0 | 5 | 8 | 1 | 2 | 3 | 4 | 5 | 5 | 2a |
| | | | | | | | | | | | | | B | A | B | A | A | B | |
| | | | | | | | | | | | | | | | | | | | |

表 5.2.2.4.1-3 消零压缩示例 2

| 例 2 | 原始数据 | | | | | | | | | | | | 消零压缩 | | | | | | 规则 |
|---|---|---|---|---|---|---|---|---|---|---|---|---|---|---|---|---|---|---|---|
| | 0 | 4 | 5 | 6 | 7 | 0 | 0 | 0 | 0 | 0 | 8 | 0 | 4 | 5 | 6 | 7 | 8 | 4 | 2b |
| | | | | | | | | | | | | | B | B | B | A | A | A | |
| | | | | | | | | | | | | | | | | | | | |

表 5.2.2.4.1-4　消零压缩示例 3

| 例 3 | | 原始数据 | | | | | | | | | | | | 消零压缩 | | | | | | | 规则 |
|---|---|---|---|---|---|---|---|---|---|---|---|---|---|---|---|---|---|---|---|---|---|
| | | 0 | 3 | 4 | 0 | 0 | 0 | 0 | 0 | 5 | 6 | 7 | 3 | 3 | 4 | 5 | 6 | 7 | 0 | | 2c |
| | | | | | | | | | | | | | | B | B | A | A | A | B | | |
| | | | | | | | | | | | | | | | | | | | | | |

表 5.2.2.4.1-5　消零压缩示例 4

| 例 4 | | 原始数据 | | | | | | | | | | | | 消零压缩 | | | | | | | 规则 |
|---|---|---|---|---|---|---|---|---|---|---|---|---|---|---|---|---|---|---|---|---|---|
| | | 0 | 9 | 8 | 4 | 0 | 0 | 0 | 0 | 0 | 7 | 5 | 1 | 9 | 8 | 4 | 7 | 5 | 3 | | 2d |
| | | | | | | | | | | | | | | B | B | A | B | A | A | | |
| | | | | | | | | | | | | | | | | | | | | | |

**注：** 用于校验码隐含编码的字符集如消零压缩栏中所示。

#### 5.2.2.4.2　UPC-E 条码的译码

根据表 5.2.2.4.2-1 能从被编在 UPC-E 条码中的字符里提取出 12 位的数据串。

表 5.2.2.4.2-1　条码的译码

| 被编码的 UPC-E 条码的数字 | | | | | | | | | 译码后的 UPC-E 条码的数字 | | | | | | | | | | | |
|---|---|---|---|---|---|---|---|---|---|---|---|---|---|---|---|---|---|---|---|---|
| | P1 | P2 | P3 | P4 | P5 | P6 | | | D1 | D2 | D3 | D4 | D5 | D6 | D7 | D8 | D9 | D10 | D11 | D12 |
| (0) | X1 | X2 | X3 | X4 | X5 | 0 | (C) | | (0) | X1 | X2 | 0 | 0 | 0 | 0 | 0 | X3 | X4 | X5 | (C) |
| (0) | X1 | X2 | X3 | X4 | X5 | 1 | (C) | | (0) | X1 | X2 | 1 | 0 | 0 | 0 | 0 | X3 | X4 | X5 | (C) |
| (0) | X1 | X2 | X3 | X4 | X5 | 2 | (C) | | (0) | X1 | X2 | 2 | 0 | 0 | 0 | 0 | X3 | X4 | X5 | (C) |
| (0) | X1 | X2 | X3 | X4 | X5 | 3 | (C) | | (0) | X1 | X2 | X3 | 0 | 0 | 0 | 0 | 0 | X4 | X5 | (C) |
| (0) | X1 | X2 | X3 | X4 | X5 | 4 | (C) | | (0) | X1 | X2 | X3 | X4 | 0 | 0 | 0 | 0 | 0 | X5 | (C) |
| (0) | X1 | X2 | X3 | X4 | X5 | 5 | (C) | | (0) | X1 | X2 | X3 | X4 | X5 | 0 | 0 | 0 | 0 | 5 | (C) |
| (0) | X1 | X2 | X3 | X4 | X5 | 6 | (C) | | (0) | X1 | X2 | X3 | X4 | X5 | 0 | 0 | 0 | 0 | 6 | (C) |
| (0) | X1 | X2 | X3 | X4 | X5 | 7 | (C) | | (0) | X1 | X2 | X3 | X4 | X5 | 0 | 0 | 0 | 0 | 7 | (C) |
| (0) | X1 | X2 | X3 | X4 | X5 | 8 | (C) | | (0) | X1 | X2 | X3 | X4 | X5 | 0 | 0 | 0 | 0 | 8 | (C) |
| (0) | X1 | X2 | X3 | X4 | X5 | 9 | (C) | | (0) | X1 | X2 | X3 | X4 | X5 | 0 | 0 | 0 | 0 | 9 | (C) |

注：
- 在 UPC-E 条码中用 X1，X2…X5 表示 P1，P2…P5 位置上的符号字符。
- 带有下划线的零为重新插入的零。
- 没有参与编码的 UPC-E 条码的前置码用“0”来表示。
- 在 UPC-E 条码中被隐含编码的校验码用“C”来表示。

### 5.2.2.5　附加码

附加码用于对期刊、精装书和平装书上主条码信息的补充信息进行编码。因为附加符号具有一定安全性隐患，所以附加码应限制用于一些应用，而遵循以下应用中管理数据格式和内容的应用规范的规则能提供适当的安全保护。

#### 5.2.2.5.1　两位数字的附加符号

与 EAN-13、UPC-A 或 UPC-E 条码结合，两位数字的附加码可用于一些特殊应用。两位数字的附加码紧接在主符号的右侧空白区之后。其组成如下：

- 附加码保护符（附加码起始符）；
- 取自字符集 A 子集或 B 子集的附加代码的第一位数字；
- 附加码分隔符；
- 取自字符集 A 子集或 B 子集的附加码的第二位数字；
- 右侧空白区。

附加码没有终止符。它没有明确的校验码，而是通过两位数字编码所使用的字符集（A 或 B）的组合来实现校验。字符集的选择与附加代码的数值有关，见表 5.2.2.5.1-1。

表 5.2.2.5.1-1 两位附加码的字符集

| 附加码的数字的值 | 左侧数字 | 右侧数字 |
|---|---|---|
| 4 的倍数（00，04，08，..96） | A | A |
| 4 的倍数+1（01，05，..97） | A | B |
| 4 的倍数+2（02，06，..98） | B | A |
| 4 的倍数+3（03，07，..99） | B | B |

图 5.2.2.5.1-1 是一个有两位附加码的 EAN-13 条码对的示例。

图 5.2.2.5.1-1 有两位附加码的 EAN-13 条码

### 5.2.2.5.2 五位数字的附加码

与 EAN-13，UPC-A 或 UPC-E 条码结合，5 位数字的附加码可用于一些特殊的应用。5 位数字附加码紧接在主符号的右侧空白区。其组成如下：

1. 附加码保护符（附加码起始符）；
2. 取自字符集 A 或 B 的附加代码的第一位数字；
3. 附加分隔符；
4. 取自字符集 A 或 B 的附加代码的第二位数字；
5. 附加码分隔符；
6. 取自字符集 A 或 B 的附加代码的第三位数字；
7. 附加码分隔符；
8. 取自字符集 A 或 B 的附加代码的第四位数字；
9. 附加码分隔符；
10. 取自字符集 A 或 B 的附加代码的第五位数字；
11. 右侧空白区。

附加码没有终止符，也没有明确的校验码，而是通过 5 位数字编码所使用的字符集（A 或 B）的组合来实现校验。按下述步骤来计算确定检验 V 值：

1. 奇数位（第1、3和5位）的数字值相加；
2. 将步骤1的结果乘以3；
3. 将剩余位（位置2和位置4）的数字值相加；
4. 将步骤3的结果乘以9；
5. 将步骤2和步骤4的结果相加；
6. 步骤5取结果数值的个位数即为V值。

示例如下：

计算附加符号86104的V值，步骤如下：

1. 8+1+4=13；
2. 13×3=39；
3. 6+0=6；
4. 6×9=54；
5. 39+54=93；
6. V=3。

然后就可以查表5.2.2.5.2-1来确定各字符所使用的字符集。

表5.2.2.5.2-1 五位数字的附加符号的字符集

| V值 | 符号字符使用的字符集 | | | | |
|---|---|---|---|---|---|
| | 1 | 2 | 3 | 4 | 5 |
| 0 | B | B | A | A | A |
| 1 | B | A | B | A | A |
| 2 | B | A | A | B | A |
| 3 | B | A | A | A | B |
| 4 | A | B | B | A | A |
| 5 | A | A | B | B | A |
| 6 | A | A | A | B | B |
| 7 | A | B | A | B | A |
| 8 | A | B | A | A | B |
| 9 | A | A | B | A | B |

因为V=3，所以数值86104编码选用的字符集排列为B A A A B。

图5.2.2.5.2-1给出了带5位数字的附加码的EAN-13条码。

图5.2.2.5.2-1 带有五位数字的附加符号的EAN-13条码

## 5.2.3　尺寸和允许偏差

### 5.2.3.1　字符的标称尺寸

条码符号可以用各种密度印刷以便与各种印刷和扫描过程相兼容。重要的尺寸参数为理想的一个模块单元宽度 X。在一个给定的符号里 X 尺寸的宽度必须保持不变。

EAN-13，UPC-A，EAN-8 和 UPC-E 条码的尺寸可以参考标称尺寸符号的尺寸。5.2.6.6 给出了标称尺寸符号的尺寸。

标称尺寸中 X 尺寸为 0.330mm（0.0130in）。

每个条（深色条）和空（浅色条）的宽度由 X 尺寸乘以每个条（深色条）和空（浅色条）的模块数（1，2，3 或 4）来决定。对于数字值 1、2、7 和 8 存在例外，对于这些字符的条（深色条）和空（浅色条）应放大或缩小一个模块宽度的 1/13，以提供一个统一的条宽允许偏差的调整量，这样可以提高扫描的可靠性。

在字符集 A、B 和 C 中字符 1、2、7 和 8 的条（深色条）和空（浅色条）标称尺寸的条空宽度调整量见表 5.2.3.1-1。

表 5.2.3.1-1　字符 1、2、7 和 8 的条空宽度调整量

| — | 字符集 A | | 字符集 B 和 C | |
|---|---|---|---|---|
| 字符值 | 条（深色条）mm | 空（浅色条）mm | 条（深色条）mm | 空（浅色条）mm |
| 1 | -0.025 | +0.025 | +0.025 | -0.025 |
| 2 | -0.025 | +0.025 | +0.025 | -0.025 |
| 7 | +0.025 | -0.025 | -0.025 | +0.025 |
| 8 | +0.025 | -0.025 | -0.025 | +0.025 |

**注：**对于以 0.030mm 而不是用 1/13 作为标称尺寸的调整量的符号生成设备，在可以预测的将来仍可以允许使用。

### 5.2.3.2　符号高度

对于 EAN-13，UPC-A 和 UPC-E 的条码，条码的标称尺寸符号的高度为 22.85mm（0.900in）。对于 EAN-8 条码，条码的标称尺寸的符号高度为 18.23mm（0.718in）。

任意的两位数字或五位数字的附加符号的条码符号高度不应延伸超出主符号的符号高度。

EAN-13，EAN-8，UPC-A 和 UPC-E 条码中，组成起始符、中间分隔符和终止符的条（深色条）应向下延伸 5 个 X 尺寸，即 1.65mm（0.065in）。这也应适用于 UPC-A 条码中第一位和最后一位符号字符的条（深色条）。

**注：**EAN/UPC 条码的高度不再包括 HRI，而仅是条的高度。条码高度不包括 EAN/UPC 条码中的保护符图案或 UPC-A 条码的第一个和最后一个符号字符的延伸高度。

条码符号高度不是模块化的。

### 5.2.3.3　X 尺寸（放大系数）

过去，术语“放大系数”广泛地用于说明条码符号的大小。其需要首先确定一个标称尺寸（100%放大系数），标称尺寸与 X 尺寸有直接关系。2000 年 1 月以来，更精确的术语“X 尺寸”用于确定允许的符号尺寸（见 5.12）。附加码的 X 尺寸应与主符号的 X 尺寸相同。

### 5.2.3.4　空白区

主条码要求的最小空白区宽度为7个X尺寸。然而，由于在各种符号类型中，供人识读字符的尺寸和位置不同，最小空白区的尺寸也不同，见表5.2.3.4-1。

表5.2.3.4-1　不同符号版本的空白区宽度

| 符号版本 | 左侧空白区 | | 右侧空白区 | |
|---|---|---|---|---|
| | 模块数 | 宽度*/mm | 模块数 | 宽度/mm |
| EAN-13 | 11 | 3.63 | 7 | 2.31 |
| EAN-8 | 7 | 2.31 | 7 | 2.31 |
| UPC-A | 9 | 2.97 | 9 | 2.97 |
| UPC-E | 9 | 2.97 | 7 | 2.31 |
| 附加符号（EAN） | 7~12 | 2.31~3.96 | 5 | 1.65 |
| 附加符号（UPC） | 9~12 | 2.97~3.96 | 5 | 1.65 |

*这是一个X为0.330mm的例子。

**注：** 有些在制作过程中，为了保证有足够的空白区，可在与空白区边缘平行的供人识读区域加入一个“小于号”（<）和/或“大于号”（>），它们的顶尖对准空白区的边缘。如果采用此方法，字符所在的位置应按5.2.6.6的描述。

### 5.2.3.5　符号长度

以模块数表示的包含最小空白区的符号长度见表5.2.3.5-1。

表5.2.3.5-1　以模块数表示的符号长度

| 符号类型 | 长度 |
|---|---|
| EAN-13 | 113 |
| UPC-A | 113 |
| EAN-8 | 81 |
| UPC-E | 67 |
| 两位附加码 | 25 |
| 五位附加码 | 52 |
| EAN-13或UPC-A与两位附加码 | 138 |
| UPC-E与两位附加码 | 92 |
| EAN-13或UPC-A与五位附加码 | 165 |
| UPC-E五位附加码 | 119 |

### 5.2.3.6　附加码位置

附加码不应该侵占主符号的右侧空白区。附加码与主符号间的最大间隔应为12个X尺寸。附加码条（深色条）的底边应与主符号的标准保护符的底边处于同一水平线上。

### 5.2.4　参考译码算法

扫描设备运用译码算法将条码的条和空转换为数据字符。作为一种策略，GS1 不打算对扫描设备进行指定或标准化，而仅对设备应具备识读符合本手册规范的符号做出说明。

条码识读器系统被设计用于能识读实际算法允许的有缺陷符号。本节描述在与 ISO 15416 一致的符号检验中用于决定译码和可译码度的参考译码算法。

对于每一个符号字符，用 S 表示该字符的总测量宽度。S 用于决定参考阈值（RT）。将每个边缘到相似边缘之间距离的测量值（e）与参考阈值（RT）的进行比较来决定 E 值。各字符值由 E 的值决定。

$e_1$ 的值定义为条（深色条）的左边缘到相邻条（深色条）的左边缘之间距离的测量值，$e_2$ 的值定义为条（深色条）的右边缘到相邻条（深色条）的右边缘之间距离的测量值。对于字符集 A 和 B 两个条（深色条）的右边缘被看作首边缘，对于字符集 C 两个条的左边缘（深色条）被看作首边缘，见图 5.2.4-1。

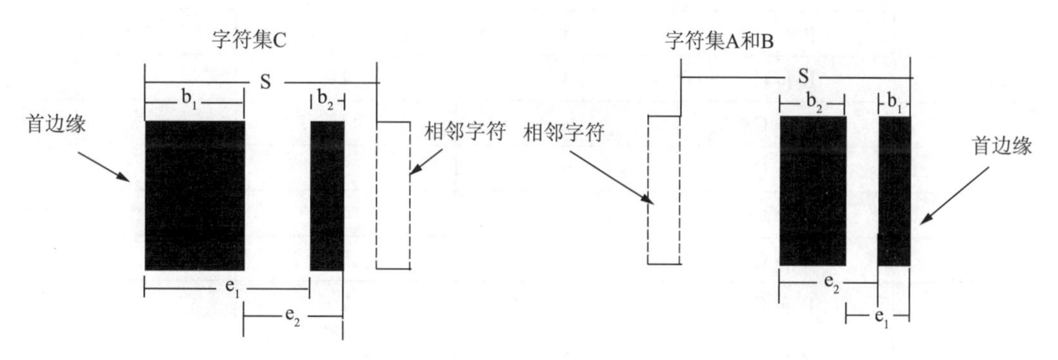


图 5.2.4-1　符号字符译码尺寸

参考阈值 RT1、RT2、RT3、RT4 和 RT5 的计算如下：

- RT1 = (1.5/7) S；
- RT2 = (2.5/7) S；
- RT3 = (3.5/7) S；
- RT4 = (4.5/7) S；
- RT5 = (5.5/7) S。

在每个字符内，通过 $e_1$ 和 $e_2$ 的值与参考阈值相比较，相应的整数值 $E_1$ 和 $E_2$ 按下述方法认为等于 2、3、4 或 5：

- 如果 $RT1 \leq e_i < RT2$，$E_i = 2$；
- 如果 $RT2 \leq e_i < RT3$，$E_i = 3$；
- 如果 $RT3 \leq e_i < RT4$，$E_i = 4$；
- 如果 $RT4 \leq e_i < RT5$，$E_i = 5$。

否则，字符就是错误的。

表 5.2.4-1 中，用 $E_1$ 和 $E_2$ 的值初次确定符号字符的值。

表 5.2.4-1　条码字符的相似边模块及译码

| 字符 | 字符集 | 初次确定 | | 再次确定 $7(b_1+b_2)/S$ |
|---|---|---|---|---|
| | | $E_1$ | $E_2$ | |
| 0 | A | 2 | 3 | |
| 1 | A | 3 | 4 | ≤4 |
| 2 | A | 4 | 3 | ≤4 |
| 3 | A | 2 | 5 | |
| 4 | A | 5 | 4 | |
| 5 | A | 4 | 5 | |
| 6 | A | 5 | 2 | |
| 7 | A | 3 | 4 | >4 |
| 8 | A | 4 | 3 | >4 |
| 9 | A | 3 | 2 | |
| 0 | B 和 C | 5 | 3 | |
| 1 | B 和 C | 4 | 4 | >3 |
| 2 | B 和 C | 3 | 3 | >3 |
| 3 | B 和 C | 5 | 5 | |
| 4 | B 和 C | 2 | 4 | |
| 5 | B 和 C | 3 | 5 | |
| 6 | B 和 C | 2 | 2 | |
| 7 | B 和 C | 4 | 4 | ≤3 |
| 8 | B 和 C | 3 | 3 | ≤3 |
| 9 | B 和 C | 4 | 2 | |

**注：** $b_1$ 和 $b_2$ 是两个条（深色条）单元的宽度。

除了下述的四种情况，对于所有的 $E_1$ 和 $E_2$ 组合，符号被唯一确定。

- $E_1=3$ 和 $E_2=4$（字符 1 和 7 在字符集 A）；
- $E_1=4$ 和 $E_2=3$（字符 2 和 8 在字符集 A）；
- $E_1=4$ 和 $E_2=4$（字符 1 和 7 在字符集 B 和 C）；
- $E_1=3$ 和 $E_2=3$（字符 2 和 8 在字符集 B 和 C）。

对这些情况需要用两个条（深色条）的组合宽度按下述步骤进行测试并确定：

- 对于 $E_1=3$ 和 $E_2=4$：
  - 如果 $7\times(b_1+b_2)/S\leqslant4$，字符为“1”；
  - 如果 $7\times(b_1+b_2)/S>4$，字符为“7”。
- 对于 $E_1=4$ 和 $E_2=3$：
  - 如果 $7\times(b_1+b_2)/S\leqslant4$，字符为“2”；
  - 如果 $7\times(b_1+b_2)/S>4$，字符为“8”。
- 对于 $E_1=4$ 和 $E_2=4$：
  - 如果 $7\times(b_1+b_2)/S>3$，字符为“1”；

□ 如果 7×（$b_1+b_2$）/ S≤3，字符为“7”。

■ 对于 $E_1=3$ 和 $E_2=3$：

□ 如果 7×（$b_1+b_2$）/ S > 3，字符为“2”；

□ 如果 7×（$b_1+b_2$）/ S≤3，字符为“8”。

对于（$b_1+b_2$）的要求见表 5.2.4-1。

对于附加码的符号字符译码也应遵从上述过程。

运用图 5.2.4-2 来决定合适的 S 值，以计算参考阈值 RT1 和 RT2 的过程也适用于主符号的辅助符。对于每个符号或每半侧符号，相应辅助符的值 $e_i$ 与参考阈值比较得出整数数值 $E_i$。得出的 $E_1$、$E_2$、$E_3$ 和 $E_4$ 值应与那些正确的辅助符相匹配，见表 5.2.4-2。否则为错。

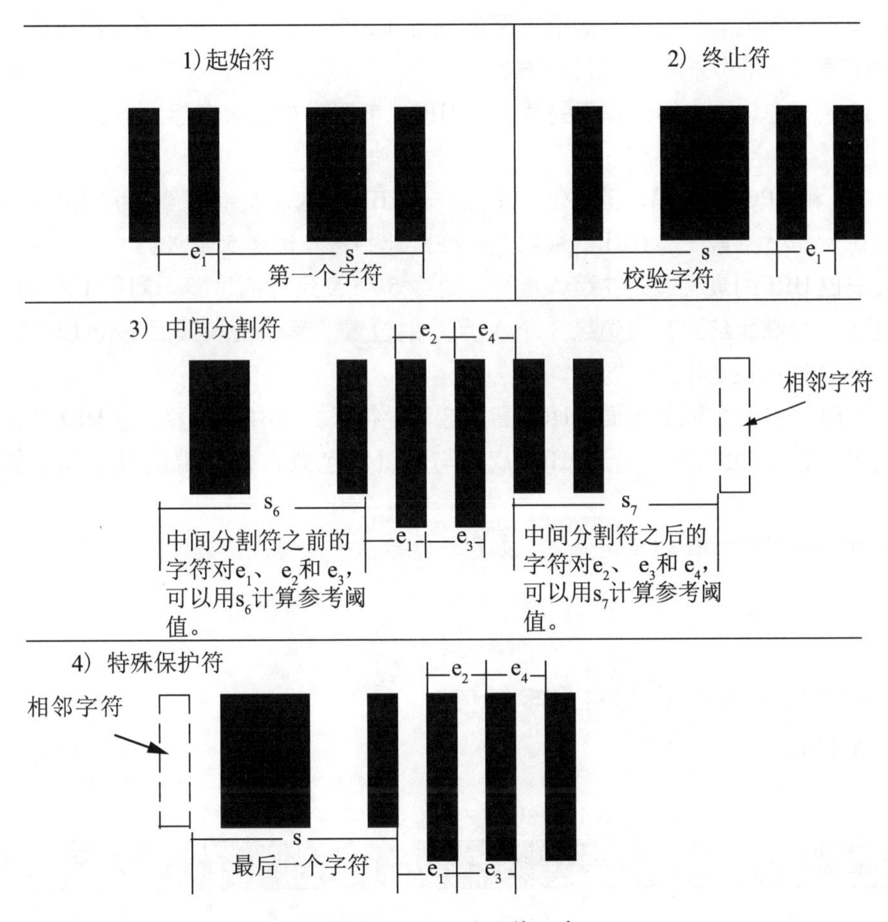


图 5.2.4-2 辅助符尺寸

表 5.2.4-2 主符号的辅助符 E 值

| 辅助保护符 | $E_1$ | $E_2$ | $E_3$ | $E_4$ |
|---|---|---|---|---|
| 标准保护符 | 2 | | | |
| 中间（左半侧）保护符 | 2 | 2 | 2 | |
| 中间（右半侧）保护符 | | 2 | 2 | 2 |
| 特殊保护符 | 2 | 2 | 2 | 2 |

## 5.2.5　供人识读字符 HRI

HRI 应印在主符号字符下面和附加符号的上面。HRI 应选用清晰易读的字体，推荐使用“ISO 1073-2：光学识别用字母数字型字符集；第二部分：OCR-B 字符集；印刷图像的形状和尺寸”定义的 OCR-B 字体。此字体仅作为一个方便的标准字体，并不用于机器识读和校验。只要字符是清晰可读的，就可以对字体和字符大小进行合理的改变。

EAN-13，UPC-A 和 EAN-8 的条码以及附加符号的所有被编码的数字都应有 HRI。对于 UPC-E 条码，6 位数字、前导 0 以及隐含编码的校验码都应有 HRI。图 5.2.2.1-1、图 5.2.2.2-1、图 5.2.2.3-1、图 5.2.2.4-1、图 5.2.2.5.1-1 和图 5.2.2.5.2-1 给出了包含 HRI 的各种符号类型。

HRI 顶端与条（深色条）底端间的最小距离应为 0.5 个 X 尺寸。通常最小距离为 1 个模块，这对保证 HRI 与符号之间密切相关来说已足够近。

在 EAN-13 条码中，按奇偶性编码的最左侧 HRI，前置码被印刷在起始符的左侧与其他 HRI 排成一行。

对于 UPC-A 和 UPC-E 条码，第一位和最后一位 HRI 的大小宜缩小到最大宽度为 4 个 X 尺寸。高度也按相应比例缩小。第一位 HRI 的最右边处在距起始符左边缘 5 个 X 尺寸的位置。对于 UPC-A 条码，最后一位 HRI 的最左边处在距终止符右边缘 5 个 X 尺寸的位置。对于 UPC-E 条码，最后一位 HRI 的最左边处在距终止符右边缘 3 个 X 尺寸的位置。第一位和最后一位 HRI 的底边应与其余的完整尺寸的 HRI 的底边排成一行。

附加码的 HRI 应在附加码的上面。HRI 高度应与主符号的 HRI 高度相同。HRI 的上边缘与主符号的条（深色条）的上边缘排成一行。HRI 底边与条（深色条）的顶端的最小间距应为 0.5 个 X 尺寸。

有些行业使用推荐的 HRI 的特定变体，如用于分割数字而插入的连字符。

## 5.2.6　附加功能

### 5.2.6.1　EAN/UPC 码制中的符号字符值

见表 5.2.6.1-1。

表 5.2.6.1-1　EAN / UPC 符号字符值的组成

| 字符值 | 字符集 A（奇） | 字符集 B（偶） | 字符集 C（偶） |
|---|---|---|---|
| 0 | 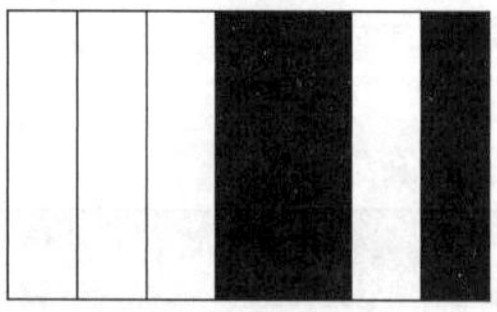 |  |  |
| 1 | 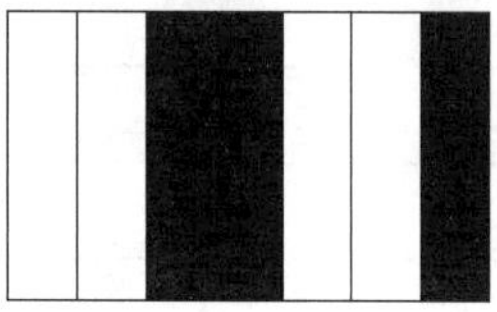 | 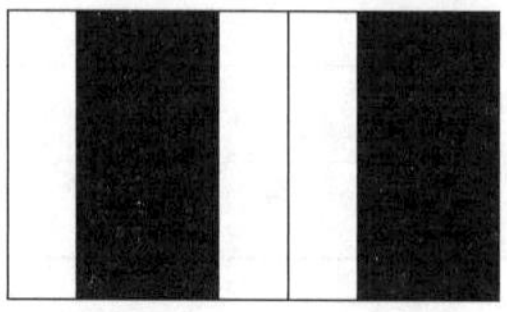 |  |

表5.2.6.1-1(续)

| 字符值 | 字符集A（奇） | 字符集B（偶） | 字符集C（偶） |
|---|---|---|---|
| 2 | | | |
| 3 | | | |
| 4 | | | |
| 5 | | | |
| 6 | | | |
| 7 | | | |
| 8 | | | |

表5.2.6.1-1(续)

| 字符值 | 字符集A（奇） | 字符集B（偶） | 字符集C（偶） |
| --- | --- | --- | --- |
| 9 | | | |

### 5.2.6.2 EAN/UPC码制中的辅助字符

见表5.2.6.2-1。

表5.2.6.2-1 EAN/UPC辅助字符的组成

| 辅助符号 | |
| --- | --- |
| 标准保护符（起始符和终止符） | |
| 中间分割符 | |
| UPC-E的终止符 | |

### 5.2.6.3 不包括空白区的EAN-13和UPC-A条码的逻辑结构

见表5.2.6.3-1、表5.2.6.3-2。

表5.2.6.3-1 EAN-13或UPC-A条码的逻辑结构

| EAN-13或UPC-A条码的逻辑结构（不包括空白区） | | | | |
| --- | --- | --- | --- | --- |
| 起始符 | 字符12到7（左半部分） | 中间分割符 | 字符6到1（右半部分） | 终止符 |
| 3个模块 | 42个模块（6×7） | 5个模块 | 42个模块（6×7） | 3个模块 |
| 模块总数=95 | | | | |

表 5.2.6.3-2 EAN-13 的第十三位字符的字符集组合

| 字符位置 | | | | | | | | | | | | |
|---|---|---|---|---|---|---|---|---|---|---|---|---|
| 第十三位字符的值 | 用于表示第 12 位到第 7 位字符的字符集 | | | | | | 用于表示第 6 位到第 1 位字符的字符集 | | | | | |
| | 12 | 11 | 10 | 9 | 8 | 7 | 6 | 5 | 4 | 3 | 2 | 1 |
| 0 | A | A | A | A | A | A | 总使用字符集 C | | | | | |
| 1 | A | A | B | A | B | B | | | | | | |
| 2 | A | A | B | B | A | B | | | | | | |
| 3 | A | A | B | B | B | A | | | | | | |
| 4 | A | B | A | A | B | B | | | | | | |
| 5 | A | B | B | A | A | B | | | | | | |
| 6 | A | B | B | B | A | A | | | | | | |
| 7 | A | B | A | B | A | B | | | | | | |
| 8 | A | B | A | B | B | A | | | | | | |
| 9 | A | B | B | A | B | A | | | | | | |

### 5.2.6.4 不包括空白区的 EAN-8 条码的逻辑结构

见表 5.2.6.4-1、表 5.2.6.4-2。

表 5.2.6.4-1 EAN-8 条码的逻辑结构

| EAN-8 条码的逻辑结构（不包括空白区） | | | | |
|---|---|---|---|---|
| 起始符 | 字符 8 到 5（左半部分） | 中间分割符 | 字符 4 到 1（右半部分） | 终止符 |
| 3 个模块 | 28 个模块（4×7） | 5 个模块 | 28 个模块（4×7） | 3 个模块 |
| 模块总数=67 | | | | |

表 5.2.6.4-2 EAN-8 条码字符的字符集

| 字符位置 | | | | | | | |
|---|---|---|---|---|---|---|---|
| 用于表示第 8 位到第 5 位字符的字符集 | | | | 用于表示第 4 位到第 1 位字符的字符集 | | | |
| 8 | 7 | 6 | 5 | 4 | 3 | 2 | 1 |
| 总使用字符集 A | | | | 总使用字符集 C | | | |

### 5.2.6.5 不包括空白区的 UPC-E 条码的逻辑结构

见表 5.2.6.5-1、表 5.2.6.5-2。

表 5.2.6.5-1 UPC-E 条码的逻辑结构

| UPC-E 条码的逻辑结构（不包括空白区） | | |
|---|---|---|
| 标准保护符 | 六个符号字符（注意使用可变奇偶校验） | 特殊保护符（UPC-E） |
| 3 个模块 | 42 个模块（6×7） | 6 个模块 |
| 模块总数=51 | | |

表 5.2.6.5-2　UPC-E 条码字符的字符集

| 系统字符的值(前导0) | 校验码值 | UPC-E 条码所用的字符集 | | | | | |
|---|---|---|---|---|---|---|---|
| | | 1 | 2 | 3 | 4 | 5 | 6 |
| 0 | 0 | B | B | B | A | A | A |
| 0 | 1 | B | B | A | B | A | A |
| 0 | 2 | B | B | A | A | B | A |
| 0 | 3 | B | B | A | A | A | B |
| 0 | 4 | B | A | B | B | A | A |
| 0 | 5 | B | A | A | B | B | A |
| 0 | 6 | B | A | A | A | B | B |
| 0 | 7 | B | A | B | A | B | A |
| 0 | 8 | B | A | B | A | A | B |
| 0 | 9 | B | A | A | B | A | B |

### 5.2.6.6　符号的标称尺寸（X 尺寸=0.33mm，不按比例绘制）

图 5.2.6.6-1～图 5.2.6.6-6 中的所有测量值以毫米（mm）为单位。

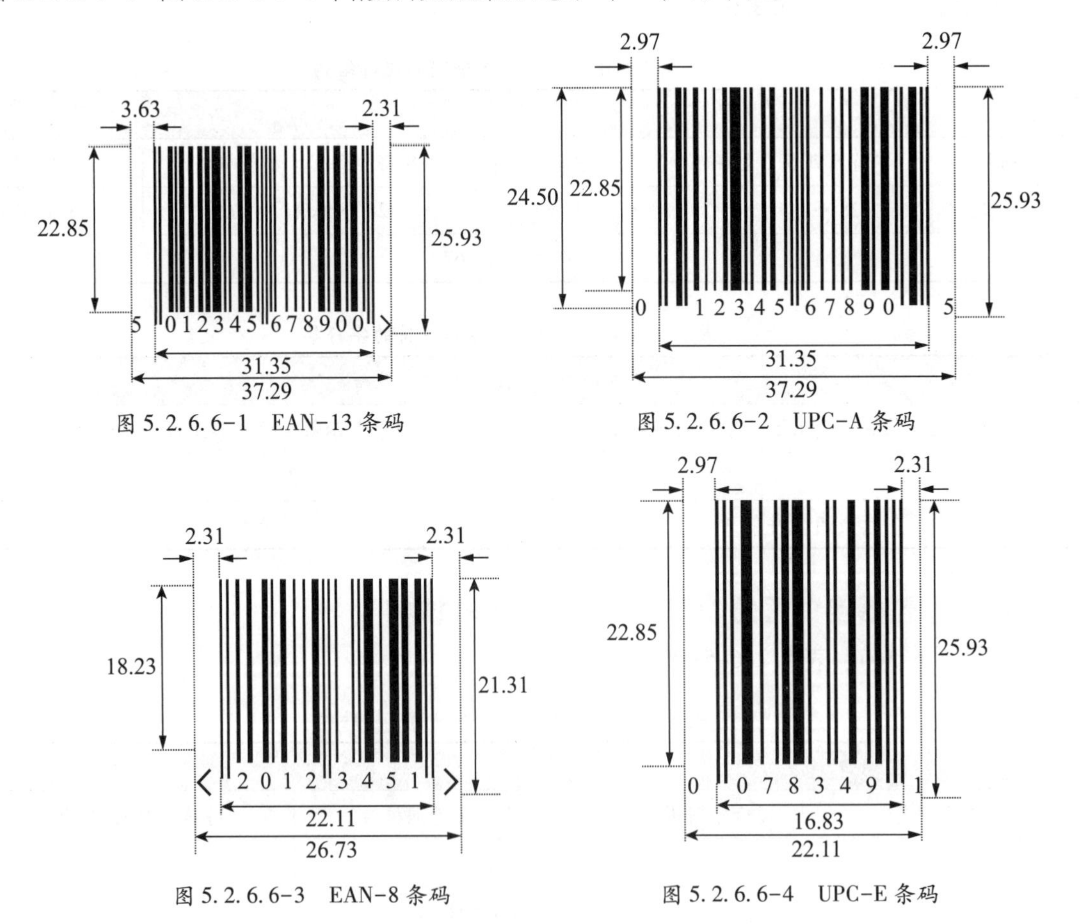


图 5.2.6.6-1　EAN-13 条码

图 5.2.6.6-2　UPC-A 条码

图 5.2.6.6-3　EAN-8 条码

图 5.2.6.6-4　UPC-E 条码

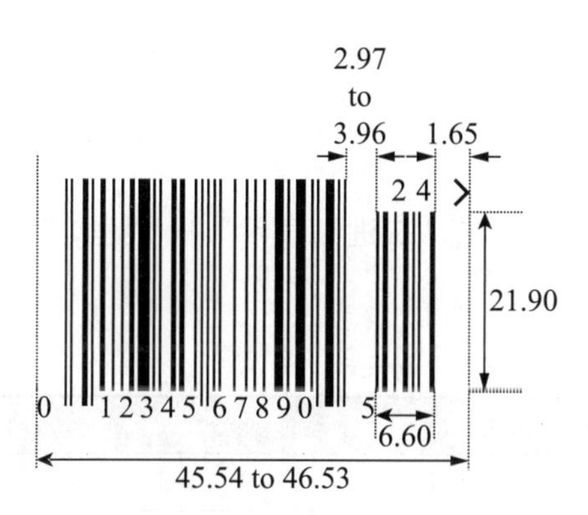


图 5.2.6.6-5　有 2 位数字的附加符号的 UPC-A 条码

图 5.2.6.6-6　有 5 位数字的附加符号的 EAN-13 条码

#### 5.2.6.7　模块和符号尺寸

最小、目标、最大模块尺寸详见 5.12.3 的 GS1 符号规范表。宜根据 5.12.4.1.3 中的建议来选择模块尺寸。条码符号尺寸取决于所选的模块尺寸。

## 5.3　一维条码——ITF-14 码制规范

### 5.3.1　码制特征

GS1 系统中 ITF-14 符号的特征是：

- 编码字符集：数字 0~9，与 ISO/IEC 646 一致，更多细节见表 7.11-1；
- 编码类型：连续型；
- 每个条码符号字符含单元数：5 个（2 个宽单元和 3 个窄单元），可以为五个条单元或者为五个空单元；
- 符号自校验功能；
- 可编码的数据串长度：14 位定长；
- 可双向译码；
- 一个必需校验码（见 7.9）；
- 根据宽窄比，ITF-14 条码的密度是每个符号字符对为 16~18 个模块，当宽窄比为 2.5：1 时每个符号字符对应为 16 个模块；
- 根据宽窄比，非数据部分是 8~9 个模块。当宽窄比为 2.5：1 时，非数据部分（起始符+终止符）为 8.5 个模块。

### 5.3.2　符号结构

ITF-14 条码包括：

- 左侧空白区；
- 起始符；
- 7 个用来表示符号字符的数据对；
- 终止符；

■ 右侧空白区。

### 5.3.2.1 编码字符

#### 5.3.2.1.1 数据字符编码

表 5.3.2.1.1-1 给出了 ITF-14 条码的编码字符集。在“二进制表示”一栏里，字符中 1 用来表示宽单元，0 用来表示窄单元。

表 5.3.2.1.1-1 编码字符的二进制表示

| . 数据字符 | 二进制表示 | | | | |
|---|---|---|---|---|---|
| 0 | 0 | 0 | 1 | 1 | 0 |
| 1 | 1 | 0 | 0 | 0 | 1 |
| 2 | 0 | 1 | 0 | 0 | 1 |
| 3 | 1 | 1 | 0 | 0 | 0 |
| 4 | 0 | 0 | 1 | 0 | 1 |
| 5 | 1 | 0 | 1 | 0 | 0 |
| 6 | 0 | 1 | 1 | 0 | 0 |
| 7 | 0 | 0 | 0 | 1 | 1 |
| 8 | 1 | 0 | 0 | 1 | 0 |
| 9 | 0 | 1 | 0 | 1 | 0 |

表 5.3.2.1.1-1 采用二进制编码对十进制字符进行表示。每个字符，按照从左至右四个表示位的权数分别为 1、2、4 和 7，第 5 位代表偶校验码，每个字符对应的表示位为 1 的权数和与该数据字符数值相等；但数据字符 0 是个例外，其中的权数为 4 和 7（结果是 11）。奇偶校验码可确保每个字符的编制表示中包含两个 1。

表 5.3.2.1.1-2 的算法给出了将数字数据转换为 ITF-14 符号字符的规则（数字数据为全球贸易项目代码 GTIN，包括校验码）。

表 5.3.2.1.1-2 数据字符转换为符号字符的规则

| 算法步骤 | 举例 |
|---|---|
| 1. 计算 0367123456789 的校验码<br>2. 包括校验码在内，ITF-14 数据串为 14 位。这个代码最左边的 4 位是 0367 | 367<br>0367 |
| 3. 把数字串分成数字对，首先将 0367 分为 03 和 67 两个数据对 | 0367<br>03 和 67 |
| 4. 对数字对进行如下编码：<br>■按表 5.3.1.2.1-1 把每个数字对的第一位编码成条图形；<br>■按表 5.3.1.2.1-1 把每个数字对的第二位编码成空图形 | 0 和 6<br>3 和 7 |
| 5. 从第 4 步中的两个步骤得到的符号字符中交替取条（黑条）和空（浅色条）生成条码字符对，从第一位数字的第一个条（黑条）开始，然后取第二位数字的第一个空（浅色条），依次类推排列即可 | |

图 5.3.2.1.1-1 描述与数据字符对“03”“67”相对应的条、空单元的序列。

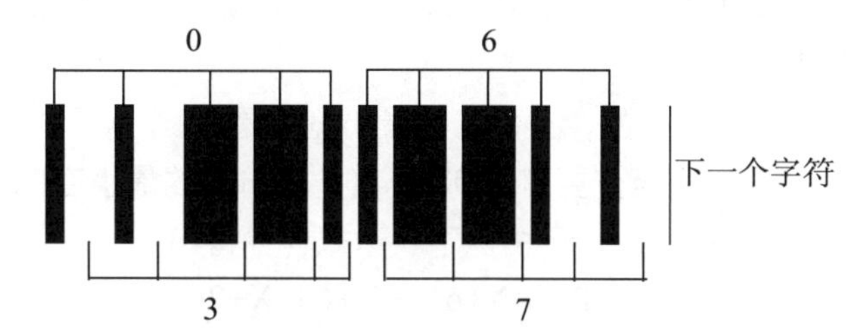


图 5.3.2.1.1-1 用 ITF-14 条码符号字符对表示的“03”和“67”

#### 5.3.2.1.2 起始符和终止符

起始符由四个窄单元按照“条-空-条-空”的序列排列组成，终止符由一个宽单元和两个窄单元按照“宽条-窄空-窄条”的序列排列组成。

起始符应放在数据条码符号字符的最左边，与最高位数字的第一个条相连接。终止符应放在数据条码符号字符的最右边，与最低位数字的最后一个空相连接。

起始符和终止符没有 HRI 部分，译码器也不会传送起始符和终止符。

图 5.3.2.1.2-1 表述了起始符和终止符以及它们与条码数据字符的关系。

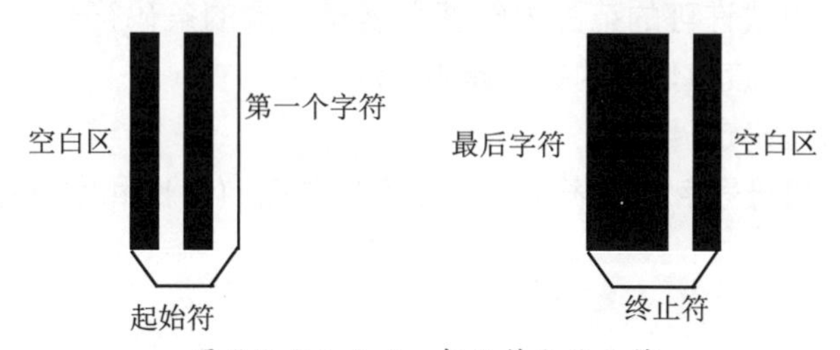


图 5.3.2.1.2-1 起始符和终止符

图 5.3.2.1.2-2 就数字 1234 给出了完整条码表示以及必要的空白区。

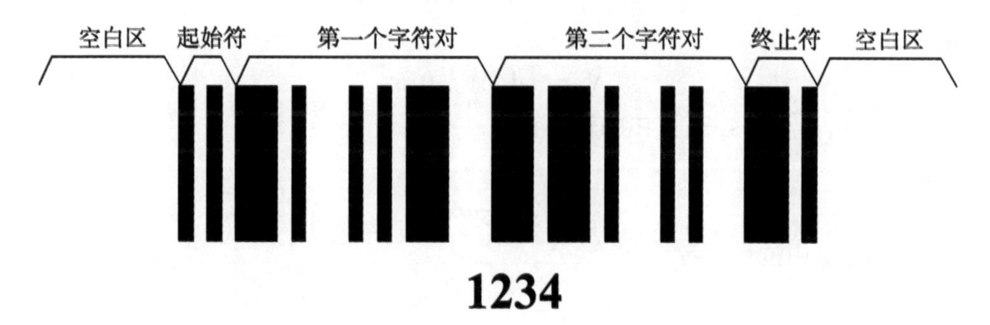


图 5.3.2.1.2-2 包括空白区的 ITF-14 条码

#### 5.3.2.1.3 校验码

ITF-14 码制的校验码是必需的，7.9 给出了校验码的位置和计算方法。

### 5.3.2.2 尺寸和公差

ITF-14 条码应采用下列尺寸：

■ X 尺寸的宽度：ITF-14 条码的 X 尺寸可根据实际应用的需要，按应用规范给出。参照

5.12.2.6 的应用范围规范。

■ 宽窄比例：比例范围是 2.25∶1 到 3.0∶1，可根据实际应用的需要，按应用规范给出。参照 5.12.2.6 的应用范围规范。

■ 条码符号的左右空白区是必需的，空白区的最小宽度是 10 个 X 尺寸。

■ 保护框底线与 HRI 顶部之间至少要有 1.02mm（0.04in）的最小空白区。

ITF-14 条码长度（包括空白区域），可由以下表达式计算得出：

$$W = [P(4N+6)+N+6]X+2Q$$

其中：

■ W——长度，单位为毫米（mm）；

■ P——字符对的个数；

■ N——宽窄比，即宽单元与窄单元的比值；

■ X——窄单元宽度，单位为毫米（mm）；

■ Q——空白区宽度，单位为毫米（mm）。

例：ITF-14 条码有 7 个字符对，目标宽窄比是 2.5∶1，目标 X 宽度 1.016mm（0.04in），空白区宽 10.16mm（0.40in）。其条码符号的总宽度为 142.75mm（5.62in）。

### 5.3.2.3　参考译码算法

条码识读系统在实用算法许可的范围内能够识读有缺损的条码符号。本节说明用于计算 ISO/IEC 15416 中所描述的可译码度值估算的参考译码方法。

可译码度应按以下方法确定：

■ 把每个 ITF-14 条码符号字符（表示两位数字）的条（$b_i$）和空（$s_i$）（以尺寸大小）按下述方法排序：

$b_1<b_2<b_3<b_4<b_5$；

$s_1<s_2<s_3<s_4<s_5$。

■ X 尺寸（Z）由下式确定：

$$Z=b_1+b_2+b_3+s_1+s_2+s_3/6$$

■ 分隔值 $V_1$：

$$V_1=(d/Z)-0.5$$

其中 d 为（$b_4-b_3$）与（$s_4-s_3$）中的较小者。

■ 均匀度值 $V_2$：

$$V_2=1-u/Z$$

其中 u 为以下差值中的最大者：

$b_5-b_4$；

$b_3-b_1$；

$s_5-s_4$；

$s_3-s_1$。

■ 最窄单元值 $V_3$：

$$V_3=[(n/Z)-0.25]/0.75$$

其中 n 为 $s_1$ 与 $b_1$ 中的较小者。

■ 对于每个条码字符，决定可译码度值 V 的是 $V_1$、$V_2$ 或 $V_3$ 中最小者。

■ 扫描曲线可译码度是扫描反射率曲线（SRP）中测得的 V 的最小值。当 V 出现负值时，参考译码算法就失效了。

■ 每个曲线的可译码度等级是根据可译码度值根据 ISO/IEC 15416 确定的。

#### 5.3.2.4 保护框

保护框的目的是使印版对整个条码符号表面的压力均匀；帮助减少当倾斜的光束从条码顶端入射或从底边穿出而导致的误读或不完全识读的情况，提高识读可靠性。

保护框是必需的，除非技术上无法实现（此时识读可靠性将降低）。

对于使用制版印刷的印刷方法，保护框宽度的标称值是固定的 4.83mm（0.19in，取整为 4.8mm），而且必须围绕完整的条码符号（包括空白区），紧接条码符号条（黑条）的上部和下部。

对于不要求制版印刷的方法，保护框宽度应为窄条（黑条）宽度的 2 倍以上，只需上下两条保护框且紧邻条的上下两端，可以左右延伸到空白区，对于垂直部分的保护条，也可以不必印刷，见图 5.3.2.4-1。

图 5.3.2.4-1 带有保护框的 ITF 标签

#### 5.3.2.5 供人识读字符 HRI

供人识读字符参照 4.14 的有关规定。医疗卫生贸易项目的 HRI 规则内容具体见 4.14.1。

### 5.3.3 附加特性（资料性）

#### 5.3.3.1 防止不完整扫描

在有些 ITF-14 条码符号中，可能会遇到在编码中某些数据字符尾部或头部与起始符或终止符一致，因此会造成对整个条码符号进行部分扫描，可能会出现仅对这部分的条码符号实现有效识读的情况。

GS1 系统基本上不会发生不完整扫描，主要是因为其条码符号要求必须包括 14 位数字。而对于超过 14 位数字的条码，存在不完整扫描即只扫描 14 位的可能性，对于这种情况，校验码可通过错误检测来保障安全性。

#### 5.3.3.2 定长码制

在任何一个应用规范中，使用到的 ITF-14 条码编码的字符个数固定，数据识读处理设备也应编程为只接受该固定长度的信息。ITF-14 条码中代码的固定长度为 14 位。

## 5.3.4　ITF-14使用指南（资料性）

### 5.3.4.1　自动辨识能力

ITF-14条码可被定制识读器读取，并与其他码制的条码进行区分。ITF码制能够与包括ISO标准码制在内的诸多码制兼容并能完全区分。为提高扫描安全性，译码器的有效码制集应只限于给定应用中所需的码制。

### 5.3.4.2　系统设置

把各组成部分（打印机，标签，扫描器）组合成为操作一致的条码应用配置系统是非常重要的。其中任何一部分出错或与其他部分不匹配都可能会对整个系统的性能产生影响。

## 5.3.5　码制标识符（资料性）

根据ISO/IEC 15424，ITF-14条码的码制标识符如下，它可以由适当编程的条码识读器作为前缀加到解码数据前，如：]Im。

其中：

]：为ASCII字符93；

I：（即大写字母I）为ITF-14条码的代码字符；

m：为一个修饰字符。

**注：**]I1是GS1唯一用于ITF-14的码制标识符。该信息在条码符号中不进行编码，但应在译码器译码后生成，并作为数据报文前缀进行传送。码制标识符中m的值为1时，表明识读器已对校验码进行检验并传送。

## 5.3.6　检测规范（资料性）

要验证一个条码符号是否符合和满足GS1系统规范，应采用标准ISO/IEC 15416中给定的测试规范进行检测，该规范描述了检测所需的测试条件，规定了依据条码符号属性对条码总体质量等级进行判定的方法，同时给出了该条码符号属性是否满足标准要求的判定方法。ITF-14条码应采用5.3.2.3的参考译码算法。

条码制作和质量评估的详细说明见5.12。

检测员要确定每个条码符号的平均宽窄比N。N值应通过分别计算条码符号中每个字符的N值，经平均后得到。N值在以下范围则为合格：

$$2.25<N<3.00$$

根据以下算法计算每个条码符号字符（每对数据位）的N：

$$N_i=1.5*[(b_4+b_5+s_4+s_5)/(b_1+b_2+b_3+s_1+s_2+s_3)]$$

通过计算$N_i$的平均值得到整个条码符号的N。见图5.3.6-1。

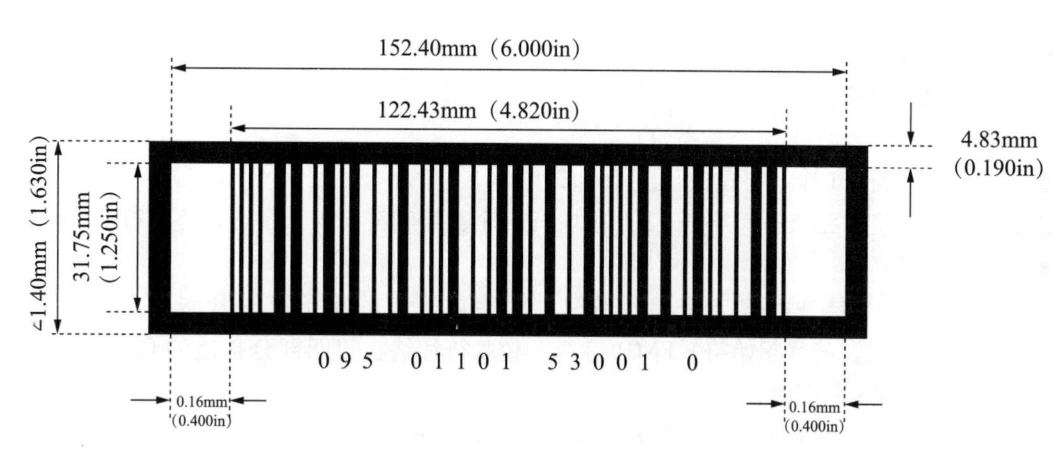


图 5.3.6-1 ITF-14 条码：X 尺寸为 1.016mm（0.0400in）

注：本图不作测量依据。

# 5.4 一维条码——GS1-128 码制规范

GS1-128 条码是由 GS1 和国际自动识别制造商协会精诚合作设计的。GS1-128 条码提供了更高的安全性，并可以更好地区分 GS1 系统的单元数据串与其他非标准的条码符号。

GS1-128 码制是普通的 128 条码的子集。经 GS1 和国际自动识别制造商协会同意，将 128 码符号起始符后面的第一个字符值的功能符 1（FNC1）专门留给 GS1 系统使用。128 码的全部描述见 ISO/IEC 15417《信息技术　自动识别与数据采集技术　128 码条码码制规范》。

本节规定了如下内容：

■ 5.4.1，5.4.2，5.4.3，5.4.4，5.4.5 和 5.4.6：GS1-128 条码子集（参考 ISO/IEC 15417）。

■ 5.4.7：GS1-128 码应用参数定义。

■ 7.8：使用 GS1 应用标识符的 GS1 数据符号处理。

## 5.4.1 GS1-128 条码的码制特征

GS1-128 条码的特征：

■ 编码字符集

□ GS1 系统要求按照 GS1 通用规范定义的 ISO/IEC 646 子集用于 GS1 应用标识符，详细信息参见 7.11-1。

□ ASCII 值为 128~255 的字符也可编码。用功能字符 4（FNC4）实现的 ASCII 值为 128~255 的字符，保留在将来使用，不在 GS1-128 码中使用。

□ 4 个非数据的功能字符，GS1-128 条码不使用 FNC2 和 FNC4 的字符。

□ 4 个字符集选择字符（包括对单个字符的转换）。

□ 3 个起始符。

□ 1 个终止符。

■ 编码类型：连续。

■ 每个符号字符由 6 个单元组成，3 个条（深色条）、3 个空（浅色条）、每个条的宽度为 1~4 模块。终止符由 4 个条（深色条）、3 个空（浅色条）共 7 个单元组成。

■ 字符自校验：有。
■ 符号长度：可变。
■ 双向译码：可以。
■ 符号校验字符：1个，必备的（见5.4.3.6）。
■ 数据字符密度：每个符号字符11个模块（每个数字字符5.5个模块，终止符13个模块）。
■ 非数据部分：
□ 符号有一个特殊的双字符起始符号，由相应子集的起始符和紧跟其后的功能字符1（FNC1）组成，符号起始符、FNC1字符、校验符和终止符四部分构成的GS1 128符号非数据部分共为46个模块。
□ FNC1也可用作未包含在表7.8.5-1中预先定义长度的单元数据串之间的分隔符。
■ GS1-128条码符号尺寸特征：
□ 最大物理长度为165.10mm（6.5in，取整为165mm），包括空白区；
□ 单个符号中最大数据字符数为48；
□ 对于给定长度的数据，其符号尺寸可因适应不同的印刷操作而确定的X尺寸的变化而变化。

## 5.4.2 条码结构

GS1-128条码符号的组成，由左至右如下所示：
■ 左侧空白区；
■ 双字符起始模式；

| 一个起始符（A，B或C） |
| --- |
| FNC1字符 |

■ 数据（包括应用标识符）；
■ 一个符号校验字符；
■ 终止符；
■ 右侧空白区。
HRI见4.14，其中零售医疗贸易项目用的HRI见4.14.1。
GS1条码符号的一般格式见图5.4.2-1。

图5.4.2-1　GS1条码符号的一般格式

## 5.4.3 GS1-128码制的字符分配

表5.4.3.2-1为全部128条码的字符分配，其中单元宽度一列中的值是指单元宽度的模块数或X尺寸的倍数。GS1-128条码的字符分配与128条码的字符分配是一致的。

### 5.4.3.1 符号字符结构

符号字符中条码的模块数为偶数，空的模块数为奇数，这一奇偶特性使字符能够实现自校验。

GS1-128条码起始符A的结构见图5.4.3.1-1。

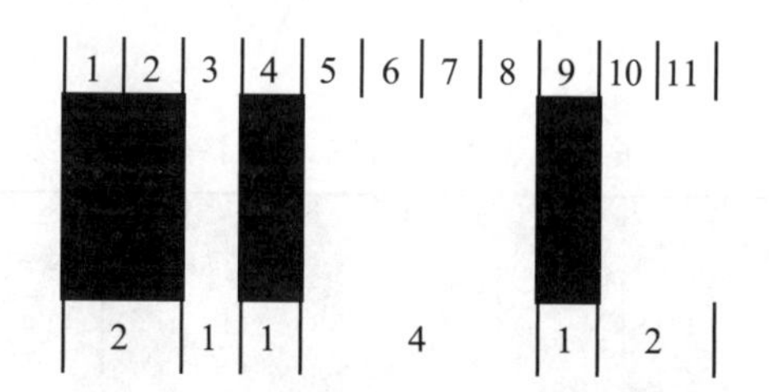


图5.4.3.1-1 GS1-128条码起始符A的结构

图5.4.3.1-2为符号字符值为35的字符编码格式，在字符集A或B中为“C”，在字符集C中为两位数字“3”“5”。

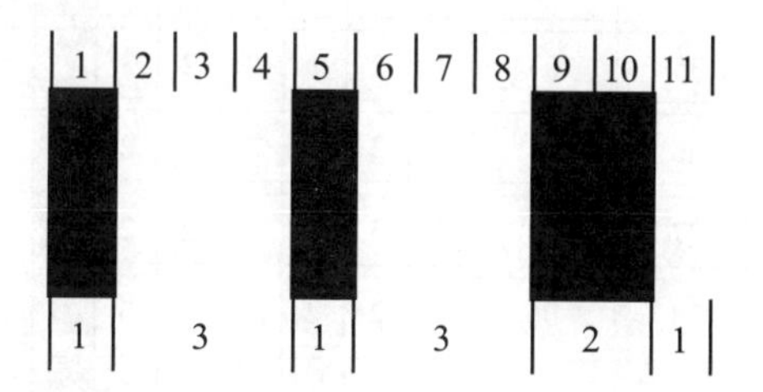


图5.4.3.1-2 符号字符值为35的字符

GS1-128条码的终止符见图5.4.3.1-3。

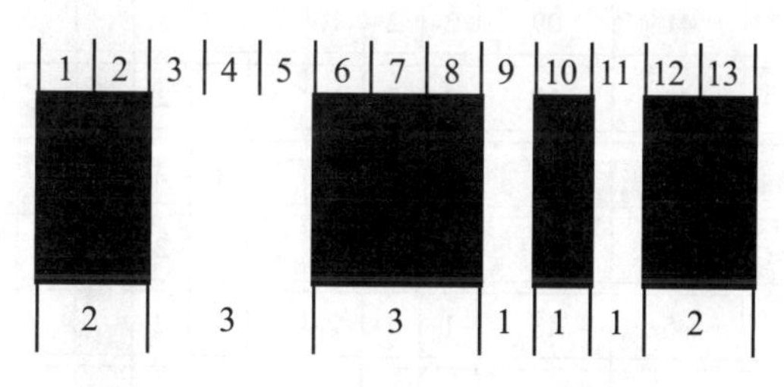


图5.4.3.1-3 GS1-128条码的终止符

### 5.4.3.2 数据字符编码

128条码的3个字符集A、B、C见表5.4.3.2-1。

GS1-128码制可标识的字符集为国际标准ISO/IEC 646中定义字符集（通称ASCII字符集）的子集，以确保其国际兼容性，更多信息见表7.11-1。

表5.4.3.2-1中的符号字符条、空图形表示在字符集A、B或C的列中给出的数据字符。code C中每个符号字符编码是2位数的数据字符或3个辅助字符（code A、code B、Function 1）之一。

在符号中，字符集的选择是根据起始符是 code A、code B 还是 code C 或转换字符（SHIFT）来确定。如果符号以起始符 A 开始，则定义了字符集为 A，同样地，以起始符 B 或 C 开始的符号分别定义了起始符集为 B 或 C。字符集可以通过使用 code A、code B 以及 code C 字符（三种切换字符）或转换字符在字符集之间切换（这些特殊字符的使用见 5.4.3）。

通过使用不同的起始符、字符集（切换字符）和转换字符，相同的数据可以表示为不同的 128 条码符号。具体的应用如不指定字符集 A、B 或 C，则 5.4.7.6 给出了使用给定的数据的符号长度最小原则。

每个符号字符分配了一个值，见表 5.4.3.2-1。这个值用于计算符号的校验字符的值，它也用于与 ASCII 值之间的转换（见 5.4.7.6）。

表 5.4.3.2-1 128 码字符编码

| 符号字符值 | 字符集 A | 字符集 A 的 ASCII 值 | 字符集 B | 字符集 B 的 ASCII 值 | 字符集 C | 单元条宽（模数） | | | | | | 单元图形 | | | | | | | | | | |
|---|---|---|---|---|---|---|---|---|---|---|---|---|---|---|---|---|---|---|---|---|---|---|
| | | | | | | B | S | B | S | B | S | 1 | 2 | 3 | 4 | 5 | 6 | 7 | 8 | 9 | 10 | 11 |
| 0 | space | 32 | space | 32 | 00 | 2 | 1 | 2 | 2 | 2 | 2 | | | | | | | | | | | |
| 1 | ! | 33 | ! | 33 | 01 | 2 | 2 | 2 | 1 | 2 | 2 | | | | | | | | | | | |
| 2 | " | 34 | " | 34 | 02 | 2 | 2 | 2 | 2 | 2 | 1 | | | | | | | | | | | |
| 3 | # | 35 | # | 35 | 03 | 1 | 2 | 1 | 2 | 2 | 3 | | | | | | | | | | | |
| 4 | $ | 36 | $ | 36 | 04 | 1 | 2 | 1 | 3 | 2 | 2 | | | | | | | | | | | |
| 5 | % | 37 | % | 37 | 05 | 1 | 3 | 1 | 2 | 2 | 2 | | | | | | | | | | | |
| 6 | & | 38 | & | 38 | 06 | 1 | 2 | 2 | 2 | 1 | 3 | | | | | | | | | | | |
| 7 | apos-trophe | 39 | apos-trophe | 39 | 07 | 1 | 2 | 2 | 3 | 1 | 2 | | | | | | | | | | | |
| 8 | ( | 40 | ( | 40 | 08 | 1 | 3 | 2 | 2 | 1 | 2 | | | | | | | | | | | |
| 9 | ) | 41 | ) | 41 | 09 | 2 | 2 | 1 | 2 | 1 | 3 | | | | | | | | | | | |
| 10 | * | 42 | * | 42 | 10 | 2 | 2 | 1 | 3 | 1 | 2 | | | | | | | | | | | |
| 11 | + | 43 | + | 43 | 11 | 2 | 3 | 1 | 2 | 1 | 2 | | | | | | | | | | | |
| 12 | comma | 44 | comma | 44 | 12 | 1 | 1 | 2 | 2 | 3 | 2 | | | | | | | | | | | |
| 13 | - | 45 | - | 45 | 13 | 1 | 2 | 2 | 1 | 3 | 2 | | | | | | | | | | | |
| 14 | full stop | 46 | full stop | 46 | 14 | 1 | 2 | 2 | 2 | 3 | 1 | | | | | | | | | | | |
| 15 | / | 47 | / | 47 | 15 | 1 | 1 | 3 | 2 | 2 | 2 | | | | | | | | | | | |
| 16 | 0 | 48 | 0 | 48 | 16 | 1 | 2 | 3 | 1 | 2 | 2 | | | | | | | | | | | |
| 17 | 1 | 49 | 1 | 49 | 17 | 1 | 2 | 3 | 2 | 2 | 1 | | | | | | | | | | | |
| 18 | 2 | 50 | 2 | 50 | 18 | 2 | 2 | 3 | 2 | 1 | 1 | | | | | | | | | | | |
| 19 | 3 | 51 | 3 | 51 | 19 | 2 | 2 | 1 | 1 | 3 | 2 | | | | | | | | | | | |
| 20 | 4 | 52 | 4 | 52 | 20 | 2 | 2 | 1 | 2 | 3 | 1 | | | | | | | | | | | |

表5.4.3.2-1(续)

| 符号字符值 | 字符集A | 字符集A的ASCII值 | 字符集B | 字符集B的ASCII值 | 字符集C | 单元条宽（模数） | | | | | | 单元图形 | | | | | | | | | | |
|---|---|---|---|---|---|---|---|---|---|---|---|---|---|---|---|---|---|---|---|---|---|---|
| | | | | | | B | S | B | S | B | S | 1 | 2 | 3 | 4 | 5 | 6 | 7 | 8 | 9 | 10 | 11 |
| 21 | 5 | 53 | 5 | 53 | 21 | 2 | 1 | 3 | 2 | 1 | 2 | | | | | | | | | | | |
| 22 | 6 | 54 | 6 | 54 | 22 | 2 | 2 | 3 | 1 | 1 | 2 | | | | | | | | | | | |
| 23 | 7 | 55 | 7 | 55 | 23 | 3 | 1 | 2 | 1 | 3 | 1 | | | | | | | | | | | |
| 24 | 8 | 56 | 8 | 56 | 24 | 3 | 1 | 1 | 2 | 2 | 2 | | | | | | | | | | | |
| 25 | 9 | 57 | 9 | 57 | 25 | 3 | 2 | 1 | 1 | 2 | 2 | | | | | | | | | | | |
| 26 | colon | 58 | colon | 58 | 26 | 3 | 2 | 1 | 2 | 2 | 1 | | | | | | | | | | | |
| 27 | semi-colon | 59 | semi-colon | 59 | 27 | 3 | 1 | 2 | 2 | 1 | 2 | | | | | | | | | | | |
| 28 | < | 60 | < | 60 | 28 | 3 | 2 | 2 | 1 | 1 | 2 | | | | | | | | | | | |
| 29 | = | 61 | = | 61 | 29 | 3 | 2 | 2 | 2 | 1 | 1 | | | | | | | | | | | |
| 30 | > | 62 | > | 62 | 30 | 2 | 1 | 2 | 1 | 2 | 3 | | | | | | | | | | | |
| 31 | ? | 63 | ? | 63 | 31 | 2 | 1 | 2 | 3 | 2 | 1 | | | | | | | | | | | |
| 32 | @ | 64 | @ | 64 | 32 | 2 | 3 | 2 | 1 | 2 | 1 | | | | | | | | | | | |
| 33 | A | 65 | A | 65 | 33 | 1 | 1 | 1 | 3 | 2 | 3 | | | | | | | | | | | |
| 34 | B | 66 | B | 66 | 34 | 1 | 3 | 1 | 1 | 2 | 3 | | | | | | | | | | | |
| 35 | C | 67 | C | 67 | 35 | 1 | 3 | 1 | 3 | 2 | 1 | | | | | | | | | | | |
| 36 | D | 68 | D | 68 | 36 | 1 | 1 | 2 | 3 | 1 | 3 | | | | | | | | | | | |
| 37 | E | 69 | E | 69 | 37 | 1 | 3 | 2 | 1 | 1 | 3 | | | | | | | | | | | |
| 38 | F | 70 | F | 70 | 38 | 1 | 3 | 2 | 3 | 1 | 1 | | | | | | | | | | | |
| 39 | G | 71 | G | 71 | 39 | 2 | 1 | 1 | 3 | 1 | 3 | | | | | | | | | | | |
| 40 | H | 72 | H | 72 | 40 | 2 | 3 | 1 | 1 | 1 | 3 | | | | | | | | | | | |
| 41 | I | 73 | I | 73 | 41 | 2 | 3 | 1 | 3 | 1 | 1 | | | | | | | | | | | |
| 42 | J | 74 | J | 74 | 42 | 1 | 1 | 2 | 1 | 3 | 3 | | | | | | | | | | | |
| 43 | K | 75 | K | 75 | 43 | 1 | 1 | 2 | 3 | 3 | 1 | | | | | | | | | | | |
| 44 | L | 76 | L | 76 | 44 | 1 | 3 | 2 | 1 | 3 | 1 | | | | | | | | | | | |
| 45 | M | 77 | M | 77 | 45 | 1 | 1 | 3 | 1 | 2 | 3 | | | | | | | | | | | |
| 46 | N | 78 | N | 78 | 46 | 1 | 1 | 3 | 3 | 2 | 1 | | | | | | | | | | | |
| 47 | O | 79 | O | 79 | 47 | 1 | 3 | 3 | 1 | 2 | 1 | | | | | | | | | | | |
| 48 | P | 80 | P | 80 | 48 | 3 | 1 | 3 | 1 | 2 | 1 | | | | | | | | | | | |
| 49 | Q | 81 | Q | 81 | 49 | 2 | 1 | 1 | 3 | 3 | 1 | | | | | | | | | | | |
| 50 | R | 82 | R | 82 | 50 | 2 | 3 | 1 | 1 | 3 | 1 | | | | | | | | | | | |

表5.4.3.2-1(续)

| 符号字符值 | 字符集A | 字符集A的ASCII值 | 字符集B | 字符集B的ASCII值 | 字符集C | 单元条宽(模数) | | | | | | 单元图形 | | | | | | | | | | |
|---|---|---|---|---|---|---|---|---|---|---|---|---|---|---|---|---|---|---|---|---|---|---|
| | | | | | | B | S | B | S | B | S | 1 | 2 | 3 | 4 | 5 | 6 | 7 | 8 | 9 | 10 | 11 |
| 51 | S | 83 | S | 83 | 51 | 2 | 1 | 3 | 1 | 1 | 3 | | | | | | | | | | | |
| 52 | T | 84 | T | 84 | 52 | 2 | 1 | 3 | 3 | 1 | 1 | | | | | | | | | | | |
| 53 | U | 85 | U | 85 | 53 | 2 | 1 | 3 | 1 | 3 | 1 | | | | | | | | | | | |
| 54 | V | 86 | V | 86 | 54 | 3 | 1 | 1 | 1 | 2 | 3 | | | | | | | | | | | |
| 55 | W | 87 | W | 87 | 55 | 3 | 1 | 1 | 3 | 2 | 1 | | | | | | | | | | | |
| 56 | X | 88 | X | 88 | 56 | 3 | 3 | 1 | 1 | 2 | 1 | | | | | | | | | | | |
| 57 | Y | 89 | Y | 89 | 57 | 3 | 1 | 2 | 1 | 1 | 3 | | | | | | | | | | | |
| 58 | Z | 90 | Z | 90 | 58 | 3 | 1 | 2 | 3 | 1 | 1 | | | | | | | | | | | |
| 59 | [ | 91 | [ | 91 | 59 | 3 | 3 | 2 | 1 | 1 | 1 | | | | | | | | | | | |
| 60 | \ | 92 | \ | 92 | 60 | 3 | 1 | 4 | 1 | 1 | 1 | | | | | | | | | | | |
| 61 | ] | 93 | ] | 93 | 61 | 2 | 2 | 1 | 4 | 1 | 1 | | | | | | | | | | | |
| 62 | ^ | 94 | ^ | 94 | 62 | 4 | 3 | 1 | 1 | 1 | 1 | | | | | | | | | | | |
| 63 | _ | 95 | _ | 95 | 63 | 1 | 1 | 1 | 2 | 2 | 4 | | | | | | | | | | | |
| 64 | NUL | 00 | grave accent | 96 | 64 | 1 | 1 | 1 | 4 | 2 | 2 | | | | | | | | | | | |
| 65 | SOH | 01 | a | 97 | 65 | 1 | 2 | 1 | 1 | 2 | 4 | | | | | | | | | | | |
| 66 | STX | 02 | b | 98 | 66 | 1 | 2 | 1 | 4 | 2 | 1 | | | | | | | | | | | |
| 67 | ETX | 03 | c | 99 | 67 | 1 | 4 | 1 | 1 | 2 | 2 | | | | | | | | | | | |
| 68 | EOT | 04 | d | 100 | 68 | 1 | 4 | 1 | 2 | 2 | 1 | | | | | | | | | | | |
| 69 | ENQ | 05 | e | 101 | 69 | 1 | 1 | 2 | 2 | 1 | 4 | | | | | | | | | | | |
| 70 | ACK | 06 | f | 102 | 70 | 1 | 1 | 2 | 4 | 1 | 2 | | | | | | | | | | | |
| 71 | BEL | 07 | g | 103 | 71 | 1 | 2 | 2 | 1 | 1 | 4 | | | | | | | | | | | |
| 72 | BS | 08 | h | 104 | 72 | 1 | 2 | 2 | 4 | 1 | 1 | | | | | | | | | | | |
| 73 | HT | 09 | i | 105 | 73 | 1 | 4 | 2 | 1 | 1 | 2 | | | | | | | | | | | |
| 74 | LF | 10 | j | 106 | 74 | 1 | 4 | 2 | 2 | 1 | 1 | | | | | | | | | | | |
| 75 | VT | 11 | k | 107 | 75 | 2 | 4 | 1 | 2 | 1 | 1 | | | | | | | | | | | |
| 76 | FF | 12 | l | 108 | 76 | 2 | 2 | 1 | 1 | 1 | 4 | | | | | | | | | | | |
| 77 | CR | 13 | m | 109 | 77 | 4 | 1 | 3 | 1 | 1 | 1 | | | | | | | | | | | |
| 78 | SO | 14 | n | 110 | 78 | 2 | 4 | 1 | 1 | 1 | 2 | | | | | | | | | | | |
| 79 | SI | 15 | o | 111 | 79 | 1 | 3 | 4 | 1 | 1 | 1 | | | | | | | | | | | |
| 80 | DLE | 16 | p | 112 | 80 | 1 | 1 | 1 | 2 | 4 | 2 | | | | | | | | | | | |

表5.4.3.2-1(续)

| 符号字符值 | 字符集A | 字符集A的ASCII值 | 字符集B | 字符集B的ASCII值 | 字符集C | 单元条宽（模数） | | | | | | 单元图形 | | | | | | | | | | |
|---|---|---|---|---|---|---|---|---|---|---|---|---|---|---|---|---|---|---|---|---|---|---|
| | | | | | | B | S | B | S | B | S | 1 | 2 | 3 | 4 | 5 | 6 | 7 | 8 | 9 | 10 | 11 |
| 81 | DC1 | 17 | q | 113 | 81 | 1 | 2 | 1 | 1 | 4 | 2 | | | | | | | | | | | |
| 82 | DC2 | 18 | r | 114 | 82 | 1 | 2 | 1 | 2 | 4 | 1 | | | | | | | | | | | |
| 83 | DC3 | 19 | s | 115 | 83 | 1 | 1 | 4 | 2 | 1 | 2 | | | | | | | | | | | |
| 84 | DC4 | 20 | t | 116 | 84 | 1 | 2 | 4 | 1 | 1 | 2 | | | | | | | | | | | |
| 85 | NAK | 21 | u | 117 | 85 | 1 | 2 | 4 | 2 | 1 | 1 | | | | | | | | | | | |
| 86 | SYN | 22 | v | 118 | 86 | 4 | 1 | 1 | 2 | 1 | 2 | | | | | | | | | | | |
| 87 | ETB | 23 | w | 119 | 87 | 4 | 2 | 1 | 1 | 1 | 2 | | | | | | | | | | | |
| 88 | CAN | 24 | x | 120 | 88 | 4 | 2 | 1 | 2 | 1 | 1 | | | | | | | | | | | |
| 89 | EM | 25 | y | 121 | 89 | 2 | 1 | 2 | 1 | 4 | 1 | | | | | | | | | | | |
| 90 | SUB | 26 | z | 122 | 90 | 2 | 1 | 4 | 1 | 2 | 1 | | | | | | | | | | | |
| 91 | ESC | 27 | { | 123 | 91 | 4 | 1 | 2 | 1 | 2 | 1 | | | | | | | | | | | |
| 92 | FS | 28 | | | 124 | 92 | 1 | 1 | 1 | 1 | 4 | 3 | | | | | | | | | | | |
| 93 | GS | 29 | } | 125 | 93 | 1 | 1 | 1 | 3 | 4 | 1 | | | | | | | | | | | |
| 94 | RS | 30 | ~ | 126 | 94 | 1 | 3 | 1 | 1 | 4 | 1 | | | | | | | | | | | |
| 95 | US | 31 | DEL | 127 | 95 | 1 | 1 | 4 | 1 | 1 | 3 | | | | | | | | | | | |
| 96 | FNC3 | | FNC3 | | 96 | 1 | 1 | 4 | 3 | 1 | 1 | | | | | | | | | | | |
| 97 | FNC2 | | FNC2 | | 97 | 4 | 1 | 1 | 1 | 1 | 3 | | | | | | | | | | | |
| 98 | SHIFT | | SHIFT | | 98 | 4 | 1 | 1 | 3 | 1 | 1 | | | | | | | | | | | |
| 99 | CODE C | | CODE C | | 99 | 1 | 1 | 3 | 1 | 4 | 1 | | | | | | | | | | | |
| 100 | CODEB | | FNC4 | | CODE B | 1 | 1 | 4 | 1 | 3 | 1 | | | | | | | | | | | |
| 101 | FNC4 | | CODE A | | CODE A | 3 | 1 | 1 | 1 | 4 | 1 | | | | | | | | | | | |
| 102 | FNC1 | | FNC1 | | FNC1 | 4 | 1 | 1 | 1 | 3 | 1 | | | | | | | | | | | |
| 103 | | | Start A | | | 2 | 1 | 1 | 4 | 1 | 2 | | | | | | | | | | | |
| 104 | | | Start B | | | 2 | 1 | 1 | 2 | 1 | 4 | | | | | | | | | | | |
| 105 | | | Start C | | | 2 | 1 | 1 | 2 | 3 | 2 | | | | | | | | | | | |

| 符号字符值 | 字符集A | 字符集B | 字符集C | 单元条宽（模数） | | | | | | | 单元图形 | | | | | | | | | | | | |
|---|---|---|---|---|---|---|---|---|---|---|---|---|---|---|---|---|---|---|---|---|---|---|---|
| | Stop | | | B | S | B | S | B | S | B | 1 | 2 | 3 | 4 | 5 | 6 | 7 | 8 | 9 | 10 | 11 | 12 | 13 |
| | | | | 2 | 3 | 3 | 1 | 1 | 1 | 2 | | | | | | | | | | | | | |

**注**：终止符包括13个模块，4条3空。其他的字符宽度为11个模块，以条开始，以空结束，包括6个单元，每个单元的宽度为1~4个模块。B和S列中的数值分别表示符号字符的每个条或空单元的模块数。

#### 5.4.3.3 字符集

本节介绍字符集信息。

##### 5.4.3.3.1 字符集A

字符集A包括所有标准的大写英文字母、数字0~9、标点字符、控制字符（即：ASCII值为00~95的字符）以及7个特殊字符。

##### 5.4.3.3.2 字符集B

字符集B包括所有标准的大写英文字母、数字0~9、标点字符和小写字母（即：ASCII值为32~127的字符）以及7个特殊字符。

##### 5.4.3.3.3 字符集C

字符集C包括100个两位的数字00~99，以及3个特殊字符。这样，每个条码字符可以对两个数字编码。

#### 5.4.3.4 特殊字符

字符A和B的最后7个字符（字符值96~102）以及字符集C的最后3个字符（字符值100~102）为非数字字符，没有对应的ASCII字符，它们对识读设备有特殊的意义。

##### 5.4.3.4.1 切换字符（CODE）和转换字符（SHIFT）

切换字符和转换字符用于在一个符号中将一个字符集转为另一个字符集，译码时不传送它们。

■ 切换字符：Code A、B或C字符将先前定义的字符集转换为切换字符所定义的新的字符集，这一改变适用于这一切换字符后面的所有字符，直到符号结尾或是遇到下一个切换字符或转换字符。

■ 转换字符：转换字符将紧跟其后的一个字符由字符集A转换到字符集B或由字符集B转换到字符集A。在被转换的一个字符后面的字符，将自动恢复到转换字符前定义的字符集A或B。

##### 5.4.3.4.2 功能字符

功能字符（FNC）用于向条码识读设备说明所允许的特殊操作或应用。

■ FNC1用于5.4.3.6定义的特殊条件。在起始符后面第一位置的FNC1总是保留给GS1系统标识使用。

■ FNC2（信息添加）不在GS1系统中使用，用于指示条码识读设备，将包含FNC2的符号信息临时储存起来，作为下一个符号内容的前缀码传送。这可用于在传送前链接几个符号，该字符可以出现在符号的任何位置。如果数据的顺序有意义，那么需要确定符号按正确的顺序识读。

■ FNC3（初始化）用于指示条码识读设备将包含此字符的条码符号的数据视为初始化指示或对条码识读设备重新编程。条码识读设备不得传送来自字符中的数据。该字符可以出现在符号的任何位置。

■ FNC4不在GS1系统中使用。在128条码中FNC4用于标识ISO 8859-1或其他应用规范说明的扩展ASCII字符集（值为128~255），如果使用了一个FNC4字符，那么要在它后面的一个数据字符的ASCII值上加128，如果需要转换该数据的字符集，可以在FNC4字符后加一个转换字符。再后面的字符则恢复到标准的ASCII字符集。如果使用了两个连续的FNC4字符，那么要在它们后面的所有字符的 ASCII 值上加 128，直到符号结尾或遇到了另外两个连续的 FNC4 字符。如果在此扩展 ASCII 序列中遇到单个的 FNC4 字符，它用于将后面的一个字符恢复到标准的 ASCII 字符集。在这样的序列中切换和转换字符的作用与原有的相同。扩展 ASCII 值（128~255）的默认参考字符集对应于 ISO/IEC 8859-1 的拉丁字母表 1 的相应内容。但应用规范可以将值 128~255 定义为对应于 ISO 8859 字符集的其他各子集的扩展部分（取值为 128~255 的相应字符）。

#### 5.4.3.5 起始符和终止符

- 起始符 A、B 或 C 定义符号开始时使用的字符集。
- 每个字符集的终止符都相同。
- 译码器不传送起始符和终止符的信息。

#### 5.4.3.6 符号校验符

符号校验符为符号终止符前的最后一个字符，5.4.7.5.1 定义了其计算方法。符号校验符不在 HRI 中表示，译码器也不传送它。

#### 5.4.3.7 GS1-128 码制起始符

GS1-128 码制有一个特殊的双字符起始符号，Start（A 或 B 或 C）FNC1，这些特殊的起始符号区分了 GS1-128 条码和普通的 128 条码。

换句话说，如果由一个特殊的双字符起始符号开始，则一定是一个 GS1-128 条码，反之，则一定不是 GS1-128 条码。

FNC1 可以作为符号校验字符（可能性小于 1%）。当把多个应用标识符及其数据域放在一个条码符号中时，适当时 FNC1 可以作为分隔符使用。

- Start A 使 GS1-128 条码以字符集 A 开始。
- Start B 使 GS1-128 条码以字符集 B 开始。
- Start C 使 GS1-128 条码以字符集 C 开始。Start C 总是用于包括应用标识符在内的数据以 4 个或 4 个以上的数字开始的情况。

#### 5.4.3.8 （资料性）符号字符值与 ASCII 值的关系

为了将符号字符值 S 转换为 ASCII 值或进行相反的操作，对字符集 A 和 B 适用如下关系：

- 字符集 A：

如果 $S \leq 63$，那么 ASCII 值 $=S+32$；

如果 $64 \leq S \leq 95$，那么 ASCII 值 $=S-64$。

- 字符集 B：

如果 $S \leq 95$，那么 ASCII 值 $=S+32$。

其结果见表 5.4.3.2-1。

**注：** 根据 5.4.3 的描述，FNC4 不用于 GS1 系统，尽管如此，FNC4 字符出现后的数据字符应在以上规则的值上加上 128。

### 5.4.4 尺寸要求

GS1-128 条码符号应符合后面的尺寸要求。

#### 5.4.4.1 最小模块宽度（X 尺寸）

最小 X 尺寸由具体应用的规范定义（见 5.12），并根据产品及识读系统的设备的实用性决定，还要遵守应用的一般要求。每个应用都应说明一个 X 尺寸的目标和范围（见 5.12.3）。

在一个给定的符号中 X 尺寸应为一个始终不变的定值。

#### 5.4.4.2 空白区

GS1-128 条码左右侧空白区的最小宽度为 10X。

#### 5.4.4.3 最大符号长度

GS1-128 条码符号最大长度必须符合以下要求：

■ 包括空白区在内，最大物理长度不能超过 165.10mm（6.5in，取整为 165mm）；

■ 最大可编码的数据字符数为 48，这包括应用标识符和作为分隔符适用的 FNC1 字符，但不包括起始符、起始 FNC1、校验字符和终止符。

### 5.4.5 参考译码算法

条码识读系统是被设计成为允许在实际算法许可的范围内能识读有缺陷的条码符号。在本节所描述的参考译码算法中，可译码度的值的计算见 ISO/IEC 15416。

每个符号字符的译码算法包括以下步骤：

■ 计算 8 个尺寸的宽度 p、$e_1$、$e_2$、$e_3$、$e_4$、$b_1$、$b_2$ 和 $b_3$（见图 5.4.5-1）。

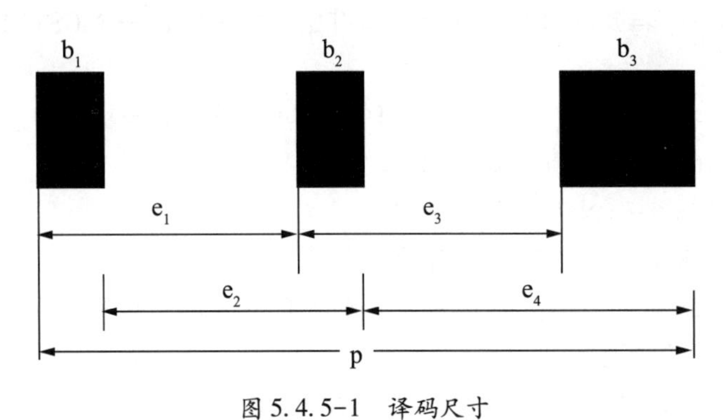


图 5.4.5-1 译码尺寸

■ 将 $e_1$、$e_2$、$e_3$ 和 $e_4$ 转换为一般尺寸值 $E_1$、$E_2$、$E_3$ 和 $E_4$，表示为模块宽度（X）的整数倍。第 i 个值的计算方法如下：

□ 如果 $1.5p/11 \le e_i < 2.5p/11$，那么 $E_i = 2$；

□ 如果 $2.5p/11 \le e_i < 3.5p/11$，那么 $E_i = 3$；

□ 如果 $3.5p/11 \le e_i < 4.5p/11$，那么 $E_i = 4$；

□ 如果 $4.5p/11 \le e_i < 5.5p/11$，那么 $E_i = 5$；

□ 如果 $5.5p/11 \le e_i < 6.5p/11$，那么 $E_i = 6$；

□ 如果 $6.5p/11 \le e_i < 7.5p/11$，那么 $E_i = 7$。

否则条码字符是错误的。

■ 以 4 个值 $E_1$、$E_2$、$E_3$ 和 $E_4$ 为标识代码在译码表中查找字符（见表 5.4.5-1）。

■ 在表中找到该字符的自校验值 V，V 的值应与该字符定义的条的模块数相等。

■ 检验：

$(V-1.75)\ p/11 < (b_1+b_2+b_3) < (V+1.75)\ p/11$；

如果不成立则条码字符是错误的。

该算法间接地用字符的奇偶性来发现非系统性的单个模块边缘的错误。

用以上5个步骤对第一个字符译码，如果第一个字符为起始符，则按从左往右的方向继续译码，如果第一个字符不是起始符而是终止符，则尝试将所有的字符序列按相反的方向译码。

当所有的条码字符都被译码后，要确保有一个有效的起始符，一个有效的终止符以及一个正确的符号校验字符。

根据符号中所用到的起始符、切换字符和转换字符将符号的字符按字符集A、B或C翻译为适当的数据字符。

此外，考虑到特定的识读设备和预期的应用环境，应对空白区、光束加速、绝对定时（识读器与扫描场景匹配）、尺寸等适当进行二级检验。

注：*在这个算法中，使用了从一个边缘到相似边缘的尺寸（e）和一个附加尺寸，即三个条宽的总和。*

表5.4.5-1 128条码符号译码表

| 字符值 | $E_1$ | $E_2$ | $E_3$ | $E_4$ | V | 字符值 | $E_1$ | $E_2$ | $E_3$ | $E_4$ | V |
|---|---|---|---|---|---|---|---|---|---|---|---|
| 00 | 3 | 3 | 4 | 4 | 6 | 54 | 4 | 2 | 2 | 3 | 6 |
| 01 | 4 | 4 | 3 | 3 | 6 | 55 | 4 | 2 | 4 | 5 | 6 |
| 02 | 4 | 4 | 4 | 4 | 6 | 56 | 6 | 4 | 2 | 3 | 6 |
| 03 | 3 | 3 | 3 | 4 | 4 | 57 | 4 | 3 | 3 | 2 | 6 |
| 04 | 3 | 3 | 4 | 5 | 4 | 58 | 4 | 3 | 5 | 4 | 6 |
| 05 | 4 | 4 | 3 | 4 | 4 | 59 | 6 | 5 | 3 | 2 | 6 |
| 06 | 3 | 4 | 4 | 3 | 4 | 60 | 4 | 5 | 5 | 2 | 8 |
| 07 | 3 | 4 | 5 | 4 | 4 | 61 | 4 | 3 | 5 | 5 | 4 |
| 08 | 4 | 5 | 4 | 3 | 4 | 62 | 7 | 4 | 2 | 2 | 6 |
| 09 | 4 | 3 | 3 | 3 | 4 | 63 | 2 | 2 | 3 | 4 | 4 |
| 10 | 4 | 3 | 4 | 4 | 4 | 64 | 2 | 2 | 5 | 6 | 4 |
| 11 | 5 | 4 | 3 | 3 | 4 | 65 | 3 | 3 | 2 | 3 | 4 |
| 12 | 2 | 3 | 4 | 5 | 6 | 66 | 3 | 3 | 5 | 6 | 4 |
| 13 | 3 | 4 | 3 | 4 | 6 | 67 | 5 | 5 | 2 | 3 | 4 |
| 14 | 3 | 4 | 4 | 5 | 6 | 68 | 5 | 5 | 3 | 4 | 4 |
| 15 | 2 | 4 | 5 | 4 | 6 | 69 | 2 | 3 | 4 | 3 | 4 |
| 16 | 3 | 5 | 4 | 3 | 6 | 70 | 2 | 3 | 6 | 5 | 4 |
| 17 | 3 | 5 | 5 | 4 | 6 | 71 | 3 | 4 | 3 | 2 | 4 |
| 18 | 4 | 5 | 5 | 3 | 6 | 72 | 3 | 4 | 6 | 5 | 4 |
| 19 | 4 | 3 | 2 | 4 | 6 | 73 | 5 | 6 | 3 | 2 | 4 |
| 20 | 4 | 3 | 3 | 5 | 6 | 74 | 5 | 6 | 4 | 3 | 4 |
| 21 | 3 | 4 | 5 | 3 | 6 | 75 | 6 | 5 | 3 | 3 | 4 |
| 22 | 4 | 5 | 4 | 2 | 6 | 76 | 4 | 3 | 2 | 2 | 4 |

表5.4.5-1（续）

| 字符值 | $E_1$ | $E_2$ | $E_3$ | $E_4$ | V | 字符值 | $E_1$ | $E_2$ | $E_3$ | $E_4$ | V |
|---|---|---|---|---|---|---|---|---|---|---|---|
| 23 | 4 | 3 | 3 | 4 | 8 | 77 | 5 | 4 | 4 | 2 | 8 |
| 24 | 4 | 2 | 3 | 4 | 6 | 78 | 6 | 5 | 2 | 2 | 4 |
| 25 | 5 | 3 | 2 | 3 | 6 | 79 | 4 | 7 | 5 | 2 | 6 |
| 26 | 5 | 3 | 3 | 4 | 6 | 80 | 2 | 2 | 3 | 6 | 6 |
| 27 | 4 | 3 | 4 | 3 | 6 | 81 | 3 | 3 | 2 | 5 | 6 |
| 28 | 5 | 4 | 3 | 2 | 6 | 82 | 3 | 3 | 3 | 6 | 6 |
| 29 | 5 | 4 | 4 | 3 | 6 | 83 | 2 | 5 | 6 | 3 | 6 |
| 30 | 3 | 3 | 3 | 3 | 6 | 84 | 3 | 6 | 5 | 2 | 6 |
| 31 | 3 | 3 | 5 | 5 | 6 | 85 | 3 | 6 | 6 | 3 | 6 |
| 32 | 5 | 5 | 3 | 3 | 6 | 86 | 5 | 2 | 3 | 3 | 6 |
| 33 | 2 | 2 | 4 | 5 | 4 | 87 | 6 | 3 | 2 | 2 | 6 |
| 34 | 4 | 4 | 2 | 3 | 4 | 88 | 6 | 3 | 3 | 3 | 6 |
| 35 | 4 | 4 | 4 | 5 | 4 | 89 | 3 | 3 | 3 | 5 | 8 |
| 36 | 2 | 3 | 5 | 4 | 4 | 90 | 3 | 5 | 5 | 3 | 8 |
| 37 | 4 | 5 | 3 | 2 | 4 | 91 | 5 | 3 | 3 | 3 | 8 |
| 38 | 4 | 5 | 5 | 4 | 4 | 92 | 2 | 2 | 2 | 5 | 6 |
| 39 | 3 | 2 | 4 | 4 | 4 | 93 | 2 | 2 | 4 | 7 | 6 |
| 40 | 5 | 4 | 2 | 2 | 4 | 94 | 4 | 4 | 2 | 5 | 6 |
| 41 | 5 | 4 | 4 | 4 | 4 | 95 | 2 | 5 | 5 | 2 | 6 |
| 42 | 2 | 3 | 3 | 4 | 6 | 96 | 2 | 5 | 7 | 4 | 6 |
| 43 | 2 | 3 | 5 | 6 | 6 | 97 | 5 | 2 | 2 | 2 | 6 |
| 44 | 4 | 5 | 3 | 4 | 6 | 98 | 5 | 2 | 4 | 4 | 6 |
| 45 | 2 | 4 | 4 | 3 | 6 | 99 | 2 | 4 | 4 | 5 | 8 |
| 46 | 2 | 4 | 6 | 5 | 6 | 100 | 2 | 5 | 5 | 4 | 8 |
| 47 | 4 | 6 | 4 | 3 | 6 | 101 | 4 | 2 | 2 | 5 | 8 |
| 48 | 4 | 4 | 4 | 3 | 8 | 102 | 5 | 2 | 2 | 4 | 8 |
| 49 | 3 | 2 | 4 | 6 | 6 | 103 | 3 | 2 | 5 | 5 | 4 |
| 50 | 5 | 4 | 2 | 4 | 6 | 104 | 3 | 2 | 3 | 3 | 4 |
| 51 | 3 | 4 | 4 | 2 | 6 | 105 | 3 | 2 | 3 | 5 | 6 |
| 52 | 3 | 4 | 6 | 4 | 6 | $Stop_A$ | 5 | 6 | 4 | 2 | 6 |
| 53 | 3 | 4 | 4 | 4 | 8 | $Stop_B$ | 3 | 2 | 2 | 4 | 6 |

**注：**$Stop_A$ 用于从左向右方向的译码。当从右向左反方向译码时，$Stop_B$ 为终止符从最右边开始的前 6 个单元。

## 5.4.6 符号质量

### 5.4.6.1 概述

ISO/IEC 15416 定义了条码符号测量和分级的标准方法。GS1 条码符号也根据该标准进行评价。5.3.2.3 定义的译码算法将用于在 ISO/IEC 15416 中评估符号译码和可译码度的参数。

注：GS1-128 条码符号最低质量水平见 5.4.7。

### 5.4.6.2 可译码度（V）

可译码度是译码算法测量值与符号理论值的接近程度，对给定的印制的条码符号而言，可译码度是衡量一个指定的条码印制符号其扫描反射率曲线与“译码失败”接近程度的参数。

采用以下规定进行可译码度 V 的计算，这是 ISO/IEC 15416 对相似边缘的可译码度计算方法的补充。

用 $V_1$ 代替公式 $V_C=K/(S/2n)$ 中的 $V_C$

其中：K=测量值与参考阈值之间的最小差异；

n=11（每个字符的模块数）；

S=字符的总宽度。

计算 $V_2=[1.75-ABS(W_b\times 11/S-M)]/1.75$

其中：M=字符中条的模块数；

S=字符的总宽度；

$W_b$=字符中条（深色条）的宽度总和；

ABS=取后面括号中数的绝对值；

$V_C$ 为 $V_1$ 和 $V_2$ 中的较小值。

终止符包括一个附加的终止条，为了测量其可译码度，需要检测两次终止符，第一次用从左至右的 6 个单元，第二次为从右至左的 6 个单元。两组 6 个单元的宽度都相当于一个标准字符。

### 5.4.6.3 空白区

GS1-128 条码的左右空白区是必须的，两个空白区的最小宽度均为 10X。

ISO/IEC 15416 允许码制规范规定额外的通过/失败的标准。在 GS1-128 条码中指定的最小空白区尺寸为 10Z，根据 ISO/IEC 15416 左右空白区的每条扫描反射率曲线（SRP）的评级应按如下规则：

空白区≥10Z：4 级（A）；

空白区<10Z：0 级（F）。

其中：Z=符号中窄条和窄空（单模块的条与空）实测宽度的平均值。

### 5.4.6.4 数据传送

从译码的 GS-128 码制符号传送的数据应包括数据字符的字节值，如果使用码制标识符，应以]C1 为前缀码。起始符、终止符、功能字符、切换字符和转换字符以及符号检验字符不包括在传送的数据中。

注：GS1-128 条码符号形成见 5.4.7。

## 5.4.7 GS1-128 码制的应用参数

### 5.4.7.1 符号高度

GS1-128 条码符号的高度要符合应用规范要求，请参照 5.12.3 中关于条码符号的最小高度的规范要求。

#### 5.4.7.2 符号长度

GS1-128 条码符号的长度取决于编码的字符个数：

1 个起始符×11 个模块=11；

FNC1×11 个模块=11；

1 个符号校验字符×11 个模块=11；

1 个终止符×13 个模块=13；

N 个符号字符×11 个模块=11N。

**（11N + 46）模块**

其中 N 为符号中字符的个数，包括含在数据中的辅助字符（切换和转换字符）。

一个模块等于符号中的 X 尺寸。

字符集 C 用一个符号字符表示 2 位数字，因此，使用字符集 C 对数字进行编码，可以获得两倍于表示其他字符的密度。

符号两侧的空白区是必须的，且宽度为 10X。

包括空白区在内的符号的总长度 **（11N + 66）模块=（11N + 66）X**

请参阅 5.4.4.3 最大符号长度的规范要求。

#### 5.4.7.3 HRI

HRI 的要求见 4.14，其中零售医疗贸易项目中采用的 HRI 要求见 4.14.1。

#### 5.4.7.4 传送数据（FNC1）

GS1-128 码制符号在传送数据时按以下描述进行，参见 ISO/IEC 15417 附录 2。

- FNC1 字符可以作为符号校验字符出现；
- FNC1 字符处在第 3 个或后面的其他字符位置时，传送为控制字符<GS>［ASCII 值 29（十进制），1D（十六进制）］；
- 如果符号在第一位置使用 FNC1，则要使用码制标识符。

当 FNC1 在第一位置时，GS1 数据标识是通过码制标识符以及后续修饰符 1 体现（]C1），但 FNC1 不被传输。

#### 5.4.7.5 GS1-128 码的附加特征（规范）

##### 5.4.7.5.1 符号校验字符

128 条码校验字符按下列方法计算：

1. 查表 5.4.3.2-1 得到符号字符的值。
2. 给每个符号字符位置分配一个权数。起始符的权数为 1，然后，在起始符后面的字符从左至右分位置的权数依次为 1，2，3，4，…，n，这些字符中不包括校验字符本身。n 表示除起始/终止符和校验字符以外的所有表示数据或特殊信息的字符数。

**注：**起始符和紧跟其后的第一个字符（对所有 GS1-128 条码来说起始符后都是 FNC1）权重都是 1。

3. 将每个字符的值乘以其相应的权。
4. 将第三步所得结果求和。
5. 将第四步的和除以 103。
6. 第五步所得的余数为符号校验字符的值。

图 5.4.7.5.1-1 说明以 GS1-128 条码表示的批号 AI（10）2503X 的校验字符值的计算。

| 字符 | Start C | FNC1 | 10 | 25 | 03 | Code B | X |
|---|---|---|---|---|---|---|---|
| 字符值（步骤1） | 105 | 102 | 10 | 25 | 3 | 100 | 56 |
| 权数（步骤2） | 1 | 1 | 2 | 3 | 4 | 5 | 6 |
| 乘机（步骤3） | 105 | 102 | 20 | 75 | 12 | 500 | 336 |
| 乘积的和（步骤4） | 1150 | | | | | | |
| 除以103（步骤5） | 1150／103＝11 | | | | | | |
| 余数等于校验字符的值 | 17 | | | | | | |

图5.4.7.5.1-1 Start C FNC1 10* 25 03 Code B X【符号校验字符】终止符

*AI（10）定义为批次/批号。

符号校验字符应放置在最后一个数据字符的后面，终止符的前面。

**注：** 符号校验字符不在供人识读字符（HRI）中表示。

### 5.4.7.6 为最小化GS1-128符号长度推荐使用的符号字符（资料性）

在GS1-128条码符号中，相同的数据可以通过起始符A、起始符B、起始符C、FNC1、切换符Code A、Code B、Code C和转换字符的不同组合，来表达出不同的GS1-128码。

**注：** 最终扫描出的数据是相同的，但会造成GS1-128码的长度不同。

如下步骤应用于打码软件中可以使表示给定的数据符号字符数最少（符号长度最小）。

1. 以起始符C和功能符FNC1为起始。
2. 如果数据起始的数字个数为奇数，那么在最后一位数字前插入切换符Code B。
3. 如果在字符集B中有4位或更多位的连续数字，那么：
   a）如果为偶数个数字字符，那么在第一个数字前插入切换符Code C将字符集转换为C；
   b）如果为奇数个数字字符，那么在第一个数字后插入切换符Code C将字符集转换为C。
4. 如果在字符集C中出现一个非数字字符，那么在该字符前插入切换符Code B。

**注：** 字符集A仍然可以创建GS1-128条码，但其编码的数据字符选项比字符集B少。字符集C可以将一对数字编码为一个符号字符，因此在编码4个或多个连续数字时，它更加节省符号长度。不需要采用字符集A中的<GS>字符作为分隔符，因为FNC1也有此功能。

### 5.4.7.7 128条码的使用原则（资料性）

#### 5.4.7.7.1 自动辨别的兼容性

128条码可以被译码设备从各种码制中自动辨别，（通过识读器）可区别的一维条码码制如下：

- ITF（交插二五码）；
- 库德巴条码；
- 39条码；
- 93条码；
- EAN/UPC条码；
- Telepen条码；
- GS1 DataBar条码。

# 5.5 一维条码——GS1 DataBar

## 5.5.1 引言

DataBar 条码属于 GS1 系统使用的一维条码符号家族。GS1 DataBar 条码有 3 组不同类型，其中的两种具有满足不同应用要求的优化变体。

第一组 DataBar 条码对 AI（01）进行编码，包括标准全向 DataBar 条码、截短式 DataBar 条码、层排式 DataBar 条码及全向层排式 DataBar 条码等。

第二组 DataBar 条码仅有一种是限定式 DataBar 条码，其对 AI（01）进行编码，用于不能在全方位扫描环境中扫描的小型贸易项目。

第三组 DataBar 条码是扩展式 DataBar，包括单行扩展式 DataBar 条码和层排扩展式 DataBar 条码，将 GS1 系统贸易项目主标识和诸如重量以及有效期的附加 AI 单元数据串编码在一维条码中，适用于被全方位扫描器扫描。

层排式 DataBar 条码是第一组 DataBar 条码中的一个变体，在应用中当普通条码太长放不下的时候，它可以在两行中进行层排使用。它有两种形式：适宜于小包装标识的截短形式和适用于全方位扫描器识读的高维形式。扩展式 DataBar 条码也可以作为层排符号印刷成多行。

DataBar 系列的任何成员都能够作为独立的一维条码进行印刷，或是作为复合码的 DataBar 一维组成部分，印在二维复合组分的下部。

DataBar 系列条码的完整描述见国际标准 ISO/IEC 24724。

### 5.5.1.1 符号特征

DataBar 条码系列包括以下形式：

- 标准全向 DataBar 条码；
- 截短式 DataBar 条码；
- 层排式 DataBar 条码；
- 全向层排式 DataBar 条码；
- 限定式 DataBar 条码；
- 单行扩展式 DataBar 条码；
- 层排扩展式 DataBar 条码。

DataBar 系列的特性包括：

- 可编码字符集：
  - □ 标准全向 DataBar 条码、截短式 DataBar 条码、层排式 DataBar 条码、全向层排式 DataBar 条码和限定式 DataBar 条码：数字 0~9 的（限定式 DataBar 条码的第 1 位数字限定为 0 或 1）有关详细内容，请参见表 7.11-1。
  - □ 扩展式 DataBar 条码：GS1 系统要求 GS1 应用标识符（AI）单元数据串参考 ISO/IEC 646 的子集。有关详细内容，请参见表 7.11-1。
- 符号字符结构：每个类型的符号使用不同的（n，k）结构，每个符号字符的宽度是 n 个模块宽，由 k 个条和 k 个空组成。
- 编码类型：连续，一维条码。

- 最大数字数据容量［包括隐含的相应的应用标识符（AI），但不包括 FNC1 字符］：
  - □ 除了扩展式的所有 DataBar 条码：AI（01）加上 14 位数字的贸易项目标识代码。
  - □ 扩展式 DataBar 条码：74 个数字或 41 个字母字符。
- 错误检测：
  - □ 标准全向 DataBar 条码、截短式 DataBar 条码、层排式 DataBar 条码、全向层排式 DataBar 条码：模 79 校验；
  - □ 限定式 DataBar 条码：模 89 校验；
  - □ 扩展式 DataBar 条码：模 211 校验。
- 字符自校验。
- 双向可译码。
- 空白区：不要求。

#### 5.5.1.2 附加特征

DataBar 条码其他特征包括：

■ 数据压缩：DataBar 系列的每个成员都有适宜于编码的最佳符号字符串压缩方法。扩展式 DataBar 也针对普遍使用的应用标识符（AI）系列进行了优化。

■ 组分连接：所有 DataBar 均包括连接标志。如果连接标志为 0，则表示 DataBar 条码是独立的。如果连接标志是 1，那么复合码的二维组分和它的分隔符印刷在 DataBar 条码的上面，且分隔符与 DataBar 条码紧挨在一起。

■ 相似边译码：所有 DataBar 条码的符号字符、定位图形、符号校验字符（定位符）都可以采用边缘到边缘的测量方法进行译码。

■ 大数据量符号字符：和 EAN/UPC 条码不同，DataBar 条码的符号字符并不直接与编码符号字符相对应。条码的符号字符对数以千计的可能的组合进行编码，提高了编码的效率。然后它们通过数学方法进行组合，形成编码符号字符串。

■ GS1-128 条码仿真：识读器设置 GS1-128 条码仿真方式传输 DataBar 系列条码所编码的数据，就像数据是用一个或多个 GS1-128 条码进行编码一样。

### 5.5.2 符号结构

#### 5.5.2.1 第一组 DataBar 符号

第一组 DataBar 符号对应用标识符 AI（01）单元数据串进行编码。它有四种形式：标准全向 DataBar 条码、截短式 DataBar 条码、层排式 DataBar 条码及全向层排式 DataBar 条码。四种形式都采用同样方式进行编码。

图 5.5.2.1-1 表示 DataBar 符号的结构。一个 DataBar 符号包括 4 个符号字符和 2 个定位图形。4 个符号字符可视为分布在 4 个分离的可扫描片段，每个片段由一个符号字符和邻接的定位图形组成。2 个定位图形对以 79 为模的校验值编码，保证数据的安全。

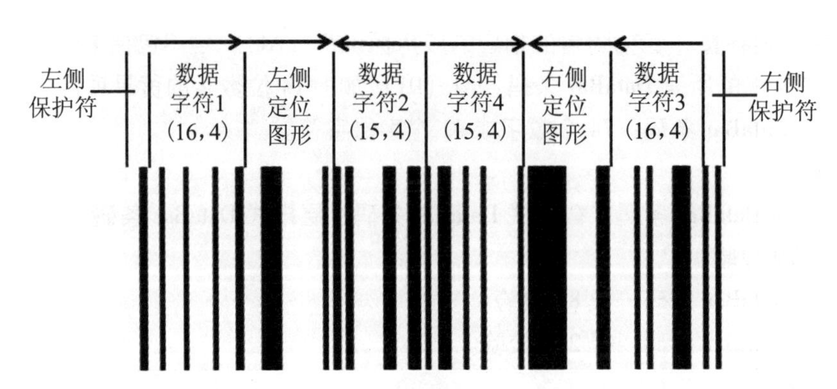


图 5.5.2.1-1 第一组 DataBar 条码的符号结构

左右两端的保护图形由 1 个窄空加 1 个窄条组成。这些 DataBar 条码不需要空白区。

##### 5.5.2.1.1 标准全向 DataBar 条码

标准全向 DataBar 条码（见图 5.5.2.1.1-1）是为全方位扫描器识读而设计的，比如零售台式扫描器。它的大小是 96 个模块（X）宽，以 1X 宽的空开始，以 1X 宽的条结束，高为 33 个 X（X 表示一个模块的宽度）。33X 是符号的最小高度，但符号使用的实际高度需根据具体的应用要求决定。例如，X 尺寸为 0.254mm（0.0100in）的标准全向 DataBar 条码的宽度为 24.38mm（0.960in），高 8.38mm（0.330in）。

图 5.5.2.1.1-1 标准全向 DataBar 条码

##### 5.5.2.1.2 截短式 DataBar 条码

截短式 GS1 DataBar 条码（见图 5.5.2.1.2-1）是将全向式 DataBar 条码的高度减小的形式，主要是为不需要全方位扫描识读的小项目设计的。它的尺寸是宽 96X，高 13X（X 为一个模块的宽度）。比如，一个截短式 DataBar 符号，当 X 尺寸为 0.254mm（0.0100in）时，其宽为 24.38mm（0.960in），高度为 3.30mm（0.130in）。

图 5.5.2.1.2-1 截短式 DataBar 条码

##### 5.5.2.1.3 层排式 DataBar 条码

层排式 DataBar 条码（见图 5.5.2.1.3-1）是全向式 DataBar 条码高度减小的两行样式，主要是为不需要全方位扫描器识别的小项目设计的。它的尺寸为宽 50X，高 13X（X 为一个模块的宽度）。比如，X 尺寸为 0.254mm（0.0100in）的层排式 DataBar 条码，其尺寸为 12.70mm（0.500in）宽，3.30mm（0.130in）高。它的结构包括两行之间的高为 1X 高的分隔符。

(01)00012345678905

图 5.5.2.1.3-1　层排式 DataBar 条码

#### 5.5.2.1.4　全向层排式 DataBar 条码

全向层排式 DataBar 条码（见图 5.5.2.1.4-1）是全向式 DataBar 条码的完全高度的两行样式，是为全方位扫描识读而设计的，比如零售台式扫描器。它的尺寸为宽 50X，高 69X（X 是一个模块的宽度）。69X 是符号的最小高度，但符号使用的实际高度需根据具体的应用要求决定。比如，模块大小为 0.254mm（0.0100in）的全向层排式 DataBar 符号尺寸为 12.70mm（0.500in）宽，17.53mm（0.690in）高。高度为 69 个模块，包括每行为 33 个 X 高的两行，以及两行之间高度为 3X 的分隔符。

(01)00034567890125

图 5.5.2.1.4-1　全向层排式 DataBar 条码

### 5.5.2.2　第二组 DataBar 符号：限定式 DataBar

第二组 DataBar 符号的限定式 DataBar 条码对应用标识符 AI（01）单元数据串进行编码。这个单元数据串是建立在 GTIN-12，GTIN-13 或 GTIN-14 数据结构基础上的。然而，当使用 GTIN-14 编码结构时，只允许指示符的值为 1。当使用 GTIN-14 编码且指示符数值大于 1 时，应使用第一组中的 DataBar 符号，见 5.5.2.1

限定式 DataBar 是为无需在 POS 全方位扫描识读的小项目设计的。它的尺寸为宽 79X，以 1X 宽的空开始，5X 宽的空结束，高为 10X（X 为一个模块的宽度）。比如，X 尺寸为 0.254mm（0.0100in）时，1 个限定式 DataBar 条码的宽为 20.07mm（0.790in），高为 2.54mm（0.100in）。

(01)15012345678907

图 5.5.2.2-1　限定式 DataBar 条码

图 5.5.2.2-2 表示限定式 DataBar 条码的结构。限定式 DataBar 条码包括两个符号字符和 1 个符号校验字符。为保证数据安全，符号校验字符对以 89 为模的校验值进行编码。

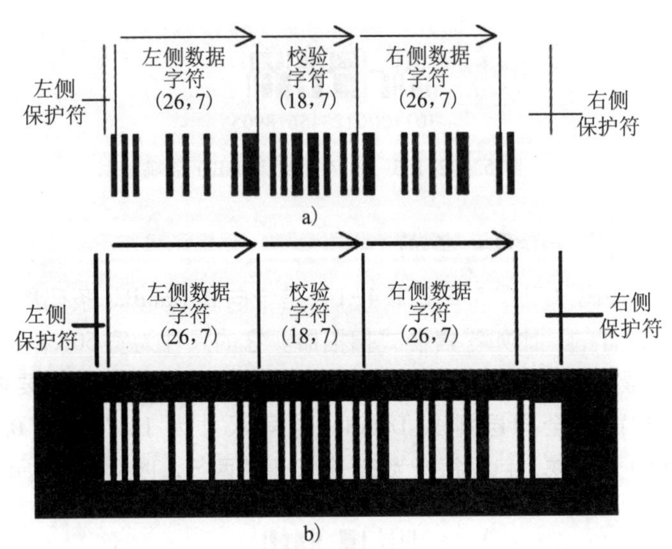


a）限定式 DataBar 条码为（01）00312345678906。

b）相同的符号在深色背景下。注意右侧保护符包含末端空（5X 的空）。

图 5.5.2.2-2 限定式 DataBar 条码符号结构

符号包含 47 个单元，包括 79 个模块。最小高度为 10X。不需要空白区。尽管两端的空模块可能看起来像空白区，但还是与空白区有差别，必须通过译码算法对保护条符号进行校验，避免将 UPC-A 符号误读为限定式 DataBar 条码。如果背景区域颜色与保护符外侧单元的颜色相同，那么前端和末端的空元素可能会融入符号的背景中。

### 5.5.2.3 第三组 DataBar 符号：扩展式 DataBar

第三组 DataBar 的扩展式 DataBar 条码是可变长度的线性码制，能够对 GS1 应用标识符（AI）单元数据串的 74 个数字字符或 41 个字母字符进行编码。单行扩展式 DataBar 条码和层排扩展式 DataBar 条码主要是为 POS 系统及其他应用中项目的主要数据和补充数据进行编码而设计的。它们除了具有和 GS1-128 条码符号相同的能力外，还适用于全方位台式扫描器扫描。它主要是为重量可变的商品、容易变质（短保质期）的商品、可追踪的零售商品和优惠券设计的。

图 5.5.2.3-1 为具有 6 个符号字符（含检验符）的扩展式 DataBar 条码符号的结构。扩展式 DataBar 条码包含 1 个符号校验字符，3~21 个符号字符，2~11 个定位图形，这取决于条码的长度。扩展式 DataBar 条码可以分段扫描，每个段由符号字符或符号校验符和相邻定位图形组成。为了数据安全，符号校验符对以 211 为模的校验值进行编码。

图 5.5.2.3-1 扩展式 DataBar 条码结构

左右两端的保护符由一个窄条和一个窄空组成。扩展式 DataBar 条码不需要空白区。

#### 5.5.2.3.1 行扩展式 DataBar 条码

单行扩展式 DataBar 条码的宽度可以变化（从 4 个到 22 个符号字符，或者宽度从最小的 102X 到最大的 534X），条高为 34X（X 为一个模块宽度）。条码以 1X 宽的空开始，以 1X 宽的条或 1X 宽的空结束。比如，图 5.5.2.3.1-1 所示的扩展式 DataBar 条码中，X 尺寸为 0.254mm（0.0100in），其宽为 38.35mm（1.51in），高为 8.64mm（0.340in）。

图 5.5.2.3.1-1 扩展式 DataBar 条码

#### 5.5.2.3.2 层排扩展式 DataBar 条码

层排扩展式 DataBar 条码是单行扩展式 DataBar 的多行层排形式。它可以被印刷成 2～20 个段，有 2～11 行。它的结构包括行与行之间的 3X 高的分隔符。它主要是为全方位扫描如零售台式扫描器的识别而设计的。图 5.5.2.3.2-1 表示模块大小为 0.254mm（0.0100in）的层排扩展式 DataBar 条码，宽为 25.91mm（1.020in），高为 18.03mm（0.71in）。

如图 5.5.2.3.2-1 中条码第二排后端的白色空间不是条码的组成部分，可以用于其他目的，比如文本。

图 5.5.2.3.2-1 层排扩展式 DataBar 条码

当符号区域或印刷结构不够宽，不能容纳完整的单行扩展式 DataBar 条码时，使用层排扩展式 DataBar 条码。它主要是为重量可变的商品、容易变质（短保质期）的商品、可追踪的零售商品和优惠券设计的。

#### 5.5.2.3.3 单元数据串序列的压缩编码

尽管扩展式 DataBar 条码可在条码的最大容量范围内按任意顺序对应用标识符单元数据串序列进行编码，但在扩展式 DataBar 中挑选了某些 GS1 应用标识符（AI）单元数据串的序列进行特定的压缩。如果应用需要使用其中一个序列的应用标识符单元数据串，并按预定的顺序，结果将可得到一个更小的条码。

挑选的序列有两类：（1）定长，挑选的应用标识符单元数据串序列是唯一编码的数据；（2）开放式结尾，序列以（预定义长度的）条码数据开始，随后是其他的应用标识符单元数据串。如果扩展式 DataBar 条码中编码的数据以定长的序列开始，而连结其他的应用标识符单元数据串，所有的数



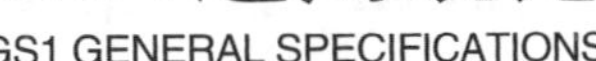

据将正常编码而不需进行压缩。

#### 5.5.2.3.3.1 定长序列

这部分是关于定长序列的说明。

**应用标识符 AI（01）和有限范围的重量**

这个序列由两个 GS1 应用标识符（AI）组成，其中一个是单元数据串 AI（01），后面跟着表示重量的 AI（3103）、AI（3202）或 AI（3203）。单元数据串 AI（01）必须以指示符数值 9 开始，表示变量计量。使用 AI（3103）（重量单位用克表示），特殊压缩表示的最大重量只能达到 32.767kg。使用 AI（3202）［重量为磅（lb），精确到 0.01lb］，特殊压缩可以用来表示的最大重量只能达到 99.99lb。使用 AI（3203）［重量为磅（lb），精确到 0.001lb］，特殊压缩可以用来表示的最大重量只能达到 22.767lb。如果重量超过这些值，在本部分定义的序列仍然可以进行一定的压缩。

**AI（01）：重量和可选日期**

这个序列包括两种或三种 GS1 应用标识符（AI）单元数据串：AI（01），表示重量的 AI（310n）或（320n）（n 从 0 至 9），以及可选择的表示日期的 AI（11）、AI（13）、AI（15）或 AI（17）。AI（01）单元数据串必须以指示符 9 开始，表示变量计量。如果不需要日期，当重量在上节“AI（01）和有限范围的重量”序列的范围之外时，这个序列仍给出附加压缩。

#### 5.5.2.3.3.2 开放式序列

这部分是有关开放结尾序列的说明。

**AI（01）及价格**

这个序列由两个 GS1 应用标识符（AI）单元数据串组成，AI（01）单元数据串，后面跟着表示价格的 AI（392X）或带有 ISO 货币代码 AI（393X）（X 取值从 0 到 3）。AI（01）单元数据串必须以指示符 9 开始，表示变量计量。比如，这个序列可用于 AI（01）、价格和重量。如果表示价格的 AI 单元数据串被加在 AI（01）和重量序列后面，则不会给出附加压缩，因为此序列（01+重量）的长度是固定的。

**AI（01）**

任何以 GS1 应用标识符 AI（01）单元数据串开始的序列，都将对 AI（01）进行特定压缩。所以当数据包括 AI（01）时，它应当作为第一个编码的单元数据串。

### 5.5.2.3.4 扩展式 DataBar 条码的最大宽度和高度（资料性）

建议最大符号尺寸以识读器性能决定。

#### 5.5.2.3.4.1 符号最大宽度（平面）

对于单行扩展式 DataBar 条码和层排扩展式 DataBar 条码使用全向式识读器扫描符号，建议使用以下最大符号长度：158.75mm（6.250in）。

对于单行扩展式 DataBar 条码和层排扩展式 DataBar 条码使用成像式识读器扫描符号，建议使用以下最大符号长度：158.75mm（6.250in）。

对于单行扩展式 DataBar 条码和层排扩展式 DataBar 条码使用手持式识读器扫描符号，推荐使用以下最大符号长度：

- 手持式线性（激光）识读器：158.75mm（6.250in）。
- 手持线性（CCD 型）识读器：101.60mm（4.000in）。
- 手持式成像仪（2D）识读器：158.75mm（6.250in）。

DataBar 条码符号长度规格（平面）

见表 5.5.2.3.4.1-1。

表 5.5.2.3.4.1-1　DataBar 条码符号长度规格（平面）表

| X（in） | 0.0080 | | 0.010 | | 0.0130 | | 0.0260 | | 0.0390 | |
|---|---|---|---|---|---|---|---|---|---|---|
| X（mm） | | 0.203 | | 0.254 | | 0.330 | | 0.660 | | 0.991 |
| 字符数 | 英制 | 公制 | 英制 | 公制 | 英制 | 公制 | 英制 | 公制 | 英制 | 公制 |
| 4 | 0.816 | 20.73 | 1.020 | 25.91 | 1.326 | 33.68 | 2.652 | 67.36 | 3.978 | 101.04 |
| 5 | 1.072 | 27.23 | 1.340 | 34.04 | 1.742 | 44.25 | 3.484 | 88.49 | 5.226 | 132.74 |
| 6 | 1.208 | 30.68 | 1.510 | 38.35 | 1.963 | 49.86 | 3.926 | 99.72 | 5.889 | 149.58 |
| 7 | 1.464 | 37.19 | 1.830 | 46.48 | 2.379 | 60.43 | 4.758 | 120.85 | 7.137 | 181.28 |
| 8 | 1.600 | 40.64 | 2.000 | 50.80 | 2.600 | 66.04 | 5.200 | 132.08 | 7.800 | 198.12 |
| 9 | 1.856 | 47.14 | 2.320 | 58.93 | 3.016 | 76.61 | 6.032 | 153.21 | 9.048 | 229.82 |
| 10 | 1.992 | 50.60 | 2.490 | 63.25 | 3.237 | 82.22 | 6.474 | 164.44 | 9.711 | 246.66 |
| 11 | 2.248 | 57.10 | 2.810 | 71.37 | 3.653 | 92.79 | 7.306 | 185.57 | 10.959 | 278.36 |
| 12 | 2.384 | 60.55 | 2.980 | 75.69 | 3.874 | 98.40 | 7.748 | 196.80 | 11.622 | 295.20 |
| 13 | 2.640 | 67.06 | 3.300 | 83.82 | 4.290 | 108.97 | 8.580 | 217.93 | 12.870 | 326.90 |
| 14 | 2.776 | 70.51 | 3.470 | 88.14 | 4.511 | 114.58 | 9.022 | 229.16 | 13.533 | 343.74 |
| 15 | 3.032 | 77.01 | 3.790 | 96.27 | 4.927 | 125.15 | 9.854 | 250.29 | 14.781 | 375.44 |
| 16 | 3.168 | 80.47 | 3.960 | 100.58 | 5.148 | 130.76 | 10.296 | 261.52 | 15.444 | 392.28 |
| 17 | 3.424 | 86.97 | 4.280 | 108.71 | 5.564 | 141.33 | 11.128 | 282.65 | 16.692 | 423.98 |
| 18 | 3.560 | 90.42 | 4.450 | 113.03 | 5.785 | 146.94 | 11.570 | 293.88 | 17.355 | 440.82 |
| 19 | 3.816 | 96.93 | 4.770 | 121.16 | 6.201 | 157.51 | 12.402 | 315.01 | 18.603 | 472.52 |
| 20 | 3.952 | 100.38 | 4.940 | 125.48 | 6.422 | 163.12 | 12.844 | 326.24 | 19.266 | 489.36 |
| 21 | 4.208 | 106.88 | 5.260 | 133.60 | 6.838 | 173.69 | 13.676 | 347.37 | 20.514 | 521.06 |
| 22 | 4.344 | 110.34 | 5.430 | 137.92 | 7.059 | 179.30 | 14.118 | 358.60 | 21.177 | 537.90 |

| 最佳性能 |
|---|
| 不推荐 |

### 5.5.2.3.4.2　符号最大宽度（曲面）

对于扩展式 DataBar 条码，最大对角为 60°（见图 6.2.3.2-2），表 5.5.2.3.4.2-1 提供了扩展式 DataBar 条码长度 DataBar 作为所选 X 尺寸的函数。测试表明，扩展式 DataBar 条码在最大角度下降低了性能，建议尽可能将这些符号做成较小的角度。

表 5.5.2.3.4.2-1　DataBar 条码长度规格（曲面）表

| 直径/in | 0.25 | 0.50 | 0.75 | 1.00 | 1.25 | 1.50 | 1.75 | 2.00 | 2.50 | 3.00 |
|---|---|---|---|---|---|---|---|---|---|---|
| 最大长度/in | 0.131 | 0.262 | 0.393 | 0.524 | 0.654 | 0.785 | 0.916 | 1.047 | 1.309 | 1.571 |
| 直径/mm | 6.35 | 12.70 | 19.05 | 25.40 | 31.75 | 38.10 | 44.45 | 50.80 | 63.50 | 76.20 |

表5.5.2.3.4.2-1(续)

| 最大长度/mm | 3.32 | 6.65 | 9.97 | 13.30 | 16.62 | 19.95 | 23.27 | 26.60 | 33.25 | 39.90 |
|---|---|---|---|---|---|---|---|---|---|---|
| | | | | | | | | | | |
| 直径/in | 3.50 | 4.00 | 4.50 | 5.00 | 5.50 | 6.00 | 6.50 | 7.00 | 7.50 | 8.00 |
| 最大长度/in | 1.833 | 2.094 | 2.356 | 2.618 | 2.880 | 3.142 | 3.456 | 3.665 | 3.927 | 4.189 |
| 直径/mm | 88.90 | 101.60 | 114.30 | 127.00 | 139.70 | 152.40 | 167.64 | 177.80 | 190.50 | 203.20 |
| 最大长度/mm | 46.55 | 53.20 | 59.85 | 66.50 | 73.15 | 79.80 | 87.78 | 93.10 | 99.75 | 106.40 |
| | | | | | | | | | | |
| 直径/in | 8.50 | 9.00 | 9.50 | 10.00 | 20.00 | 30.00 | 40.00 | 50.00 | 60.00 | |
| 最大长度/in | 4.451 | 4.712 | 4.974 | 5.236 | 10.472 | 15.708 | 20.944 | 26.180 | 31.42 | |
| 直径/mm | 215.90 | 228.60 | 241.30 | 254.00 | 508.00 | 762.00 | 1016.00 | 1270.00 | 1524.00 | |
| 最大长度/mm | 113.05 | 119.69 | 126.34 | 132.99 | 265.99 | 398.98 | 531.98 | 664.97 | 797.96 | |
| 直径/in | 0.25 | 0.50 | 0.75 | 1.00 | 1.25 | 1.50 | 1.75 | 2.00 | 2.50 | 3.00 |
| 最大长度/in | 0.131 | 0.262 | 0.393 | 0.524 | 0.654 | 0.785 | 0.916 | 1.047 | 1.309 | 1.571 |
| 直径/mm | 6.35 | 12.70 | 19.05 | 25.40 | 31.75 | 38.10 | 44.45 | 50.80 | 63.50 | 76.20 |
| 最大长度/mm | 3.32 | 6.65 | 9.97 | 13.30 | 16.62 | 19.95 | 23.27 | 26.60 | 33.25 | 39.90 |
| | | | | | | | | | | |
| 直径/in | 3.50 | 4.00 | 4.50 | 5.00 | 5.50 | 6.00 | 6.50 | 7.00 | 7.50 | 8.00 |
| 最大长度/in | 1.833 | 2.094 | 2.356 | 2.618 | 2.880 | 3.142 | 3.456 | 3.665 | 3.927 | 4.189 |
| 直径/mm | 88.90 | 101.60 | 114.30 | 127.00 | 139.70 | 152.40 | 167.64 | 177.80 | 190.50 | 203.20 |
| 最大长度/mm | 46.55 | 53.20 | 59.85 | 66.50 | 73.15 | 79.80 | 87.78 | 93.10 | 99.75 | 106.40 |
| | | | | | | | | | | |
| 直径/in | 8.50 | 9.00 | 9.50 | 10.00 | 20.00 | 30.00 | 40.00 | 50.00 | 60.00 | |
| 最大长度/in | 4.451 | 4.712 | 4.974 | 5.236 | 10.472 | 15.708 | 20.944 | 26.180 | 31.42 | |
| 直径/mm | 215.90 | 228.60 | 241.30 | 254.00 | 508.00 | 762.00 | 1016.00 | 1270.00 | 1524.00 | |
| 最大长度/mm | 113.05 | 119.69 | 126.34 | 132.99 | 265.99 | 398.98 | 531.98 | 664.97 | 797.96 | |

**注：** 见表6.2.3.2-1直径与X尺寸之间的关系。

#### 5.5.2.3.4.3　层排扩展式DataBar条码最大条高

对于层排扩展式DataBar条码符号，表5.5.2.3.4.3-1提供了符号的高度，作为所选行数和X尺寸的函数。作为测试的结果，提供了指示（表格单元格的阴影）作为行数和X尺寸的函数的扫描性能的建议。应该注意的是，测试显示，独立于X尺寸，对于包含超过7行的符号，识读器性能显著降低。

表5.5.2.3.4.3-1　层排扩展式DataBar条码高度规格（资料性）表

| 层排扩展式DataBar条码高度（公制单位） | | | | | | | | | | |
|---|---|---|---|---|---|---|---|---|---|---|
| X/mm | | 0.203 | 0.254 | 0.330 | 0.381 | 0.508 | 0.660 | 0.762 | 0.889 | 0.991 |
| 行 | 高度（模数） | | | | | | | | | |
| 2 | 71 | 14.41 | 18.03 | 23.43 | 27.05 | 36.07 | 46.86 | 54.10 | 63.12 | 70.36 |
| 3 | 108 | 21.92 | 27.43 | 35.64 | 41.15 | 54.86 | 71.28 | 82.30 | 96.01 | 107.03 |

表5.5.2.3.4.3-1(续)

| 层排扩展式 DataBar 条码高度（公制单位） | | | | | | | | | | |
|---|---|---|---|---|---|---|---|---|---|---|
| 4 | 145 | 29.44 | 36.83 | 47.85 | 55.25 | 73.66 | 95.70 | 110.49 | 128.91 | 143.70 |
| 5 | 182 | 36.95 | 46.23 | 60.06 | 69.34 | 92.46 | 120.12 | 138.68 | 161.80 | 180.36 |
| 6 | 219 | 44.46 | 55.63 | 72.27 | 83.44 | 111.25 | 144.54 | 166.88 | 194.69 | 217.03 |
| 7 | 256 | 51.97 | 65.02 | 84.48 | 97.54 | 130.05 | 168.96 | 195.07 | 227.58 | 253.70 |
| 8 | 293 | 59.48 | 74.42 | 96.69 | 111.63 | 148.84 | 193.38 | 223.27 | 260.48 | 290.36 |
| 9 | 330 | 66.99 | 83.82 | 108.90 | 125.73 | 167.64 | 217.80 | 251.46 | 293.37 | 327.03 |
| 10 | 367 | 74.50 | 93.22 | 121.11 | 139.83 | 186.44 | 242.22 | 279.65 | 326.26 | 363.70 |
| 11 | 404 | 82.01 | 102.62 | 133.32 | 153.92 | 205.23 | 266.64 | 307.85 | 359.16 | 400.36 |

| 层排扩展式 DataBar 条码高度（英制单位） | | | | | | | | | | |
|---|---|---|---|---|---|---|---|---|---|---|
| X/in | | 0.0080 | 0.0100 | 0.0130 | 0.0150 | 0.0200 | 0.0260 | 0.0300 | 0.0350 | 0.0390 |
| 行 | 高度（模数） | | | | | | | | | |
| 2 | 71 | 0.568 | 0.710 | 0.923 | 1.065 | 1.420 | 1.846 | 2.130 | 2.485 | 2.769 |
| 3 | 108 | 0.864 | 1.080 | 1.404 | 1.620 | 2.160 | 2.808 | 3.240 | 3.780 | 4.212 |
| 4 | 145 | 1.160 | 1.450 | 1.885 | 2.175 | 2.900 | 3.770 | 4.350 | 5.075 | 5.655 |
| 5 | 182 | 1.456 | 1.820 | 2.366 | 2.730 | 3.640 | 4.732 | 5.460 | 6.370 | 7.098 |
| 6 | 219 | 1.752 | 2.190 | 2.847 | 3.285 | 4.380 | 5.694 | 6.570 | 7.665 | 8.541 |
| 7 | 256 | 2.048 | 2.560 | 3.328 | 3.840 | 5.120 | 6.656 | 7.680 | 8.960 | 9.984 |
| 8 | 293 | 2.344 | 2.930 | 3.809 | 4.395 | 5.860 | 7.618 | 8.790 | 10.255 | 11.427 |
| 9 | 330 | 2.640 | 3.300 | 4.290 | 4.950 | 6.600 | 8.580 | 9.900 | 11.550 | 12.870 |
| 10 | 367 | 2.936 | 3.670 | 4.771 | 5.505 | 7.340 | 9.542 | 11.010 | 12.845 | 14.313 |
| 11 | 404 | 3.232 | 4.040 | 5.252 | 6.060 | 8.080 | 10.504 | 12.120 | 14.140 | 15.756 |

| 最佳性能 |
|---|
| 降低性能 |
| 不推荐 |

## 5.5.3 条码符号中供人识读字符

对于 HRI 规则，请参见 4.14。对于受监管零售医疗贸易项目的 HRI 规则，见 4.14.1。

## 5.5.4 数据传输和码制标识符前缀码

### 5.5.4.1 默认传输模式

GS1 系统要求使用码制标识符。DataBar 系列条码通常使用码制标识符前缀码“]e0”（见 5.1.3）。比如，一个 DataBar 条码对 AI（01）单元数据串 10012345678902 进行编码，生成的传输符号字符串为“]e00110012345678902”。数据传输遵循使用 GS1 应用标识符单元数据串的 GS1 码制的编码/译码原则（见 7.8）。

如果一个复合码二维组分和某个 DataBar 系列一维条码在一起，二维组分条码的 AI 单元数据串直接接在线性组分条码的数据后面。然而，识读器可以选择只传输线性组分数据，忽略二维组分的数据。

#### 5.5.4.2 GS1-128 条码仿真方式

识读器也可以选择 GS1-128 条码仿真方式。这种方式模拟 GS1-128 条码的数据传输。这种方式应用在还不能识别码制标识符“]e0”的 GS1-128 应用程序中。GS1-128 条码仿真方式的码制标识符是“]C1”。扩展式 DataBar 条码中超过 48 个符号字符的传输采用两条信息的方式，以便不超过 GS1-128 条码信息长度的最大值。两条信息的每一条都有一个“]C1”的码制标识符前缀，并且不超过 48 个符号字符。两条信息在两个单元数据串之间的边界分开。

**注：这种方式不如普通传输方式，因为当信息被分割时，其完整性可能会丢失。**

### 5.5.5 模块（X 尺寸）的宽度

X 尺寸的范围应根据应用规范规定，要充分考虑符号生成和识读设备的能力，并遵守应用的一般要求。符号规范应该按照应用标准等级改变，并由 5.12.2.6 中的 GS1 码制工作环境决策树图管理。

X 尺寸在给定的符号中应该保持不变。

### 5.5.6 符号高度

符号高度是 5.5.2.1.1，5.5.2.1.2，5.5.2.1.3，5.5.2.1.4，5.5.2.2，5.5.2.3.1 和 5.5.2.3.2 部分给出的 DataBar 码制类型定义的 X 维的倍数。符号规范应该按照应用标准等级改变，并由 5.12.2.6 中的 GS1 码制工作环境决策树图管理。

### 5.5.7 符号印制质量等级

国际标准 ISO/IEC 15416 的方法被用来测定和评估 DataBar 系列条码。ISO/IEC 15416 一维条码符号印制质量检验规范在功能上和旧的 ANSI 与 CEN 符号印制质量规范是等同的。印制质量等级由符合标准的校验设备测定。测定包括等级水平、测定孔径及测量所使用的光的波长。

符号规范应按照应用标准级别变化而改变，并由 5.12.2.6 中的 GS1 码制工作环境决策树图管理。

一般情况下，DataBar 条码的最小质量等级是：1.5/06/660。

其中：

- 1.5——整个符号的质量等级；
- 06 ——测量孔径参考号（孔径直径为 0.15mm 或 0.006in）；
- 660——峰值响应波长，单位为纳米（nm）。

除最低印制质量等级外，还要求包含行分隔符的所有模式单元都应该是可辨识的。

### 5.5.8 关于码制选择的建议

使用 DataBar 应遵守 GS1 系统全球应用指南。DataBar 条码不是要取代 GS1 系统中的其他码制。现存的能满足应用需求的 EAN/UPC 码、ITF-14 码或 GS1-128 码，应该继续使用。

注：要识别 DataBar 条码，扫描系统必须内嵌有 DataBar 识读程序。

如果使用全方位台式扫描器进行扫描，那么可以使用标准全向 DataBar 条码、全向层排式 DataBar 条码、单行扩展式 DataBar 条码或层排扩展式 DataBar 条码。如果只对 AI（01）编码，那么应使用标准全向 DataBar 条码或全向层排式 DataBar 条码。条码符号的选择取决于条码区域的高宽比。

如果需要使用附加 GS1 应用标识符（AI）单元数据串，或主标识符是除 AI（01）以外的其他 AI，那么应使用单行扩展式 DataBar 条码或层排扩展式 DataBar 条码。选择取决于打印头的宽度或符号的可用区域。

当使用单行扩展式 DataBar 条码和层排扩展式 DataBar 条码符号来编码全球贸易项目代码（GTIN）时，任何所需的附加数据应该包含在相同的符号中。

如果 DataBar 用在小项目上，不需要全方位扫描识别，那么应使用层排式 DataBar 条码、限定式 DataBar 条码或截短式 DataBar 条码。限定式 DataBar 条码不能用于对指示符大于 1 的 GTIN-14 数据结构进行编码。否则，必须使用层排式 DataBar 条码或截短式 DataBar 条码。层排式 DataBar 条码是面积最小的条码；但是，它的行的高度非常小，很难扫描，不能用于笔式扫描器上。如果空间允许，对能够编码的数据结构，可以使用限定式 DataBar 条码。否则，对于指示符大于 1 的 GTIN-14 数据结构，将使用截短式 DataBar 条码。

如果符号是 DataBar 复合条码，那么可选用较宽的 DataBar 条码，比如截短式 DataBar 条码而不是限定式 DataBar 条码，因为更宽的二维组导致 DataBar 复合码整体高度更低，即使 DataBar 组本身稍微高一些。

如果在两列或三列 CC-B 二维复合码中的数据容量不能满足对复合码组分数据报文进行编码的需要，可以通过选择不同的线性符号组来增加 CC-B 组分的列的数量。这会增加如表 5.5.8-1 所示的 CC-B 组分的最大数据容量。

表 5.5.8-1 CC-B 的数据容量

| CC-B 的列数 | 采用的条码符号 | 最大数字容量 | 字母字符最大容量 |
|---|---|---|---|
| 2 | 层排式 DataBar 条码<br>全向层排式 DataBar 条码 | 95 | 55 |
| 3 | 限定式 DataBar 条码 | 219 | 127 |
| 4 | 全向 DataBar 条码<br>扩展式 DataBar 条码<br>层排扩展式 DataBar 条码 | 338 | 196 |

# 5.6 二维码——GS1 DataMatrix

## 5.6.1 引言

本节内容规定了 GS1 DataMatrix（一种矩阵式二维码）的技术特性。GS1 DataMatrix 是一种独立的矩阵式二维码码制，其符号由位于符号内部的多个方形模块与分布于符号外沿的寻像图形组成。与复合码不同，GS1 DataMatrix 不需要一维条码的支持。GS1 DataMatrix 从 1994 年开始已经在开放环境中应用。

本节内容仅是对 GS1 DataMatrix 技术内容的简略描述，关于 GS1 DataMatrix 的详细技术规定可参见国际标准 ISO/IEC 16022。GS1 系统采用 GS1 DataMatrix 部分原因是其能够支持 GS1 系统数据结构以及具有其他独有特性。GS1 DataMatrix 具有信息密度高、可以用多种方法在不同基底上印制等 GS1 系统其他码制不具有的特点。

只有 Data Matrix ISO 标准 ECC 200 版本支持包括 FUCTION 1 在内的 GS1 系统数据结构。ECC200 版本 Data Matrix 使用 Reed-Solomon 纠错算法，从而使得部分破损的 Data Matrix 符号也能够正确识读。在本节后续部分中提到的 GS1 DataMatrix 都指 ISO 标准 ECC200 版本 Data Matrix。

GS1 DataMatrix 的制作应遵循已经核准的 GS1 系统应用导则。本节不涉及 Data Matrix 的具体应用。使用者应参照已被批准的具体的应用标准以及 GS1 通用规范其他章节。下面列出了一些可用于制作 GS1 DataMatrix 的方法：

■ 零部件直接标记，如在汽车、飞机金属零件、医疗器械以及外科植入式器械等物品上采用打点冲印的方法制作 Data Matrix。

■ 激光或化学刻蚀的办法在深色背景的部件上（如电路板、电子元件、医疗器械、外科植入式器械等），打上低对比度或浅色标记元素的 Data Matrix。

■ 当标记点（离散的）不能印制可识读的一维条码时，可以用高速喷墨设备在部件或组件上喷制 Data Matrix。

■ 非常小的物品，其提供的空间只能够容纳方形符号和/或不能容纳现有的 GS1 DataBar 或复合码。

■ 用于标识 B2C 包装扩展信息。

GS1 DataMatrix 可采用二维成像式识读器或成像系统识读。非二维成像式条码识读器不能识读 GS1 DataMatrix。GS1 DataMatrix 仅限于在整个供应链中采用成像式识读器的新型应用系统中使用。

## 5.6.2 GS1 DataMatrix 基础特性

■ 图 5.6.2-1 所示为 20 行，20 列的 GS1 DataMatrix 符号（包括寻像图形，不包括空白区）。

■ GS1 DataMatrix 具有一模块宽的“L”形寻像或校正图形。

■ GS1 DataMatrix 四边有一个模块宽的空白区，与其他码制符号一样，不要在此区域进行印刷。

■ ECC 200 符号与 Data Matrix 的早期版本具有显著区别：与寻像图形“L”形折角相对的模块应为白色（零模块）。

图 5.6.2-1 GS1 DataMatrix 符号

■ 只存在偶数行的方形 GS1 DataMatrix 符号，根据表示数据容量的不同，符号大小会在 10 行 10 列到 144 行 144 列之间变化（包括寻像图形，不包括空白区）。

■ 对于普通的打印条件，模块宽度用 X 表示。数据表示法：深色模块代表二进制 1，浅色模块代表二进制 0（对于颜色反转的符号，则正好相反）。

■ ECC200（ECC=Error Checking and Correction，错误校验与纠正）使用 Reed-Solomon 纠错算法。表 5.6.3.2-1 ECC 200 方形符号特性表中列出了与 Data Matrix 每个可选尺寸符号相对应的固定的纠错能力。

■ 为保持 GS1 系统兼容性，FNC1 字符应在 GS1 数据串的起始位进行编码，或作为一个 GS1 单元数据串分隔符使用［控制字符<GS>（ASCII 值 29（十进制），1D（十六进制）也有此功能］。当 FNC1 作为分隔符使用时，在传输信息中用 ASCII 字符<GS>（ASCII 值 29（十进制），1D（十六进制）表示。

■ 编码字符集：

□ GS1 系统要求仅将此《GS1 通用规范》中选择的 ISO/IEC 646 标准中的子集用于 GS1 应用标识符（AI）单元数据串。

■ 符号数据容量（对于最大尺寸符号）：

□ 字符数据：2335 个；

□ 八位字节：1556 个（ISO 和国际中是 1555 个）；

□ 数字：3116 个。

■ 较大的方形 ECC200 符号（32×32 以上）内部设有校正图形以分隔数据区域。

■ 码制类型：矩阵式。

■ 独立定向：是（要求采用二维图像式识读器）。

■ GS1 DataMatrix 其他固有的和可选特性：

□ 颜色反转（固有）：GS1 DataMatrix 支持颜色反转，符号可以浅色背景的深色模块或深色背景上的浅色模块表示。

□ 长方形符号：规定了长方形 GS1 DataMatrix 有 6 种。

□ GS1 DataMatrix 支持 ECI 扩充解释协议，从而能够支持其他字符集编码。

## 5.6.3 GS1 DataMatrix 符号

本节在 Data Matrix 码制规范 ISO/IEC16022 基础上，提供了构建基于 GS1 DataMatrix 特定应用系统有辅助作用的信息。本节所示的 GS1 DataMatrix 图像都经过了放大以反映符号的细节。

### 5.6.3.1 方形与长方形格式

GS1 DataMatrix 可选择方形或长方形格式印制。方形符号因其具有更多的可选符号尺寸及较大的信息容量（最大的长方形符号仅可编码 98 个数字，而最大的方形符号可编码 3116 个数字）而更加常用。对同一段信息进行编码的方形和长方形符号见图 5.6.3.1-1。

图 5.6.3.1-1　方形与长方形 GS1 DataMatrix（编码信息相同，非真实应用数据）

### 5.6.3.2　GS1 DataMatrix 符号尺寸

为满足不同数据内容的编码需要，GS1 DataMatrix 具有多个符号版本（见表 5.6.3.2-1、表 5.6.3.2-2）。GS1 DataMatrix 有从 10×10 模块一直到 144×144 模块共 24 个方形符号版本（不包括 1 模块宽的空白区），以及从 8×18 到 16×48 模块共 6 个长方形符号版本（不包括 1 模块宽的空白区）。对于方形符号，52×52 以及以上尺寸的符号具有 2~10 个 RS 纠错块。

在描述 GS1 DataMatrix 数据编码时通常使用术语“码字”，在 ISO/IEC 16022 中，码字定义为“在原始数据与最终符号图形表示之间建立联系的符号字符值，是信息编码的中间结果”。码字一般是一个 8 位字节数据，FNC1 字符、两个数字和一个字符都编码为一个码字。

表 5.6.3.2-1　GS1 DataMatrix 方形符号特性表***

| 符号尺寸* | | 数据区 | | 映像矩阵尺寸 | 码字总数 | | RS 纠错块 | | 纠错分组 | 数据容量 | | | 纠错码字占比 | 最多可纠正的码字 |
|---|---|---|---|---|---|---|---|---|---|---|---|---|---|---|
| 行 | 列 | 尺寸 | 个数 | 尺寸 | 数据 | 纠错 | 数据 | 纠错 | | 数字 | 字符 | 字节 | % | 替代/拒读 |
| 10 | 10 | 8×8 | 1 | 8×8 | 3 | 5 | 3 | 5 | 1 | 6 | 3 | 1 | 62.5 | 2/0 |
| 12 | 12 | 10×10 | 1 | 10×10 | 5 | 7 | 5 | 7 | 1 | 10 | 6 | 3 | 58.3 | 3/0 |
| 14 | 14 | 12×12 | 1 | 12×12 | 8 | 10 | 8 | 10 | 1 | 16 | 10 | 6 | 55.6 | 5/7 |
| 16 | 16 | 14×14 | 1 | 14×14 | 12 | 12 | 12 | 12 | 1 | 24 | 16 | 10 | 50 | 6/9 |
| 18 | 18 | 16×16 | 1 | 16×16 | 18 | 14 | 18 | 14 | 1 | 36 | 25 | 16 | 43.8 | 7/11 |
| 20 | 20 | 18×18 | 1 | 18×18 | 22 | 18 | 22 | 18 | 1 | 44 | 31 | 20 | 45 | 9/15 |
| 22 | 22 | 20×20 | 1 | 20×20 | 30 | 20 | 30 | 20 | 1 | 60 | 43 | 28 | 40 | 10/17 |
| 24 | 24 | 22×22 | 1 | 22×22 | 36 | 24 | 36 | 24 | 1 | 72 | 52 | 34 | 40 | 12/21 |
| 26 | 26 | 24×24 | 1 | 24×24 | 44 | 28 | 44 | 28 | 1 | 88 | 64 | 42 | 38.9 | 14/25 |
| 32 | 32 | 14×14 | 4 | 28×28 | 62 | 36 | 62 | 36 | 1 | 124 | 91 | 60 | 36.7 | 18/33 |
| 36 | 36 | 16×16 | 4 | 32×32 | 86 | 42 | 86 | 42 | 1 | 172 | 127 | 84 | 32.8 | 21/39 |
| 40 | 40 | 18×18 | 4 | 36×36 | 114 | 48 | 114 | 48 | 1 | 228 | 169 | 112 | 29.6 | 24/45 |
| 44 | 44 | 20×20 | 4 | 40×40 | 144 | 56 | 144 | 56 | 1 | 288 | 214 | 142 | 28 | 28/53 |
| 48 | 48 | 22×22 | 4 | 44×44 | 174 | 68 | 174 | 68 | 1 | 348 | 259 | 172 | 28.1 | 34/65 |
| 52 | 52 | 24×24 | 4 | 48×48 | 204 | 84 | 102 | 42 | 2 | 408 | 304 | 202 | 29.2 | 42/78 |
| 64 | 64 | 14×14 | 16 | 56×56 | 280 | 112 | 140 | 56 | 2 | 560 | 418 | 277 | 28.6 | 56/106 |
| 72 | 72 | 16×16 | 16 | 64×64 | 368 | 144 | 92 | 36 | 4 | 736 | 550 | 365 | 28.1 | 72/132 |
| 80 | 80 | 18×18 | 16 | 72×72 | 456 | 192 | 114 | 48 | 4 | 912 | 682 | 453 | 29.6 | 96/180 |
| 88 | 88 | 20×20 | 16 | 80×80 | 576 | 224 | 144 | 56 | 4 | 1152 | 862 | 573 | 28 | 112/212 |

表5.6.3.2-1(续)

| 符号尺寸* | | 数据区 | | 映像矩阵尺寸 | 码字总数 | | RS 纠错块 | | 纠错分组 | 数据容量 | | | 纠错码字占比 | 最多可纠正的码字 |
|---|---|---|---|---|---|---|---|---|---|---|---|---|---|---|
| 行 | 列 | 尺寸 | 个数 | 尺寸 | 数据 | 纠错 | 数据 | 纠错 | | 数字 | 字符 | 字节 | % | 替代/拒读 |
| 96 | 96 | 22×22 | 16 | 88×88 | 696 | 272 | 174 | 68 | 4 | 1392 | 1042 | 693 | 28.1 | 136/260 |
| 104 | 104 | 24×24 | 16 | 96×96 | 816 | 336 | 136 | 56 | 6 | 1632 | 1222 | 813 | 29.2 | 168/318 |
| 120 | 120 | 18×18 | 36 | 108×108 | 1050 | 408 | 175 | 68 | 6 | 2100 | 1573 | 1047 | 28 | 204/390 |
| 132 | 132 | 20×20 | 36 | 120×120 | 1304 | 496 | 163 | 62 | 8 | 2608 | 1954 | 1301 | 27.6 | 248/472 |
| 144 | 144 | 22×22 | 36 | 132×132 | 1558 | 620 | 156 | 62 | 8** | 3116 | 2335 | 1556 | 28.5 | 310/590 |
| | | | | | | | 155 | 62 | 2** | | | | | |

表 5.6.3.2-2　ECC 200 长方形标签属性***

| 符号尺寸* | | 数据区 | | 映像矩阵尺寸 | 码字总数 | | RS 纠错块 | | 纠错分组 | 数据容量 | | | 纠错码字占比 | 最多可纠正的码字 |
|---|---|---|---|---|---|---|---|---|---|---|---|---|---|---|
| 行 | 列 | 尺寸 | 个数 | 尺寸 | 数据 | 纠错 | 数据 | 纠错 | | 数字 | 字符 | 字节 | % | 替代/拒读 |
| 8 | 18 | 6×16 | 1 | 6×16 | 5 | 7 | 5 | 7 | 1 | 10 | 6 | 3 | 58.3 | 3/0 |
| 8 | 32 | 6×14 | 2 | 6×28 | 10 | 11 | 10 | 11 | 1 | 20 | 13 | 8 | 52.4 | 5/0 |
| 12 | 26 | 10×24 | 1 | 10×24 | 16 | 14 | 16 | 14 | 1 | 32 | 22 | 14 | 46.7 | 7/11 |
| 12 | 36 | 10×16 | 2 | 10×32 | 22 | 18 | 22 | 18 | 1 | 44 | 31 | 20 | 45.0 | 9/15 |
| 16 | 36 | 14×16 | 2 | 14×32 | 32 | 24 | 32 | 24 | 1 | 64 | 46 | 30 | 42.9 | 12/21 |
| 16 | 48 | 14×22 | 2 | 14×44 | 49 | 28 | 49 | 28 | 1 | 98 | 72 | 47 | 36.4 | 14/25 |

*符号尺寸不包括空白区。
**在最大的符号（144×144）中，前 8 个 Reed-Solomon 块共有 218 个码字（对 156 个数据码字编码），最后两个块每个有 217 个码字（对 155 个数据码字编码），所有各块都有 62 个纠错码字。
***等同 ISO/IEC 16022 2006 第二版中的表 7（2006 年 9 月 15 日）。

大于 32×32 模块的 GS1 DataMatrix 方形符号被校正图形分隔为 4~36 个数据区域。长方形符号也可被分为两个数据区。校正图形由深浅模块交替排列形成图形以及相邻接的深色实线构成（未进行颜色反转）。图 5.6.3.2-1 是具有四个数据区的方形符号（左）和两个数据区的长方形符号（右）的示意图，其编码数据无实际意义。

（图形相比实际应用符号图形进行了放大以方便查看）

图 5.6.3.2-1　多数据区 GS1 DataMatrix 符号：方形与长方形格式

#### 5.6.3.3　数据传输与码制标识符前缀

GS1 系统要求使用码制标识符。当 GS1 DataMatrix 第一个编码字符是 FNC1 时，使用码制标识符“]d2”（见表 5.6.3.3-1）以保证兼容性。其含义与 GS1-128 码的码制标识符“]C1”、GS1 DataBar 及复合码的码制标识符“]e0”一致，表示编码信息为 GS1 系统的单元数据串组合。码制标识符参见 ISO/IEC 15424《信息技术　自动识别与数据采集技术　数据载体（码制）标识符》。

例如，对 AI（01）10012345678902 编码的 GS1 DataMatrix 最终传输数据流是“]d20110012345678902”。AI 数据的传输遵从所有 GS1 AI 单元数据串链接的传输规则（见 7.8）。

表 5.6.3.3-1　GS1 DataMatrix 码制标识符

| | 信息内容 | 分隔符 |
|---|---|---|
| ]d2 | 标准 AI 单元数据串 | 无 |

#### 5.6.3.4　模块（X）的宽度与高度

X 尺寸的范围应综合考虑应用系统的通用需求以及生成/识读设备的匹配，并由应用标准规定。

X 尺寸（符号模块的宽与高）对于某个给定符号应保持一致。

#### 5.6.3.5　符号质量

应采用 ISO/IEC 15415《信息技术　自动识别与数据采集技术　条码印制质量测试规范　二维码符号》中规定的方法对 GS1 DataMatrix 进行检测与分级。印制质量等级由符合标准的校验设备测定。测定包括等级、测量孔径、测量所使用的光的波长及照明光与符号所成的入射角度。

符号等级应与检测的光照条件及孔径相关联。它的表示形式为：等级/孔径/测量光波长/角度。其中：

- “等级”为通过 ISO/IEC 15415 确定的符号等级值（例如，扫描等级的算术平均值，取小数点后一位），对于 GS1 DataMatrix 符号，在“等级”后面加有星号（*）表示符号周围存在反射率极值。这种情况可能干扰符号的识读。对于大多数应用，出现这种情况将导致符号不可识读，因此应进行标注。
- “孔径”为 ISO/IEC 15415 规定的合成孔径（以千分之一英寸为单位并取整）。
- “测量光波长”指明了照明光源峰值波长的纳米值（对于窄带照明）；如果测量用的光源为宽带照明光源（白光），用字母 W 表示，此时应明确规定此照明的光谱响应特性，或给出光源的规格。
- “角度”为测量光的入射角，缺省值为 45°。如果入射角不是 45°，那么入射角度应包含在符号等级的表示中。

**注：**除了默认照明角度为 45°以外，还可选用 30°和 90°的照明角度。

合成孔径的大小一般设为应用容许的最小 X 尺寸的 80%。制作 GS1 DataMatrix 时，应保证生成 GS1 DataMatrix“L”形寻像图形时，（名义上相连的）点之间的间距不得大于合成孔径大小的 25%。如果应用中 X 尺寸变化时，应限定（L 边的）绝对最大间隙尺寸。

示例：

- 2.8/05/660 表示扫描反射率曲线的等级或扫描等级的平均值为 2.8，使用的孔径为 0.125mm（孔径标号 05），测量光波长为 660 nm，入射角为 45°。
- 2.8/10/W/30 表示符号设计用于在宽带光条件下进行识读，测量时入射角为 30°，孔径为 0.250mm（孔径标号 10）。在此情况下，需要给出所引用的对用于测量的光谱特性进行规定的应用标准，或者给出光谱的自身特性。

■ 2.8/10/660* 表示符号等级是在孔径为 0.250mm（孔径标号 10）、光源波长 660nm 情况下的测量，并且符号周围存在有潜在干扰作用的反射率极值的情况。

GS1 DataMatrix 在具体应用的推荐等级见 5.12。

#### 5.6.3.6　码制选择的建议

GS1 DataMatrix 的使用应遵循 GS1 系统全球应用导则的规定，仅应用于 GS1 规定的应用领域。GS1 DataMatrix 不应代替其他 GS1 系统码制，如现有的 EAN/UPC 码、ITF 14 码、GS1 128 码、GS1 DataBar 码以及复合码的成功应用，应继续使用相应码制。

当使用 GS1 DataMatrix 来编制全球贸易项目代码（GTIN）时，任何所需（标识）的附加数据应该包含在同一符号中。

✔ **注：** *为识读 GS1 DataMatrix，识读系统必须为二维成像式识读器，并能够支持 GS1 系统版 Data Matrix（ECC 200）。*

#### 5.6.3.7　GS1 DataMatrix 的 HRI

HRI 规则见 4.14，法定的零售医疗贸易项目的 HRI 规则见 4.14.1。

# 5.7　二维码——GS1 QR 码符号

## 5.7.1　引言

GS1 通用规范本部分主要规定了 GS1 QR 码制的技术内容。GS1 QR 码是一个独立的矩阵式二维码码制，其符号由分布在一个整体的方形图案框架内的多个方形模块构成，其特征是符号的三个角落各有一个独特的寻像图形。不同于复合码（参考 5.11），GS1 QR 码不需要与一维条码组合使用。

本节提供的只是 GS1 QR 码符号的一个简单的技术描述和概述。更详细的技术规范参见国际标准 ISO/IEC 18004：2015《信息技术　自动识别与数据采集技术　QR 码码制规范》（符合该标准的 QR 码以下简称 ISO/IEC QR 码）。ISO/IEC 的 QR 码标准中还包括微 QR 码，但 GS1 系统不支持这种符号。

GS1 系统采用 GS1 QR 码的部分原因在于，与 GS1 DataMatrix 码一样，该码制可以对 GS1 系统数据结构进行编码并且具备其他技术优势。QR 码设计紧凑，支持各种生成方法和各种材质上的应用，其某些优势超过目前 GS1 系统的其他符号。

ISO/IEC QR 码支持包括 FNC 1 符号字符在内的 GS1 系统完整的数据结构。QR 码采用 Reed-Solomon 纠错算法（指定了四个可选择的纠错级别），此功能有助于纠正部分损坏的符号。

GS1 QR 码的实施应按照 GS1 系统应用标准进行。本节将不介绍具体的应用。当本通用规范其他章节涉及的具体应用标准被批准使用时，用户需要参考这些具体标准。

GS1 QR 码符号由二维图像识读器或光学系统识读。其他大多数的非二维成像仪不能识读 QR 码。GS1 QR 码仅限于整个供应链中采用图像识读设备的应用系统使用。

## 5.7.2　GS1 QR 码特征和符号基础

GS1 QR 码码制是 ISO/IEC QR 码的子集，具有以下特征。

### 格式

- GS1 系统支持：QR 码，具有全方位的（识读）功能和最大的数据容量。
- GS1 系统不支持：微 QR 码，微 QR 码码制精减或缩短了指示符的长度等影响数据长度的要素，使得对某些功能有所限制，造成数据容量的降低，目前并未获得 GS1 系统支持。

### 可编码字符集

- 数值数据：数字 0~9。
- 字母数据：大写字母 A~Z。
- 九个特殊字符："空格""$""%""*""+""-"".""/"":"。

**注：对"%"字符的特殊编码方式参见 ISO/IEC 18004：2015 标准。**

- 字节数据（默认值：ISO/IEC 8859-1；或在字节模式下以其他方式定义的其他集合）：数据以每个字符 8 位字节进行编码。在封闭系统，特定国家或者特定的 QR 码实现条件下，八位字节数据可以被指定为表示其他类型的 8 位字符集，例如在 ISO/IEC 8859 其他各部分所对应的字符编码。如果选用不同的字符解释，应用 QR 码符号的各方需要在应用规范或双边协议中规定适用的字符集。
- GS1 系统不支持用日文汉字表示信息。QR 码中的日文汉字字符可以压缩为 13 位。

### 数据表示

深色模块表示的是二进制数中的 1，浅色模块表示的是二进制中的 0。颜色反转符号正好相反。

### 符号大小（不包括空白区）

GS1 QR 码符号：21×21 模块到 177×177 模块（版本 1~40，版本增加，每条边按四个模块的步长增加）。

### 每个符号的数据字符

- 最大 QR 码符号大小，版本 40-L（版本 40，纠错等级为 L）。
- 数字数据：7089 个字符。
- 字母数字数据：4296 个字符。
- 字节数据：2953 个字符。
- 日文汉字数据：1817 个字符（GS1 系统不支持）。

### 可选纠错

Reed-Solomon 四级纠错（分别是 L、M、Q 和 H，纠错容量的递增顺序）可以恢复的码字比例为：

- L：7%符号码字。
- M：15%符号码字。
- Q：25%符号码字。
- H：30%符号码字。

### 独立定向

旋转和镜像符号。

图 5.7.3-1 展示了一个 QR 码的四种版本：正常颜色/反转颜色；正常方向/镜像方向。

## 5.7.3　附加功能概述

在 QR 码中以下附加功能的使用是可选的，但 GS1 系统不支持部分功能。

颜色反转

当 QR 码采用直接部件标印的方式进行印制时，印制符号可能是深色符号在浅色背底上，亦可能是浅色符号在深色背底上，这两种情况符号图像应都能被识读（见图 5.7.3-1）。本规范中的相关规定默认 GS1 QR 码为深色符号在浅色背底上的标准符号，但应注意相关的规定对于颜色反转的 GS1 QR 码也适用（将颜色反转的 QR 码模块深浅状态反转）。参考表 5.12.3.1-2 中注释可获取更多相关信息。

符号镜像

本规范中定义的 QR 码一般指模块排列方向正常的普通符号。然而，可以实现在符号的模块布置已进行横向调换时，进行有效解码。当使用寻像图形在左上角、右上角和左下角的查找模式时，镜像的效果是互换模块的行和列位置。参考表 5.12.3.1-2 中注释可获取更多相关信息。

正常方向和正常深浅设置

正常方向和颜色反转

镜像符号和正常深浅设置

镜像符号和颜色反转

图 5.7.3-1　QR 码符号示例

GS1 系统不支持：结构化附加

允许数据文件以最多 16 个 QR 码符号按照逻辑连续地表示信息。这些 QR 码可以按任何顺序扫描，并可使原始数据能够正确重建。结构化附加不适用于微 QR 码符号。

GS1 系统不支持：扩充解释（ECI）

此机制允许使用除默认可编码集以外的字符集（例如，阿拉伯语、西里尔文、希腊语）和其他数据解释（例如，使用定义的压缩方案的压缩数据）或其他行业特定要求对数据进行编码。

## 5.7.4　GS1 QR 码符号

本部分包含了基于 ISO/IEC 技术标准 18004：2015 提供的对 GS1 QR 码技术描述的其他信息，并对开发 GS1 特定应用提供协助。

#### 5.7.4.1　GS1 方形 QR 码格式

GS1 QR 码符号形状为正方形，具有多个不同版本大小。最大的符号（177×177 模块，纠错等级为 L）理论上可以编码最多 7089 个数字或者 4296 个字母数字字符技术，QR 码实际允许编码数据由 GS1 应用标准规定。

#### 5.7.4.2　GS1 QR 符号尺寸

GS1 QR 码符号有多种尺寸的选择，以容纳不同的数据内容（参见表 5.7.4.2-1）。GS1 QR 码符号有 40 种版本，范围从 21×21 个模块到 177×177 个模块（不包括 4X 的周围空白区）。

通常使用术语“码字”来描述关于将原始数据编码后形成的 GS1 QR 码信息承载单元。码字的定义为：一个位于源数据和符号中的图形编码的中间编码符号字符值。对于 QR 码，码字是 8 位字节。

表 5.7.4.2-1　GS1 QR 码符号大小和数据容量

| 版本 | 模块/ 大小 | 数据容量［码字］ | 版本 | 模块/ 大小 | 数据容量［码字］ |
|---|---|---|---|---|---|
| 1 | 21 | 26 | 21 | 101 | 1 156 |
| 2 | 25 | 44 | 22 | 105 | 1 258 |
| 3 | 29 | 70 | 23 | 109 | 1 364 |
| 4 | 33 | 100 | 24 | 113 | 1 474 |
| 5 | 37 | 134 | 25 | 117 | 1 588 |
| 6 | 41 | 172 | 26 | 121 | 1 706 |
| 7 | 45 | 196 | 27 | 125 | 1 828 |
| 8 | 49 | 242 | 28 | 129 | 1 921 |
| 9 | 53 | 292 | 29 | 133 | 2 051 |
| 10 | 57 | 346 | 30 | 137 | 2 185 |
| 11 | 61 | 404 | 31 | 141 | 2 323 |
| 12 | 65 | 466 | 32 | 145 | 2 465 |
| 13 | 69 | 532 | 33 | 149 | 2 611 |
| 14 | 73 | 581 | 34 | 153 | 2 761 |
| 15 | 77 | 655 | 35 | 157 | 2 876 |
| 16 | 81 | 733 | 36 | 161 | 3 034 |
| 17 | 85 | 815 | 37 | 165 | 3 196 |
| 18 | 89 | 901 | 38 | 169 | 3 362 |
| 19 | 93 | 991 | 39 | 173 | 3 532 |
| 20 | 97 | 1 085 | 40 | 177 | 3 706 |

**注：** 符号大小不包括周围的 4X 空白区。

QR 码前十个版本的符号属性（数据容量）见表 5.7.4.2-2。

表 5.7.4.2-2 GS1 QR 码前十个版本的符号属性（数据容量）

| 版本 | 纠错等级 | 数据码字数量 | 数据容量 | | | |
|---|---|---|---|---|---|---|
| | | | 数字 | 字母数字 | 字节 | 日文汉字 |
| 1 | L | 19 | 41 | 25 | 17 | 10 |
| | M | 16 | 34 | 20 | 14 | 8 |
| | Q | 13 | 27 | 16 | 11 | 7 |
| | H | 9 | 17 | 10 | 7 | 4 |
| 2 | L | 34 | 77 | 47 | 32 | 20 |
| | M | 28 | 63 | 38 | 26 | 16 |
| | Q | 22 | 48 | 29 | 20 | 12 |
| | H | 16 | 34 | 20 | 14 | 8 |
| 3 | L | 55 | 127 | 77 | 53 | 32 |
| | M | 44 | 101 | 61 | 42 | 26 |
| | Q | 34 | 77 | 47 | 32 | 20 |
| | H | 26 | 58 | 35 | 24 | 15 |
| 4 | L | 80 | 187 | 114 | 78 | 48 |
| | M | 64 | 149 | 90 | 62 | 38 |
| | Q | 48 | 111 | 67 | 46 | 28 |
| | H | 36 | 82 | 50 | 34 | 21 |
| 5 | L | 108 | 255 | 154 | 106 | 65 |
| | M | 86 | 202 | 122 | 84 | 52 |
| | Q | 62 | 144 | 87 | 60 | 37 |
| | H | 46 | 106 | 64 | 44 | 27 |
| 6 | L | 136 | 322 | 195 | 134 | 82 |
| | M | 108 | 255 | 154 | 106 | 65 |
| | Q | 76 | 178 | 108 | 74 | 45 |
| | H | 60 | 139 | 84 | 58 | 36 |
| 7 | L | 156 | 370 | 224 | 154 | 95 |
| | M | 24 | 293 | 178 | 122 | 75 |
| | Q | 88 | 207 | 125 | 86 | 53 |
| | H | 66 | 154 | 93 | 64 | 39 |
| 8 | L | 194 | 461 | 279 | 192 | 118 |
| | M | 154 | 365 | 221 | 152 | 93 |
| | Q | 110 | 259 | 157 | 108 | 66 |
| | H | 86 | 202 | 122 | 84 | 52 |
| 9 | L | 232 | 552 | 335 | 230 | 141 |
| | M | 182 | 432 | 262 | 180 | 111 |
| | Q | 132 | 312 | 189 | 130 | 80 |
| | H | 100 | 235 | 143 | 98 | 60 |
| 10 | L | 274 | 652 | 395 | 271 | 167 |
| | M | 216 | 513 | 311 | 213 | 131 |
| | Q | 154 | 364 | 221 | 151 | 93 |
| | H | 122 | 288 | 174 | 119 | 74 |

### 5.7.4.3　数据传输和码制标识符

GS1 系统需要使用码制标识符。GS1 QR 码使用码制标识符“]Q3”（见表 5.7.4.3-1）来标识该 QR 码是与 GS1 系统兼容的 GS1 QR 码符号。这也意味着符号中承载的是 GS1 应用标识符（AI）单元数据串结构，与“]C1”标识的 GS1-128 个符号，“]d2”代表 GS1 DataMatrix 符号以及“]e0”代表 GS1 DataBar 和复合符号的情况相同。了解关于码制标识符的更多信息，参见国际标准 ISO/IEC 15424《信息技术　自动识别与数据采集技术　数据载体标识符》。

例如，当一个 GS1 QR 码符号编码 AI（01）的单元数据串为 10012345678902 时，应发送的数据串是]Q30110012345678902。该数据传输规则，也适用于任何 GS1 条码编码多个 GS1 单元数据串组合的情况（见 7.8）。

表 5.7.4.3-1　GS1 QR 码的码制标识符

| | 信息内容 | 分隔符 |
|---|---|---|
| ]Q3 | 标准 AI 单元数据串 | 无 |

### 5.7.4.4　一个模块（X）的宽度和高度

X 尺寸的范围应综合考虑应用系统的通用需求以及生成识读设备的匹配，并由应用标准规定。模块的横纵两个尺寸应相同，并在一个给定符号中保持不变。

### 5.7.4.5　符号质量等级

应采用 ISO/IEC 15415《信息技术　自动识别与数据采集技术　条码印制质量测试规范　二维码符号》中规定的方法对 GS1 QR 码进行检测与分级。印制质量等级由符合标准的校验设备测定。测定参数包括等级水平、测定孔径、测量所使用的光的波长及照明光与符号所成的角度。

符号等级应与检测的光照条件及孔径相关联。它的表示形式为：等级/孔径/测量光波长/角度。其中：

■ “等级”是 ISO/IEC 15415 中定义的总体符号等级（例如，扫描反射率曲线或扫描等级的算术平均值，取小数点后一位），对于 GS1 QR 码，在“等级”后面加有星号（*）表示在符号周围存在反射率极值。这种情况可能干扰符号的识读。对于大多数应用，出现这种情况将导致符号不可识读。

■ “孔径”为 ISO/IEC 15415 规定的合成孔径（以千分之一英寸为单位并取整）。

■ “测量光波长”是指照明光源峰值波长的纳米数（对于窄带照明）；如果测量用的光源为宽带照明光源（白光），用字母 W 表示，此时应明确规定此照明的光谱响应特性，或给出光源的规格。

■ “角度”为测量光的入射角，缺省值为 45°。如果入射角不是 45°，那么入射角度应包含在符号等级的表示中。

合成孔径的大小一般设为应用允许的最小 X 尺寸的 80%。

示例：

■ 2.8/05/660 表示扫描反射率曲线的等级或扫描等级的平均值为 2.8，使用的孔径为 0.125mm（孔径标号 05），测量光波长为 660nm，入射角为 45°。

■ 2.8/10/W/30 表示符号设计用于在宽带光条件下进行识读，测量时入射角为 30°，孔径为

0.250mm（孔径标号10）。在此情况下，需要给出所引用的对用于测量的光谱特性进行规定的应用标准，或者给出光谱的自身特性。

■ 2.8/10/660* 表示符号等级是在孔径为0.250mm（孔径标号10）、光源波长为660nm的情况下测量的，并且符号周围存在有潜在干扰作用的反射率极值的情况。

GS1 QR码在具体应用的推荐等级见5.12。

#### 5.7.4.6 选择码制的建议

GS1 QR码的使用应遵循GS1系统全球应用导则的规定，仅应用于GS1规定的应用领域。GS1 QR码不应代替其他GS1系统码制，如现有的EAN/UPC码、ITF-14码、GS1-128码、GS1 DataBar码以及复合码等应继续使用的成功应用的码制。

**注：** *为识读GS1 QR码，识读系统必须为二维成像式识读器，并能够支持ISO/IEC18004:2015 GS1 QR码。*

#### 5.7.4.7 GS1 QR码符号的HRI

HRI规则见4.14。

## 5.8 二维码——GS1 DotCode码制

### 5.8.1 引言

本节提供GS1 DotCode符号系统的摘要描述和概述。更详细的技术规范可以在《信息技术 自动识别和数据采集技术 条码规范 DotCode》（Rev 3.0，2014年8月）中找到，该规范可从AIM获得。当AIM DotCode对GS1系统数据进行编码时，称为GS1 DotCode。

GS1系统采用了GS1 DotCode，因为它能够对GS1标识代码进行编码，同时能以高生产速度在线打印。GS1 DotCode的实施应符合批准的GS1系统应用标准，见2.1.14。

### 5.8.2 GS1 DotCode码制

本节中包含的GS1 DotCode的技术描述提供了基于AIM DotCode规范的其他信息。它是为开发具体应用程序提供进一步帮助的。

GS1系统不支持：结构化附加

允许数据文件按照逻辑连续地表示信息。这些DotCode码可以按任何顺序扫描，并可使原始数据能够正确重建。

GS1系统不支持：扩充解释（ECI）

此机制允许使用除默认可编码集以外的字符集（例如，阿拉伯语、西里尔文、希腊语）和其他数据解释（例如，使用定义的压缩方案的压缩数据）或其他行业特定要求对数据进行编码。

#### 5.8.2.1 数据传输和码制标识符

GS1系统需要使用码制标识符。GS1 DotCode使用码制标识符“]J1”（见表5.8.2.1-1）来标识该DotCode码是与GS1系统兼容的符号。这也意味着符号中承载的是GS1应用程序标识符（AI）单元数据串结构，与“]C1”代表GS1-128符号，“]d2”代表GS1 DataMatrix符号，“]Q3”代表GS1 QR符号以及“]e0”代表GS1 DataBar和复合符号的情况相同。了解关于码制标识符的更多信息，参见国际标准 ISO/IEC 15424《信息技术　自动识别和数据采集技术　数据载体/码制标识符》。

例如，当一个 GS1 DotCode 码符号编码 AI（01）的单元数据串为 10012345678902 时，应发送的数据串是]J10110012345678902。该数据传输规则，也适用于任何 GS1 条码编码多个 GS1 单元数据串组合的情况（见 7.8）。

表 5.8.2.1-1　GS1 DotCode 的码制标识符

| | 信息内容 | 分隔符 |
|---|---|---|
| ]J1 | 标准 AI 单元数据串 | 无 |

### 5.8.2.2　一个模块（X）的宽度和高度

X 尺寸的范围应综合考虑应用系统的通用需求以及生成识读设备的匹配，并由应用标准规定。模块的横纵两个尺寸应相同，并在一个给定符号中保持不变。

### 5.8.2.3　符号质量等级

应采用《AIM DotCode 规范》中扩展的国际标准 ISO/IEC 15415《信息技术　自动识别与数据采集技术　条码印制质量测试规范　二维条码符号》进行 GS1 DotCode 符号的测量和评级。

GS1 DotCode 的最低符号等级在第 2 章的各应用标准中指定，参考 5.12.3.12 中的条码符号规范表。

### 5.8.2.4　选择码制的建议

GS1 DotCode 应仅用于满足 2.1.14 中规定的欧盟烟草追溯法规 EU 2018/574 的要求。

### 5.8.2.5　HRI

供人识读（HRI）的要求见 4.14。

# 5.9　二维码——Data Matrix 码

实施 ECC200 错误纠错原理的 Data Matrix 根据 ISO/IEC 16022 国际标准。在 GS1 系统中，Data Matrix 仅用来对 GS1 数字链接 URI 格式进行编码，Data Matrix 所有相关技术见 ISO/IEC 16022。

# 5.10　二维码——QR 码

QR 码见国际标准 ISO/IEC 18004。在 GS1 系统中，QR 码仅用来对 GS1 数字链接 URI 格式进行编码，QR 码所有相关技术见 ISO/IEC 18004。

# 5.11　复合码

## 5.11.1　复合码介绍

复合码是将 GS1 系统一维条码符号和二维复合组分组合起来的一种码制。GS1 复合码有 A、B、C 三种复合码类型，每种分别有不同的编码规则。编码器模型可以自动选择适当的类型并优化。

一维组分对贸易项目的主标识进行编码。相邻的二维复合组分对附加数据如批号和有效日期进行编码。GS1 复合码总是包括一维组分，因此主标识可以被所有扫描技术识别。GS1 复合码总是包括一个多行二维复合组分，可以被线性的或阵面 CCD 扫描器（2D-CCD），以及线性的和光栅激光扫描器识读。

复合码标准参见 AIM ITS 99-002《国际码制规范 复合码》。

#### 5.11.1.1 复合码特征

复合码的特征包括：

■ 可编码字符集：

□ 一维组分和二维组分都应按照 ISO/IEC 646 的一个子集编码。允许编码的字符集参阅表 7.11-1。

□ 功能字符 FNC1 和分隔符。

■ 符号字符结构：根据线性码和二维复合组分码的不同，选择使用不同的（n，k）符号字符。

■ 编码类型：

□ 一维组分：连续型一维条码码制。

□ 二维复合组分：连续型层排式条码码制。

■ 最大数字数据容量：

□ 一维组分：

- GS1-128 码：最多 48 位；
- EAN/UPC 条码：8、12 或 13 位数字；
- GS1DataBar 扩展式 DataBar 码：最多 74 位；
- 其他 GS1 DataBar 条码：16 位。

□ 2D 组分：

- CC-A：最多 56 位；
- CC-B：最多 338 位；
- CC-C：最多 2361 位。

■ 错误检测与纠正

□ 一维组分：以校验码的值进行校验。

□ 二维复合组分：固定或变化数目的 Reed-Solomon 纠错码字，取决于具体的二维复合组分。

■ 字符自校验。

■ 双向可译码。

#### 5.11.1.2 附加特征

下面是 GS1 复合码的附加特征：

■ 数据压缩：二维复合组分使用特定的数据压缩模式，对应用标识符（AI）单元数据串进行有效的编码。

■ 组分连接：每个 GS1 复合条码的二维复合组分包含一个连接标志，指示识读器除非相关一维组分也被扫描并译码，才能传输数据。所有一维组分除了 EAN/UPC 码以外也都含有一个明显的连接标志。

■ GS1-128 条码仿真：识读器设置 GS1-128 码仿真方式，可以实现如同一个或多个 GS1-128

码编码数据被传输的方式，传输 GS1 复合条码中的编码数据。

■ 符号分隔字符：支持未来应用扩展的标志字符，指示识读器在分隔符的地方，终止数据的传输，而将剩余的数据作为单独的信息进行传输。

■ 二维复合组分转义机制：该机制支持在将来的应用中，用 GS1 复合码的标准形式对 ISO646 子集（参见表 7.11-1）之外的数据内容进行编码。

## 5.11.2　符号结构

每个 GS1 复合码由一维组分和多行二维复合组分组成。二维复合组分印刷在一维组分之上。两个组分被分隔符所分开。在分隔符和二维复合组分之间允许最多 3 个模块宽的空，以便可以更容易地分别印制两种组分。然而，如果两种组分同时印制，应按照图 5.11.2-1 所示那样进行对齐。

(01)13112345678906(17)010615(10)A123456

图 5.11.2-1　具有 CC-A 的 GS1 限定式 DataBar 复合码

在图 5.11.2-1 中，AI（01）全球贸易项目代码（GTIN）在 GS1 限定式 Data Bar 一维组分中进行编码。AI（17）有效期和 AI（10）批号在 CC-A 二维复合组分中进行编码。

一维组分是下列中的一种：

■ EAN/UPC 码制（EAN-13，EAN-8，UPC-A，或者 UPC-E）中的一种；

■ GS1 DataBar 码制系列中的一种；

■ GS1-128 码。

一维组分的选择决定了 GS1 复合码的名称，比如 EAN-13 复合码，或者 GS1-128 复合码。

二维复合组分（简写为 CC）的选择是根据所选的一维组分和编码的附加数据量来决定的。三种二维复合组分，按照最大数据容量由小到大排列如下：

■ CC-A：微 PDF417 的变码；

■ CC-B：新编码规则的微 PDF417；

■ CC-C：新编码规则的 PDF417 条码。

在图 5.11.2-2 中，GS1-128 条码一维组分对 AI（01）GTIN 进行编码。CC-C 二维复合组分对 AI（10）批号和 AI（410）交货地位置进行编码。

(01)03812345678908(10)ABCD123456(410)3898765432108

图 5.11.2-2　具有 CC-C 的 GS1-128 复合码

在一维组分宽度的基础上，规定了选择“最佳组合”的二维复合组分。表 5.11.2-1 列出了允许的组合。

表 5.11.2-1 线性和二维复合组分的允许组合

| 线性组分 | CC-A/CC-B | CC-C |
|---|---|---|
| UPC-A 与 EAN-13 | 是（4列） | 否 |
| EAN-8 | 是（3列） | 否 |
| UPC-E | 是（2列） | 否 |
| GS1-128 | 是（4列） | 是（宽度可变） |
| 标准全向 GS1 DataBar 和截短式 GS1 DataBar | 是（4列） | 否 |
| 层排式 GS1 DataBar 和全向层排式 GS1 DataBar | 是（2列） | 否 |
| 限定式 GS1 DataBar | 是（3列） | 否 |
| 扩展式和扩展层排式 GS1 DataBar | 是（4列） | 否 |

### 5.11.2.1 CC-A 结构

CC-A 是具有独特的行指示符（RAP）的微 PDF417 的变码。它是最小（容量）的二维复合组分，可以对 56 个数字进行编码。它的行数为 3~12 行，列为 2~4 列。

每一行的最小高度为 2X（X 是模块的宽度，窄的条或空）。在一维组分和二维复合组分之间，有一个高为 1X 的最小分隔符（在带有 EAN/UPC 一维组分的 GS1 复合码中是 6X 的分隔符）。

每列包括 1 个（n，k）=（17，4）的数据或纠错字符（码字）（n 是模块数；k 是条数，也是空的数目）。因此码字的宽度是 17X。

除了数据码字列之外，CC-A 结构有 2 个或 3 个对行号编码的（n，k）=（10，3）行指示符列（10X 宽），最右侧的行指示符列由一模块宽的条结束，因此其宽度是 11X。

每行在两端都需要一个 1X 宽的空白区域。在 CC-A 上面不需要空白区。分隔符直接印刷在一维组分的上面，在 CC-A 下面不需要空白区。

两列和三列 CC-A 形式有 2 个 RAP 列，四列 CC-A 形式有 3 个 RAP 列，如图 5.11.2.1-1 所示。

两列 CC-A 结构

| 空白区 | RAP 列 | 码字列 | 码字列 | RAP 列 | 空白区 |
|---|---|---|---|---|---|

三列 CC-A 结构

| 空白区 | 码字列 | RAP 列 | 码字列 | 码字列 | RAP 列 | 空白区 |
|---|---|---|---|---|---|---|

四列 CC-A 结构

| 空白区 | RAP 列 | 码字列 | 码字列 | RAP 列 | 码字列 | 码字列 | RAP 列 | 空白区 |
|---|---|---|---|---|---|---|---|---|

图 5.11.2.1-1 CC-A 列结构

表 5.11.2.1-1 列举了 CC-A 所有可能的列和行组合。它也表示了二维复合组分的容量和尺寸大小。比如，2 列 5 行 CC-A 是 57 个 X 宽（包括最右端额外的 1X 宽的保护条），10 个 X 高（不包括分隔符）。如果 X 尺寸为 0.254mm（0.010in），它将是 14.48mm（0.57in）宽，2.54mm（0.10in）高。

表 5.11.2.1-1　CC-A 行和列的大小

| 数据列数（C） | 行数（R） | 数据区域总的码字数 | 纠错码字数（k） | 纠错码字数百分数 | 数据码字数目 | 最大字母字符数 | 最大数字数 | 组分：宽度（X）（注1） | 组分：高度（X）（注2） |
|---|---|---|---|---|---|---|---|---|---|
| 2 | 5 | 10 | 4 | 40.00% | 6 | 8 | 16 | 57 | 10 |
| 2 | 6 | 12 | 4 | 33.33% | 8 | 12 | 22 | 57 | 12 |
| 2 | 7 | 14 | 5 | 35.71% | 9 | 13 | 24 | 57 | 14 |
| 2 | 8 | 16 | 5 | 31.25% | 11 | 17 | 30 | 57 | 16 |
| 2 | 9 | 18 | 6 | 33.33% | 12 | 18 | 33 | 57 | 18 |
| 2 | 10 | 20 | 6 | 30.00% | 14 | 22 | 39 | 57 | 20 |
| 2 | 12 | 24 | 7 | 29.17% | 17 | 26 | 47 | 57 | 24 |
| 3 | 4 | 12 | 4 | 33.33% | 8 | 12 | 22 | 74 | 8 |
| 3 | 5 | 15 | 5 | 33.33% | 10 | 15 | 27 | 74 | 10 |
| 3 | 6 | 18 | 6 | 33.33% | 12 | 18 | 33 | 74 | 12 |
| 3 | 7 | 21 | 7 | 33.33% | 14 | 22 | 39 | 74 | 14 |
| 3 | 8 | 24 | 7 | 29.17% | 17 | 26 | 47 | 74 | 16 |
| 4 | 3 | 12 | 4 | 33.33% | 8 | 12 | 22 | 101 | 6 |
| 4 | 4 | 16 | 5 | 31.25% | 11 | 17 | 30 | 101 | 8 |
| 4 | 5 | 20 | 6 | 30.00% | 14 | 22 | 39 | 101 | 10 |
| 4 | 6 | 24 | 7 | 29.17% | 17 | 26 | 47 | 101 | 12 |
| 4 | 7 | 28 | 8 | 28.57% | 20 | 31 | 56 | 101 | 14 |

CW=Codeword（码字）；EC=Error Correction（纠错码字）。

**注1：**包括两端各1X宽的空白区。

**注2：**假定行高=2X；不包括分隔符。

### 5.11.2.2　CC-B 结构

CC-B 是以第一个值为 920 的码字来标识的微 PDF417 条码。当编码数据超过 CC-A 的容量时，编码系统自动选择 CC-B。CC-B 编码可以达到 338 个数字。它的行数为 10~44 行，列为 2~4 列。

CC-B 每行的最小高度为 2X。在一维组分和二维复合组分之间有一个高为 1X 的最小分隔符（在带有 EAN/UPC 一维组分的 GS1 复合码中是 6X 的分隔符）。

每列包括一个（n，k）=（17，4）的数据字符或纠错字符（码字）（n 是模块数；k 是条数，也是空的数目）。因此码字的宽度为 17X。

除了数据码字列之外，CC-B 结构有 2 个或 3 个对行号编码的（n，k）=（10，3）行指示符列（10X 宽），最右侧的行指示符列由一模块宽的条结束，因此其宽度是 11X。

每行在两端都需要一个 1X 宽的空白区域。在 CC-B 上面不需要空白区。分隔符直接印刷在一维组分的上面，在 CC-B 下面不需要空白区。

两列 CC-B 形式有 2 个 RAP 列，三列和四列 CC-B 形式有 3 个 RAP 列，如图 5.11.2.2-1 所示。

两列 CC-B 结构

| 空白区 | RAP 列 | 码字列 | 码字列 | RAP 列 | 空白区 |
|---|---|---|---|---|---|

三列 CC-B 结构

| 空白区 | RAP 列 | 码字列 | RAP 列 | 码字列 | 码字列 | RAP 列 | 空白区 |
|---|---|---|---|---|---|---|---|

四列 CC-B 结构

| 空白区 | RAP 列 | 码字列 | 码字列 | RAP 列 | 码字列 | 码字列 | RAP 列 | 空白区 |
|---|---|---|---|---|---|---|---|---|

图 5.11.2.2-1 CC-B 列结构

CC-B 在 3 列结构中与 CC-A 不同，CC-B 在最左端有 RAP 列，而在 CC-A 中没有。

表 5.11.2.2-1 列举了 CC-B 所有可能的行列的组合。它也表示了二维复合组分的容量和尺寸。比如 4 列 10 行的 CC-B，宽为 101 个 X，高为 20 个 X（不包括分隔符）。当 X 尺寸为 0.254mm（0.010in）时，其宽度将为 25.65mm（1.01in），高为 5.08mm（0.20in）。

表 5.11.2.2-1 CC-B 行和列的大小

| 数据列数（C） | 行数（R） | 数据区域码字总数 | 纠错码字数 | 纠错码字的百分比 | 非纠错码字数 | 数据码字数目（注 1） | 最大字母字符 | 最大数字字符 | CC-B 宽度，（模块）（注 2） | CC-B 高度，（模块）（注 3） |
|---|---|---|---|---|---|---|---|---|---|---|
| 2 | 17 | 34 | 10 | 29 | 24 | 22 | 34 | 59 | 57 | 34 |
| 2 | 20 | 40 | 11 | 28 | 29 | 27 | 42 | 73 | 57 | 40 |
| 2 | 23 | 46 | 13 | 28 | 33 | 31 | 48 | 84 | 57 | 46 |
| 2 | 26 | 52 | 15 | 29 | 37 | 35 | 55 | 96 | 57 | 52 |
| 3 | 15 | 45 | 21 | 47 | 24 | 22 | 34 | 59 | 84 | 30 |
| 3 | 20 | 60 | 26 | 43 | 34 | 32 | 50 | 86 | 84 | 40 |
| 3 | 26 | 78 | 32 | 41 | 46 | 44 | 68 | 118 | 84 | 52 |
| 3 | 32 | 96 | 38 | 40 | 58 | 56 | 88 | 153 | 84 | 64 |
| 3 | 38 | 114 | 44 | 39 | 70 | 68 | 107 | 185 | 84 | 76 |
| 3 | 44 | 132 | 50 | 38 | 82 | 80 | 127 | 219 | 84 | 88 |
| 4 | 10 | 40 | 16 | 40 | 24 | 22 | 34 | 59 | 101 | 20 |
| 4 | 12 | 48 | 18 | 38 | 30 | 28 | 43 | 75 | 101 | 24 |
| 4 | 15 | 60 | 21 | 35 | 39 | 37 | 58 | 100 | 101 | 30 |
| 4 | 20 | 80 | 26 | 33 | 54 | 52 | 82 | 141 | 101 | 40 |
| 4 | 26 | 104 | 32 | 31 | 72 | 70 | 111 | 192 | 101 | 52 |
| 4 | 32 | 128 | 38 | 30 | 90 | 88 | 139 | 240 | 101 | 64 |
| 4 | 38 | 152 | 44 | 29 | 108 | 106 | 168 | 290 | 101 | 76 |
| 4 | 44 | 176 | 50 | 28 | 126 | 124 | 196 | 338 | 101 | 88 |

CW = Codeword（码字）；EC = Error correction（纠错码字）。

注1：不包括纠错码字和定义 CC-B 编码的 2 个码字。

注2：包括两端各 1 个模块宽的空白区。

注3：假定 Y=2X，不包括分隔符。

#### 5.11.2.3　CC-C 结构

CC-C 是以紧跟在符号长度指示符之后的第一个码字 920 为唯一标识的 PDF417 条码。CC-C 仅与 GS1-128 一起组成复合码使用。该结构具有 GS1 复合码的最大数据容量，可以对 2361 个数字进行编码。该结构有 3~30 行，1~30 列数据/纠错码字。

每行的最小高度为 3X（X 为模块宽度）。在一维组分和二维复合组分之间的最小分隔符为 1X高。

每列包括一个（n，k）=（17，4）的数据字符或纠错字符（码字）（n 是模块数；k 是条数，也是空的数目）。因此码字的宽度为 17X。

码字列之外，CC-C 有 2 个 17，4 行指示符列，1 个 17X 宽的起始图形，1 个 18X 宽的终止符，参见表 5.11.2.3-1。

每行的两端各有 2X 宽的空白区，在 CC-C 的上部不需要空白区，分隔符直接印刷于一维组分的上面，CC-C 下部也不需要空白区。

表 5.11.2.3-1　CC-C 行结构

| 空白区 | 起始图形 | 左边行标识符列 | 1~30 数据/纠错条码字列 | 右边行标识符列 | 终止图形 | 空白区 |
|---|---|---|---|---|---|---|

CC-C 印刷的列数宽度通常与 GS1-128 码一维组分相匹配。然而，作为选择，用户也可以印刷更宽的 CC-C 从而减小二维复合组分的高度。更低的 GS1 复合码可以满足高度有限的应用。如果 CC-C 默认宽度不能满足数据数量，也可以增宽 CC-C。

#### 5.11.2.4　特殊压缩单元数据串序列

尽管二维复合组分可以在组分的最大容量范围内以任何顺序对应用标识符（AI）单元数据串进行编码，但选出某些特定 AI 单元数据串序列在二维复合组分条码中进行特殊的压缩。如果应用需要使用这些序列中的 AI 单元数据串，并按照预定义的顺序使用，将得到一个更小的符号。

为了进行特殊压缩，这些 AI 单元数据串序列必须在二维复合组分数据的开始。其他的 AI 单元数据串可以加在序列之后。

挑选出来进行特殊压缩的 AI 单元数据串是：

■ 生产日期和批号：AI（11）生产日期，后接 AI（10）批号。

■ 有效日期和批号：AI（17）有效期，后接 AI（10）批号。

■ AI（90）：AI（90）后接以 1 个字母字符和数字开始的单元数据串数据；AI（90）可以对数据标识符数据进行编码；只有当它后接数据标识格式的数据并且是第一个单元数据串开始的时候才使用特殊压缩。

### 5.11.3　复合码中 HRI

HRI 规则见 4.14，法定的零售医疗贸易项目的 HRI 规则见 4.14.1。

## 5.11.4 数据传输和码制标识符前缀

### 5.11.4.1 默认传输方式

GS1 系统要求使用码制标识符。GS1 复合码通常使用码制标识符前缀“]e0”来传输，将二维复合组分的数据直接附加到一维组分数据的后面。比如，GS1 复合条码对（01）10012345678902（10）ABC123 进行编码得到的数据字符串为“]e0011001234567890210ABC123”（注意码制标识符前缀“]e0”不同于码制标识符前缀“]E0”，后者是大写字母“E”，用于标准 EAN/UPC 条码）。然而，识读器也可以选择只传输一维组分数据，忽略二维复合组分。

数据传输遵守 GS1-128 码应用标识符（AI）单元数据串连接同样的原则。如果一维组分数据以变长 AI 单元数据串结束，就在它和二维复合组分的第一个字符之间插入一个<GS>字符［ASCII29（十进制），1D（十六进制）］。

### 5.11.4.2 GS1-128 码传输方式

识读器可选用 GS1-128 条码仿真方式，模拟 GS1-128 码制的数据进行传输。该模式可以用于已经采用 GS1-128 码，但还没有能够识别码制标识符前缀“]e0”的应用系统环境中。GS1-128 码仿真方式的码制标识符是“]C1”。GS1 复合码超过 48 个数据字符时可以作为 2 个或更多的信息段进行传输，以免超过 GS1-128 码信息长度的最大值。每个信息段都有一个“]C1”码制标识符前缀，并且不会超过 48 个数据字符。信息段应在单元数据串的边界进行拆分。这种传输方式比不上普通传输方式，因为当一条信息拆分为多条信息段时，整体信息可能丢失。

**注：**当识读器激活 GS1-128 条码仿真方式时，每个组分（除了 EAN/UPC 组分之外）应采用码制标识符“]C1”作为前缀传输。复合码的两个组分至少应分别进行传输。当一维组分是 EAN/UPC 码时，码制标识符应为“E”。从 GS1 DataBar 符号中传输数据时，不应使用码制标识指定符 1 和 2。

### 5.11.4.3 符号分隔符

二维复合组分能够对符号分隔符按译码器中的定义进行编码。它指示识读器终止目前的 GS1 复合条码数据信息，将分隔符后面的数据作为单独的信息进行传输。这条新的信息会有一个“] e1”码制标识符前缀。这个特征会被将来的 GS1 系统应用，比如对物流集装箱的混合项目进行编码使用。

### 5.11.4.4 二维复合组分转义机制

CC-B 和 CC-C 可以对二维复合组分进行转义编码。它们指示识读器终止目前的 GS1 复合码数据信息，将转义机制码字后面的数据作为单独的信息进行传输。这条新的信息如果为标准数据信息则有“]e2”码制标识符前缀。采用 ISO/IEC15438《信息技术 自动识别和数据采集技术 PDF417 条码码制规范》定义的标准对转义机制码字后面的码字进行编码和译码。这个特征用于将来当应用标识符（AI）单元数据串所定义的字符超过 ISO/IEC646 字符子集时的 GS1 系统（见表 7.11-1）。

**注：**符合“]e2”的协议对应于使用码制标识符“]L2”的 PDF417 协议。

## 5.11.5 模块的宽度（X）

二维复合组分的模块尺寸必须与相关一维组分相同。参考一维组分的模块尺寸要求。

## 5.11.6　印制质量

国际标准 ISO/IEC15416 规定的印制质量评估方法应该用来度量和评价一维组分。ISO 印制质量规范功能上与旧的 ANSI 和 CEN 印制质量规范是一致的。印制质量等级通过标准的检测仪测定。印制质量测定报告包括等级水平、测量孔径、测量所使用的波长。

AIM ITS99-002《国际码制规范　微 PDF417》和 ISO/IEC 15438 分别规定了确定二维复合组分 CC-A/B 和 CC-C 印制质量等级的方法。在这些规范中还规定了另一个等级参数——未使用的纠错码。

GS1 复合条码的最小质量等级是：1.5/6/660。

其中：

- 1.5 是整个符号质量等级。
- 6 是测量孔径参考号（相当于孔径直径 0.15mm，或者 0.006in）。
- 660 是纳米尺寸的峰值响应波长。除印制质量等级之外，还要求分隔符中的所有元素都应该清晰可分。

一维组分和二维复合组分二者都必须独立达到最小印制质量等级。

## 5.11.7　选择码制的建议

使用任何二维复合组分都应该遵守 GS1 系统全球应用指南和多条码管理实践（见 4.15）。GS1 复合条码的一维组分应该按照 GS1 通用规范规定的应用规则选择，但在选择可以利用的一维组分时，也应该考虑选择二维复合组分的可行性。更宽的一维组分将导致更短的和（尤其是对 CC-B 条码来说）容量更高的二维复合组分。

对 CC-A 和 CC-B，一维组分的选择自动决定了二维复合组分的列数。选择 CC-A 或 CC-B 由将要编码的数据字符的数量自动决定。通常总是采用 CC-A，除非超过了它的容量。

当一维组分是 GS1-128 码时，用户可以规定 CC-A/B 或 CC-C。CC-A/B 会产生小一些的二维复合组分。然而，CC-C 可以增加宽度，以便与 GS1-128 码的宽度一致，或者更宽。这可以降低 GS1 复合码的高度。CC-C 的容量也更大，因此它适宜使用在物流等地方。

## 5.11.8　复合码示例

复合码的示例见图 5.11.8-1～图 5.11.8-9。

(99) 1234-abcd

图 5.11.8-1 具有 4 列 CC-A 组分的 EAN-13 条码

图 5.11.8-2 具有 4 列 CC-B 组分的 UPC-A 条码

Ser.#:A12345678

图 5.11.8-3 具有 3 列 CC-A 组分的 EAN-8 条码

(15) 021231

图 5.11.8-4 具有 2 列 CC-A 组分的 UPC-E 条码

(01)03612345678904(11)990102

图 5.11.8-5 具有 4 列 CC-A 组分的标准全向 GS1 DataBar 条码

(01)03412345678900(17)010200

图 5.11.8-6 具有 2 列 CC-A 组分的层排式 GS1 DataBar 条码

(01)03512345678907

图 5.11.8-7 具有 3 列 CC-B 组分的限定式 GS1 DataBar 条码

**注：** 3 列 CC-B 比图 5.11.2-1 中所示的 3 列 CC-A 要宽。

图 5.11.8-8 具有4列CC-A组分的扩展式GS1 DataBar条码

图 5.11.8-9 4列CC-A组分的GS1-128条码

# 5.12 条码制作和质量评价

## 5.12.1 引言

GS1系统的数据载体及其应用已发生变化，其中的一些变化有：尺寸要求、新码制（如DataBar条码和复合码组分）的采用，以及由使用模拟形式的原版胶片到使用数字条码软件（数字图像）的改变。

宜考虑这些变化对条码制作以及在制作过程中质量保证的影响。

## 5.12.2 尺寸规格和操作要求

多年来，GS1系统用户的操作要求已经影响了GS1系统条码符号的尺寸规范，这些尺寸规范反过来又影响了扫描系统光学和印制方法的发展。第2章中定义的每个应用区域的尺寸要求均在GS1条码符号规范表（symbol specification table，SST）中列出（见5.12.3）。每个SST提供以下条码符号规范方面的内容：

■ GS1系统每个应用范围中适用的条码符号类型。

■ 基于扫描环境的条码符号X尺寸（窄单元宽度）的最小值、目标值和最大值。请注意，较小的X尺寸可能会导致扫描识读性能降低。

■ 基于扫描环境的条码符号最小和目标值的符号高度。请注意，减小符号高度可能会导致的扫描识读性能降低。

■ 空白区宽度以及主条码符号和附加条码符号之间的最小、最大间隔（这些测量值以nX的形式表示为X尺寸的倍数）。

■ 最低的ISO质量技术要求，这一指标表示为g.g/aa/www，其中g.g是符号等级值，精确至小数点后一位（范围从0.0至4.0）；aa是有效测量孔径，以千分之一英寸为单位；www是测量光波长，以纳米为单位。

**注：**有关特定应用的指南请参见第2章（例如，2.1.6“二级包装医疗项目”，2.6.14“永久标记的项目”）。在一些特定应用领域，第2章的指南可能补充或替代SST。

在决定所需的符号规范之前，需考虑扫描环境等其他因素，见5.12.2.1。

### 5.12.2.1 条码符号尺寸规范的作用

四个主要的尺寸技术要求是：条码符号的最小X尺寸、目标X尺寸、条码符号允许的最大X尺寸和条码符号的最小条高。这些尺寸特性一向是基于工作环境确定的。X尺寸的最小值和最大值取决于扫描器的工作范围（视场）。目标X尺寸是特定应用的理想尺寸，并且仅受一维条码符号或二维码符号之间选择的影响（当应用允许两种符号类型时）。条码的高度由使用扫描器时产品处理的人类工效学方面决定。这些尺寸规范对高效地使用各种扫描器起着重要的作用。

#### 5.12.2.2　全向扫描和术语放大系数

EAN/UPC码制最初是为全向扫描器设计的。基于这种类型的扫描器，码制规范定义了符号宽度和高度之间的固定关系。术语“固定纵横比”被广泛用来说明这种固定关系。例如，具有X尺寸为0.330mm（0.0130in）的X尺寸的EAN-13符号的宽度为37.29mm（1.468in），高度为22.85mm（0.900in）。术语“放大系数”用于说明全向扫描环境中使用的EAN/UPC符号的尺寸小于、等于或大于标称尺寸（100%放大系数）。条码符号规范表不用放大系数值，而是列出条码符号X尺寸及高度的目标值、最小值和最大值。

#### 5.12.2.3　激光扫描与基于图像的扫描

大多数基于激光技术的扫描器能扫描GS1系统中的所有一维条码符号。新型的激光扫描器和线性扫描器还能扫描DataBar条码和复合码。二维成像技术，如面阵式扫描器和视觉系统，能够扫描GS1系统中的所有码制的条码符号，包括GS1的二维码符号（GS1 DataMatrix和GS1 QR码）。注意，一维扫描器，如激光扫描器，不能扫描二维码符号；只有二维阵列成像式扫描器或基于相机或视觉系统的扫描器可以扫描符合GS1标准的二维码符号。

#### 5.12.2.4　印刷方面的考虑

满足特定GS1用途的扫描器工作带（图5.12.2.6-1）为印刷机和打标机提供了在各种工艺中制作优质条码符号所需的灵活性。在扫描工作环境确定、允许的技术指标范围已知的情况下，宜根据以下因素考虑如何印制条码符号：

■ 根据印刷机性能或印刷适性试验得出的推荐的条码符号最小尺寸。

■ 颜色/基材方面的考虑（如分色印刷时条码符号的位置、双油墨层套色）。

■ 条码符号在印刷卷筒纸上的最佳方向（印刷介质相对于印刷机印板运动的方向）。

■ 零部件直接标记（如在物品上用锤尖顶冲标记）需特别考虑材料的特性。

■要用激光或化学蚀刻制出低反差或在深色表面上蚀刻浅色单元的部件（如电路板、电子元件、医疗器械、手术植入物）。

■ 在零部件上高速喷墨印制，所标记的点（墨点）不能形成可扫描的一维条码符号。

■ 很小的物品上需要标记长宽比近似正方形的条码符号，并且/或者在现有分配的包装面积里印不下GS1 DataBar条码和复合码。

#### 5.12.2.5　包装方面的考虑

在扫描工作环境确定、允许的条码符号特性已知后，包装设计者宜考虑以下因素：

■ 确保条码符号不被其它图文或包装设计方面的因素（如褶皱、折痕、边角包裹、翻盖、薄层覆盖、浮雕的标识/图案、文字）妨碍。

■ 确保只有打算扫描的条码符号被扫描到（如，在一个大的贸易项目被扫描时，包含在其中的各单个项目的条码不应露出，从而保证只扫描到大项目的条码）。

满足质量和人类工效学方面要求的有关条码符号放置的标准的完整信息见第6章。

#### 5.12.2.6　满足特定GS1系统用途的扫描器工作带

AIDC应用标准的符号选择和技术要求集中在条码符号规范表中。在制定条码符号规范表中X

尺寸的技术要求的时候，需符合下面的扫描器用途工作带，因为它们给出了行业基于 GS1 标准部署的 X 尺寸范围。这 12 个扫描器工作带已经进行了改进以适应用户的需求，如图 5.12.2.6-1 所示。

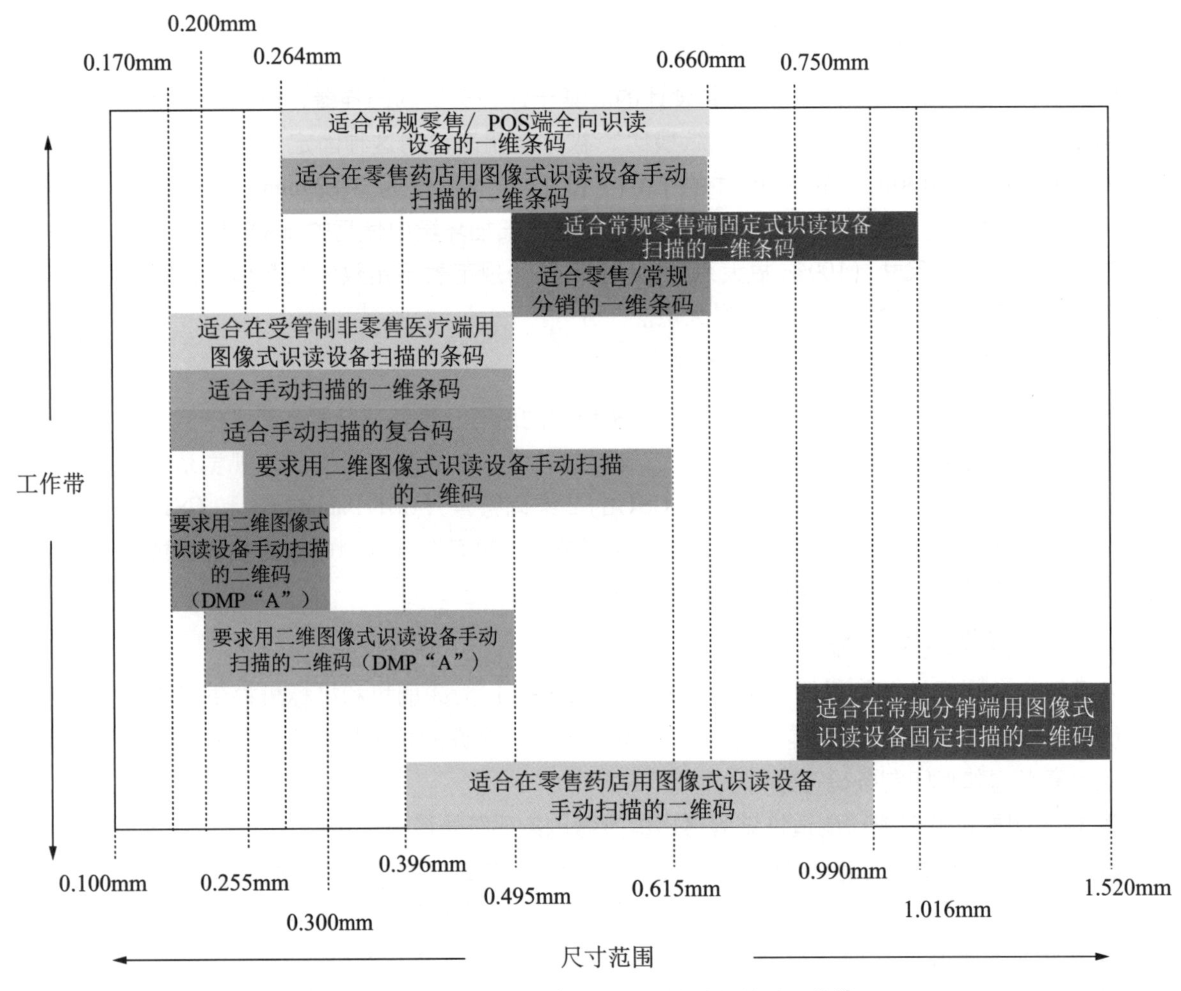


图 5.12.2.6-1 满足特定 GS1 用途的扫描器工作带

**注：**本图未按比例编制，每个工作带的目标尺寸可以在条码符号规范表中找到，见 5.12.3。

扫描器工作带

■ 常规零售 POS 全向扫描器工作带主要是为大批量的结算通道的常规零售贸易项目，提供无需定位的扫描。全向扫描器是设计用来识读正方形符号，例如 EAN/UPC 条码和 GS1 DataBar 条码零售 POS 系列，扫描器到条码符号的平均距离约 100mm（4in）。

■ 适合零售药店成像式扫描器的一维条码工作带是为在药店或药剂师出售受管制的零售医疗贸易项目设置的，该药店或药剂师是独立的零售商店或是由某个大型零售企业中零售医疗贸易项目配送的一个“受控”区域。这个工作带允许使用二维码但是它给出了一维条码所使用的 X 尺寸范围。零售药店和一般零售店出售的非处方贸易商品均按照常规零售扫描规范来标记。

■ 常规分销固定式扫描器工作带主要是为方便使用固定安装的扫描器，对为运输包装的贸易项目和物流单元进行的自动扫描；为保证在这种环境中获得认可的扫描速度，关键在于确保一定的符号高度和符号位置。

■ 零售和常规分销适用的一维条码工作带，涵盖了为适合运输而特定包装的贸易项目，这类贸易项目既在常规商品流通扫描，也可以在零售 POS 被扫描。图 5.12.2.6.1-1 中"EAN/UPC 零售（全向扫描）"段和"常规分销"段之间重叠的区域即"零售/常规分销"段。

■ 适合非零售的受管制医疗贸易项目的图像式扫描器工作带，是为在零售渠道外销售的非零售的受管理零售医疗贸易项目设置的。例如，这些 X 尺寸范围的工作带只适用于预定销售（配送）到医院或疗养院的而不会在零售药店被扫描的产品的条码。

■ 适合手动扫描的一维条码工作带是为使用一维条码的非零售贸易项目设置的。

■ 适合手动扫描复合码的工作带是为使用复合码的非零售贸易项目设置的，这些复合码组分的条码实际上是多行的二维码。选择 X 尺寸的一般原则是：复合码中复合码组分的 X 尺寸应与一维组分的相同；GS1 DataMatrix 符号的 X 尺寸应比相应的复合码组分的一维组分大 50%。因此，对于与一维条码有关的工作带和与复合码组分有关的工作带而言，在 X 尺寸上是很相似的，而且如果选择同一类型的扫描器，这两个工作带就变成一个了。

■ 新增的适合常规配送用图像式扫描器自动扫描的二维码工作带，给出支持常规配送中标记 GS1 DataMatrix 的受管理的零售医疗贸易项目的条码所使用的 X 尺寸范围。

■ 适合零售药店图像式扫描器的二维码工作带，是为在药店出售的受控零售医疗贸易项目设置的；此类药店是独立的零售商店或是某个大型零售企业中零售医疗贸易项目配送的一个"受控"区域。这个工作带允许使用一维条码，但是也给出了二维码所使用的 X 尺寸范围。项目包括从零售药店出售的零售贸易项目中按照常规零售扫描规范标记的常规零售贸易项目。

■ 目前没有一个仅针对移动设备的变量工作带图，涉及如有关符号类型选择、符号数据、扫描操作环境及符号尺寸的技术指标；这就可能需要编制另一个图表去详细描述。此时，假定移动设备支持当前所有的符号类型、符号数据、场景和符号尺寸大小，但由于测试和/或实际经验表明仍将会存在某种限制条件，这将放在 GS1（应用）标准中得以解决。

GS1 码制工作环境决策树图见图 5.12.2.6-2。

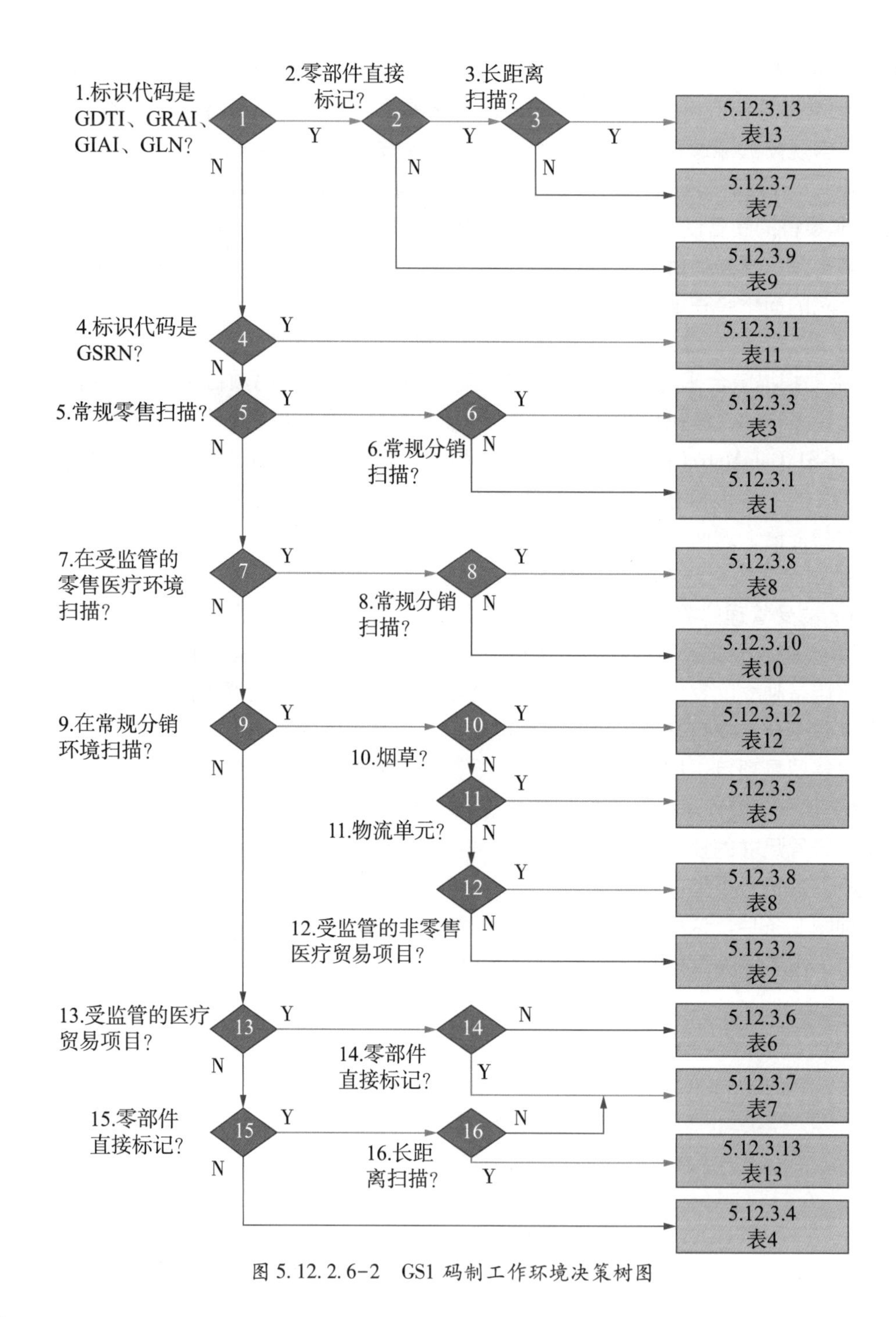

图 5.12.2.6-2 GS1 码制工作环境决策树图

**注**：如果某项目是常规零售贸易项目并且是受管制的零售医疗贸易项目，则对该项目有关常规零售条码标记的要求是最基本的要求。

表 5.12.2.6-1 为依照图 5.12.2.6-2 得出的条码符号规范表概要。

表 5.12.2.6-1 依照图 5.12.2.6-2 GS1 码制工作环境决策树图得出的条码符号规范表概要

| 条码符号规范表 | 常规零售 POS | 零售药店 | *非零售药店 | 非零售非医疗贸易项目 | 常规配送 | 零部件直接标记 | 持久标签和标记 | 物流单元（SSCC） | GIAI，GRAI，GLN | GSRN |
|---|---|---|---|---|---|---|---|---|---|---|
| 表 1 | 是 | | | | | | | | | |
| 表 2 | | | | 是 | 是 | | | | | |
| 表 3 | 是 | | | | 是 | | | | | |
| 表 4 | | | | 是 | | | 是 | | | |
| 表 5 | | | | | 是 | | | 是 | | |
| 表 6* | | | 是 | | | | | | | |
| 表 7 | | | 是 | 是 | | 是 | | | | |
| 表 8 | | 是 | 是 | | 是 | | | | | |
| 表 9 | | | | | | | 是 | | 是 | |
| 表 10 | | 是 | | | | | | | | |
| 表 11 | | | | | | | | | | 是 |
| 表 12 | | | | | 是 | | | | | |
| 表 13 | | | | | | | 是 | | 是 | |

*表 6 宜用于在病床边扫描的产品。

## 5.12.3 GS1 条码符号规范表

为找到正确的条码符号规范，必须：

- 用图 5.12.2.6-1 找到合适的 GS1 系统应用范围。
- 如果该应用范围引用了两个条码符号规范表，用图 5.12.2.6-2 的决策图确定应使用哪一个。

表 5.12.3-1 给出了根据条码符号类型及其应用确定其质量参数的快速查阅列表。

表 5.12.3-1 条码符号质量快速参考表

| 码制 | 应用或标识代码类型 | ISO（ANSI）符号等级 | 测量孔径 | 测量光波长 |
|---|---|---|---|---|
| EAN/UPC | GTIN-8 | 1.5（C） | 参见条码符号规范表 1，表 2，表 3，表 4，表 6，表 8 和表 10 | （660±10）nm |
| EAN/UPC | GTIN-12 | 1.5（C） | 参见条码符号规范表 1，表 2，表 3，表 4，表 6，表 8 和表 10 | （660±10）nm |

表5. 12. 3-1(续)

| 码制 | 应用或标识代码类型 | ISO（ANSI）符号等级 | 测量孔径 | 测量光波长 |
|---|---|---|---|---|
| EAN/UPC | GTIN-13 | 1.5（C） | 参见条码符号规范表1，表2，表3，表4，表6，表8和表10 | (660±10) nm |
| GS1-128 | GTIN-12，GTIN-13，GTIN-14 | 1.5（C） | 参见条码符号规范表2，表4，表5，表6，表8，表9和表10 | (660±10) nm |
| GS1-128 | SSCC | 1.5（C） | 10密耳（1密耳=千分之一英寸） | (660±10) nm |
| ITF-14［X<0.635mm (0.025in)］ | GTIN-12，GTIN-13，GTIN-14 | 1.5（C） | 参见条码符号规范表2，表4，表6，表8和表10 | (660±10) nm |
| ITF-14［X≥0.635mm (0.025in)］ | GTIN-12，GTIN-13，GTIN-14 | 0.5（D） | 20密耳（1密耳=千分之一英寸） | (660±10) nm |
| 复合码 | GTIN-8，GTIN-12，GTIN-13，GTIN-14及其他AI | 1.5（C） | 6密耳（1密耳=千分之一英寸） | (660±10) nm |
| GS1 DataBar条码 | GTIN-8，GTIN-12，GTIN-13，GTIN-14及其他AI | 1.5（C） | 参见条码符号规范表1，表2，表3，表4，表6，表8，表10和表11 | (660±10) nm |
| GS1 DataMatrix | 零部件直接标记、受管理的零售或非零售医疗贸易项目、包装扩展信息和物流单元 | 1.5（C） | 参见条码符号规范表5，表6，表7，表8，表9，表10和表11；参见表1的附表1中AI（8200）的值 | (660±10) nm |
| GS1 QR码 | 零部件直接标记，定制贸易项目，包装扩展信息，GDTI，物流单元和GSRN | 1.5（C） | 参见条码符号规范表1附表1中AI（8200）以及表5，表7，表9和表11的值 | (660±10) nm |
| GS1-128、GS1 DataMatrix、GS1 QR码、GS1 DotCode | 支持欧洲法规2018/574《烟草制品追溯系统的建立和运行技术标准》 | 3.5（A） | 参见条码符号规范表12 | (660±10) nm |
| Data Matrix | GS1数字链接标准用于扩展包装应用的URI语法 | 1.5（C） | 参见条码符号规范表1附表2中GS1数字链接的值 | (660±10) nm |
| QR码 | GS1数字链接标准用于扩展包装应用的URI语法 | 1.5（C） | 参见条码符号规范表1附表2中GS1数字链接的值 | (660±10) nm |

### 5.12.3.1 条码符号规范表1——在常规零售POS端和非常规分销中扫描的贸易项目

见表5.12.3.1-1。

表5.12.3.1-1 GS1条码符号规范表1

| 主条码符号 | X尺寸/mm (in) | | | (**) 对应给定X尺寸的最小符号高度/mm (in) | | | 空白区 | | 最低符号等级 |
|---|---|---|---|---|---|---|---|---|---|
| | (*) 最小 | 目标 | 最大 | 对应最小X尺寸 | 对应目标X尺寸 | 对应最大X尺寸 | 左侧 | 右侧 | |
| EAN-13 | 0.264 (0.0104) | 0.330 (0.0130) | 0.660 (0.0260) | 18.28 (0.720) | 22.85 (0.900) | 45.70 (1.800) | 11X | 7X | 1.5/06/660 |
| EAN-8 | 0.264 (0.0104) | 0.330 (0.0130) | 0.660 (0.0260) | 14.58 (0.574) | 18.23 (0.718) | 36.46 (1.435) | 7X | 7X | 1.5/06/660 |
| UPC-A | 0.264 (0.0104) | 0.330 (0.0130) | 0.660 (0.0260) | 18.28 (0.720) | 22.85 (0.900) | 45.70 (1.800) | 9X | 9X | 1.5/06/660 |
| UPC-E | 0.264 (0.0104) | 0.330 (0.0130) | 0.660 (0.0260) | 18.28 (0.720) | 22.85 (0.900) | 45.70 (1.800) | 9X | 7X | 1.5/06/660 |
| 标准全向DataBar条码 (****) | 0.264 (0.0104) | 0.330 (0.0130) | 0.660 (0.0260) | 12.14 (0.478) | 15.19 (0.598) | 30.36 (1.195) | 无 | 无 | 1.5/06/660 |
| 全向层排式DataBar条码(***) (****) | 0.264 (0.0104) | 0.330 (0.0130) | 0.660 (0.0260) | 25.10 (0.988) | 31.37 (1.235) | 62.70 (2.469) | 无 | 无 | 1.5/06/660 |
| 单行扩展式DataBar条码 | 0.264 (0.0104) | 0.330 (0.0130) | 0.660 (0.0260) | 8.99 (0.354) | 11.23 (0.442) | 22.44 (0.883) | 无 | 无 | 1.5/06/660 |
| 层排扩展式DataBar条码 (*****) | 0.264 (0.0104) | 0.330 (0.0130) | 0.660 (0.0260) | 18.75 (0.738) | 23.44 (0.923) | 46.86 (1.845) | 无 | 无 | 1.5/06/660 |

| 主条码符号加2位或5位数字的附加条码符号 | X尺寸/mm (in) | | | (**) 对应给定X尺寸的最小符号高度/mm (in) | | | 空白区 | 两个条码符号的最小间隔 | 两个条码符号的最大间隔 | 空白区 | 最低符号等级 |
|---|---|---|---|---|---|---|---|---|---|---|---|
| | (*) 最小尺寸 | 目标尺寸 | 最大尺寸 | 最小X尺寸 | 目标X尺寸 | 最大X尺寸 | 左侧 | | 右侧 | | |
| EAN-13+2 | 0.264 (0.0104) | 0.330 (0.0130) | 0.660 (0.0260) | 18.28 (0.720) | 22.85 (0.900) | 45.70 (1.800) | 11X | 7X | 12X | 5X | 1.5/06/660 |
| EAN-13+5 | 0.264 (0.0104) | 0.330 (0.0130) | 0.660 (0.0260) | 18.28 (0.720) | 22.85 (0.900) | 45.70 (1.800) | 11X | 7X | 12X | 5X | 1.5/06/660 |
| UPC-A+2 | 0.264 (0.0104) | 0.330 (0.0130) | 0.660 (0.0260) | 18.28 (0.720) | 22.85 (0.900) | 45.70 (1.800) | 9X | 9X | 12X | 5X | 1.5/06/660 |
| UPC-A+5 | 0.264 (0.0104) | 0.330 (0.0130) | 0.660 (0.0260) | 18.28 (0.720) | 22.85 (0.900) | 45.70 (1.800) | 9X | 9X | 12X | 5X | 1.5/06/660 |

表 5.12.3.1-1（续）

| 主条码符号加2位或5位数字的附加条码符号 | X 尺寸/mm（in） | | | （**）对应给定 X 尺寸的最小符号高度/mm（in） | | | 空白区 | 两个条码符号的最小间隔 | 两个条码符号的最大间隔 | 空白区 | 最低符号等级 |
|---|---|---|---|---|---|---|---|---|---|---|---|
| | （*）最小尺寸 | 目标尺寸 | 最大尺寸 | 最小 X 尺寸 | 目标 X 尺寸 | 最大 X 尺寸 | 左侧 | | 右侧 | | |
| UPC-E+2 | 0.264（0.0104） | 0.330（0.0130） | 0.660（0.0260） | 18.28（0.720） | 22.85（0.900） | 45.70（1.800） | 9X | 7X | 12X | 5X | 1.5/06/660 |
| UPC-E+5 | 0.264（0.0104） | 0.330（0.0130） | 0.660（0.0260） | 18.28（0.720） | 22.85（0.900） | 45.70（1.800） | 9X | 7X | 12X | 5X | 1.5/06/660 |

（*）只有在下述条件下，才能用小于 0.264mm（0.0104in）的 X 尺寸来印刷这些条码符号：

▪只有对按需打印的方法（如热敏、激光打印机）才允许使用 0.249mm（0.0098in）~0.264mm（0.0104in）的 X 尺寸。对于所有其他的印刷方法，0.264mm（0.0104in）的 X 尺寸是可以达到的并且是允许的最小尺寸。

▪当用任何印刷方法印刷最小 X 尺寸的条码符号时，提供来印刷条码符号及其空白区的面积不要小于最小 X 尺寸 0.264mm（0.0104in）条码符号所需的面积。

（**）▪所有条码符号（包括 EAN/UPC 符号）列出的最小符号高度尺寸不包括 HRI。

▪使用任何打印方法打印尺寸更小的符号时，条高度不得低于上表中列出的高度最小值。

▪由于 EAN/UPC 条码符号扫描工作环境的要求，符号的高度和宽度之间有一个直接的关系。这就是说，所列出的最小符号高度与最小的、目标的和最大的 X 尺寸是相关联的。对于符号高度，没有一个真正的最大值。但是，如果使用了最大的 X 尺寸，那么符号高度就必须等于或大于最小符号高度一栏中与最大 X 尺寸所对应的符号高度值。

▪EAN/UPC 符号的最小高度不包括扩展条：有关扩展条的尺寸，请参见 5.2.3.2。

▪对于层排扩展式 DataBar 条码，表中给出的是两行层排符号的高度。

（***）除了上面提到的与数字印刷有关的因素外，还允许一个例外情况，对于用全向层排式 DataBar 条码标识的、需要在 POS 端称重的散装产品，条码符号的最小 X 尺寸可以是 0.203mm（0.008in），但这会导致扫描性能下降。然而对于 POS 而言，当产品必须在 POS 称重时，这种性能的下降不会造成大的影响。即使用较慢的扫描操作，称重的过程还是比扫描的过程要长得多。而对于那些通过 POS 不是作为散装产品、不需要在扫描时称重的产品，切不可使用较小 X 尺寸的条码符号。

（****）现行的标准全向 DataBar 条码（最小符号高度 33X）和全向层排式 DataBar 条码（最小符号高度 69X）条码符号规范表明了这种条码符号的段呈正方形的宽高比。为了提高扫描性能，在全向扫描环境应使用外边缘横纵比呈正方形的条码符号，正如 EAN/UPC 码制规范中的符号和 DataBar 条码码制中经严格应用领域测试的那些符号（符号宽度 46X 或 95X）。

（*****）对于使用层排扩展式 DataBar 条码 2 排和 3 排配置的北美优惠券代码，只要保持 1.020in（25.91mm）的最小总高度，X 尺寸可低至 0.0080in（0.203mm）。X 尺寸小于 0.0100in（0.254mm）可能并不总适用于所有 DataBar 条码优惠券条码，因为如打印过程中打印符号的方向和材料的因素。由于优惠券打印过程的时间敏感性质，在设计和条码打印过程中应考虑这些因素。条码检验应始终从打印时进行。

**注：**确保使用正确条码符号规范表的方法见 2.7。

表 5.12.3.1-1 用于确定用于零售 POS 的条码的相应打印和质量控制规范。除了在常规零售 POS 处使用的符号之外，可以使用附加的 2D 符号来携带 AI（8200）。由于 AI（8200）具有与 GTIN 的强制关联，确保与符号中的 GTIN 直接或间接模式相兼容。GS1 DataMatrix 被允许用于所有应用，包括条码符号规范表 6、表 7、表 8、表 10 和表 11 所覆盖的受管制的医疗贸易项目，但对于常规零售贸易项目 GS1 DataMatrix、编码 GS1 数字链接的 QR 码或编码 GS1 数字链接的 Data Matrix 都是符合 GS1 要求的选项。当使用 2D 符号在常规零售贸易项目上携带 AI（8200）时，需要采用表 5.12.3.1-2 的规范。有关携带 GS1 数字链接 URI 的附加条码（即 QR 码和 Data Matrix），请参见表 5.12.3.1-3。

表 5.12.3.1-2 GS1 条码符号规范表 1 附表 1 AI（8200）

| 条码符号 | X 尺寸/mm（in） | | | 对应给定 X 尺寸的最小符号高度/mm（in） | | | 空白区 | 最低符号等级 |
|---|---|---|---|---|---|---|---|---|
| | 最小 | 目标 | 最大 | 对应最小 X 尺寸 | 对应目标 X 尺寸 | 对应最大 X 尺寸 | 符号的周围 | |
| GS1 DataMatrix（ECC 200）（*） | 0.396（0.0150） | 0.495（0.0195） | 0.743（0.0293） | 高度由 X 尺寸和编码的数据决定 | | | 周围为 1X | 1.5/12/660 |
| GS1 QR 码（*） | 0.396（0.0150） | 0.495（0.0195） | 0.743（0.0293） | 高度由 X 尺寸和编码的数据决定 | | | 周围为 4X | 1.5/12/660 |
| （*）二维码的 X 尺寸——光学图像采集过程要求 GS1 DataMatrix 和 GS1 QR 码符号打印的最小 X 尺寸为一维条码符号所允许的等效最小 X 尺寸的 1.5 倍。 | | | | | | | | |

表 5.12.3.1-3 提供了在 POS 扫描的零售消费单元商品上使用二维码的尺寸和质量标准。这些条码的使用应是零售 POS 所需的一维条码的补充。

**注：** 第 8 章中的应用标准模块提供了关于未来在零售 POS 中使用二维码的一致性要求，而没有强制使用一维条码。

表 5.12.3.1-3 GS1 条码符号规范表 1 附表 2 二维码

| 条码符号 | X 尺寸/mm（in） | | | 对应给定 X 尺寸的最小符号高度/mm（in） | | | 空白区 | 最低符号等级 |
|---|---|---|---|---|---|---|---|---|
| | 最小 | 目标 | 最大 | 对应最小 X 尺寸 | 对应目标 X 尺寸 | 对应最大 X 尺寸 | 符号的周围 | |
| GS1 DataMatrix（ECC 200）（*） | 0.396（0.0150） | 0.495（0.0195） | 0.990（0.0390） | 高度由 X 尺寸和编码的数据决定 | | | 周围为 1X | 1.5/12/660 |
| Data Matrix（GS1 数字链接 URI）（ECC 200）（**） | 0.396（0.0150） | 0.495（0.0195） | 0.990（0.0390） | 高度由 X 尺寸和编码的数据决定 | | | 周围为 1X | 1.5/12/660 |
| QR 码（GS1 数字链接 URI）（**） | 0.396（0.0150） | 0.495（0.0195） | 0.990（0.0390） | 高度由 X 尺寸和编码的数据决定 | | | 周围为 4X | 1.5/12/660 |
| （*）二维码的 X 尺寸——光学图像采集过程要求 GS1 DataMatrix 和 GS1 QR 码符号打印的最小 X 尺寸为一维条码符号所允许的等效最小 X 尺寸的 1.5 倍。<br>（**）GS1 数字链接 URI 语法应使用未压缩形式。 | | | | | | | | |

**注：** 表 5.12.3.1-3 中的尺寸和质量规范反映了移动读设备在典型的读取范围内扫描零售贸易项目包装时的要求。

**注：** 对于有能力扫描和处理用 GS1 DataMatrix 或 GS1 QR 码表示变量生鲜食品贸易项目（GTIN）的贸易伙伴，所允许的最小 X 尺寸为 0.375mm（0.0148in），并应通过双方协议进行。

### 5.12.3.2 条码符号规范表2——仅在常规分销中扫描的贸易项目

见表5.12.3.2-1。

表5.12.3.2-1 GS1条码符号规范表2

| 条码符号 | (*) X尺寸/mm (in) | | | (**) 对应给定X尺寸的最小符号高度/mm (in) | | | 空白区 | | (***) 最低符号等级 |
|---|---|---|---|---|---|---|---|---|---|
| | 最小 | 目标 | 最大 | 对应最小X尺寸 | 对应目标X尺寸 | 对应最大X尺寸 | 左侧 | 右侧 | |
| EAN-13 | 0.495 (0.0195) | 0.660 (0.0260) | 0.660 (0.0260) | 34.28 (1.350) | 45.70 (1.800) | 45.70 (1.800) | 11X | 7X | 1.5/10/660 |
| UPC-A | 0.495 (0.0195) | 0.660 (0.0260) | 0.660 (0.0260) | 34.28 (1.350) | 45.70 (1.800) | 45.70 (1.800) | 9X | 9X | 1.5/10/660 |
| UPC-E | 0.495 (0.0195) | 0.660 (0.0260) | 0.660 (0.0260) | 34.28 (1.350) | 45.70 (1.800) | 45.70 (1.800) | 9X | 7X | 1.5/10/660 |
| ITF-14 | 0.495 (0.0195) | 0.495 (0.0195) | 1.016 (0.0400) | 31.75 (1.250) | 31.75 (1.250) | 31.75 (1.250) | 10X | 10X | 1.5/10/660 |
| GS1-128 | 0.495 (0.0195) | 0.495 (0.0195) | 1.016 (0.0400) | 31.75 (1.250) | 31.75 (1.250) | 31.75 (1.250) | 10X | 10X | 1.5/10/660 |
| 标准全向DataBar条码 | 0.495 (0.0195) | 0.660 (0.0260) | 0.660 (0.0260) | 16.34 (0.644) | 21.78 (0.858) | 21.78 (0.858) | 不适用 | 不适用 | 1.5/10/660 |
| 全向层排式DataBar条码 | 0.495 (0.0195) | 0.660 (0.0260) | 0.660 (0.0260) | 34.16 (1.346) | 45.54 (1.794) | 45.54 (1.794) | 不适用 | 不适用 | 1.5/10/660 |
| 单行扩展式DataBar条码 | 0.495 (0.0195) | 0.660 (0.0260) | 0.660 (0.0260) | 16.83 (0.663) | 22.44 (0.884) | 22.44 (0.884) | 不适用 | 不适用 | 1.5/10/660 |
| 层排扩展式DataBar条码 | 0.495 (0.0195) | 0.660 (0.0260) | 0.660 (0.0260) | 35.15 (1.385) | 46.86 (1.846) | 46.86 (1.846) | 不适用 | 不适用 | 1.5/10/660 |
| 层排式DataBar条码 | 0.495 (0.0195) | 0.660 (0.0260) | 0.660 (0.0260) | 6.44 (0.254) | 8.58 (0.338) | 8.58 (0.338) | 不适用 | 不适用 | 1.5/10/660 |
| 限定式DataBar条码 | 0.495 (0.0195) | 0.660 (0.0260) | 0.660 (0.0260) | 4.95 (0.195") | 6.60 (0.260) | 6.60 (0.260) | 不适用 | 不适用 | 1.5/10/660 |
| 截短式DataBar条码 | 0.495 (0.0195) | 0.660 (0.0260) | 0.660 (0.0260) | 6.44 (0.254) | 8.58 (0.338) | 8.58 (0.338) | 不适用 | 不适用 | 1.5/10/660 |
| GS1 DataMatrix (ECC 200) (****) | 0.743 (0.0292) | 0.743 (0.0292) | 1.50 (0.0591) | 高度由X尺寸和编码的数据决定 | | | 周围为1X | | 1.5/20/660 |
| GS1 QR码 (****) | 0.743 (0.0292) | 0.743 (0.0292) | 1.50 (0.0591) | 高度由X尺寸和编码的数据决定 | | | 周围为4X | | 1.5/20/660 |

表 5.12.3.3-1（续）

（*）UPC-E 条码符号是设计用在小包装上的。只要印刷或放置条码的面积足够大，在常规商品配送扫描环境中应使用 UPC-A、EAN-13、ITF-14 或 GS1-128 条码符号。

所有条码符号（包括 EAN/UPC 条码符号）列出的最小条码符号高度尺寸不包括 HRI（或 ITF-14 条码符号的保护框）。EAN/UPC 条码符号的最小高度不包括扩展条：有关扩展条的尺寸，请参见 5.2.3.2。对于 EAN/UPC 条码符号的操作扫描环境，在条码符号的高度和宽度之间存在直接关系。这意味着最小条码符号高度与列出的最小 X 尺寸，目标 X 尺寸和最大 X 尺寸相关。

X 尺寸小于 0.635mm（0.025in）的 ITF-14 条码符号不要用常规的（以印刷版为基础的）方法直接印在瓦楞纸板上。ITF-14 条码符号宽窄比的目标值为 2.5：1，允许的范围是 2.25：1 至 3：1。

GS1-128 条码符号允许的最大长度为 165.10mm（6.500in），这可能会影响可使用的最大 X 尺寸。例如，表示一个 SSCC 的 GS1-128 条码符号可使用的最大 X 尺寸是 0.94mm（0.037in）。

对于 GS1-128 和 ITF-14，如果不可能打印全尺寸条码，则可以使用较小的 X 尺寸；X 尺寸不应小于 0.250mm（0.0098in）。有关条码生产和质量评估的详细信息，请参见 5.12。

（**）对于 GS1-128 和 ITF-14 条码符号，常规商品配送扫描的最小符号高度始终为 31.75mm（1.250in）。最小符号高度尺寸仅与条的高度有关（不包括 HRI 文本或 ITF-14 符号保护框）。

如果贸易单元太小，容不下 GS1-128 和 ITF-14 的最小尺寸，最小高度可以减小到 12.70mm（0.500in），或者在进一步空间限制的情况下减小到不小于 5.08mm（0.200in）。有关条码生产和质量评价的详细信息，请参见 5.12。

条码高度没有最大值，但如果使用最大 X 尺寸，则符号高度必须等于或大于列表中列出来的“最小符号高度”。

（***）对于 ITF-14 条码符号 X 尺寸为 0.495mm（0.0195in）的热敏或激光印刷的条码符号，其最低符号质量为 1.5/10/660。对于直接印刷在瓦楞纸板上的 X 尺寸大于或等于 0.635mm（0.0250in）的 ITF-14 符号，最低符号质量为 0.5/20/660。

（****）二维码的 X 尺寸——光学图像采集过程要求 GS1 DataMatrix 和 GS1 QR 码符号打印的最小 X 尺寸为一维条码符号所允许的等效最小 X 尺寸的 1.5 倍。

**注：**确保使用正确条码符号规范表的方法见 2.7。

### 5.12.3.3 条码符号规范表 3——在常规零售 POS 端和常规分销中扫描的贸易项目

见表 5.12.3.3-1。

表 5.12.3.3-1　GS1 条码符号规范表 3

| 条码符号 | （*）X 尺寸/mm（in） | | | （**）对应给定 X 尺寸的最小符号高度/mm（in） | | | 空白区 | | 最低符号等级 |
|---|---|---|---|---|---|---|---|---|---|
| | 最小 | 目标 | 最大 | 对应最小 X 尺寸 | 对应目标 X 尺寸 | 对应最大 X 尺寸 | 左侧 | 右侧 | |
| EAN-13 | 0.495（0.0195） | 0.660（0.0260） | 0.660（0.0260） | 34.28（1.350） | 45.70（1.800） | 45.70（1.800） | 11X | 7X | 1.5/06/660 |
| EAN-8 | 0.495（0.0195） | 0.660（0.0260） | 0.660（0.0260） | 27.35（1.077） | 36.46（1.435） | 36.46（1.435） | 7X | 7X | 1.5/06/660 |

表5.12.3.3-1(续)

| 条码符号 | (*) X尺寸/mm (in) | | | (**) 对应给定X尺寸的最小符号高度/mm (in) | | | 空白区 | | 最低符号等级 |
|---|---|---|---|---|---|---|---|---|---|
| | 最小 | 目标 | 最大 | 对应最小X尺寸 | 对应目标X尺寸 | 对应最大X尺寸 | 左侧 | 右侧 | |
| UPC-A | 0.495 (0.0195) | 0.660 (0.0260) | 0.660 (0.0260) | 34.28 (1.350) | 45.70 (1.800) | 45.70 (1.800) | 9X | 9X | 1.5/06/660 |
| UPC-E | 0.495 (0.0195) | 0.660 (0.0260) | 0.660 (0.0260) | 34.28 (1.350) | 45.70 (1.800) | 45.70 (1.800) | 9X | 7X | 1.5/06/660 |
| 标准全向DataBar条码(***) | 0.495 (0.0195) | 0.660 (0.0260) | 0.660 (0.0260) | 22.77 (0.897) | 30.36 (1.196) | 30.36 (1.196) | 无 | 无 | 1.5/06/660 |
| 全向层排式DataBar条码(***) | 0.495 (0.0195) | 0.660 (0.0260) | 0.660 (0.0260) | 47.03 (1.853) | 62.70 (2.470) | 62.70 (2.470) | 无 | 无 | 1.5/06/660 |
| 单行扩展式DataBar条码 | 0.495 (0.0195) | 0.660 (0.0260) | 0.660 (0.0260) | 16.83 (0.663) | 22.44 (0.884) | 22.44 (0.884) | 无 | 无 | 1.5/06/660 |
| 层排扩展式DataBar条码 | 0.495 (0.0195) | 0.660 (0.0260) | 0.660 (0.0260) | 35.15 (1.385) | 46.86 (1.846) | 46.86 (1.846) | 无 | 无 | 1.5/06/660 |

(*) UPC-E和EAN-8条码符号是设计用在小包装上的。只要印刷或放置条码的面积足够大，就应使用UPC-A或EAN-13条码符号。

(**) 所有条码符号（包括EAN/UPC条码符号）列出的最小条码高度不包括HRI。EAN/UPC符号的最小高度不包括扩展条：有关扩展条的尺寸，请参见5.2.3.2。由于EAN/UPC符号工作扫描环境的要求，符号的高度和宽度之间有一个直接的关系。这就是说，所列出的最小的、目标的和最大的符号高度与最小的、目标的和最大的X尺寸是相关联的。

高度没有最大值，但如果条码符号使用最大X尺寸，则条码符号高度必须等于或大于列表中列出的“最小条码符号高度”。

(***) 现行的标准全向DataBar条码（最小符号高度33X）和全向层排式DataBar条码（最小符号高度69X）条码符号规范表明了这种条码符号的段呈正方形的宽高比。为了提高扫描性能，在全向扫描环境应使用外边缘横纵比呈正方形的条码符号，正如EAN/UPC码制规范中的符号和DataBar条码码制中经严格应用领域测试的那些符号（符号宽度46X或95X）。

**注：**确保使用正确条码符号规范表的方法见2.7。

表5.12.3.3-2提供了用于POS扫描结算的零售商品二维码的尺寸和质量标准。在零售POS和常规配送扫描中，这些二维码应附加在一维条码上使用。

**注：**第8章中的应用标准模块提供了关于未来在零售POS中使用二维码的一致性要求，而没有强制使用一维条码。

表 5.12.3.3-2 GS1 条码符号规范表 3 附表 1 二维码

| 条码符号 | X 尺寸/mm（in） | | | 对应给定 X 尺寸的最小符号高度/mm（in） | | | 空白区 | 最低符号等级 |
|---|---|---|---|---|---|---|---|---|
| | 最小 | 目标 | 最大 | 对应最小 X 尺寸 | 对应目标 X 尺寸 | 对应最大 X 尺寸 | 符号的周围 | |
| GS1 DataMatrix（ECC 200）（*） | 0.743（0.0292） | 0.990（0.0390） | 0.990（0.0390） | 高度由 X 尺寸和编码的数据决定 | | | 周围为 1X | 1.5/20/660 |
| Data Matrix（GS1 数字链接 URI）（ECC 200）（*）（**） | 0.743（0.0292） | 0.990（0.0390） | 0.990（0.0390） | 高度由 X 尺寸和编码的数据决定 | | | 周围为 1X | 1.5/20/660 |
| QR 码（GS1 数字链接 URI）（*）（**） | 0.743（0.0292） | 0.990（0.0390） | 0.990（0.0390） | 高度由 X 尺寸和编码的数据决定 | | | 周围为 4X | 1.5/20/660 |

（*）二维码的 X 尺寸——光学图像采集过程要求 GS1 DataMatrix 和 GS1 QR 码符号打印的最小 X 尺寸为一维条码符号所允许的等效最小 X 尺寸的 1.5 倍。
（**）GS1 数字链接 URI 语法应使用未压缩形式。

### 5.12.3.4 条码符号规范表 4——不在 POS 端或常规零售扫描的贸易项目—也不在常规分销或受管制的医疗（零售或非零售）环境中扫描的贸易项目

见表 5.12.3.4-1。

表 5.12.3.4-1 GS1 条码符号规范表 4

| 条码符号 | （*）X 尺寸/mm（in） | | | （**）对应给定 X 尺寸的最小符号高度/mm（in） | | | 空白区 | | 最低符号等级 |
|---|---|---|---|---|---|---|---|---|---|
| | 最小 | 目标 | 最大 | 对应最小 X 尺寸 | 对应目标 X 尺寸 | 对应最大 X 尺寸 | 左侧 | 右侧 | |
| EAN-13 | 0.264（0.0104） | 0.330（0.0130） | 0.660（0.0260） | 18.28（0.720） | 22.85（0.900） | 45.70（1.800） | 11X | 7X | 1.5/06/660 |
| EAN-8 | 0.264（0.0104） | 0.330（0.0130） | 0.660（0.0260） | 14.58（0.574） | 18.23（0.718） | 36.46（1.435） | 7X | 7X | 1.5/06/660 |
| UPC-A | 0.264（0.0104） | 0.330（0.0130） | 0.660（0.0260） | 18.28（0.720） | 22.85（0.900） | 45.70（1.800） | 9X | 9X | 1.5/06/660 |
| UPC-E | 0.264（0.0104） | 0.330（0.0130） | 0.660（0.0260） | 18.28（0.720） | 22.85（0.900） | 45.70（1.800） | 9X | 7X | 1.5/06/660 |
| 标准全向 DataBar 条码 | 0.264（0.0104） | 0.330（0.0130） | 0.660（0.0260） | 8.71（0.343） | 10.90（0.429） | 21.78（0.858） | 不适用 | 不适用 | 1.5/06/660 |

表5.12.3.4-1(续)

| 条码符号 | (*) X尺寸/mm (in) | | | (**) 对应给定X尺寸的最小符号高度/mm (in) | | | 空白区 | | 最低符号等级 |
|---|---|---|---|---|---|---|---|---|---|
| | 最小 | 目标 | 最大 | 对应最小X尺寸 | 对应目标X尺寸 | 对应最大X尺寸 | 左侧 | 右侧 | |
| 全向层排式DataBar条码 | 0.264 (0.0104) | 0.330 (0.0130) | 0.660 (0.0260) | 18.24 (0.718) | 27.78 (1.094) | 45.54 (1.794) | 不适用 | 不适用 | 1.5/06/660 |
| 单行扩展式DataBar条码 | 0.264 (0.0104) | 0.330 (0.0130) | 0.660 (0.0260) | 8.99 (0.354) | 11.23 (0.442) | 22.44 (0.883) | 不适用 | 不适用 | 1.5/06/660 |
| 层排扩展式DataBar条码 | 0.264 (0.0104) | 0.330 (0.0130) | 0.660 (0.0260) | 18.75 (0.738) | 23.44 (0.923) | 46.86 (1.845) | 不适用 | 不适用 | 1.5/06/660 |
| 层排式DataBar条码 | 0.264 (0.0104) | 0.330 (0.0130) | 0.660 (0.0260) | 3.43 (0.135) | 4.29 (0.169) | 8.58 (0.338) | 不适用 | 不适用 | 1.5/06/660 |
| 限定式DataBar条码 | 0.264 (0.0104) | 0.330 (0.0130) | 0.660 (0.0260) | 2.64 (0.104) | 3.30 (0.130) | 6.60 (0.260) | 不适用 | 不适用 | 1.5/06/660 |
| 截短式DataBar条码 | 0.264 (0.0104) | 0.330 (0.0130) | 0.660 (0.0260) | 3.43 (0.135) | 4.29 (0.169) | 8.58 (0.338) | 不适用 | 不适用 | 1.5/06/660 |
| ITF-14 | 0.250 (0.00984) | 0.495 (0.0195) | 0.495 (0.0195) | 12.70 (0.500) | 12.70 (0.500) | 12.70 (0.500) | 10X | 10X | 1.5/06/660 |
| GS1-128 | 0.250 (0.00984) | 0.495 (0.0195) | 0.495 (0.0195) | 12.70 (0.500) | 12.70 (0.500) | 12.70 (0.500) | 10X | 10X | 1.5/06/660 |
| GS1 DataMatrix (ECC 200) (***) | 0.380 (0.0150) | 0.380 (0.0150) | 0.495 (0.0195) | 高度由X尺寸和编码的数据决定 | | | 周围为1X | | 1.5/08/660 |
| GS1 QR码 (***) | 0.380 (0.0150) | 0.380 (0.0150) | 0.495 (0.0195) | 高度由X尺寸和编码的数据决定 | | | 周围为4X | | 1.5/08/660 |

(*) X尺寸小于0.635mm (0.025in) 的ITF-14条码符号不要用常规的(以印刷版为基础的)方法直接印在瓦楞纸板上。ITF-14条码符号宽窄比的目标值为2.5：1，允许的范围是2.25：1至3：1。

在什么情况可以用比最小X尺寸还小的尺寸印制条码符号见5.12.6。一般只有在下述条件下，才能用小于0.264mm (0.0104in) 的X尺寸或小于80%的放大系数来印刷条码符号：

- 只有对按需打印的方法(如热敏、激光打印机)才允许使用0.249mm (0.0098in) 至0.264mm (0.0104in) 的X尺寸，或75%至80%的放大系数。对于所有其他的印刷方法，0.264mm (0.0104in) 的X尺寸是可以达到的并且是允许的最小尺寸。

表 5.12.3.4-1（续）

| |
|---|
| ■当用任何印刷方法印刷最小X尺寸的条码符号时，提供来印刷条码符号及其空白区的面积不要小于最小X尺寸0.264mm（0.0104in）条码符号所需的面积。<br>■当用任何印刷方法印刷最小X尺寸的条码符号时，始终不应把条码符号的符号高度截短。<br>（**）对于包括EAN/UPC条码符号的所有符号体系列出的最小符号高度尺寸不包括HRI（或ITF-14符号的保护框）。EAN/UPC符号的最小高度不包括扩展条，见5.2.3.2。<br>对于EAN/UPC符号的应用扫描环境，在符号的高度和宽度之间存在直接关系。这意味着表中的最小符号高度与列出的最小X尺寸，目标X尺寸和最大X尺寸相关。<br>在这个工作扫描环境中的ITF-14和GS1-128条码符号的最小条高度为12.70mm（0.500in），但是如果包装本身太小而不能符合这一规定，进一步的截短也是允许的。但无论如何条高度不要小于5.08mm（0.200in）。<br>对于符号高度，没有一个真正的最大值。但是，如果使用了最大的X尺寸，那么符号高度就必须等于或大于最小符号高度一栏中与最大X尺寸对应的符号高度值。<br>在复合码中，线性组分的条码符号高度设置为一定的尺寸；复合码组分采用与一维部分相同的X尺寸印刷，这样，复合码的高度与承载的数据量、X尺寸及与复合码组分相连的一维条码的类型有关。注意，复合码组分要和DataBar条码、GS1-128、UPC-A或EAN-13几种一维条码印刷在一起，ITF-14条码不能与复合码组分一起使用。<br>（***）二维码的X尺寸——光学图像采集过程中要求GS1 DataMatrix和GS1 QR码符号打印的最小X尺寸以一维条码符号所允许的等效最小X尺寸的1.5倍打印。 |

**注：**确保使用正确条码符号规范表的方法见2.7。

#### 5.12.3.5　条码符号规范表5——常规分销中扫描的物流单元

见表5.12.3.5-1。

表 5.12.3.5-1　GS1 条码符号规范表 5

| 条码符号 | （*）X尺寸/mm（in） | | | （**）对应给定X尺寸的最小符号高度/mm（in） | | | 空白区 | | 最低符号等级 |
|---|---|---|---|---|---|---|---|---|---|
| | 最小 | 目标 | 最大 | 对应给定最小X尺寸 | 对应给定目标X尺寸 | 对应给定最大X尺寸 | 左侧 | 右侧 | |
| GS1-128 | 0.495（0.0195） | 0.495（0.0195） | 0.940（0.0370） | 31.75（1.250） | 31.75（1.250） | 31.75（1.250） | 10X | 10X | 1.5/10/660 |
| GS1 DataMatrix（ECC 200） | 0.743（0.0292） | 0.743（0.0292） | 1.50（0.0591） | 高度由X尺寸和编码的数据决定 | | | 周围为1X | | 1.5/20/660 |
| GS1 QR码 | 0.743（0.0292） | 0.743（0.0292） | 1.50（0.0591） | 高度由X尺寸和编码的数据决定 | | | 周围为4X | | 1.5/20/660 |
| （*）如果项目太小致使X尺寸不能符合最小X尺寸的规定，最小X尺寸可以是0.250mm（0.00984in）。有关条码生产和质量评估的详细信息，请参见5.12。<br>（**）所示的最小符号高度仅针对条高度，不包括HRI。<br>如果项目太小致使条高度不能符合最小符号高度的规定，则最小条高度可以取符号宽度（包括空白区）的15%和12.7mm（0.50in）这两个值中的较大值。如果包装本身太小不能符合这个规则，进一步的截短也是允许的，但无论如何符号高度不要小于5.08mm（0.20in）。有关条码生产和质量评估的详细信息，请参见5.12。<br>对于符号高度，没有一个真正的最大值。但是，如果使用了最大的X尺寸，那么符号高度就必须等于或大于最小符号高度一栏中与最大X尺寸对应的符号高度值。 | | | | | | | | | |

注：确保使用正确条码符号规范表的方法见2.7。

#### 5.12.3.6　条码符号规范表6——不在常规分销中扫描的受管制非零售医疗贸易项目

见表5.12.3.6-1。

表5.12.3.6-1　GS1条码符号规范表6

| 条码符号 | X尺寸/mm（in） | | | 对应给定X尺寸的最小符号高度/mm（in） | | | 空白区 | | 最低符号等级 |
|---|---|---|---|---|---|---|---|---|---|
| | 最小 | 目标 | 最大 | 对应给定最小X尺寸 | 对应给定目标X尺寸 | 对应给定最大X尺寸 | 左侧 | 右侧 | |
| GS1-128 | 0.170（0.0067） | 0.495（0.0195） | 0.495（0.0195） | 12.70（0.500） | 12.70（0.500） | 12.70（0.500） | 10X | 10X | 1.5/06/660 |
| GS1 DataMatrix（ECC 200）（*） | 0.254（0.0100） | 0.380（0.0150） | 0.990（0.0390） | 高度由X尺寸和编码的数据决定 | | | 周围为1X | | 1.5/08/660 |
| 标准全向DataBar条码 | 0.170（0.0067） | 0.200（0.0080） | 0.660（0.0260） | 5.61（0.221） | 6.60（0.260） | 21.78（0.858） | 不适用 | 不适用 | 1.5/06/660 |
| 截短式DataBar条码 | 0.170（0.0067） | 0.200（0.0080） | 0.660（0.0260） | 2.21（0.087） | 2.60（0.102） | 8.58（0.338） | 不适用 | 不适用 | 1.5/06/660 |
| 层排式DataBar条码 | 0.170（0.0067） | 0.200（0.0080） | 0.660（0.0260） | 2.21（0.087） | 2.60（0.102） | 8.58（0.338） | 不适用 | 不适用 | 1.5/06/660 |
| 全向层排式DataBar条码 | 0.170（0.0067） | 0.200（0.0080） | 0.660（0.0260） | 11.73（0.462） | 13.80（0.543） | 45.54（1.794） | 不适用 | 不适用 | 1.5/06/660 |
| 限定式DataBar条码 | 0.170（0.0067） | 0.200（0.0080） | 0.660（0.0260） | 1.70（0.067） | 2.00（0.079） | 6.60（0.260） | 不适用 | 不适用 | 1.5/06/660 |
| 单行扩展式DataBar条码 | 0.170（0.0067） | 0.200（0.0080） | 0.660（0.0260） | 5.78（0.228） | 6.80（0.268） | 22.44（0.884） | 不适用 | 不适用 | 1.5/06/660 |
| 层排扩展式DataBar条码 | 0.170（0.0067） | 0.200（0.0080） | 0.660（0.0260） | 12.07（0.475） | 14.20（0.559） | 46.86（1.846） | 不适用 | 不适用 | 1.5/06/660 |
| EAN-13 | 0.170（0.0067） | 0.330（0.0130） | 0.660（0.0260） | 18.28（0.720） | 22.85（0.900） | 45.70（1.800） | 11X | 7X | 1.5/06/660 |

表5.12.3.6-1(续)

| 条码符号 | X尺寸/mm (in) | | | 对应给定X尺寸的最小符号高度/mm (in) | | | 空白区 | | 最低符号等级 |
|---|---|---|---|---|---|---|---|---|---|
| | 最小 | 目标 | 最大 | 对应给定最小X尺寸 | 对应给定目标X尺寸 | 对应给定最大X尺寸 | 左侧 | 右侧 | |
| EAN-8 | 0.170 (0.0067) | 0.330 (0.0130) | 0.660 (0.0260) | 14.58 (0.574) | 18.23 (0.718) | 36.46 (1.435) | 7X | 7X | 1.5/06/660 |
| UPC-A | 0.170 (0.0067) | 0.330 (0.0130) | 0.660 (0.0260) | 18.28 (0.720) | 22.85 (0.900) | 45.70 (1.800) | 9X | 9X | 1.5/06/660 |
| UPC-E | 0.170 (0.0067) | 0.330 (0.0130) | 0.660 (0.0260) | 18.28 (0.720) | 22.85 (0.900) | 45.70 (1.800) | 9X | 7X | 1.5/06/660 |
| ITF-14 | 0.170 (0.0067) | 0.495 (0.0195) | 0.495 (0.0195) | 12.70 (0.500) | 12.70 (0.500) | 12.70 (0.500) | 10X | 10X | 1.5/06/660 |
| CC-A | 所有复合组分(CCs)需使用和与其相连的线性组分相同的X尺寸，因此应查阅相应一维部分条码符号在本表中对应的行和列 | | | 高度由X尺寸和编码的数据决定 | | | 1X | 1X | 1.5/06/660 |
| CC-B | | | | | | | 1X | 1X | 1.5/06/660 |
| CC-C | | | | | | | 2X | 2X | 1.5/06/660 |

**注**：确保使用正确条码符号规范表的方法见2.7。

**注**：本表包含对条码符号的几种选择。所有这些选择都可以向后兼容，但是第2章的应用标准确定将来哪些条码符号是最佳选择。

### 5.12.3.7 条码符号规范表7——零部件直接标记(DPM)

见表5.12.3.7-1。

表5.12.3.7-1 GS1条码符号规范表7

| 条码符号 | X尺寸/mm (in) 注1、注4 | | | 对应给定X尺寸的最小符号高度/mm (in) | 空白区 | 最低符号等级 | |
|---|---|---|---|---|---|---|---|
| | 最小 | 目标 | 最大 | 对应给出的最小、目标和最大X尺寸 | | | |
| GS1 DataMatrix | 0.254 (0.0100) | 0.300 (0.0118) | 0.615 (0.0242) | 高度由X尺寸和编码的数据决定 | 周围为1X | 1.5/06/660注3 | 用于医疗器械以外的物品的直接标记 |

表5.12.3.7-1(续)

| 条码符号 | X尺寸/mm (in) 注1、注4 | | | 对应给定X尺寸的最小符号高度/mm (in) | 空白区 | 最低符号等级 | |
|---|---|---|---|---|---|---|---|
| | 最小 | 目标 | 最大 | 对应给出的最小、目标和最大X尺寸 | | | |
| GS1 QR码 | 0.254 (0.0100) | 0.300 (0.0118) | 0.615 (0.0242) | 高度由X尺寸和编码的数据决定 | 周围为4X | 1.5/06/660 注3 | 用于医疗器械以外的物品的直接标记 |
| GS1 DataMatrix 墨基零部件直接标记 | 0.254 (0.0100) | 0.300 (0.0118) | 0.615 (0.0242) | 高度由X尺寸和编码的数据决定 | 周围为1X | 1.5/08/660 注3 | 用于直接标记医疗设备，如小型医疗/手术器械 |
| GS1 DataMatrix 零部件直接标记-A 注2 | 0.100 (0.0039) | 0.200 (0.0079) | 0.300 (0.0118) | 高度由X尺寸和编码的数据决定 | 周围为1X | DPM1.5/04-12/650/(45Q \| 30Q \| 30T \| 30S \| 90) 注5 | 用于直接标记医疗设备，如小型医疗/手术器械 |
| GS1 DataMatrix 零部件直接标记-B 注2 | 0.200 (0.0079) | 0.300 (0.0118) | 0.495 (0.0195) | 高度由X尺寸和编码的数据决定 | 周围为1X | DPM1.5/08 - 20/650/(45Q \| 30Q \| 30T \| 30S \| 90) 注5 | 用于直接标记小型医疗/外科器械 |

**注：** 为使标记和识读性能（景深、容许弯曲度等等）增至最大限度，在满足条码符号可编码所需数据内容并适合可利用的标记面积的前提下，宜在允许使用的X尺寸范围内选取尽可能大的X尺寸值。

角度是一个附加参数，是用于零部件直接标记检测的照明的入射角（相对于符号的平面）。当入射角不是45°时，应包括在整体符号等级中。入射角为45°时可以不写角度。见ISO/IEC 15415和ISO/IEC 29158（AIM DPM）。

在小型仪器标记中，应避免在相同扫描环境中使用多种标记技术，以确保最佳识读性能。推荐用激光蚀刻为小型仪器标记。

**注1：** 光学图像采集过程中要求GS1 DataMatrix和GS1 QR码符号打印的最小X尺寸以一维条码符号所允许的等效最小X尺寸的1.5倍打印。

**注2：** 非墨基的零部件直接标记有两种基本形式：一种是“GS1 DataMatrix零部件直接标记-A”，在“L”形定位图形中有“连接的模块”，由激光的或化学蚀刻的零部件直接标记（DPM）技术制作；另一种是“GS1 DataMatrix零部件直接标记-B”，在“L”形定位图形中有“不连接的模块”，由点刻等DPM技术制作。由于制作技术及识读特性的差异，两种标记形式有各自的X尺寸范围和推荐的质量参数，而且可能要求不同的识读设备。建议GS1 DataMatrix-A用于标记小的医疗器械。最小X尺寸0.100mm是基于需要在小的医疗器械上永久性直接标记的特点，在这种器械上可

利用的标记面积有限，可用的目标面积为 2.5mm×2.5mm，需要标识的数据内容为 GTIN（AI 01）加系列号（AI 21）。

注 3：GS1 DataMatrix 和 GS1 QR 码符号质量检测的有效光孔孔径应为应用领域允许的最小 X 尺寸的 80%，对于零部件直接标记-A，测量孔径为 3；对于零部件直接标记-B，测量孔径为 6；对于一般医疗贸易项目标记印制，测量孔径为 8。参见 ISO/IEC 15415 和 ISO/IEC 29158。

注 4：在实际应用中，如果需要非常小的符号尺寸，则可使用小于所建议的 GS1 DataMatrix 模块 X 尺寸。如果尺寸小于应用全尺寸，则鼓励减少 X 尺寸的 AIDC 标记来促进信息采集。应该指出，这些做法可能会影响符号的识读性，包括但不仅限于以下几点：

- 较小 X 尺寸对识读性能的影响；
- 需要有特殊扫描器对小型图像的识读；
- 特殊工艺标记；
- 整体成本考虑。

因此，这些较小的 X 尺寸只能在内部使用或通过贸易伙伴之间的相互协议来使用。

注 5：任何满足 ISO/IEC 15415 标准的质量技术等级要求的“GS1 DataMatrix 零部件直接标记-A”的标志都被认为是可以接受的。如果字母“DPM”在等级之前，则表示等级是遵循 ISO/IEC 29158（AIM DPM）而不是遵循 ISO/IEC 15415 而得出的直接零部件标记“A”或“B”。

### 5.12.3.8 条码符号规范表 8——零售药房和常规分销中扫描，或非零售药房和常规分销中扫描的贸易项目

见表 5.12.3.8-1。

表 5.12.3.8-1　GS1 条码符号规范表 8

| 条码符号 | X 尺寸/mm（in） | | | 对应给定 X 尺寸的最小符号高度/mm（in） | | | 空白区 | | 最低符号等级 |
|---|---|---|---|---|---|---|---|---|---|
| | 最小 | 目标 | 最大 | 对应给定最小 X 尺寸 | 对应给定目标 X 尺寸 | 对应给定最大 X 尺寸 | 左侧 | 右侧 | |
| GS1-128 | 0.495（0.0195） | 0.495（0.0195） | 1.016（0.0400） | 31.75（1.250） | 31.75（1.250） | 31.75（1.250） | 10X | 10X | 1.5/10/660 |
| GS1 DataMatrix（ECC 200）（*） | 0.750（0.0300） | 0.750（0.0300） | 1.520（0.0600） | 高度由 X 尺寸和编码的数据决定 | | | 周围为 1X | | 1.5/20/660 |
| EAN-13 | 0.495（0.0195） | 0.660（0.0260） | 0.660（0.0260） | 34.28（1.350） | 45.70（1.800） | 45.70（1.800） | 11X | 7X | 1.5/10/660 |
| EAN-8 | 0.495（0.0195） | 0.660（0.0260） | 0.660（0.0260） | 27.35（1.077） | 36.46（1.435） | 36.46（1.435） | 7X | 7X | 1.5/10/660 |

表5.12.3.8-1(续)

| 条码符号 | X尺寸/mm（in） | | | 对应给定X尺寸的最小符号高度/mm（in） | | | 空白区 | | 最低符号等级 |
|---|---|---|---|---|---|---|---|---|---|
| | 最小 | 目标 | 最大 | 对应给定最小X尺寸 | 对应给定目标X尺寸 | 对应给定最大X尺寸 | 左侧 | 右侧 | |
| UPC-A | 0.495 (0.0195) | 0.660 (0.0260) | 0.660 (0.0260) | 34.28 (1.350) | 45.70 (1.800) | 45.70 (1.800) | 9X | 9X | 1.5/10/660 |
| UPC-E | 0.495 (0.0195) | 0.660 (0.0260) | 0.660 (0.0260) | 34.28 (1.350) | 45.70 (1.800) | 45.70 (1.800) | 9X | 7X | 1.5/10/660 |
| ITF-14 | 0.495 (0.0195) | 0.495 (0.0195) | 1.016 (0.0400) | 31.75 (1.250) | 31.75 (1.250) | 31.75 (1.250) | 10X | 10X | 1.5/10/660 |
| 标准全向DataBar条码 | 0.495 (0.0195) | 0.660 (0.0260) | 0.660 (0.0260) | 16.34 (0.644) | 21.78 (0.858) | 21.78 (0.858) | 不适用 | 不适用 | 1.5/10/660 |
| 截短式DataBar条码 | 0.495 (0.0195) | 0.660 (0.0260) | 0.660 (0.0260) | 6.44 (0.254) | 8.58 (0.338) | 8.58 (0.338) | 不适用 | 不适用 | 1.5/10/660 |
| 层排式DataBar条码 | 0.495 (0.0195) | 0.660 (0.0260) | 0.660 (0.0260) | 6.44 (0.254) | 8.58 (0.338) | 8.58 (0.338) | 不适用 | 不适用 | 1.5/10/660 |
| 全向层排式DataBar条码 | 0.495 (0.0195) | 0.660 (0.0260) | 0.660 (0.0260) | 34.16 (1.346) | 45.54 (1.794) | 45.54 (1.794) | 不适用 | 不适用 | 1.5/10/660 |
| 限定式DataBar条码 | 0.495 (0.0195) | 0.660 (0.0260) | 0.660 (0.0260) | 4.95 (0.195) | 6.60 (0.260) | 6.60 (0.260) | 不适用 | 不适用 | 1.5/10/660 |
| 单行扩展式DataBar条码 | 0.495 (0.0195) | 0.660 (0.0260) | 0.660 (0.0260) | 16.83 (0.663) | 22.44 (0.884) | 22.44 (0.884) | 不适用 | 不适用 | 1.5/10/660 |
| 层排扩展式DataBar条码 | 0.495 (0.0195) | 0.660 (0.0260) | 0.660 (0.0260) | 35.15 (1.385) | 46.86 (1.846) | 46.86 (1.846) | 不适用 | 不适用 | 1.5/10/660 |
| CC-A | 所有复合组分（CCs）需使用和与其相连的线性组分相同的X尺寸，因此应查阅相应线性组分条码符号在本表中对应的行和列 | | | 高度由X尺寸和编码的数据决定 | | | 1X | 1X | 1.5/06/660 |
| CC-B | | | | | | | 1X | 1X | 1.5/06/660 |
| CC-C | | | | | | | 2X | 2X | 1.5/06/660 |

(*) 二维码的X尺寸——光学图像采集过程中要求GS1 DataMatrix和GS1 QR符号打印的最小X尺寸以一维条码符号所允许的等最小效X尺寸的1.5倍打印。

注：确保使用正确条码符号规范表的方法见2.7。

注：本表包含对条码符号的几种选择。所有这些选择都可以向后兼容，但是第2章的应用标准确定将来哪些条码符号是最佳选择。

注：2007年6月以来，GS1已建议医疗领域的所有贸易伙伴关注以成像为基础的扫描器。既然GS1 DataMatrix条码已被标准认可，重要的是告知与GS1过程相关的所有贸易伙伴确定目标的实施日期。没有这些实施日期，制造商就无法知道何时在他们的商品包装上应用GS1 DataMatrix条码，而那些对扫描设备投资的需求也会不经意地配置一些不支持标准的设备。要了解GS1 Healthcare对于采用GS1 DataMatrix的立场文件，请访问https：//www. gs1. org/healthcare。

#### 5. 12. 3. 9　条码符号规范表9——GS1系统标识代码GDTI，GRAI，GIAI和GLN

见表5. 12. 3. 9-1。

表5. 12. 3. 9-1　GS1条码符号规范表9

| 条码符号 | X尺寸/mm（in） | | | 对应给定X尺寸的最小符号高度/mm（in） | | | 空白区 | | 最低符号等级 |
|---|---|---|---|---|---|---|---|---|---|
| | 最小 | 目标 | 最大 | 对应给定最小X尺寸 | 对应给定目标X尺寸 | 对应给定最大X尺寸 | 左侧 | 右侧 | |
| GS1-128 | 0. 250（0. 0098） | 0. 250（0. 0098） | 0. 495（0. 0195） | 12. 70（0. 500） | 12. 70（0. 500） | 12. 70（0. 500） | 10X | 10X | 1. 5/06/660 |
| GS1 DataMatrix（ECC 200）（*） | 0. 380（0. 0150） | 0. 380（0. 0150） | 0. 495（0. 0195） | 高度由X尺寸和编码的数据决定 | | | 周围为1X | | 1. 5/08/660 |
| GS1 QR码（*） | 0. 380（0. 0150） | 0. 380（0. 0150） | 0. 495（0. 0195） | 高度由X尺寸和编码的数据决定 | | | 周围为4X | | 1. 5/08/660 |

（*）二维码的X尺寸——光学图像采集过程要求GS1 DataMatrix和GS1 QR码符号打印的最小X尺寸为一维条码符号所允许的等效最小X尺寸的1.5倍。

注：确保使用正确条码符号规范表的方法见2.7。

注：本表包含对条码符号的几种选择。所有这些选择都可以向后兼容，但是第2章的应用标准确定将来哪些条码符号是最佳选择。

注：对于位置标记的条码可以更高的最大X尺寸打印：GS1-128为1. 016mm（0. 0400in），GS1 DataMatrix和GS1 QR条码为1. 520mm（0. 0600in）。见2. 4. 2。

#### 5. 12. 3. 10　条码符号规范表10——受管制且不在常规分销中扫描的零售医疗贸易项目

见表5. 12. 3. 10-1。

表 5.12.3.10-1 GS1 条码符号规范表 10

| 条码符号 | X 尺寸/mm（in） | | | 对应给定 X 尺寸的最小符号高度/mm（in） | | | 空白区 | | 最低符号等级 |
|---|---|---|---|---|---|---|---|---|---|
| | 最小 | 目标 | 最大 | 对应给定最小 X 尺寸 | 对应给定目标 X 尺寸 | 对应给定最大 X 尺寸 | 左侧 | 右侧 | |
| GS1-128 | 0.264（0.0104） | 0.330（0.0130） | 0.660（0.0260） | 12.70（0.500） | 12.70（0.500） | 12.70（0.500） | 10X | 10X | 1.5/06/660 |
| GS1 DataMatrix（ECC 200）（**） | 0.396（0.0156） | 0.495（0.0195） | 0.990（0.0390） | 高度由 X 尺寸和编码的数据决定 | | | 周围为 1X | | 1.5/08/660 |
| 标准全向 DataBar 条码 | 0.264（0.0104） | 0.330（0.0130） | 0.660（0.0260） | 8.71（0.343） | 10.89（0.429） | 21.78（0.858） | 不适用 | 不适用 | 1.5/06/660 |
| 截短式 DataBar 条码 | 0.264（0.0104） | 0.330（0.0130） | 0.660（0.0260） | 3.43（0.135） | 4.29（0.169） | 8.58（0.338） | 不适用 | 不适用 | 1.5/06/660 |
| 层排式 DataBar 条码 | 0.264（0.0104） | 0.330（0.0130） | 0.660（0.0260） | 3.43（0.135） | 4.29（0.169） | 8.58（0.338） | 不适用 | 不适用 | 1.5/06/660 |
| 全向层排式 DataBar 条码 | 0.264（0.0104） | 0.330（0.0130） | 0.660（0.0260） | 18.22（0.718） | 27.77（0.897） | 45.54（1.794） | 不适用 | 不适用 | 1.5/06/660 |
| 限定式 DataBar 条码 | 0.264（0.0104） | 0.330（0.0130） | 0.660（0.0260） | 2.64（0.104） | 3.30（0.130） | 6.60（0.260） | 不适用 | 不适用 | 1.5/06/660 |
| 单行扩展式 DataBar 条码 | 0.264（0.0104） | 0.330（0.0130） | 0.660（0.0260） | 8.98（0.354） | 11.22（0.442） | 22.44（0.883） | 不适用 | 不适用 | 1.5/06/660 |
| 层排扩展式 DataBar 条码 | 0.264（0.0104） | 0.330（0.0130） | 0.660（0.0260） | 18.74（0.738） | 23.43（0.923） | 46.86（1.846） | 不适用 | 不适用 | 1.5/06/660 |
| EAN-13 | 0.264（0.0104） | 0.330（0.0130） | 0.660（0.0260） | 18.28（0.720） | 22.85（0.900） | 45.70（1.800） | 11X | 7X | 1.5/06/660 |
| EAN-8 | 0.264（0.0104） | 0.330（0.0130） | 0.660（0.0260） | 14.58（0.574） | 18.23（0.718） | 36.46（1.435） | 7X | 7X | 1.5/06/660 |
| UPC-A | 0.264（0.0104） | 0.330（0.0130） | 0.660（0.0260） | 18.28（0.720） | 22.85（0.900） | 45.70（1.800） | 9X | 9X | 1.5/06/660 |
| UPC-E | 0.264（0.0104） | 0.330（0.0130） | 0.660（0.0260） | 18.28（0.720） | 22.85（0.900） | 45.70（1.800） | 9X | 7X | 1.5/06/660 |

表5.12.3.10-1(续)

| 条码符号 | X尺寸/mm (in) | | | 对应给定X尺寸的最小符号高度/mm (in) | | | 空白区 | | 最低符号等级 |
|---|---|---|---|---|---|---|---|---|---|
| | 最小 | 目标 | 最大 | 对应给定最小X尺寸 | 对应给定目标X尺寸 | 对应给定最大X尺寸 | 左侧 | 右侧 | |
| ITF-14 | 0.264 (0.0104) | 0.330 (0.0130) | 0.660 (0.0260) | 12.70 (0.500) | 12.70 (0.500) | 12.70 (0.500) | 10X | 10X | 1.5/06/660 |
| CC-A | 所有复合组分(CCs)需使用和与其相连的线性组分相同的X尺寸，因此应查阅相应线性组分条码符号在本表中对应的行和列 | | | 高度由X尺寸和编码的数据决定 | | | 1X | 1X | 1.5/06/660 |
| CC-B | | | | | | | 1X | 1X | 1.5/06/660 |
| CC-C | | | | | | | 2X | 2X | 1.5/06/660 |

(*) 这些条码只能在以下条件下可以使用低于0.264mm (0.0104in) 的X尺寸进行印刷：

■只有对按需的方法(如热敏、激光打印机)才允许使用0.249mm (0.0098in) 至0.264mm (0.0104in) 的X尺寸。对于所有其他的印刷方法，0.264mm (0.0104in) 的X尺寸是可以达到的并且是允许的最小尺寸。

■当用任何印刷方法印刷最小X尺寸的条码符号时，提供来印刷条码符号及其空白区的面积不要小于最小X尺寸0.264mm (0.0104in) 条码符号所需的面积。

■当用任何印刷方法印刷最小X尺寸的条码符号时，不要把条码符号的符号高度截短。

(**) 二维码的X尺寸——光学图像采集过程要求GS1 DataMatrix和GS1 QR码符号打印的最小X尺寸为一维条码符号所允许的等效最小X尺寸的1.5倍。

**注**：确保使用正确条码符号规范表的方法见2.7。

**注**：2007年6月以来，GS1已建议医疗领域的所有贸易伙伴关注以成像为基础的扫描器。既然GS1 DataMatrix条码已被标准认可，重要的是告知与GS1过程相关的所有贸易伙伴确定目标的实施日期。没有这些实施日期，制造商就无法知道何时在他们的商品包装上应用GS1 DataMatrix条码，而那些对扫描设备投资的需求也会不经意地配置一些不支持标准的设备。要了解GS1 Healthcare对于采用GS1 DataMatrix的立场文件，请访问https://www.gs1.org/healthcare。

### 5.12.3.11 条码符号规范表11——GS1系统标识代码GSRN

表5.12.3.11-1 GS1条码符号规范表11

| 条码符号 | X尺寸/mm (in) | | | 对应给定X尺寸的最小符号高度/mm (in) | | | 空白区 | | 最低符号等级 |
|---|---|---|---|---|---|---|---|---|---|
| | 最小 | 目标 | 最大 | 对应给定最小X尺寸 | 对应给定目标X尺寸 | 对应给定最大X尺寸 | 左侧 | 右侧 | |
| 单行扩展式DataBar条码(*) | 0.264 (0.0104) | 0.330 (0.0130) | 0.660 (0.0260) | 8.99 (0.354) | 11.23 (0.442) | 22.44 (0.883) | 无 | 无 | 1.5/06/660 |

表5.12.3.11-1(续)

| 条码符号 | X尺寸/mm（in） | | | 对应给定X尺寸的最小符号高度/mm（in） | | | 空白区 | | 最低符号等级 |
|---|---|---|---|---|---|---|---|---|---|
| | 最小 | 目标 | 最大 | 对应给定最小X尺寸 | 对应给定目标X尺寸 | 对应给定最大X尺寸 | 左侧 | 右侧 | |
| 层排扩展式DataBar条码（*） | 0.264（0.0104） | 0.330（0.0130） | 0.660（0.0260） | 18.75（0.738） | 23.44（0.923） | 46.86（1.845） | 无 | 无 | 1.5/06/660 |
| GS1-128 | 0.170（0.0067） | 0.250（0.0098） | 0.495（0.0195） | 12.70（0.500） | 12.70（0.500） | 12.70（0.500） | 10X | 10X | 1.5/05/660 |
| GS1 DataMatrix（ECC 200）（**） | 0.254（0.0100） | 0.380（0.0150） | 0.495（0.0195） | 高度由X尺寸和编码的数据决定 | | | 周围为1X | | 1.5/08/660 |
| GS1 QR码（**） | 0.254（0.0100） | 0.380（0.0150） | 0.495（0.0195） | 高度由X尺寸和编码的数据决定 | | | 周围为4X | | 1.5/08/660 |

（*）符号尺寸要求参考5.12.3.1“条码符号规范表1——常规零售POS机扫描与非分销贸易项目”。

这些条码只能在以下条件下可以使用低于0.264mm（0.0104in）的X尺寸进行印刷：

■只有对按需打印的方法（如热敏、激光打印机）才允许使用0.249mm（0.0098in）至0.264mm（0.0104in）的X尺寸。对于所有其他的印刷方法，0.264mm（0.0104in）的X尺寸是可以达到的并且是允许的最小尺寸。

■当用任何印刷方法印刷最小X尺寸的条码符号时，提供来印刷条码符号及其空白区的面积不要小于最小X尺寸0.264mm（0.0104in）条码符号所需的面积。

此外：

■最小符号高度尺寸不包括供人识别字符。

■使用任何打印方法打印符号时，高度不得低于上表中列出的最小值。

■对于层排扩展式DataBar条码，该表最小符号高度为符号两行的高度和。

■对于两行和三行的层排扩展式DataBar条码，只要保持最小总高度为1.020in（25.91mm），X尺寸可低至0.0080in（0.203mm）。

（**）二维码的X尺寸——光学图像采集过程要求GS1 DataMatrix和GS1 QR码符号打印的最小X尺寸为一维条码符号所允许的等效最小X尺寸的1.5倍。

**注：** 确保使用正确条码符号规范表的方法见2.7。

**注：** 本表包含对条码符号的几种选择。所有这些选择都可以向后兼容，但是第2章的应用标准确定将来哪些条码符号是最佳选择。

### 5.12.3.12　条码符号规范表12——欧盟法规2018/574《烟草制品追溯系统的建立和运行技术标准》监管的烟草贸易项目和物流单元

见表5.12.3.12-1。

表 5.12.3.12-1 GS1 条码符号规范表 12

| 条码符号 | (*) X尺寸/mm (in) | | | (**) 对应给定X尺寸的最小符号高度/mm (in) | | | 空白区 | | (****) 最低符号等级 |
|---|---|---|---|---|---|---|---|---|---|
| | 最小 | 目标 | 最大 | 对应给定最小X尺寸 | 对应给定目标X尺寸 | 对应给定最大X尺寸 | 左侧 | 右侧 | |
| EU2018/574 单元包装级贸易项目 | | | | | | | | | |
| GS1 DataMatrix (ECC 200) (*) | 0.380 (0.0150) | 0.380 (0.0150) | 0.990 (0.0390) | 高度由X尺寸和编码的数据决定 | | | 周围为1X | | 3.5/08/660 |
| GS1 QR码 (*) (**) | 0.380 (0.0150) | 0.380 (0.0150) | 0.990 (0.0390) | 高度由X尺寸和编码的数据决定 | | | 周围为4X | | 3.5/08/660 |
| GS1 DotCode (***) | 0.380 (0.0150) | 0.380 (0.0150) | 0.990 (0.0390) | 高度由X尺寸和编码的数据决定 | | | 周围为3X | | 3.5/08/660 |
| 贸易项目组合(根据EU 2018/574,单元包装组合) | | | | | | | | | |
| GS1 DataMatrix (ECC 200) (*) | 0.750 (0.0295) | 0.750 (0.0295) | 1.520 (0.0600) | 高度由X尺寸和编码的数据决定 | | | 周围为1X | | 3.5/20/660 |
| GS1 QR码 (*) (**) | 0.750 (0.0295) | 0.750 (0.0295) | 1.520 (0.0600) | 高度由X尺寸和编码的数据决定 | | | 周围为4X | | 3.5/20/660 |
| GS1-128 (***) | 0.495 (0.0195) | 0.495 (0.0195) | 1.016 (0.0400) | 31.75 (1.250) | | | 10X | 10X | 3.5/10/660 |
| 物流单元(根据EU 2018/574,运输单元的单元包装组合) | | | | | | | | | |
| GS1 DataMatrix (ECC 200) | 0.750 (0.0295) | 0.750 (0.0295) | 1.520 (0.0600) | 高度由X尺寸和编码的数据决定 | | | 周围为1X | | 3.5/20/660 |
| GS1 QR码 (*) (**) | 0.750 (0.0295) | 0.750 (0.0295) | 1.520 (0.0600) | 高度由X尺寸和编码的数据决定 | | | 周围为4X | | 3.5/20/660 |
| GS1-128 | 0.495 (0.0195) | 0.495 (0.0195) | 0.940 (0.0370) | 31.75 (1.250) | | | 10X | 10X | 3.5/10/660 |

(*) 二维码的X尺寸——光学图像采集过程中要求GS1 DataMatrix和GS1 QR码打印的最小X尺寸以一维条码符号所允许的等效最小X尺寸的1.5倍打印。

(**) 光学设备可读的QR码,复原能力约为30%。应假定符合ISO/IEC 18004:2015且纠错级别为H的条码满足本点规定的要求。

(***) 光学设备可读的DotCode码,检错和纠错级别大于或等于Reed-Solomon纠错算法级别,校验字符数(NC)等于数据字符数(ND)除以2加3(NC=3+ND/2)。

(****) EU 2018/574规定的最低质量等级是3.5。注意此质量等级远高于其他GS1应用标准中其他符号通常所需的1.5级。

**注:** 确保使用正确条码符号规范表的方法见2.7。

#### 5.12.3.13　条码符号规范表 13——可远距离扫描的耐用标签和耐用标记

见表 5.12.3.13-1。

表 5.12.3.13-1　GS1 条码符号规范表 13

| 条码符号 | (*) X 尺寸/mm (in) | | (**) 对应给定 X 尺寸的最小符号高度/mm (in) | | | 空白区 | | 最低符号等级 |
|---|---|---|---|---|---|---|---|---|
| | 最小 | 最大 | 对应最小X尺寸 | 对应目标X尺寸 | 对应最大X尺寸 | 左侧 | 右侧 | |
| GS1 DataMatrix (EC 200) | 0.495 (0.0195) | 3.50 (0.1378) | 高度由 X 尺寸和编码的数据决定 | | | 周围为 1X | | 1.5/(**)/660 |
| GS1 QR 码 | 0.495 (0.0195) | 3.50 (0.1378) | 高度由 X 尺寸和编码的数据决定 | | | 周围为 4X | | 1.5/(**)/660 |
| GS1-128 (****) | 0.495 (0.0195) | 0.940 (***) (0.0370) | 12.70 (0.500) | | | 左边和右边各 10X | | 1.5/(**)/660 |

(*) 为获得最佳识读器性能，应选择有限的 X 尺寸范围。对于远距离扫描应用，X 尺寸应大于 1.75mm (0.069in)。

(**) 要对这些 GS1 符号质量进行测量，有效孔径应为所选 X 尺寸的 80%。

(***) 如果 X 尺寸取上限，那么 GS1-128 符号的数据容量将受限，因为最大长度限为 165.10mm (6.5in)。参见 5.4.4.3。

(****) 与 GS1 二维符号距离相同时，GS1-128 符号可能无法读取。

**注：** 确保使用正确条码符号规范表的方法见 2.7。

## 5.12.4　条码制作

以下部分将：

■ 就主要的条码印制方法和材料提供一个总体的介绍。

■ 介绍主要的应用领域的总体的印制和包装情况。

■ 提供零部件直接标记（DPM）的技术注意事项。

此部分包含的各种定义和专用术语可以在 ISO/IEC 15419《信息技术　自动识别与数据采集技术　条码数字成像与印制性能的检验》、ISO/IEC 15416《信息技术　自动识别与数据采集技术　条码印制质量测试规范　一维条码》、ISO/IEC 15415《信息技术　自动识别与数据采集技术　条码印制质量测试规范　二维码符号》中找到。

### 5.12.4.1　数字图像生成

#### 5.12.4.1.1　一般需求

一般要求包含以下几方面的内容，这些内容呈现于 ISO/IEC 15419 第四部分。

■ 数据输入。

- 空白区。
- 图像生成设备种类的分类，见 ISO/IEC 15419 资料性附录 E。
- 程序员示例，见 ISO/IEC 15419 资料性附录 F。
- 用于通用打印机的程序员示例。
- 间接条码图像生成设备的程序员示例。
- 对于在印辊条件下变形的条码设计示例。
- 直接条码图像生成设备。
- 专用条码打印机。
- 目标单元尺寸的调整。
- 设计单元的记录。
- 通用打印机。
- 调整的条宽补偿量（包括通用打印机的点/像元，比较数字）。
- 设计属性的记录。
- 间接条码图像生成设备。
- 计划形变（不均衡）的调整。
- 特殊 EAN/UPC 符号字符的调整。
- 测试要求：
  - □ 系统设置；
  - □ 测试过程。
- 一致性。
- 检测报告，包括测试版面模板，见 ISO/IEC 15419 规范性附录 A。
- 认证。
- 软件规格，包括在 ISO/IEC 15419 资料性附录 D 中的软件类别划分，以及在该标准资料性附录 G 中包含的条码制作软件的功能。
- 设备维护和耗材，见 ISO/IEC 15419 资料性附录 C。

#### 5.12.4.1.2 专用条码打印机

ISO/IEC 15419 第 5 章包含关于专用条码打印机信息，并包含如下内容：

- 数据输入要求；
- 测试要求；
- 测试设备的选择；
- 测试条件、环境、设备的设置；
- 测试过程；
- 一致性；
- 检测报告；
- 认证和标记；
- 设备规格。

#### 5.12.4.1.3 最小尺寸现场打印的 EAN/UPC 条码符号

对于用户来讲，用普通打印机打印高质量条码符号比用热转印打印机打印更加困难。之所以困难，有以下两个原因。第一，普通打印机的打印点一般明显大于像元尺寸，见图 5.12.4.1.3-1。这导致打印的条（暗条）比标称尺寸宽，打印的空比标称尺寸窄，除非驱动打印机的软件能够纠正这一变形。第二，打印软件在构造条码符号时，其自身也会引入尺寸误差。

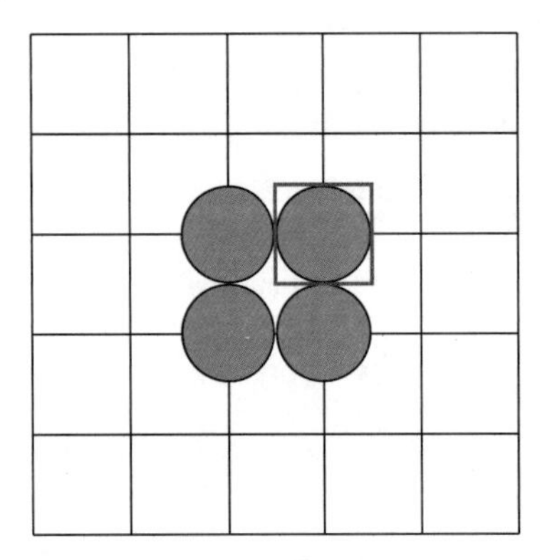

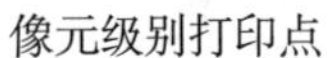
像元级别打印点

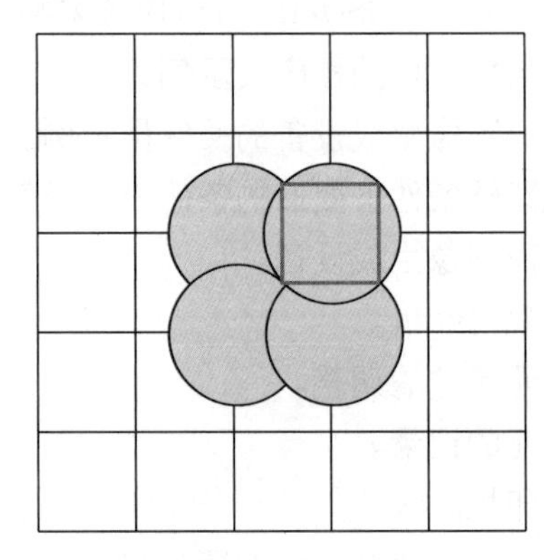
典型通用打印点

图 5.12.4.1.3-1 数字化印制的示例

现场条码符号印制设备最常用的印刷密度为 200dpi 和 300dpi，然而，由于点距的限制，这类印制设备不能正确印制一个 X 尺寸为 0.264（0.0104in）或放大系数为 80%的条码符号。根据印制点几何尺寸的大小，这些印制设备能够印制的最接近于 80% 的比例为 75.7% 或 76.9%，见表 5.12.4.1.3-1。

尽管 0.264 的最小 X 尺寸是规定尺寸的最小值，现场印制设备的用户已经多年在零售终端上采用 75%~80%的放大系数。和印刷的、放大系数为 80%的条码符号相比，他们这么做并没有明显降低 POS 端扫描读出率。因为条码符号越大，越容易扫描，放大系数最好在 80%以上。然而，如果需要现场条码印制设备，鉴于以下印制方面的考虑，放大系数可以采用 75%到 80%之间。

■ 在 EAN/UPC 码制中，只有现场（如：热敏、激光）印制过程使用 75%到 80%之间符号的放大系数。对于其他印制过程，80%的放大系数是可以达到的，并且是许可的最小尺寸。

■ 使用任何印制方式印制尺寸最小的条码符号时，留给印制条码符号的区域，包括所需的空白区，应该比放大系数为 80%的条码符号所需的面积大。通过放大系数为 80%的条码符号的总的宽度乘以高度，可以导出这个面积。

■ 使用任何印制方式印制尺寸最小的条码符号时，条码符号被截短后的高度不应小于条码符号规范表列出的最低高度。

表 5.12.4.1.3-1 热敏打印 EAN/UPC 条码符号可以达到的 X 尺寸

| 参考 DPI | 实际 DPI | 每毫米点数 | 实际点的宽度（中点对中点） | | 每模块宽度的点数 | 模块宽度（X 尺寸） | | 改正后的放大系数 |
|---|---|---|---|---|---|---|---|---|
| | | | in | mm | | in | mm | |
| 200 | 203.2 | 8 | 0.004921 | 0.12500 | 2 | 9.843 | 0.25000 | **75.76% |
| 200 | 203.2 | 8 | 0.004921 | 0.12500 | 3 | 14.764 | 0.37500 | 113.64% |
| 200 | 203.2 | 8 | 0.004921 | 0.12500 | 4 | 19.685 | 0.50000 | 151.52% |
| 200 | 203.2 | 8 | 0.004921 | 0.12500 | 5 | 24.606 | 0.62500 | 189.39% |
| 300 | 304.8 | 12 | 0.003281 | 0.08333 | 3 | 9.843 | 0.25000 | **75.76% |

表5.12.4.1.3-1(续)

| 参考DPI | 实际DPI | 每毫米点数 | 实际点的宽度（中点对中点） | | 每模块宽度的点数 | 模块宽度（X尺寸） | | 改正后的放大系数 |
|---|---|---|---|---|---|---|---|---|
| | | | in | mm | | in | mm | |
| 300 | 304.8 | 12 | 0.003281 | 0.08333 | 4 | 13.123 | 0.33333 | 100.01% |
| 300 | 304.8 | 12 | 0.003281 | 0.08333 | 5 | 16.404 | 0.41667 | 126.26% |
| 300 | 304.8 | 12 | 0.003281 | 0.08333 | 6 | 19.685 | 0.50000 | 151.52% |
| 300 | 304.8 | 12 | 0.003281 | 0.08333 | 7 | 22.966 | 0.58333 | 176.77% |
| 400 | 406.4 | 16 | 0.002461 | 0.06250 | 4 | 9.843 | 0.25000 | **75.76% |
| 400 | 406.4 | 16 | 0.002461 | 0.06250 | 5 | 12.303 | 0.31250 | 94.70% |
| 400 | 406.4 | 16 | 0.002461 | 0.06250 | 6 | 14.764 | 0.37500 | 113.64% |
| 400 | 406.4 | 16 | 0.002461 | 0.06250 | 7 | 17.224 | 0.43750 | 132.58% |
| 400 | 406.4 | 16 | 0.002461 | 0.06250 | 8 | 19.685 | 0.50000 | 151.52% |
| 400 | 406.4 | 16 | 0.002461 | 0.06250 | 9 | 22.146 | 0.56250 | 170.45% |
| 400 | 406.4 | 16 | 0.002461 | 0.06250 | 10 | 24.606 | 0.62500 | 189.39% |
| 600 | 609.6 | 24 | 0.001640 | 0.04167 | 6 | 9.843 | 0.25000 | **75.76% |
| 600 | 609.6 | 24 | 0.001640 | 0.04167 | 7 | 11.483 | 0.29167 | 88.38% |
| 600 | 609.6 | 24 | 0.001640 | 0.04167 | 8 | 13.123 | 0.33333 | 101.01% |
| 600 | 609.6 | 24 | 0.001640 | 0.04167 | 9 | 14.764 | 0.37500 | 113.64% |
| 600 | 609.6 | 24 | 0.001640 | 0.04167 | 10 | 16.404 | 0.41667 | 126.26% |
| 600 | 609.6 | 24 | 0.001640 | 0.04167 | 11 | 18.045 | 0.45833 | 138.89% |
| 600 | 609.6 | 24 | 0.001640 | 0.04167 | 12 | 19.685 | 0.50000 | 151.52% |
| 600 | 609.6 | 24 | 0.001640 | 0.04167 | 13 | 21.325 | 0.54167 | 164.14% |
| 600 | 609.6 | 24 | 0.001640 | 0.04167 | 14 | 22.966 | 0.58333 | 176.77% |
| 600 | 609.6 | 24 | 0.001640 | 0.04167 | 15 | 24.606 | 0.62500 | 189.39% |

(*) EAN/UPC条码符号的标称模块宽度（X尺寸）为0.013in或0.33mm。在北美，GS1 US规范一直将标称的模块尺寸（X尺寸）设定为0.013in或0.33mm。ISO/IEC规范将EAN/UPC条码符号的标称模块尺寸（X尺寸）设定为0.33mm。国际公制标称值比原来英制标称值要小0.0606%。最右端的表列中的数据被标为“改正后的放大系数”，它是基于0.33mm的标称模块尺寸（X尺寸）。

(**) 放大系数可以小于80%的情况见表5.12.3.1-1。

### 5.12.4.2　条码胶片图像制作

#### 5.12.4.2.1　简介

对于EAN/UPC码制中的条码符号，检测的最大用途一直是和通过湿墨式印刷工艺（如：平版胶印、苯胺印刷、照相制版）生产出来的包装和标签相结合。条码胶片图像需要作为这些过程中生产印刷版的一部分。

首先实施检测的地方出现在印制实际条码符号前的印刷适性试验，此时要在正常条件下进行测试符号的印刷试车。然后检测印制出的测试符号，以得出特定印刷方式和印刷基材构成的印刷过程的印制特点。评价出现的条宽增加（或减少量）以及偏差的范围，决定所需的条宽调整量

(BWA)。条宽增益是因为印制条码比胶片图像更宽，所以胶片图像需要调整来弥补这一点。当条宽增加时，BWA 就为条宽减少量（BWR）；当条宽收缩时，BWA 则应为条宽增加量（BWI）。需要的条宽调整量和使用的 X 尺寸相关。在使用条码符号制作软件设定胶片时，需要这些详细信息。

条宽调整示例如图 5.12.4.2.1-1 所示。

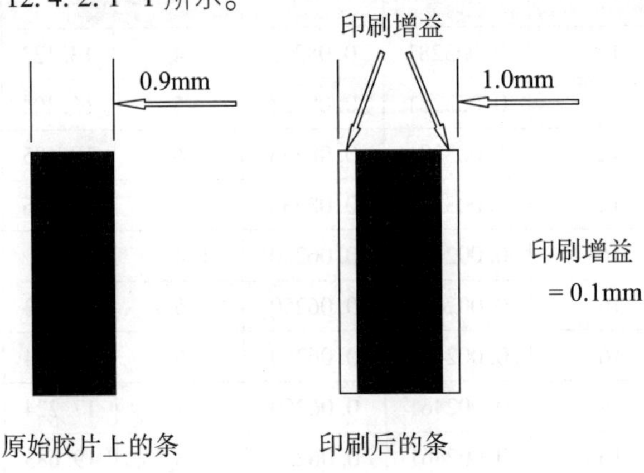


图 5.12.4.2.1-1　条宽调整量示例

印刷过程中当印出校样后，条码符号的检验应作为审批过程的一部分。然而要注意的是，由于打样过程和印刷过程不同，印刷的质量和打样的质量可能存在微小的差别。

当准备好印刷后，对开始印刷的头几张印张进行检测，检测条的宽度，这可确保印刷正确设置，印出接近理想的条宽。当印刷机开始正常运转后，应根据经验或按照公司的质量控制程序，定期抽样，监控符号的条宽以及其他质量参数（特别是符号反差），这些属性在印刷过程中最容易调整。

最后，在印刷作业完成后进行进一步抽样检测。应将扫描反射率曲线分析法作为一个评价基础，确保印刷作业的质量达到客户或应用规定的最低质量等级。

胶片的检测项目建议如下：

- X 尺寸；
- 选择的条宽减少量；
- 产品识别号，包括公司名称；
- 要使用胶片的印刷过程；
- 胶片供货商的标识；
- 制作胶片的日期。

### 5.12.4.2.2　胶片图像要求

胶片图像必须在适当的分辨率下生成，硬件设备将在纸张、胶片、印版或其他基底上生成条码的物理映像。将输入数据（胶片图像）转换成数字指令以驱动硬件设备的相关软件同样重要。应遵循的一般原则和要求在 ISO/IEC 15419《信息技术　自动识别与数据采集技术　条码数字成像与印制性能的检验》中进行了说明。这一国际标准制定了规范每个组件中条码图像生成功能的一般原则，并辅之以适用于某些主要软件和硬件类别的具体细节。

胶片的物理要求见 ISO/IEC 15421《信息技术　自动识别与数据采集技术　条码原版胶片测试规范》第 6 章。

#### 5.12.4.2.3 零部件直接标记（DPM）的技术注意事项

**标记方法**

根据以下几个考虑因素分析选定的标记方法很重要：

- 导致过度阴影或眩光的饰面。
- 不能提供足够对比度的表面——表面反射率差异小于20%。
- 无法使用侵入式方法标记的安全关键部件。
- 标记方法必须符合用户的要求。
- 符号的位置不应：
  - 直接在空气或水中（如水流等）；
  - 在密封面上；
  - 在易磨损或重度接触的表面上。

**侵入式（减法）**

侵入式标记是指去除或改变承载材料的方法。

- 喷砂；
- 点刻；
- 电化学标记、着色或蚀刻；
- 雕刻/铣削；
- 面料刺绣/编织；
- 直接激光标记；
- 激光喷刻；
- 激光诱导表面改进（LISI）；
- 气体辅助激光蚀刻（GALE）；
- 激光诱导气相沉积（LIVD）。

**非侵入式（加法）**

非侵入式标记不影响主体材料，通常涉及添加材料。

- 铸造、锻造、铸模；
- 喷墨；
- 激光键合；
- 液态金属射流；
- 丝印；
- 模板转印。

**主体（基底）表面**

对于粗糙度不超过250μin（百万分之一英寸）的表面和光滑度不超过8μin的表面，应保留GS1 DataMatrix或GS1 QR码的直接部件标记。不在这些参数范围内的表面需要重新进行表面处理或使用替代方法标记。

必须考虑表面颜色。主体和符号之间的对比度要求至少相差20%。根据表面粗糙度改变单元尺寸，就能在铸造表面上提供足够的对比度。

单元尺寸（μin）= 0.00006×粗糙度+0.0067。见表5.12.4.3-1。

表 5.12.4.3-1 单元尺寸和表面粗糙度的关系

| 平均粗糙度 | 最小单元尺寸 |
|---|---|
| 0.508μm（$20\times10^{-6}$in） | 0.1905mm（0.0075in） |
| 1.524μm（$60\times10^{-6}$in） | 0.2286mm（0.009in） |
| 3.048μm（$120\times10^{-6}$in） | 0.381mm（0.015in） |
| 5.08μm（$200\times10^{-6}$in） | 0.508mm（0.020in） |
| 7.62μm（$300\times10^{-6}$in） | 0.635mm（0.025in） |
| 10.668μm（$420\times10^{-6}$in） | 0.762mm（0.030in） |

**基底表面厚度**

建议使用最小主体表面厚度和最大标记深度。两者都在表 5.12.4.3-2 中列出。

表 5.12.4.3-2 不同方法的表面厚度和标记深度

| 方法 | 最小厚度 | 最大标记深度 |
|---|---|---|
| 点刻 | 1.016mm（0.04in） | 0.102mm（0.004in） |
| 激光喷射强化 | 0.508mm（0.02in） | 0.051mm（0.002in） |
| 激光焊接 | 0.025mm（0.001in） | 表面标记 |
| 喷砂 | 0.076mm（0.003in） | 0.008mm（0.0003in） |
| 电化学着色 | 0.508mm（0.02in） | 0.051mm（0.002in） |
| 激光蚀刻 | 0.762mm（0.03in） | 0.076mm（0.003in） |
| 激光诱导表面改进（LISI） | 1.016mm（0.04in） | 0.102mm（0.004in） |
| 激光雕刻 | 1.27mm（0.05in） | 0.127mm（0.005in） |
| 电化学蚀刻 | 2.54mm（0.1in） | 0.254mm（0.01in） |
| 微铣削 | 31.75mm（1.25in） | 3.175mm（0.125in） |

## 5.12.5 质量评价

### 5.12.5.1 检测

检测是测量条码符号决定其和该符号规范一致性的技术过程。检测并不作为产品拒收的仅凭方法。例如，GS1 倡导使用 ISO/IEC 15416 和 ISO/IEC 15415 的方法作为改进整体扫描性能的依据。在印刷企业和其贸易伙伴之间，基于该 ISO 标准的检测仪在诊断问题、出具标准的检验报告方面会有很大的帮助。

注意扫描器和检测仪的区别，这一点也很重要。检测仪是测量工具，它可以确定符号的工作性能，即根据指令携带和传送数据。

在诠释检测结果时，应记住以下内容。

- 大多数检测仪不测量条高。
- 如果没有将译码数据和数据库链接的附加软件，不能核实符号数据内容的质量和准确性。
- 检测仪不能检测 HRI 是否和条码数据相匹配。特别是条码符号生成软件在不包括 HRI 数据的情况下，这两者一致性可能需要检测。

■ 因为仅实际检测了生产的符号中一些抽样，因此，在和所用抽样率相关的统计置信度之外，不能保证在一个生产批次中所有符号的质量。

■ 再完美的符号在供应链的搬运过程中也可能被损毁或影响（如，擦划，冷冻，潮湿）。

■ 操作员的错误也能导致结果的不一致。操作员应经过相关培训，并对符号进行目视检查，以核实检测仪的结果（例如，一个预计很好的条码如果检测失败，则应重新检查使用检测仪的过程）。

■ 就贸易项目的扫描环境而言已印制正确的条码符号（如：ITF-14 符号不应当被使用在将在零售 POS 端销售的贸易项目上）。

#### 5.12.5.1.1　传统检测（资料性）

传统检测方法出现在 20 世纪 70 年代，它给予符号两个参数的测量，一是印刷对比度（PCS），另一个为条宽偏差。如果条或空的宽度在规定的允许误差之内，并且如果印刷对比度在规定的最小值之上，则符号被认为符合规范。

开始的时候，这些检测都不是自动进行的，并且人的因素影响着测量的精确度和一致性。检查符号是否正确编码也曾是非常繁重的工作。然而在几年之后，能够自动完成这些测量的仪器就出现了。这种仪器能使印制者采取一些步骤，在条件许可的情况下印制近乎完美的符号。

传统检测不一定能给出特别符合符号扫描性能的检测结果。其中一个原因是符号评价仅仅给出一个单一可接受的阈值："通过"或"不通过"。另外，如果评价仅基于符号的一次扫描，而扫描可能扫过符号某高度上的最好的部分或某高度上的最坏的部分，所以单次扫描不能确保评价条件具有代表性。

对于一些码制，如 EAN/UPC 码制、GS1 128 条码符号，扫描主要依赖对应边的距离，而对符号中条宽的平均增加或减少不敏感，因此测量条宽增加或减少量意义不大。对应边的距离为一个条的前边缘和下一个条的前边缘的距离或一个条的后边缘和下一个条的后边缘的距离，这种条宽增加或减小量的趋势是相同的。此方法标准化程度不高，例如，它没有指出在计算 PCS 值时高低反射率的值在哪个位置测量，也没有给出单元边缘位置的精确定义。这样，对于一个给定的符号，一些检测仪测量合格，另一些检测仪测量不合格。这成为供货商和客户纠纷的一个现实的诱发原因。

#### 5.12.5.1.2　ISO/IEC 检测

在 20 世纪 80 年代，来自于使用各种扫描系统的用户行业的专家开展了广泛的研究，确定了最直接影响符号扫描性能的因素，创造了扫描反射率曲线分析的方法。这个方法开始时被称作美标，因为它首次出现于美国国家标准 ANSI X3.182-1990《条码印制质量指南》。1995 年欧盟标准（EN 1635）以及 2000 年颁布的 ISO/IEC 15416 标准定义了此方法。ISO/IEC 15416 是一个权威性的一维条码检测方法的国际标准，数字化的分级方法开始使用。

ISO/IEC 15416 标准中描述的此方法在技术上和美标 ANSI X3.182 以及欧盟标准 EN 1635 完全兼容，所以基于那些标准的检测仪没有过时。

ISO/IEC 15415 是等效的二维码符号的权威国际标准，分别为多行条码和二维矩阵符号提供了一种检测方法。另外，ISO/IEC TR 29158《零部件直接标记（DPM）质量指南》在评估直接标记到项目表面的条码符号的质量时是相关的。

简单地说，ISO 检测仪观察符号和扫描器观察符号的方式是相同的。ISO 检测仪在输出符号质量评价报告时不再是简单的"通过"和"失败"，而是给出了 4 个通过级别（质量等级为 4~1 的降序）和一个失败等级。这可使得应用选择合适的最小的可接受等级。可以注意到，美标使用的是字母化的 A~D 的等级，失败等级用 F 表示。不过，两种等级的阈值是相同的。

这种测量方法所得的符号等级和符号的扫描性能非常一致，用户很快在收到贸易伙伴的符号时采用了扫描反射率曲线分析的方法进行检测。用户了解到，只要符号等级大于或等于 1.5 级，当扫描条码数据时就能得到一个可以接受的识读性能。

**注**：GS1 系统要求，对于 EAN/UPC 码制、GS1-128 符号、ITF-14 符号，空白区为一个测量的参数，其值的表述见 ISO/IEC 15416 第 5 章。对于 GS1 DataMatrix，它等于 ISO/IEC 16022 第 7 章描述的 X 尺寸的一倍；对于 GS1 QR 码，它等于 ISO/IEC 18004 第 5 章描述的 X 尺寸的四倍。

#### 5.12.5.1.3　检测仪的类型

ISO/IEC 15426 标准分为两个部分，定义了检测仪使用 ISO/IEC 15416（一维条码）和 ISO/IEC 15415（用于多行条码和二维码）的测试方法和最小精度准则。ISO/IEC 15426-1 涉及一维条码检测仪，ISO/IEC 15426-2 涉及二维码检测仪。

有许多类型的检测仪满足 ISO/IEC 15426 的要求，有些是与个人电脑结合使用的特殊验证软件，用于符号分析和显示/打印结果，而其他是集成的单机单元。此外，一些检测仪可以互换测量孔径和光源，以便测量广泛 X 尺寸的符号，并满足不同应用标准的光照需求。

### 5.12.5.2　检测方法

检测符号时，符号应尽可能地处于最终状态（例如：包括覆膜、包装材料和内容），但如果不可行，为了防止光线透射的影响，建议采取以下步骤。

将待检符号放置到平整的表面。如果印刷基底不是不透明的（允许光穿过），将符号放在颜色深的表面进行检测，然后再将符号放置到颜色浅的表面进行检测。如果不知道材料背地的衬垫物，就取两个检测结果的较差者。如果知道材料背地的衬垫物，则可将与之匹配的材料放到符号下面进行检测。

### 5.12.5.3　符号分级

以下关于一维码分级的内容可参见 ISO/IEC 15416 第 6 章：

- 扫描反射率曲线分级（在 ISO/IEC 15416 规范性附录 B 中有详细解释）；
- 译码；
- 反射率参数分级（包含反射率参数分级图）；
- 可译码度（包含可译码度分级图；在 ISO/IEC 15416 规范性附录 A 中有详细解释）；
- 符号等级的表示；
- 符号分级流程图（见 ISO/IEC 15416 规范性附录 C）；
- 关于验证报告模板的指南见 5.12.7 条码检测模板部分。

以下关于二维码分级的内容可参见 ISO/IEC 15415 第 5 章：

- 质量等级的表示；
- 整体符号等级；
- 符号等级的报告；
- 符号分级的符号特殊参数和值（在 ISO/IEC 15415 规范性附录 A 中有详细解释）；
- 二维码符号分级流程图（在 ISO/IEC 15415 资料性附录 B 中有详细解释）；
- 分级参数的选择指南（见 ISO/IEC 资料性附录 D 中的应用规范）。

#### 5.12.5.4 基材特性

基材特性包括以下几个方面，详见 ISO/IEC 15416 资料性附录 D 和 ISO/IEC 15415 资料性附录 E：

- 基材不透明度；
- 光泽；
- 覆膜；
- 静态反射率测量；
- 符号反差的预测；
- 最小边缘反差和调制比的预测；
- 测量和推导值的满意度。

#### 5.12.5.5 扫描反射率曲线和曲线等级的说明

扫描反射率曲线和曲线等级的说明包括以下几个方面，详见 ISO/IEC 15416 资料性附录 E 和 ISO/IEC 15415 资料性附录 C：

- 扫描反射率曲线的含义；
- 结果的说明；
- 等级和应用相匹配；
- 字母化的等级（A、B、C、D、F）。

#### 5.12.5.6 与传统检验方法的比较

和传统检验方法的比较包括以下几个方面，详见 ISO/IEC 15416 资料性附录 I：

- 传统方法；
- 符号对比度和符号反差测量值的相互关系；
- 应用中要求质量等级包含 PCS 值的分级指南。

#### 5.12.5.7 过程控制要求

过程控制要求方法包括以下几个方面，详见 ISO/IEC 15416 资料性附录 J：

- 重复性印刷的过程控制；
- 扫描次数；
- 条宽偏差；
- 两种单元宽度的条码符号；
- （n，k）条码符号（宽度调解法的条码符号）；
- 平均条宽增加/减少量。

条平均偏差不参与分级，但它用于计算印刷过程所用相关条允许误差的百分比。码制不同，传统的条的允许误差计算不同。对于 EAN/UPC 码制，印刷符号的 X 尺寸不同，条的允许误差也不同。一般来说，X 尺寸越小，条的允许误差越小。

#### 5.12.5.8 符合性声明

GS1 通用规范中推荐使用的检测仪常带有将该检测仪和一致性标准（条码）测试卡相互关联的声明。

#### 5.12.5.9 校准后的一致性标准（条码）测试卡

检测仪的操作员可能使用各种工具和程序定期进行检测仪校准的维护。例如，在检测前，检测人员可能按照制造商推荐的程序进行设置、编程（如果需要）、日常校准和检验。这样的程序在保证检测仪随着时间的推移其检测结果具有一致性方面非常重要。

一些检测仪的制造商可能需要操作员利用为在维护仪器校准中使用而设计的校准片。校准片的一种常用类型常被称作“反射率片”，有些检测仪出厂时自带。应该仔细阅读制造商的仪器说明书并认真按照其要求校准仪器。“校准完成”通常表示仪器的再校准成功。其他检测仪的制造商可能需要定期将检测仪拿到厂里进行校准。

随着校验仪作为通信工具的使用越来越多，必须对所有检测仪定期校准到某个可追溯性的标准器（校准到制造商承诺的精确度和可重复性范围）。因此，检测仪的用户可以使用“校准的一致性标准测试卡”。

校准的一致性标准测试卡设计用于测量孔径为 6、8、10、20mil 的检测仪，GS1 成员组织目前还能提供以下物品：

- EAN/UPC 校准的一致性标准测试卡；
- ITF 校准的一致性标准测试卡；
- GS1-128 校准的一致性标准测试卡；
- GS1 DataBar（以前的 RSS 码）校准的一致性标准测试卡；
- GS1 DataMatrix 校准的一致性标准测试卡。

使用这些卡有以下好处：

- 核实检测仪检测一维条码符号 UPC-A、EAN-13、ITF、GS1-128，GS1 DataMatrix 以及 GS1 DataBar 的能力。除了复合码组分和 GS1 QR 码外，能够涵盖所有 GS1 码制。
- 检测仪操作员的培训工具。
- 核实检测仪的误差在所选码制规定的允许误差范围内。

每个测试卡设计用于检测基于标准 ISO/IEC 15416 和 ISO/IEC 15415 的检测设备的特性。此标准器由特殊材料制成，并追溯到美国国家标准与技术研究院（NIST）。

标准器的目的在于能定期对检测设备进行校准，以确保它的工作误差在制造商公布的 ISO 允许误差之内。如果检测工作量大，检测人员多，有新检测员，这一点就显得尤其重要。检测员应例行扫描测试卡上的每一个符号，以确定检测仪是否能提供所列的值。这些规范规定，应使用一个测量孔径以及 660nm±10nm 波长的测量光，根据检测仪制造商的建议，推定具体的扫描方法。完成这些操作可能需要一些练习，不过当检测方法完全正确时，检测仪会提示操作者。

如果检测仪报告的值与测试卡上列出的值一致（在制造商承诺的精确度和可重复性范围内），则操作员可以假设检测仪已校准。如果在反复尝试后，设备仍然没有提供标准器上列出的值（在制造商承诺的精确度和可重复性范围内），则必须认为设备或操作员的扫描技术有问题。在这种情况下，操作员应参考其操作员手册，了解检测仪制造商规定的适当的补救措施。

测试卡很娇贵，使用时应小心。如果符号有脏的地方，使用软的棉织物及照相机的胶片清洁剂清洁。如果符号上有明显划痕，符号的这一位置不应该再使用。如果符号上明显划痕很多，以至于扫描路径无法避开划痕，那么此测试卡应该停用，换新的测试卡。

测试卡作为一个方法或手段，其作用在于确保给予 ISO 标准的检测仪能够很好通过校准，使用者得到的检测结果处于生产厂商对该仪器标明的精度范围内。

如果使用了损坏的或不正确的反射率片，或在某些时候使用者在用校准片校准时粗心大意，有缺陷的检测仪有可能错误地通过校准。只有正确使用一致性标准测试卡，才能确保对 GS1 符号进行可靠的质量检测以满足众多的贸易伙伴的需要。

作为一般的规则，基于ISO的检测仪（可追溯到NIST或不可追溯到NIST）应该使用校准的一致性标准测试卡进行测试。这个过程既能核实仪器的精度又能核实使用者的技能。

### 5.12.5.10 GS1体系符号检测的特殊注意事项

#### 5.12.5.10.1 概述

由于ISO检测不测量尺寸，因此，这方面还需要进行目视检查，以确保符号高度等符号性能满足应用要求。

有了较好的条码符号数字化的图像生成软件，在图像输出设备上，单元的尺寸可以自动调整到像元尺寸最接近的整数，不论是照排机还是打印机。这样在规定的偏差余量条件下，如条款增加和减少量在一定范围内或在EAN/UPC符号中，在数字1、2、7、8的单元宽度调整的情况下，保持一定的单元宽度比。这就是说，符号尺寸可能偏离于目标尺寸，它在一定许可范围内以离散步长尺寸变化，但总体上符号尺寸精度更高。

注：有关GS1体系符号的国际标准清单，请参阅5.1.2。

#### 5.12.5.10.2 允许偏差

允许偏差旨在确认符号是否符合条码符号规范表中的所有要求，并修正商业验证员或操作员之间的微小测量变量：

■ X尺寸的允许偏差是不超过2%（最小指定X尺寸的-2%和最大指定X尺寸的+2%）。

■ 高度和每个空白区的尺寸都有一个5%（最小指定维度上的-5%和最大指定维度上的+5%）的允许偏差。

#### 5.12.5.10.3 EAN/UPC码制

EAN/UPC码制影响检测的主要方面在于数字1、2、7和8的符号字符集和其他数字（0、3、4、5、6、9）字符集的处理不同。参考译码算法在区分1和7以及2和8时使用字符中2个条的宽度和，这是由于这两组数字的字符在译码时因对应边的模块化尺寸相同而无法区分。对于每一组易混淆的字符，通过条宽增加或减少1/13模块宽度以增加这难以区分的每组数字字符内条宽之和的区别。条宽增加或减少量会影响这些符号字符的可译码度参数，但不会影响其他字符的可译码度。如果符号没有含4个符号字符中任意一个，即使条宽增加或减少量很大也可能不会影响它的可译码度，反之符号的可译码度就会降低。从概率角度上看，只有6.9%的符号不会受到此因素的影响。因此，这方面应该注意，并形成条宽增加或减少量会降低EAN/UPC符号可译码度等级这个观念。在印刷过程控制中，最好不要认为可译码度和条宽偏差相关联。依靠传统方法测量条宽偏差，然后调整印刷过程要更安全更容易些。

EAN/UPC符号的测量孔径为6或10mil，取决于具体应用，并在条码符号规范表中指定。

**附加的EAN/UPC符号分级标准**

ISO/IEC 15416允许由条码规范规定附加的通过/不通过的标准。对EAN/UPC码制，最小空白区尺寸见5.2.3.4。任何不符合表5.12.5.10.3-1公差要求的单独扫描配置文件，都将得到0级。

表5.12.5.10.3-1 需测量空白区的最小宽度

| 符号版本 | 左空白区 | 右空白区 |
|---|---|---|
| EAN-13 | 10X | 6.2X |
| EAN-8 | 6.2X | 6.2X |

表5.12.5.10.3-1(续)

| 符号版本 | 左空白区 | 右空白区 |
|---|---|---|
| UPC-A | 8X | 8X |
| UPC-E | 8X | 6.2X |
| Add-ons (EAN) | EAN 13/8 right QZ | 4.2X |
| Add-ons (UPC) | UPC A/E right QZ | 4.2X |

低于5.2.6.7放大系数下定义的范围的符号应接收0级（例外情况见5.12.6.3）。

**注：最小空白区尺寸的选择是基于历史UPC质量指南。因为EAN-13和EAN-8没有包括，为这些符号选择了相似的最小空白区尺寸。**

### 5.12.5.10.4 GS1-128

检测GS1-128条码的重要方面在于印制质量，以及它的格式。印制质量按标准进行评价，检测格式可能需要观察检测仪的输出信息。GS1-128码是靠对应边距离进行译码的，但它的参考译码算法在校验码检查过程中也需要检查三个条的条宽之和，总之它的可译码度也受条宽增加或减少量的影响。

检测GS1-128条码时，测量孔径为6或10mil，取决于具体应用，并在条码符号规范表中指定。

GS1-128符号包含的数据必须根据使用的应用标识符（AI）的规范进行格式化。具体检查的事项如下：

- 在起始字符后面第一个位置上，作为128码集合中标志GS1系统子集的FNC1符号字符；
- 在非定长单元数据串后FNC1符号字符或控制字符［ASCII值29（十进制），1D（十六进制）］作为一个字段分隔符的使用；
- 对AI进行排序，定长AI排在非定长AI前；
- AI定长时数据区的长度；
- 所有应用标识符字段内正确的数据格式；
- AI周围没有编码括号；
- 检测仪自动处理这些方面的程度大有不同，即使含有GS1-128码制选项的检测仪也是如此。

### 5.12.5.10.5 ITF-14

和其他在GS1系统使用的符号不同，ITF-14条码是两种单元宽度的符号，对它不能通过对应边距离的方法进行译码，但所有的单元宽度都必须测量。因此条宽增加或减少量对它们较容易造成问题。

标准的ISO检测技术对这些符号完全适用。但是在GS1系统应用中，为确保X尺寸（放大系数因素）在允许的范围内，必须进行附加的检查。

对于ITF-14符号，X尺寸小于0.635mm（0.025in）时，测量孔径为10mil，X尺寸大于或等于0.635mm（0.025in）时，测量孔径为20mil。

印制符号的X尺寸大于或等于0.635mm时，最小可接受的等级为0.5/20/660。这是因为棕色的瓦楞纸基材上印制的条码符号的反射率一般在40%以下，有些时候甚至在30%以下。这样，无论油墨印得怎样深，无论符号的其他质量属性有多好，其符号反差都不能超过40%（符号反差等级为2的底线阈值）。其结果是，扫描反射率曲线的等级大多数情况下取决于符号反差，所以在这种材料上印制符号，符号等级不会超过1，符号等级可以达到的最大值为1.0。

这种符号也会受到由基材结构导致背景反射率存在固有干扰的影响，这可能导致缺陷度、边缘反差以及调制比的等级降低。因此，印制在瓦楞纸上条码符号的其他参数的质量应该尽量高。

### 5.12.5.10.6 GS1 DataMatrix 符号

用 GS1 DataMatrix（传统印刷方式或零部件直接标记 DPM）标识物品单元时，要根据标识单元的物理性质以及识读这些标记的光学系统，使用一种专门的方法确定符号质量。对于 GS1 DataMatrix 符号，可接受的最低符号质量等级应由应用规范指定。DPM 符号的质量参数的测量应由符合 ISO/IEC 15415 的检测仪进行，当直接标记时，应使用 ISO/IEC 29158，该标准定义了 DPM 质量特定的替代照明条件、术语、参数、某些参数的测量和分级的修改以及分级结果的报告。根据这些标准，完整等级如下所示：

等级/孔径/波长/角度

其中：

■ **“等级”** 为 ISO/IEC 15415《信息技术　自动识别与数据采集技术　条码印制质量测试规范　二维码符号》规定的符号等级（即：扫描反射率曲线等级或扫描等级小数点保留 1 位的算术平均值），这种分级结合了 ISO/IEC 29158《信息技术　自动识别与数据采集技术　零部件直接标记指南》给出的附加技术内容。对于 GS1 DataMatrix 符号，如果数字等级后加有星号，则表明符号周围存在极端反射率，这可能干扰识读。对于大多数应用来说，这种情况宜标明为导致符号失败。

■ **“孔径”** 为 ISO/IEC 15415《信息技术　自动识别与数据采集技术　条码印制质量测试规范　二维码符号》规定的合成孔径的直径，用 mil 表示（量值取最接近的 mil）。

■ **“波长”** 规定了照明条件，其数值为峰值波长的纳米数（对于窄带光照明）。字母 W 表示测量符号的照明光为宽带光源（“白光”），照明光的光谱特性应规定或有明确出处的光源规格说明。

■ **“角度”** 是定义（相对于符号平面的）照明入射角的附加参数。如果入射角不是 45°，完整的符号等级中应包含入射角。角度值的缺失表明入射角为 45°。

**注：** 除入射角缺省值 45°外，ISO/IEC 29158 还给出了 30°和 90°的入射角值。

通常将测量孔径指定为应用中最小 X 尺寸的 80%。在印制 GS1 DataMatrix 的“L”图形时，点之间的距离应小于指定的测量孔径的 25%。如果在应用中存在 X 尺寸大于最小 X 尺寸的情况，仍必须保持此绝对的最大间隔尺寸。

### 5.12.5.10.7 GS1 QR 码

用 GS1 QR 码符号标识物品单元时，要根据标识单元的物理性质以及识读这些标记的光学系统，使用一种专门的方法确定符号质量，对于 GS1 QR 码，可接受的最低符号质量等级应由应用规范指定。整体等级以最低等级/孔径/测量波长的形式显示。

等级/孔径/波长/角度

其中：

■ **“等级”** 为 ISO/IEC 15415《信息技术　自动识别与数据采集技术　条码印制质量测试规范　二维码符号》规定的符号等级（即：扫描反射率曲线等级或扫描等级小数点保留 1 位的算术平均值）。对于 GS1 QR 码，如果数字等级后加有星号，则表明符号周围存在极端反射率，这可能干扰识读。对于大多数应用来说，这种情况宜标明为导致符号失败。

■ **“孔径”** 为 ISO/IEC 15415《信息技术　自动识别与数据采集技术　条码印制质量测试规范　二维码符号》规定的合成孔径的直径，用 mil 表示（量值取最接近的 mil）。

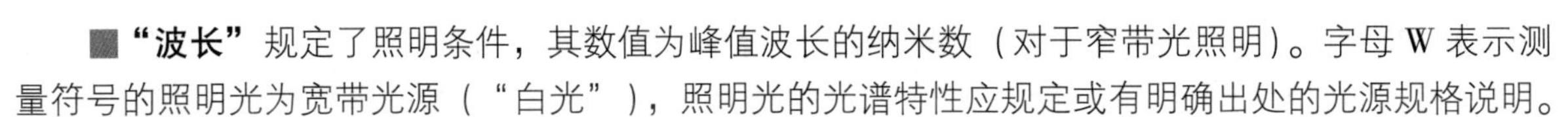

■ **“波长”** 规定了照明条件，其数值为峰值波长的纳米数（对于窄带光照明）。字母 W 表示测量符号的照明光为宽带光源（“白光”），照明光的光谱特性应规定或有明确出处的光源规格说明。

■ **“角度”** 是定义（相对于符号平面的）照明入射角的附加参数。如果入射角不是 45°，完整的符号等级中应包含入射角。角度值的缺失表明入射角为 45°。

通常将测量孔径指定为应用中最小 X 尺寸的 80%。

#### 5.12.5.10.8 GS1 DotCode

对于 GS1 DotCode 符号，可接受的最低符号质量等级应由应用规范指定。整体等级以最低等级/孔径/测量波长/角度的形式显示。

等级/孔径/波长/角度

其中：

■ “等级”为 ISO/IEC 15415《信息技术　自动识别与数据采集技术　条码印制质量测试规范　二维码符号》规定的符号等级。对于 GS1 DotCode，如果数字等级后加有星号，则表明符号周围存在极端反射率，这可能干扰识读。对于大多数应用来说，这种情况宜标明为导致符号失败。

■ “孔径”为 ISO/IEC 15415《信息技术　自动识别与数据采集技术　条码印制质量测试规范　二维码符号》规定的合成孔径的直径，用 mil 表示（量值取最接近的 mil）。

■ “波长”规定了照明条件，其数值为峰值波长的纳米数（对于窄带光照明）。字母 W 表示测量符号的照明光为宽带光源（“白光”），照明光的光谱特性应规定或有明确出处的光源规格说明。

■ “角度”是定义（相对于符号平面的）照明入射角的附加参数。如果入射角不是 45°，完整的符号等级中应包含入射角。角度值的缺失表明入射角为 45°。

### 5.12.5.11 造成检测等级低的可能原因

#### 5.12.5.11.1 反射率参数

符号反差取决于基材和油墨的反射率。在白纸上用黑色油墨印制的条码符号，其符号反差肯定能达到 4 级。这是由于白纸的反射率一般大于 75%，黑油墨的反射率一般在 3%~8%之间。彩色背底或彩色油墨会影响这个结果。材料的高光泽也会影响背底反射率。最坏的情况是：当采用棕色瓦楞纤维板作为基材时，背底反射率在 27%~40%之间，这时即使采用密度很高反射率很低的油墨，符号反差决不会比最低的通过等级 1 级高（等级为 1 的符号反差范围为 27%~39%）。

低符号反差的原因和解决办法：

■ 背底颜色太深：使用颜色较浅或光泽度较低的材料，或者将背底颜色改成（如果能印刷）高反射率的颜色。

■ 条颜色太浅：选择低反射率颜色作为条的颜色，并增加油墨重量或提高热敏打印机打印头的温度（这时要注意由此引起的条宽增益）。

■ 基材不透明度低：使用不透明度高的包装材料或在印刷符号前在其底面印刷不透明的白色衬底。

■ 印记透印：用不透明度更高的标签。

最低反射率（$R_{min}$）必须小于或等于最高反射率（$R_{max}$）的一半。例如：如果 $R_{max}$ 为 70%，至少有一个条的反射率必须小于或等于 35%。条码符号这一点达不到要求，其符号反差的等级也肯定低。$R_{min}$ 太高的原因及解决方案：

■ 条太浅：选择低反射率颜色作为条的颜色。增加油墨重量或热敏打印机打印头的温度（这时要注意由此引起的条宽增益）。

最小边缘反差（$EC_{min}$）一定比符号反差低，但是如果它的值跌破15%（通过/不通过的阈值），它就存在问题。然而，边缘反差（EC）低，在此阈值下可以接受，仍会导致调制比等级低。$EC_{min}$太低的原因及可能的补救方法：

■ 局部背底反射率的变化（例如：循环使用材料中的暗色碎片）：使用反射率一致性较好的或反射率较高的基材。

■ 条局部反射率变化：调整印刷设置，确保油墨均匀。

■ 材料透印：使用不透明度较高的包装材料，或在印刷符号前在其底面印刷不透明的白色衬底。

■ 相对于测量孔径，和有问题边缘接壤的单元太窄：增加X尺寸；使用正确的测量孔径；在胶片或原始符号图形中使用正确的条宽调整量；相对于同等模块尺寸的空，将条宽缩减。

调制比为$EC_{min}$相对于符号反差的比率。当符号反差低时，调制比值也会低。从扫描识读器的角度看，空显得比条要窄一些。窄单元比宽单元要模糊一些。如果条宽过小，调制比会降低。如果测量孔径相对于X尺寸过大，调制比的值也会降低。

调制比（在检验报告上常以MOD表示）值太低的原因及可能的补救方法：

■ 局部背底反射率的变化（例如：循环使用材料中的暗色碎片）：使用反射率一致性较好的或反射率较高的基材。

■ 条局部反射率变化：调整印刷设置，确保油墨均匀或更深。

■ 材料透印：使用不透明度较高的包装材料，或在印刷符号前在其底面印刷不透明的白色衬底。

■ 相对于测量孔径，和有问题边缘接壤的单元太窄：增加X尺寸；使用正确的测量孔径；在胶片或原始符号图形中使用正确的条宽调整量；相对于同等模块尺寸的空，将条印制得稍微窄一点。

### 5.12.5.12 其他参数

使用参考译码算法对符号的边缘位置以及单元宽度进行处理后就能得出译码的等级，该等级只有通过与不通过。译码失败表明符号编码（包括校验码）不正确。这也可能是经过整体阈值处理后符号呈现的条和空过多或过少，或是一个或多个边缘位置模糊。

译码失败的原因及可能的补救方法：

■ 符号编码错误：重新生成符号；用编码正确的符号覆盖编码错误的标签。

■ 校验码计算错误：纠正原系统中的软件错误；重新生成符号；用编码正确的符号覆盖编码错误的标签。

■ 由于条宽增加或减少量过度或由于缺陷导致的单元宽度错误：在生成符号时使用正确的条宽调整量（BWA）；调整印刷或打印机设置。

■ 因缺陷导致探测的单元数目增大：找出导致缺陷的原因；调整压力（凸版印刷过程）以减少晕圈；更换打印头（热敏/喷墨打印）。

■ 探测到的单元数太少（没有达到整体阈值）：参见边缘反差的解决方案。

在ISO标准中，导致不能译码的原因可能是读取到的单元数目不正确，其中原因可能有一个或多个单元没有能超越整体阈值，或者可能是一个严重的缺陷导致一个单元被误认为3个或更多个单元。在美国标准中，这相当于单独分级的“边缘确定失败”，一些使用美国标准方法的检测仪也会在检测报告中给出这一指标。

图5.12.5.12-1给出了一个条码符号，该条码符号的空已经部分被填满，这样就将其反射率降

到整体阈值以下，导致边缘确定失败或不能译码。这也可以成为调制比很差的一个示例。

图 5.12.5.12-1　边缘确定有问题的符号

图 5.12.5.12-2 中，扫描反射率曲线显示，曲线的窄空部分达不到整体阈值，用 ISO 标准判断是不能译码，在美国标准看判断是边缘确定失败。

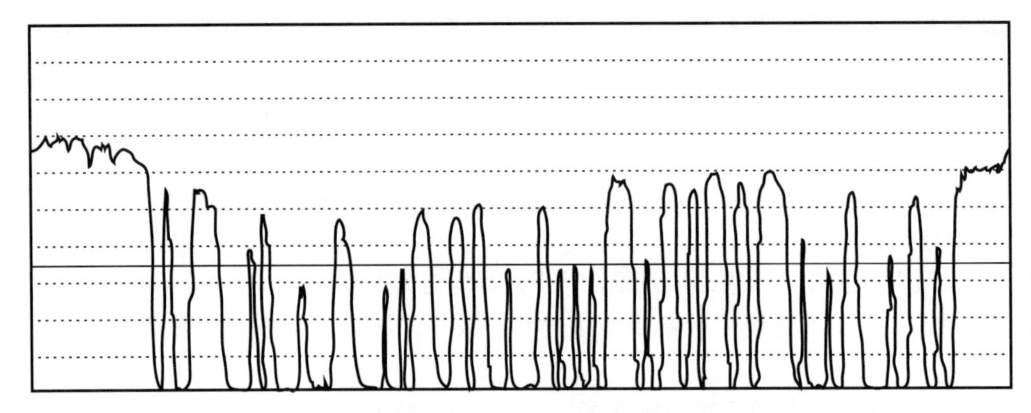

图 5.12.5.12-2　空窄的扫描反射率曲线

对于大多数码制，条宽增加或减少量影响可译码度等级。在凸印工艺中，如苯胺凸版印刷，当条平行于印刷滚筒轴向时（即垂直于印刷方向），如果印刷版在印刷滚筒上延展，能造成变形。对于数字化生成的图像，如果在图形软件上进行缩放操作，单元上像元数增减的不均衡是产生变形的常见原因。产生不规则边缘的印制工艺，如喷墨和凹版印刷，很有可能使可译码度值低。

可译码度值低的原因和可能的补救方法：

■ 系统性的条宽增加或减少量：在生成符号时采用正确的条宽调整量；调解印刷压力。

■ 非系统性的条宽增益和收缩：找出丢失的像元（打印头单元烧坏；喷墨孔堵塞）；纠正缺陷源头。

■ 符号变形（苯胺凸版拉伸不均匀；在制版工艺中的非线性因素）：印刷时将条高度方向和印刷方向平行。在制版时不要搞乱条码符号的尺寸比例。

■ 数字生成图像的尺寸变化：确保生成的符号尺寸正确；在所有调整完成后确保软件生成的尺寸是像元的整数倍。

■ 单元边缘不规则（喷墨、凸版印刷、丝网印刷工艺）：改变印刷技术，增加 X 尺寸/放大系数；将符号的方向调整到滚筒雕版的雕角/筛网方向。

图 5.12.5.12-3 中的符号取自 GS1 校准一致性标准测试卡，它的可译码度被设计为 50%。在穿越符号左侧的半途中，在第六个数字位上，一个两模块条的宽度被增加了（由于字符为 1，它的可译码度要受到条宽的影响），这在伴随的扫描反射率曲线中可以确定（见图 5.12.5.12-4）。尽管原符号图像密度一致，此曲线还是显示了调制比的影响，特别是在窄空上最为明显。

图 5.12.5.12-3 可译码度设计低值的校准符号

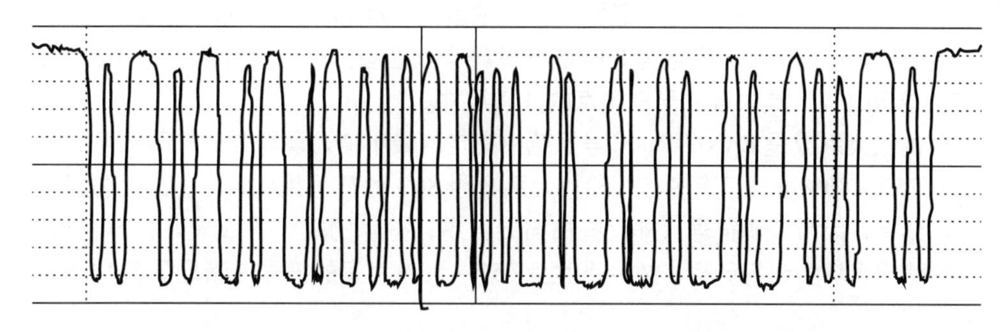

图 5.12.5.12-4 含有可译码度低值字符的符号的扫描反射率曲线

在扫描反射率曲线中缺陷造成的不规则性可能由空或空白区中的油墨噪点导致。如果符号印制在循环使用等材料上，背底局部反射率的变化将呈现为缺陷。缺陷的影响大小直接取决于它造成扫描反射率曲线不规则的程度。

常见原因和最可能的解决办法包括：

■ 打印头单元有缺陷（热敏打印或喷墨打印），这将导致在印制方向上露打行线：清洁或更换打印头。

■ 噪点（在印制条周围的油墨噪点）：清洁打印头；改变油墨成分。

■ 晕圈（在应该印刷一条线的情况下印了两条线）调解印刷压力和/或油墨黏稠度。

■ 热转印色带和基材不匹配（油墨对表面的黏接力不强）：针对基材，使用正确的色带；使用更光滑的基材。

■ 测量孔径太小：检测时使用正确的测量孔径。

对符号使用的测量孔径比规定的大或小会产生使人误导的缺陷等级，因此确保测量孔径尺寸正确非常重要。测量孔径过小会夸大缺陷的程度，过大又会掩盖存在的缺陷。

空白区经常造成扫描问题。尽管 ISO 标准没有直接要求测量空白区，但是它规定，应用规范中指明的要求以通过和失败的方式进行分级。GS1 通用规范要求，GS1 系统中任何码制对空白区都有要求，如果空白区不满足，将导致扫描反射率等级的值为 0（失败）。

空白区不合格的可能原因及补救方法：

■ 包装盒面积小，或有其他干扰印刷图案：增大包装盒；在印刷图案中为符号预留出足够的面积；如果可能使用空白区指示符。

■ 符号和标签边缘过于接近：调整标签进料位置；将符号重新定位远离边缘；使用更大的标签或者更小的符号。

## 5.12.6 印刷工艺特征表示技术

### 5.12.6.1 简介

此节说明 EAN/UPC 符号印制时，在什么时候其 X 尺寸可以小于其规定的最小值 0.264mm，即放大系数小于 80%。

### 5.12.6.2 背景

许多打印机用户提问，热敏和激光现场打印机打印的 EAN/UPC 符号，如果放大系数在 75%~80%之间是否能接受。现场条码打印机通常的打印密度为 200dpi 和 300 dpi，但是由于点距的限制，这些打印机不能很好地打印放大系数为 80%的条码符号。这些打印机能打印的、最接近 80%的放大系数为 75.7%或 76.9%，具体取决于打印点的几何尺寸。

尽管 80%的放大系数是 EAN/UPC 符号规范中指定的最小值，现场条码打印机用户在 POS 端使用放大系数为 75%~80%符号已有多年。和放大系数为 80%的符号相比，它们这么做并没有实质性地降低扫描识读率，因为条码符号尺寸大些扫描更容易，符号的放大系数最好在 80%或 80%以上。不过如果需要使用现场条码打印机，放大系数为 75%~80%之间的符号在满足了 5.12.6.3 的条件后也是可以接受的。

### 5.12.6.3 新的印制条件

允许放大系数在 75%~80%之间只针对按现场（如：热敏或激光）印制工艺。对于其他印制工艺，80%放大系数是可以达到的，也是允许的最小值。

使用任何印制方式印制尺寸最小的条码符号时，留给印制条码符号的区域，包括所需的空白区，应该比放大系数为 80%的条码符号所需的面积大。通过放大系数为 80%的条码符号的总的宽度乘以高度，可以导出这个面积，如图 5.12.6.3-1 所示。

不管使用什么方法印制最小的符号，符号的高度不能截短到低于 80%（20.7mm 或 0.816in）。

EAN/UPC 符号的最小质量等级不变，为 1.5 级（C）。在印制环节符号不论大小如何，建议等级至少为 2.5（B）。

图 5.12.6.3-1 放大系数在 75%~80%之间 EAN/UPC 符号最小的高度和宽度

**注：** 放大系数在 80%~75%之间变化时，空白区会从 2.38mm 增至 3.16mm，以保持整体宽度 29.85mm 恒定。

### 5.12.6.4 小结

当使用按需打印机时，EAN/UPC 符号的放大系数不能低于 75%。如果符号的放大系数低于

80%，符号的空白区应加大，条高应加高，这样确保符号的整个面积不小于放大系数为80%的符号面积。符号印制质量等级仍需满足 EAN/UPC 符号的要求：1.5/06/660。

## 5.12.7　GS1 条码检测报告模板

### 5.12.7.1　简介

GS1 条码检测报告模板是由零售商、生产厂、物流商和设备提供商合作开发的，其目的在于在全球范围内统一检测报告输出格式。不论条码符号在哪由谁检测，这样做保证了检测报告格式的一致性，从而消除对同一个条码符号进行多次检测的浪费钱财且低效的要求，并且减少了相关设备的成本投入。

检测报告模板本身并没有引入任何要求。唯一的目的在于为根据 GS1 通用规范其他章节规定的 GS1 编码和条码标准进行的符合性检测提供一个通用的检测报告格式。

### 5.12.7.2　背景

GS1 基于 ISO/IEC 15416《自动识别与数据采集技术　条码印制质量测试规范　一维条码符号》和 ISO/IEC 15415《信息技术　自动识别与数据采集技术　条码印制质量测试规范　二维码符号》开发了这一检测报告模板。它不仅能够对印制的条码符号进行质量评价，并能检查 GS1 系统的其他方面（符号位置、适用性、数据完整性等）。

**注：**允许偏差的目的是确保符号符合条码符号规范表的所有要求，并有一个小的测量偏差的容限。

GS1 之所以启动条码检测仪一致性测试项目是因为人们担心不同的检测仪或检测服务运行起来一致性不好。人们发现，在检测同一个条码符号时，不同的检测仪能给出完全不同的结果。在 GS1 的主持下进行了一个精确定义的测试计划，并得出了以下结论：

- 测试的所有检测仪（每个都符合 ISO 标准）具有一致的性能。
- 检测仪的使用者需要良好的培训，检测仪需要根据其制造商的建议进行定期校准。
- 大多数测量的检测仪都能够满足 GS1 的要求。

因此，需要强调对专业检测服务的需求，并且条码印制质量应该是整体质量程序的一个组成部分。5.12.3 针对具体符号类型、应用、符号所携带的标识代码，给出了符号质量规范的一个快速参考列表。

所有 GS1 系统成员宜应对条码生产进行质量控制，大多 GS1 成员组织都提供检测服务。任何组织或公司在尊重 GS1 商标［或所有含有 GS1 背书（取决于局部特许权协议，如评审计划，这时可能允许例外）意义的标题或文字］版权的条件下，可以将此报告模板作为质量程序的一部分进行使用。

以下模板突出了有关检测的重要问题，为大多数应用领域提供了一个通用的检测报告输出模板。它们不能保证扫描识读性能。

### 5.12.7.3　一维条码符号的 GS1 条码检测报告模板

客户名称　　　　签发日期<签发日期>

地址第一行

地址第二行

城镇

邮编

产品描述：<产品品牌和名称>
码制类型：<码制类型>
编码数据：<编码数据>
产品上条码数：<符号数目>

注：这些评价基于满足GS1标准的最低要求。
为了确保扫描顺利，条码质量宜高于最低要求。

一维条码符号的检测结果概述

| GS1通用规范一维条码符号所检测的扫描应用环境 | |
|---|---|
| 零售POS扫描 | 通过或不通过或未评估 |
| 常规配送和物流扫描 | 通过或不通过或未评估 |
| 其他扫描应用<br>（说明）________ | 通过或不通过或未评估 |

| | |
|---|---|
| GS1建议的条码符号位置的符合性 | 符合/不符合（以及商务方面的主要注释） |
| ISO印刷质量等级 | <x. x>/06/660<br>（0.0 – 4.0）通过/不通过 |

| 商务方面的重要注释 |
|---|
| |

一维条码符号的技术分析

| GS1参数 | 注释索引 | 测量值 | 是否符合标准 | 要求 | ISO参数 | 注释索引 | ISO等级 | 是否符合标准 | 要求 |
|---|---|---|---|---|---|---|---|---|---|
| 符号结构[1] | | | ✓ | 依据具体的符号定 | 符号等级[2] | | 3.8/06/660 | ✓ | ≥1.5 |
| X尺寸（放大倍数） | | 0.330m[3] | ✓ | 0.264～0.660 mm | 参考译码 | | 4.0 | ✓ | |
| 条码高度 | | 23mm | ✓ | ≥22.85mm | 符号反差 | | 3.8 | ✓ | |
| 左侧空白区 | | | ✓ | ≥3.63mm（11X） | 最低反射率 | | 4.0 | ✓ | |
| 右侧空白区 | | | ✓ | ≥2.31mm（7X） | 最小边缘反差 | | 4.0 | ✓ | |

（续）

| GS1参数 | 注释索引 | 测量值 | 是否符合标准 | 要求 | ISO参数 | 注释索引 | ISO等级 | 是否符合标准 | 要求 |
|---|---|---|---|---|---|---|---|---|---|
| HRI | | | ✓ | 和条码数据一一对应 | 调制比 | | 4.0 | ✓ | |
| 条码符号长度 | | | ✓ | ≤165. 10mm | 缺陷度 | | 4.0 | ✓ | |
| GS1厂商识别代码的有效性 | | | ✓ | | 可译码度 | | 4.0 | ✓ | |
| 数据结构 | | | ✓ | 依据编码结构定 | | | | | |
| 知识性说明[4] | | | | | | | | | |
| | | | | | | | | | |

1）包括校验码、ITF-14的宽窄比等。
2）X尺寸大于等于0.635mm的ITF-14的可接受等级为0.5。
3）本表中的红色文本提供了EAN/UPC符号测试的样本结果。
4）知识性说明是基于对符号的技术分析。在这个评论框中操作人员对问题是什么以及如何改进进行评论。

注（资料性，需本地化）

GS1系统成员应确保被许可的GS1厂商识别代码和/或单独许可标识代码的正确使用以及相应商品项目数据内容的正确分配。
产品拒收不宜仅基于不符合规范的结果。
条码检测仪是测量设备，是能用于帮助质量控制的工具，检测结果并不能绝对证明一个符号是否能被扫描。
本检测报告在发布后不可修改。如果对其中内容出现争议，在［检测机构］保存的版本将被认为是本检测报告正确的原始版本。

注（资料性，需本地化）

本检测报告可能含有为上述收件人使用的不公开的、保密的信息，如果你不是此报告的收件人，在此提示你：禁止对此报告信息的任何使用、传播、分发或再加工。如果你错误地收到了这个信息，请通知［检测机构］。
免责声明（法律相关的，需本地化）
本检测报告对任何形式的诉讼均不构成证据，［检测机构］将不会就和诉讼有关的问题进行任何讨论、回复。
尽管为确保条码检测报告中的信息和规范的正确性作了多方面的努力，但是［检测机构］对于任何错误明确不承担有关责任。

#### 5.12.7.4　二维码符号的GS1条码检测报告模板

名称　　签发日期<签发日期>
地址第一行
地址第二行
城镇
邮编
产品描述：　<产品品牌和名称>
码制类型：　<码制类型>
编码数据：　<编码数据>
印刷方法：　<印刷方式>
产品上条码数：　<符号数目>

**注：**这些评价基于满足GS1标准的最低要求。

为了确保扫描顺利，条码质量应高于最低要求。

二维码符号的检测结果概述

| GS1 通用规范二维码符号所检测的扫描应用环境 | |
|---|---|
| 医疗项目（零售医疗项目，或非零售医疗项目，或医疗贸易项目） | 通过或不通过或未评估 |
| 零部件直接标记（DPM） | 通过或不通过或未评估 |
| 包装扩展信息 | 通过或不通过或未评估 |

| | |
|---|---|
| GS1 建议的条码符号位置的符合性 | 符合/不符合（以及商务方面的主要注释） |
| ISO 印制质量等级 | <x. x>/06/660<br>（0.0-4.0）通过/不通过 |

| 商务方面的重要注释 |
|---|
| |

二维码符号的技术分析

| GS1 参数 | 注释索引 | 测量值 | 是否符合标准 | 要求 |
|---|---|---|---|---|
| 符号结构 | | | ✓ | 依据具体的符号定 |
| 矩阵尺寸 | | NN X NN | ✓ | |
| X 尺寸/单元尺寸 | | mm | ✓ | |
| 数据结构 | | | ✓ | 依靠编码结构 |
| GS1 厂商识别代码的有效性 | | | ✓ | |
| HRI | | | ✓ | |

| ISO 参数 | 注释索引 | ISO 等级 | 是否符合标准 | 要求 |
|---|---|---|---|---|
| 符号等级 | | | ✓ | |
| 参考译码 | | 通过/不通过 | ✓ | |
| 符号反差/单元反差 | | 4~0 | ✓ | |
| 符号调制比/单元调制比 | | 4~0 | ✓ | |
| 轴向不一致性 | | 4~0 | ✓ | |
| 网格不一致性 | | 4~0 | ✓ | |
| 未使用的纠错（UEC） | | 4~0 | ✓ | |
| （水平）印刷增益，仅资料性 | | 0%~100% | 不分级 | |
| （垂直）印刷增益，仅资料性 | | 0%~100% | 不分级 | |
| 固有图形污损 | | 4~0 | ✓ | |
| 寻像图形与相邻的同色区域部分的分级* | | 4~0 | ✓ | |
| 空白区（QZL1，QZL2）* | | 4~0 | ✓ | |
| L1 和 L2* | | 4~0 | ✓ | |
| 格式信息** | | | | |
| 版本信息** | | | | |

（续）

| 知识性注释[1)] |
| --- |
| |

注（资料性，需本地化）

GS1系统成员应确保被许可的GS1厂商识别代码和/或单独许可标识代码的正确使用以及相应商品项目数据内容的正确分配。

产品拒收不宜仅基于不符合规范的结果。

条码检测仪是测量设备，是能用于帮助质量控制的工具，检测结果并不能绝对证明一个符号是否能被扫描。

本检测报告在发布后不可修改。如果对其中内容出现争议，在［检测机构］保存的版本将被认为是本检测报告正确的原始的版本。

*仅适用于GS1数据矩阵码，见ISO/IEC 15415。

**仅适用于GS1 QR码，见ISO/IEC 15415。

所有其他都是适用于GS1数据矩阵码、GS1 QR码和GS1 DotCode。

重要的注释（规范性，需本地化）

本检测报告可能含有为上述收件人使用的不公开的、保密的信息，如果你不是此报告的收件人，在此提示你：禁止对此报告信息的任何使用、传播、分发或再加工。如果你错误地收到了这个信息，请通知测量机构。

免责声明（法律相关，需本地化）

本检测报告对任何形式的诉讼均不构成证据，［检测机构］将不会就和诉讼有关的问题进行任何讨论、回复。

尽管为确保条码检测报告中的信息和规范的正确性作了多方面的努力，但是［检测机构］对于任何错误明确不承担有关责任。

# 5.13　超高频和高频EPC/RFID

射频识别（RFID）是一个首字母缩略词，涵盖了许多不同的技术，这些技术都有以下两个共同点：

- 数据和所有其他附加协议信息（以二进制格式）存储在微电子芯片中；
- RFID标签通过射频波或射频场与专用阅读器进行通信。

这些技术按以下主要特征分类：

- 被动或主动；
- 工作频段；
- 有无电池供电。

值得注意的是，总体说来，选择什么样的RFID技术与RFID标签携带的数据和标识符无关。

EPC/RFID是用于GS1系统中的RFID技术的子集。有两种类型的EPC/RFID数据载体针对不同的应用要求进行了优化。两者都是被动技术，旨在携带产品电子代码（EPC）格式，包括GS1标识代码和应用标识符。

**注：**EPC，即产品电子代码，旨在促进需要利用可视性数据的业务流程和应用的发展——可视性数据是有关观察物理对象的数据。EPC是一种通用标识符，可为任何物理对象提供唯一标识。EPC被设计为在世界上所有物理对象、所有时间和所有物理对象类别中都是唯一的。它专门供需要跟踪所有类别（无论是什么）的物理对象的业务应用使用。EPC和GS1标识代码之间存在明确的对应关系，这使得任何已由GS1标识代码（或GS1标识代码+系列号组合）标识的物理对象都

1）知识性注释是基于对条码符号的技术分析。在这个注释框中检测人员对问题是什么以及如何改进符号质量进行说明。

可以在 EPC 环境中使用，而 EPC 环境中可以观察到任何类别的物理对象。同样地，它允许在广泛的可视性环境下采集到的 EPC 数据与针对特定对象类别并使用 GS1 标识代码的其他业务数据相关联。要了解更多信息，请参阅：GS1 EPC 标签数据标准（TDS）。

第一种类型是超高频 EPC/RFID，用于超高频（UHF）频段，其定义见“EPC 射频识别协议第二代超高频 RFID 标准 860 MHz~960 MHz 通信空中接口协议”。该协议已在多个行业成为实施超高频 RFID 的支柱标准。

网址：https：//www. gs1. org/sites/default/files/docs/epc/gs1-epc-gen2v2-uhf-airinterface_i21_r_2018-09-04. pdf。

第二种类型是高频 EPC/RFID，用于高频（HF）频段，其定义见“EPC 射频识别协议一等高频 RFID 13. 56MHz 通信空中接口协议”。

网址：

https：//www. gs1. org/sites/default/files/docs/epc/epcglobal_hf_2_0_3-standard-20110905r3. pdf。

**注：** 由于超高频 EPC/RFID 比高频 EPC/RFID 应用更广泛，为简单起见，EPC/RFID 通常是指超高频 EPC/RFID。

**注：** 空中接口协议标准定义了阅读器和标签利用无线电频谱的专用频带进行通信的方式。它还定义了一组标准化的命令和响应。

对于编码、解码程序及与 EPC/RFID 标签内存库的管理有关的技术规范，《GS1 通用规范》规范性地引用了 GS1 EPC 标签数据标准（TDS）。网址：https：//www. gs1. org/standards/epc-rfid/tds。

作为 TDS 和 EPC/RFID 空中接口协议的补充，其他与 EPC/RFID 的实施和使用相关的 GS1 标准可在以下网址找到：https：//www. gs1. org/standards/rfid。

GS1通用规范

# 第6章　符号放置指南

6.1　引言

6.2　一般放置原则

6.3　零售商品项目的条码符号放置原则

6.4　特定包装类型的条码符号放置原则

6.5　衣物和时尚配饰上条码符号放置原则

6.6　GS1物流标签设计

6.7　常规分销中符号放置一般原则

6.8　受管制医疗贸易项目条码符号放置原则

6.9　非全新贸易项目条码符号放置原则

# 6.1　引言

本章给出了在包装和容器上放置条码符号的指导原则。包括一般性适用原则、必须遵守的规则以及在特定包装和容器上放置条码符号的推荐性方法。此外，还包括了一般零售中一维条码过渡到二维码的放置规则。

条码符号位置的一致性对于成功地进行扫描很重要。对于手控扫描的过程，符号位置不一致会使扫描操作人员难以预料符号所处位置，从而降低识读效率。对于自动扫描过程，条码符号必须放置在合适的位置，以使商品移动时条码符号能通过固定式扫描器的扫描区域。遵循本章提出的指导原则可以使条码符号放置在预定位置，满足一致性要求。

**注：**本章节中给出的条码符号图像仅用于符号位置的演示，并不代表正确的符号类型、尺寸、颜色或质量。

# 6.2　一般放置原则

对于任何形式的包装，无论是在销售点（POS）还是在常规分销的扫描环境中进行扫描，都要遵循下述放置条码符号的一般原则。准备在 POS 销售系统扫描的贸易项目应当用 EAN-13、UPC-A、EAN-8、UPC-E、全向式 GS1 Databar、全向层排式 GS1 Databar、扩展式 GS1 Databar 或层排扩展式 GS1 Databar 条码符号进行标识。二维码迁移期间，在零售销售点扫描的商品除了使用一维条码外，还可使用 GS1 DataMatrix、Data Matrix（GS1 数字链接 URI）或 QR 码（GS1 数字链接 URI）。关于未来在零售销售点使用二维码的要求，请见第 8 章的应用标准模块。

在常规分销扫描环境中扫描的条码可以是 EAN-13、UPC-A、ITF-14、GS1 DataBar 系列条码和 GS1-128 码。

EAN-8 和 UPC-E 条码仅用于标识需通过 POS 端扫描出售的小型贸易项目（见 2.1.3）。

## 6.2.1　条码数量

在任何一个贸易项目上绝对不能出现表示不同全球贸易项目代码（GTIN）的条码。虽然要求在贸易项目上至少放置一个条码符号，但对于在仓储和常规分销过程中需要被扫描的贸易项目（见 6.7），推荐放置两个代表同一个 GTIN 的条码符号。对于需要在 POS 端扫描的大尺寸或重型的贸易项目（见 6.4.9）及使用随机包装的贸易项目（见 6.3.3.7），推荐在一个项目上放置两个及两个以上代表同一个 GTIN 的条码符号。在二维码迁移期间（多条码规则，见 4.15），可能需要两个条码。关于 AIDC 应用标准、二维码、跨应用规则和相关技术规范的所有符合性要求的概述，见第 8 章。

## 6.2.2　扫描环境

在考虑包装的形式之前，要先确定项目是在 POS 端还是在常规分销的环境中被扫描。仅在 POS 端被扫描的项目，条码符号放置原则见 6.3、6.4、6.5 和 6.5.5。然而，在 POS 端和常规分销环境都会被扫描的项目或仅在常规分销环境中被扫描的项目，则要先考虑 6.7 中条码放置规则的要求。

### 6.2.3　放置方向

条码符号放置的方向主要取决于印刷方法和项目表面的曲率大小。在印刷方法和表面曲率允许的条件下，首选的方向是“栅栏”方式，即条码符号的条垂直于项目处于正常显示状态时摆放的平面（见图6.2.3-1）。数据表明，供人识读字符的位置对条码符号的扫描没什么影响，具体规则参见4.14。弧形表面上条码符号的放置规则见6.2.3.2。

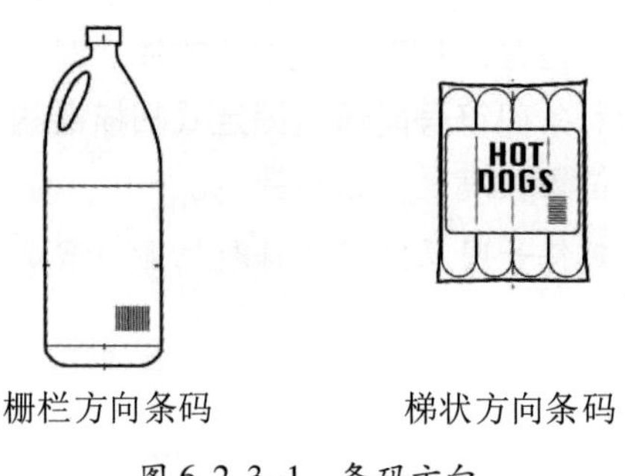


图6.2.3-1　条码方向

#### 6.2.3.1　印刷方向

条码符号的放置方向往往要根据印刷方式来确定，在印刷过程中，如果印刷设备能顺着条码符号条的方向运动，就可能获得更高的符号质量，因此制造商有必要经常和印刷企业进行沟通。

#### 6.2.3.2　弧形表面的贸易项目

在弧形的表面上印刷条码符号，有时可能由于条码包绕着曲面，扫描器无法同时扫到符号的两侧的条、空。条码符号越大、包装表面曲率越高就越可能出现这种情况。在这种情况下，必须使用条码符号的X尺寸和曲面直径的特定组合来打印条码（例如，以梯状方向印在罐上，以栅栏方向印在装饼干的圆筒上）。这样做的目的是，弯曲的影响只是使符号的条高在外观上有所损失，而不是使整个符号有严重缺损。在弯曲的表面上放置条码符号的示例见图6.2.3.2-1。

图6.2.3.2-1　在弯曲的表面上放置条码符号

呈弯曲状的条码符号的中心处切线与该符号末端处（对EAN/UPC条码而言即起始符外侧条的左边缘或终止符外侧条的右边缘）切线之间的夹角应小于30°。如果这个夹角大于30°，则该条码符号应改变方向放置，使符号的条与项目表面的母线相垂直。条码符号和曲率之间的关系见图6.2.3.2-2。

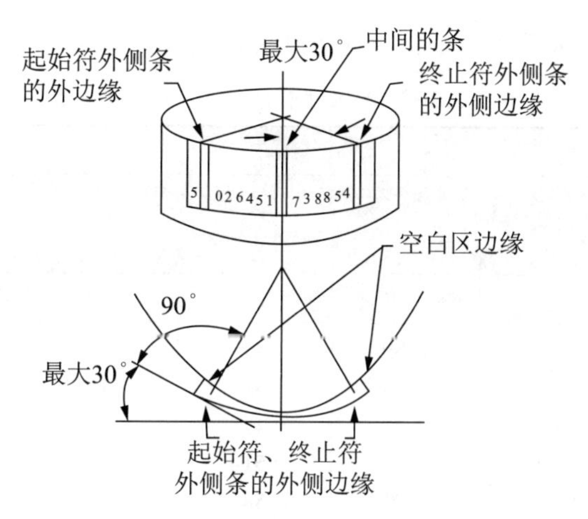


图 6.2.3.2-2　条码符号和曲率之间的关系

表 6.2.3.2-1 和表 6.2.3.2-2 分别给出了在以栅栏方向印刷条码符号时，贸易项目不同的直径对应的可接受的 X 尺寸（窄单元宽度）和不同的 X 尺寸对应的贸易项目的最小直径。基于扫描环境的条码符号最小的、目标的和最大的 X 尺寸见 5.12。

表 6.2.3.2-1　直径与 X 尺寸之间的关系

| 包装（容器）的直径 | | X 尺寸的最大值 | | | |
|---|---|---|---|---|---|
| | | EAN-13 或 UPC-A 条码符号 | | EAN-8 条码符号 | |
| mm | in | mm | in | mm | in |
| 30 或以下 | 1.18 或以下 | * | * | * | * |
| 35 | 1.38 | * | * | (*0.274*) | (*0.0108*) |
| 40 | 1.57 | * | * | (*0.314*) | (*0.0124*) |
| 45 | 1.77 | * | * | 0.353 | 0.0139 |
| 50 | 1.97 | (*0.274*) | (*0.0108*) | 0.389 | 0.0153 |
| 55 | 2.16 | (*0.304*) | (*0.0120*) | 0.429 | 0.0169 |
| 60 | 2.36 | 0.330 | 0.0130 | 0.469 | 0.0185 |
| 65 | 2.56 | 0.356 | 0.0140 | 0.508 | 0.0200 |
| 70 | 2.75 | 0.386 | 0.0152 | 0.549 | 0.0216 |
| 75 | 2.95 | 0.413 | 0.0163 | 0.587 | 0.0232 |
| 80 | 3.25 | 0.446 | 0.0174 | 0.627 | 0.0247 |
| 85 | 3.35 | 0.469 | 0.0185 | 0.660 | 0.0260 |
| 90 | 3.54 | 0.495 | 0.0195 | 0.660 | 0.0260 |
| 95 | 3.74 | 0.525 | 0.0207 | 0.660 | 0.0260 |
| 100 | 3.94 | 0.551 | 0.0217 | 0.660 | 0.0260 |
| 105 | 4.13 | 0.578 | 0.0228 | 不适用 | 不适用 |
| 110 | 4.33 | 0.607 | 0.0239 | 不适用 | 不适用 |
| 115 | 4.53 | 0.634 | 0.0250 | 不适用 | 不适用 |
| 120 或以上 | 4.72 | 0.660 | 0.0260 | 不适用 | 不适用 |

**注：**星号（*）表示包装的直径太小，条码符号不能以“栅栏方向”放置，须旋转 90°，成为“梯状方向”（见 5.12），使条码符号的条垂直于包装（容器）曲面的母线印刷。

**注：**斜体表示这些 X 尺寸是允许的，但不推荐在曲面上使用。

注：EAN-8 条码符号是提供给很小的项目使用的（见 2.1）。

表 6.2.3.2-2　X 尺寸和包装直径之间的关系

| X 尺寸 | | 包装（容器）的最小直径 | | | | | |
|---|---|---|---|---|---|---|---|
| | | EAN-13 或 UPC-A 条码符号 | | EAN-8 条码符号 | | UPC-E 条码符号 | |
| mm | in | mm | in | mm | in | mm | in |
| 0.264 | 0.0104 | 48 | 1.89 | 34 | 1.33 | 26 | 1.01 |
| 0.300 | 0.0118 | 55 | 2.14 | 38 | 1.51 | 29 | 1.51 |
| 0.350 | 0.0138 | 64 | 2.50 | 45 | 1.76 | 34 | 1.53 |
| 0.400 | 0.0157 | 73 | 2.86 | 51 | 2.02 | 39 | 1.54 |
| 0.450 | 0.0177 | 82 | 3.21 | 58 | 2.27 | 44 | 1.73 |
| 0.500 | 0.0197 | 91 | 3.57 | 64 | 2.52 | 49 | 1.92 |
| 0.550 | 0.0217 | 100 | 3.93 | 70 | 2.77 | 54 | 2.11 |
| 0.600 | 0.0236 | 109 | 4.29 | 77 | 3.02 | 59 | 2.31 |
| 0.650 | 0.0256 | 118 | 4.64 | 83 | 3.27 | 63 | 2.50 |
| 0.660 | 0.0260 | 120 | 4.72 | 85 | 3.35 | 64 | 2.54 |

#### 6.2.3.3　避免扫描障碍

任何会使条码符号模糊不清或污损的因素，都将导致条码符号的扫描效率下降，所以应避免这些情况发生：

- 不要把条码符号放置在贸易项目的某个空间不足的区域。不要让其他图形挤占了本应属于条码符号的区域。
- 不要把条码符号（包括空白区）放置在有穿孔、冲切口、接缝、隆起或褶皱、太靠边缘、曲率过大、折叠、折边、重叠及纹理粗糙的地方。
- 不要把装订钉打在条码符号或其空白区上。
- 不要把条码符号放在折角处而使其被弯折。
- 不要把条码符号放在包装的折边或悬垂物下边。
- 在进入常规分销之前，应尽可能地遮挡用于生产控制目的的条码（见 4.16）。

## 6.3　零售商品项目的条码符号放置原则

本部分概述了在 POS 端扫描的贸易项目上放置条码符号的指导原则。有关特定包装类型的详细资料，见 6.4、6.5 和 6.5.5。6.7 则概述了在仓储、常规分销过程中扫描的贸易项目上放置条码符号的指导原则。

### 6.3.1　条码数量

在 POS 端扫描的贸易项目至少需要放置一个条码符号。而大尺寸或重型物品（见 6.4.9）以及随机或不套准的包装（见 6.3.3.7）可能需要两个或多个具有相同全球贸易项目代码（GTIN）的符号。二维码迁移期间，除了使用一维条码外，还可使用二维码。如果贸易项目上有两个或以上带有 GTIN 的条码，POS 系统必须能够确保：

- 在最终交易中，系统应仅处理一组所需数据。
- 扫描系统在从同一商品扫描多个条码时，宜只产生一个确认信号（例如哔声）。

**重要提示**：如果没有实现上述要点，可能会发生意外的 POS 交易。

贸易项目不得有两个或多个表示不同 GTIN 的条码。这一规则与在 POS 端扫描的复合包装项目（如多重包装的项目、封套包装的项目、捆扎包装的项目）极其相关，即内部独立单元和外包装或容器分别带有不同 GTIN 条码符号。这种情况下，标识在内部的产品上的条码符号必须完全被遮盖住，才能避免 POS 系统的识读（见 6. 3. 3. 7 对多重包装的特别注意事项）。

## 6. 3. 2　贸易项目背面识别

贸易项目的正面是主要的信息展示和宣传区域，通常会显示产品名称和公司标志。贸易项目的背面是直接与正面相对的面，是大多数贸易项目首选的放置条码符号的区域。

## 6. 3. 3　条码符号放置

本部分所给出的符号放置指导原则适用于新产品包装的设计及现有产品更换包装的设计。

### 6. 3. 3. 1　首选位置

首选的条码符号位置是在项目背面的右侧下半部分的区域内，选择时要考虑条码符号四周适当的空白区和边缘原则。（边缘规则见 6. 3. 3. 3，特别注意事项参见 6. 3. 3. 7）

当一维条码和二维码同时用于零售 POS 应用时，包括空白区在内的整个二维码应该放置在距离一维条码中心 50mm（2in）的半径范围内。二维码与一维条码的相对位置示例见图 6. 3. 3. 1-1～图 6. 3. 3. 1-4。

**重要提示**：如果二维码放置在一维条码的 50mm（2in）半径之外，则扫描系统可能无法识别出两个条码符号标识的是同一贸易项目。

图 6. 3. 3. 1-1　二维码与一维条码的相对位置示例

图 6.3.3.1-2　二维码与一维条码的相对位置示例

图 6.3.3.1-3　吊牌上二维码与一维条码的相对位置示例

图 6.3.3.1-4　最大 POS X 尺寸二维码与一维条码的相对位置示例

**注：**在一些贸易项目（如麦片盒、狗粮袋）上可能出现较大的条码，这些条码可以超过条

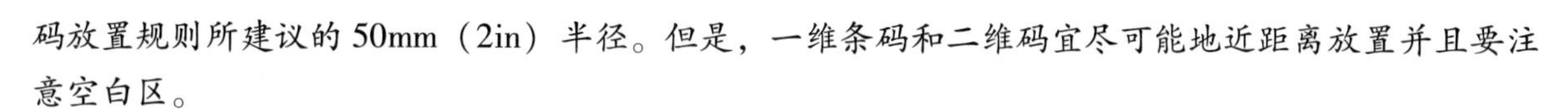
码放置规则所建议的50mm（2in）半径。但是，一维条码和二维码宜尽可能地近距离放置并且要注意空白区。

#### 6.3.3.2 备选位置

备选的条码符号位置在项目背面以外的一个面的右侧下半部分区域内。

#### 6.3.3.3 边缘规则

在条件允许的情况下，条码符号距离所在包装/容器邻近边缘的间距应不小于8mm（0.3in），不大于100mm（4in）。之前的指导原则建议最小间距为5mm（0.2in），但是实践证明这是不恰当的。例如，商店营业员就经常会用拇指捏住袋子和其他贸易项目的边缘，所以应该避免把条码符号放置得太靠近边缘，导致零售点结算效率的降低。

#### 6.3.3.4 避免截短一维条码符号

一维条码符号截短是指对条码高度方向上进行缩短。不建议截短条码符号，因为这会损害条码符号在POS系统被全向扫描的性能。截短的一维条码符号只有在贸易项目沿着一个特定的方向经过扫描光束时才能被扫描。因此，截短条码符号降低了结算的效率。条码符号的高度被截短得越多，扫描时对一维条码对准扫描光束的要求就越苛刻。应该避免截短条码符号，即使在非常必要的情况下（如在曲率很大的表面印刷条码时）截短符号，也应该印刷尽可能大的符号高度。有关项目直径和X尺寸之间的关系的规则见6.2.3.2。

#### 6.3.3.5 底部标记

除了大尺寸或重型的贸易项目外，在贸易项目的底部标记条码符号是可以接受的。但是，首选应在背面进行标记。

#### 6.3.3.6 一般放置原则的例外情况

几种在贸易项目上放置条码符号时需要特别注意的事项。

■ 袋装项目

由于内容物下沉，通常导致袋的边膨胀起来，以至于放置在右侧下半部分域内的条码符号不够平，不能被成功地扫描。因此，袋子上的条码符号应该放在背面的中间，从底部向上约三分之一高度处，并且在遵循边缘规则的前提下尽可能远离底部边缘。有关袋装项目的更多信息详见6.4.1。

■ 泡型罩包装或无包装的项目

某些泡型罩包装的项目和无包装的项目（如深的碗）使得扫描器必须远离符号所处的平面进行扫描。对这类项目，必须要考虑扫描器窗口与容器或项目上条码符号之间的距离。条码符号到所在包装或容器任意边缘的间距应不小于8mm（0.3in），不大于100mm（4in）。有关泡型罩包装和无包装项目的详细内容见6.4.2和6.4.16。

■ 大尺寸或重型的项目

任何重量超过13kg（28lb）或两个方向上的尺寸（宽/高、宽/深或高/深）大于450mm（18in）的包裹/容器都被认定为“大尺寸或重型的项目”。大尺寸或重型的项目通常很难进行处理。所以这类项目可能在不同地点需要多个条码进行标识。有关大尺寸或重型的项目的详细内容见6.4.9。

■ 薄的项目或容器

薄的项目或容器是指那些有一个方向上的尺寸（高、宽或深）小于25mm（1in）的包装或容器。这类包装或容器的示例有，比萨饼、混合饮料粉和书写板的包装。把条码符号放在这类包装的侧面会妨碍有效的扫描，因为商店营业员手持包装时有可能挡住符号，而且符号也有可能被截短。有关薄的项目或容器的详细内容见6.4.12。

### 6.3.3.7　特定包装上符号放置的注意事项

一些特定包装方法针对条码放置需要特别注意的事项如下。

多重包装的项目

以多件组合的形式销售的项目，其内装的几个单件包装项目被组合在一起，外包装为透明且可以印刷图案的材料。典型的多重包装的项目有：多个麦片小盒的组合包装、多个巧克力棒的组合包装。多重包装的多件组合包装会产生两个突出的问题：

■ 多件组合包装项目的条码符号肯定与其内部的单件包装项目的条码符号不同，为避免混淆，内部的单件包装项目的条码符号必须被遮盖住。

■ 用玻璃纸之类的材料进行多重包装，会使扫描器的光束发生衍射或反射，并会降低对比度，从而导致扫描效率低下。

要确定多重包装的正确放置条码符号的方法，需遵循专门针对适用包装类型/形状的指导原则有关特定包装类型的条码符号放置的详细指导原则见6.4。多重包装项目上放置条码符号的示例见图6.3.3.7-1。

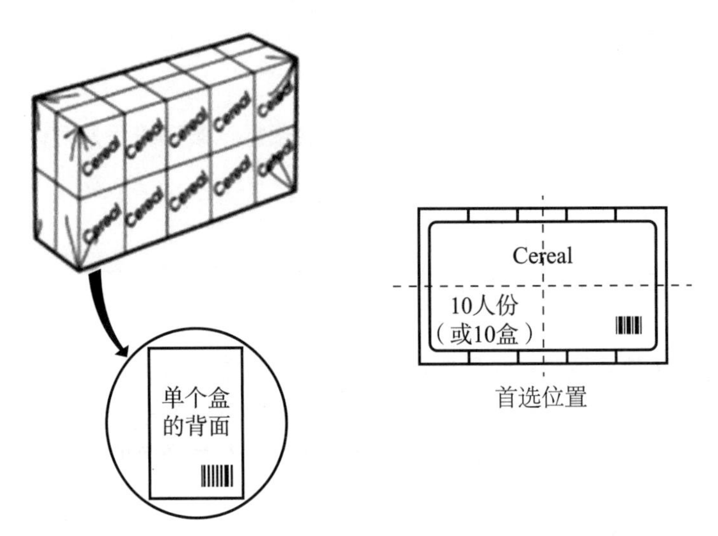


图6.3.3.7-1　多重包装项目上放置条码符号的示例

随机（非套准）包装项目

像用于砂纸或黄油这类包装材料会有重复的设计方式，可以随意地裁剪或折叠，而不需要套准位置使得设计图案出现在某个特定位置，这类包装称之为随机或非套准包装。由于没有在固定位置折叠或裁剪，用这种材料包装产品时，就不一定总是能够把条码符号放置在包装的一个面上。同一包装上出现多个条码会对扫描效率产生不利影响，还可能导致重复识读。因此必须更新POS系统，使其在最终交易中只处理一组所需的数据，或者在随机包装上优先使用套准包装材料。如果必须使用随机包装，则需要保证包装材料上的条码符号有足够的重复率，使得在随意折叠或裁剪时，能有一个完整的条码符号出现在包装的一个面上。在随机包装项目上放置条码符号的示例见图6.3.3.7-2。如果在距离一维条码中心50mm（2in）半径之外有任何其他的条码，则扫描系统可能无法识别这两个条码是属于同一个贸易项目。

还应考虑延长条码的高度，以确保一面上有完整的符号，而不是重复符号。

图 6.3.3.7-2 在随机包装项目上放置条码符号的示例

### 收缩膜/真空成型包装的项目

对收缩膜或真空成型包装的项目，条码符号应放置在平整的表面上并且放置区域不应有折缝、皱褶或其他形式的变形。请参见图 6.3.3.7-3 的在“热狗”包装上放置条码符号的示例，因为“热狗”包装的表面曲率比较大，其曲面直径不在 6.2.3.2 所给的范围内，所以应选择梯状方向放置条码符号。

要确保在收缩膜或真空成型包装上的条码符号放置得正确，应遵循专门针对适用包装类型/形状的指导原则。有关对特定包装类型/形状的条码符号放置的详细指导原则见 6.4。

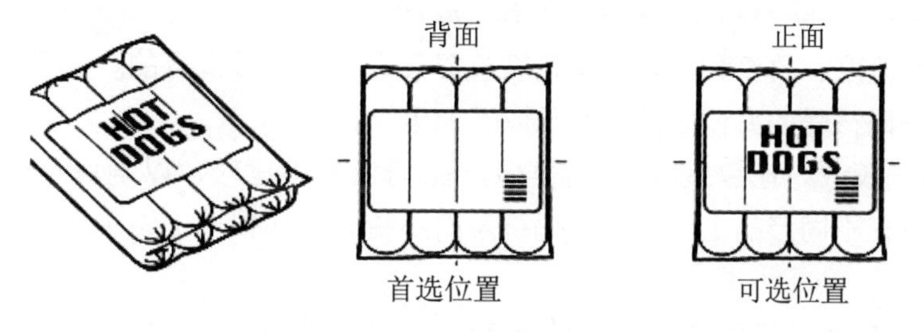


图 6.3.3.7-3 在收缩膜或真空成型包装的项目上放置条码符号的示例

### 粘贴标签

把条码符号印在附着于贸易项目的粘贴标签上是种可接受的备选方案，可以把条码符号与已有的包装图案结合在一起制成标签，或将条码符号标签直接粘贴在壶、平底锅、餐具和玻璃器皿之类的无包装的项目上。不把符号毁坏就无法从物品上撕下来的粘贴标签是最适合的。直接粘在产品上的标签所使用的胶水应该足够强，能够保证在产品的延长保存期内足以附着在物品上，但又要允许不用溶剂或研磨剂就可以把标签去除。

要确保在适宜用粘贴标签的项目上的条码符号放置得正确，应遵循专门针对适用包装类型/形状的指导原则。有关对特定包装类型/形状的条码符号放置的详细指导原则见 6.4。

使用粘贴标签的条码符号放置示例见图 6.3.3.7-4。

图 6.3.3.7-4　使用粘贴标签的条码符号放置示例

使用粘贴标签的餐具商品项目示例见图 6.3.3.7-5。

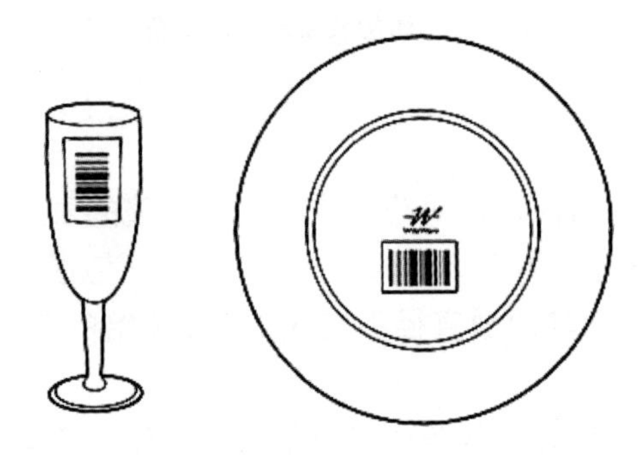

图 6.3.3.7-5　使用粘贴标签的餐具商品项目示例

#### 6.3.3.8　放置条码符号时对扫描操作的注意事项

保证扫描操作的速度、效率和有效性是正确放置条码符号的根本目的。为了确保扫描操作不受影响，在最终确定条码符号的方位之前要考虑以下因素：

■ 符号位置的一致性：把包装/容器与类似产品的包装相比较，以确保条码符号位置的一致性。要让商店营业员在不同产品上寻找出条码符号而不费力，从根本上说主要取决于条码符号位置的一致性。

■ 模拟扫描（手持运动的有效性）：使条码符号经过扫描器，对最初的符号方位进行测试。这个测试是要确认条码符号的放置不会让您在扫描符号时需要不自然的手部动作。

#### 6.3.3.9　安全标签的放置

使用可见安全标签时，首选位置宜在条码符号位置的 75mm（3in）直径内。安全标签位置的一致性使操作员能比较容易地预测标签的位置，从而提高扫描效率。

## 6.4　特定包装类型的条码符号放置原则

以下条码符号放置的指导原则适用于特定的包装类型。6.5 包含的图示说明了服装和时尚配饰的条码符号放置。表 6.4-1 则描述了主要的包装类型和产品品种。这个图表可以用于根据产品或包装来确定放置条码符号的方法。例如，按照这个表，装在一个 50mm（2in）×75mm（3in）的封袋内的花卉种子的包装属于薄的项目或容器一类，这类包装的示例是混合软饮料粉的包装。按照该包装类型参考表的第一栏，这类包装的条码符号放置的正确方法可以参考 6.4.12 来确定。

表6.4-1　包装类型参考表

| 有关章节 | 包装类型 | 包装特征 | 产品示例 |
|---|---|---|---|
| 6.4.1 | 袋装 | 密封的圆柱形或圆角形的包装单元 | 马铃薯片、面粉、食糖、鸟食 |
| 6.4.2 | 泡型罩装 | 产品上放一个成型的透明塑料罩，背衬一平纸板 | 玩具、五金件 |
| 6.4.3 | 瓶和广口瓶装 | 小口或大口的容器，由可拆卸的盖子密封 | 烤肉调味料、果冻 |
| 6.4.4 | 箱或盒装 | 厚纸板或瓦楞纸板折叠成的密封的纸板箱 | 薄脆饼干、谷类食品、清洁剂 |
| 6.4.5 | 罐装和筒装 | 两端密封的圆柱形单元 | 汤、饮料、干酪、饼干点心 |
| 6.4.6 | 卡片装 | 项目固定或封装在平板上 | 锤子、小袋糖果、厨房用具 |
| 6.4.7 | 蛋盒 | 塑料制的或纸浆经模制成型的、有连接边盖子的不规则六面体 | 蛋 |
| 6.4.8 | 壶形装 | 有内置把手和可拆卸盖子的玻璃或塑料容器 | 家用清洁剂、烹调油 |
| 6.4.9 | 大尺寸或重型的项目 | 任意两个方向上（宽/高、宽/深、或高/深）的实际尺寸在450mm（18in）以上和/或重量超过13kg（28lb）的项目 | 宠物食品、未组装的家具、手用大锤 |
| 6.4.10 | 多件组合包装 | 多个项目被包装在一起形成一个包装 | 罐装软饮料 |
| 6.4.11 | 出版物 | 封装、装订或折叠的印刷纸质媒体 | 书、杂志、报纸、文摘（或小报） |
| 6.4.12 | 薄的项目或容器 | 有一个方向上的尺寸小于25mm（1in）的项目或容器 | 比萨饼盒、光盘盒、混合软饮料粉包装、书写板 |
| 6.4.13 | 托盘状包装 | 用于盛放覆盖有外包装产品的扁平、成型的容器 | 预加工肉类、糕饼、小吃、馅饼或馅饼皮 |
| 6.4.14 | 管状包装 | 两端封闭，或一端封闭另一端有盖或阀门的坚实的包装圆筒 | 牙膏、香肠、堵漏胶 |
| 6.4.15 | 桶状包装 | 有可拆卸盖子的深容器 | 人造黄油、黄油、冰激凌、生奶油 |
| 6.4.16 | 无包装的项目 | 无包装的贸易项目，通常形状特殊、难以标记和被扫描 | 煎锅、配料碗、煮饭锅、礼品 |
| 6.4.17 | 成套包装 | 可单件出售也可整套装箱组合出售的项目 | 餐具和礼品 |
| 6.4.18 | 体育用品 | 尺寸和形状不规则的无包装项目 | 球拍、滑雪板、滑板 |

## 6.4.1　袋装

包括以下纸制或塑料的容器：

- 两端折叠封合的（如面粉和食糖）；
- 一端折叠封合，另一端压合的（如马铃薯片）；
- 两端压合的（如止咳药片）；
- 一端折叠封合，另一端扎紧封合的（如面包）。

**注：**有些袋子两端封合并衬以卡片进行展示，如多袋的糖果。这类项目不归入袋装类，而归入卡片装类。有关卡片装项目见6.4.6。

- 包装特征：密封的圆柱形或圆角形的包装单元。

■ 特别注意事项：装入内容物后，袋子可能会变形和突起，因此，条码符号必须放置在袋子上尽可能平坦的地方。

■ 条码符号的放置：标识包装/容器的正面（有关如何标识包装正面的说明见6.3.2）。在袋装项目上放置条码符号的示例见图6.4.1-1。

□ 首选的位置：在包装背面的右侧下半区域，远离边缘处，选择时要考虑条码符号周围适当的空白区。

□ 可选的位置：在包装正面的右侧下半区域，远离边缘处，选择时要考虑条码符号周围适当的空白区。

□ 边缘规则：见6.3.3.3。

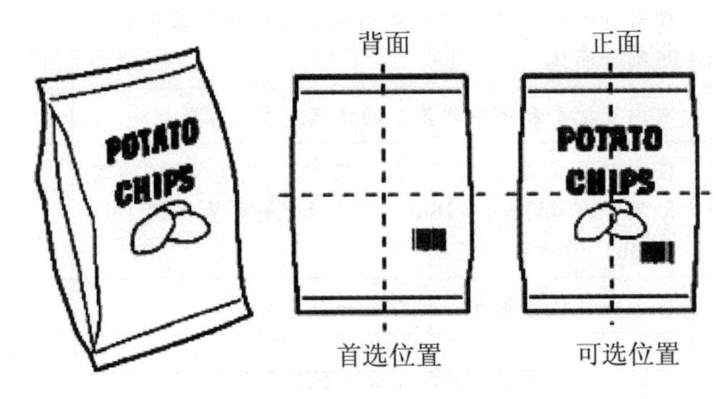


图6.4.1-1　在袋装项目上放置条码符号的示例

## 6.4.2　泡形罩包装

泡形罩包装是用预成型的透明塑料泡，即泡形罩，将产品包在其中，背衬或顶部衬以卡纸板支撑。

■ 包装特征：产品上放一个成型的透明塑料罩，背衬一平纸板。

■ 特别注意事项：为保证扫描质量，条码符号必须离开泡形罩的边缘。应避免把符号放在泡形罩的下面或把符号放在包装背面有穿孔的地方。

■ 条码符号的放置：标识包装/容器的正面（参见6.3.2有关如何标识包装的正面的说明）。在泡形罩包装上放置条码符号的示例见图6.4.2-1。

□ 首选的位置：在包装背面的右侧下半区域，靠近边缘处，选择时要考虑条码符号周围适当的空白区。

□ 可选的位置：在包装前面的右侧下半区域，靠近边缘处，选择时要考虑条码符号周围适当的空白区。

□ 边缘规则：见6.3.3.3。

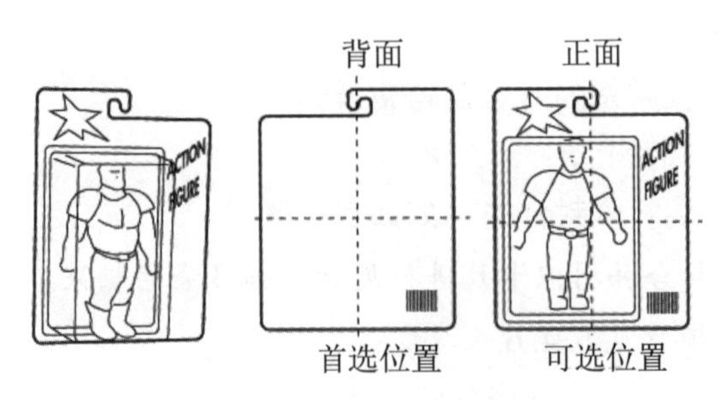


图6.4.2-1　在泡形罩包装上放置条码符号的示例

### 6.4.3 瓶和广口瓶包装

通常，瓶和广口瓶包装标签应粘贴在不包裹瓶子周缘的限定区域。

■ 包装特征：小口或大口的容器，由可拆卸盖子密封。

■ 特别注意事项：不允许把条码符号放置在瓶颈处。符号放在瓶颈处使得在销售点必须进行额外操作才能识读，并且瓶子的颈部空间有限，常导致符号被截短。

条码符号印在弯曲的表面上，有时可能由于符号包绕着曲面，符号的两端最外侧的条、空不能同时被扫描。有关项目直径与条码符号 X 尺寸之间关系的规则见 6.2.3.2。

■ 条码符号的放置：标识包装/容器的正面（见 6.3.2 有关如何标识包装的正面的说明）。在瓶和广口瓶包装上放置条码符号的示例见图 6.4.3-1。

- □ 首选的位置：在包装背面的右侧下半区域，靠近边缘处，选择时要考虑条码符号周围适当的空白区。
- □ 可选的位置：在包装正面的右侧下半区域，靠近边缘处，选择时要考虑条码符号周围适当的空白区。
- □ 边缘规则：见 6.3.3.3。

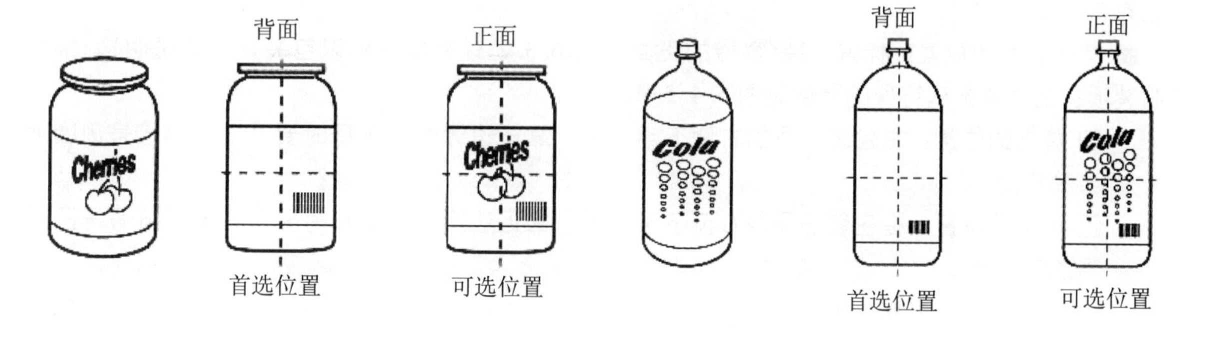


图 6.4.3-1 在瓶和广口瓶包装上放置条码符号的示例

### 6.4.4 箱或盒装

这类包装包括立方体的或柱状的硬纸板或塑料的板箱（盒），以及矩形的套筒（用于电灯泡之类的产品）。这些包装可以容纳从薄脆饼干或谷类食品到清洁剂之类的任何产品。

■ 包装特征：厚纸板或瓦楞纸板折叠成的密封的纸板箱。

■ 特别注意事项：这类包装类型无特别的注意事项。

■ 条码符号的放置：标识包装/容器的正面（见 6.3.2 有关如何标识包装的正面的说明）。在箱或盒包装上放置条码符号的示例见图 6.4.4-1。

- □ 首选的位置：在包装背面的右侧下半区域，靠近边缘处，并选择时要考虑条码符号周围适当的空白区。
- □ 可选的位置：在包装正面的右侧下半区域，靠近边缘处，并选择时要考虑条码符号周围适当的空白区。
- □ 边缘规则：见 6.3.3.3。

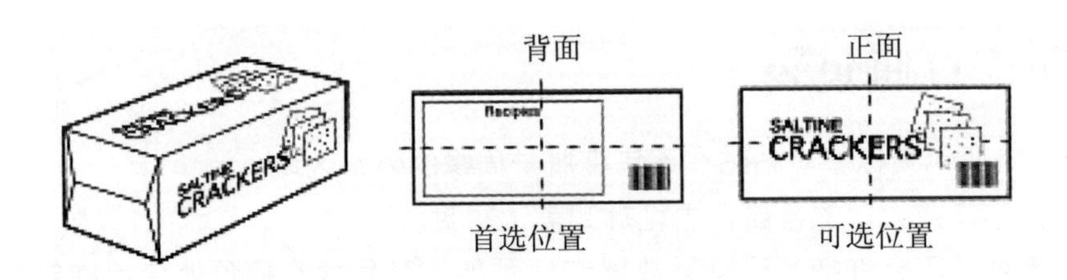


图 6.4.4-1　在箱或盒包装上放置条码符号的示例

## 6.4.5　罐装和筒装

这类包装包括两端密封的圆柱形容器（通常用塑料或金属制造）。有些容器有可拆卸的盖子或开口。例如，罐装的水果和蔬菜、油漆和胶水。

■ 包装特征：两端密封的圆柱形单元。

■ 特别注意事项：应避免把条码符号放在包装/容器的有卷边、焊缝和/或隆起等妨害识读的位置，因为这样会降低条码符号的扫描性能。条码符号印在弯曲的表面上，有时可能由于符号包绕着曲面，符号的两端最外侧的条空不能同时被扫描。有关项目直径与条码符号 X 尺寸之间关系的规则见 6.2.3.2。

■ 条码符号的放置：标识包装/容器的正面（见 6.3.2 有关如何标识包装正面的说明）。罐装和筒装项目上放置条码符号的示例见图 6.4.5-1。

□ 首选的位置：在包装背面的右侧下半区域，靠近边缘处，选择时要考虑条码符号周围适当的空白区。

□ 可选的位置：在包装正面的右侧下半区域，靠近边缘处，选择时要考虑条码符号周围适当的空白区。

□ 边缘规则：见 6.3.3.3。

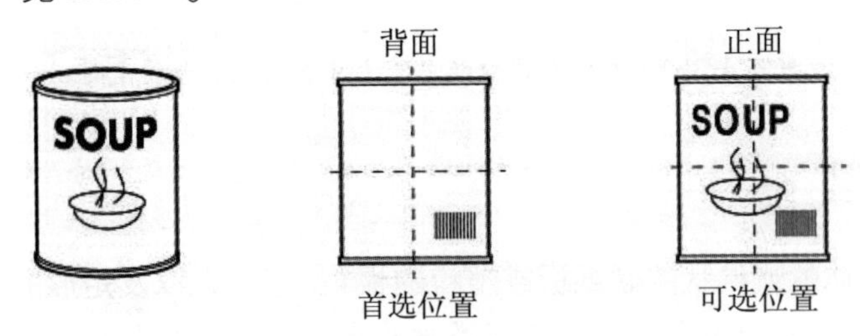


图 6.4.5-1　罐装和筒装项目上放置条码符号的示例

## 6.4.6　卡片装

本身难以粘贴标签的小件、散件或无包装的项目如锤子、玩具和厨具等放置在标有条码的卡片上。

■ 包装特征：项目固定或封装在平板上。

■ 特别注意事项：在卡片装项目上放置条码符号时，重要的是要考虑条码符号与产品的间距。要确保有足够的空间放置符号，避免因把符号放置得离产品太接近而造成的扫描障碍。此外，不要把符号放在包装有穿孔的位置或其他可能妨害识读的地方。

■ 条码符号的放置：标识包装/容器的正面（见 6.3.2 有关如何标识包装的正面的说明）。卡片包装项目符号放置示例见图 6.4.6-1。

☐ 首选的位置：在包装背面的右侧下半区域，靠近边缘处，选择时要考虑条码符号周围适当的空白区。

☐ 可选的位置：在包装正面的右侧下半区域，靠近边缘处，选择时要考虑条码符号周围适当的空白区。

☐ 边缘规则：见 6.3.3.3。

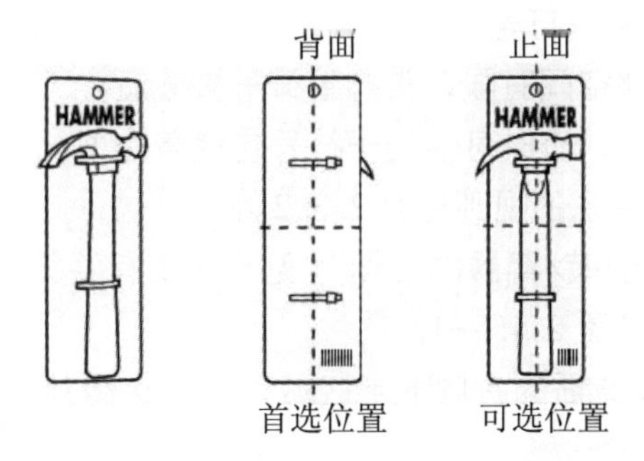


图 6.4.6-1　卡片包装项目符号放置示例

## 6.4.7　蛋盒

用纸浆、泡沫材料模制成型的或塑料制的蛋盒，尺寸大小按其中盛放的蛋的数量而定。

■ 包装特征：塑料制的或纸浆经模制成型的、有连接边盖子的不规则六面体。

■ 特别注意事项：条码符号宜放置在蛋盒上盖，打开或关闭盒子的部分。蛋盒的底部不平，不宜放置条码符号。

■ 条码符号的放置：首先要确定蛋盒的顶部，顶部面是主要的宣传区域，上面标有产品的名称和公司的标志。蛋盒的底部是模制成型的部分，用来盛蛋，它与顶部正相对。顶部和底部之间的水平部分是带连接边的盒盖。蛋盒的正面是装有开启/关闭构造的长边。蛋盒的背面是与正面正相对的，有连接边的长边。蛋盒包装上条码符号放置示例见图 6.4.7-1。

☐ 首选的位置：在包装背面的右半边、盒盖连接边之上、靠近边缘处，选择时要考虑条码符号周围适当的空白区。

☐ 可选的位置：在包装顶部的右侧下半区域内、靠近盒盖开启/关闭构造的一侧、靠近边缘处，选择时要考虑条码符号周围适当的空白区。

☐ 边缘规则：见 6.3.3.3。

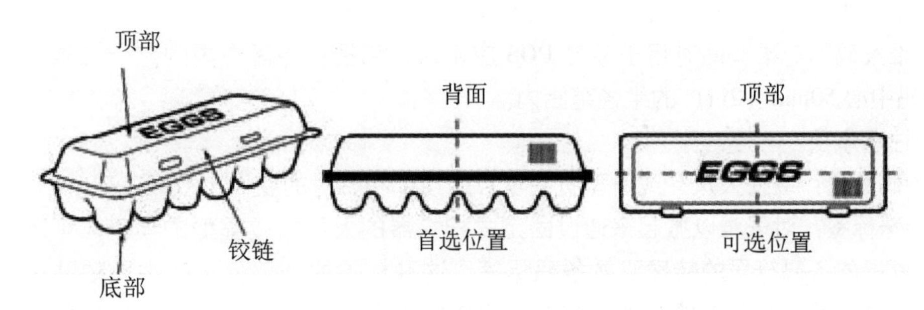


图 6.4.7-1　蛋盒包装上条码符号放置示例

## 6.4.8　壶形包装

壶形包装是有内置把手的玻璃或塑料容器，把手的作用是为了便于倒出容器中的内容物。通常，壶形包装上限定的区域贴有粘贴标签，标签不覆盖贸易项目的整个表面或包绕项目的整个周长。

■ 包装特征：有内置把手和可拆卸盖子的玻璃的或塑料容器。

■ 特别注意事项：不能把条码符号放置在壶的颈部。符号放在壶颈处使得在POS必须进行额外操作才能识读，并且壶的颈部空间有限，常导致符号被截短。

条码符号印在弯曲的表面上，有时可能由于符号包绕着曲面，符号的两端显露不出来。有关项目直径与条码符号X尺寸之间关系的规则见6.2.3.2。

■ 条码符号的放置：标识包装/容器的正面（见6.3.2有关如何标识包装的正面的说明）。壶型包装上放置条码符号的示例见图6.4.8-1。

□ 首选的位置：在包装背面的右侧下半区域，靠近边缘处，选择时要考虑条码符号周围适当的空白区。

□ 可选的位置：在包装正面的右侧下半区域，靠近边缘处，选择时要考虑条码符号周围适当的空白区。

□ 边缘规则：见6.3.3.3。

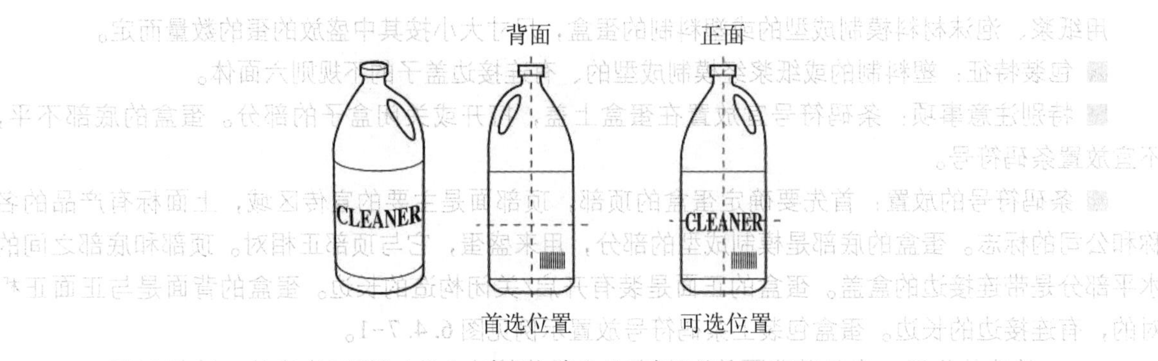


图6.4.8-1　壶型包装上放置条码符号的示例

## 6.4.9　大尺寸或重型的项目

■ 包装特征：任意两个方向上（宽/高、宽/深、或高/深）的实际尺寸在450mm（18in）以上和/或重量超过13kg（28lb）的贸易项目即认为是大尺寸或重型的项目。

■ 当一维条码和二维码同时用于零售POS应用时，包括空白区在内的整个二维码应该放置在距离一维条码中心50mm（2in）的半径范围内。

■ 特别注意事项：

□ 条码数量：应在大尺寸或重型贸易项目的顶部和相对的底面上放置条码。

□ 特殊标签：对于难以搬起来通过固定式扫描器的大尺寸或重型的项目，可以采用一种带有可撕掉的条码符号的特殊双重条码标签。这种标签的一部分永久性地粘贴在项目的箱体上（如果项目是非箱装的，则粘贴在挂签或标牌上）。此部分在全尺寸条码上方印有non-HRI文本（代码和项目说明，见图6.4.9-1）。在一行穿孔线的下面是标签的第二部分，这部分包括与第一部分完全相同的 non-HRI 文本和一个相同的全尺寸条码符号。除了第二部分的背面不涂胶外，双重条码标签的两部分是完全相同的。

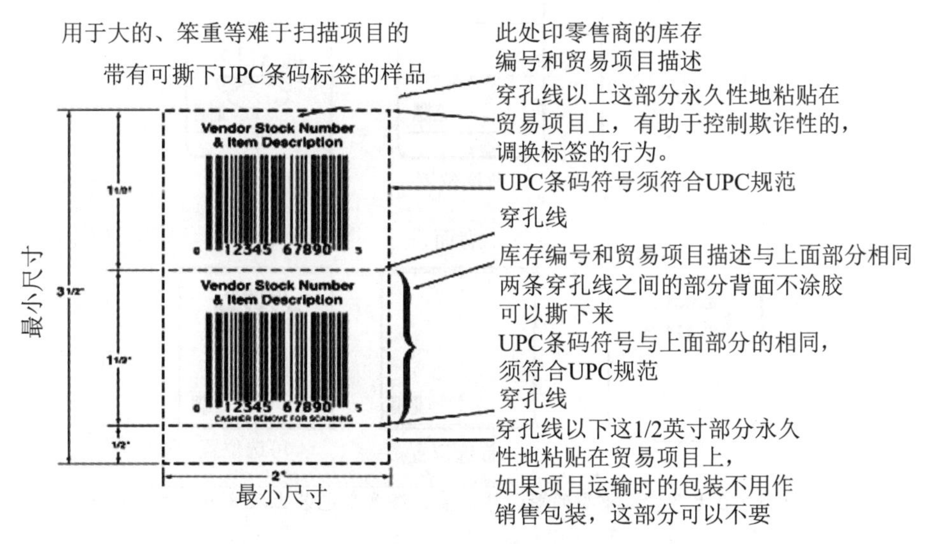


图 6.4.9-1　带有可撕下 UPC 条码符号的双重标签样品的说明

□ 在将贸易项目搬到 POS 时，将标签穿孔线以下的部分撕下来，由售货员扫描标签这部分上的条码进行结算。如果条码不能被扫描识读，则由售货员手工键入条码符号下面的 HRI 进行结算。标签的上半部分保留在贸易项目或其包装箱上。

在大尺寸或重型的贸易项目用运输时的包装进行展示和销售的场合，建议使用标签的第三部分，即在标签的可撕掉部分以下，加一行穿孔线和一条 12mm（0.5in）高、背面涂永久性粘贴胶的部分。这样，标签中的可撕掉部分得到了更可靠的连结，使其在运输过程中不易被撕掉。

■ HRI：大尺寸或重型的贸易项目上条码符号的 HRI，其最小高度宜为 16mm（5/8in）。这样可以让售货员不必搬起产品，或移动产品通过扫描器，就能很方便地键入条码的编码。示例见图 6.4.9-2、图 6.4.9-3。

■ 条码符号的放置：标识贸易项目的正面（见 6.3.2 有关如何标识包装的正面的说明）。

□ 首选的位置：

- 袋装：条码宜放置在袋子正面的右上区域顶部，靠近边缘处，另一个放在袋子背面的右下部分中心处，并且为了适应包装内物品的放置情况，需放置在靠近边缘处。

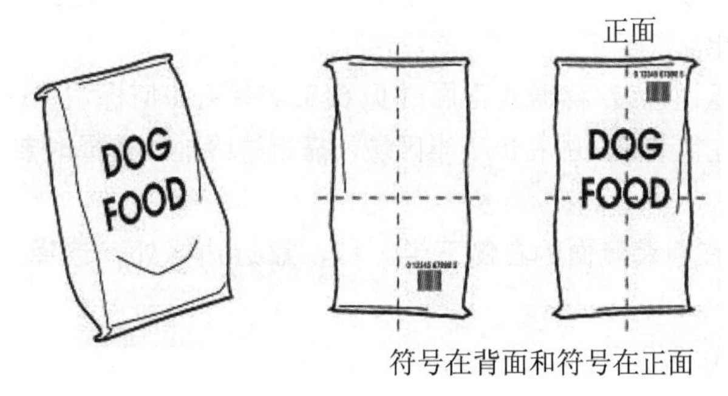


图 6.4.9-2　在大尺寸或重型的袋装项目上放置条码符号的示例

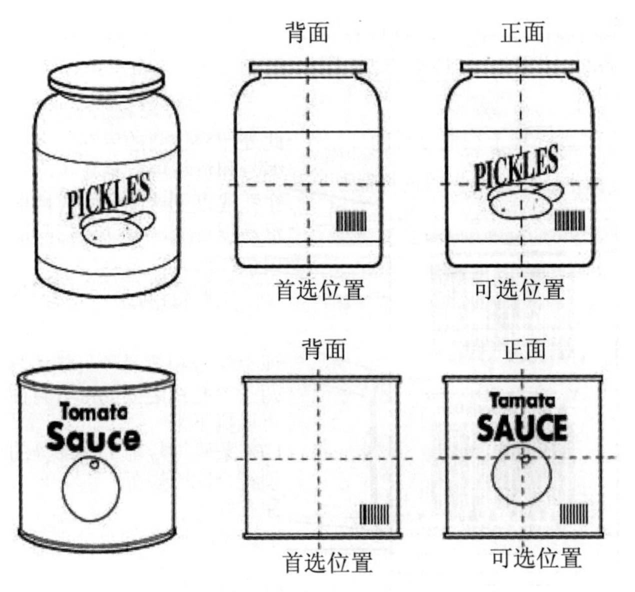


图 6.4.9-3　在大尺寸或重型的瓶、罐、壶、浴盆形包装上放置条码符号的示例

■ 可选的位置：在正面的右侧下半区域，靠近边缘处，选择时要考虑条码符号周围适当的空白区。

■ 边缘规则：见 6.3.3.3。

## 6.4.10　多件组合包装

多件组合包装是几个单件的贸易项目被包装在一起，成为一个单元或贸易项目的包装。多件组合包装给消费者提供了便利，而且与多次购买单件的贸易项目相比，在价格上也可能有所下降。典型的多件组合包装有瓶、罐、广口瓶和桶状的包装。见图 6.4.10-1。

■ 包装特征：多个项目被包装在一起形成一个包装。

■ 特别注意事项：作为一个基本原则，通过供应链进行贸易的每个消费单元包装上应该放置一个条码符号。因此，对每个消费单元包装的变种或者集合，项目以多件组合包装进行销售以及以单件形式销售，都应该有一个唯一的条码符号。在多件组合包装及其内装的单件项目都标有条码符号时，为避免在 POS 系统中发生混淆，多件组合外包装上的条码符号应该是唯一可见的。多件组合的包装要起到阻挡内部单元或项目上的条码符号的屏障作用。

□ 罐装的多件组合包装应特别注意的事项：避免把条码符号放置在包装容器的顶部或底部，因为罐可能在瓦楞纸板上产生压痕，使条码符号发生扭曲。这些在条码符号上的罐的压痕会降低扫描的性能。

■ 码符号的放置：标识包装/容器的正面（见 6.3.2 有关如何标识包装的正面的说明）。

□ 首选的位置：在包装背面的右侧下半区域，靠近边缘处，选择时要考虑条码符号周围适当的空白区。

□ 可选的位置：在包装侧面的右侧下半区域，靠近边缘处，选择时要考虑条码符号周围适当的空白区。

□ 边缘规则：见 6.3.3.3。

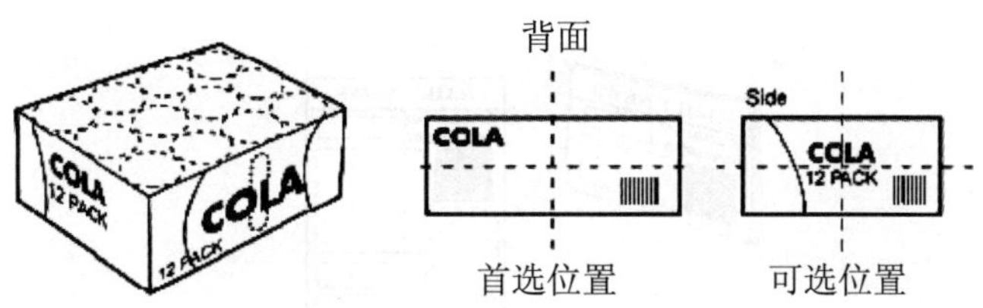


图 6.4.10-1 在多件组合包装上放置条码符号的示例

## 6.4.11 出版物

出版物多为印刷纸品，包括书、杂志、报纸和文摘等，通常以单件形式销售给消费者。条码符号的放置要根据出版物的类型而定。此外，书籍和平装本上的主要符号必须出现在书籍的封面上(以方便付款)，见图 6.4.11-1。

■ 包装特征：封装、装订或折叠的印刷纸质媒体。

■ 特别注意事项：除了一般的条码符号外，一些出版物还有附加符号。附加符号带有补充的信息，如出版发行号。出版物上条码符号的放置要依印刷品的类型而定。如果使用附加符号，那么附加符号要放在常规的条码符号的右边并与之平行。

■ 条码符号的放置：标识包装/容器的正面（见 6.3.2 有关如何标识包装的正面的说明)。

□ 首选的位置：

- 书：在背面的右侧下半区域，靠近书脊处，选择时要考虑条码符号周围适当的空白区。

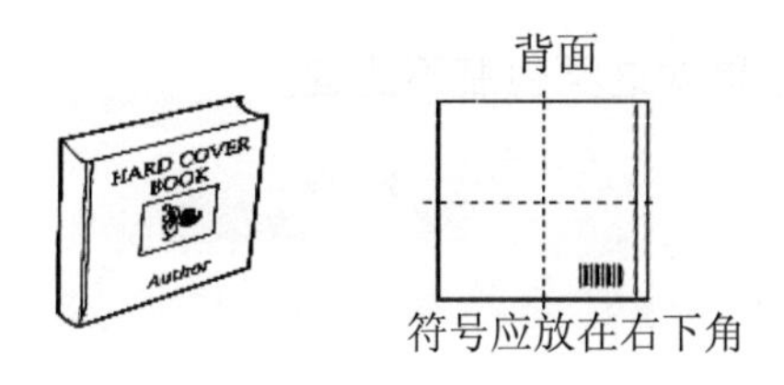


图 6.4.11-1 书籍上条码符号放置示例

- 杂志：在正面的左侧下半区域，靠近边缘处，选择时要考虑条码符号周围适当的空白区。见图 6.4.11-2。

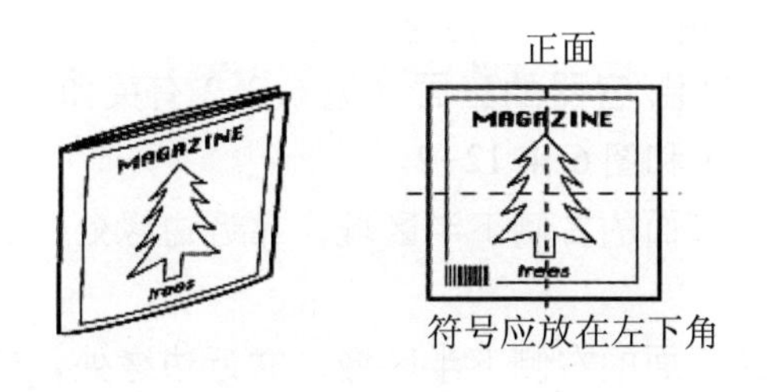


图 6.4.11-2 杂志上条码符号放置示例

- 报纸：当以图 6.4.11-3 所示的样子展示出售时，条码符号要放在正面的左侧下半区域，靠近边缘处，选择时要考虑条码符号周围适当的空白区。如果使用附加符号，附加符号要放在常规的条码符号的右边并与之平行。

图 6.4.11-3 报纸上条码符号的放置示例

当以图 6.4.11-4 所示的样子展示出售时，条码符号要放在背面的右下四分之一区域，靠近边缘处，选择时要考虑条码符号周围适当的空白区。如果使用附加符号，附加符号要放在常规的条码符号的右边并与之平行。

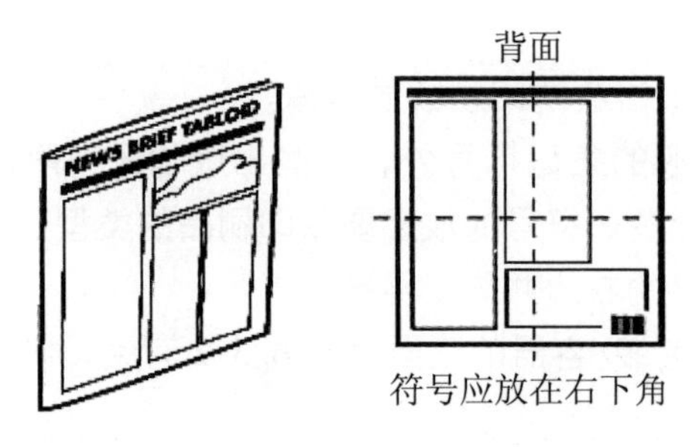


图 6.4.11-4 报纸上条码符号的放置示例

□ 可选的位置：可选的位置对这类包装不适宜。

□ 边缘规则：见 6.3.3.3。

## 6.4.12 薄的项目或容器

这类包装要如此命名是因为该类别中的项目或容器有一个方向上的物理尺寸小于 25mm（1in）。对这样的项目，特别是那些没有明显底面的项目，比如比萨盒、光盘盒、混合饮料粉的包装、书写板等，要把条码标记在包装背面右侧下半区域。

■ 包装特征：有一个方向上的尺寸小于 25mm（1in）的项目或容器。

■ 特别注意事项：对这类包装无需特别注意事项。

■ 条码符号的放置：标识包装/容器的正面（见 6.3.2 有关如何标识包装的正面的说明），放置条码符号的示例见图 6.4.12-1 和图 6.4.12-2。

□ 首选的位置：在包装背面的右侧下半区域，靠近边缘处，选择时要考虑条码符号周围适当的空白区。

□ 可选的位置：在包装正面的右侧下半区域，靠近边缘处，选择时要考虑条码符号周围适当的空白区。

□ 边缘规则：见 6.3.3.3。

图 6.4.12-1 在薄的项目或容器上放置条码符号的示例

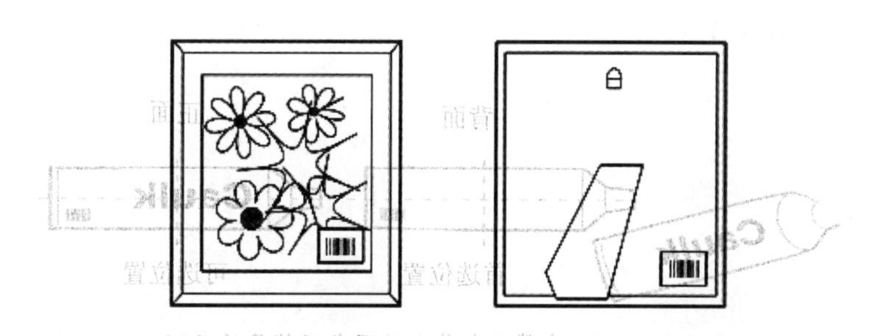

图 6.4.12-2 在没有地方进行底部标记的无包装项目上放置条码符号的示例

## 6.4.13 托盘状包装

这类包装是由盛放项目的正方形、矩形或圆形的薄托盘，覆盖上透明的收缩膜或真空封装膜之类的外包裹材料形成的。如精制肉、糕饼、小吃、馅饼或馅饼皮的包装。

■ 包装特征：用于盛放覆盖有外包装产品的，扁平、成型的容器。

■ 特别注意事项：在托盘状包装上放置条码符号时，重要的是要把条码符号放在平坦的表面上（见图 6.4.13-1）。此外，不要把条码符号放在包装有穿孔或会妨害符号的地方。

■ 条码符号的放置：标识包装/容器的正面（见 6.3.2 有关如何标识包装的正面的说明）。

□ 首选的位置：在顶部的右侧下半区域，靠近边缘处，选择时要考虑条码符号周围适当的空白区。

□ 边缘规则：见 6.3.3.3。

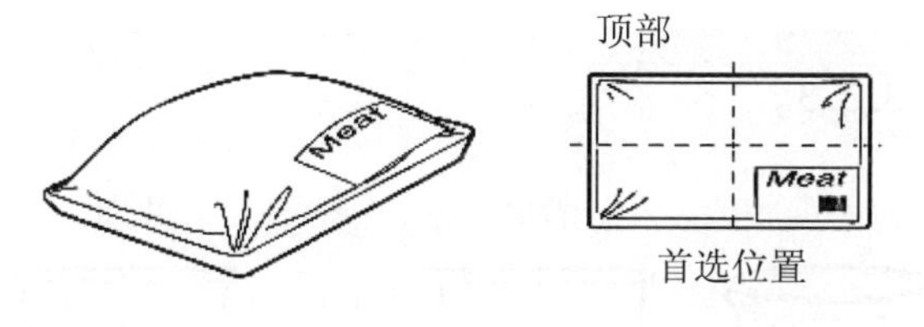


图 6.4.13-1 在托盘状包装上放置条码符号的示例

## 6.4.14 管状包装

管状包装是圆柱形状的项目或容器，可以是两端都密封的，如香肠或冷藏面团；也可以是一端密封，另一端有盖子或阀门的，如牙膏或胶。

■ 包装特征：两端封闭，或一端封闭另一端有盖或阀门的坚实的包装圆筒。

■ 特别注意事项：条码符号印在弯曲的表面上，有时可能由于符号包绕着曲面，符号的外侧条、空无法被同时扫描。有关项目直径与条码符号 X 尺寸之间关系的规则见 6.2.3.2。

■ 条码符号的放置：标识包装/容器的正面（见 6.3.2 有关如何标识包装的正面的说明）。在管状包装上放置条码符号的示例见图 6.4.14-1。

□ 首选的位置：在包装背面的右侧下半区域，靠近边缘处，选择时要考虑条码符号周围适当的空白区。

□ 可选的位置：在包装正面的右侧下半区域，靠近边缘处，选择时要考虑条码符号周围适当的空白区。

□ 边缘规则：见 6.3.3.3。

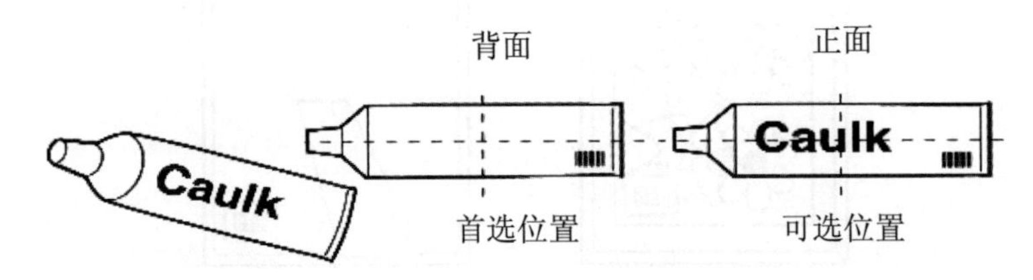


图 6.4.14-1　在管状包装上放置条码符号的示例

## 6.4.15　桶状包装

桶状包装是有可以拆卸盖子的圆形容器（通常用纸、塑料或金属制成）。在大多数情况下，桶状包装有粘贴标签但不覆盖整个容器。这类包装有人造黄油、黄油、冰激凌和生奶油的包装。

■ 包装特征：有可拆卸盖子的深容器。

■ 特别注意事项：条码符号印在弯曲的表面上，有时可能由于符号包绕着曲面，符号的两端显露不出来。有关项目直径与条码符号 X 尺寸之间关系的规则见 6.2.3.2。

■ 条码符号的放置：标识包装/容器的正面（见 6.3.2 有关如何标识包装的正面的说明）。在桶状包装上放置条码符号的示例见图 6.4.15-1。

□ 首选的位置：在包装背面的右侧下半区域，靠近边缘处，选择时要考虑条码符号周围适当的空白区。

□ 可选的位置：在包装正面的右侧下半区域，靠近边缘处，选择时要考虑条码符号周围适当的空白区。

□ 边缘规则：见 6.3.3.3。

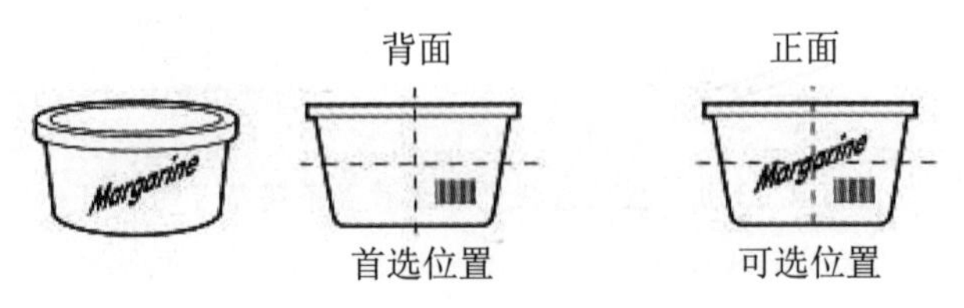


图 6.4.15-1　在桶状包装上放置条码符号的示例

## 6.4.16 无包装的项目

正方形、长方形、圆形、凹面或凸面的项目，包括碗、壶（或深锅）、平底锅、煮锅、杯子、花瓶和其他产品（有内容物或无内容物），这类项目不易找到一个适合于放置条码符号的直立表面。

■ 包装特征：无包装的、带粘贴标签、挂签或卡片状套环出售的项目。

■ 特别注意事项：在选择条码符号的放置时，要考虑产品内部的凹形或外部不规则的弯曲，并考虑到下面的边缘规则所限定的扫描距离的界限。

■ 餐具或礼品项目一般将条码印在挂签上，以避免粘贴标签的胶对项目造成损害。在无法用挂签时，宜将粘贴标签贴在项目底部或者背印（如果有的话）的下边。

■ 条码符号的放置：在无包装的贸易项目上放置条码符号的方法取决于项目的形状/类型。图 6.4.16-1～图 6.4.16-6 给出了适合某些特定类型项目的条码符号放置方法。

□ 首选的位置：以下示例给出在类似形状项目上可取的符号位置选择。

□ 可选的位置：可选的位置不适用。

□ 边缘规则：见 6.3.3.3。

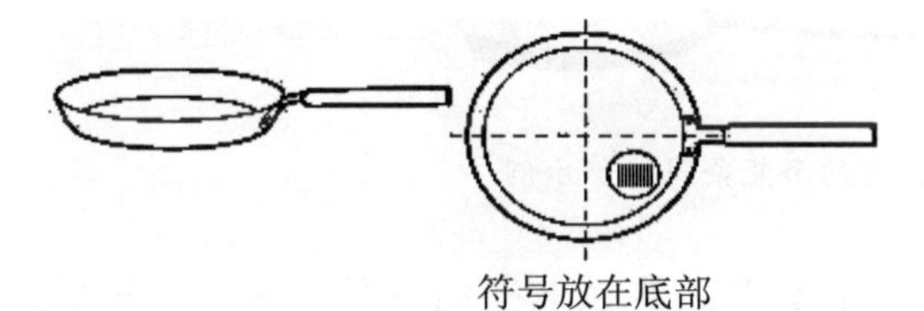


图 6.4.16-1 无包装项目上的条码位置示例

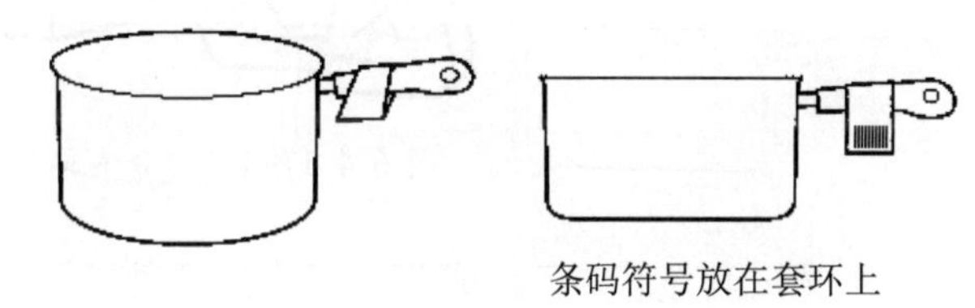


图 6.4.16-2 无包装项目上的条码位置示例

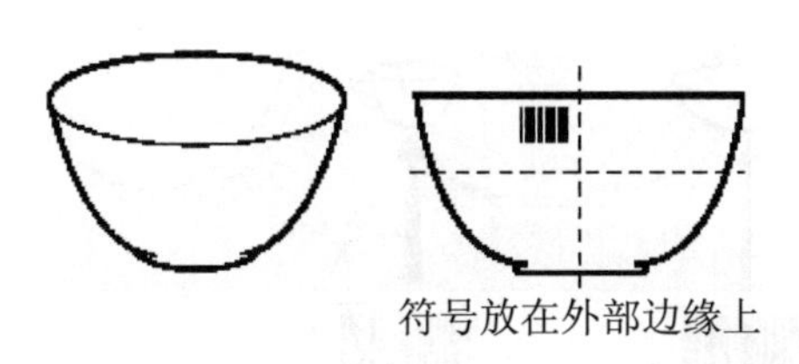


图 6.4.16-3 无包装项目上的条码位置示例

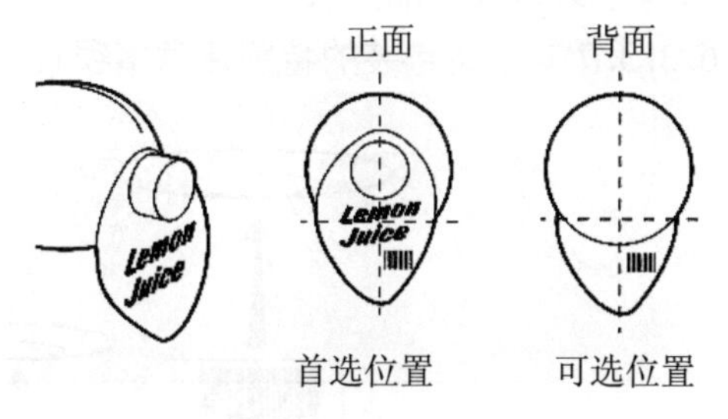


图 6.4.16-4 无包装项目上的条码位置示例

图 6.4.16-5 用挂签在礼品上标记的示例

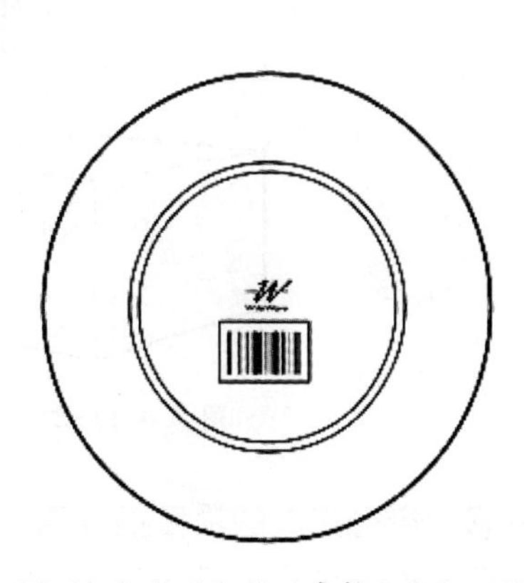

图 6.4.16-6 把粘贴标签贴在餐具底印下边的示例

## 6.4.17 成套包装（作为整体来标记的多件组合包装）

套装即为两个或两个以上贸易项目（无论其中的项目单体能否单独销售），组合包装在一起出售的项目。如果是为了运输把几个项目包装在一起而不是作为一个独立单元出售，则这些项目不能当作成套包装项目。例如，两个蜡烛台一组的包装、四个汤碗一组的包装和五件宴会餐位餐具的包装。

如果成套包装中的项目不单独出售，则只需在成套包装上标记条码。组分不单独销售的套装条码标识示例见图 6.4.17-1。

图 6.4.17-1 组分不单独销售的套装条码标识示例

如果成套包装的各组成部分能作为单独的贸易项目订货，那么这些组成部分必须分别标记条码。如果成套包装以各单独的项目出售或整套出售，则成套包装及组成部分都需要标记唯一性的条码。成套包装内装产品的条码必须被完全遮挡住，这样在成套出售时这些条码不会被 POS 系统读取（见 6.3.3.7 对多重包装的特别注意事项）。各组成部分单独出售的组合包装示例见图 6.4.17-2。

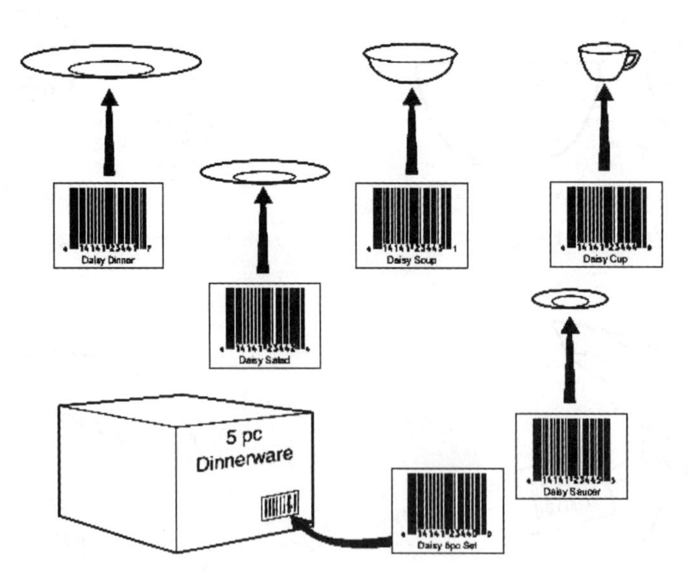


图 6.4.17-2 各组成部分单独出售的组合包装示例

如果由多个部分组成的项目不拆开出售，如带盖的茶壶，那么只需在主要部分标记一个条码，这种项目不是成套包装的项目。多件组成但不拆开出售的项目见图 6.4.17-3。

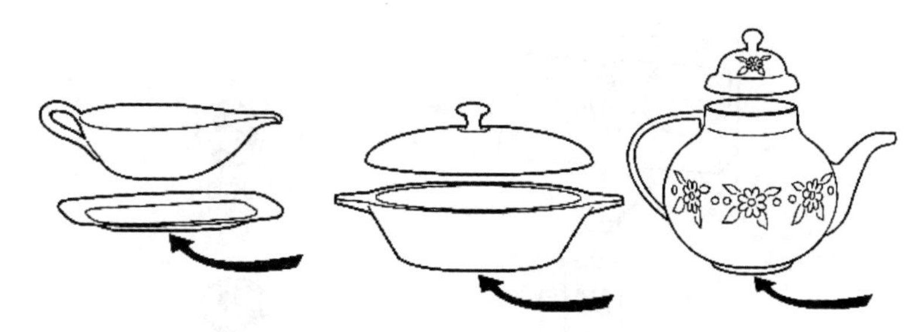

图 6.4.17-3　多件组成但不拆开出售的项目（这些不能当作成套包装的项目）示例

## 6.4.18　体育用品

体育运动用品多为尺寸和形状不规则的产品。掌握此类商品本身的特点及物流供应链和销售展示的需求是提高 POS 整体效率的关键，特别重要的是，要保证 POS 结算体育运动用品的条码符号放置的一致性，才能使 POS 收银员能准确预知条码符号的位置，从而提高效率。下列示例虽然不够详尽，但提供了在类似产品上放置条码的一般原则。

### 6.4.18.1　射箭运动用弓、箭

■ 首选的位置：

□ 如果用箱包装，见 6.4.4。

□ 如果使用挂签，见 6.5.2。

■ 边缘规则：见 6.3.3.3。

弓弩上条码符号位置的示例见图 6.4.18.1-1。

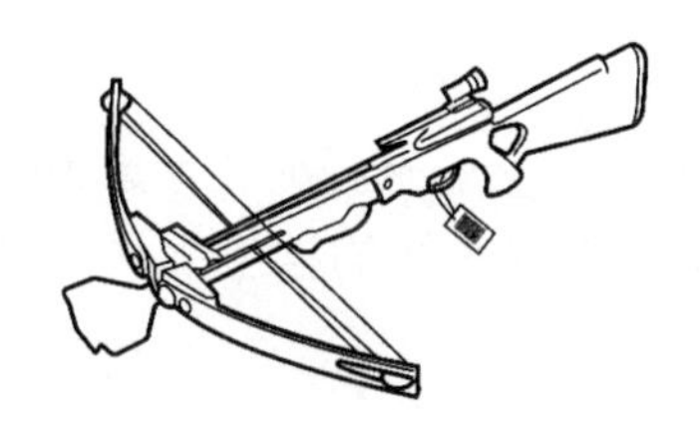

图 6.4.18.1-1　弓弩上条码符号位置示例

### 6.4.18.2　球类（团体运动）

■ 首选的位置：

□ 如果是单个包装，条码符合放在收缩膜包装上。

□ 如果是箱（盒）装或箱装的成套包装，见 6.4.4 和 6.4.17。如果主库存单元不用作几个球的箱装成套包装或球和打气筒的成套包装，则成套包装内每种类型的产品要有被遮挡住的条码符号。

□ 如果无包装，把条码符号印在球上与有商标的面相背的面上。

■ 边缘规则：见 6.3.3.3。

几个球的箱包装和单个球上条码符号位置的示例见图 6.4.18.2-1。

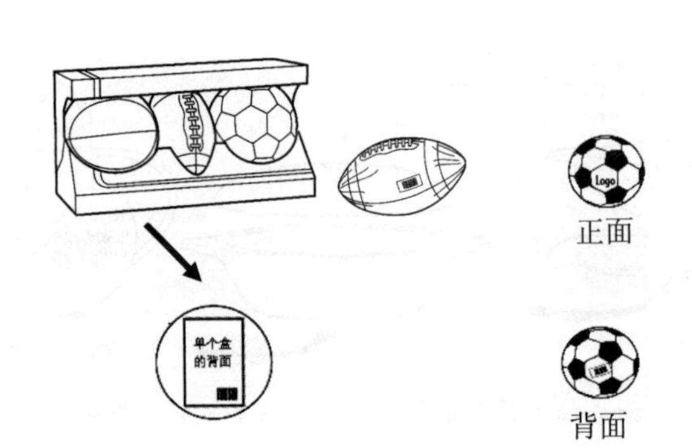


图 6.4.18.2-1 几个球的箱包装和单个球上条码符号位置的示例

### 6.4.18.3 球棒（团体运动）

■ 首选的位置：在球棒的圆柱形手柄上，选择时要考虑条码符号周围适当的空白区。

■ 边缘规则：见 6.3.3.3。

棒球运动的球棒上条码符号位置的示例见图 6.4.18.3-1。

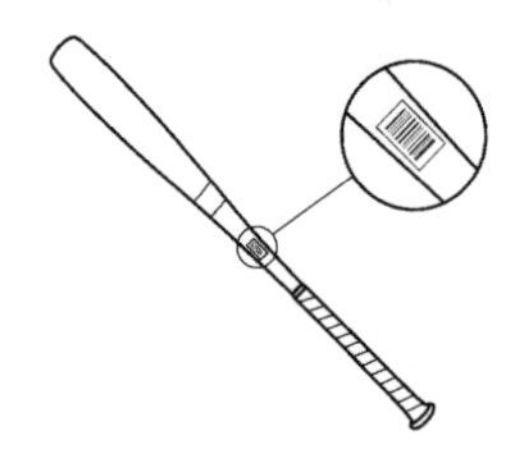

图 6.4.18.3-1 棒球运动球棒上条码符号位置示例

### 6.4.18.4 自行车

■ 首选的位置：在自行车前叉的右臂上，选择时要考虑条码符号周围适当的空白区。

■ 可选的位置：在绕在自行车右手刹车线的挂签上，选择时要考虑条码符号周围适当的空白区。

■ 边缘规则：见 6.3.3.3。

自行车上条码符号位置的示例见图 6.4.18.4-1。

图 6.4.18.4-1 自行车上条码符号位置的示例

### 6.4.18.5 攀登运动装备

■ 首选的位置：

□ 如果用箱包装，见 6.4.4。

□ 如果用挂签，见 6.5.2。

□ 如果用卡片式包装，见 6.4.6。

■ 边缘规则：见 6.3.3.3。

攀登运动装备上条码符号位置的示例见图 6.4.18.5-1。

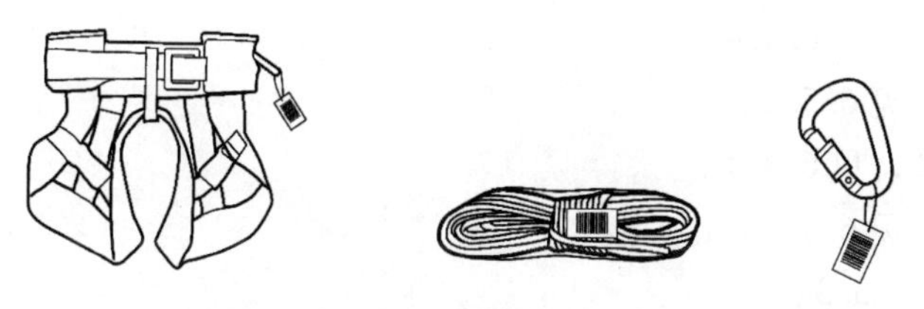

图 6.4.18.5-1　攀登运动装备上条码符号位置示例

### 6.4.18.6　钓鱼竿

■ 首选的位置：在钓鱼竿握把靠近密封端的一侧，选择时要考虑条码符号周围足够的空白区。条码符号印在弯曲的表面上，有时可能由于符号包绕着曲面，导致符号的两端无法同时被扫描。有关项目直径与条码符号 X 尺寸之间关系的规则见 6.2.3.2。

■ 可选的位置：在包绕钓鱼竿的纸板上或挂签上，选择时要考虑条码符号周围适当的空白区。

■ 边缘规则：见 6.3.3.3。

钓鱼竿上，条码符号位置的示例见图 6.4.18.6-1。

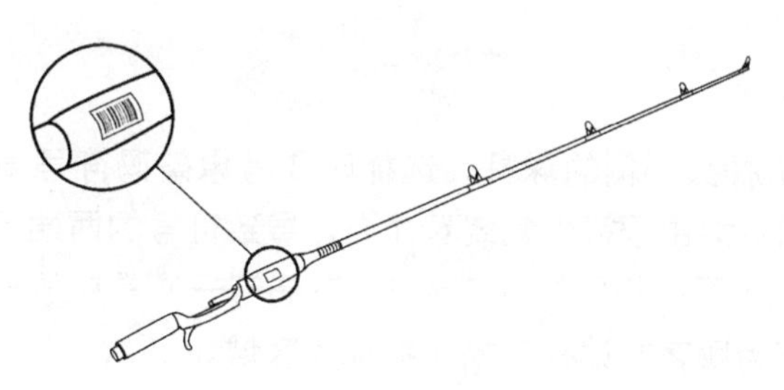

图 6.4.18.6-1　钓鱼竿上条码符号位置示例

### 6.4.18.7　健身用品

■ 首选的位置：

□ 如果用箱包装，见 6.4.4。

□ 如果用挂签，见 6.5.2。

□ 如果用卡片式包装，见 6.4.6。

■ 边缘规则：见 6.3.3.3。

健身用品上，条码符号位置的示例见图 6.4.18.7-1。

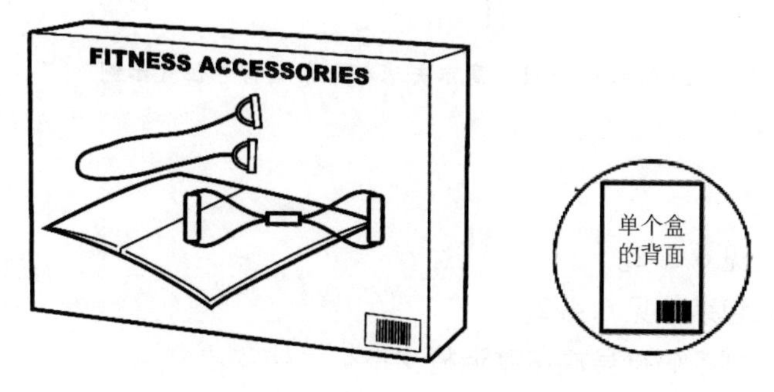


图 6.4.18.7-1　健身用品上条码符号位置示例

#### 6.4.18.8　运动用手套、护手

■ 首选的位置：
- □ 如果用箱包装，见6.4.4。
- □ 如果用挂签，见6.5.2。
- □ 如果用袋包装，见6.4.1。
- □ 如果无包装，见6.4.9。

■ 边缘规则：见6.3.3.3。

运动用手套上条码符号位置的示例见图6.4.18.8-1。

图6.4.18.8-1　运动用手套上条码符号位置示例

#### 6.4.18.9　高尔夫球杆

■ 首选的位置：在靠近杆头一侧的球杆，选择时要考虑条码符号周围适当的空白区。条码符号印在弯曲的表面上，有时可能由于符号包绕着曲面，导致符号的两端无法同时被扫描。有关项目直径与条码符号X尺寸之间关系的规则见6.2.3.2。条码符号通常应放置于杆体曲面上，不可放置在高尔夫球杆击球端上，因为顾客在试杆时易于损坏此区域。

■ 可选的位置：在球杆靠近封接端的手柄上，选择时要考虑条码符号周围适当的空白区。

■ 边缘规则：见6.3.3.3。

高尔夫球杆上条码符号位置的示例见图6.4.18.9-1。

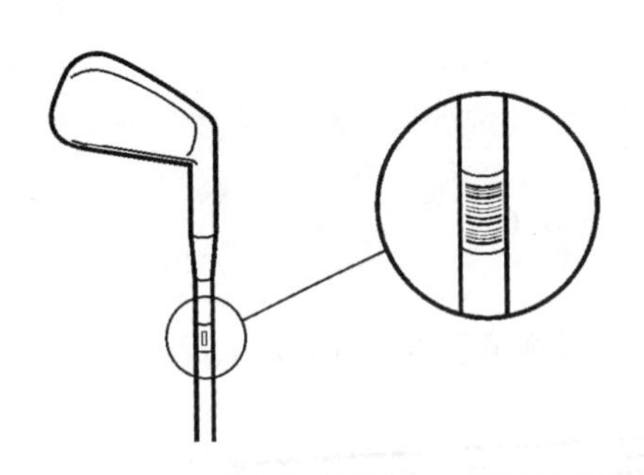

图6.4.18.9-1　高尔夫球杆上条码符号位置示例

#### 6.4.18.10　枪

■ 首选的位置：
- □ 如果用挂签，见6.5.2。
- □ 如果用泡型罩包装，见6.4.2。
- □ 如果无包装，把条码符号放在靠近枪支系列号处。

■ 边缘规则：见6.3.3.3。

步枪和漆弹枪上条码符号位置的示例见图 6.4.18.10-1。

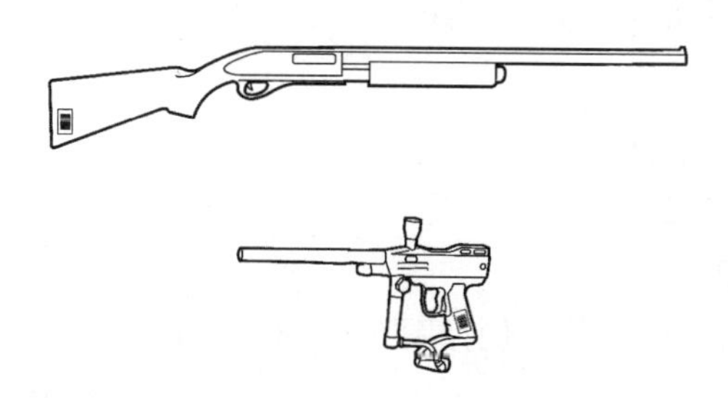

图 6.4.18.10-1　步枪和漆弹枪上条码符号位置示例

### 6.4.18.11　体育运动用头盔和护面具

■ 首选的位置：
  □ 如果用箱包装，见 6.4.4。
  □ 如果用挂签，见 6.5.2。
  □ 如果无包装，见 6.4.9。
■ 边缘规则：见 6.3.3.3。

体育运动用头盔上条码符号位置的示例见图 6.4.18.11-1。

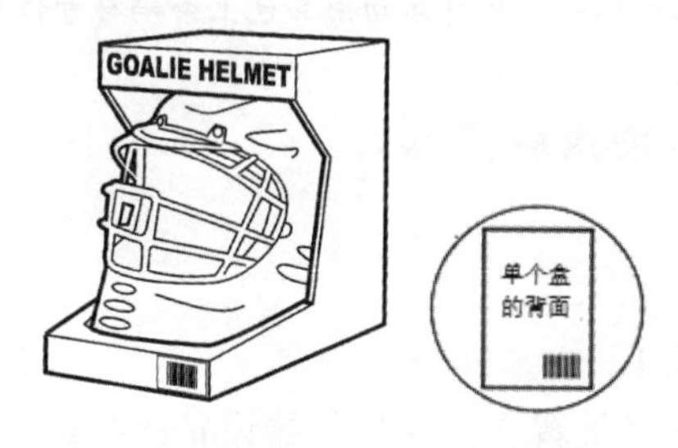


图 6.4.18.11-1　体育运动用头盔上条码符号位置示例

### 6.4.18.12　冰球和曲棍球棍

■ 首选的位置：球棍的棍叶（拍头）处，选择时要考虑条码符号周围适当的空白区。

■ 可选的位置：在球棍杆的最上部，选择时要考虑条码符号周围适当的空白区。条码符号印在弯曲的表面上，有时可能由于符号包绕着曲面，导致符号的两端无法同时被扫描。有关项目直径与条码符号 X 尺寸之间关系的规则见 6.2.3.2。

■ 边缘规则：见 6.3.3.3。

冰球棍上条码符号位置的示例见图 6.4.18.12-1。

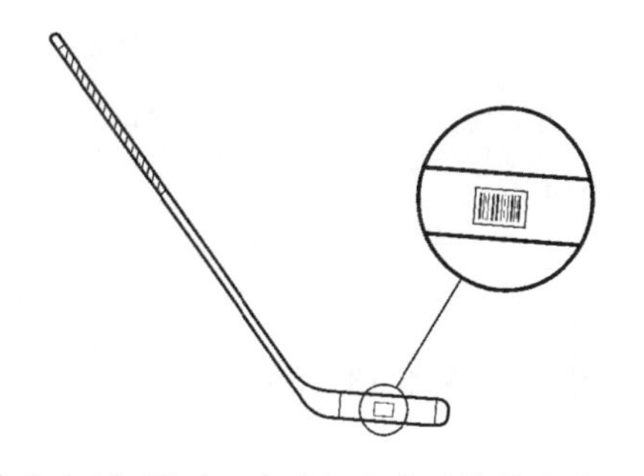

图 6.4.18.12-1　冰球棍上条码符号位置示例

#### 6.4.18.13 多件体育运动用品组合包装

■ 首选的位置:

□ 如果放在袋包装上，见6.4.1。

□ 如果用挂签，见6.5.2。

■ 边缘规则: 见6.3.3.3。

体育运动用品包上条码符号位置的示例见图6.4.18.13-1。

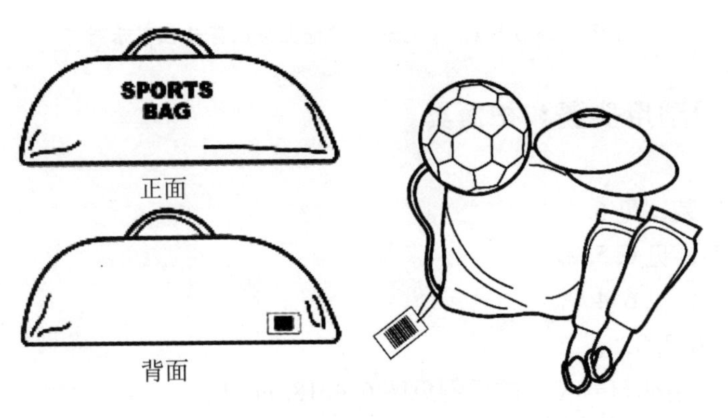


图6.4.18.13-1 体育运动用品包上条码符号位置示例

#### 6.4.18.14 压力表和体育运动用脉搏器

■ 首选的位置:

□ 如果用卡片式包装，见6.4.6。

□ 如果用袋包装，见6.4.1。

□ 如果无包装，把条码符号放置在为保护仪器设备的尖端、针状物等而缠绕的带子上。

■ 边缘规则: 见6.3.3.3。

压力表卡片式包装上条码符号位置示例见图6.4.18.14-1。

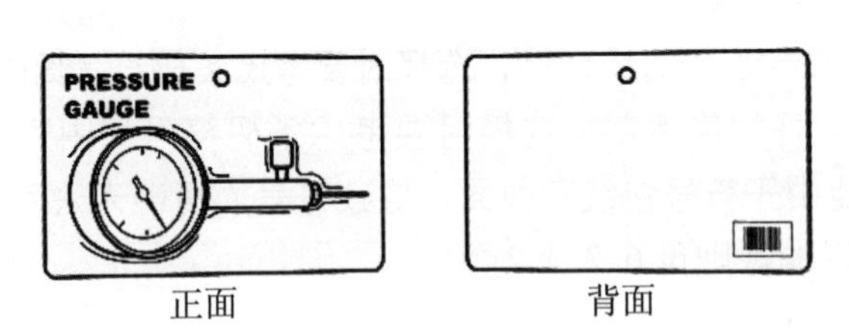


图6.4.18.14-1 压力表卡片式包装上条码符号位置示例

#### 6.4.18.15 防护装备

■ 首选的位置:

□ 如果用卡片式包装，见6.4.6。

□ 如果无包装，见6.4.9。

■ 边缘规则: 见6.3.3.3。

防护装备上条码符号位置的示例见图6.4.18.15-1。

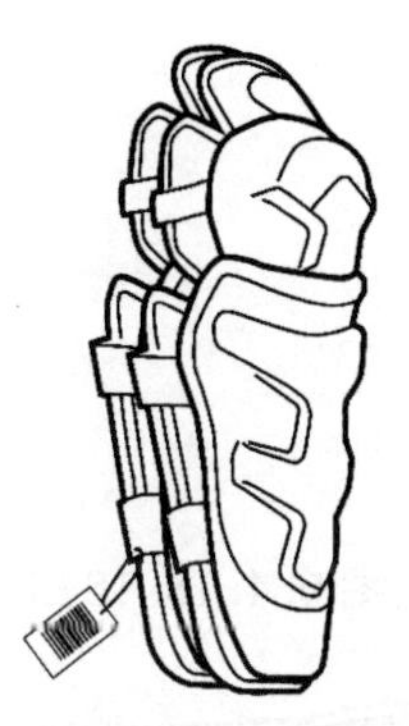

图 6.4.18.15-1　防护装备上条码符号位置示例

### 6.4.18.16　球拍

■ 首选的位置：在球拍靠近封接端的手柄上，选择时要考虑条码符号周围适当的空白区。条码符号印在弯曲的表面上，有时可能由于符号包绕着曲面，符号的两端显露不出来。有关项目直径与条码符号 X 尺寸之间关系的规则见 6.2.3.2。

■ 可选的位置：在缠绕在球拍头的纸板上，靠近球拍头边缘处，选择时要考虑条码符号周围适当的空白区。

■ 边缘规则：见 6.3.3.3。

球拍上条码符号的位置示例见图 6.4.18.16-1。

图 6.4.18.16-1　球拍上条码符号位置示例

### 6.4.18.17　滑板

滑板通常都带有包装，按 6.3.2 的原则找到包装的背面，再确定条码的放置方向。对于无包装的滑板：

■ 首选的位置：在滑板底部面滚轮以上滑板的头部，选择时要考虑条码符号周围适当的空白区。

■ 边缘规则：见 6.3.3.3。

滑板上条码符号的位置示例见图 6.4.18.17-1。

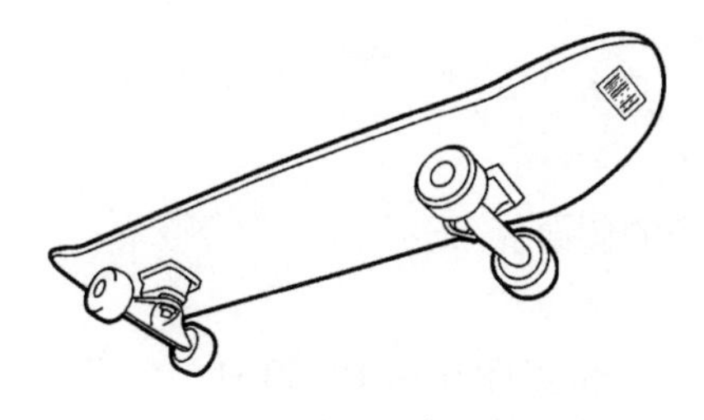

图 6.4.18.17-1　滑板上条码符号位置示例

### 6.4.18.18　冰鞋

■ 首选的位置：

□ 如果用箱（盒）包装，见6.4.4。

□ 如果用挂签，见6.5.2。

■ 边缘规则：见6.3.3.3。

冰鞋包装盒上条码符号位置的示例见图6.4.18.18-1。

图6.4.18.18-1　冰鞋包装盒上条码符号位置示例

### 6.4.18.19　滑雪板

滑雪板通常没有包装，以放滑雪靴的面为正面，另一面为背面。

■ 首选的位置：把一个条码符号放在滑雪板背面靠近滑雪板头部的地方，选择时要考虑条码符号周围适当的空白区。一对滑雪板只需一个条码符号。

■ 边缘规则：见6.3.3.3。

滑雪板上条码符号位置的示例见图6.4.18.19-1。

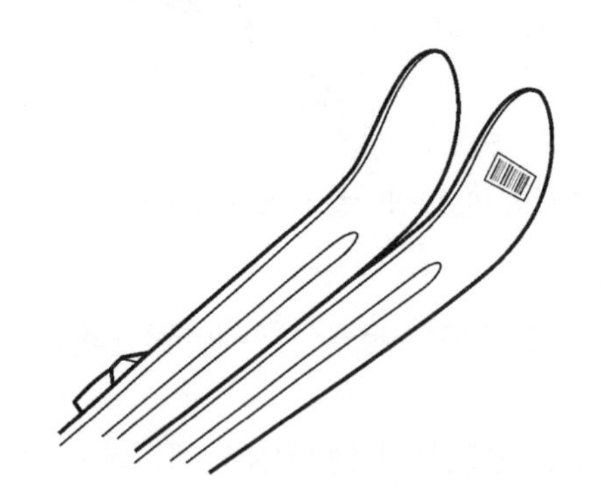

图6.4.18.19-1　滑雪板上条码符号位置示例

### 6.4.18.20　运动用水瓶

■ 首选的位置：

□ 如果用箱（盒）包装，见6.4.4。

□ 如果用挂签，见6.5.2。

□ 如果无包装，放在瓶子的侧面。

■ 边缘规则：见6.3.3.3。

运动用水瓶上条码符号位置的示例见图6.4.18.20-1。

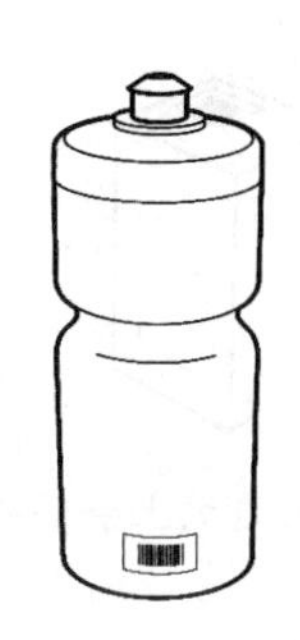

图 6.4.18.20-1　运动用水瓶上条码符号位置示例

#### 6.4.18.21　水上运动用小船

■ 首选的位置：
- □ 如果用箱包装，见 6.4.4。
- □ 如果用挂签，见 6.5.2。
- □ 如果无包装，见 6.4.9 大尺寸或重型的项目。

■ 边缘规则：见 6.3.3.3。

划艇上条码符号位置的示例见图 6.4.18.21-1。

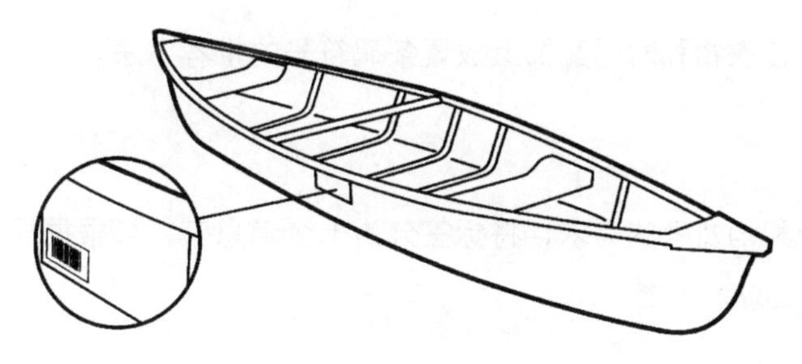

图 6.4.18.21-1　划艇上条码符号位置示例

### 6.4.19　纹理粗糙的表面

有些商品由于质地或表面纹理粗糙，会使标签及条码符号发生扭曲，因此无法使用条码符号标签，在这种情况下需要选择使用挂签或环绕式标签。

## 6.5　衣物和时尚配饰上条码符号放置原则

衣物展现的方式多种多样，有零散的（如用衣架悬挂的服装），也有放在盒子或袋子里的（见图 6.5-1）。在很多情况下，必须将所有产品有关的信息印制在一张较小的服装标签上，零售标签上不仅要有对于零售商比较重要的产品的详细信息（如批量、批次），还要包含与消费者相关的信息（如样式、尺码、颜色），以及条码符号本身。

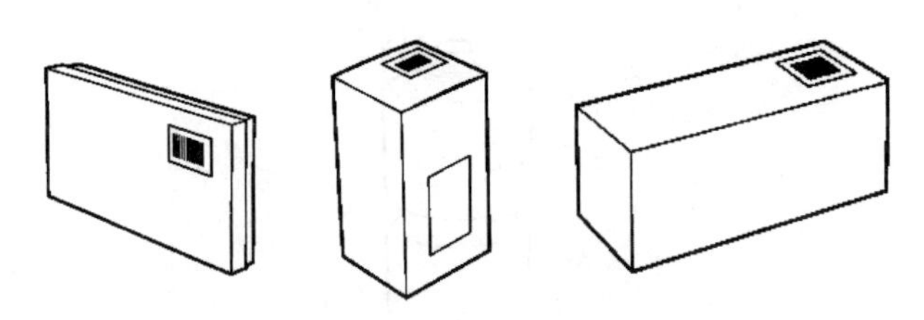

图 6.5-1　盒包装上条码符号位置示例

下面给出有关零售标签设计的一般方法。

标签的设计：

标签可分为三部分：

■ 制造商/零售商信息：标签版面的上边部分是放置 non-HRI 产品信息的首选位置。这些信息通常对制造商和零售商比较重要，而不是对消费者。

■ 条码符号：标签版面的中间部分是放置条码符号的最佳位置。条码符号放在这里，使扫描器受到阻碍的可能性最小，因为这样布局可以在条码符号与制造商/零售商信息（上边部分）及消费者信息（下边部分）之间形成自然的分界。

■ 消费者信息：标签格式的下边部分是放置消费者信息的首选位置，包括价格、尺码和纤维成分等。

下面的章节给出了在衣物和时尚配饰上放置条码符号的推荐方法。

## 6.5.1　信息带

根据厂商、零售商和消费者的需求，将标签分为七个信息带，可根据标签的类型进行选择。

### 6.5.1.1　一般标签的信息带

见表 6.5.1.1-1。

表 6.5.1.1-1　一般标签的信息带

| 信息带 | 信息类型 | 描　述 | 性质：必选的/可选的 |
|---|---|---|---|
| 信息带 1 | 产品标识 | 主要的供人识读的产品标识，通常是产品类型码，也可以是样式、式样、服装类型。产品标识宜放在信息带 1 的左上部分 | 必选（见注） |
| 信息带 2 | 厂商信息 | 可选的厂商有关的产品信息，如厂商的库存单元(SKU)、裁剪号、染料批次、颜色、款式等（厂商信息有助于保证附着在产品上的条码符号的正确性） | 可选 |
| 信息带 3 | 数据结构(GTIN-13，GTIN-12，GTIN-8) | 条码符号 | 必选 |
| 信息带 4 | 消费者信息 | 可选的为消费者提供的产品信息，如纤维成分、阻燃性能、原产地等 | 可选 |

表6.5.1.1-1(续)

| 信息带 | 信息类型 | 描 述 | 性质：必选的/可选的 |
|---|---|---|---|
| 信息带5 | 尺码/尺寸 | 尺码/尺寸是消费者需要的关键信息。尺码可以用大号粗体字印刷来加以强调，并要放在信息带5的右边部分。厂商也可以选择使用风格名称来辅助消费者进行挑选 | 除产品另有要求外（如毛巾）必选 |
| 信息带6 | 零售价格 | 允许印刷最小字符价格的空间，尺寸为25mm（1in）×32mm（1.25in）。对于塑料包装、箱装和带状的产品，可以用几种方法来提供这个所需的用于价格的空间：<br>·条码符号标记在可粘贴的标签上时，用于价格的空间可以是标签的一部分；<br>·条码符号标记在包装上时，用于价格的空间可以是包装品的一部分；<br>·把包装上与信息带5邻接的空间预留给零售项目标价就创建了一个用于价格的隐含的空间。隐含的空间替代了标签或包装品上实际空间的需求。<br>如果使用了用于价格的隐含空间，就不应印刷重要的信息，因为此处可能被可粘贴的价格标签覆盖 | 除标签格式另有要求（如缝入褶边的标签）外，必选 |
| 信息带7 | 制造商建议价格 | 仅用于需要给商品预先定价或在挂签上印刷建议零售价的情况。如果提供这个信息带，标签这部分必须打穿孔线，以便能有选择地撕掉 | 可选 |

**注：**如果厂商要求用尺码和颜色来标识产品，在信息带1中可选择这些信息。

### 6.5.1.2 标签的一般格式

在典型的垂直和水平的标签格式上安排各信息带的示例见图6.5.1.2-1和图6.5.1.2-2。

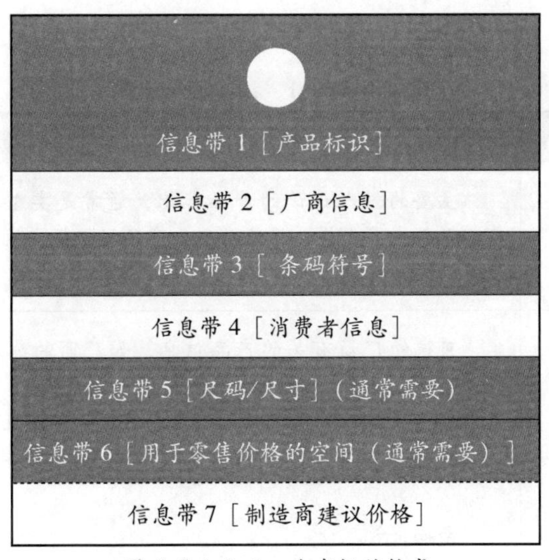


图6.5.1.2-1 垂直标签格式

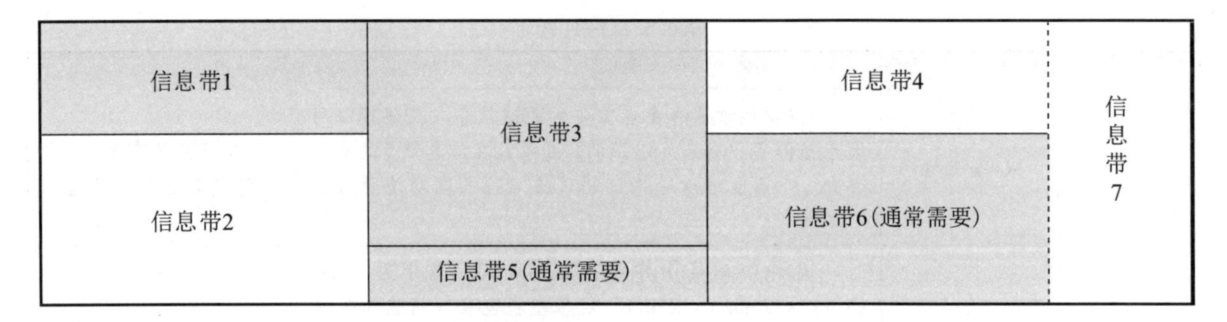


图 6.5.1.2-2　水平标签格式

## 6.5.2　挂签（悬挂标签）的格式

尽管挂签（悬挂标签）主要用于悬挂的、随时可试穿的服装，但也有很多别的产品使用挂签来标识，比如平叠的服装、珠宝、皮带、电灯和家具等都会使用某些形式的挂签。因此，在维持信息带总的原则的前提下，本部分给出比较灵活的挂签设计的指导原则，厂商可自愿采用。

挂签有两个用途。第一，为消费者提供产品商标、品牌有关的信息；第二，挂签的背面常用于印刷产品信息和产品标识符号，包括标识产品的条码。

典型的挂签设计是把厂商的商标放在正面，把产品识别符号和条码符号放在背面。厂商也可有选择地把一些附加的标志放在挂签的背面。但是，商标或标志不宜放在挂签的底下部分，因为零售价格标签可能把它们遮挡，或者在去除制造商建议零售价格时，这部分可能会被撕掉。应避免印刷背景商标图案，导致消费者所需的重要信息变得模糊不清。切不可让商标图案遮盖条码符号。

### 6.5.2.1　挂签的信息带

见表 6.5.2.1-1。

表 6.5.2.1-1　挂签的信息带

| 信息带 | 信息类型 | 描述 | 性质：必选的/可选的 |
| --- | --- | --- | --- |
| 信息带 1 | 产品标识 | 主要的供人识读的产品标识，通常是类型码，也可以是款式、式样、服装类型。产品标识符宜放在信息带 1 的左上部分 | 必选（见注） |
| 信息带 2 | 厂商信息 | 可选的厂商有关的产品信息，如厂商的库存单元(SKU)、裁剪号、染料批次、颜色、款式等（厂商信息有助于保证附着在产品上的条码符号的正确性） | 可选 |
| 信息带 3 | 数据结构(GTIN-13，GTIN-12，GTIN-8) | 条码符号 | 必选 |

表6.5.2.1-1(续)

| 信息带 | 信息类型 | 描述 | 性质：必选的/可选的 |
|---|---|---|---|
| 信息带4 | 消费者信息 | 包括可选择的为消费者提供的产品信息，如纤维成分、阻燃性能、原产地等 | 可选 |
| 信息带5 | 尺码/尺寸 | 尺码/尺寸是消费者所需的关键信息。尺码可以用大号粗体字印刷来加以强调，并要放在信息带5的右边部分。厂商可以选择性地使用风格名称来辅助消费者进行挑选 | 除产品（如毛巾）另有要求外必选 |
| 信息带6 | 零售价格 | 允许印刷最小字符价格的空间，尺寸为25mm（1in）×32mm（1.25in） | 除标签格式另有要求外（如缝入褶边的标签）必选 |
| 信息带7 | 制造商建议价格 | 仅用于需要给商品预先定价或在标签上印刷建议零售价的情况。如果提供这个信息带，标签这部分必须打穿孔线，以便能有选择地撕除 | 可选 |

**注：**如果厂商要求用尺码和颜色来标识产品，在信息带1中可选择这些信息。

### 6.5.2.2　悬挂标签示例

见图6.5.2.2-1。

图6.5.2.2-1　悬挂标签示例

## 6.5.3　缝在产品表面的标签（唛头）格式

缝在产品表面的唛头几乎为服装商品专用，它的格式与挂签相似，但在一个重要的方面有所不同，它是直接缝在产品表面上的而不是悬挂在产品上，因此只有一面可用来制作厂商的 logo、条码符号和商品的标识信息。

标签上可以有厂商 logo，但不宜把它们放在标签的底下部分，导致被零售价格标签遮挡，或在移除建议零售价格时被撕毁。应避免印刷 logo 的背景图案，导致消费者需要的重要信息被遮挡。切不可用 logo 遮挡条码符号。

### 6.5.3.1 缝在产品表面的标签（唛头）的信息带

见表 6.5.3.1-1。

表 6.5.3.1-1 缝在产品表面的标签（唛头）的信息带

| 信息带 | 信息类型 | 描述 | 性质：必选的/可选的 |
| --- | --- | --- | --- |
| 信息带 1 | 产品标识 | 主要的供人识读的产品标识，通常是类型码，也可以是款式、式样、服装类型。产品标识符宜放在信息带 1 的左上部分 | 必选（见注） |
| 信息带 2 | 厂商信息 | 可选的厂商有关的产品信息，如厂商的库存单元(SKU)、裁剪号、染料批次、颜色、款式等（厂商信息有助于保证附着在产品上的条码符号的正确性） | 可选 |
| 信息带 3 | 数据结构（EAN/UCC-13，UCC-12，EAN/UCC-8） | 条码符号 | 必选 |
| 信息带 4 | 消费者信息 | 可选的消费者所需的产品信息，如纤维成分、阻燃性能、原产地等 | 可选 |
| 信息带 5 | 尺码/尺寸 | 尺码/尺寸是消费者所需的关键信息。尺码可以用大号粗体字印刷来加以强调，并要放在信息带 5 的右边部分。厂商可以选择性地使用风格名称来辅助消费者进行挑选 | 除产品（如毛巾）另有要求外必选 |
| 信息带 6 | 零售价格 | 允许印刷最小字符价格的空间，尺寸为 25mm (1in) ×32mm (1.25in) | 除标签格式另有要求外（如缝入褶边的标签）必选 |
| 信息带 7 | 制造商建议价格 | 仅用于需要给商品预先定价或在标签上印刷建议零售价的情况。如果提供这个信息带，标签这部分必须打穿孔线，以便能有选择地撕除 | 可选 |

**注：** 如果厂商要求用尺码和颜色来标识产品，在信息带 1 中可选择这些信息。

### 6.5.3.2 缝在产品表面的标签（唛头）示例

见图 6.5.3.2-1、图 6.5.3.2-2。

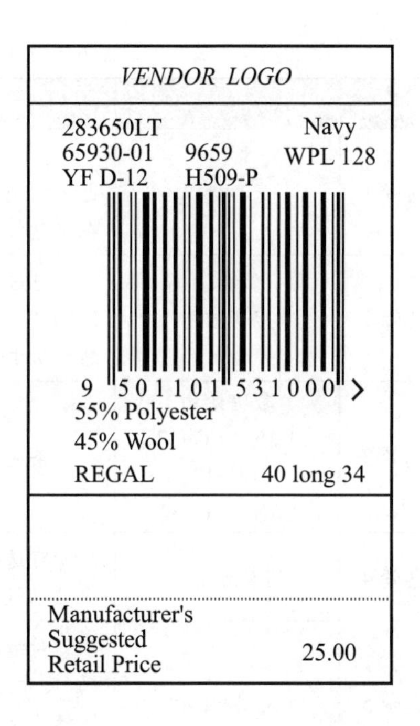


图 6.5.3.2-1 垂直版面

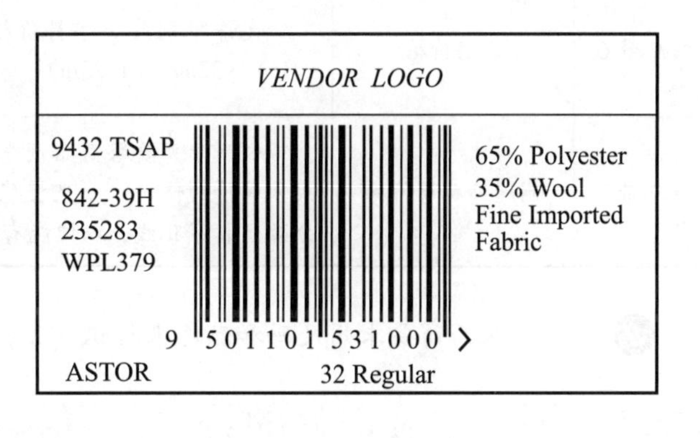


图 6.5.3.2-2 水平版面

## 6.5.4 缝入褶边的标签（唛头）格式

褶边标签经常用于毛巾类产品，可以是纸质的，能让消费者撕掉；也可以是更耐用的布料的。

因为缝入式标签的一部分通常被一条缝边遮盖，所以在设计时，标签附着在产品上的一边要留有足够的空白空间。要注意不要让缝边挡住标签上的产品标识，缝边不能妨碍条码符号在零售 POS 系统的识读。

### 6.5.4.1 缝入褶边的标签（唛头）信息带

见表 6.5.4.1-1。

表 6.5.4.1-1 缝入褶边的标签（唛头）信息带

| 信息带 | 信息类型 | 描述 | 性质：必选的/可选的 |
|---|---|---|---|
| 信息带 1 | 产品标识 | 主要的供人识读的产品标识，通常是类型码，也可以是款式、式样、服装类型。产品标识符宜放在信息带 1 的左上部分 | 必选（见注） |
| 信息带 2 | 厂商信息 | 可选的厂商有关的产品信息，如厂商的库存单元(SKU)、裁剪号、染料批次、颜色、款式等（厂商信息有助于保证附着在产品上的条码符号的正确性） | 可选 |
| 信息带 3 | 数据结构（EAN/UCC-13，UCC-12，EAN/UCC-8） | 条码符号 | 必选 |
| 信息带 4 | 消费者信息 | 可选的消费者所需的产品信息，如纤维成分、阻燃性能、原产地等 | 可选 |
| 信息带 5 | 尺码/尺寸 | 对缝入褶边的标签，尺码/尺寸是可选择的。尺码/尺寸可以帮助消费者选择产品，也有助于厂商确认标签及放置在产品上的 EAN/UPC 条码符号的正确性 | 除产品（如毛巾）另有要求或尺寸/尺码显而易见的情况外必选 |
| 信息带 6 | 零售价格 | 允许印刷最小字符价格的空间，尺寸为 25mm（1in）×32mm（1.25in） | 除标签格式另有要求（如缝入褶边的标签）外必选 |
| 信息带 7 | 制造商建议价格 | 仅用于需要给商品预先定价或在标签上印刷建议零售价的情况。如果提供这个信息带，标签这部分必须打穿孔线，以便能有选择地撕除 | 可选 |

注：如果厂商要求用尺码和颜色来标识产品，在信息带 1 中可选择这些信息。

## 6.5.5 塑料包装产品的符号放置指导原则

塑料包装产品涵盖范围很广的商品类型，包括被单、枕头套、桌布、女士裤袜、内衣裤、文教用品、枕头、床罩，以及众多类型的平叠服装。在塑料包装的产品上标记条码符号有两种不同的方法：

1. 把条码符号和其他的商品标识信息整合设计直接印制在包装上。
2. 把条码符号和其他的商品标识信息印制在一个背面涂胶的、可压贴到产品表面的标签上。

标签上可以有厂商 logo，但不宜把它们放在标签的底下部分，导致被零售价格标签遮挡，或在移除建议零售价格时被撕毁。应避免印刷 logo 的背景图案，导致消费者需要的重要信息被遮挡。切不可用 logo 遮挡条码符号。

### 6.5.5.1 塑料包装产品标签的信息带

见表 6.5.5.1-1。

表 6.5.5.1-1　塑料包装产品标签的信息带

| 信息带 | 信息类型 | 描述 | 性质：必选的/可选的 |
|---|---|---|---|
| 信息带 1 | 产品标识 | 主要的供人识读的产品标识，通常是类型码，也可以是款式、式样、服装类型。产品标识符号宜放在信息带 1 的左上部分 | 必选（见注 1） |
| 信息带 2 | 厂商信息 | 可选的厂商有关的产品信息，如厂商的库存单元（SKU）、裁剪号、染料批次、颜色、款式等（厂商信息有助于保证附着在产品上的条码符号的正确性） | 可选 |
| 信息带 3 | 数据结构（GTIN-13，GTIN-12，GTIN-8） | 条码符号 | 必选 |
| 信息带 4 | 消费者信息 | 可选的消费者所需的产品信息，如纤维成分、阻燃性能、原产地等 | 可选（见注 2） |
| 信息带 5 | 尺码/尺寸 | 尺码/尺寸是消费者所需的关键信息。尺码可以用大号粗体字印刷来加以强调，并要放在信息带 5 的右边部分。销售商可以选择性地使用风格名称来辅助消费者进行挑选 | 通常情况下必选（见注 3） |
| 信息带 6 | 零售价格 | 允许印刷最小字符价格的空间，尺寸为 25mm（1in）×32mm（1.25in）。对于塑料包装的产品，可以用几种方法来提供这个所需的用于价格的空间：<br>·条码符号标记在可粘贴的标签上时，用于价格的空间可以是标签的一部分；<br>·条码符号标记在包装上时，用于价格的空间可以是包装品的一部分；<br>·把包装上与信息带 5 邻接的空间预留给零售项目标价就创建了一个用于价格的隐含的空间。隐含的空间替代了标签或包装品上实际空间的需求。<br>如果使用了用于价格的隐含空间，就不应印刷重要的信息，因为此处可能被可粘贴的价格标签覆盖 | 通常情况下必选 |
| 信息带 7 | 制造商建议价格 | 仅用于需要给商品预先定价或在标签上印刷建议零售价的情况。如果提供这个信息带，标签这部分必须打穿孔线，以便能有选择地撕除 | 可选 |

**注 1**：如果厂商要求用尺码和颜色来标识产品，在信息带 1 中可选择这些信息。

**注 2**：某些司法管辖区要求某些产品包含有关信息带 4 中的信息一个永久性的附加声明，而这种声明放在包装上可能会不满足要求。

**注 3**：如果包装上已有尺码方面的信息，在信息带 5 中可省略尺码。

### 6.5.5.2 塑料包装产品的符号放置原则

为了能在零售 POS 系统中成功扫描，需要保持条码符号放置位置的一致性。对于在塑料包装产品上如何放置条码符号，本文件制定了比较灵活的指导原则，以适应各个企业间的差异：

■ 包装正面的右上角是首选的放置条码符号及其他产品标识信息的地方。

■ 虽然塑料包装产品的正面和背面皆可用于放置条码符号及其他产品标识信息，但是对同类型的所有产品，应固定放置于其中一面。

**警示：**把条码符号放在产品的背面，可能导致一些零售商为了使消费者同时看到条码符号和零售价格，而把产品背面朝上放在柜台里展示。

■ 条码符号及其他的产品标识信息的方向应与塑料包装上的图形或描述数据协调一致。

■ 条码符号及其他的产品标识信息，无论是制作在包装品上还是制作在可粘贴的标签上，到所在包装/容器邻近边缘的间距应不小于 8mm（0.3in），不大于 100mm（4in）。以前的指导原则建议最小间距为 5mm（0.2in），实践证明这是不恰当的。例如，商店营业员就经常用拇指捏住包装的边缘。应该避免把条码符号放置得太靠近边缘，位置太近边缘会降低 POS 端销售的效率，还会导致条码符号变形（见 6.3.3.3 边缘规则）。

■ 条码符号及其他的产品标识信息通常宜放在塑料包装产品正面的右上角。但是，对于一些大尺寸或重型的，或形状特殊的产品，这样做是不切合实际或不适当的。有关大尺寸或重型的项目参见 6.4.9。

**注：**6.4 确定了包装或容器的背面右侧下半部分区域为推荐的条码符号放置位置。对于在食品杂货店环境出售的塑料包装产品，这个推荐的条码符号放置位置仍然有效。

### 6.5.5.3 塑料包装产品标签示例

见图 6.5.5.3-1。

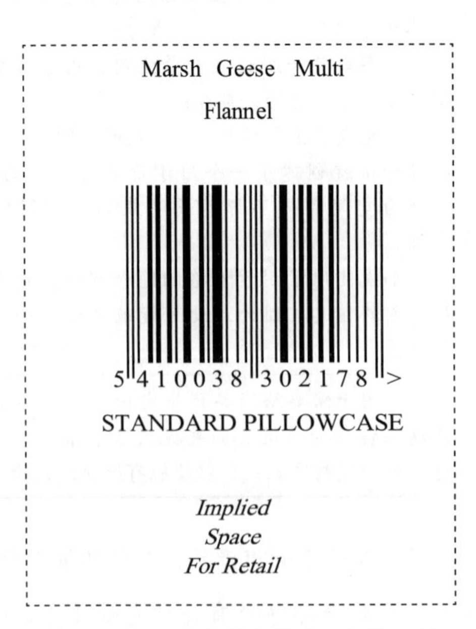


图 6.5.5.3-1 塑料包装产品标签示例

## 6.5.6　箱（盒）装产品的标签格式

一些箱装产品可以整箱销售，也可从箱中取出出售。另一些箱装产品实际是套装产品，但可分开单件出售。有些箱子上有相当多的设计图案，而有些箱子只是装产品的纸板箱。

箱子的尺寸范围很广，从非常小的珠宝类、化妆品类包装到很大的家具包装都有。对于非常大的箱装产品，可以考虑使用双重条码符号标签，它的一部分可以撕下来便于在 POS 销售点扫描结算，而另一部分则保留在箱子上。

在箱装产品放置条码符号有两种不同的方法：

■ 把条码符号和其他的产品标识信息一起标记在箱装产品上。

■ 把条码符号和其他的产品标识信息印刷在可粘贴在包装箱上的标签上。

标签上可以有厂商 logo，但不宜把它们放在标签的底下部分，导致被零售价格标签遮挡，或在移除建议零售价格时被撕毁。应避免印刷 logo 的背景图案，导致消费者需要的重要信息被遮挡。

### 6.5.6.1　箱装产品标签的信息带

见表 6.5.6.1-1。

表 6.5.6.1-1　箱装产品标签的信息带

| 信息带 | 信息类型 | 描述 | 性质：必选的/可选的 |
|---|---|---|---|
| 信息带 1 | 产品标识 | 主要的供人识读的产品标识，通常是类型码，也可以是款式、式样、服装类型。产品标识符号宜放在信息带 1 的左上部分 | 必选（见注 1） |
| 信息带 2 | 厂商信息 | 可选的零售商的产品信息，如厂商的库存单元（SKU）裁减号、染料批次、颜色、款式等（厂商信息有助于保证附着在产品上的条码符号的正确性） | 可选 |
| 信息带 3 | 数据结构（GTIN-13，GTIN-12，GTIN-8） | 条码符号 | 必选 |
| 信息带 4 | 消费者信息 | 可选择的为消费者提供的产品信息，如纤维成分、阻燃性能、原产地等 | 可选（见注 2） |
| 信息带 5 | 尺码/尺寸 | 尺码/尺寸是消费者所需的关键信息。尺码可以用大号粗体字印刷来加以强调，并要放在信息带 5 的右边部分。厂商可以选择性地使用风格名称来辅助消费者进行挑选 | 通常为必选（见注 3） |

表6.5.6.1-1(续)

| 信息带 | 信息类型 | 描述 | 性质：必选的/可选的 |
|---|---|---|---|
| 信息带6 | 零售价格 | 允许印刷最小字符价格的空间，尺寸为25mm（1in）×32mm（1.25in）。对于箱装的产品，可以用几种方法来提供这个所需的用于价格的空间：<br>·条码符号标记在可粘贴的标签上时，用于价格的空间可以是标签的一部分；<br>·条码符号标记在包装上时，用于价格的空间可以是包装品的一部分；<br>·把包装上与信息带5邻接的空间预留给零售项目标价就创建了一个用于价格的隐含的空间。隐含的空间替代了标签或包装品上实际空间的需求。<br>如果使用了用于价格的隐含空间，此处不应印刷重要的信息，此处可能被可粘贴的价格标签覆盖 | 通常为必选 |
| 信息带7 | 制造商建议价格 | 仅用于需要给商品预先定价或在标签上印刷建议零售价的情况。如果提供这个信息带，标签这部分必须打穿孔线，以便能有选择地撕除 | 可选 |

**注1**：如果厂商要求使用尺码和颜色来标识产品，在信息带1中可选择这些信息。

**注2**：某些权限司法管辖区要求某些产品包含有关信息带4中的信息一个永久性的附加声明，而这种声明放在包装上可能会不满足要求。

**注3**：如果包装上已有尺码方面的信息，在信息带5中可省略尺码。

#### 6.5.6.2　单个独立销售单元放置位置的选择

某些独立销售的单元（贸易项目）可以无包装出售，也可以连包装一起出售。此时制造商需要考虑把商品标识直接放置在产品上还是包装上，对于这种情况如何分配GTIN见2.1。

#### 6.5.6.3　箱（盒）装产品符号放置指导

为了使标记有条码符号的商品能在零售POS系统成功地被扫描，对同一企业的或同一类的产品需要保持符号位置的一致性。由于箱装产品多种多样，本文件对箱装产品上条码符号的放置，制定了比较灵活的指导原则，以适应各个企业间的差异：

■ 对于主要在营业部或专卖店出售的箱装产品，条码符号及其产品标识信息宜放在箱子经常显露的面上。

■ 条码符号及其他的产品标识信息的方向应与箱子上的图形或描述数据协调一致。

■ 条码符号及其他的产品标识信息，无论是制作在包装品上还是制作在可粘贴的标签上，与所在包装/容器邻近边缘的间距应不小于8mm（0.3in），不大于100mm（4in）。以前的指导原则建议最小间距为5mm（0.2in），实践证明这是不恰当的。例如，商店营业员就经常用拇指捏住包装的边缘。应该避免把条码符号放置得太靠近边缘，位置太近边缘会降低POS系统销售的效率，还会导致条码符号变形（见6.3.3.3边缘规则）。

■ 条码符号及其他的产品标识信息宜放在塑料包装产品的正面右上角。但是，对于一些大尺寸或重型的，或形状特殊的产品，这样做是不切合实际或不适当的。有关大尺寸或重型的项目参见6.4.9。

**注：**6.4确定了包装或容器的背面右侧下半部分区域为推荐的条码符号放置位置。对于在食品杂货店环境出售的箱（盒）包装产品，这个推荐的条码符号放置位置仍然有效。

### 6.5.6.4　箱（盒）装产品标签示例

见图6.5.6.4-1。

图6.5.6.4-1　箱（盒）装产品标签示例

## 6.5.7　带状标签格式

带状标签通常用于捆绑一组特定的产品，最常见的有袜类（短袜）和毛线类产品。在带状标签上标记条码符号有以下两种方法：

- 把条码符号和其他的产品标识信息一起制作在带状标签上。
- 把条码符号和其他的产品标识信息一起印刷在可粘贴到带状标签的标签上。

典型的带状标签会把厂商的标志突出地放在正面，背面则包含产品标识、消费者信息和条码符号。也可以在背面印刷厂商的标识，作为带状标签格式的一部分，但应注意不要妨碍条码符号或其他重要的产品信息的识读。应避免印刷厂商标识的背景图案。

#### 6.5.7.1 带状产品标签的信息带

见表6.5.7.1-1。

表6.5.7.1-1 带状产品标签的信息带

| 信息带 | 信息类型 | 描述 | 性质：必选的/可选的 |
|---|---|---|---|
| 信息带1 | 产品标识 | 主要的供人识读的产品标识，通常是类型码，也可以是款式、式样、服装类型。产品标识符号宜放在信息带1的左上部分 | 必选（见注1） |
| 信息带2 | 厂商信息 | 可选的厂商有关的产品信息，如厂商的库存单元（SKU）、裁减号、染料批次、颜色、款式等（厂商信息有助于保证附着在产品上的条码符号的正确性） | 可选 |
| 信息带3 | 数据结构（GTIN-13，GTIN-12，GTIN-8） | 条码符号 | 必选 |
| 信息带4 | 消费者信息 | 包括可选的为消费者提供的产品信息，如纤维成分、阻燃性能、原产地等 | 可选（见注2） |
| 信息带5 | 尺码/尺寸 | 尺码/尺寸是消费者所需的关键信息。尺码可以用大号粗体字印刷来加以强调，并要放在信息带5的右边部分。厂商可以选择性地使用风格名称来辅助消费者进行挑选 | 通常为必选（见注3） |
| 信息带6 | 零售价格 | 允许印刷最小字符价格的空间，尺寸为25mm（1in）×32mm（1.25in）。对于带状的产品，可以用几种方法来提供这个所需的用于价格的空间：<br>·条码符号标记在可粘贴的标签上时，用于价格的空间可以是标签的一部分；<br>·条码符号标记在包装上时，用于价格的空间可以是包装品的一部分；<br>·把包装上与信息带5邻接的空间预留给零售项目标价就创建了一个用于价格的隐含的空间。隐含的空间替代了标签或包装品上实际空间的需求。<br>如果使用了用于价格的隐含空间，就不应印刷重要的信息，因为此处可能被可粘贴的价格标签覆盖 | 通常为必选 |
| 信息带7 | 制造商建议价格 | 仅用于需要给商品预先定价或在标签上印刷建议零售价的情况。如果提供这个信息带，标签这部分必须打穿孔线，以便能有选择地撕除 | 可选 |

**注1**：如果厂商要求用尺码和颜色来标识产品，在信息带1中可选择这些信息。

**注2**：某些权限司法管辖区要求某些产品包含有关信息带4中的信息一个永久性的附加声

明，而这种声明放在包装上可能会不满足要求。

注3：如果包装上已经有尺码方面的信息，在信息带5中可省略尺码。

# 6.6 GS1物流标签设计

本章给出了GS1物流标签的基本要求，可与其他章节如第3章GS1应用标识符、5.4 GS1-128符号规范、5.6 GS1 DataMatrix及5.7 GS1 QR码中的内容一起阅读，配合使用。

## 6.6.1 范围

本规范详细给出了GS1物流标签的结构和设计要求，重点给出了开放贸易环境下实际操作中的基本要求。包括：

- 物流单元的唯一标识。
- 标签文本和机器识读数据的有效表示。
- 供应链中关键伙伴的信息要求：供应商，客户和承运商。
- 确保标签系统和稳定识读的技术参数。

## 6.6.2 概念

### 6.6.2.1 物流信息流

物流单元在供应链过程中触发的一系列的事件，定义了与物流单元有关的信息。整个供应链中的加工制造、成品分销、货物运输和市场投放（调度）等处理过程构成了物流单元有关信息的不同层级（信息流，见图6.6.2.1-1）。

例如，对物流单元实体的典型定义是在成品分销节点，在这个点上，将一个物流单元作为一个实体来进行标识是可能的，此时，其他的信息要素，比如最终目的地信息或组合单元货物信息，一般只在供应链的后期才能知晓。在贸易关系中，供应商、承运商和客户会了解和使用不同信息要素。

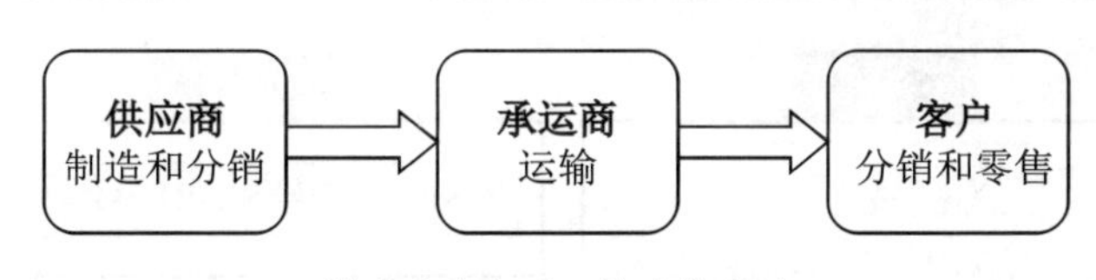


图6.6.2.1-1 物流信息流

### 6.6.2.2 信息的表示

GS1物流标签中包含的信息有两种基本形式：

1. 人工识读：包括HRI、non-HRI文本和图片；
2. 机器自动化识读：条码。

编码符号作为机器可识读信息，是满足结构化数据传输安全有效的一种方式；而HRI、non-HRI文本和图片允许人们在供应链的任何节点获得基本信息。二者对GS1物流标签都是必要的，且通常并存在一个物流标签之上。

### 6.6.3　GS1 物流标签设计

GS1 物流标签的信息通常划分为三个逻辑区段：供应商、客户、承运商。每个区段用于在物流单元上标识不同节点的相关信息。

除此之外，在 GS1 物流标签上，可以区分标签传达的不同类型的数据，以便于机器译码和人工识读。为此，数据可以表示为用三种形式的构建模块。

SSCC 是所有 GS1 物流标签的唯一必备项。如果需要标识其他的信息，应遵循本规范对应用标识符的使用要求。

#### 6.6.3.1　构建模块

GS1 物流标签包括三个构建模块：

1. 顶层构建模块可以包含任何内容，例如文本和图形。这可能包括未进行编码和条码表示的物流单元附加信息。

2. 中间构建模块为 non-HRI 文本，包括使用数据标题而不是应用标识符反映条码信息的文本，以及反映未在条码中表示的可选附加信息的文本（最好包括数据标题）。

3. 底层构建模块由包含 HRI 的条码符号组成。

其中底层构建模块是必选的。

使用二维码，应放置在中间构建模块内带数据标题的 non-HRI 文本右侧。见图 6.6.3.1-1 中的选项 2。

如果空间允许，中间构建模块和底层构建模块可以并列放置。见图 6.6.3.1-1 中的选项 3。

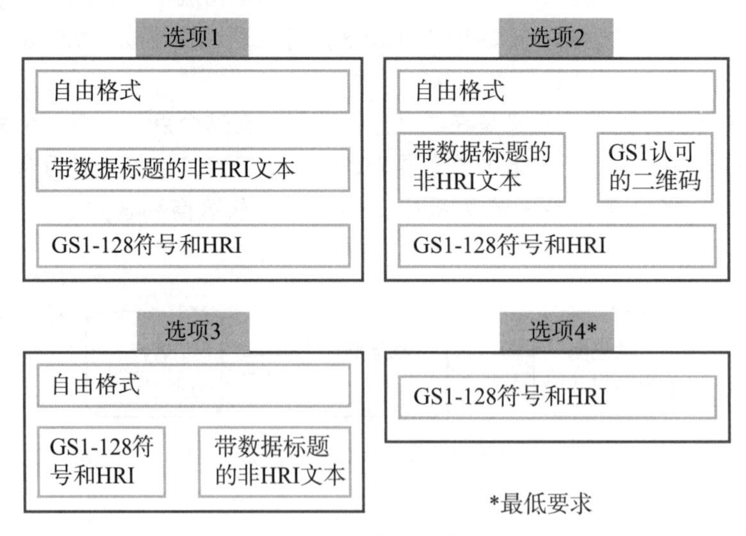


图 6.6.3.1-1　构建模块的放置

#### 6.6.3.2　区段

每个区段都是一类信息的逻辑分组，通常这些信息在特定时间才会出现。GS1 物流标签最多包含三个表示不同逻辑分组的信息区段。通常，三个区段从上到下的顺序是承运商、客户、供应商，但这种顺序和上/下排列可依物流单元大小和业务流程的变化而调整。

每个区段都可能包含贸易伙伴确定的构建模块组合。

每个区段的标签可以单独打印，在这种情况下，须将各个区段标签垂直放置在相邻的位置，并将包含 SSCC 的标签区段放置在底部。在物流单元的运输期间可能会对承运商区段标签进行更换，在这种情况下，应特别小心，以确保客户和供应商区段的标签得以保留。

#### 6.6.3.2.1 供应商区段

标签的供应商区段包含的信息一般是在确定包装单元时明确的供应商信息。SSCC 在此作为物流单元的标识，如必要可以与 GTIN 一同使用。

对供应商、客户和承运商都有用的其他信息包括与产品有关的信息，如：产品变体、生产日期、包装日期、有效期、保质期、批号、系列号等都可以标识在该区段。

#### 6.6.3.2.2 客户区段

该区段包含与订货或订单处理有关的信息。典型的客户区段信息包括目的地位置、订单代码、客户指定路线及有关货物处理的信息。如果多个物流单元组合运输向同一个客户发货或使用同一个提单（BOL），那么 AI（402）表示的 GSIN 也适用于该客户区段。

#### 6.6.3.2.3 承运商区段

该区段通常包含在货物装运时已知的与运输有关的信息，包括目的地邮政编码 AI（420）、全球托运标识代码 AI（401）以及承运商指定的运输路线和装卸信息。

## 6.6.4 （标签设计）技术要求

### 6.6.4.1 条码和 HRI

#### 6.6.4.1.1 条码的方向和位置

物流单元条码符号应采用栅栏方向放置，也就是条、空应垂直于物流单元竖直放置的底面。在任何情况下，表示 SSCC 的 GS1-128 条码应放置在标签底部。

如果使用二维码，应将其放置在紧挨着中间构建模块的右侧，且符合符号的空白区要求。

#### 6.6.4.1.2 HRI

作为备用的标识代码录入和校验辅助方法，应提供以 GS1-128 编码的每个条码数据串的 HRI。对于包含在二维码中但不存在于标签上的 GS1-128 符号的各个单元数据串，应提供与二维码相关的 HRI 或具有数据标题的 non-HRI 文本。更多信息，见 4.14 中的条码通用 HRI 规则。

### 6.6.4.2 包括数据标题的 non-HRI 文本

non-HRI 文本即带有数据标题的文本，旨在便于手动操作和菜单驱动系统的数据串录入。它由数据标题和数据内容组成，可用于详述条码符号所表示的数据串的对应文本，高度应至少为 7mm/0.275in。

### 6.6.4.3 数据标题

数据标题是对编码数据串标准化描述的缩略语，用于对数据字段的解释说明。数据标题应放置在中间构建模块数据字段相邻的位置，也可以放置在条码和 HRI 的相邻位置。

数据标题的名称列表见 3.2。

### 6.6.4.4 自由格式信息

自由格式信息可以由 non-HRI 文本（如发货人、收货人的姓名和地址）和图形（如公司 logo 和图标）组成。所有顶层构建模块中的 non-HRI 文本都应清晰易读，高度不低于 3mm/0.118in。

#### 6.6.4.5 标签尺寸

标签的物理尺寸由标签制作人确定，但应与标签各区段的数据要求相适应。数据量的大小、码制的容量和条码的 X 尺寸以及粘贴标签的物流单元的尺寸都是影响标签尺寸的因素。下列尺寸可满足 GS1 物流标签的大多数用户的业务要求。

- A6（105mm×148mm），适用于仅需对 SSCC 或 SSCC 及有限附加信息进行编码表示的情况。
- 4in×6in，适用于仅需对 SSCC 或 SSCC 及有限附加信息进行编码表示的情况。

或

- A5（148mm×210mm）。
- 6in×8in。

#### 6.6.4.6 标签位置

标签位置见 6.7 中的规定。

### 6.6.5 标签示例

见图 6.6.5-1~图 6.6.5-8。

图 6.6.5-1 基本物流单元标签：SSCC

**注**：此示例为仅包含 SSCC 的物流单元标签。这样的标签可以用于生产环节，也用于运输和收货时缺少标签的物流单元上。

构建模块（自上而下）：

- 中间层（带数据标题的文本）：SSCC。
- 底层（条码+HRI）：AI（00）。

Von/From
Mustermann GmbH
Herr Schmidt
Hauptstr. 35
60100 Frankfurt
Germany

An/To
Edificio de Servicios Generales
Ms Alicia Romero
Calle Centella 18
08820 Barcelona
Spain

SSCC
395011015300000011

ROUTE
402621

GINC
950110153B01001

Dimensions / Weight: 80x20x20 cm / 50,0 kg

Billing No.: 5020613963 69 01

(403) 402621 (401) 950110153B01001

(00) 3 9501101 530000001 1

图 6.6.5-2　包含供应商和承运商组合信息的物流标签

**注：** 此示例为可用于运输环节的托盘标签。除了物流单位本身的信息，标签还包含了路线和目的地有关的信息。

构建模块（自上而下）：

- 顶层：发货地址、收货地址。
- 中间层（带数据标题的文本）：SSCC、GINC、路径代码、尺寸/重量、账单号。
- 底层（条码和 HRI）：AI（403）、AI（401）、AI（00）。

图 6.6.5-3 包含供应商区段和承运商区段的物流标签

**注**：此示例为可用于运输环节的物流标签。除 SSCC 之外，还包含有关路线和目的地的信息。

分段和顺序（自上而下）：

- 承运商区段（中间层和底层并排放置）：
  - 顶层：发货地址，收货地址。
  - 中间层（带数据标题的文本）：承运商，B/L，PRO。
  - 底层（条码和 HRI）：目的地邮政编码 AI（420）。
- 供应商区段：
  - 底层（条码和 HRI）：SSCC，AI（00）。

图 6.6.5-4　包含供应商信息的物流标签

**注**：此示例为可在生产环节应用的托盘标签。它包含供应商和贸易项目的信息，但没有关于运输和客户的信息。

构建模块（自上而下）：

- 顶层：供应商名称。
- 中间层（带数据标题的文本）：SSCC、物流单元内贸易项目 GTIN、数量、失效日期、批号。
- 底层（条码和 HRI）：AI（02）、AI（15）、AI（10）、AI（37）、AI（00）。

图 6.6.5-5　包含供应商、客户和承运商区段的物流标签

**注：** 此示例为可能在交叉对接场景中应用的物流标签。除了 SSCC，还包含运输和最终客户目的地有关的信息。

区段和构建模块（自上而下）：

- 承运商区段（中间层和底层并排放置）：
  - 顶层：发货地址，收货地址。
  - 中间层（带数据标题的文本）：承运商、B/L、PRO。
  - 底层（条码和 HRI）：目的地邮政编码 AI（420）。
- 客户区段：
  - 顶层：PO，DEPT。
  - 中间层（带数据标题的文本）：客户名称。
  - 底层（条码和 HRI）：商店编号 AI（90）。
- 供应商区段：
  - 底层（条码和 HRI）：SSCC、AI（00）。

图 6.6.5-6　包含 GS1-128 和 GS1 DataMatrix 符号的物流标签

**注：**此示例为可在包裹投递场景中应用的物流标签。

构建模块（自上而下）：

■ 顶层：承运商、发货地址和电话、收货地址。

中间层（带数据标题的文本）：SSCC、路径代码、带国家代码的目的地邮政编码、GS1 DataMatrix、AI（00）、AI（403）、AI（421）。

■ 底层（条码和 HRI）：AI（00）。

图 6.6.5-7　GS1 DataMatrix 和 GS1-128 符号标签

**注：**此示例为不包括产品信息的运输环节专用的物流标签。

构建模块（自上而下）：

- 顶层：运输公司、重量、体积、项目数量、服务等级。
- 中间层：GS1 DataMatrix：AI（00）、AI（421）、AI（401）、AI（403）。
- 底层（条码和 HRI）：AI（401）、AI（00）。

图 6.6.5-8　编码传输过程信息的 GS1 DataMatrix 标签

注：此示例为可在包裹投递场景中应用的物流标签，其中运输过程信息以二维码进行编码表示。

构建模块（自上而下）：

■ 顶层：承运商、发货地址和电话、收货地址。

■ 中间层（带数据标题的文本）：SSCC、路径代码、带国家代码的目的地邮政编码、包含运输过程信息的 GS1 DataMatrix。

■ 底层（条码和 HRI）：AI（00）。

## 6.7　常规分销中符号放置一般原则

常规分销扫描项目包括在运输和配送过程中作为独立处理单元的所有贸易项目，存在范围很广的各种包装形式，如托盘、箱装、盒装、柜装、袋装等。这些项目可以是贸易项目也可以是物流单元。

条码符号扫描可以是手动方式或自动方式。在开放的供应链场景中，推荐的符号放置位置并不是针对特定环节的最优方案，而是旨在降低整体供应链的成本，但具体应用还需经过商业试点的验证和推动。

## 6.7.1 一般原则

用于常规分销的条码符号应正立放置（即呈栅栏状放置）在单元的侧面。每个单元应至少要有一个条码，如需在单元表面预先印制（见6.7.3），则推荐放置两个条码符号。

由于产品包装类型五花八门，本原则不适用于一些特殊的包装类型（如：高度很低的单元，展示箱，袋子等）。

条码符号应远离所垂直的边缘，这样条码符号在运输过程中不易受损。

### 6.7.1.1 托盘上的符号放置

对于所有类型的托盘，无论是含有多个独立贸易单元的完整托盘以及仅含单个贸易单元（如冰箱或洗衣机等）的托盘，条码符号到托盘底部的高度都应该保持在400mm（16in）到800mm（32in）之间（见图6.7.1.1-1），对于高度小于400mm（16in）的托盘，条码符号应尽可能地放置在高处（见图6.7.1.1-2）。

包括空白区在内的条码符号距离任意两侧边缘的距离至少为50mm（2in），以避免损坏。

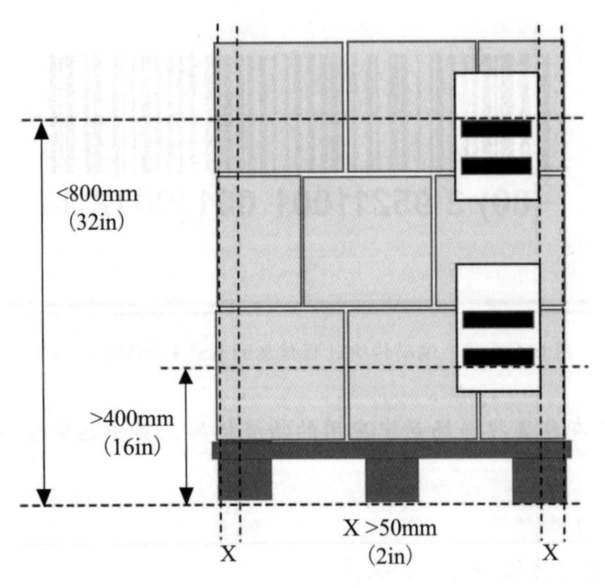


图 6.7.1.1-1 托盘上的符号位置

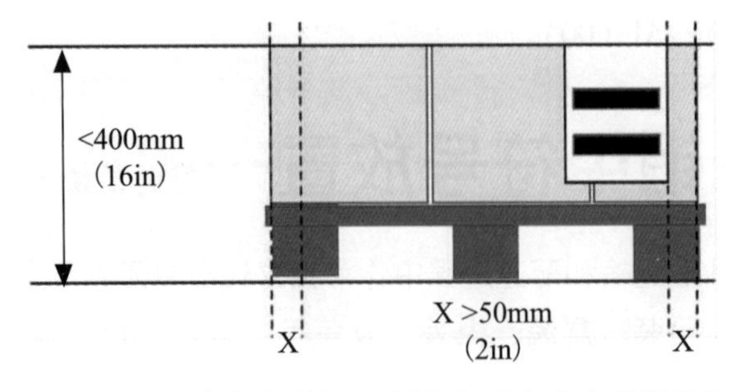


图 6.7.1.1-2 在小于400mm（16in）的托盘上的符号位置

### 6.7.1.2 纸箱和外箱上的符号位置

对于纸箱和外箱，在实践中符号的放置位置虽然略有不同，但是符号放置的目标位置应该是条码符号底部距离单元底部 32mm（1.25in）处。包括空白区在内的条码符号距离两侧边缘的距离至少为 19mm（0.75in），以避免损坏。示例见图 6.7.1.2-1。

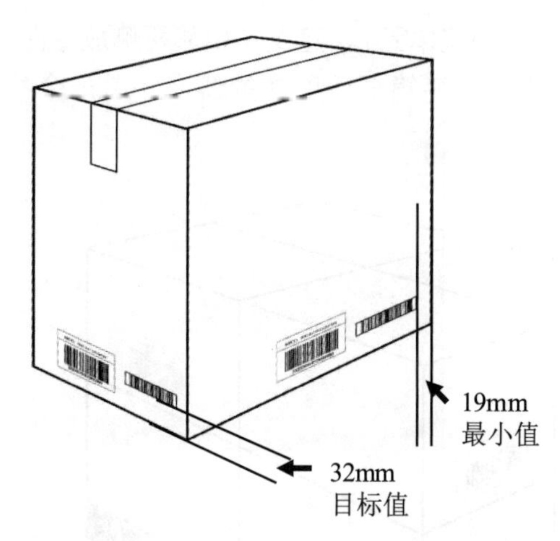


图 6.7.1.2-1 纸箱和外箱上的符号位置

### 6.7.1.3 浅托盘和箱子的符号放置

如果箱子或托盘的高度低于 50mm（2.0in），导致不能放置完整的条码符号或在条码下方打印一个完整高度的供人识别字符（见 4.14 中的 HRI 规则），则可以采用以下几种备选方案：

■ 将 HRI 放在临近条码符号且在强制保留的空白区以外的位置。示例见图 6.7.1.3-1。

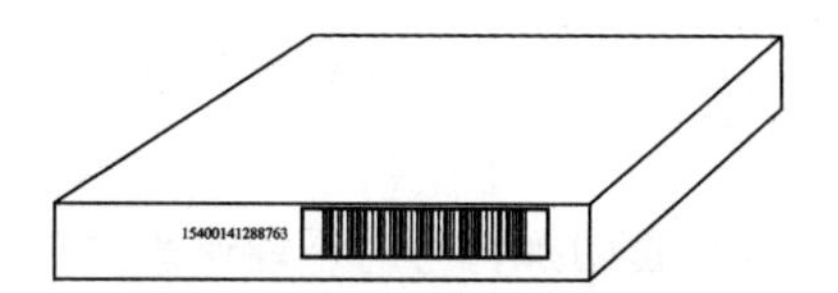

图 6.7.1.3-1 位于符号左侧的 HRI

■ 当单元的高度小于 32mm（1.25in），条码符号可以放在包装的顶部。符号的条应和短的边垂直，和任意边的距离应大于 19mm（0.75in）。示例见图 6.7.1.3-2。

图 6.7.1.3-2 条码符号放在包装的顶部

有时，在变量单元中会使用 2 个条码符号。如果需要可移除条码底部的 HRI，需将主符号的 HRI 放置在主符号的左侧，附加符号的 HRI 放在附加符号的右侧。

## 6.7.2　双面放置条码的建议

对于所有常规分销扫描的项目，至少在其中一个侧面应放置条码符号。建议如下：

■ 对于外箱或纸箱（用GTIN标识的贸易项目组合），为了降低成本，建议在印刷过程中（如，瓦楞纸箱印刷）将条码符号复制到箱子的另一侧面。

■ 对于托盘（用SCC标识的物流单元），建议在相邻两侧放置两个相同的物流标签。如果可以的话，其中一个物流标签宜放置在包装箱短边所在的侧面，另一个相同的标签放置在相邻面的右侧，如图6.7.2-1所示。

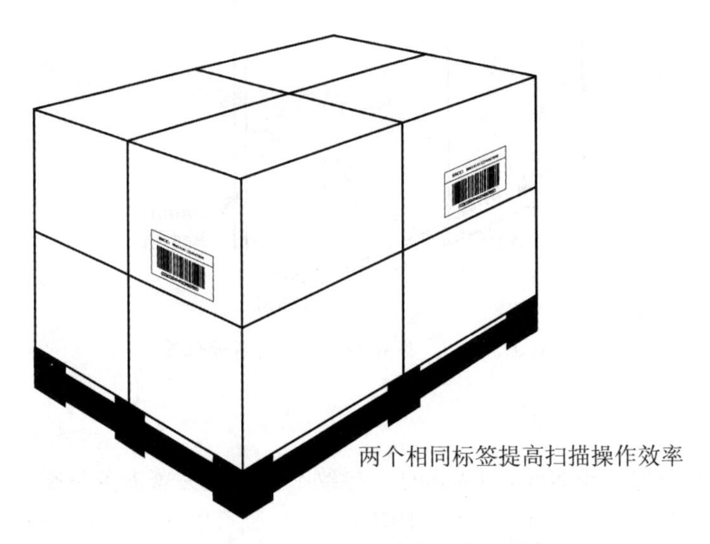


图6.7.2-1　两个（或多个）相同的条码

## 6.7.3　附加符号

如果单元已标识有条码符号，在放置附加符号时不能遮盖主符号。这种情况下附加符号的首选位置应放在主符号两侧，以保持水平方向位置的一致，并保留两个符号的空白区。如图6.7.3-1所示。

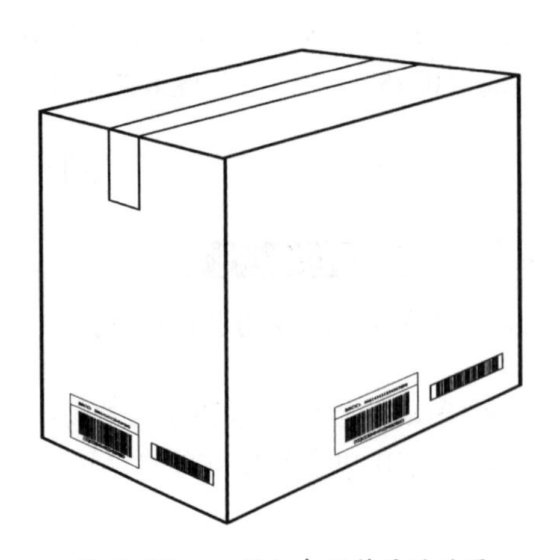

图6.7.3-1　附加条码符号的放置

在有可能使用一个GS1-128码表示这两部分的数据的情况下，则必须考虑将这些数据串联，用同一条码符号表示。标识产品基本信息（如贸易计量）的常规分销扫描的条码符号应和其他的条码符号对齐并放置在其右侧。

# 6.8 受管制医疗贸易项目条码符号放置原则

除了第6章一般规则外，受管理医疗贸易项目还应遵循以下符号放置规则。

## 6.8.1 泡罩装药品

泡罩装是指预先将药品放入塑料泡或罩中的包装形式。

### 6.8.1.1 穿孔泡罩装药品

■ 放置：

□ 采用穿孔泡罩包装药品的初级包装，应在每一个泡罩包装上放置条码符号。

### 6.8.1.2 非穿孔的泡罩装药

■ 放置：

□ 采用非穿孔泡罩包装药品的初级包装，应对每组泡罩标识条码符号（比如放置在泡罩卡片上）。条码符号可放置在泡罩卡片上的任何位置。

□ 如果采用随机打印（印刷的符号和泡罩没有一一对应关系）的方式，则需要放置多个条码符号，以确保在所有药品使用完之前条码符号都能识读。

## 6.8.2 需要在初级包装和次级包装上使用可变数据的产品

如果在生产和印制过程中可行，条码符号可包含变量数据（比如，批次/批号或有效日期），并应标记在初级和次级包装上。

■ 放置：

□ 条码符号只能放置在包装的一个边，可以是正面、侧面或底面。

# 6.9 非全新贸易项目条码符号放置原则

非全新贸易项目可能有永久性的标识，也可能没有原包装，或原包装上没有必要的标识。表6.9-1详细说明了根据非全新贸易项目在出售时的状态应采取的措施。有关识别非全新贸易项目的详细信息，见2.1.15。

表6.9-1 非全新贸易项目标识和放置原则

| 非全新贸易项目的状态 | 标识和放置原则* |
|---|---|
| 非全新贸易项目上带有永久粘贴的编码系列化GTIN的条码 | 使用原始条码 |
| 非全新贸易项目上带有永久粘贴的编码系列化标识的RFID标签 | 使用原始RFID标签 |

表6.9-1(续)

| 非全新贸易项目的状态 | 标识和放置原则* |
|---|---|
| 原包装，GTIN 需要更改 | 使用原包装，分配新的 GTIN，并根据原 GTIN 使用的条码规格，用新条码标签遮盖原 GTIN 条码 |
| 新包装，分配了新的 GTIN，但已知原 GTIN | 在新包装上粘贴带有新 GTIN 的全新条码，并遵循适当的包装类型符号放置规则（见6. 4） |
| 无包装，已知原 GTIN | 粘贴带有 GTIN 分配方所赋予的原 GTIN 的全新条码，并遵循第 6 章中的符号放置规则 |
| 无包装，无原生产商的 GTIN，并且需要 GTIN | 粘贴带有第三方所分配 GTIN 的全新条码，并将其编码为适合应用范围的条码（例如，用于零售端） |

* 为了确保要扫描的条码能够被成功扫描，需要遮盖所有要替换的条码。第 6 章包含有关符号放置原则的全部信息，用以满足质量和人体工学需求。

# 第7章　自动识别与数据采集（AIDC）验证规则

# 7.1　概述

将通过识读设备采集的数据输入系统是为了记录交易。在GS1系统里，任意交易都是一个电子信息，其处理是根据包含在信息中的数据区的含义和内容进行的。无须人工干预即可确定数据的含义和内容。

首先，该贸易项目必须真实存在，才能生成有关贸易项目的条码或RFID识读信息。只有在贸易项目上的数据载体中存在并与之相关的数据才能被记录。

GS1系统的标准化单元数据串是标识各类贸易项目的基础，它们以明确的方式标识特定的贸易项目，并提供相关属性信息。

当这些单元数据串印制在贸易项目上时，扫描和传输的数据指向该贸易项目并标识其具体存放的位置。将从数据载体上扫描识读的信息与系统内部分配的贸易项目活动类型（入库、盘点、销售）相结合时，系统便可自动记录与贸易项目每一次活动有关的数据。这以两种方式保障了安全性。首先，贸易项目必须真实存在，才能生成有关该贸易项目的条码识读信息。其次，只有贸易项目自身条码中的并与之相关的数据才可以被记录。因此，在很大程度上消除了错误的活动信息。

当单元数据串用于管理领域时（如，订单录入），它们还可以被用作自动化、无差错的数据采集。由于许多GS1系统的ID代码都相当长，因此自动识读具有至关重要的意义。由于使用了确保数据正确排布的校验码，所以识读的准确性可以得到验证。

# 7.2　信息处理流程

见图7.2-1。

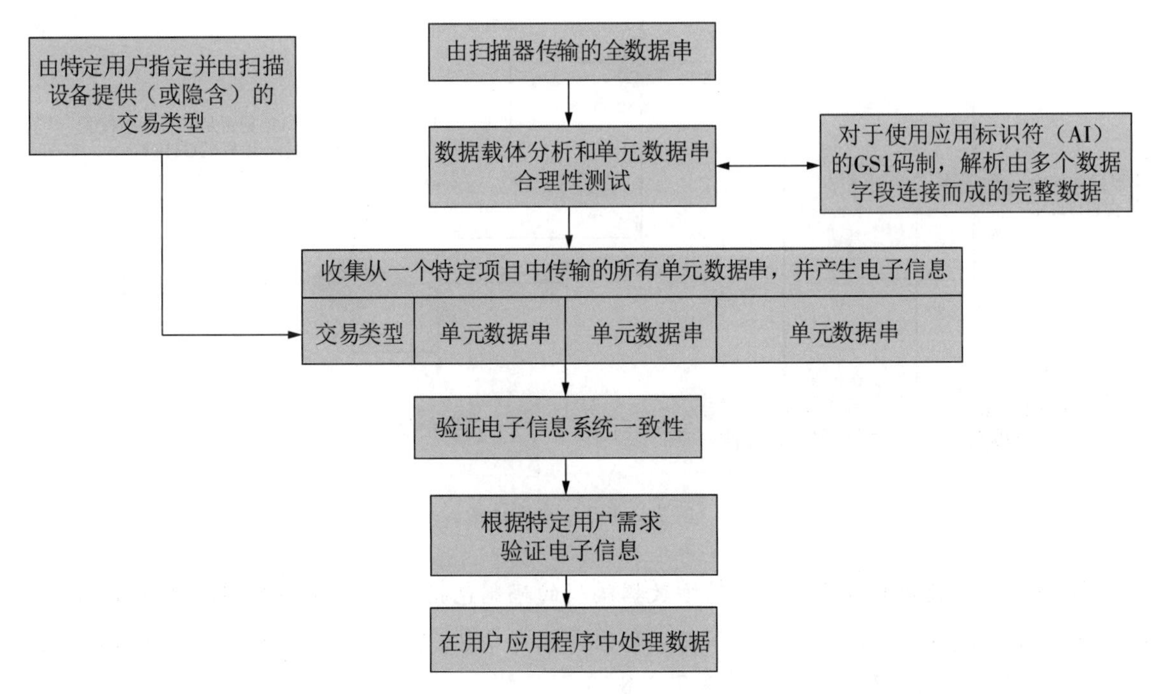


图7.2-1　单元数据串信息处理流程

下面几节将对图 7.2-1 所示步骤做详细解释。

**注**：有关使用 GS1 数字链接 URI 语法进行信息处理，可参见《GS1 数字链接标准》以获取详细信息。

## 7.2.1　数据载体分析和单元数据串的合理性测试

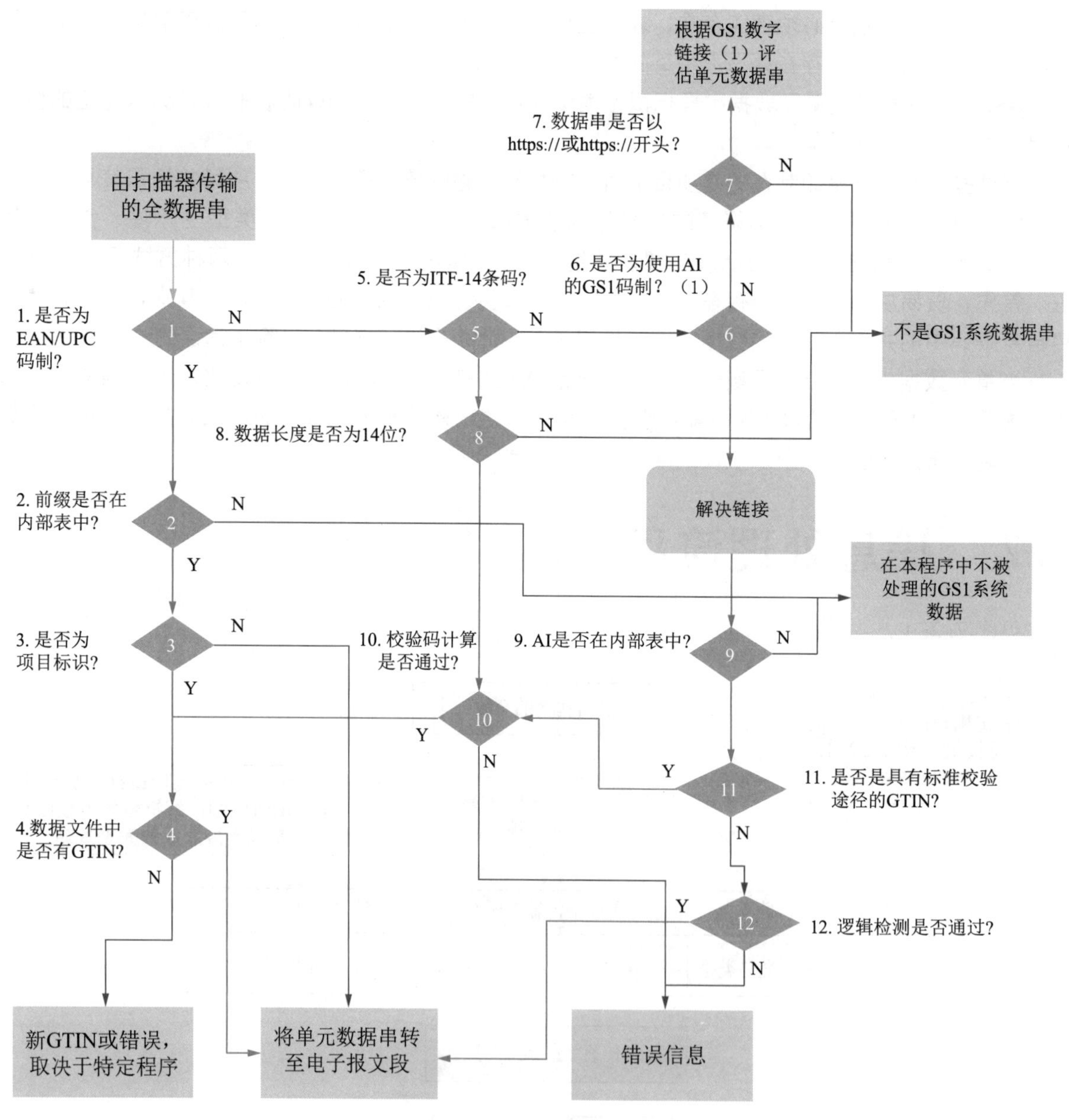


图 7.2.1-1　测试程序

**注**：(1) 使用 GS1 应用标识符给数据编码的码制包括 GS1-128、GS1 DataMatrix、GS1 QR 码，GS1 DotCode、GS1 DataBar 和复合码，具体内容见 7.8。图 7.2.1-1 中的详细内容见 7.2.2、7.2.3、7.2.4、7.2.5、7.2.6、7.2.7 和 7.2.8。

（2）有关编码 GS1 数字链接 URI 语法的 QR 码和 Data Matrix，请参见《GS1 数字链接标准》以获取详细信息。

### 7.2.2　码制标识

每个被传输的全数据串都包括码制标识符及一个或多个单元数据串（见第 3 章）。条码码制标识符的详细内容请参见第 5 章。

### 7.2.3　内部表中的前缀码

系统用户可生成一个内部表，该内部表可显示出它们希望处理的单元数据串的 GS1 前缀。此表也可用于筛选贸易项目标识代码的单元数据串，用以检查贸易项目标识代码是否在数据文件中。有关前缀的各详细规定参见第 3 章。

### 7.2.4　贸易项目标识

EAN/UPC 码制中的条码符号包含贸易项目的标识数据和特殊数据结构（如优惠券）。一个单元数据串中是否包含贸易项目的标识是通过 GS1 前缀确定的。系统成员用户必须根据 GS1 成员组织（我国为中国物品编码中心）定义，确定前缀 20~29 的具体结构和含义。

### 7.2.5　内部表中的 GS1 应用标识符

使用 GS1 应用标识符的单元数据串已涵盖了广泛的应用。为把编程量保持在合理水平上，可以忽略不必要的单元数据串。可通过系统建立一个内部表来完成，该内部表显示出用于处理的 GS1 应用标识符。

### 7.2.6　14 位数据长度

ITF-14 条码符号用于表示贸易项目标识代码。由于通用 ITF 码制并非 GS1 系统独用，因此推荐使用校验码来确保条码符号编码了 14 位参考字段。

### 7.2.7　校验码计算和其他系统校验

EAN/UPC 码制中，校验码用于核验条码符号和全球贸易项目代码（GTIN）的识读和译码的正误。此校验由条码识读器自动完成。

处理 ITF-14 符号的条码识读器也可编程核验 GTIN 的校验码。如果此推荐的校验已完成，将由码制标识符“]I1”（见第 5 章）指示。对于从带有码制标识符“]I0”的 ITF-14 符号传输的数据，必须单独核验 GTIN 的校验码。

GS1-128 和 GS1 DataBar 具有必要的符号检验字符，可验证扫描数据的正确译码，而 GS1 DataMatrix、GS1 QR 码和 GS1 DotCode 具有 Reed Solomon 错误查验和校正功能。如果采用上述条码符号编码的单元数据串包含校验码，则校验码通常不由条码识读器检验，而应单独校验。条码符号校验字符或纠错功能提供了数据的安全性，保证整个单元数据串的正确译码，而其所包含代码的正确性可通过应用软件对 ID 代码校验码的检验实现。

推荐采用其他逻辑测试，检验数据内容的合理性，如检验：

- 数据区范围（如：月份小于 13 且大于 00）；
- 可变长度的单元数据串的最大长度；
- 纯数字型数据区中不能有字母数字型字符；
- 正确的 GS1 前缀。

### 7.2.8　单元数据串移入信息区域

可以在单次交易中扫描多个单元数据串。为了检验传输数据的正确性和完整性，每一个单元数据串被转化成一个信息记录。对于不包括 GS1 应用标识符的单元数据串，如果有系统内分配的 GS1 应用标识符，则信息校验比较简单。用 EAN-13，UPC-A，UPC-E 或 ITF-14 条码等符号标识全球贸易项目（GTIN），可用系统内分配的 AI（01）指示。其他单元数据串可以作为虚拟 GS1 应用标识符进行分配。

## 7.3　验证电子信息的系统一致性

GS1 系统需要让用户可在非人工干预情况下处理扫描数据，这就意味着从数据载体中扫描和传输的数据所生成的电子信息需要代替每个具体事件过程的人工活动。换句话说，传输的数据必须提供正确处理流程所需的全部信息。

GS1 系统就是为满足这些需求而设计的。第 4 章描述了单元数据串间的关联，以此形成有效信息。

系统一致性验证指的是对交易信息进行处理的系统验证电子信息的正确组成。至于信息在业务应用方面是否达到要求，由应用软件进行处理。

只有包含在 GS1 系统中定义的有效单元数据串的信息才可以被明确处理。处理无效信息可能会导致数据文件错误，因为单元数据串的含义和相互关系没有定义，如表 7.3-1 和表 7.3-2 所示。

表 7.3-1　有效信息示例

| 信息中的单元数据串 | | | 注释 |
|---|---|---|---|
| AI 00 | AI 33nn | | 物流单元标识与重量 |
| AI 00 | AI 01 | | 标识实体为物流单元和定量贸易项目 |
| AI 00 | AI 01 “9” | AI 31nn | 标识实体为物流单元和变量贸易项目 |
| AI 00 | AI 02 | AI 37 | 标识物流单元与其内的定量贸易项目 |
| AI 01 | AI 10 | AI 15 | 标识贸易项目+批号+保质期 |
| AI 00 | AI 401 | | 标识物流单元作为托运货物中的一部分 |
| AI 01 “9” | AI 31nn | AI 33nn | 标识变量贸易项目和物流重量 |
| AI 00 | AI 01 | AI 33nn | 标识实体为物流单元和定量贸易项目；<br>物流单元重量与物流单元标识代码相关联 |
| AI 01 | AI 710 | | 标识贸易项目与国家医疗保险代码 |
| AI 01 | AI 711 | | 标识贸易项目与国家医疗保险代码 |
| AI 01 | AI 712 | | 标识贸易项目与国家医疗保险代码 |
| AI 01 | AI 713 | | 标识贸易项目与国家医疗保险代码 |

表7.3-1(续)

| 信息中的单元数据串 | | | 注释 |
|---|---|---|---|
| AI 01 | AI 714 | | 标识贸易项目与国家医疗保险代码 |
| AI 01 | AI 715 | | 标识贸易项目与国家医疗保险代码 |

表 7.3-2 无效信息的示例

| 信息中的单元数据串 | | | 注释 |
|---|---|---|---|
| AI 00 | AI 01 | AI 37 | 无效标识实体为物流单元和定量贸易项目；AI 37（所载项目数量）必须跟 AI 02 同时使用 |
| AI 01 | AI 10 | AI 33nn | 无效标识定量贸易项目和批号；由于定量贸易项目的物流计量作为固定属性储存在数据文件中，因此 AI 33nn 是不正确的 |
| AI 01 "9" | AI 33nn | | 无效标识变量贸易项目和物流重量；缺少必填的贸易计量单元数据串 |
| AI 00 | AI 11 | | 无效标识物流单元；由于生产日期必须与贸易项目的标识代码相关联，因此 AI 11 不正确 |
| AI 00 | AI 01 | AI 02/37 | 无效标识实体为物流单元和定量贸易项目；AI 02、37 不能与 AI 01 关联 |
| AI 01 | AI 30 | | 无效标识定量贸易项目单元；AI 30 仅可与变量贸易项目的标识代码关联 |
| AI 02 | AI 37 | | 无效标识，未标识的物流单元内包含的定量贸易项目；AI 00 缺失 |
| AI 00 | AI 02 | | 无效标识物流单元和其内包含的定量贸易项目；AI 02 强制需要 AI 37 配合表达完整内容标识 |

# 7.4 关于用户需求的电子信息验证

一些行业团体或组织指定使用特定单元数据串来表示属性以及其他不能直接标识项目的信息。与系统一致性验证相反，GS1 没有定义这些特定单元数据串的验证和应用规则。在这种情况下，包含这些单元数据串的信息的验证（例如，具有保质期和批号的贸易项目标识）由特定系统的用户自行决定。

对于每一个全球贸易项目代码（GTIN），信息正确性的验证方式可能会有所不同，但相关说明必须存储在数据文件中。系统用户应在存储的指令中包含 GS1 应用标识符及其特定的应用规则。

用户需求的验证应在系统一致性验证之后执行，一致信息中缺失的数据可以被跳过或在给定事件中进行完善，不一致信息永远不能被正确处理。

# 7.5 用户应用中重量和尺寸的转换

所有以 GS1 应用标识符（31nn）~（36nn）单元数据串编码的重量和尺寸的构建方式均依据相同的数学规则。基本计量单位的确定和小数点位置的自由选择将导致数据表述的变化。供应商将根据重量/尺寸以及在 6 位数据区中表示重量和尺寸所需的准确度（例如：克）来选择最适合贸易项目的值。

收货方如果想在其数据库中依据标准格式储存详细信息，可通过采用下述方案实现。

如第 3 章所描述，在 GS1 应用标识符中，位置 $A_4$ 表示隐含小数点的位置，称为反指数。

转换重量和尺寸的 3 个步骤如下：

1. 根据公司内部字段结构的基本计量单位来定义公司的内部反指数（例如，对于以千克表示重量的 AI，反指数 0 可以表示千克，反指数 3 可以表示克）。

2. 从译码后的单元数据串中 GS1 应用标识符 $A_4$ 的值减去公司内部反指数，得到结果 X。

3. 译码单元数据串中 6 位适用值字段的数量除以 $10^x$，其结果是公司数据结构中需要的值。

表 7.5-1 中给出示例，公司的内部系统使用长度为八位的重量字段（格式：nnnnnnn.n），以克为计量单位。因此，公司使用内部反指数 3。

表 7.5-1　转换示例

| 译码的单元数据串 | | | | | 转换 | 内部重量字段 | | | | | | | |
|---|---|---|---|---|---|---|---|---|---|---|---|---|---|
| GS1 应用标识符 | | | | 重量 | | 八位数字表示，单位为克，最后一位为小数位 | | | | | | | |
| $A_1$ | $A_2$ | $A_3$ | $A_4$ | | | | | | | | | | |
| 3 | 1 | 0 | 0 | 005097<br>(= 5097kg) | 步骤 2：X=0 减去 3=−3<br>步骤 3：005097 除以 $10^{-3}$（0.001）= | 5 | 0 | 9 | 7 | 0 | 0 | 0 | |
| 3 | 1 | 0 | 2 | 005097<br>(= 50.97kg) | 步骤 2：X=2 减去 3=−1<br>步骤 3：005097 除以 $10^{-1}$（0.1）= | 0 | 0 | 5 | 0 | 9 | 7 | 0 | |
| 3 | 1 | 0 | 3 | 045250<br>(= 45.250kg) | 步骤 2：X=3 减去 3=0<br>步骤 3：045250 除以 $10^{0}$（1）= | 0 | 0 | 4 | 5 | 2 | 5 | 0 | |
| 3 | 1 | 0 | 4 | 012347<br>(= 1234.7g) | 步骤 2：X=4 减去 3=1<br>步骤 3：012347 除以 $10^{1}$（10）= | 0 | 0 | 0 | 1 | 2 | 3 | 4 | 7 |

↑ 小数点位置

表 7.5-2 中给出示例，公司的内部系统使用长度为八位的重量字段（格式：nnnnn.nnn），以千克为计量单位。因此，公司使用内部反指数 0。

表 7.5 -2　转换示例

| 解码的单元数据串 | | | | | 转换 | 内部重量域 | | | | | | | |
|---|---|---|---|---|---|---|---|---|---|---|---|---|---|
| GS1 应用标识符 | | | | 重量 | | 八位数字表示，单位为千克，最后三位为小数位 | | | | | | | |
| $A_1$ | $A_2$ | $A_3$ | $A_4$ | | | | | | | | | | |
| 3 | 1 | 0 | 0 | 005097<br>(= 5097kg) | 步骤 2：X=0 减去 0=0<br>步骤 3：005097 除以 $10^{0}$（1）= | 0 | 5 | 0 | 9 | 7 | | | |
| 3 | 1 | 0 | 2 | 005097<br>(= 50.97kg) | 步骤 2：X=2 减去 0=2<br>步骤 3：005097 除以 $10^{2}$（100）= | 0 | 0 | 0 | 5 | 0 | 9 | 7 | |
| 3 | 1 | 0 | 3 | 045250<br>(= 45.250kg) | 步骤 2：X=3 减去 0=3<br>步骤 3：045250 除以 $10^{3}$（1000）= | 0 | 0 | 0 | 4 | 5 | 2 | 5 | |
| 3 | 1 | 0 | 4 | 012347<br>(= 1234.7g) | 步骤 2：X=4 减去 0=4<br>步骤 3：012347 除以 $10^{4}$（10000）= | 0 | 0 | 0 | 0 | 1 | 2 | 3 | 5 |

↑ 小数点位置　↑ 四舍五入位置

# 7.6　GTIN 在数据库中的链接

贸易项目是指任意一项产品或服务，对于这些产品和服务，需要获取预先定义的信息，并且可以在供应链的任意一点进行定价、订购或开据发票。贸易项目可能是单个项目、部件、单元、产品或服务，或是预先定义的多个项目、分组项目或组合项目。一个单独的全球贸易项目代码（GTIN）明确标识每一个同类项目，而无需考虑已应用的数据结构。这也适用于封闭系统限域分销项目的标识代码。

有关贸易项目的层级结构信息是贸易过程非常重要的信息，7.6.1 中给出示例注明如何通过使用关系数据库建立必要的链接。

## 7.6.1　原理

图 7.6.1-1 所示的层次结构是基础产品 A；10 个 A 构成产品 B，5 个 B 构成产品 C。

| 贸易项目数据库 | | | |
|---|---|---|---|
| GTIN | 项目特点 | 上层关系 | 下层关系 |
| A | (如适用) | 是 | 否 |
| B | | 是 | 是 |
| C | | 否 | 是 |

| 上层关系 | |
|---|---|
| 数据库中的GTIN | GTIN的关系 |
| A | B |
| B | C |

| 下层关系 | |
|---|---|
| 数据库中的GTIN | GTIN的关系 |
| B | A |
| C | B |

图 7.6.1-1　数据库中 GTIN 链接的示例

## 7.6.2　贸易项目层级扩展示例

见图 7.6.2-1。

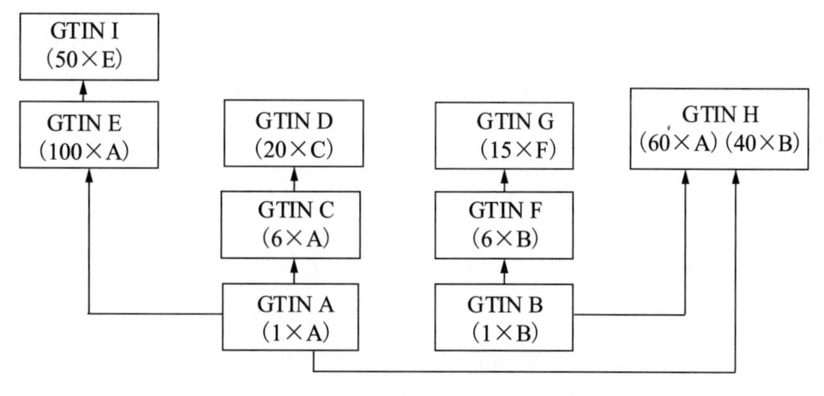


图 7.6.2-1　贸易项目层级扩展示例

注：简单起见，在本示例中，GTIN 用字母表示，表示它们可能具有任何标准化结构。

GTIN 在数据库中的链接示例见表 7.6.2-1。

表 7.6.2-1　GTIN 在数据库中的链接示例

| 贸易项目数据库 | | | |
|---|---|---|---|
| GTIN | 项目特点 | 上层关系 | 下层关系 |
| A | （如适用） | 是 | 否 |
| B | | 是 | 否 |
| C | | 是 | 是 |
| D | | 否 | 是 |
| E | | 是 | 是 |
| F | | 是 | 是 |
| G | | 否 | 是 |
| H | | 否 | 是 |
| I | | 否 | 是 |

| 上层关系 | | | |
|---|---|---|---|
| 数据库中的GTIN | GTIN 的关系 | 包含项目的数量 | 关系为混合贸易项目 |
| A | C | 6* | 否 |
| A | E | 100 | 否 |
| A | H | 60 | 是 |
| B | F | 6 | 否 |
| B | H | 40 | 是 |
| C | D | 20 | 否 |
| E | I | 50 | 否 |
| F | G | 15 | 否 |

| 下层关系 | | | |
|---|---|---|---|
| 数据库中的GTIN | GTIN 的关系 | 包含项目的数量 | 关系为混合贸易项目 |
| C | A | 6* | 否 |
| D | C | 20 | 否 |
| E | A | 100 | 否 |
| F | B | 6 | 否 |
| G | F | 15 | 否 |
| H | A | 60 | 否 |
| H | B | 40 | 否 |
| I | E | 50 | 否 |

*C 项目中 包含 A 项目的数量。

注："数据库中的 GTIN"和"GTIN 的关系"所在列足以建立不同项目之间的链接。"包含项目的数量"所在列提供了适用于特定商业应用的附加信息。"关系为混合贸易项目"所在列指出了混合贸易项目中所有项目的关系。

### 7.6.3　贸易项目生产商在非关系数据库中对 GTIN 的链接

许多项目类型是以固定的数量关系，以及固定计量标准的包装规格（例如消费单元、纸箱、盒子、托盘）的形式生成和分配的。不同包装规格经常在供应链不同节点拆解成较低包装层级，而每一级的包装都可能是一个贸易项目。计算机系统必须能够理解配置中单元或贸易项目间的关系，并将配置中所有级别的库存视为一个 SKU（库存单元）。

GTIN-14 数据结构中的第 1 位指示符（数值 1~8）可以用于标识包装规格的各个层级，并且对于同一贸易项目的所有包装规格层级的标识代码，其第 2 位~第 13 位数字可以保持不变。如果在需要支持业务流程或系统有强制要求使用此种项目规格编码方法，那么以下定义的非关系数据库结构可能是合适的。

项目数据库由基础项目记录（一个表）和项目包装规格的每一层级的数据段（多个表）所构成。如果设计得当，此系统类型可以提供适当的尺寸和重量信息，以支持贸易项目的任意包装规格层级的定价、订购和运输。它使得库存能够按包装层级和按总体基础项目进行维护，还为渠道合作伙伴或客户提供订购和开票单元的选择。此方法如能满足这些需求，将为生产商提供很好的业务解决方案，因为它满足了供应链中最关键需求，并具有实用性，尤其是在性能很重要的分布式和小型系统中。

基础项目记录使用 GTIN-14 数据结构，包括基础 GTIN-8，GTIN-12，或 GTIN-13（第 2 位~第 13 位数字）的 ID 代码，并以它作为与基础单元和整体项目相关的所有信息（包括总库存余额）的标识代码。每一个包装层级的段包含各包装规格独有的信息（如指示符、校验码、与低一级包装组合的数量相关的数量关系、尺寸、重量、价格）。使用基础项目的 GTIN（第 2 位~第 13 位数字）访问项目记录，使用指示符（第 1 位数字）可以访问包装段。这种结构要求：

- 贸易项目必须是固定计量。
- 基础项目必须有唯一的全球贸易项目代码，可采用 GTIN-8，GTIN-12，或 GTIN-13。
- 每一个基础贸易项目的包装层级应限制在 8 级内，使用指示符 1~8。

用 14 位参考字段或 14 位数据载体存储 GTIN-8，GTIN-12，或 GTIN-13 代码，必须依据确保唯一性的原则进行存储。

公司在接收带有 GTIN 的贸易项目时必须能够处理完整的 GTIN，不需考虑它是如何构建的。

# 7.7　数据载体中单元数据串的表示

扫描单元数据串并通过识读设备译码成为一个全数据串，然后传输到应用软件中进行处理。该全数据串由一个码制标识符以及一个或多个单元数据串组成，并且单元数据串的含义则由表示它的数据载体确定。

规范中描述单元数据串载体的概要如图 7.7-1 所示。该表也提供了用数据载体表示贸易项目的序列代码的范围。

在任何使用 GS1 应用标识符的 GS1 码制（如 GS1-128、GS1 DataMatrix、GS1 QR 码、GS1 DataBar，GS1 DotCode 及 GS1 复合码）中，编码的单元数据串都是由一个或多个 GS1 应用标识符及一个或多个数据区组成。应用标识符指示各数据区的内容和结构，详细内容参阅本规范第 3 章。7.8 提供了更多数据处理方面的信息。

| | ITF-14或GS1-128条码 | | | | | | | | | | | | | |
|---|---|---|---|---|---|---|---|---|---|---|---|---|---|---|
| | | EAN-13条码 | | | | | | | | | | | | |
| | | UPC-A或UPC-E条码 | | | | | | | | | | | | |
| | | | | | | | EAN-8条码 | | | | | | | |
| 2. | * | * | * | * | * | * | 0<br>0 | 0<br>9 | 0<br>9 | 0<br>9 | 0<br>9 | 0<br>9 | 0<br>9 | C<br>C |
| 1. | * | * | * | * | * | * | 1<br>1 | 0<br>3 | 0<br>9 | 0<br>9 | 0<br>9 | 0<br>9 | 0<br>9 | C<br>C |
| 2. | * | * | * | * | * | * | 2<br>2 | 0<br>9 | 0<br>9 | 0<br>9 | 0<br>9 | 0<br>9 | 0<br>9 | C<br>C |
| 1. | * | * | * | * | * | * | 3<br>9 | 0<br>6 | 0<br>9 | 0<br>9 | 0<br>9 | 0<br>9 | 0<br>9 | C<br>C |
| 1. | 0<br>0 | 0<br>0 | 0<br>0 | 0<br>0 | 0<br>0 | 1<br>9 | 0<br>9 | 0<br>9 | 0<br>9 | 0<br>9 | 0<br>9 | 0<br>9 | 0<br>9 | C<br>C |
| 2. | * | * | 0<br>0 | 0<br>0 | 1<br>7 | 0<br>9 | 0<br>9 | 0<br>9 | 0<br>9 | 0<br>9 | 0<br>9 | 0<br>9 | 0<br>9 | C<br>C |
| 1. | 0<br>0 | 0<br>0 | 0<br>1 | 0<br>9 | 8<br>9 | 0<br>9 | 0<br>9 | 0<br>9 | 0<br>9 | 0<br>9 | 0<br>9 | 0<br>9 | 0<br>9 | C<br>C |
| 4. | * | 0<br>0 | 2<br>2 | 0<br>9 | 0<br>9 | 0<br>9 | 0<br>9 | 0<br>9 | 0<br>9 | 0<br>9 | 0<br>9 | 0<br>9 | 0<br>9 | C<br>C |
| 1. | 0<br>0 | 0<br>0 | 3<br>3 | 0<br>9 | 0<br>9 | 0<br>9 | 0<br>9 | 0<br>9 | 0<br>9 | 0<br>9 | 0<br>9 | 0<br>9 | 0<br>9 | C<br>C |
| 2. | * | 0<br>0 | 4<br>4 | 0<br>9 | 0<br>9 | 0<br>9 | 0<br>9 | 0<br>9 | 0<br>9 | 0<br>9 | 0<br>9 | 0<br>9 | 0<br>9 | C<br>C |
| 5. | * | 0<br>0 | 5<br>5 | 0<br>9 | 0<br>9 | 0<br>9 | 0<br>9 | 0<br>9 | 0<br>9 | 0<br>9 | 0<br>9 | 0<br>9 | 0<br>9 | C<br>C |
| 1. | 0<br>0 | 0<br>0 | 6<br>9 | 0<br>9 | 0<br>9 | 0<br>9 | 0<br>9 | 0<br>9 | 0<br>9 | 0<br>9 | 0<br>9 | 0<br>9 | 0<br>9 | C<br>C |
| 1. | 0<br>0 | 1<br>1 | 0<br>3 | 0<br>9 | 0<br>9 | 0<br>9 | 0<br>9 | 0<br>9 | 0<br>9 | 0<br>9 | 0<br>9 | 0<br>9 | 0<br>9 | C<br>C |
| 2. 4. | *<br>* | 2<br>2 | 0<br>9 | 0<br>9 | 0<br>9 | 0<br>9 | 0<br>9 | 0<br>9 | 0<br>9 | 0<br>9 | 0<br>9 | 0<br>9 | 0<br>9 | C<br>C |
| 1. | 0<br>0 | 3<br>9 | 0<br>6 | 0<br>9 | 0<br>9 | 0<br>9 | 0<br>9 | 0<br>9 | 0<br>9 | 0<br>9 | 0<br>9 | 0<br>9 | 0<br>9 | C<br>C |
| 7. | * | 9<br>9 | 7<br>7 | 7<br>9 | 0<br>9 | 0<br>9 | 0<br>9 | 0<br>9 | 0<br>9 | 0<br>9 | 0<br>9 | 0<br>9 | 0<br>9 | C<br>C |
| 8. | *<br>* | 9<br>9 | 7<br>7 | 8<br>9 | 0<br>9 | 0<br>9 | 0<br>9 | 0<br>9 | 0<br>9 | 0<br>9 | 0<br>9 | 0<br>9 | 0<br>9 | C<br>C |
| 5. 6. | * | 9<br>9 | 8<br>8 | 0<br>2 | 0<br>9 | 0<br>9 | 0<br>9 | 0<br>9 | 0<br>9 | 0<br>9 | 0<br>9 | 0<br>9 | 0<br>9 | C<br>C |
| 5. | * | 9<br>9 | 9<br>9 | 0<br>9 | 0<br>9 | 0<br>9 | 0<br>9 | 0<br>9 | 0<br>9 | 0<br>9 | 0<br>9 | 0<br>9 | 0<br>9 | C<br>C |
| 1. | 1<br>8 | 0<br>0 | 0<br>0 | 0<br>0 | 0<br>0 | 0<br>0 | 1<br>1 | 0<br>3 | 0<br>9 | 0<br>9 | 0<br>9 | 0<br>9 | 0<br>9 | C<br>C |
| 1. | 1<br>8 | 0<br>0 | 0<br>0 | 0<br>0 | 0<br>0 | 0<br>0 | 3<br>9 | 0<br>6 | 0<br>9 | 0<br>9 | 0<br>9 | 0<br>9 | 0<br>9 | C<br>C |
| 1. 3. | 1<br>9 | 0<br>0 | 0<br>0 | 0<br>0 | 0<br>0 | 1<br>9 | 0<br>9 | 0<br>9 | 0<br>9 | 0<br>9 | 0<br>9 | 0<br>9 | 0<br>9 | C<br>C |
| 1. 3. | 1<br>9 | 0<br>0 | 0<br>1 | 0<br>9 | 9<br>9 | 0<br>9 | 0<br>9 | 0<br>9 | 0<br>9 | 0<br>9 | 0<br>9 | 0<br>9 | 0<br>9 | C<br>C |
| 1. 3. | 1<br>9 | 0<br>0 | 3<br>3 | 0<br>9 | 0<br>9 | 0<br>9 | 0<br>9 | 0<br>9 | 0<br>9 | 0<br>9 | 0<br>9 | 0<br>9 | 0<br>9 | C<br>C |
| 1. 3. | 1<br>9 | 0<br>0 | 6<br>9 | 0<br>9 | 0<br>9 | 0<br>9 | 0<br>9 | 0<br>9 | 0<br>9 | 0<br>9 | 0<br>9 | 0<br>9 | 0<br>9 | C<br>C |
| 1. 3. | 1<br>9 | 1<br>1 | 0<br>3 | 0<br>9 | 0<br>9 | 0<br>9 | 0<br>9 | 0<br>9 | 0<br>9 | 0<br>9 | 0<br>9 | 0<br>9 | 0<br>9 | C<br>C |
| 1. 3. | 1<br>9 | 3<br>9 | 0<br>6 | 0<br>9 | 0<br>9 | 0<br>9 | 0<br>9 | 0<br>9 | 0<br>9 | 0<br>9 | 0<br>9 | 0<br>9 | 0<br>9 | C<br>C |
| 8. | 1<br>8 | 9<br>9 | 7<br>7 | 8<br>9 | 0<br>9 | 0<br>9 | 0<br>9 | 0<br>9 | 0<br>9 | 0<br>9 | 0<br>9 | 0<br>9 | 0<br>9 | C<br>C |

1. 定量；2. 定量限域分销；3. 变量；4. 变量限域分销（非 GTIN）；5. 优惠券（非 GTIN）；6. 退款收据（非 GTIN）；7. ISSN；8. ISBN

图 7.7-1 数据载体的单元数据串

# 7.8 使用 GS1 应用标识符的 GS1 码制中的数据处理流程

见图 7.8-1。

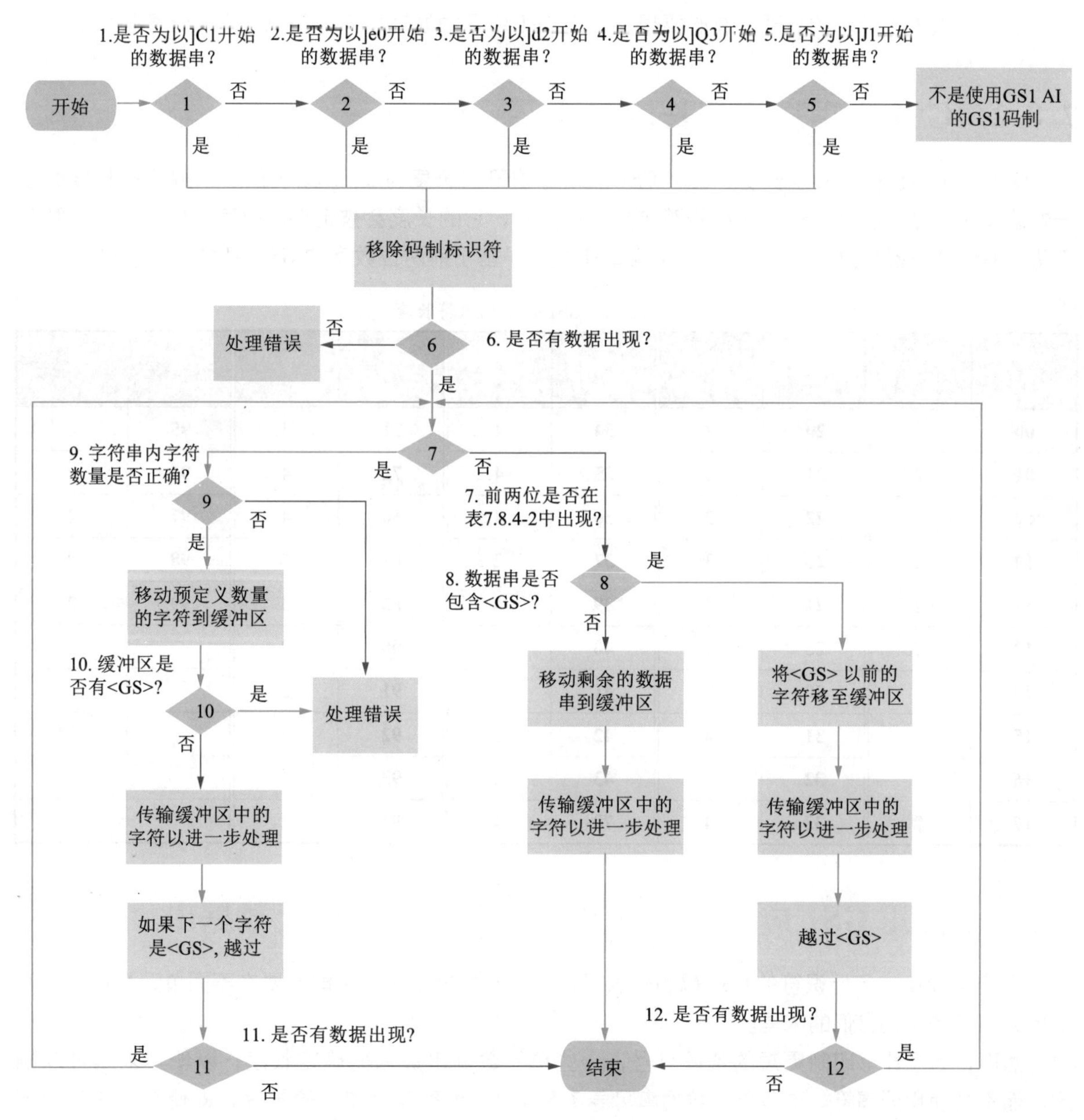


图 7.8-1 数据处理流程

此系统逻辑对所有使用 GS1 应用标识符的 GS1 码制有效。图 7.8-1 列出的码制标识符是：

- ]C1=GS1-128；
- ]e0=GS1 DataBar 和 GS1 复合符号；

- ]d2=GS1 DataMatrix；
- ]Q3=GS1 QR 码；
- ]J1=GS1 DotCode。

### 7.8.1 通则

任何使用 GS1 应用标识符的 GS1 码制都可以用链接的形式表示多个单元数据串（见第 5 章）。对于表 7.3-1 所示的处理，有必要根据图 7.8-1 所示的处理程序分割每一个单元数据串。

### 7.8.2 GS1 应用标识符长度

GS1 应用标识符定义了长度。每个 GS1 应用标识符的长度为 2、3 或 4 位。了解这些长度有助于处理单元数据串。当 GS1 应用标识符被批准使用时，它的长度会被定义。所有以相同的两个数字开头的 GS1 AI 应具有相同的长度。表 7.8.2-1 提供了基于前两位数字的 GS1 AI 的定义长度。

表 7.8.2-1 GS1 应用标识符长度

| 前两位数字 | GS1 AI 长度 | 前两位数字 | GS1 AI 长度 | 前两位数字 | GS1 AI 长度 | 前两位数字 | GS1 AI 长度 | 前两位数字 | GS1 AI 长度 |
|---|---|---|---|---|---|---|---|---|---|
| **00** | 2 | **20** | 2 | **34** | 4 | **71** | 3 | **95** | 2 |
| **01** | 2 | **21** | 2 | **35** | 4 | **72** | 4 | **96** | 2 |
| **02** | 2 | **22** | 2 | **36** | 4 | **80** | 4 | **97** | 2 |
| **10** | 2 | **23** | 3 | **37** | 2 | **81** | 4 | **98** | 2 |
| **11** | 2 | **24** | 3 | **39** | 4 | **82** | 4 | **99** | 2 |
| **12** | 2 | **25** | 3 | **40** | 3 | **90** | 2 | | |
| **13** | 2 | **30** | 2 | **41** | 3 | **91** | 2 | | |
| **15** | 2 | **31** | 4 | **42** | 3 | **92** | 2 | | |
| **16** | 2 | **32** | 4 | **43** | 4 | **93** | 2 | | |
| **17** | 2 | **33** | 4 | **70** | 4 | **94** | 2 | | |

### 7.8.3 使用 GS1 应用标识符预先定义长度的单元数据串

当使用 GS1 应用标识符的 GS1 码制中表示多个单元数据串时，可能需要在不同单元数据串之间使用分隔符来标记它们的末尾。

然而，为了能够印制更短的条码符号，一些单元数据串被预先确定长度，以便其末尾可以确定，而不再使用分隔符。这些单元数据串见表 7.8.5-1。所有其他单元数据串，即使在第 3 章中定义为定长也并非是预定义的长度，它们在形式上为变长单元数据串，那么其后跟另一个单元数据串则需要添加分隔符。

在条码中表示的最后一个单元数据串的末尾或由码制规范定义的某些 AI 组合（例如某些类型的 GS1 DataBar）单元数据串的末尾不应使用分隔符。

### 7.8.4 分隔符字符及其值

GS1-128 码的码制中：FNC1 符号字符应该是分隔符，控制字符<GS>［ASCII 值 29（十进制），1D（十六进制）］可以替代。

在 GS1 DataMatrix 和 GS1 DotCode 码制中：FNC1 符号字符或控制字符<GS>应为分隔符。

在 GS1 QR 码中：控制字符<GS>或字符“%”［ASCII 值 37（十进制），25（十六进制）］应为分隔符。

在 GS1 DataBar 和 GS1 复合码中：FNC1 符号字符应为分隔符。

在译码中分隔符的值始终为控制字符<GS>［ASCII 值 29（十进制），1D（十六进制）］。重要的是要注意，一些接收系统可以将控制字符<GS>转换/解释为除 ASCII 值 29（十进制），1D（十六进制）以外的其他值。

在单个条码中，未包含在表 7.8.5-1 所示的预定义表格中的所有单元数据串如果后跟另一个单元数据串时，必须由分隔符分隔。

### 7.8.5 使用 GS1 应用标识符和链接的 GS1 条码的基本结构

使用 GS1 应用标识符的 GS1 条码符号通常具有特定符号字符，以指示数据根据 GS1 应用标识符规则进行编码。例如，GS1-128 符号在起始字符之后的位置使用 FNC1 符号字符（FNC1）。该字符模式为全球 GS1 系统应用程序保留，可以区分 GS1-128 条码与编码非 GS1 数据的 128 码。GS1-128 条码结构的示例见图 7.8.5-1。

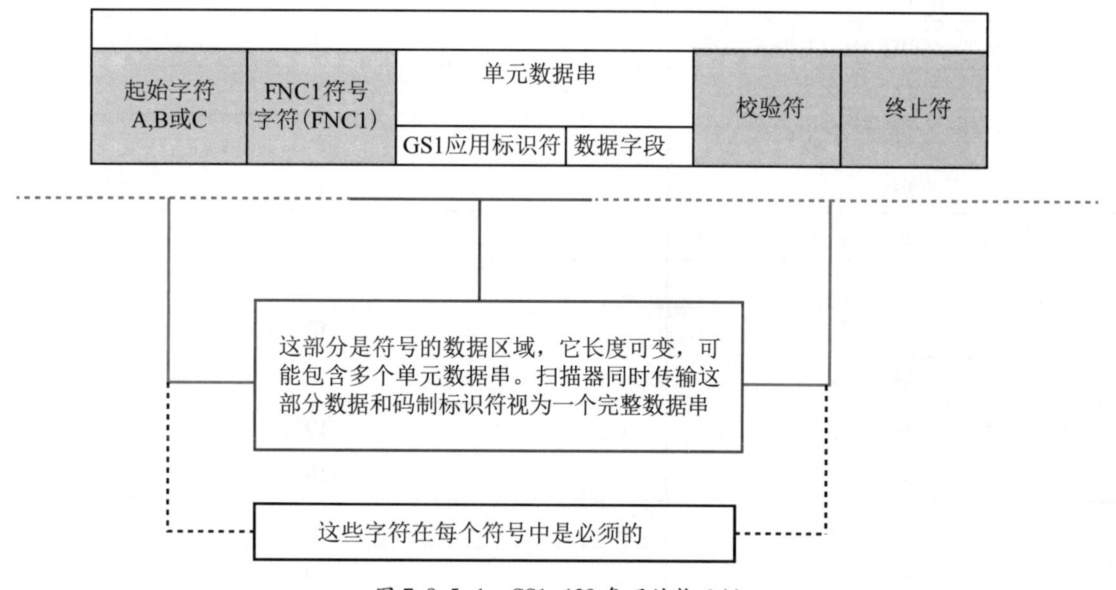


图 7.8.5-1 GS1-128 条码结构示例

所有使用 GS1 应用标识符的 GS1 条码码制允许在一个条码中编码多个单元数据串，这个过程称为链接。链接的优势在于符号的双起始符、校验符和终止符只需要一次，并且符号所需的空间小于使用单独条码对每个单元数据串进行编码所需的空间。同时它还提高了扫描精度，允许单次扫描而不是多次扫描。各种单元数据串作为单个完整数据串从条码识读器传送。

从链接的条码传输的各种单元数据串必须进行分析和处理。所有单元数据串都需要由分隔符进行分隔，除非它们具有预定义长度或出现在符号的末尾（在校验字符之前编码）。所有预定义长度的单元数据串都包含在表7.8.5-1中。

分隔符字符应为FNC1符号字符（FNC1）或控制字符<GS>［ASCII值29（十进制），1D（十六进制）］，或者在GS1 QR码制的情况下，控制字符<GS>或字符“%”［ASCII值37（十进制），25（十六进制）］。表7.8.5-1包含具有预定义长度的所有单元数据串，它们不应该被分隔符字符终止。

表7.8.5-1　使用GS1应用标识符的预定义长度的单元数据串

| GS1应用标识符的前两位 | 字符个数（应用标识符和数据字段） |
|---|---|
| 00 | 20 |
| 01 | 16 |
| 02 | 16 |
| (03) | 16 |
| (04) | 18 |
| 11 | 8 |
| 12 | 8 |
| 13 | 8 |
| (14) | 8 |
| 15 | 8 |
| 16 | 8 |
| 17 | 8 |
| (18) | 8 |
| (19) | 8 |
| 20 | 4 |
| 31 | 10 |
| 32 | 10 |
| 33 | 10 |
| 34 | 10 |
| 35 | 10 |
| 36 | 10 |
| 41 | 16 |

**注：**表7.8.5-1仅限于列出的数字，并保持不变。括号中的数字尚未分配。起始两位数字不在表7.8.5-1中的GS1应用标识符视为长度可变，即使该标识符的定义中规定了数据字段的固定长度。

### 7.8.6 链接

#### 7.8.6.1 预定义长度的单元数据串

构造一个由预定义长度的应用标识符所链接的单元数据串时，不应使用数据分隔符字符。每个单元数据串后紧跟下一个应用标识符，或者符号校验字符以及终止符。

例如：将全球贸易项目代码（GTIN）95012345678903 与净重（4.00kg）链接不需要使用数据分隔符字符。示例见图 7.8.6.1-1 和图 7.8.6.1-2。

■（01）预定义单元数据串长度为 16 位。

■（31nn）预定义单元数据串长度为 10 位。

GTIN 95012345678903　　净重 4.00kg

图 7.8.6.1-1　两个 GS1-128 条码编码数据

GTIN95012345678903+净重4.00kg

图 7.8.6.1-2　一个链接 GS1-128 条码编码数据

#### 7.8.6.2 非预定义长度的单元数据串

不以表 7.8.5-1 中定义的两个字符开头的单元数据串应以分隔符结尾，除非它是要编码的最后一个单元数据串，此时不应使用分隔符。分隔符紧跟在变长的单元数据串之后，后跟下一个单元数据串的 GS1 应用标识符。使用的分隔符可以是 FNC1 符号字符（FNC1）或控制字符<GS>［ASCII 值 29（十进制），1D（十六进制）］，它在传输的信息中始终由控制字符<GS>表示［ASCII 值 29（十进制），1D（十六进制）］。如果单元数据串是编码的最后一个，则后面是校验字符和终止字符。

例如，将单价（365 个货币单位）和批次（123456）链接，需要在单价后面立即使用数据分隔符字符。示例见图 7.8.6.2-1 和图 7.8.6.2-2。

单价365　　批次号 123456

图 7.8.6.2-1　两个 GS1-128 条码编码数据

单价365+批次号123456

图 7.8.6.2-2 一个链接 GS1-128 条码编码数据

注：FNC1 符号字符不在供人识读字符中显示。

#### 7.8.6.3 链接使用的其他注意事项

链接是在单个条码中呈现多个单元数据串的有效方法，用于在应用标准允许的情况下节省标签空间并优化扫描操作。

当链接预定长度单元数据串和其他单元数据串时，预定义的单元数据串应该一起显示在其他单元数据串之前。这通常导致较短的一维条码。

分隔符字符作为控制字符<GS>［ASCII 值 29，（十进制），1D（十六进制）］出现在解码数据串中。在 GS1 条码编码的最后一个单元数据串末尾不应使用分隔符。

尽管如此，处理程序都需要允许任何单元数据串后跟一个分隔符，无论是否必要。并且根据 7.8 处理使用 GS1 应用标识符的 GS1 码制的数据进行处理。示例见图 7.8.6.3-1。

(01)90614141000015(3202)000150

图 7.8.6.3-1 使用链接的层排扩展式 GS1 DataBar 条码示例

并非在所有情况下都需要链接（例如，GS1 物流标签通常使用多行条码构建），在这种情况下，包含使用 GS1 应用标识符附加属性数据的条码应该紧贴包含 GS1 应用标识符标识代码的条码印制。示例见图 7.8.6.3-2。

(15)021231

图 7.8.6.3-2 混合 GS1 码制示例（GTIN 编在 UPC-E 中，保质期编在复合码中）

## 7.8.7 隐含小数点位置的GS1应用标识符

对于所有具有隐含小数点位置的GS1应用标识符，适用以下规则：

对于预定义长度的应用标识符

■ 对于编码数据为9位或更小的预定义长度的GS1应用标识符，最大小数位数等于编码数据的长度减1。例如，对于数据格式为N8的AI，最大小数位数为7。

■ 对于编码数据大于9位的预定义长度GS1应用标识符，最大小数位数为9。例如，对于数据格式为N12的AI，最大小数位数为9。

**预定义长度AI的示例：**

AI（394n）的数据字段格式为N4，所以隐含小数位的最大数为3。

单元数据串（3943）1020指定数据字段包含3位小数，因此在第一个数字后面有一个隐含的小数点：1.020。

对于可变长度的应用标识符

■ 对于编码数据为9位或更小的可变长度GS1应用标识符，最大小数位数等于编码数据的长度减1。例如，对于包含4位数字的数据字段，最大小数位数是3。

■ 对于编码数据大于9位的可变长度GS1应用标识符，最大小数位数为9。例如，对于包含11位数字的数据字段，最大小数位数为9。

**可变长度的AI示例：**

AI（392n）的数据字段格式为N..15，所以隐含小数位的最大数为9。

单元数据串（3929）300123456789指定包含9位小数位的12位数据字段，因此第三位数字后具有隐含小数点：300.123456789。

单元数据串（3923）3000200指定包含3位小数位的7位数据字段，因此第四位数字后具有隐含小数点：3000.200。

✔ **注：**有关可能适用于该GS1应用标识符的其他限制，见具体的GS1应用标识符规定。

## 7.8.8 国家医疗保险代码（NHRN）

一些国家或地区的监管机构可能会要求使用当地的国家医疗保险代码（NHRN）来标识药物和/或医疗器械。为了满足这些国家/地区监管或行业要求的，且GTIN不能满足的需求，贸易项目应以GTIN和AI（710），（711），（712），（713），（714）和（715）国家医疗保险代码标识。

一个或多个NHRN可以与单个GTIN相关联并且在适当的GS1数据载体内编码，以满足多个市场业务需求。多个NHRN的例子见表7.8.8-1。

其他单独的NHRN AI只能由GS1分配，根据提交到GSMP系统的工作请求（work request）给以解决。

表7.8.8-1 有效信息示例

| 信息中的单元数据串 | | | | | | | 注释 |
|---|---|---|---|---|---|---|---|
| AI 01 | AI 710 | | | | | | GTIN贸易项目标识+国家“A”NHRN |

表7.8.8-1（续）

| 信息中的单元数据串 | | | | | | | 注释 |
|---|---|---|---|---|---|---|---|
| AI 01 | AI 710 | AI 711 | | | | | GTIN 贸易项目标识+国家“A”NHRN+国家“B”NHRN |
| AI 01 | AI 710 | AI 711 | AI 712 | | | | GTIN 贸易项目标识+国家“A”NHRN+国家“B”NHRN+国家“C”NHRN |
| AI 01 | AI 710 | AI 711 | AI 712 | AI 713 | | | GTIN 贸易项目标识+国家“A”NHRN+国家“B”NHRN+国家“C”NHRN+国家“D”NHRN |
| AI 01 | AI 710 | AI 711 | AI 712 | AI 713 | AI 714 | | GTIN 贸易项目标识+国家“A”NHRN+国家“B”NHRN+国家“C”NHRN+国家“D”NHRN+国家“E”NHRN |
| AI 01 | AI 710 | AI 711 | AI 712 | AI 713 | AI 714 | AI 715 | GTIN 贸易项目标识+国家“A”NHRN+国家“B”NHRN+国家“C”NHRN+国家“D”NHRN+国家“E”NHRN+国家“F”NHRN |

# 7.9　校验码/校验符计算

## 7.9.1　GS1 数据结构的标准校验码计算

需要校验码的所有定长数字型 GS1 数据结构（包括 GDTI、GLN、GRAI 等）使用相同的运算规则，见表 7.9.1-1，表 7.9.1-2。

表 7.9.1-1　校验码计算

| | 数位 | | | | | | | | | | | | | | | | | |
|---|---|---|---|---|---|---|---|---|---|---|---|---|---|---|---|---|---|---|
| GTIN-8 | | | | | | | | | | | $N_1$ | $N_2$ | $N_3$ | $N_4$ | $N_5$ | $N_6$ | $N_7$ | $N_8$ |
| GTIN-12 | | | | | | | $N_1$ | $N_2$ | $N_3$ | $N_4$ | $N_5$ | $N_6$ | $N_7$ | $N_8$ | $N_9$ | $N_{10}$ | $N_{11}$ | $N_{12}$ |
| GTIN-13 | | | | | | $N_1$ | $N_2$ | $N_3$ | $N_4$ | $N_5$ | $N_6$ | $N_7$ | $N_8$ | $N_9$ | $N_{10}$ | $N_{11}$ | $N_{12}$ | $N_{13}$ |
| GTIN-14 | | | | | $N_1$ | $N_2$ | $N_3$ | $N_4$ | $N_5$ | $N_6$ | $N_7$ | $N_8$ | $N_9$ | $N_{10}$ | $N_{11}$ | $N_{12}$ | $N_{13}$ | $N_{14}$ |
| 17 位 | | $N_1$ | $N_2$ | $N_3$ | $N_4$ | $N_5$ | $N_6$ | $N_7$ | $N_8$ | $N_9$ | $N_{10}$ | $N_{11}$ | $N_{12}$ | $N_{13}$ | $N_{14}$ | $N_{15}$ | $N_{16}$ | $N_{17}$ |
| 18 位 | $N_1$ | $N_2$ | $N_3$ | $N_4$ | $N_5$ | $N_6$ | $N_7$ | $N_8$ | $N_9$ | $N_{10}$ | $N_{11}$ | $N_{12}$ | $N_{13}$ | $N_{14}$ | $N_{15}$ | $N_{16}$ | $N_{17}$ | $N_{18}$ |
| | 每个数位乘以相应的数值 | | | | | | | | | | | | | | | | | |
| | ×3 | ×1 | ×3 | ×1 | ×3 | ×1 | ×3 | ×1 | ×3 | ×1 | ×3 | ×1 | ×3 | ×1 | ×3 | ×1 | ×3 | |
| | 乘积结果求和 | | | | | | | | | | | | | | | | | |
| | 以大于或等于求和结果数值，且最小的 10 的倍数减去求和结果，所得的值为校验码数值⟶ | | | | | | | | | | | | | | | | | |

表 7.9.1-2 校验码计算示例

| 18位数据字段校验码计算示例 | | | | | | | | | | | | | | | | | | |
|---|---|---|---|---|---|---|---|---|---|---|---|---|---|---|---|---|---|---|
| 位置 | $N_1$ | $N_2$ | $N_3$ | $N_4$ | $N_5$ | $N_6$ | $N_7$ | $N_8$ | $N_9$ | $N_{10}$ | $N_{11}$ | $N_{12}$ | $N_{13}$ | $N_{14}$ | $N_{15}$ | $N_{16}$ | $N_{17}$ | $N_{18}$ |
| 没有校验码的数据 | 3 | 7 | 6 | 1 | 0 | 4 | 2 | 5 | 0 | 0 | 2 | 1 | 2 | 3 | 4 | 5 | 6 | |
| 步骤1：乘以 | × | × | × | × | × | × | × | × | × | × | × | × | × | × | × | × | × | |
| | 3 | 1 | 3 | 1 | 3 | 1 | 3 | 1 | 3 | 1 | 3 | 1 | 3 | 1 | 3 | 1 | 3 | |
| 步骤2：相加 | = | = | = | = | = | = | = | = | = | = | = | = | = | = | = | = | = | |
| 求和 | 9 | 7 | 18 | 1 | 0 | 4 | 6 | 5 | 0 | 0 | 6 | 1 | 6 | 3 | 12 | 5 | 18 | = 101 |
| 步骤3：以大于步骤2的结果，且最小的10的整数倍数110减去步骤2的结果为校验数字9 | | | | | | | | | | | | | | | | | | |
| 校验数字 | 3 | 7 | 6 | 1 | 0 | 4 | 2 | 5 | 0 | 0 | 2 | 1 | 2 | 3 | 4 | 5 | 6 | 9 |

## 7.9.2 价格/重量域校验码计算

为提高从条码符号中识读价格/重量的安全性，校验码不仅要根据前一部分给出的方法进行计算，而且还要根据本部分描述的程序进行处理。

校验码计算的基本原理是，价格/重量域的每一个数字位被赋予不同的权重，权重值分别为2-，3，5+和5-。每个权重都会影响特定位置的计算，此计算结果称为“权数积”。表7.9.2-1～表7.9.2-4为不同权数的权数积。

表 7.9.2-1 权重因子 2

| 权数 2 | | | | | | | | | | |
|---|---|---|---|---|---|---|---|---|---|---|
| 计算规则：每个数乘以2，如果结果为2位数，则用个位数减去十位数，其结果为权数积 | | | | | | | | | | |
| 数值 | 0 | 1 | 2 | 3 | 4 | 5 | 6 | 7 | 8 | 9 |
| 权数积 | 0 | 2 | 4 | 6 | 8 | 9 | 1 | 3 | 5 | 7 |

表 7.9.2-2 权重因子 3

| 权数 3 | | | | | | | | | | |
|---|---|---|---|---|---|---|---|---|---|---|
| 计算规则：每个数乘以3，所得结果的个位数的值为权数积 | | | | | | | | | | |
| 数值 | 0 | 1 | 2 | 3 | 4 | 5 | 6 | 7 | 8 | 9 |
| 权数积 | 0 | 3 | 6 | 9 | 2 | 5 | 8 | 1 | 4 | 7 |

表 7.9.2-3 权重因子 5+

| 权数 5+ | | | | | | | | | | |
|---|---|---|---|---|---|---|---|---|---|---|
| 计算规则：每个数乘以5，将乘积的个位数和十位数相加，其结果为权数积 | | | | | | | | | | |
| 数值 | 0 | 1 | 2 | 3 | 4 | 5 | 6 | 7 | 8 | 9 |
| 权数积 | 0 | 5 | 1 | 6 | 2 | 7 | 3 | 8 | 4 | 9 |

表 7.9.2-4　权重因子 5-

| 权数 5- | | | | | | | | | | |
|---|---|---|---|---|---|---|---|---|---|---|
| 计算规则：每个数乘以 5，乘积减去十位数值，其结果的个位数值为权数积 | | | | | | | | | | |
| 数值 | 0 | 1 | 2 | 3 | 4 | 5 | 6 | 7 | 8 | 9 |
| 权数积 | 0 | 5 | 9 | 4 | 8 | 3 | 7 | 2 | 6 | 1 |

## 7.9.3　四位价格域的校验码计算

权重因子的分配见表 7.9.3-1。

表 7.9.3-1　权重因子分配

| 权数分配 | | | | |
|---|---|---|---|---|
| 数位 | 1 | 2 | 3 | 4 |
| 权重 | 2- | 2- | 3 | 5- |

- 计算步骤 1：依据指定的权重分配表确定数位 1~4 的权数积的值。
- 计算步骤 2：将步骤 1 的结果相加。
- 计算步骤 3：计算步骤 2 的值乘以 3，得出的数值的个位数就是校验数位的值。

校验码计算示例见表 7.9.3-2。

表 7.9.3-2　校验码计算示例

| 校验码计算示例 | | | | | |
|---|---|---|---|---|---|
| 价格数据的位置 | 1 | 2 | 3 | 4 | |
| 权数分配 | 2- | 2- | 3 | 5- | |
| 数值 | 2 | 8 | 7 | 5 | |
| 步骤 1：计算权数积 | 4 | 5 | 1 | 3 | |
| 步骤 2：求和 | + | + | + | + | = 13 |
| 步骤 3：乘以 3 | | | | | = 39（*） |

（*）个位数值为校验码。

## 7.9.4　五位价格域校验码计算

权重因子的分配见表 7.9.4-1。

表 7.9.4-1　权重因子分配

| 权数分配 | | | | | |
|---|---|---|---|---|---|
| 数字位置 | 1 | 2 | 3 | 4 | 5 |
| 权数 | 5+ | 2- | 5- | 5+ | 2- |

- 计算步骤 1：依据指定的权数分配表确定数位 1~5 的权数积的值。

- 计算步骤2：计算步骤1各权数积的和。
- 计算步骤3：用等于或最接近且大于步骤2结果的10的整数倍减去步骤2的结果。
- 计算步骤4：把步骤3得到的数据转换成表7.9.2-4的对应数字，此数字即为校验数位的值

表7.9.4-2 校验码计算示例

| 校验码计算示例 | | | | | | |
|---|---|---|---|---|---|---|
| 价格数据字段位置 | 1 | 2 | 3 | 4 | 5 | |
| 分配的权数 | 5+ | 2- | 5- | 5+ | 2- | |
| 数值 | 1 | 4 | 6 | 8 | 5 | |
| 步骤1：权数积 | 5 | 8 | 7 | 4 | 9 | |
| 步骤2：求和 | + | + | + | + | + | =33 |
| 步骤3：减法之后的结果（40~33） | | | | | | =7 |
| 步骤4：权数5-表中对应权数积7的数值6为校验码的值 | | | | | | |

## 7.9.5 校验字符的计算（用于字母数字代码）

GS1校验字符算法使用MOD 1021，32用于计算字母数字数据结构的校验字符对（GS1 AI可编码字符集，见7.11）。校验字符对由大写字母和数字字符组成（见表7.9.5-1）。校验字符集通过从可能的结果中删除0、O和1、I（外观相似的字母数字字符）来减少潜在的键入错误。由于大写字母数字字符结构，校验码字符对也变得更容易识别。校验字符对能够检测各种键入和编码错误，包括但不限于：

- 字符替换；
- 字符换位；
- 逻辑转移；
- 字符添加；
- 字符遗漏。

**字符计算步骤：**

- 计算步骤1：从表7.9.5-1中为每个字符检索分配的参考值。
- 计算步骤2：为每个符号字符位置赋予一个质数权重。从最右边的非校验字符（$X_j$）开始，再向左发展到第一个字符（$N_1$），质数权重将增加，依次为2、3、5、7、11、13，$P_n$；$P_n$表示第$n$个质数，其中“n”表示不包括校验字符对的数据字符数。
- 计算步骤3：将每个分配的参考值（来自步骤1）乘以权重（来自步骤2）。
- 计算步骤4：步骤3中的计算结果求和。
- 计算步骤5：对乘积之和（步骤4）执行MOD 1021。
- 计算步骤6：步骤5的结果是校验字符的参考值。
- 计算步骤7：根据校验字符的参考值（Ck），按照下面方式确定GMN校验字符：
  - a）Ck=C1 * 32+C2（C1，C2是表7.9.5-2中指定的参考值）。
    - i. C1=取整函数（Ck/32）（小数点左边的整数）；
    - ii. C2=Ck MOD 32。

b）使用 C1 和 C2 检索 $X_{j+1}$和 $X_{j+2}$的字母数字字符。

表 7.9.5-1 GS1 AI 编码字符参考值

| 字符集 | 指定值 | 字符集 | 指定值 | 字符集 | 指定值 |
|---|---|---|---|---|---|
| ! | 0 | B | 30 | e | 60 |
| " | 1 | C | 31 | f | 61 |
| % | 2 | D | 32 | g | 62 |
| & | 3 | E | 33 | h | 63 |
| ' | 4 | F | 34 | i | 64 |
| ( | 5 | G | 35 | j | 65 |
| ) | 6 | H | 36 | k | 66 |
| * | 7 | I | 37 | l | 67 |
| + | 8 | J | 38 | m | 68 |
| , | 9 | K | 39 | n | 69 |
| - | 10 | L | 40 | o | 70 |
| . | 11 | M | 41 | p | 71 |
| / | 12 | N | 42 | q | 72 |
| 0 | 13 | O | 43 | r | 73 |
| 1 | 14 | P | 44 | s | 74 |
| 2 | 15 | Q | 45 | t | 75 |
| 3 | 16 | R | 46 | u | 76 |
| 4 | 17 | S | 47 | v | 77 |
| 5 | 18 | T | 48 | w | 78 |
| 6 | 19 | U | 49 | x | 79 |
| 7 | 20 | V | 50 | y | 80 |
| 8 | 21 | W | 51 | z | 81 |
| 9 | 22 | X | 52 | | |
| : | 23 | Y | 53 | | |
| ; | 24 | Z | 54 | | |
| < | 25 | _ | 55 | | |
| = | 26 | a | 56 | | |
| > | 27 | b | 57 | | |
| ? | 28 | c | 58 | | |
| A | 29 | d | 59 | | |

表 7.9.5-2　校验字符参考值

| 字符集 | 分配值 | 字符集 | 分配值 | 字符集 | 分配值 |
|---|---|---|---|---|---|
| 2 | 0 | D | 11 | Q | 22 |
| 3 | 1 | E | 12 | R | 23 |
| 4 | 2 | F | 13 | S | 24 |
| 5 | 3 | G | 14 | T | 25 |
| 6 | 4 | H | 15 | U | 26 |
| 7 | 5 | J | 16 | V | 27 |
| 8 | 6 | K | 17 | W | 28 |
| 9 | 7 | L | 18 | X | 29 |
| A | 8 | M | 19 | Y | 30 |
| B | 9 | N | 20 | Z | 31 |
| C | 10 | P | 21 | | PP |

校验字符计算示例见表 7.9.5-3。

表 7.9.5-3　校验字符计算示例（基于 25 个字符的全球模型代码）

| 位置 | $P_1$ | $P_2$ | $P_3$ | $P_4$ | $P_5$ | $P_6$ | $P_7$ | $P_8$ | $P_9$ | $P_{10}$ | $P_{11}$ | $P_{12}$ | $P_{13}$ | $P_{14}$ |
|---|---|---|---|---|---|---|---|---|---|---|---|---|---|---|
| GMN | 1 | 9 | 8 | 7 | 6 | 5 | 4 | A | d | 4 | X | 4 | b | L |
| 分配值 | 14 | 22 | 21 | 20 | 19 | 18 | 17 | 29 | 59 | 17 | 52 | 17 | 57 | 40 |
| 乘以权重因子 | ×83 | ×79 | ×73 | ×71 | ×67 | ×61 | ×59 | ×53 | ×47 | ×43 | ×41 | ×37 | ×31 | ×29 |
| 结果 | 1162 | 1738 | 1533 | 1420 | 1273 | 1098 | 1003 | 1537 | 2773 | 731 | 2132 | 629 | 1767 | 1160 |

| 位置 | $P_{15}$ | $P_{16}$ | $P_{17}$ | $P_{18}$ | $P_{19}$ | $P_{20}$ | $P_{21}$ | $P_{22}$ | $P_{23}$ | $P_{24}$ | $P_{25}$ |
|---|---|---|---|---|---|---|---|---|---|---|---|
| GMN | 5 | t | t | r | 2 | 3 | 1 | 0 | c | 2 | k |
| 分配值 | 18 | 75 | 75 | 73 | 15 | 16 | 14 | 13 | 58 | | |
| 乘以权重因子 | ×23 | ×19 | ×17 | ×13 | ×11 | ×7 | ×5 | ×3 | ×2 | | |
| 结果 | 414 | 1425 | 1275 | 949 | 165 | 112 | 70 | 39 | 116 | | |

| 总　结 | |
|---|---|
| 总和加权分配值 | 24521 |
| 总和加权分配值作 MOD 1021 | 17 |
| 总和加权分配值 MOD 1021 除以 32 的整数结果 | 0 |
| 总和加权分配值 MOD 1021 除以 32 的余数结果 | 17 |
| 位置 $P_{24}$ 的校验符参考表 7.9.5-2 | 2 |
| 位置 $P_{25}$ 的校验符参考表 7.9.5-2 | K |

# 7.10 UPC-E 条码符号中的 GTIN-12 和 RCN-12

一些以 UPC 前缀 0 开始的 GTIN-12 和 RCN-12 标识代码可以表示为小条码符号 UPC-E（见 2.1）。

GTIN-12 和 RCN-12 被缩减后载入 6 个符号字符组成的条码符号。实际应用处理中，GTIN-12 或 RCN-12 必须通过识读器软件或应用软件获得全长的单元数据串。不存在 6 位 UPC-E 条码符号。

如果不严格遵守编码规则可能会导致 UPC-E 条码符号错误。在 UPC-E 条码符号中表示的数字字符是否可以正确地扩展到 GTIN-12，可以通过如下测试进行检验。

测试 1：

根据图 7.10-1 所示流程检验 UPC-E 条码符号位置 1~6 的解码数字。

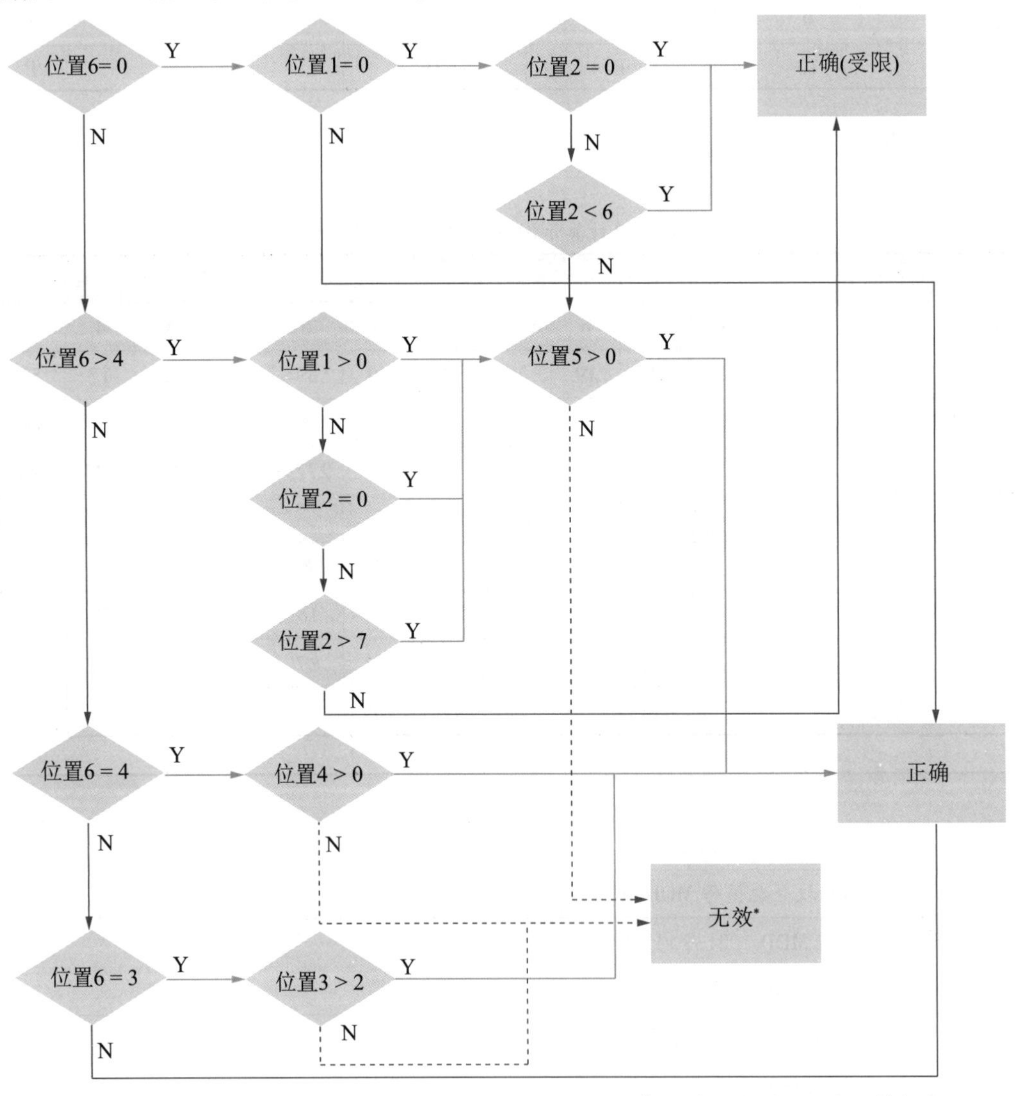


*这些 UPC-E 条码在以前的规范中有效，必须仅在解码期间作出接受这些条码的规定。

图 7.10-1 测试 1 流程图

测试 2：

扩展从 UPC-E 条码符号解码的数字成为全长 GTIN-12 的前 11 个数字，计算校验码，并与从 UPC-E 条码符号中解码出的校验码进行比较，如不匹配，则意味着符号有误。

# 7.11　国际标准 ISO/IEC 646 的 GS1 子集

表 7.11-1 列出了允许在 GS1 应用标识符（AI）单元数据串中使用的所有字符，但组件/部件代码和数字签名（DigSig）除外。表 7.11-1 对应于 ISO/IEC 646 表 1。此处未列出的所有其他 ISO/IEC 646 字符不允许在 GS1 应用标识符（AI）单元数据串中使用。表 7.11-2 列出了允许在组件/部件代码的 GS1 应用标识符中使用的所有字符。表 7. 11-3 列出了允许在数字签名（DigSig）的 GS1 应用标识符中使用的所有字符。

请注意，某些运输过程信息可能包括重音/非拉丁字符和空格字符，这些字符不在表 7.11-1 中定义的 ISO/IEC 646 子集中。4300~4320 范围内的某些 AI 可能会使用表 7.11-1 中的字符加上 RFC 3986 中定义的百分比编码，以支持非拉丁字符，并支持用加号（+）编码一个文字空格字符。

表 7.11-1　GS1 AI 可编码字符集 82

| 符号图形 | 名称 | 编码表示 | 符号图形 | 名称 | 编码表示 |
|---|---|---|---|---|---|
| ! | 感叹号 | 2/1 | M | 大写字母 M | 4/13 |
| " | 引号 | 2/2 | N | 大写字母 N | 4/14 |
| % | 百分号 | 2/5 | O | 大写字母 O | 4/15 |
| & | “和”的符号 | 2/6 | P | 大写字母 P | 5/0 |
| ' | 撇号 | 2/7 | Q | 大写字母 Q | 5/1 |
| ( | 左括号 | 2/8 | R | 大写字母 R | 5/2 |
| ) | 右括号 | 2/9 | S | 大写字母 S | 5/3 |
| * | 星号 | 2/10 | T | 大写字母 T | 5/4 |
| + | 加号 | 2/11 | U | 大写字母 U | 5/5 |
| , | 逗号 | 2/12 | V | 大写字母 V | 5/6 |
| - | 连字号/减号 | 2/13 | W | 大写字母 W | 5/7 |
| . | 句点 | 2/14 | X | 大写字母 X | 5/8 |
| / | 斜杠号 | 2/15 | Y | 大写字母 Y | 5/9 |
| 0 | 数字 0 | 3/0 | Z | 大写字母 Z | 5/10 |
| 1 | 数字 1 | 3/1 | _ | 下划线 | 5/15 |
| 2 | 数字 2 | 3/2 | a | 小写字母 a | 6/1 |
| 3 | 数字 3 | 3/3 | b | 小写字母 b | 6/2 |
| 4 | 数字 4 | 3/4 | c | 小写字母 c | 6/3 |
| 5 | 数字 5 | 3/5 | d | 小写字母 d | 6/4 |
| 6 | 数字 6 | 3/6 | e | 小写字母 e | 6/5 |

表7.11-1(续)

| 符号图形 | 名称 | 编码表示 | 符号图形 | 名称 | 编码表示 |
|---|---|---|---|---|---|
| 7 | 数字7 | 3/7 | f | 小写字母f | 6/6 |
| 8 | 数字8 | 3/8 | g | 小写字母g | 6/7 |
| 9 | 数字9 | 3/9 | h | 小写字母h | 6/8 |
| : | 冒号 | 3/10 | i | 小写字母i | 6/9 |
| ; | 分号 | 3/11 | j | 小写字母j | 6/10 |
| < | 小于号 | 3/12 | k | 小写字母k | 6/11 |
| = | 等于号 | 3/13 | l | 小写字母l | 6/12 |
| > | 大于号 | 3/14 | m | 小写字母m | 6/13 |
| ? | 问号 | 3/15 | n | 小写字母n | 6/14 |
| A | 大写字母A | 4/1 | o | 小写字母o | 6/15 |
| B | 大写字母B | 4/2 | p | 小写字母p | 7/0 |
| C | 大写字母C | 4/3 | q | 小写字母q | 7/1 |
| D | 大写字母D | 4/4 | r | 小写字母r | 7/2 |
| E | 大写字母E | 4/5 | s | 小写字母s | 7/3 |
| F | 大写字母F | 4/6 | t | 小写字母t | 7/4 |
| G | 大写字母G | 4/7 | u | 小写字母u | 7/5 |
| H | 大写字母H | 4/8 | v | 小写字母v | 7/6 |
| I | 大写字母I | 4/9 | w | 小写字母w | 7/7 |
| J | 大写字母J | 4/10 | x | 小写字母x | 7/8 |
| K | 大写字母K | 4/11 | y | 小写字母y | 7/9 |
| L | 大写字母L | 4/12 | z | 小写字母z | 7/10 |

表7.11-2　GS1 AI可编码字符集39

| 符号图形 | 名称 | 编码表示 | 符号图形 | 名称 | 编码表示 |
|---|---|---|---|---|---|
| # | 井号 | 2/3 | H | 大写字母H | 4/8 |
| - | 连字号/减号 | 2/13 | I | 大写字母I | 4/9 |
| / | 斜杠号 | 2/15 | J | 大写字母J | 4/10 |
| 0 | 数字0 | 3/0 | K | 大写字母K | 4/11 |
| 1 | 数字1 | 3/1 | L | 大写字母L | 4/12 |
| 2 | 数字2 | 3/2 | M | 大写字母M | 4/13 |
| 3 | 数字3 | 3/3 | N | 大写字母N | 4/14 |
| 4 | 数字4 | 3/4 | O | 大写字母O | 4/15 |
| 5 | 数字5 | 3/5 | P | 大写字母P | 5/0 |

表7.11-2(续)

| 符号图形 | 名称 | 编码表示 | 符号图形 | 名称 | 编码表示 |
|---|---|---|---|---|---|
| 6 | 数字 6 | 3/6 | Q | 大写字母 Q | 5/1 |
| 7 | 数字 7 | 3/7 | R | 大写字母 R | 5/2 |
| 8 | 数字 8 | 3/8 | S | 大写字母 S | 5/3 |
| 9 | D 数字 9 | 3/9 | T | 大写字母 T | 5/4 |
| A | 大写字母 A | 4/1 | U | 大写字母 U | 5/5 |
| B | 大写字母 B | 4/2 | V | 大写字母 V | 5/6 |
| C | 大写字母 C | 4/3 | W | 大写字母 W | 5/7 |
| D | 大写字母 D | 4/4 | X | 大写字母 X | 5/8 |
| E | 大写字母 E | 4/5 | Y | 大写字母 Y | 5/9 |
| F | 大写字母 F | 4/6 | Z | 大写字母 Z | 5/10 |
| G | 大写字母 G | 4/7 | 故意留空 | | |

表 7.11-3　GS1 AI 可编码字符集 64（文件安全/URI 安全 base64）

| 值 | 符号图形 | 名称 | 编码表示 | 值 | 符号图形 | 名称 | 编码表示 |
|---|---|---|---|---|---|---|---|
| 0 | A | 大写 A | 4/1 | 32 | g | 小写 g | 6/7 |
| 1 | B | 大写 B | 4/2 | 33 | h | 小写 h | 6/8 |
| 2 | C | 大写 C | 4/3 | 34 | i | 小写 i | 6/9 |
| 3 | D | 大写 D | 4/4 | 35 | j | 小写 j | 6/10 |
| 4 | E | 大写 E | 4/5 | 36 | k | 小写 k | 6/11 |
| 5 | F | 大写 F | 4/6 | 37 | l | 小写 l | 6/12 |
| 6 | G | 大写 G | 4/7 | 38 | m | 小写 m | 6/13 |
| 7 | H | 大写 H | 4/8 | 39 | n | 小写 n | 6/14 |
| 8 | I | 大写 I | 4/9 | 40 | o | 小写 o | 6/15 |
| 9 | J | 大写 J | 4/10 | 41 | p | 小写 p | 7/0 |
| 10 | K | 大写 K | 4/11 | 42 | q | 小写 q | 7/1 |
| 11 | L | 大写 L | 4/12 | 43 | r | 小写 r | 7/2 |
| 12 | M | 大写 M | 4/13 | 44 | s | 小写 s | 7/3 |
| 13 | N | 大写 N | 4/14 | 45 | t | 小写 t | 7/4 |
| 14 | O | 大写 O | 4/15 | 46 | u | 小写 u | 7/5 |
| 15 | P | 大写 P | 5/0 | 47 | v | 小写 v | 7/6 |
| 16 | Q | 大写 Q | 5/1 | 48 | w | 小写 w | 7/7 |
| 17 | R | 大写 R | 5/2 | 49 | x | 小写 x | 7/8 |
| 18 | S | 大写 S | 5/3 | 50 | y | 小写 y | 7/9 |

表7.11-3(续)

| 值 | 符号图形 | 名称 | 编码表示 | 值 | 符号图形 | 名称 | 编码表示 |
|---|---|---|---|---|---|---|---|
| 19 | T | 大写 T | 5/4 | 51 | z | 小写 z | 7/10 |
| 20 | U | 大写 U | 5/5 | 52 | 0 | 数字 0 | 3/0 |
| 21 | V | 大写 V | 5/6 | 53 | 1 | 数字 1 | 3/1 |
| 22 | W | 大写 W | 5/7 | 54 | 2 | 数字 2 | 3/2 |
| 23 | X | 大写 X | 5/8 | 55 | 3 | 数字 3 | 3/3 |
| 24 | Y | 大写 Y | 5/9 | 56 | 4 | 数字 4 | 3/4 |
| 25 | Z | 大写 Z | 5/10 | 57 | 5 | 数字 5 | 3/5 |
| 26 | a | 小写 a | 6/1 | 58 | 6 | 数字 6 | 3/6 |
| 27 | b | 小写 b | 6/2 | 59 | 7 | 数字 7 | 3/7 |
| 28 | c | 小写 c | 6/3 | 60 | 8 | 数字 8 | 3/8 |
| 29 | d | 小写 d | 6/4 | 61 | 9 | 数字 9 | 3/9 |
| 30 | e | 小写 e | 6/5 | 62 | - | 连字符/减号 | 2/13 |
| 31 | f | 小写 f | 6/6 | 63 | _ | 下划线 | 5/15 |
| 故意留空 | | | | N/A | = | 等于号（填充字符） | 3/13 |

**注：** 允许与 AI（8030）数字签名（DigSig）一起使用的字符集是 RFC 4648 第 5 章中定义的 GS1 编码字符集 64（文件安全/URI 安全 base64）有序字母表，它由大写字母 A-Z、小写字母 a-z、数字 0-9、连字符（-）、下划线（_）和作为特殊填充字符的等号字符（=）组成（见表 7.11-3）。

这 65 个字符（共 64 个字符和特殊填充字符）是 GS1 AI 编码字符集 82（表 7.11-1）的一个子集。最大长度 90 个字符对应最大容量 540 比特。尽管数字签名（DigSig）AI（8030）的值可能包含 base64 填充字符（=），但可以在不造成任何信息丢失的情况下将其删除。当在 GS1 数字链接 URI 的查询字符串中表达时，根据 RFC 4648 的第 5 章，宜删除 base64 填充字符（=），但如果需要此字符，则应按照 RFC 3986 规定对 base64 填充字符进行百分比编码。

还应注意，这些字符不是由用户自由选择的，而是经过计算得出的 ISO/IEC 20248 数字签名数据结构的紧凑的二进制表示，每 6 比特用一个文件安全/URI 安全 base64 字符来表示。

## 7.12　确认年份及日期

单元数据串可能用于如下日期类型：

- 生产日期：AI（11）；
- 付款截止日期：AI（12）；
- 包装日期：AI（13）；
- 保质期：AI（15）；
- 停止销售日期：AI（16）；

- 有效期：AI（17）；
- 产品的有效期日期和时间：AI（7003）；
- 初次冷冻日期：AI（7006）；
- 收获日期：AI（7007）；
- 产品生产日期与时间：AI（8008）。

用户可以根据自己的业务内容，自行决定如何解释一个特定的日期类型。这种解释可能会根据适用日期的产品范围的改变而有所改变。

由于年份数据区由2位数字组成，因此通过图7.12-1所示程序来确定年份。

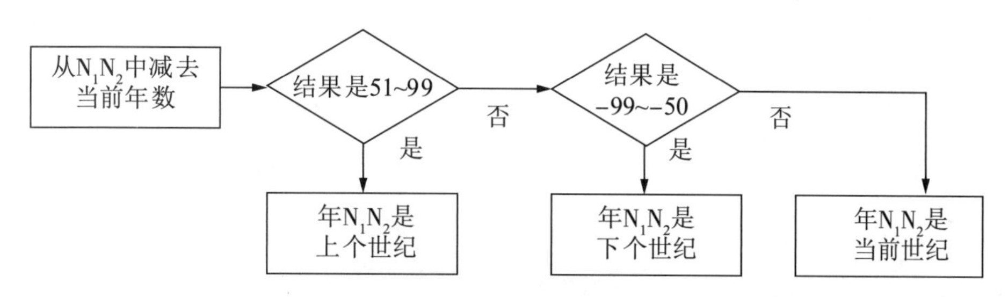


图 7.12-1 年份的确定

注：单元数据串仅可表达当前年份过去49年至未来50年范围的日期。

## 7.13 将经纬度转换为20位数据串

纬度和经度（均使用WGS84坐标参考系以十进制表示）可转换为两个10位字段X和Y，如下所示：

X=10,000,000 *（WGS84 纬度+90）

Y=10,000,000 *［（WGS84 经度+360）mod 360］

X和Y应为整数值。

注：WGS84纬度和经度应以不超过小数点后7位表示。

如果X或Y的计算结果少于10位，则必须用“0”从左边填充该值，以达到每个值总共10位数字。

对于编码地理坐标的GS1 AI，X和Y被连接成一个20位的数据串。

例如，马丘比丘南极基地的纬度（-62.0914152°）和经度（-58.4702029°）将转换为0279085848和3015297971，从而生成最终数据元02790958483015297971。

## 7.14 将20位数据串转换为经纬度

一个20位地理编码包含两个10位字段X和Y，可通过以下计算将其转换为WGS84坐标参考系中的纬度和经度值（以十进制表示）：

- 前10位数字X可以通过以下计算转换为WGS84纬度：
  - □ WGS84 纬度=［(X/10,000,000) - 90］°
- 后10位数字Y可以通过以下计算转换为WGS84经度：
  - □ WGS84 经度=［{[(Y/10,000,000)+180]mod 360} - 180］°

GS1通用规范

# 第8章 应用标准模块

# 8.1 概述

公司在宣称自己符合 GS1 标准前必须深入理解“符合性”的含义。本书第 2 章 AIDC 应用标准中规定了应用范围、所需标识符、强制/可选属性、数据载体（例如：EAN/UPC、GS1 DataMatrix）选择、数据载体规范（例如：打印质量、尺寸范围）和 GS1 标识代码分配等规则。上述这些标准以及其他 CS1 标准具有一致性，也为衡量“符合性”提供了基础。例如，由于零售商要求商品零售（POS）和诸如订单、发票这样的库存交易中使用 GTIN，他们要求供应商在零售包装上放置载有 GTIN 的 EAN/UPC 条码。这就要求 EAN/UPC 条码的打印质量满足最低质量等级。

应用标准模块（Application Standard Profiles，ASP）规定了当前以及未来各种应用场景实施的符合性要求。这些 ASP 为参与实施过程中的所有相关利益方而设计，它为消费品供应商能够在包装上采用正确的标识符、属性、条码类型和条码尺寸/质量提供保障，也为包装质量评估提供了质量控制功能。同时，它也可以帮助解决方案提供商确保其设计、打印、验证的条码或扫描系统与 ASP 规定的产品的标识符、属性、条码和尺寸相一致，并通过引用与系统性能相关的 ASP 符合性要求，提供多种简化软、硬件采购规范的方法。

除了以上记录的 AIDC 应用标准的符合性要求外，ASP 还提供：

1. 符合性要求：为符合性要求（如：可用标识符、属性以及数据载体选择及质量规范）提供规范性参考。

2. 未来符合性要求：记录支持将来迁移到其他数据载体或语法的符合性要求。这些要求支持实现一些标准化地迁移到新功能。例如，零售领域可能决定用二维码来为应用增加重要价值。可以用 ASP 来记录从一维条码向二维码迁移过渡期内的符合性要求，以支持标准的向后兼容性。一旦特定的数据载体或语法普及到满足在开放价值链中的应用，那么相应的符合性要求将成为全球应用标准的一部分。

3. 跨应用规则：为跨应用标准提供了参考，例如多条码管理规则、GS1 标识代码分配规则、符号放置规则等。

4. 技术规范：为与应用相关的技术标准提供参考。例如 GS1 应用标识符列表、码制规范等。

本章的各个 ASP 是按照被批准的先后顺序罗列。这种模块化方式创建了可长期使用的 ASP 引用。例如，引用 ASP 文件来规范需求的供应商需求文档或系统采购协议将保持相关性，不受未来所添加的 ASP 的影响。

ASP 表格提供以下参考内容：

■ 符合性要求基础：每个 ASP 都基于一个或多个规范性 AIDC 应用标准。可以在本书的第 2 章中或者其他单独的文档中找到这些标准。每个 ASP 表中都提供了所引用的规范性应用标准。

■ 标识符选择：AIDC 应用标准包含必需的 GS1 标识代码，例如用于贸易项目的 GTIN、用于物流单元的 SSCC、用于物理位置的 GLN 等。对于 GTIN，最多可能有四种不同的格式：GTIN-8、GTIN-12、GTIN-13 和 GTIN-14。在某些情况下，可以使用全部的四种格式，但在其他情况下，只允许使用一种、两种或三种格式。

■ 必要属性：GS1 标识符始终是必备的，在某些应用中它的特定属性也是必要的。例如，具有 GTIN 的变量贸易项目要求有重量或计量属性。

■ 可选属性：3.2 提供了由 GS1 定义的、条码中应用的所有 GS1 应用标识符和数据的列表。所有支持在用的 GS1 标识代码的属性，如果未列为必要的，都为可选。为标识对象制定标签的参与方负责确定是否需要可选属性。

■ 数据载体选择：GS1 AIDC 应用标准批准了多种数据载体。每个 AIDC 应用标准都会记录符合要求的数据载体。在某些情况下，除了必需的一种数据载体外，还可以使用另一种数据载体做补充。

■ 条码尺寸和质量规范：每个包含条码的 AIDC 应用标准都有尺寸和最低打印质量要求规范。符合这些规范并正确放置，可确保在所需的扫描环境中，很大程度地提高条码成功扫描的可能性。

■ GS1 语法：GS1 AIDC 数据载体支持四种不同的语法。每种语法都定义了一种结构化的方法对数据进行编码，以便在解码时可以正确解读和处理。

## 8.2 ASP1：零售 POS 端扫描的定量贸易项目

ASP1 适用于在零售 POS 端进行扫描的定量（不用于基于可变重量或计量进行销售）贸易项目，且不用于常规分销扫描。见表 8.2-1～表 8.2-3。贸易项目示例如：牛奶、听装饮品、帽子、灯、网球拍、电池或玩具。

**注：** ASP1 不适用于在受管制环境（例如：药店或医院）中出售的或分发的产品也不适用于书籍和连续出版物，这些场景需要应用额外的标识、数据载体、规范和/或规则。

表 8.2-1　ASP1 符合性要求

| 符合性要求 | 常规零售产品 |
|---|---|
| 基本要求 | 定量贸易项目，用 GTIN-12 或 GTIN-13 编码，零售 POS 扫描，见 2.1.3.1<br>定量贸易项目，用 GTIN-12 编码，UPC-E 条码表示，零售 POS 扫描，见 2.1.3.2<br>定量贸易项目，用 GTIN-8 编码，零售 POS 扫描，见 2.1.3.3<br>定量贸易项目，生鲜食品，零售 POS 扫描，见 2.1.3.6 |
| 标识符选择 | GTIN-8、GTIN-12、GTIN-13 |
| 必要属性 | 不适用 |
| 可选属性 | 见 3.2 中可与本组标识符一起使用的 GS1 应用标识符列表 |
| 数据载体的强制限定选项 | EAN-8、EAN-13、UPC-A、UPC-E、全向式 GS1 DataBar、全向层排式 GS1 DataBar、扩展式 GS1 DataBar、层排扩展式 GS1 DataBar |
| 关于未来符合 GS1 要求的数据载体的协定 | 一旦 POS 系统普遍支持以下三种二维码，任一强制性数据载体或以下任一数据载体都将在未来满足符合性要求，并成为全球应用标准的一部分。<br>在迁移期间，除了可选的强制数据载体外，还可采用以下任一数据载体：<br>☐ GS1 DataMatrix<br>☐ Data Matrix（GS1 数字链接 URI）<br>☐ QR 码（GS1 数字链接 URI） |
| 条码尺寸和质量规范 | 表 5.12.3.1-1“GS1 条码符号规范表 1”中包含用于常规零售 POS 端和非常规分销中扫描的贸易项目的条码质量和尺寸规范<br>用于二维码的表 5.12.3.1-3“GS1 条码符号规范表 1 附表 2” |
| GS1 语法的强制限定选项 | 无格式数据，GS1 单元数据串 |

表8.2-1(续)

| 符合性要求 | 常规零售产品 |
|---|---|
| 关于未来符合 GS1 要求的语法的协定 | 一旦 POS 系统普遍支持三种 GS1 语法之间的互操作性，那么任一强制性 GS1 语法或未压缩式 GS1 数字链接 URI 语法都将在未来满足符合性要求，并成为全球应用标准的一部分 |

**注：**除了所选的强制性 POS 数据载体外，还可使用具有 GS1 数字链接 URI 的数据载体以支持消费者的移动设备。

表 8.2-2　ASP1 跨应用规则

| 跨应用规则 | 描述 | 《GS1 通用规范》章节 |
|---|---|---|
| GTIN 规则 | GTIN 唯一性和分配管理原则，以及分配责任 | 4.2 |
| | 当公司因收购、合并、部分收购、拆分或“剥离”而改变法律地位时适用的原则 | 1.6 |
| 数据关系 | 同一物理实体上允许使用的单元数据串组合规则，与应用于该实体的数据载体无关 | 4.13 |
| HRI（供人识读字符） | 供人识读字符（HRI）规则用于规范标准化打印，并帮助培训工作人员如何处理无法扫描或读取的 GS1 AIDC 数据载体 | 4.14 |
| 多条码管理 | 在同一个贸易项目上使用多个条码的规则 | 4.15 |
| 符号放置 | POS 扫描的贸易项目上条码放置的规则 | 6.3 |

表 8.2-3　ASP1 相关技术规范

| 相关技术规范 | 描述 | 《GS1 通用规范》章节 |
|---|---|---|
| 按数字顺序排列的 GS1 应用标识符 | 介绍了 GS1 系统单元数据串的含义、结构和功能，以使用户应用程序的正确处理。单元数据串是 GS1 应用标识符和 GS1 应用标识符数据字段的组合。还可参阅在线的 GS1 应用标识符列表（https：//www.gs1.org/standards/barcodes/application-identifiers） | 3.2 |
| 数据载体规范 | EAN/UPC 系列技术规范 | 5.2 |
| | GS1 DataBar 系列技术规范 | 5.5 |
| 校验码计算 | 计算校验码的算法 | 7.9 |
| ISO/IEC 646 的 GS1 子集 | 列出了允许在 GS1 应用标识符（AI）单元数据串中使用的所有字符 | 7.11 |

## 8.3　ASP2：用于零售 POS 端和常规分销扫描的定量贸易项目

ASP2 适用于在零售端进行扫描的定量贸易项目（不用于变量贸易项目，如重量或尺寸可变）。

但与 ASP1 不同，它们也适用于常规分销扫描。见表 8.3-1~表 8.3-3。此类产品的示例如：微波炉或大袋动物饲料。

表 8.3-1 ASP2 符合性要求

| 符合性要求 | 用于 POS 端和常规分销扫描的定量贸易项目 |
|---|---|
| 基本要求 | 定量贸易项目，用于常规分销和 POS 端扫描，见 2.1.4 |
| 标识符选择 | GTIN-8、GTIN-12、GTIN-13 |
| 必要属性 | 不适用 |
| 可选属性 | 见 3.2 中可与本组标识符一起使用的 GS1 应用标识符列表 |
| 数据载体的强制限定选项 | EAN-8、EAN-13、UPC-A、UPC-E、全向式 GS1 DataBar、全向层排式 GS1 DataBar、扩展式 GS1 DataBar、层排扩展式 GS1 DataBar（4 个 ASP 本部分的格式应该一致） |
| 关于未来符合 GS1 要求的数据载体的协定 | 一旦 POS 系统普遍支持以下三种二维码，任一强制性数据载体或以下任一数据载体都将在未来满足符合性要求，并成为全球应用标准的一部分。<br>在迁移期间，除了可选的强制数据载体外，还可采用以下任一数据载体：<br>☐ GS1 DataMatrix<br>☐ Data Matrix（GS1 数字链接 URI）<br>☐ QR 码（GS1 数字链接 URI） |
| 条码尺寸和质量规范 | 表 5.12.3.3-1 "GS1 条码符号规范表 3"<br>用于二维码的表 5.12.3.3-2 "GS1 条码符号规范表 3 附表 1" |
| GS1 语法的强制限定选项 | 无格式数据，GS1 单元数据串 |
| 关于未来符合 GS1 要求的语法的协定 | 一旦 POS 系统普遍支持三种 GS1 语法之间的互操作性，那么任一强制性 GS1 语法或未压缩式 GS1 数字链接 URI 语法都将在未来满足符合性要求，并成为全球应用标准的一部分 |

**注：** 除了所选的强制性 POS 数据载体外，还可使用具有 GS1 数字链接 URI 的数据载体以支持消费者的移动设备。

表 8.3-2 ASP2 跨应用规则

| 跨应用规则 | 描述 | 《GS1 通用规范》章节 |
|---|---|---|
| GTIN 规则 | GTIN 唯一性和分配管理原则，以及分配责任 | 4.2 |
| | 当公司因收购、合并、部分收购、拆分或剥离而改变法律地位时适用的原则 | 1.6 |
| 数据关系 | 同一物理实体上允许的数据串组合规则，与应用于该实体的数据载体无关 | 4.13 |
| HRI（供人识读字符） | 供人识读字符规则用于规范标准化打印，并帮助培训工作人员如何处理无法扫描或读取的 GS1 AIDC 数据载体 | 4.14 |
| 多条码管理 | 在同一个贸易项目上使用多个条码的规则 | 4.15 |

表8.3-2(续)

| 跨应用规则 | 描述 | 《GS1 通用规范》章节 |
|---|---|---|
| 符号放置 | POS 扫描的贸易项目上条码放置的规则 | 6.3 |
| | 常规分销扫描的贸易项目上条码放置的规则 | 6.7 |

表 8.3-3 ASP2 相关技术规范

| 相关技术规范 | 描述 | 《GS1 通用规范》章节 |
|---|---|---|
| 按数字顺序排列的 GS1 应用标识符 | 本节介绍了 GS1 系统单元数据串的含义、结构和功能，以使用户应用程序的正确处理。单元数据串是 GS1 应用标识符和 GS1 应用标识符数据字段的组合。还可参阅在线的 GS1 应用标识符列表（https://www.gs1.org/standards/barcodes/application-identifiers） | 3.2 |
| 数据载体规范 | EAN/UPC 系列技术规范 | 5.2 |
| | GS1 DataBar 系列技术规范 | 5.5 |
| 校验码计算 | 计算校验码的算法 | 7.9 |
| ISO/IEC 646 的 GS1 子集 | 列出了允许在 GS1 应用标识符（AI）单元数据串中使用的所有字符 | 7.11 |

# 8.4 ASP3：用于零售 POS 端扫描的变量贸易项目

ASP3 适用于在零售 POS 端进行扫描的变量贸易项目（如重量或尺寸可变），不适用于常规分销扫描，如按重量值或计量值出售的水果、蔬菜、乳制品、烘焙食品和肉禽类。见表 8.4-1~表8.4-3。

表 8.4-1 ASP3 符合性要求

| 符合性要求 | 使用 GTIN+计数/计重的变量生鲜食品 | 使用 RCN 的变量生鲜食品 |
|---|---|---|
| 基本要求 | 变量贸易项目，使用 GTIN 在零售 POS 端扫描的生鲜食品，见 2.1.12.1 | 变量贸易项目，使用 RCN 在零售 POS 端扫描的生鲜食品，见 2.1.12.2 |
| 标识符选择 | GTIN-12、GTIN-13 | RCN-12、RCN-13 |
| 必要属性 | 应至少具有以下 GS1 应用标识符之一：AI（30）、AI（31nn）、AI（32nn）、AI（35nn）、AI（36n） | 不适用 |
| 可选属性 | 见 3.2 中可与本组标识符一起使用的 GS1 应用标识符列表 | 不适用 |

表8.4-1(续)

| 符合性要求 | 使用 GTIN+计数/计重的变量生鲜食品 | 使用 RCN 的变量生鲜食品 |
|---|---|---|
| 数据载体的强制限定选项 | 扩展式 GS1 DataBar、层排扩展式 GS1 DataBar | EAN-13、UPC-A |
| 关于未来符合 GS1 要求的数据载体的协定 | 一旦 POS 系统普遍支持以下三种二维码，任一强制性数据载体或以下任一数据载体都将在未来满足符合性要求，并成为全球应用标准的一部分。<br>在迁移期间，除了可选的强制性数据载体外，还可采用以下任一数据载体：<br>□ GS1 DataMatrix<br>□ Data Matrix（GS1 数字链接 URI）<br>□ QR 码（GS1 数字链接 URI） | 不适用 |
| 条码尺寸和质量规范 | 表 5.12.3.1-1 “GS1 条码符号规范表 1”中包含用于常规零售 POS 端和非常规分销中扫描的贸易项目的条码质量和尺寸规范<br>用于二维码的表 5.12.3.1-3 “GS1 条码符号规范表 1 附表 2” | 表 5.12.3.1.-1 “GS1 条码符号规范表 1” 中包含用于常规零售 POS 端和非常规分销中扫描的贸易项目的条码质量和尺寸规范 |
| GS1 语法的强制限定选项 | GS1 单元数据串 | 无格式数据 |
| 关于未来符合 GS1 要求的语法的协定 | 一旦 POS 系统普遍支持三种 GS1 语法之间的互操作性，那么任一强制性 GS1 语法或未压缩式 GS1 数字链接 URI 语法都将在未来满足符合性要求，并成为全球应用标准的一部分 | 不适用 |

**注：**除了所选的强制性 POS 数据载体外，还可使用具有 GS1 数字链接 URI 的数据载体以支持消费者的移动设备。

表 8.4-2 ASP3 跨应用规则

| 跨应用规则 | 描述 | 《GS1 通用规范》章节 |
|---|---|---|
| GTIN 规则 | GTIN 唯一性和分配管理原则，以及分配责任 | 4.2 |
| | 当公司因收购、合并、部分收购、拆分或剥离而改变法律地位时适用的原则 | 1.6 |
| 数据关系 | 同一物理实体上允许的数据串组合规则，与应用于该实体的数据载体无关 | 4.13 |
| HRI（供人识读字符） | 供人识读字符规则用于规范标准化打印，并帮助培训工作人员如何处理无法扫描或读取的 GS1 AIDC 数据载体 | 4.14 |
| 多条码管理 | 在同一个贸易项目上使用多个条码的规则 | 4.15 |
| 符号放置 | POS 扫描的贸易项目上条码放置的规则 | 6.3 |

表 8.4-3 ASP3 相关技术规范

| 相关技术规范 | 描述 | 《GS1 通用规范》章节 |
|---|---|---|
| 按数字顺序排列的 GS1 应用标识符 | 本节介绍了 GS1 系统单元数据串的含义、结构和功能，以使用户应用程序的正确处理。单元数据串是 GS1 应用标识符和 GS1 应用标识符数据字段的组合。还可参阅在线的 GS1 应用标识符列表（https://www.gs1.org/standards/barcodes/application-identifiers） | 3.2 |
| 数据载体规范 | EAN/UPC 系列技术规范 | 5.2 |
| | GS1 DataBar 系列技术规范 | 5.5 |
| 校验码计算 | 计算校验码的算法 | 7.9 |
| ISO/IEC 646 的 GS1 子集 | 列出了允许在 GS1 应用标识符（AI）单元数据串中使用的所有字符 | 7.11 |

# 8.5 ASP4：带有扩展包装的常规零售消费贸易项目

当消费者扫描条码访问在线网络资源时，贸易项目上的信息能进行扩展。例如，购物者通过扫描一盒包装好的意大利面来查找一系列食谱。基于 Web 使用 GS1 数字链接 URI 语法和 QR 码或 Data Matrix，可应用于新的扩展包装。出于此，ASP 只关注前瞻性的途径。在 GS1 数字链接 URI 标准之前，GS1 标准系统中批准两种方法可用于实现扩展包装应用。虽然这些的旧方案仍符合 GS1 标准，但新的扩展包装实施应使用 GS1 数字链接 URI 方法。见表 8.5-1～表 8.5-3。

表 8.5-1 ASP4 符合性要求

| 符合性要求 | 常规零售产品 GS1 数字链接 URI |
|---|---|
| 基本要求 | 带有扩展包装应用的贸易项目 GS1 数字链接 URI 语法，见 2.1.13.1 |
| 标识符选择 | GTIN-8、GTIN-12、GTIN-13 |
| 必要属性 | 不适用 |
| 可选属性 | 见 3.2 中可与本组标识符一起使用的 GS1 应用标识符列表 |
| 数据载体的强制限定选项 | QR 码（GS1 数字链接 URI）、Data Matrix（GS1 数字链接 URI） |
| 条码尺寸和质量规范 | 表 5.12.3.1-3“GS1 条码符号规范表 1 附表 2”包含带有 GS1 数字链接 URI 的二维码的条码质量和尺寸规范 |
| GS1 语法的强制限定选项 | 应使用 GS1 数字链接 URI 的未压缩格式，更多信息请查看 GS1 数字链接 URI 标准：URI 语法 |

表 8.5-2 ASP4 跨应用规则

| 跨应用规则 | 描述 | 《GS1 通用规范》章节 |
| --- | --- | --- |
| GTIN 规则 | GTIN 唯一性和分配管理原则，以及分配责任 | 4.2 |
|  | 当公司因收购、合并、部分收购、拆分或剥离而改变法律地位时适用的原则 | 1.6 |
| 数据关系 | 同一物理实体上允许的数据串组合规则，与应用于该实体的数据载体无关 | 4.13 |
| HRI（供人识读字符） | 供人识读字符规则用于规范标准化打印，并帮助培训工作人员如何处理无法扫描或读取的 GS1 AIDC 数据载体 | 4.14 |
| 多条码管理 | 在同一个贸易项目上使用多个条码的规则 | 4.15 |

表 8.5-3 ASP4 相关技术规范

| 相关技术规范 | 描述 | 《GS1 通用规范》章节 |
| --- | --- | --- |
| 按数字顺序排列的 GS1 应用标识符 | 本节介绍了 GS1 系统单元数据串的含义、结构和功能，以便用户应用程序的正确处理。单元数据串是 GS1 应用标识符和 GS1 应用标识符数据字段的组合。还可参阅在线的 GS1 应用标识符列表（https://www.gs1.org/standards/barcodes/application-identifiers） | 3.2 |
| 数据载体规范 | Data Matrix 技术规范 | 5.9 |
|  | QR 码技术规范 | 5.10 |
| 校验码计算 | 计算校验码的算法 | 7.9 |
| ISO/IEC 646 的 GS1 子集 | 列出了允许在 GS1 应用标识符（AI）单元数据串中使用的所有字符 | 7.11 |
| GS1 正规表达式测试 | 正规表达式测试用于区分使用 GS1 数字链接 URI 语法编码的二维码和编码非 GS1 数据的二维码 | 请参阅《GS1 数字链接标准：URI 语法》（第 1.4.1 版），第 6 章 |
| GS1 数字链接的 GS1 链接类型规则 | 与 GS1 数字链接一起使用的链接类型的详细信息。每个链接类型属性表示在目标资源 URI 中找到的不同类型的信息资源 | 见《GS1 网络词汇表》的 GS1 数字链接“链接类型”规则 |

GS1通用规范

# 第9章 标准术语表

# 9.1 GS1 术语和定义

表 9.1-1 列出了本规范中应用的术语和定义。关于在线版本，请参阅 www.gs1.org/glossary。

表 9.1-1　GS1 术语和定义

| 术语 | 定义 |
|---|---|
| 允许偏差 | 在进行条码验证测试时，允许在商业校验仪器与操作仪器间出现的微小偏差 |
| 附加符号 | 对 EAN/UPC 主条码符号的补充信息进行编码的条码符号 |
| 组合包装（根据欧盟 2018/574 法规） | 包含一个以上单位包装的烟草制品包装。就 GS1 而言，这可以是贸易项目组合，也可是物流单元 |
| AIDC 介质 | 显示 GS1 AIDC 数据载体的对象/实体的特定形式 |
| AIDC 介质类型 | 显示或携带 GS1 AIDC 数据载体的对象/实体（如患者腕带或工作证）的代码列表 |
| AIM DotCode | 根据《AIM DotCode 规范》通过打印点来呈现的二维码码制 |
| 分配 | 根据 GS1 规则和政策，将已发行的 GS1 前缀、GS1 公司前缀或 GS1 标识代码与其对应的实体或对象关联起来的过程 |
| 数字字母型 | 包括字母字符、数字以及其他如标点符号的字符集 |
| 孔径 | 一个物理开口，是诸如扫描器、光度计或照相机等设备的光学路径的一部分。多数孔径是圆形的，但也可以是矩形或椭圆形 |
| 应用标准模块 | 用于记录现有和未来的 AIDC 应用标准的符合性要求和规范性决策（MSWG、ISO、法规等）的模板，并保持跨应用规则和相关技术规范的集中化 |
| 资产类型 | 全球可回收资产代码（GRAI）的一部分，由资产所有者或管理者分配，以生成唯一的 GRAI |
| 属性 | 用 GS1 标识代码标识的实体的附加信息 |
| 自动辨识能力 | 识读器自动识别多种条码码制并译码的能力 |
| 自动识别和数据采集（AIDC） | 一项用于自动采集数据的技术。AIDC 技术包括条码技术、智能卡技术、生物识别技术和射频识别技术 |
| 辅助符 | EAN/UPC 码制的构成部分。条码符号中的辅助符如：中间分隔符、左侧保护符以及右侧保护符 |
| 条宽增加/减少量 | 由于复制和印刷引起的条宽增加或减少 |
| 条码 | 将数据编码成机器可识读的符号，这种符号由具有宽度可变的矩形或方形深色条和浅色空组成，条空并行排列。术语"条码"涵盖所有的一维码和二维码 |
| 条码检验 | 使用 ISO/IEC 认可的条码检测仪，对基于 ISO/IEC 标准的条码印制质量进行评估 |
| 基本单元 | 在贸易项目组合的层级中，消费品贸易项目或使用单元级别 |
| 基础医疗器械唯一标识—器械标识（UDI-DI） | 基础医疗器械唯一标识——器械标识（UDI-DI）是唯一标识医疗器械产品谱系的标识符，由全球型号代码 GMN 表示 |
| 批号/批次 | 与贸易项目相关的信息，便于生产商进行追溯 |
| 保护框 | 处于条码符号的顶部或底部或位于条码符号四周的条，用于防止条码符号的误读或提高条码符号的印刷质量 |
| 字符集 39 | ISO/IEC 646 标准中规定的由数字、大写字母，以及"#""-"和"/"组成的特定字符集 |

表9.1-1(续)

| 术语 | 定义 |
|---|---|
| 字符集 64（文件安全/URI 安全 base64） | ISO/IEC 646：唯一图形字符分配中的一个子集，由 RFC4648 第 5 章定义为 URI 和文件名安全的 base64 字母表，包括数字、大小写字母，以及字符“-”“_”“=”字符用作特殊的填充字符，没有赋值。文件安全 URI 安全 base64 字母表用于将二进制数据表示为紧凑的字母数字字符串，每个字符对应于 0~63 范围内的 6 比特值 |
| 字符集 82 | ISO/IEC 646 标准中规定的由数字、大写字母和小写字母，以及 20 个特殊字符（不包括“空”）组成的特定字符集 |
| 校验字符对 | 在全球型号代码（GMN）中，通过其他字符计算出的最后一对字符，用于检查数据的正确组成和传输 |
| 校验码 | 从数据中计算出来并作为数据串的一部分添加的数字字符，以确保数据的正确组合和传输 |
| 码字（码词） | 一种符号字符值。符号中源代码和图形编码之间的中间代码 |
| 组件/部件 | 需进行至少一次再加工而形成下游销售成品的项目 |
| 组件/部件代码（CPID） | 组件/部件的唯一标识代码，由 GS1 公司前缀和一个组件/部件参考代码组成 |
| 复合码组分 | 指在 GS1 复合码中堆叠的一维条码组分 |
| 链接 | 在一个条码符号里，表示几个单元数据串 |
| 符合性 | 指某一系统满足指定标准的状态 |
| 托运货物 | 由货运代理或承运人组合的一组物流或运输单位，在一个运输单据（如运单）下进行运输 |
| 消费产品变体（CPV） | GTIN 的数字字母属性，分配给零售消费贸易项目变体，用于其产品生命周期中 |
| 国家行政区域划分 | 在 ISO 3166-1 标准中对行政区域或相似区域的划分。例如美国的一个州、法国的一个区、瑞士的一个行政区、中国的一个省 |
| 优惠券 | 一个凭证，其在 POS 销售点可被兑换成一定数量的现金或免费货品 |
| 优惠券发行方 | 优惠券发行方，承担商业和金融责任 |
| 客户 | 产品或服务的接收方、买方或消费者 |
| 数据字符 | 单个数字、字母字符或标点符号或控制字符，表示有意义的信息 |
| 数据区 | 包含 GS1 标识代码，RCN，或属性信息的区域 |
| 数据矩阵（GS1 数字链接 URI） | 使用 GS1 数字链接 URI 语法的未压缩形式对数据进行数据矩阵编码 |
| Data Matrix | 一个独立的矩阵式二维码码制，该码制四周为寻像图形，内由方形模块组成。Data Matrix ISO 版本 ECC200 是唯一支持 GS1 系统标识代码的版本，Data Matrix 包括功能 1 字符（FNC1），由二维图像扫描器或者视觉系统识读 |
| 数据标题 | 数据标题是单元数据串的缩写描述，用于支持条码的人工识读 |
| 电子优惠券 | 电子优惠券以电子形式，不是以“纸”或其他可复制的形式分发和呈现，当消费时，可以兑换成现金折扣或者忠诚度积分 |

表9.1-1(续)

| 术语 | 定义 |
|---|---|
| DigSig | ISO/IEC 20248 定义了一种用于在数据载体内编码数字签名的数据结构，提供了一种验证条码和 RFID 数据的方法。它还提供了一种将条码和 RFID 数据关联到带有标记/标签对象的方法。包含 X. 509 数字签名的 ISO/IEC 20248 数据结构被称为 DigSig。“数字签名”是指一般的数字签名，而“DigSig”是指一种具有特定含义的命名事物 |
| 数字签名 | 数字签名是一种紧凑的数据指纹，通过对数据添加数字签名，能够实现篡改检测和不可抵赖性。数字签名是通过对数据进行散列，然后使用私钥对散列进行加密来构建的。这使得任何人都可以使用公钥进行独立验证 |
| 直接模式 | 移动设备扫码线上获取信息的功能，获取条码内容本身或服务地址（URL） |
| 零部件直接标记（DPM） | 指在一个项目上标记符号的过程，可以使用侵入式或非侵入式的方式标记 |
| 直接印刷 | 印刷设备通过与印刷载体的物理接触进行符合印刷的过程（诸如苯胺印刷术、喷墨印刷术、点阵印刷术） |
| 文件类型 | 全球文件类型代码（GDTI）的组成部分。由文件发行方分配，以生成一个全球唯一的 GDTI |
| 动态分组 | 由两个或总数固定的不同贸易项目的可变组合组成的贸易项目，由一个 GTIN 标识 |
| EAN/UPC 码制 | 一个条码系列，包含 EAN-8、EAN-13、UPC-A 和 UPC-E 条码以及 2 位和 5 位的附加符号。详见 EAN-8、EAN-13、UPC-A 和 UPC-E 条码 |
| EAN-13 条码 | EAN/UPC 码制中的条码，用于 GITN-13 和 RCN-13 的条码表示 |
| EAN-8 条码 | EAN/UPC 码制中的条码，用于 GITN-8 和 RCN8 的条码表示 |
| 经济经营者（根据欧盟 2018/574 法规） | 经济经营者是在市场运作范围内提供商品、工程或服务的企业或其他组织。与参与方运营设施所在的每个国家/地区对 EOID 的要求相关 |
| 产品电子代码（EPC） | 通过 RFID 标签和其他方式对物理实体（例如，贸易项目，资产以及位置）进行统一标识。标准的 EPC 数据由 EPC 代码（或 EPC 标识符，唯一标识一个单独的实体）以及可选的虑值组成，用于实现 EPC 标签的高效识读 |
| 单元 | 条码的一个条或空 |
| 欧盟 2018/574 | 一项与烟草产品追溯有关的欧盟法规 |
| 偶校验 | 符号字符编码的一个特征，使符号中包含偶数个深色模块 |
| 包装扩展信息 | 向消费者提供的通过消费者移动设备获取贸易项目附加信息或服务的方法。它能使得通过移动设备获取贸易项目的附加信息，或者将贸易项目与虚拟信息或服务联系在一起 |
| 扩展位 | SSCC 的第一位数字，由创建物流单元的公司分配 |
| 设施（根据欧盟 2018/574 法规） | 将烟草产品生产、储存或投放市场的地点、建筑物或自动售货机 |
| 定长 | 用以描述单元数据串的数据段，有既定数量字符来表示 |
| 定量贸易项目 | 是以相同的预定规格（类型、大小、重量、容量、设计等）生产的贸易单元，可以在供应链上的任何一点销售 |
| 货运代理 | 代表发货人（委托者）或收货人的中间商，负责安排货物运输，包括相关服务和手续的一方 |

表9.1-1(续)

| 术语 | 定义 |
|---|---|
| 生鲜食品 | 如水果、蔬菜、肉类、海鲜、烘烤食品和即食食品如奶酪，冷食或腌制肉类，沙拉等。生鲜食品被定义为不通过罐头，脱水，冷冻或熏制来保存的食物 |
| 全数据串 | 识读数据载体的条码识读器传输的数据，包括码制标识符和被编码的数据 |
| FNC1 字符 | 由于特定的目的，在一些 GS1 数据载体中使用的码制字符 |
| 常规分销扫描 | 扫描由贸易项目组成的运输包装、物流单元以及资产和位置上的条码标签的扫描环境 |
| 一般零售消费贸易项目 | 一种使用全向一维条码并在零售 POS 销售点销售的，标识为 GTIN-13、GTIN12 或 GTIN-8 的贸易项目 |
| 常规零售产品 | 所有通过 POS 销售点销售的贸易项目 |
| 全球位置码（GLN）扩展组分 | GLN 的扩展组分，用来对 GLN 标识的某一位置（如分店、工厂、建筑物等）内部的物理位置（如销售区域、货架上的特定位置等）进行标识 |
| 全球优惠券代码（GCN） | GS1 标识代码，由 GS1 公司前缀、优惠券参考代码、校验码和可选的系列号组成 |
| 全球文件类型代码（GDTI） | GS1 标识代码，用于标识文件类型。由 GS1 公司前缀、文件类型、校验码和可选的系列号组成 |
| 全球电子参与方信息注册(GEPIR®) | Web 浏览器和机器间的协议集，用于 GS1 成员组织（MO）会员数据库间的信息交互，以交换所选 GS1 标识代码的公司信息，包括用于创建 GS1 标识代码的公司前缀信息和/或单独分配的 GS1 标识代码 |
| 全球托运标识代码(GINC) | GS1 标识代码，用于标识在一个运输单据（如运单）下组合起来运输的物流或运输单元的逻辑分组。它包括 GS1 公司前缀和货运代理或发货人的运输参考代码 |
| 全球单个资产代码（GIAI） | GS1 标识代码，用于标识单个资产。该标识代码由 GS1 公司前缀和单个资产参考代码组成 |
| 全球位置码（GLN） | GS1 标识代码，用于标识地址或参与方。该标识代码由 GS1 公司前缀、位置参考代码和校验码组成 |
| 全球型号代码（GMN） | GS1 标识代码，用于标识产品谱系或产品系列。该标识代码由 GS1 公司前缀、型号参考代码、校验字符组组成 |
| 全球可回收资产代码(GRAI) | GS1 标识代码，用于标识可回收资产。该标识代码由公司前缀、资产类型、校验码和可选系列号组成 |
| 全球服务关系代码(GSRN) | GS1 标识代码，用于标识服务提供商和服务接收方的关系。该标识代码由 GS1 公司前缀、服务参考代码和校验码组成 |
| 全球装运标识代码(GSIN) | GS1 标识代码，针对于由发货方（卖方）向收货方（买方）发送的货物，用于标识物流单元或运输单元的逻辑分组，该代码与发运通知或 BOL 信息关联。该标识代码由 GS1 公司前缀，托运参考代码和校验码组成 |
| 全球贸易项目代码(GTIN®) | GS1 标识代码，用于标识贸易项目。该标识代码由 GS1 公司前缀、一个项目参考代码和校验码组成 |
| GS1 应用标识符（AI） | 在一个数据串的开头，由两个或多个数字组成，用于唯一定义该单元数据串的格式和含义 |
| GS1 应用标识符数据段 | 由 GS1 应用标识符定义的数据 |

表9.1-1(续)

| 术语 | 定义 |
| --- | --- |
| GS1 校验字符计算 | GS1 系统用于计算校验字符以验证数据准确性的算法 |
| GS1 校验码计算 | GS1 系统中应用的一种算法，用于计算出一位校验码以确保数据的精确性（如模 10 校验算法，价格校验算法） |
| GS1 统一货币优惠券代码 | 在统一货币区域（如欧元流通区）内发行的优惠券的标识码，使用 GS1 前缀 981~983 |
| GS1 公司前缀（厂商识别代码，GCP） | 由 4~12 位数字组成的唯一字符串，用于发布 GS1 标识代码。前几位数字是有效的 GS1 前缀，并且 GS1 公司前缀长度应大于 GS1 前缀。GS1 公司前缀由 GS1 成员组织发行。由于 GS1 公司前缀的长度各不相同，因此在发布 GS1 公司前缀时，所有以相同数字开头的较长字符串都不能作为 GS1 公司前缀发布（见 UPC 公司前缀） |
| GS1 复合码 | GS1 系统中的复合符号，由线性组分（对项目主标识进行编码）和邻近相关的复合组分（对属性数据，如批号或有效期进行编码）组成。复合符号通常包括一个线性组分以确保可被所有的扫描技术识读，并可使得图像识读器能够利用线性组分作为邻近二维复合组分的定位图形。复合符号通常包括三种多层二维复合组分（例如 CC-A、CC-B、CC-C）与线性阵面的 CCD 识读器以及现行的光栅激光识读器兼容 |
| 符合 GS1 标准的条码 | 符合应用标准、数据载体规范和相关 GS1 条码符号规范表的系列条码符号 |
| GS1 Databar 复合码体系 | 由所有 GS1 Databar 条码组成的码制体系，附加的复合组分直接印刷在线性组分上方 |
| 扩展式 GS1 Databar 条码 | 一种可将任何 GS1 标识代码和属性数据（如重量和保质期等）编码为线性符号的条码，可通过适当方式在 POS 销售点被全向式扫描仪扫描 |
| 层排扩展式 GS1 Databar 条码 | GS1 Databar 扩展式条码的变体，多层叠加，一般在符号过宽时使用 |
| 限定式 GS1 Databar 条码 | 以数字 0 或 1 作为起始标识位，对 GTIN 进行编码后得到的条码符号，用于非 POS 扫描的小项目 |
| 全向 GS1Databar 条码 | 为 GTIN 编码的条码，用于全向扫描识读 |
| GS1 Databar 零售 POS 系列 | GS1 Databar 码制系列的成员，可以在零售 POS 上进行全方位扫描，包括：GS1 Databar 全向式条码；GS1 Databar 全向层排式条码；GS1 Databar 扩展式条码；GS1 Databar 扩展层排式条码 |
| 层排式 GS1 Databar 条码 | GS1 Databar 截短式条码的变体，它可以双层排列，一般在当 GS1 Databar 截短的条码符号过宽时使用 |
| 全向层排式 GS1 Databar-条码 | GS1 Databar 码制的变体，双层排列，一般在当 GS1 Databar 全向式条码过宽时使用 |
| 截短式 GS1 Databar 条码 | GS1 Databar 全向条码的截短式版本。当 GS1 Databar 全向条码对于小项目标记应用来说太高时使用。不用于全向扫描识读器 |
| GS1 Databar® | 条码复合体系，包括全向式 GS1 Databar，全向层排式 GS1 DataBar，扩展式 GS1 Databar，扩展层排式 GS1 Databar，截短式 GS1 Databar，限定式 GS1 Databar，层排式 GS1 Databar 符号 |
| GS1 DataMatrix (GS1 DM) | Data Matrix 的子集，允许对单元数据串编码 |
| GS1 数字链接 URI | 一种 Web URI 语法，按照 GS1 数字链接标准中的规定，以 GS1 应用标识符和 GS1 应用标识符数据字段的格式表达 GS1 标识代码和属性 |

表9.1-1(续)

| 术语 | 定义 |
|---|---|
| GS1 DotCode | AIM DotCode 的子集，允许对单元数据串编码 |
| GS1 EANCOM® | GS1 开发的用于电子数据交换的标准，规定了运用 GS1 标识代码的 UN/EDIFACT 标准报文的实施指南 |
| GS1 单元数据串 | 一种语法，以 GS1 应用标识符和 GS1 应用标识符数据字段的格式表达 GS1 标识代码和属性 |
| GS1 全球办事处（GS1 GO） | GS1 是一个中立的非营利组织，为高效的商务沟通提供全球标准。位于布鲁塞尔（比利时）和新泽西州尤因（美国）的全球办事处是 GS1 标准、指南和法规的监督者，为持续维护和开发 GS1 标准、指南和法规提供了一个开放的、用户驱动的论坛 |
| GS1 全球标准管理程序(GSMP) | 由 GS1 创立的全球标准管理程序，用于支持 GS1 系统的标准开发活动。GSMP 使用全球一致性程序来开发基于业务需求和用户输入的供应链标准 |
| GS1 标识代码 | 一类对象（例如贸易项目）或一个对象实例（例如物流单元）的唯一标识符 |
| GS1 标识许可 | 通过与 GS1 成员组织或 GS1 总部签订协议，授予其可使用 GS1 公司前缀或 GS1 标识代码的自然人或法人作为许可人。许可由许可人授予或设定，获得 GS1 标识许可，方可使用已许可的 GS1 公司前缀或 GS1 标识代码，但须遵守现有的相关条款及细则，直至许可协议到期，或者如果协议没有期限，则永久有效 |
| GS1 成员组织（GS1 MO） | 负责在本国或者地区管理 GS1 系统的 GS1 组织。管理工作包括但不限于：通过教育、培训、推动和应用支持确保公司的用户对 GS1 系统的正确使用，并积极参与到 GSMP 中 |
| GS1 前缀 | 具有两位或者更多数字的唯一字符串，由 GS1 总部管理。GS1 总部将其分配给成员组织或用于其他特定区域 |
| GS1 QR 码 | QR 码的子集，可允许单元数据串进行编码 |
| 使用 GS1 应用标识符的 GS1 码制 | 所有 GS1 授权、可表示 GTIN 及以外信息的码制，有 GS1-128，GS1 DataMatrix，GS1 Databar，GS1 QR 码，GS1 DotCode 及 GS1 复合码 |
| GS1 语法 | GS1 标准系统中表示数据元素的数据结构。GS1 语法包括基本语法、GS1 单元数据串、GS1 数字链接 URI 和电子产品代码 URI |
| GS1 系统 | GS1 管理的规范，标准和指南 |
| GS1 UIC 扩展 1 | EU 2018/574 UIC 之后的扩展字符，用于标识任命和运营的 ID 发行者所在的国家 |
| GS1 UIC 扩展 2 | GS1 UIC 扩展 1 之后的扩展字符，用于标识是否使用 GS1 算法 |
| GS1 XML | 一项可扩展标识语言架构下（XML）的 GS1 标准，为用户实施电子商务提供一个全球商业报文语言，以有效实施基于因特网的电子商务 |
| GS1® | 总部设在比利时的布鲁塞尔和美国的普林斯顿，是管理 GS1 系统的组织，其成员是 GS1 会员组织 |
| GS1-128 码制 | 128 码制的子集，可对单元数据串进行编码 |
| GS1-8 前缀 | 由 GS1 总部发行的两个或多个数字组成的唯一字符串，由 GS1 总部分配给 GS1 成员组织，用于发行 GTIN-8 或发行 RCN-8（见 RCN-8） |
| GTIN 分配者 | 授权对其分配 GTIN 的贸易项目进行声明的一方。这是具体贸易项目应用 GTIN 的被许可方 |

表9.1-1(续)

| 术语 | 定义 |
|---|---|
| “GTIN+属性”标志 | 系统中的触发器，用于确定条码用户是否需要对给定GTIN进行附加处理 |
| GTIN-12 | 12位的GS1标识代码，由一个UPC公司前缀、项目参考代码和校验码组成，用于标识贸易项目 |
| GTIN-13 | 13位的GS1标识代码，由一个UPC公司前缀、项目参考代码和校验码组成，用于标识贸易项目 |
| GTIN-14 | 14位的GS1标识代码，由指示符（1~9）、GS1公司前缀、项目参考代码和校验码组成，用于标识贸易项目 |
| GTIN-8 | 8位的GS1标识代码，由GS1-8前缀、项目参考代码和校验码组成，用于标识贸易项目 |
| 保护符（中间分隔符） | 条和空的辅助图形，在条码码制里，相当于起始符和终止符，并将EAN-8、EAN-13和UPC-A分成两部分 |
| 医疗卫生初级包装 | 第一级包装，直接与产品关联，在包装或包装上附着的标签上使用AIDC数据载体。对于非无菌包装，第一级包装可以是直接与产品接触的包装。对于无菌包装，第一级包装可以是任意无菌包装的组合，如试剂盒可由单个项目或一组项目组成，用于单一治疗。如果包装层级配置包含有零售消费贸易项目层级，初级包装层级低于零售消费贸易项目层级 |
| 医疗服务提供方 | 为护理对象提供医疗卫生服务的组织或设施，对应“护理服务机构”“医疗机构”等 |
| 医疗卫生二级包装 | 附有AIDC标识的包装层级，这个包装层级中包含了一个或多个初级包装，每个初级包装可能包含一个或多个项目 |
| 货运代理人运单号 | 货运代理者的文件，主要用于内部服务系统的货物控制 |
| 供人识读（HRI） | 字符，如字母或者数字，能够被人识读，并编码为GS1 AIDC数据载体，限于GS1标准结构和格式。HRI是编码数据的一对一说明。然而，开始、停止、转换和功能字符以及符号校验字符不在HRI中显示 |
| 供人识读文本 | 用于描述数据载体中编码数据的文本，包括HRI和non-HRI文本 |
| 进口商目录（根据欧盟2018/574法规） | 欧盟2018/574 EOID，FID和MID内标识是否存在进口商的字符。这意味着，对于每个GTIN，每个国家最多63个可能的进口商中，要么没有一个进口商（null），要么只有一个进口商 |
| 指示符 | 一个数字，范围1~9，在GTIN-14的最左端位置 |
| 间接模式 | 移动设备扫描获取条码承载标识符后，通过解析方式在网络服务中获取相关内容或服务 |
| 单个资产 | 一个实体，是一给定公司库存的一部分（见可回收资产） |
| 单个资产参考代码 | 全球单个资产代码（GIAI）的组成部分，由资产拥有者或管理者分配，以生成唯一的GIAI |
| 个体提供者 | 为护理对象提供健康医疗服务的提供者个人或潜在提供者个人 |
| 交插二五码制 | 用于ITF-14的条码符号的码制 |
| 反指数 | GS1应用标识符中的数字，表示单元数据串中隐含的小数点位置 |

表9.1-1(续)

| 术语 | 定义 |
| --- | --- |
| 发行 | 由GS1或GS1成员组织根据GS1规则和政策生成GS1前缀、GS1公司前缀或GS1标识代码 |
| 项目参考代码 | 全球贸易项目代码（GTIN）的一部分，由生产商分配，以生成一个唯一的GTIN |
| ITF-14条码 | ITF-14条码（交叉二五码制的子集），用于标识不通过POS结算的贸易项目的GTIN |
| 套件 | 不同的受管制医疗药品及器械的组合，用于单次治疗 |
| 前导0 | 当GTIN-8、GTIN-12或GTIN-13被编码于GS1 AIDC数据载体、报文或数据库中时，需要使用14位数字结构，因此需要在数据字符串的最左边位置添加前导0。此外，在GRAI或其他类似数据结构中也应该添加前导0 |
| AIDC标记级别 | AIDC标记的分级系统。分级系统被定义为最低级的、加强级、最高级的AIDC的标记级别 |
| 一维条码 | 一种条码符号，在一维空间中使用条和空进行编码 |
| 内部分配代码（LAC） | UPC-E条码在限域分销时的特定应用 |
| 位置参考代码 | 全球位置码（GLN）的一部分，由参与方定义其位置，以产生一个唯一的GLN |
| 物流计量 | 指明一个物流单元包括包装材料在内的外表尺寸、总重量和总体积的计量值，也叫毛度量 |
| 物流单元 | 需要在供应链上被管理的一个可由任何产品组合而成的，用于运货和/或贮存的项目。用SSCC标识 |
| 主符号 | 包含项目标识号的条码（例如GTIN、SSCC）。用于确定附加条码信息的放置 |
| 测量校验码 | 一个数据，由限域分销代码（RCN）中的测量字段计算得出，用于检测数据的精确度 |
| 商家 | 出售贸易项目的一方。零售商和线上卖家都是不同类型的商家 |
| 型号参考代码 | 全球型号代码GMN的组成成分，由生产商负责分配以产生唯一的GMN |
| 模块 | 条码中最窄的标定宽度计量单位，在具体的码制里，单元宽度可以指定为一个模块的倍数来表示。相当于“X”尺寸 |
| 模10 | 算法的名称——公共领域中简单的计算公式——用于生成GS1标识代码的校验码 |
| 多个独立铝箔包装 | 药品直接包装，包含了多个独立单元。该包装包括丸/片/胶囊，单个铝箔剂型被捆绑在一起相互连接 |
| 国家医疗保险代码（NHRN） | 在药品和/或医疗器械上使用的国家和/或区域标识代码，按照所在国家或地区监管机构要求，在进行产品注册和/或医疗卫生提供者报销时使用 |
| 国家贸易项目代码（NTIN） | 一种编码方案，由一个国家针对医疗卫生领域管理而设定。为了保证在GTIN池的唯一性，需要分配GS1前缀码，但不能完全兼容GTIN功能。其结果是产品的标识代码由第三方（不是品牌商或生产商）分配。例如：由法国药品安全局（AFSSAPS）管理的CIP的分配 |
| non-HRI | 是字母和数字，且可以被人识读，有可能嵌入在GS1 AIDC数据载体中，不局限于基于GS1标准的结构和格式（例如，可嵌入到GS1 AIDC数据载体中日期字段里的以某国家规定格式表示的日期代码、消费者声明） |

表9.1-1(续)

| 术语 | 定义 |
|---|---|
| 奇校验 | 符号字符编码的一个特征，使符号字符中包含奇数个深色模块 |
| 销售声明 | 卖方声明或同意的有关贸易项目的所有信息（包括价格、供货情况、销售条款、索赔要求、物品状况、运输信息、退货信息等） |
| 全向一维条码 | 一维条码符号，可被相应的高容全向POS识读器全向分段识读 |
| 包装组件 | 用于包装消费贸易项目的实体，如瓶子、瓶盖、标签 |
| 包装组件代码 | GTIN属性，用于在终端消费贸易项目和包装组件之间建立关系 |
| 付款单 | 终端客户需要支付费用（例如水电费账单）的通知，包括支付的金额和支付条件 |
| 物理实体贸易项目混合 | 不同的物理贸易项目组合，从而创建的一个新的贸易项目 |
| 简单语法 | 此语法仅为GS1标识代码，没有额外的字符或语法特征 |
| POC端 | 向患者或为患者分配或使用非零售、管制医疗卫生药品或医疗器械的地点 |
| POS端 | 指零售结算端，针对全向条码实施高容激光扫描；或客流较少的结算端，针对一维条码或GS1 DataMatrix（适用于监管医疗卫生项目）进行扫描，运用图像识读器识读 |
| 预定义组合 | 由两个或者多个不同贸易项目组成的固定一位组合，每个贸易项目都由GTIN标识 |
| 价格校验码 | 根据限域流通代码（RCN）中的价格元素计算的数字，用于检查数据是否已正确组合 |
| 产品模型 | 是贸易项目衍生的基础产品设计和说明 |
| QR码（GS1数字链接URI） | 使用GS1数字链接URI语法对数据进行编码的QR码 |
| QR码 | 由方形模块排列成方形的二维码符号。该符号的特征是三个角落各有一个独特的寻像图形。QR码符号由二维成像识读器或可视系统读取 |
| 空白区 | 在条码符号起始符之前、终止符之后或在二维码周围的空白区域 |
| 空白区指示符 | 一个“>”或“<”字符，打印在条码符号HRI的位置处。其尖头对其空白区的外边缘 |
| 无线电频率 | 与无线电传播有关的任何电磁波频率。当天线提供无线电频率时，其生成电磁场并在空间传播。其是可由射频接收器处理的射频信号。很多无线技术都是基于无线电频率磁场传播的 |
| 射频识别（RFID） | 一种使用射频电磁场或波来自动识别和跟踪附着在物体上的标签的技术。RFID系统由RFID标签和识读器组成。当来自附近RFID识读器的射频电磁询问信号触发时，RFID标签会将数字数据（通常是EPC等唯一标识符）传输回识读器 |
| RCN-12 | 12位的限域分销代码（见限域分销代码） |
| RCN-13 | 13位的限域分销代码（见限域分销代码） |
| RCN-8 | 8位的限域分销代码（见限域分销代码） |
| 退款收据 | 由处理空容器（瓶子和箱）的设备产生的凭证 |
| 正则表达式 | 指定搜索模式的字符序列。通常由字符串搜索算法用于对字符串进行“搜索”或“查找和替换”操作，或对字符串输入进行验证 |

表9.1-1(续)

| 术语 | 定义 |
| --- | --- |
| 受管制的非零售医疗贸易项目 | 不使用POS扫描的受管制的医疗贸易项目，由GTIN-14、GTIN-13、GTIN-12或GTIN-8标识，使用一维条码或可被影响式扫描器识别的二维矩阵码标识 |
| 受管制的零售医疗贸易项目 | 在受管制的零售医疗销售点（药店）通过POS形式销售给最终用户的贸易项目，由GTIN-13，GTIN-12或GTIN-8标识，使用一维条码或可被影像式扫描器识别的GS1 DataMatrix标识 |
| 受管制的医疗贸易项目 | 药品或医疗器械，只在特定的环境中分发或销售（例如，零售药房，医院药房） |
| 责任实体 | 根据批准的监管文件（包括标签）和与医疗产品相关的法规/法律/专业义务，负责医疗产品在其有效期中的安全性和有效性的一方（如品牌商或生产商、再包装商、医院药房等） |
| 限域分销代码（RCN） | 表示一种GS1标识代码，用于限域分销环境下的特殊应用，由当地GS1成员组织（用于本地应用，如变量产品标识、优惠券）或公司（用于内部应用）自定义 |
| 零售消费贸易项目变体 | 零售消费贸易项目（其本身可能是同类零售消费贸易项目或预定义的多个其他零售消费贸易项目的组合）的变体，其不需要新的GTIN，但其属性变化可能需要标识 |
| 可回收资产 | 一个公司拥有的可再利用的用于货物运输或贮存的实体，用GRAI标识 |
| 分隔符 | 特殊字符，GS1码制体系的一部分，根据单元数据串在GS1条码中的位置，将连在一起的单元数据串分隔开 |
| 系列号 | 一个代码，数字型或数字字母型，分配给某类实体的独立个体，在其整个生命周期内使用。例如：使用GTIN和系列号可以唯一标识一个个体 |
| 序列参考代码 | 系列货运包装箱代码（SSCC）的组成部分，由物流单元的构建者分配，以生成一个唯一的SSCC |
| 系列货运包装箱代码(SSCC) | GS1标识代码，用于标识物流单元。由扩展位、GS1公司前缀、序列参考代码和校验码组成 |
| 服务参考代码 | 全球服务关系代码（GSRN）的构成部分，由发行机构分配，以生成唯一的全球服务关系代码 |
| 服务关系事项代码（SRIN） | GSRN的属性，允许在相同服务关系中区分不同偶发事件 |
| 货物装运 | 由货物卖方（发货方）分配和标识的一组物流运输单元，并依据发货通知或/和提单，将其运输至客户（收货人） |
| 有效期短的项目 | 具有使用限制/保质期有限的项目、制剂或再造产品 |
| 独立单元包装/铝箔包装 | 医疗初级包装，由独立分离的药物剂型构成（如一个片剂，定量的溶液剂），或是某一医疗器械的直接包装（如注射器）。多个独立单元可以相互连接，但是容易通过穿孔进行分离 |
| 无菌包装系统 | 无菌屏障系统（防止微生物进入并能使产品在使用地点无菌使用的最小包装）和保护性包装（材料的结构设计成从组装到最终使用过程中防止无菌屏障系统和其内装物品受到损坏）的组合 |
| 护理对象 | 医疗卫生护理服务的任何使用者或潜在使用者，护理对象可以指病人或医疗卫生的消费者 |
| 基材 | 在其表面印刷或以其他方式应用条码的材料 |

表9.1-1(续)

| 术语 | 定义 |
| --- | --- |
| 补充符号 | 除了EAN/UPC、ITF-14或GS1-128等条码所携带的GS1标识代码（主符号）外还需要额外信息时，采用GS1-128条码作为补充符号 |
| 供应商 | 制造、提供或安装一个项目或服务的参与方 |
| 符号字符 | 在符号中的一组条和空，它作为一个单一的单元被译码。它可代表一个数字、字母、标点符号、控制指示符或多个数据字符（也见码字） |
| 符号校验字符 | 在GS1-128符号或GS1 Databar符号中的一个字符或条/空组合，用于条码识读器进行数字校验以确保被扫描数据的准确性。其不在供人识读的字符中出现。它不被输入到条码打印机里也不被条码识读器传送 |
| 符号反差 | 一个ISO/IEC 15416参数，指在扫描反射配置文件（SRP）上，测量最大与最小反射值的差 |
| 码制 | 一种特定的用条码表示数据或数字字母字符的方法；一类条码 |
| 码制标识符 | 由译码器产生的一系列字符（是被译码器传输的数据的前缀），它可标识译码后得到数据的码制类型 |
| 贸易项目 | 在需要时能检索其预定义信息，并可在供应链任意环节对其进行定价、订购、开具发票的任意项目（产品或服务） |
| 贸易项目声明 | 贸易项目声明是关于贸易项目所有信息的集合（如：厂商保修、成分、使用说明、规格、含量、认证、预定义特征和其他信息）。对于贸易项目来说，这是标签上和原始包装中的所有信息，它还包括扩展包装方面的相关信息 |
| 贸易项目组合 | 一个预定义的贸易项目组合，不能用于POS扫描。运用GTIN-14、GTIN-13或者GTIN-12进行标识 |
| 贸易计量 | 变量贸易项目的净计量。用于对贸易项目进行开具发票（账单） |
| 运输过程信息 | 与运输单元的处理、交付或退回相关的一组信息。例如，运输过程信息将包括详细的地址信息 |
| 运输单元 | 运输过程中的物流单元 |
| 截短 | 符号印刷小于码制规范中推荐的最低高度。截短会难以扫描符号 |
| 二维码 | 光学可识读符号，需要在水平方向和垂直方向识读全部信息。二维码符号可能是两种类型之一：矩阵式和行排式。二维码符号具有检错特性，也可能包括纠错特性 |
| UPC公司前缀 | GS1公司前缀，以零（0）开始，通过删除前导0变成UPC公司前缀。UPC公司前缀用于分配GTIN-12 |
| UPC前缀 | GS1前缀，以零（0）开始，通过删除前导0变成UPC前缀。UPC前缀用来分配UPC公司前缀或分配其他特定区域 |
| 唯一器械标识——器械标识（UDI-DI） | 标识唯一的医疗器械贸易项目，由全球贸易项目代码GTIN表示 |
| 唯一器械标识——生产标识（UDI-PI） | 标识器械生产单元的数字或数字字母编码。UDI-PI的不同类型包括系列号、批次号、软件版本标识和生产/失效日期 |
| 唯一器械标识（UDI） | 通过全球公认的器械标识及编码标准创建的一系列数字或数字字母字符。它允许在市场上明确标识特定的医疗器械。UDI由UDI-DI和UDI-PI组成。“唯一”一词并不意味着单个生产单元的序列化 |

表9.1-1(续)

| 术语 | 定义 |
| --- | --- |
| 唯一标识代码（UIC）(根据欧盟 2018/574 法规) | 欧盟 2018/574 ID 发行者的标识符，以 ISO 15459 发行机构代码开头 |
| 使用单元 | 指的是给患者开出或服用的单个单元包装，可以是独立包装，也可以是多个单元组成的最小包装。可能与单个单元和基本单元重合 |
| 器械使用单元标识（UoU UDI-DI) | 器械使用单元标识将器械使用与患者联系起来。如果使用单元与另一个包装层级一致，则该级别的器械标识用作器械使用单元标识，否则必须单独分配新的器械标识。例如：三个夹子（本身不带有物理的 UDI 标记）装在一个容器内的盒子中，这个容器标记的一个 UDI 标签就是器械使用单元标识 |
| UPC-A 条码 | EAN/UPC 码制中的一种条码，对 GTIN-12 和 RCN-12 进行条码标识 |
| UPC-E 条码 | EAN/UPC 码制中的一种条码，利用零压缩技术用 6 个编码数字标识 GTIN-12 代码 |
| 变量贸易项目 | 一个贸易项目，该项目没有预先定义度量，如重量和长度值 |
| 虚拟贸易项目混合 | 多个（相同或不同）贸易项目的组合，这些项目的组合并不是一个实际贸易项目，而是作为多个贸易项目在销售环节中组合报价（如：产品或服务） |
| 担保 | 一方作出的保证或要求 |
| 宽窄比 | 条码符号中宽单元和窄单元的比值，例如具有两种不同的单元宽度的 ITF-14 |
| X 尺寸 | 条码最窄单元的指定宽度（见“模块”） |

# 9.2　弃用术语

当 GS1 决定某个术语可被取代或淘汰时，它们在本节中至少保留 5 年。新旧术语的对照见表 9.2-1。提供旧版术语是为了向 GS1 的利益相关者指明新的术语。因为外部标准机构的标准对《GS1 通用规范》有规范性参考作用，所以这 5 年期间可以确保 GS1 与这些机构进行协调。

表 9.2-1　新旧术语对照表

| 旧术语 | 新术语 |
| --- | --- |
| Coupon-12 | 见 RCN-12 |
| Coupon-13 | 见 RCN-13 |
| GCTIN | ITIP |
| 交叉二五条码 | ITF-14 码制 |
| 放大倍数 | 见 X 尺寸 |
| 代码系统字符 | 见 UPC 前缀 |
| 印刷增量/损耗 | 条增量/损耗 |
| 缩小面积码制（RSS) | GS1 Databar 码制 |
| SCC-14 | 全球贸易项目代码 |
| 符号控制字符 | 符号元素 |
| 变量计量代码（VMN) | 见限域分销代码（RCN) |

表9.2-1(续)

| 旧术语 | 新术语 |
|---|---|
| VMN-12 | 见 RCN-12 |
| VMN-13 | 见 RCN-13 |

## 9.3　GS1 缩略语

见表 9.3-1。

表 9.3-1　GS1 缩略语

| 缩略语 | 术语 |
|---|---|
| ADC | 自动数据采集 |
| AI | GS1 应用标识符 |
| AIDC | 自动识别和数据采集 |
| ASP | 应用标准模块 |
| aUI | 组合包装唯一标识符（根据欧盟 2018/574 法规） |
| BUDI-DI | 基础医疗器械唯一标识 |
| DPM | 零部件直接标记 |
| DL | GS1 数字链接 |
| EAN | 国际物品编码协会，现在叫 GS1 |
| EDI | 电子数据交换 |
| EOID | 经济经营者标识符（根据欧盟 2018/574 法规） |
| EPC | 电子产品代码 |
| EU | 欧盟 |
| FID | 设施标识符（根据欧盟 2018/574 法规） |
| FNC1 | FNC1 符号字符 |
| GCN | 全球优惠券代码 |
| GCP | GS1 公司前缀 |
| GDSN | 全球数据同步网络 |
| CDTI | 全球文件类型代码 |
| GEPIR | 全球电子参与方信息注册表 |
| GIAI | 全球单个资产代码 |
| GINC | 全球托运标识代码 |
| GLN | 全球位置码 |
| GMN | 全球型号代码 |
| GRAI | 全球可回收资产代码 |
| GRCTI | 常规零售贸易项目 |
| GS1 DL URL | GS1 数字链接统一资源标识符 |

表9.3-1(续)

| 缩略语 | 术语 |
|---|---|
| GS1 key | GS1 标识代码 |
| GSIN | 全球装运标识代码 |
| GSMP | 全球标准管理程序 |
| GSRN | 全球服务关系代码 |
| GS1 UIC EXT | GS1 UIC 扩展 |
| GTIN | 全球贸易项目代码 |
| HRI | HRI |
| ISBN | 国际标准图书编号 |
| ISO | 国际标准化组织 |
| ISSN | 国际标准期刊编号 |
| ITIP | 贸易项目组件标识 |
| LAC | 内部分配代码 |
| NHRN | 国家医疗保险代码 |
| NTIN | 国家贸易项目代码 |
| RCN | 限域分销代码 |
| RFID | 无线射频识别 |
| RHTI | 受管制的医疗贸易项目 |
| RSS | RSS 条码 |
| SKU | 库存单元 |
| SRIN | 服务关系事项代码 |
| SSCC | 系列货运包装箱代码 |
| TPX | 第三方管理的 GTIN 序列化扩展（仅限于欧盟 2018/574 法规使用） |
| UIC | 唯一标识代码（根据欧盟 2018/574 法规） |
| upUI | 单元包装唯一标识符（根据欧盟 2018/574 法规） |
| UDI | 医疗器械唯一标识 |
| UDI-DI | 医疗器械唯一标识-器械标识 |
| UDI-PI | 医疗器械唯一标识-生产标识 |
| UoM | 测量单位 |
| UoU | 使用单元 |

# 附　录　GS1系统架构

## ——GS1标准是如何结合在一起的

# 1　引言

本文定义和描述了 GS1 标准的系统架构。GS1 系统指的是 GS1 组织创建的标准、指南、解决方案和服务的集合。

本文的主要读者包括最终用户、解决方案供应商、GS1 成员组织（MO），以及其他参与制定和实施 GS1 系统的人士。本文有以下目标：

■ 介绍 GS1 系统的每一个组成部分和它们之间的关系，以及 GS1 标准与其他组织（如 ISO、UN/CEFACT、W3C）发布的标准之间的关系。

■ 解释每项 GS1 标准和服务的设计方案背后的深层技术基础。

■ 为希望使用 GS1 系统的最终用户和解决方案供应商提供基础性的指导，帮助他们了解 GS1 系统的运作方式。

实施 GS1 系统所需要的相关技术，具体有：

■ 在开放价值网络中应用的数据、软件和硬件接口。定义这些接口的是 GS1 组织通过全球标准管理流程（GSMP）制定的 GS1 标准。

■ 实现 GS1 标准的软硬件。软硬件在设计上可以进行创新，只要它们之间的接口符合 GS1 标准即可。

■ GS1 数据服务。GS1 数据服务由 GS1、GS1 委托的其他组织或第三方部署和运营。

GS1 系统目前已被广泛接受，有些部分已有相应的 GS1 标准；其他部分正在不断发展，以满足行业特定需求。GS1 系统架构组（GS1 Architecture Group）可能会对正在发展的部分进行架构分析，以确保 GS1 系统保持一致性。

《GS1 系统架构》是基于《GS1 System Architecture》第 11.1 版。

# 2　GS1 系统架构概述

## 2.1　标准的作用

GS1 系统的基础是全球唯一标识和数字信息。GS1 标准有以下作用：

■促进开放价值网络中的互操作性。信息交互各方必须就数据交换的结构、含义和机制达成协议。GS1 系统既包括标识、自动识别和数据采集（英文缩写为 AIDC，即条码和 RFID 标签）、主数据（如产品目录）、信息交换（如电子数据交换）、可视化事件数据（如 EPCIS）等方面的技术标准，又包括确定如何在具体业务用例中规范地使用技术标准的应用标准。

■助力形成互操作系统组件的竞争市场。由于 GS1 标准定义了系统组件之间的接口，所以不同的系统组件可以由不同的供应商或不同的组织内部开发团队来开发。这样就能给客户多种选择，促进规模经济的形成，从而降低最终用户的成本。

■鼓励在标准基础上进行创新。GS1 标准定义了接口，确保竞争的系统之间具有互操作性。如果实施者能在标准基础上构建增值特性或功能，那么他们对于自身的系统和产品最终获得采用将更有信心，因而更乐意投资创新。

GS1 的结构和流程吸引了广泛的用户群体，用户群体基于开放价值网络中的业务用例和场景，合作制定标准和规范。因为标准和规范的制定符合 GS1 系统架构原则，所以 GS1 标准系统能够保持一致性和完整性。随着用户群体的增长，每个用户获得的好处都会成倍增长。

## 2.2　开放价值网络

开放价值网络是指完整的贸易伙伴群体事先未知且随时间变化，贸易伙伴一定程度上可以彼此交互的价值网络。不同系统组件之间的接口构成了互操作性的基础。在价值网络中，最重要的接口是不同组织之间的接口。

GS1 标准是为开放价值网络而设计的。在开放价值网络中会发生跨行业、跨法规、跨流程的合作。GS1 成立的目的和服务的宗旨就是在合法的基础上促进合作。

与开放价值网络相对的是封闭/专有网络，它们是一个公司内部、一个公司联盟内部或一个行业领域内为贸易和运输业务而建立的价值网络。这种网络的缺点在于每当封闭的接口不再仅限于指定领域并纳入了其他原本不受要求约束的参与方时，需要各方协商对网络进行变更。

虽然开放价值网络需要基于标准的接口，但是对于封闭价值网络来说，基于标准的接口通常也是一种好方法。因为封闭价值网络可能会随着时间的推移而扩展，纳入以前没有的参与方。GS1 标准可以弥补封闭网络和开放网络之间的差距。

价值网络接口的开放性体现在两个方面，如附图 2.2-1 所示。

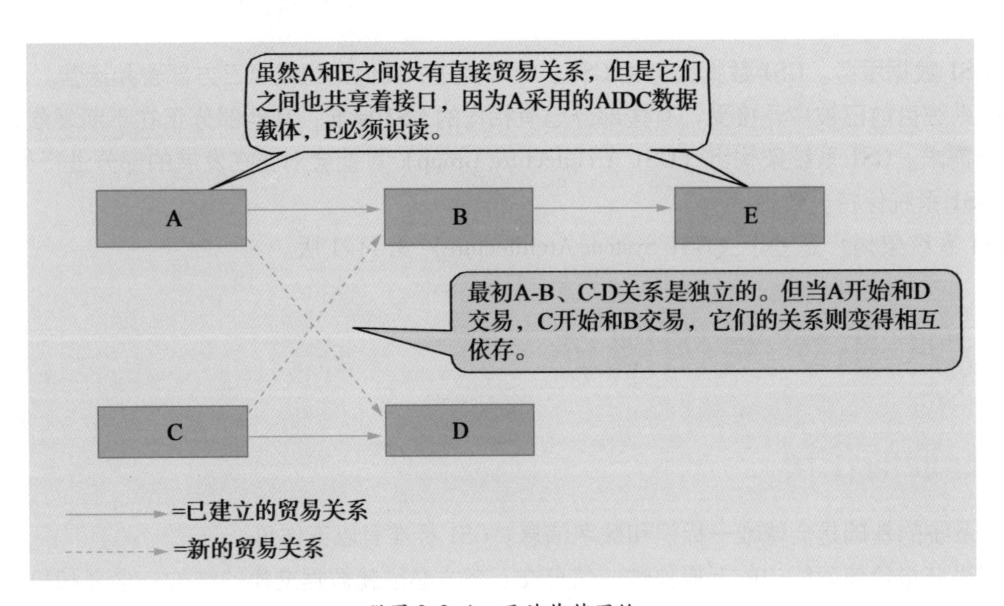


附图 2.2-1　开放价值网络

首先，没有直接业务关系的两家公司之间可能存在接口。例如，制造商可能会把条码编码的机器可读数据标记在产品上，然后可能通过分销商将产品出售给零售商。因为使用了通用的标准，所有收到产品的零售商都可以识读条码数据。在这个例子中，虽然制造商只与分销商有直接业务关系，但是条码就是制造商和零售商之间的接口（随着 GS1 数字链接方案的实施，条码也将越来越成为制造商和消费者之间的接口）。

其次，随着时间的推移，公司可能会发现需要扩展现有的接口，以与新的公司进行数据交换。例如，假设 A 公司和 B 公司是贸易伙伴，使用电子接口来交换订单和发票信息。C 公司和 D 公司也有类似关系。过了一段时间，A 公司可能会发现它需要与 D 公司进行交易；同样，C 公司可能会发现它需要与B公司进行交易。因为这四家公司都已经使用通用的数据接口标准，所以A公司能够使用与B公司进行交易时使用的相同的接口和信息系统与D公司进行交易；同理，C公司也可以使用相同的接口和信息系统与B公司进行交易。

为了确保标准得到广泛采用，接口的定义需要在任何贸易关系的背景之外进行协商和实施。然后，各方都需要遵守这些标准，以确保互操作性。一个标准要想得到广泛采用，它必须具备互操作性，并且在广泛的业务环境中具有最大适用性。这正是GS1标准的基础。

## 2.3 GS1标准：标识、采集、共享、应用

GS1标准支持在价值网络中交互的最终用户的信息需求，这些信息的主体是参与业务流程的实体。这些实体包括：公司之间交易的物品，如产品、原材料、包装等；执行业务流程所需的设备，如容器、运输工具、机械设备等；业务流程所在的物理位置；公司等法律实体；服务关系；业务交易和文件等。

实体可能存在于物理世界中（此类实体在本文中统称为物理对象），也可能是数字实体或概念实体。物理对象的例子包括消费电子产品、运输容器和生产场所（位置实体）。数字对象的例子包括电子音乐下载、电子书和电子优惠券。概念实体的例子包括贸易项目类别、产品类别和法律实体。

根据它们在支持信息需求方面发挥的作用，GS1标准可以划分为以下几组：

■ 标识标准：提供标识实体的方法，以便在最终用户之间存储和/或交换电子信息。信息系统可使用（简单或复合）GS1标识代码唯一地指代实体，例如贸易项目、物流单元、资产、参与方、物理位置、文档或服务关系。

■ 采集标准：提供自动采集在物理对象上直接携带的标识符和/或数据的方法，从而将物理世界和数字世界即物理事物的世界和电子信息的世界相连。GS1数据采集标准目前包括条码和射频识别（RFID）数据载体的规范。采集标准还规定了AIDC数据载体与识读器、打印机和其他软硬件组件之间的一致的接口，以读取AIDC数据载体的内容，并将此数据连接到相关的业务应用程序中。人们有时用行业术语“自动识别和数据采集（AIDC）”来指代这一组标准，但在GS1系统架构中，“识别”与“自动识别和数据采集”之间存在明确的区别。因为并非所有的识别都是自动的，也并非所有的数据采集都是识别。

■ 共享标准：提供在组织之间和组织内部共享信息的方法，为电子商务交易、物理和数字世界的电子可视化以及其他应用奠定了基础。GS1信息共享标准包括主数据、业务交易数据和可视化事件数据的标准，以及在应用程序和贸易伙伴之间共享这些数据的通信标准。其他信息共享标准包括帮助定位相关数据在网络中的位置的GS1 DL解析器基础设施的标准。

■ 应用标准：提供规范的技术和数据选择，以满足业务或监管要求。应用标准建立了定义、规则和/或符合性规范。所有贸易方都应遵循这些规范，才能实现标准的大规模落地，增强实现标准的解决方案供应商的信心。

虽然GS1标准可以任意组合使用，但“标识、采集、共享”范式在GS1标准应用场景中是普遍存在的。大多数业务应用标准都会采用这三组GS1标准。例如，在消费品零售业务流程中通常使用如下三组GS1标准：

■ 标识：每一类贸易项目都按照GS1标识标准被分配一个全球贸易项目代码（GTIN）。因此，任何零售商/市场在选择出售任何贸易项目时，都能够保证其信息系统中具有唯一指代那个贸易项目的代码。每个产品的品牌商只需要为其贸易项目分配一个唯一的标识符，即可在全球范围内

使用。

■ 采集：每个贸易项目的包装上携带其 GTIN，使用符合 GS1 标准的条码或 RFID 标签编码。在作为物理对象的贸易项目通过价值网络的过程中（从装运、到收货、再到零售销售），利用自动识别技术对其进行扫描或识读，从而检索商品信息或记录事件。

■ 共享：品牌商可以通过 GS1 主数据标准与零售商共享产品主数据。零售商可以使用 GS1 EDI 标准在供应不足时向制造商重新订购产品。各方可以使用 GS1 可视化事件数据标准提供货物流动的详情，比如每个商店的进出货情况。

GS1 标识、采集、共享、应用标准之间的关系如附图 2. 3-1 所示。

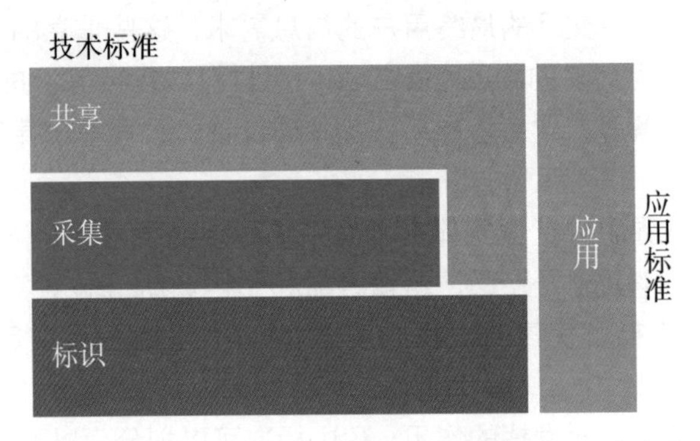


附图 2. 3-1　标识、采集、共享和应用标准之间的关系

技术标准方面，标识、采集和共享三层之间的关键关系如下：

■ 由于采集和共享标准都要使用实体的唯一标识符，所以说标识标准是采集/共享标准的基础。

■ 如果实体存在于物理世界中，则可以使用 AIDC 数据载体来连接物理世界和数字世界。在这种情况下，GS1 采集标准开始发挥作用，并介于标识标准和共享标准之间。

■ 有的情况是共享标准直接使用标识，而没有进行任何的 AIDC 数据采集。例如，在还没生产任何实物产品之前，就可以在贸易伙伴之间共享描述贸易项目的主数据。还有的情况是在采集层通过 AIDC 数据载体提供业务数据，例如在 POS 端扫描条码采集商品的重量。

在标识、采集、共享三大类标准中，有许多标准又可以进行细分。附图 2. 3-2 说明了 GS1 系统的各个组件如何组合形成整体的框架。下文各节将对它们进行更详细的讨论。

**注：附图 2. 3-2 并不是 GS1 系统的全貌。仅 GS1 EDI 报文标准的数量就多到能填满整张图。而标识层用到 GTIN 的示例也不止图上这些，例如 ITIP、带第三方系列号的 GTIN，等等。要更全面地了解 GS1 标准，请访问 https：//www. gs1. org/standards/log。**

## 2. 4　数字化价值网络

数字化价值网络的核心思想是，通过有效地复制商品走过的物理路径，以电子路径进行同步的信息交换。在完全实现数字化的价值网络中，物理对象只携带一个全球唯一的 GS1 标识代码，所有其他信息都通过这个唯一标识符以数字化方式进行通信，将信息与物理对象关联起来，除非有充分的理由不这么做。这种网络可以适应信息需求的变化而无需重新设计用于标记和扫描物理对象的业务流程。使用全球标准有助于新合作伙伴快速融入整个开放价值网络。

数字化价值网络基于以下原则：

■ 全球唯一标识：在价值网络中所有利益相关的对象，无论是在类级别还是在实例级别，都应采用全球唯一标识符。

■ AIDC 数据载体越少越好：如果要对一个对象以物理方式进行处理，理想情况下只应附加一个 AIDC 数据载体，来携带该对象的唯一标识符。

■ 使用主数据表达实体的静态/准静态数据：应将所有与实体相关的描述性数据元作为主数据，与对象的唯一标识符相关联，并通过同步或其他手段在各方之间通信。

■ 在内、外部业务文档中使用通用的数据定义：公司内部和公司之间进行业务数据交换时，应使用唯一标识来指代对象。然后可以通过主数据获得处理数据所需的关于对象的描述性信息。

GS1 的标识、自动识别与数据采集、数据交换标准直接支持数字化价值网络。

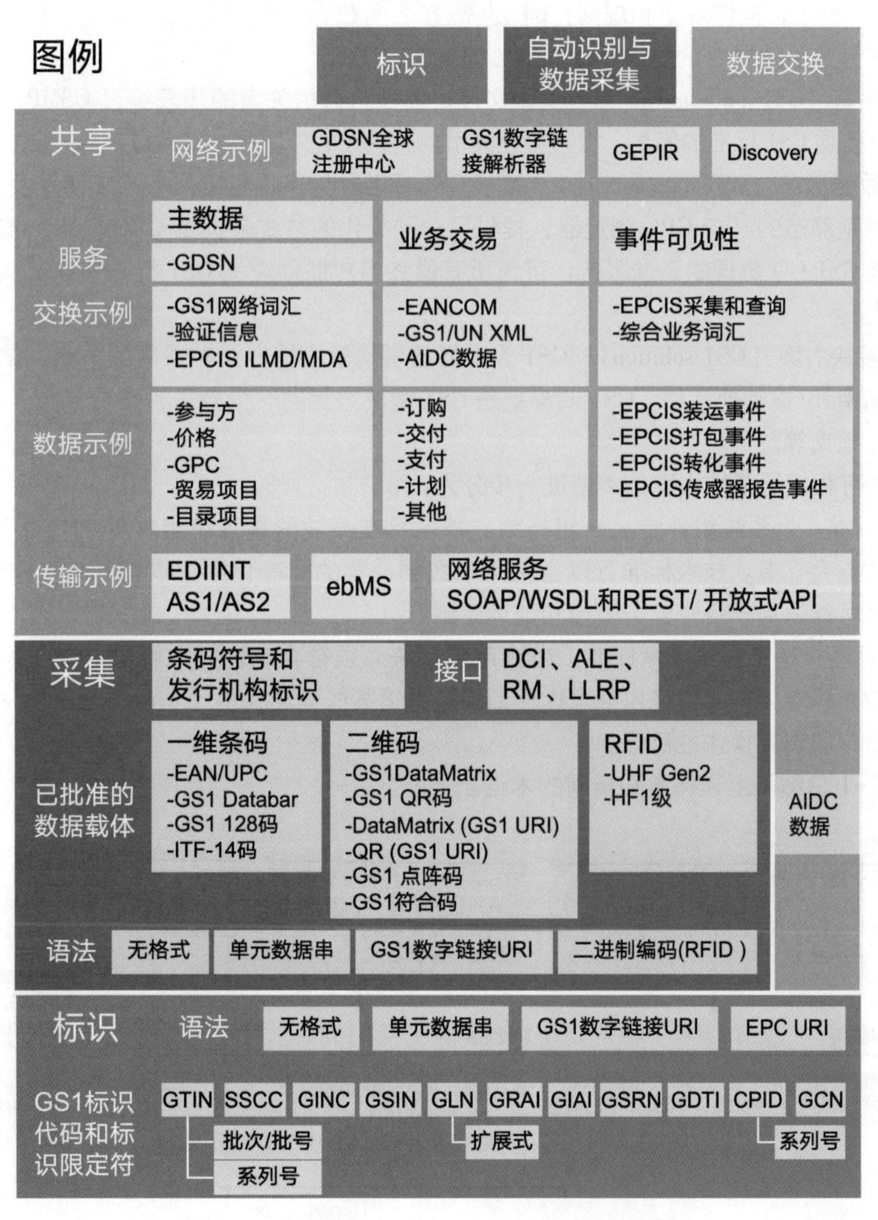


附图 2.3-2 标识、采集、共享三层的可视化表示

# 3　总体考虑

“GS1 系统”广义上指 GS1 共同体生产的所有成果，包括 GS1 标准、GS1 指南、GS1 解决方案和 GS1 数据服务。本节更精确地定义了这些术语的含义，并对它们的使用方式作出一些通用说明。

## 3.1　标准，指南，数据服务，解决方案

GS1 系统包括四种类型的成果物：

■ GS1 标准（GS1 standard）：一份或多份文档，a）由各利益相关者的代表经过全球标准管理程序（GSMP）制定，提供规范和规则；b）为各方之间数据交换的结构、含义和机制建立符合性要求，以促进开放价值网络的效率和互操作性。

■ GS1 指南（GS1 guideline）：最佳实践文档，由各利益相关者的代表经过 GSMP 制定，提供辅助实施一项或多项 GS1 标准的信息，但不会在其引用的标准之外增加、修改或删除规范性的内容。

■ GS1 数据服务（GS1 data service）：基于 GS1 标准、为满足特定业务需求而开发的应用。GS1 数据服务可能是静态的（如 GPC 浏览器，提供了一种简化的方式来浏览 GPC 模式）或动态的（如 GEPIR，它是 GS1 GO 协调的查询服务，可为所有最终用户提供查询 GS1 标识代码相关的许可信息和数据的能力）。

■ GS1 解决方案（GS1 solution）：GS1 为业界提供的解决特定业务需求的方案，结合了 GS1 标准、服务、指南和/或其他活动。GS1 追溯就是 GS1 解决方案的一个例子，结合了标准、数据服务、培训、认证、指南等。

GS1 标准可根据规范性内容的类型进一步分为：

■ 技术标准：为系统组件定义一组行为。技术标准关注的是系统组件的“内容”和“功能”必须怎么样才符合标准。技术标准可以定义用于数据交换的标准化数据模型和/或标准化接口。技术标准通常尽可能适用于各个业务领域和地理区域。

■ 应用标准：指定一组技术标准，最终用户系统必须符合这些技术标准才能支持特定的业务流程应用。应用标准为不同最终用户表达他们同意遵循某些标准提供了一种方便的方式，从而在给定的应用场景中实现互操作性目标。

附图 3.1-1 总结了上述标准和指南的术语。

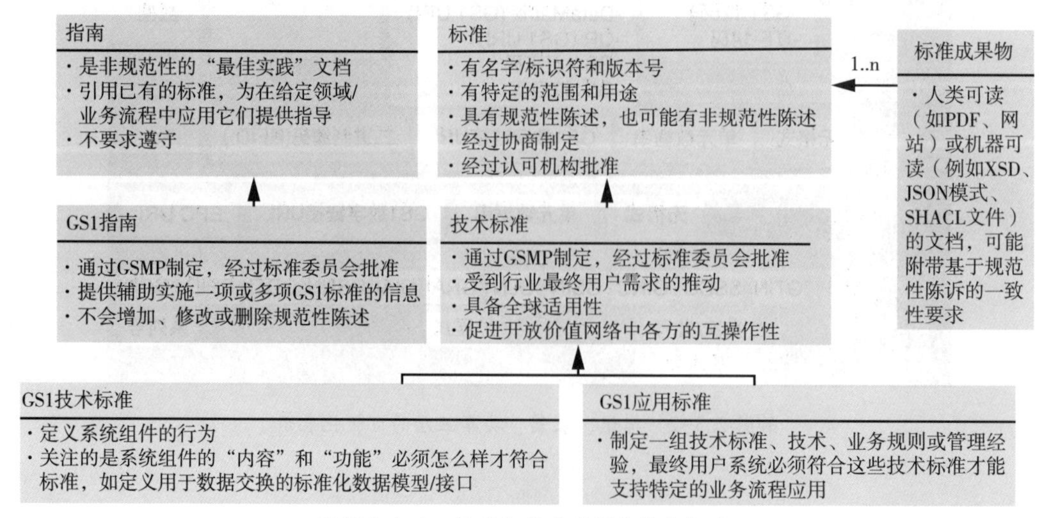

附图 3.1-1　标准和指南术语和特征概述

附图 3. 1-2 说明了最终用户部署的系统如何使用 GS1 系统成果。

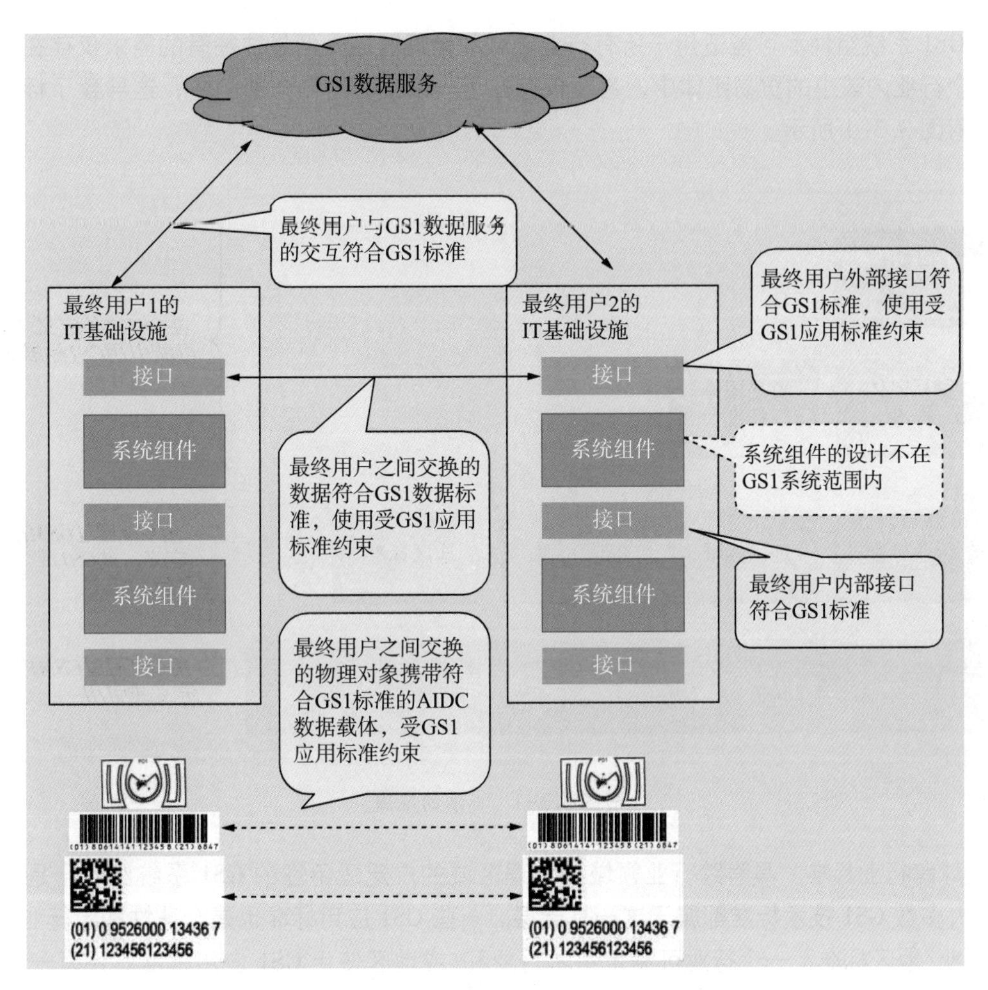


附图 3. 1-2　GS1 标准在最终用户系统中的应用

## 3. 2　GS1 系统架构与最终用户系统架构

GS1 系统是相互关联的标准、指南、服务和解决方案的集合。最终用户系统使用 GS1 系统的元素进行部署。每个最终用户都有一个用于部署系统的系统架构，包括各种硬件和软件组件。这些组件可使用 GS1 标准相互通信以及与外部系统通信。它们还可利用 GS1 数据服务来支持某些任务。最终用户的系统架构还可以使用别的标准替代或对 GS1 标准进行补充，包括 GS1 定义之外的数据和接口。

GS1 系统架构是 GS1 系统的概念模型。它不定义最终用户必须实现的系统架构，也不规定最终用户必须部署的硬件或软件组件。GS1 标准仅定义最终用户组件可以实现的数据和接口。最终用户系统架构可能只需要使用 GS1 标准和 GS1 数据服务的子集。本文中描述的硬件和软件组件与最终用户实际部署的硬件或软件组件之间的映射不一定是一对一的。最终用户系统组件可能还会承担 GS1 系统架构范围之外的角色。

## 3.3 标准的范围

虽然 GS1 系统组件尽可能适用于所有行业领域和地理区域，但是往往有的需求仅存在于一个行业内或一个行业内较小的贸易团体中，甚至仅存在于一家公司的各个部门中，这导致了标准的层次结构，如附图 3.3-1 所示。

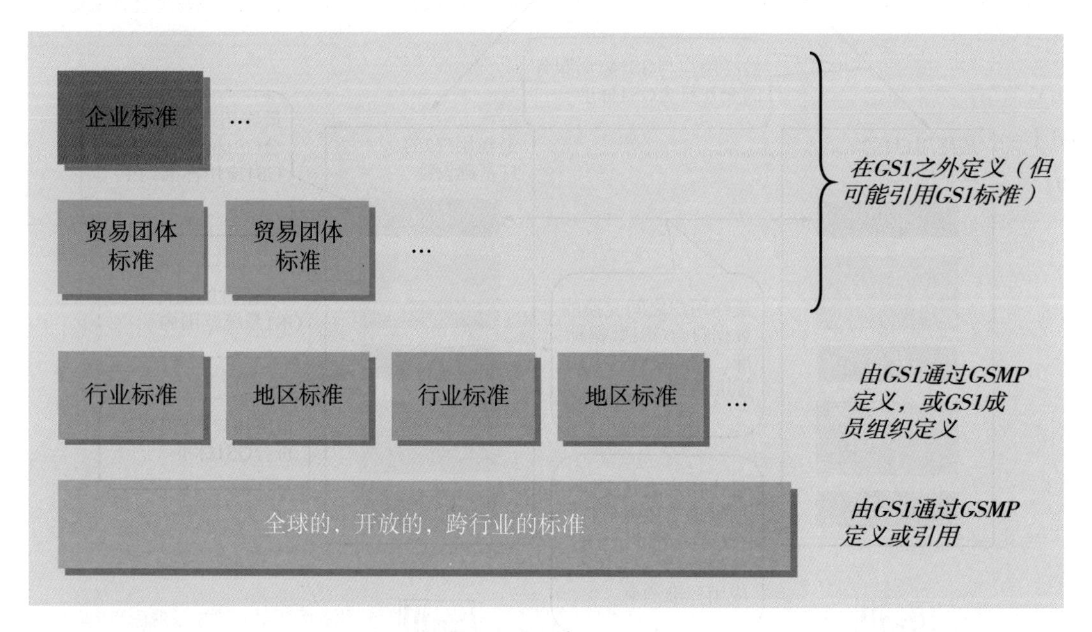


附图 3.3-1　标准的范围

■ 全球跨行业标准：具有跨行业领域和地理区域的广泛适用性的 GS1 系统组件，是任何实现的核心。大多数 GS1 技术标准都属于这一基础层。一些 GS1 应用标准也是全球性和跨行业的。

■ 行业/地区标准：一个行业可制定供本行业和/或地区使用 GS1 应用标准。还有一些 GS1 数据标准是针对特定行业的。行业特定标准适用于所有地理区域，通过 GSMP 在全球范围内制定。

一个地区的需求可以通过为本地区服务的 GS1 成员组织制定的 GS1 应用标准或其他规范性文件来解决。此类文件可能是针对特定行业的，也可能是跨行业的。

无论是行业还是地区标准，都应设计成与全球标准无缝使用。对于不使用行业或地区标准的用户来说，重要的是他们不会受到其他人使用这些标准的干扰。

■ 贸易团体标准：一个行业或地区内的贸易团体可以在 GS1 系统的基础上制定特定的规则，供它们内部使用。此类规则可以在 GS1 之外制定，但可以引用 GS1 标准、指南和/或服务。

■ 企业标准：鼓励各个公司制定自己的内部架构标准，以推动整个企业一致使用 GS1 标准。必须确保行业、地区、团体或企业的标准不会无意中产生问题。如果一些公司必须在两个或多个标准相互不兼容的行业、地区或团体内运营，那么可能会产生问题。理想情况下，应尽可能将需求推向全球层面（并纳入全球标准）。

## 3.4 跨标准数据的一致性

许多 GS1 标准都包括数据的规范性定义。其中包括单个数据元的定义、由许多单个数据元组成的“文档”的定义，以及系统组件之间交换的报文的定义。

每项定义数据的 GS1 标准都被设计为自包含的，因此包括每个数据元的规范性定义；然而，由于许多数据元在不同的 GS1 标准中重复出现，因此需要一些实现一致性的方法。

GS1 系统中的数据元在全球数据字典（Global Data Dictionary，GDD）和 GS1 网络词汇（Web Vocabulary，WebVoc）中定义。

GDD 的范围是 GS1 业务报文标准（Business Message Standards，BMS）及其组成部分，为 GDSN、GS1 XML for EDI、GS1 Trusted Source of Data（TSD）和 EPCIS/CBV 提供定义。GDD 本身不是 GS1 标准，而是一个有助于确保其范围内所有 GS1 标准保持一致性的工具。

WebVoc 是对 schema. org 的外部扩展，可以更详细地描述产品、组织、地点等，并以链接数据（Linked Data）形式表达。

GS1 目前正在调整 GDD 和 WebVoc，解决它们之间的冲突和不一致的地方，减少重复，并整合两者未包括的其他标准的数据模型。GS1 的计划是开发一个真正的“单一语义模型”。这种方法将确保不同标准的实现之间具有完全的互操作性，因为它们都基于相同的定义和过程模型。

# 4　标识——GS1 标识代码（key）

本节讨论 GS1 标识标准的基础架构。若想了解更多细节和示例，请参考语义数据建模技术公告（https：//www. gs1. org/docs/architecture/GS1-Technical-Bulletin-SemanticDataModelling. pdf）。

## 4.1　数据建模术语

### 4.1.1　实体

实体是信息系统中信息的主体。实体可能是：

■ 物理实体：可以实际附加 AIDC 数据载体（条码或 RFID 标签）的物理对象。

■ 数字实体：存在于信息系统中且拥有可识别的生命周期的物品。例子包括音乐下载、电子书和数字优惠券。

■ 抽象实体：虚拟的对象或过程，包括法律抽象（例如，参与方）、商业抽象（例如一类贸易项目）、构成交易关系的无形物品（例如，一次物品维修或一次理发）。

### 4.1.2　数据元

信息系统的任务是将信息与实体相关联。关联的信息项称为数据元。

■ 数据元：一项与特定物品、交易或事件相关的信息或标识符。如果可以构造一个形如“[实体]的[数据元名称]是[数据元值]”的句子，则可以称为一个数据元。

数据元可以根据其更改的频率进行分类。

■ 静态数据元：在实体的生命内其值不会更改的数据元。例如，某叉车的载重量。

■ 动态数据元：在实体的生命内其值经常更改的数据元。例如，产品的价格。

### 4.1.3　标识代码

信息系统通过标识代码来指代实体。

■ 标识代码：用于唯一标识实体的一个或一组数据元。在信息系统中，标识代码是实体的代理。

通常，单个数据元就可用作标识代码，但有时需要一组数据元来作为标识代码。在数据建模术语中，它们分别称为简单标识代码和复合标识代码。

■ 简单 GS1 标识代码：用作标识代码的单个数据元（例如，医院分配给患者的全球服务关系代码）。

■ 复合 GS1 标识代码：一起用作标识代码的两个或两个以上数据元（例如，将 GTIN 和系列号组合使用，可以标识单个贸易项目的实例）。

标识代码必须具有下列性质：

■ 唯一性：给定值只对应指定域内的一个实体；指定域内的两个不同实体必须具有不同的值。

■ 完整性：在指定域内，每个实体都有一个标识代码值。

■ 持久性：同一标识代码值在实体的整个生命周期中指代该实体，包括实体的数字表示形式。

### 4.1.4 GS1 标识代码构造相关的术语

在许多应用中，比如在 GS1 标识中，标识代码专门设计用于作为标识代码使用。在设计 GS1 标识代码时，要考虑的因素有：

■ 语法：标识代码常见的语法规则包括字符集、最大长度、定长或变长、是否支持分层结构等。

■ 容量：语法规则所蕴含的编码容量会影响标识代码的唯一性和完整性需求。

■ 分配方法：标识代码可由一个中心协调机构集中分配，也可以分布式地分配。如果打算分布式地分配，通常会对标识代码的结构进行分层：即标识代码的某一部分由中心机构分配，其余部分的分配委派给另一方，另一方可以进一步将其管辖的部分委派出去，如此循环。GS1 标识代码的分配就采用了这种分布式的方法，以三层结构进行分配：GS1 全球办公室（GS1 GO）、GS1 成员组织（GS1 MO）、GS1 许可持有人（即 GS1 系统成员）分别负责部分代码的分配。

■ 解析能力（resolution）：定位与特定标识代码值相关的数据的能力，或者至少确定一个入口点以查找这样的数据的能力。

■ 无含义性：标识代码的无含义性体现在它本身没有嵌入关于实体的业务信息，而是将这些信息与标识代码关联起来。虽然复合 GS1 标识代码内的部分内容（如系列号或批次号）可能包含公司内部的信息（如班次、生产线编号），但不应期望任何开放价值网络中的其他公司能够解释或使用这种信息。

## 4.2 （简单或复合）GS1 标识代码和 AIDC 数据

GS1 标准能够赋予实体全球唯一的标识，还能够对所标识实体的相关数据进行标准化的交换。

■（简单或复合）GS1 标识代码：术语“GS1 标识代码”指的是简单 GS1 标识代码（GTIN、SSCC 等），而术语“标识限定符”指的是用作复合标识代码一部分的附加属性（例如：“GTIN+系列号”是以系列号作为 GTIN 的限定符的复合 GS1 标识代码）。

■ AIDC 数据：按 GS1 标准定义的除 GS1 标识代码之外的实体的描述性数据元，可以直接通过 AIDC 数据载体附到实体上，例如保质期。虽然 AIDC 数据在架构上属于共享层，但采集层定义了用 AIDC 数据载体表示它们的语法。

■ 其他业务数据：任何不是（简单或复合）GS1 标识代码的数据元，例如产品描述。属于 GS1 系统架构的共享层。

（简单或复合）GS1 标识代码和 AIDC 数据本身使用 GS1 应用标识符（Application Identifier，AI）进行标识。AI 是一个简短的字符串（2~4 个字符），用于标识数据元，其简短性使其特别适合于编码到 AIDC 数据载体中。

附表 4.2-1 总结了 GS1 标识代码与 4.1 中的定义之间的关系。第一列列出 GS1 系统可以标识的实体，第三列指出哪些 GS1 标识代码可以用作这些实体的“标识代码”。

附表 4.2-1 实体与 GS1 标识代码

| 实体 | 物理/数字/抽象 | 简单或复合 GS1 标识代码 | 适用于数字签名 |
|---|---|---|---|
| 贸易项目类别 | 抽象 | GTIN | |
| 贸易项目批次 | 物理 | GTIN+AI 10（批次号） | |
| 贸易项目实例 | 物理或数字 | GTIN+AI 21（系列号） | 是 |
| 单元包装唯一标识符 | 物理或数字 | GTIN+AI 235（第三方管理的 GTIN 序列化扩展） | 是 |
| 单个贸易项目组件 | 抽象 | ITIP | |
| 单个贸易项目组件的实例 | 物理或数字 | ITIP+AI 21（系列号） | 是 |
| 物流单元 | 物理 | SSCC | 是 |
| 法律实体（参与方） | 抽象 | GLN（AI 417，参与方 GLN） | 是 |
| 物理位置 | 物理 | GLN（AI 414，物理位置 GLN） | 是 |
| 物理位置+扩展 | 物理 | GLN+AI 254（GLN 扩展组件代码） | 是 |
| 数字位置 | 数字 | GLN | 是 |
| 功能实体 | 物理或抽象 | GLN | 是 |
| 可回收资产类别 | 抽象 | GRAI，无系列号 | |
| 可回收资产实例 | 物理 | GRAI+系列号 | 是 |
| 单个资产 | 物理或数字 | GIAI | 是 |
| 文件类型 | 抽象 | GDTI，无系列号 | |
| 文件实例 | 物理或数字 | GDTI+系列号 | 是 |
| 服务关系提供者 | 物理或抽象 | GSRN（AI 8017） | 是 |
| 服务关系事项提供者 | 物理或抽象 | GSRN（AI 8017）+AI 8019（服务关系事项代码） | 是 |
| 服务关系接受者 | 物理或抽象 | GSRN（AI 8018） | 是 |
| 服务关系事项接受者 | 物理或抽象 | GSRN（AI 8018）+AI 8019（服务关系事项代码） | 是 |
| 托运 | 抽象 | GINC | |
| 装运 | 抽象 | GSIN | |
| 付款单 | 物理或数字 | GLN+AI 8020（付款单参考代码） | 是 |
| 优惠券 | 物理或数字 | GCN，无系列号 | |
| 优惠券实例 | 物理或数字 | GCN+系列号 | 是 |
| 组件/部件类别 | 抽象 | CPID | |
| 组件/部件实例 | 物理 | CPID+AI 8011（CPID 系列号） | 是 |
| 产品型号 | 抽象 | GMN | |

## 4.3　GS1 标识代码分级

GS1 标识代码是 GS1 系统的基础。但是，一些 GS1 标准也允许使用其他发放机构发放的标识系统。为此，从 GS1 的角度对 GS1 标识代码进行了分级，以澄清 GS1 标识代码与其他可能被纳入 GS1 系统的标识代码之间的关系。

GS1 标识代码分级如下：

- 1 级：完全由 GS1 管理和控制。
- 2 级：标识方案的框架由 GS1 控制，但部分标识容量分配给外部机构管理。
- 3 级：完全由 GS1 之外的组织管理和控制，但在 GS1 系统的某些部分被明确支持可作为主要标识符。
- 4 级：完全由 GS1 之外的组织管理和控制，但在 GS1 系统的某些部分可能被隐含地支持可作为主要标识符。

4.3.1~4.3.4 详细描述这 4 级，4.3.5 进行总结。

**注：** 述分级只适用于作为主要标识符的标识代码。GS1 系统还以各种方式明确或隐含地支持外部标识代码可作为次要标识符使用。一些例子有：

- 全球数据字典中支持其他参与方标识符。
- GS1 网络词汇支持多个类别的次要标识符。
- AI 90（贸易伙伴之间共同商定的信息）可以通过协议编码任何附加数据。
- GS1 DL 支持任何查询参数，只要客户端和服务器对其定义达成一致即可。

### 4.3.1　1 级标识代码

1 级 GS1 标识代码的结构、用法和生命周期规则完全由 GS1 定义、管理和维护。1 级标识代码总是包含 GS1 前缀。有的 1 级标识代码包含 GS1 公司前缀，GS1 公司前缀发放给用户公司，然后用户公司发放 GS1 标识代码；也有的 1 级标识代码没有 GS1 公司前缀，是作为单独的标识代码直接由 GS1 发放。1 级标识代码的分配必须遵守 GS1 标准中规定的分配规则，1 级标识代码与描述性数据元的关联必须遵守 GS1 标准中规定的验证规则。

1 级标识代码包括 GTIN，SSCC，GLN，GRAI，GIAI，GSRN，GDTI，GSIN，GINC，GCN，CPID 和 GMN。

### 4.3.2　2 级标识代码

2 级 GS1 标识代码的结构和 1 级 GS1 标识代码一样由 GS1 定义，不同的是 2 级标识代码的用法和生命周期规则由外部组织定义、管理、维护。

2 级标识代码以 GS1 前缀或 GS1 公司前缀开头，后面附加外部组织管理的字符。如果相应的 1 级标识代码具有校验码，则 2 级标识代码也应包含校验码。因为 2 级标识代码相对于同一类型的 1 级标识代码是唯一的，所以可用于多数甚至全部支持相应 1 级标识代码的应用。然而，由于它们的分配规则和生命周期规则是由 GS1 以外的组织定义的，所以每个 2 级标识代码与相应 1 级标识代码在用法和生命周期规则方面的兼容程度可能有所不同。

2 级标识代码有：

- 国际标准刊号（ISSN）以 GS1 前缀 977 开头，与 GTIN-13 兼容。
- 国际标准书号（ISBN）以 GS1 前缀 978 和 979 开头，与 GTIN-13 兼容。

□ 其中以 9790 开头的子集用于国际标准音乐编号（ISMN）。

■ 法国 CIP（Club Inter Pharmaceutique）药品代码以 GS1 前缀 34 开头，与 GTIN-13 兼容。

■ 北美 PEIB 码（Produce Electronic Identification Board）以 GS1 US 发布的 UPC 公司前缀 033383（GS1 公司前缀 0033383）开头，结合农产品制造商协会（Produce Manufacturers Association）发布的商品代码，组成与 GTIN-12 兼容的标识代码。

2 级标识代码属于特殊情况，需要 GS1 GO 或 GS1 MO 与第三方之间达成认证协议。GS1 有专门的政策来管理由第三方发行或由第三方协助发行的 GS1 标识代码的形成。

### 4.3.3 3 级标识代码

3 级标识代码的结构、用法和生命周期规则由 GS1 以外的组织定义、管理和维护。该组织与 GS1 签订了协议，使其标识代码能够在选择的 GS1 标准中使用（例如在 EPC 标头中使用）。

3 级标识代码在不影响 1 级和 2 级标识代码用户的情况下，在选择的 GS1 标准中使用。但是：

■ GS1 不保证 3 级标识代码能够被 1 级和 2 级标识代码的用户识别；

■ GS1 不期望基于 3 级标识代码的系统应该识别 1 级或 2 级标识代码；

■ GS1 不期望基于一种类型的 3 级标识代码的系统应该识别其他类型的 3 级标识代码。

公司可以利用 GS1 的技术、网络和通信标准来使用 1、2、3 级标识代码，但不应期望 3 级标识代码具备与 1、2 级标识代码相同水平的互操作性。3 级标识代码可能只能在 GS1 系统的一个子集内使用（例如，能在 EPCIS 中使用，但不能在 GS1 EDI 中使用）。每个 3 级标识代码的限制都有所不同。

目前 3 级标识代码有：

■ 基于 CAGE（Commercial and Government Entity，美国商业和政府实体代码）和 DoDAAC（Department of Defense Activity Address Code，美国国防部行动地址码）标识标准，符合美国国防部（US Department of Defence，USDoD）和航空运输协会（Airline Transport Association，ATA）标准（ADI-var）的标识代码；

■ 国际集装箱局（Bureau International des Containers，BIC）代码；

■ 国际海事组织（International Maritime Organization，IMO）船舶代码；

■ EPC 通用标识符（General Identifier，GID）**；

■ 北约物资编码（NATO Stock Number）。

这些标识代码在《GS1 EPC 标签数据标准》中支持使用，因此具有 EPC URI，可在 EPCIS 中使用。

### 4.3.4 4 级标识代码

4 级标识代码的结构、用法和生命周期规则由 GS1 以外的组织定义、管理和维护。

4 级标识代码在 GS1 系统内没有明确的支持，但可能有一些隐性的支持。例如，因为 EPCIS 标准支持将任何 URI 作为对象标识符，所以贸易伙伴可以在协商后将位置的 URI 作为特定事件的 ReadPointID。

GS1 不保证任何 4 级标识代码可以被任何用户识别。

### 4.3.5 小结

附表 4.3.5-1 总结了上文中的标识代码分级。

附表 4.3.5-1　4 级 GS1 标识代码的特征

| 级别 | 管理组织 | 合同 | GS1 前缀 | 互操作性* |
|---|---|---|---|---|
| 1 | GS1 | 无 | 有 | 全部 |
| 2 | 外部组织 | 需要 | 有 | 可变 |
| 3 | 外部组织 | 需要 | 无** | 有限 |
| 4 | 外部组织 | 不需要 | 无 | 无 |

* 互操作性是指在 GS1 标准支持的业务流程中使用 GS1 标识代码的能力。
** 唯一的例外是 EPC 通用标识符 GID 具有 GS1 前缀 951。虽然 GID 本身不包含 GS1 前缀，但它有一部分在语义上相当于 GS1 前缀 951，所以 GS1 前缀 951 专为 GID 保留，以避免与 1 级和 2 级 GS1 标识代码混淆。GID 发放者必须具有通用管理者代码（General Manager Number），2012 年以后 GS1 GO 不再发布新的通用管理者代码。

## 4.4　标识符语法：纯文本结构，GS1 单元数据串，EPC URI，GS1 数字链接 URI

在信息系统中，GS1 标识代码或其他标识符必须使用特定的语法来表示。使用哪种语法可能取决于标识符存在的介质。例如，当通过信息系统交换 GS1 标识符时，使用面向文本的表示；当在数据载体（例如 RFID 标签、二维码）中编码 GS1 标识符时，使用二进制表示。

GS1 标准提供了多种标识符语法：

■ 纯文本语法（用于物理、数字实体）：此语法只有 GS1 标识代码，没有附加字符或语法特征。例如，全球位置码（GLN）表示为 13 个数字字符的字符串，每个字符都是数字。纯文本语法可在只需要单一类型 GS1 标识代码的情况下使用，例如，只能容纳一种类型的 GS1 标识代码的码制（ITF-14 只能容纳 GTIN），数据库表中只容纳单个 GS1 标识代码的列。

■ GS1 单元数据串（用于物理实体）：此语法开头是一个简短的（2~4 个字符的）“应用标识符（AI）”，该标识符指示后面是什么 GS1 标识代码或 AIDC 数据，然后是标识代码或数据本身的值。这样就可以区分不同类型的 GS1 标识代码或 AIDC 数据。与单元数据串相关的一个概念是“链接单元数据串”，指两个或以上的单元数据串链接成一个字符串（可能需要使用分隔符）。链接单元数据串可以表达复合标识代码（如 GTIN+系列号）或标识代码+AIDC 数据（如 GTIN+重量+有效期）。

■ 产品电子代码（Electronic Product Code，EPC）URI（用于物理、数字实体）：此语法是一种 URI 语法（Uniform Resource Identifier，统一资源标识符），具体地说是统一资源名称（Uniform Resource Name，URN），以 urn：epc：id：…开头，其余部分的语法由《GS1 EPC 标签数据标准》定义。这种语法可以表达任何标识特定物理或数字对象的 GS1 标识代码，甚至包括 4.3.3 中定义的一些 3 级标识代码。未在实例级别上标识的对象表示为 EPC Class URI（urn：epc：class：…）或 EPC Pattern URI（urn：epc：idpat：…）。

■ GS1 数字链接（Digital Link，DL）URI（用于物理、数字实体）：GS1 DL URI 表达的 GS1 标识代码和 AIDC 数据可以在网络上使用。通过简单的网络请求就可以实现对有关产品、资产、位置等相关信息和服务的直接访问。

不管用哪种语法表示 GS1 标识代码，其含义始终相同。附表 4.4-1 通过一个 GRAI 的例子说明 4 种语法可以表达相同的含义。

附表 4.4-1 用 4 种语法表示同一个 GS1 标识代码

| 语法 | 示例 | 备注 |
|---|---|---|
| 纯文本 | 9524141234564789 | GRAI 由 GS1 公司前缀 9524141，资产类型代码 23456，校验码 4，和系列号 789 组成 |
| GS1 单元数据串 | (8003) 09524141234564789 | GS1 应用标识符 8003 指示后面的 GS1 标识代码是 GRAI。应用标识符后面有一个额外“0”，作为填充位。其余部分与纯文本语法相同 |
| EPC URI | urn: epc: id: grai: 9524141. 23456. 789 | 标头“urn: epc: id: grai:”指示此 EPC URI 表示 GRAI。GS1 公司前缀、资产类型代码和系列号之间用点（“.”）字符分隔。此语法中不包括校验码 |
| | urn: epc: tag: grai-96: 0. 9524141. 23456. 789 | 对应的 EPC 标签 URI，比上一种格式多了过滤值和比特数。与下面 EPC 二进制编码的十六进制表示一一对应 |
| | 3316454EB416E80000000315 | EPC 二进制编码 0011001100010110010001010100111010110100000101101110100000000000000000000000000000001100010101 的十六进制表示 |
| GS1 DL URI | https: //id. gs1. org/8003/09524141234564789 | 在 id. gs1. org 域中的 GS1 DL URI |
| | https: //example. com/some/path/8003/09524141234564789 | 使用自定义域名并允许附加 URI 路径信息的 GS1 DL URI |
| | http: //id. gs1. org/gAMRU-wYcMwgHio | 在 id. gs1. org 域中压缩形式的 GS1 DL URI |

不同标识符语法之间的等效性见附图 4.4-1。

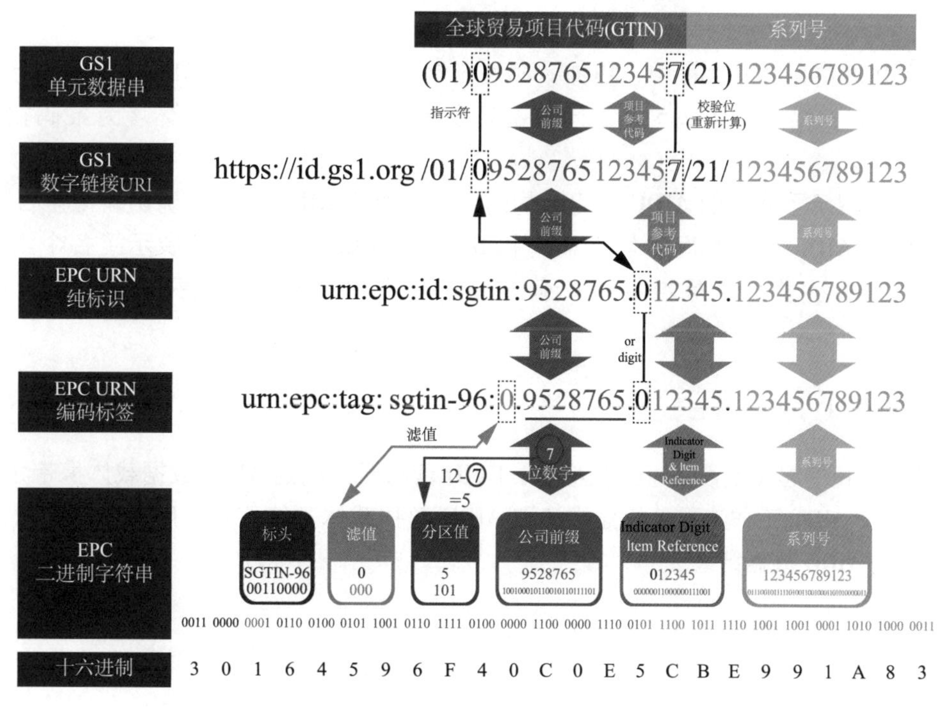


附图 4.4-1 示例：不同标识符语法之间的等效性

# 5　采集——自动识别和数据采集（AIDC）

GS1 系统中的“采集”标准是用于自动识别物理实体或自动采集与物理实体相关的其他数据的标准。ISO/IEC/JTC1/ SC31 将该技术标准领域称为自动识别和数据采集（AIDC）。AIDC 数据载体是以机器可读格式设计的数据表示。AIDC 数据载体的功能范围很广：从最简单的条码，唯一功能是在读取时提供 GS1 标识代码，到二维码，能够容纳多个数据元并带有纠错功能，再到最复杂的 RFID 标签，由于 RFID 标签本身就是小型的计算设备，所以与 RFID 标签的交互可能不仅仅限于“数据采集”这个层面。尽管如此，我们还是用术语“采集”来指代用 AIDC 数据载体编码和/或从 AIDC 数据载体译码的过程。此外，条码打印和 RFID 标签编程等将数据放入 AIDC 数据载体的过程也包含在“数据采集”中。

本节概述了 GS1 AIDC 标准的总体基础。

## 5.1　AIDC 架构

在 GS1 系统中，AIDC 数据载体的功能是提供一种可靠的方式来自动采集 GS1 标识代码，并将其链接到计算机系统中保存的数据，作为工作流程的一部分。除了 GS1 标识代码，AIDC 数据（如有效期、重量、传感器数据）也可能是工作流程的一部分。不过，GS1 应用标准规定，AIDC 数据载体中一定要有 GS1 标识代码。

一次 AIDC 工作流程可能不仅涉及多次与 AIDC 数据载体的交互，还可能涉及与人类、传感器设备以及“后端”信息系统［如 ERP 系统（Enterprise Resource Planning，企业资源规划）或 WMS 系统（Warehouse Management System，仓库管理系统）］的交互。所有这些流程/系统结合起来才构成了 AIDC 工作流程。AIDC 工作流程赋予了从 AIDC 数据载体中采集标识符或数据这一行为的意义。

例如，在 POS 终端结账过程中，扫描条码表示客户购买了一个由 GTIN 标识的产品品种的实例。但在退货台，扫描同一条码可能表示正在退货而不是购买，是业务环境为条码扫描赋予了意义。

附图 5.1-1 展示了典型的 AIDC 应用架构的元素。每个 AIDC 应用的确切架构会因情况而异，例如，并非所有 AIDC 应用都同时使用条码和 RFID。附图 5.1-1 不仅展示了各个组件之间常见的关系，而且展示了 GS1 标准接口如何与从扫描/读取到应用程序使用数据全过程结合起来。

## 5.2　AIDC 工作流程

GS1 AIDC 应用的起点是设备（如扫描仪、RFID 读写器）确定 AIDC 数据载体携带了 GS1 标识符或 AIDC 数据。AIDC 工作流程从扫描或读取 AIDC 数据载体开始，到应用程序使用扫描/读取的 GS1 标识代码或 AIDC 数据结束。

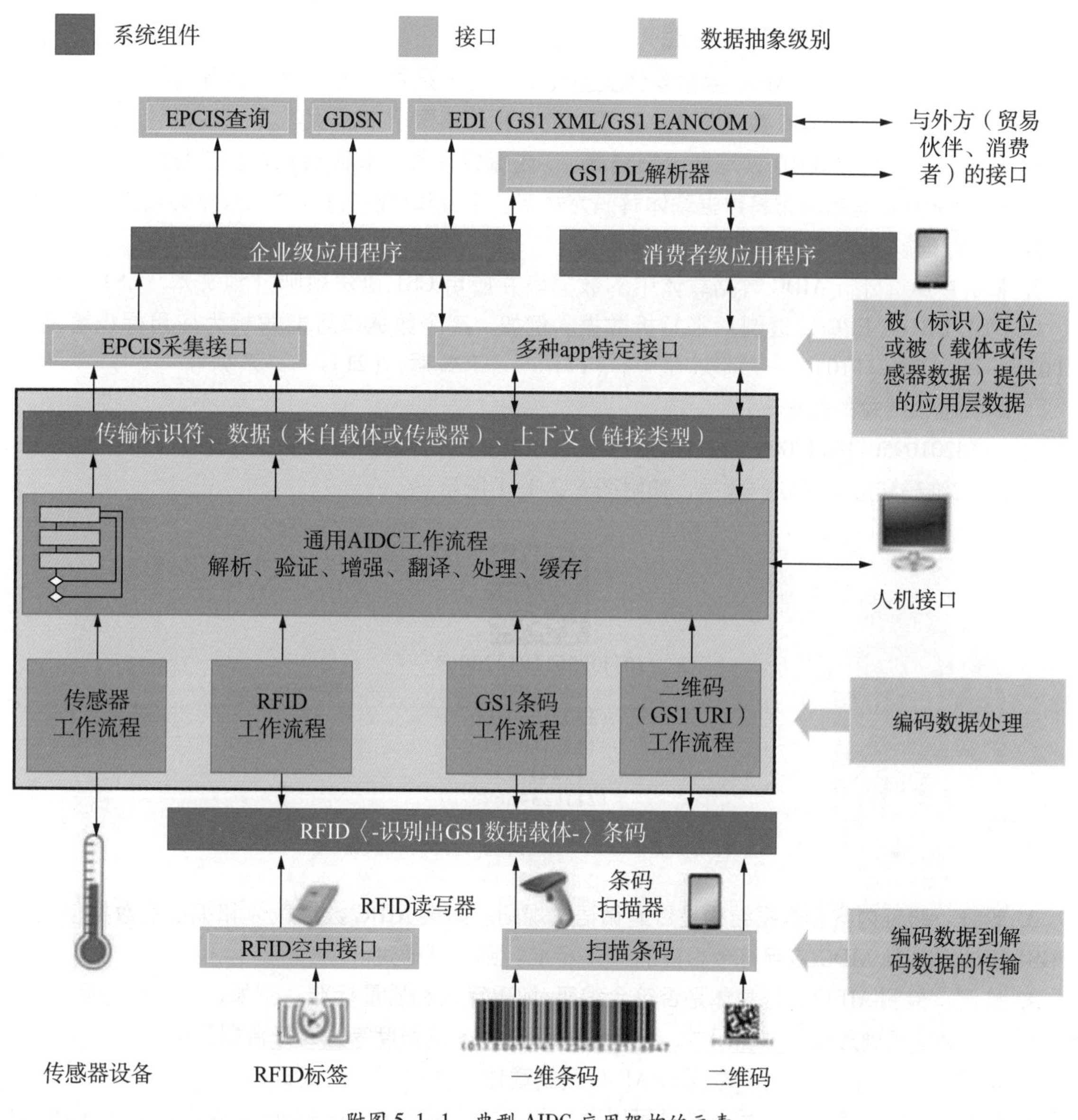


附图 5.1-1 典型 AIDC 应用架构的元素

5.2.1 描述了 AIDC 工作流程中通用的（独立于载体类型的）的功能（例如，解析、验证、增强、翻译、处理、缓存）。

5.2.2~5.2.5 描述了特定 AIDC 数据载体的技术、使用不同语法的 AIDC 数据载体技术或传感器技术的工作流程的功能。

- 5.2.2，具有 GS1 单元数据串语法的 GS1 条码；
- 5.2.3，具有 GS1 DL URI 语法的二维码；
- 5.2.4，EPC RFID；
- 5.2.3，传感器系统（如监测暴露温度）。

每一节都描述了特定技术所需的基础设施或接口和确定所携带数据是否按照 GS1 标准进行编码的方法，并提供了常见的应用示例。

### 5.2.1 通用 AIDC 工作流程功能

通用 AIDC 工作流程与 AIDC 数据载体类型无关。它们是否发生、发生的方式和时间取决于应用的要求和支持应用的 AIDC 数据载体。这些功能包括但不限于下述项目。

1. 解码器：条码或 RFID 读写器由扫描器、（内置或外置）解码器和与应用程序连接的方法组成。条码或 RFID 读写器通常将数据载体解码为数字、字母和/或字符。这些数据必须交由应用程序软件处理进行理解。

2. 解析：通过分析 AIDC 数据载体中的数据串并应用 GS1 语法规则（纯文本、GS1 单元数据串、GS1 DL URI 或 EPC 二进制）来解析数据。例如，某个数据串可能解析为应用标识符及其值［（01）——GTIN，（10）——批次/批号，（17）——有效期，（21）——系列号……］。

i. 扫描仪传输的数据串：

]d2010950110142006939229953<GS>3202000100172106154221233<GS>2112345678

ii. 二维码和解析得到的数据，如附图 5.2.1-1 所示。

(01)09501101420069
(3922)995
(3202)000100
(17)210615
(422)123
(21)12345678

附图 5.2.1-1 二维码和解析得到的数据

3. 验证：验证内容和数据结构是否遵循语法规则。如果 AIDC 数据载体和编码的数据使用正确的 GS1 语法，并且 AIDC 应用符合相应的 GS1 标准，则验证通过。

4. 检测：检测 AIDC 数据载体是否符合编码/解码算法和质量标准。例如，在条码符号中，条、模块和符号必须正确形成，并在尺寸、反射率、识别率、缺陷度等方面符合相关标准。

5. 增强：在应用 AIDC 时，数据和 AIDC 数据载体可通过两种方式进行增强，一种是可以将数据与业务上下文数据相结合，另一种是可以通过纠错方法（如 Reed-Solomon 算法）增强 AIDC 数据载体的识别率。

6. 等效表示：标识符可以有多个等效的表示形式，包括条码中编码的单元数据串、EPC RFID 标签中编码的紧凑二进制字符串、更容易链接到网络信息资源的 GS1 DL URI 语法，针对不同的目的进行优化。

7. 处理流程：流程是指从编码 AIDC 数据载体到应用程序使用编码的 GS1 标识代码或 AIDC 数据以实现所需的业务或消费者结果的一系列已定义的步骤。

8. 缓存：一种在移动数据时临时存储数据的机制。

### 5.2.2 GS1 条码特定工作流程

基础设施

1. 条码设计。条码设计软件支持在 GS1 应用标准中批准使用的所有 AIDC 数据载体。软件对数据串进行编码，生成一个具有特殊起始图案的条码图像，以指明此条码的编码和解码方案符合 GS1

通用规范中的定义、规范和规则。条码设计软件可以直接输出到打印系统，也可以输出到用于生产包装图案的文件。

2. 条码打印。可分为数码打印和模拟打印。数码打印的特点是可以根据需要创建条码图像，例如热转印、喷墨、激光打印。模拟打印的特点是在介质（如纸或塑料）上打印固定的条码图像，使用印刷压力机，例如柔性印刷、胶印、丝网印刷。

3. 条码检测。在条码图像生成后的某个时间点进行打印质量检测，可能是在打印过程中在线进行，也可能是在打印完成后随机抽样进行。此过程中使用的设备支持测量打印质量的方法，并且能够报告条码是否符合 GS1 通用规范中为每个应用规定的最低打印质量要求。一致性标准测试卡可用于对检测系统进行正确的校准。

4. 条码扫描。扫描系统可以确定条码携带的是 GS1 系统的标识符还是其他系统的。如果是 GS1 标识符，则扫描仪系统可以根据 GS1 通用规范定义和规则对条码进行解码。扫描系统中的软件支持上文所述通用 AIDC 工作流程的功能。扫描仪有多种类型，但从广义上讲有两种：激光扫描仪支持一维码，成像扫描仪支持一维码和二维码。

解码过程

1. 通过码制标识符标准或专有方式确定码制。如果是 EAN/UPC，则按照 GS1 定义进行处理。如果是 ITF-14（14 位数字字符串的交叉二五码），与 GTIN 查找结果匹配而且校验码正确，则推断编码的是 GTIN。

2. 对于所有其他 GS1 条码，使用起始字符图案的符号规范来判断是否为 GS1 条码（即是否根据 GS1 定义和规则进行编码，因为 GS1 作为发行机构符合 ISO/IEC 15459 标准）。

3. 对于 GS1 条码，根据 GS1 单元数据串定义（应用标识符和应用标识符数据字段）和规则（不同 AI 的顺序、AI 连接的规则）进行解析，生成标识符，用于各种用途：链接到存储的信息；填充事件；生成供应用程序使用或存储的业务数据（例如，通过有效期可以防止销售过期产品）。

应用示例

1. 一般 POS 零售点使用 GS1 条码来识别产品并检索产品描述和价格信息，从而使结账更快速、更准确。还可以使用 GS1 DataBar 条码提供 GTIN 之外的业务信息，例如变量产品的重量或易腐产品的保质期。

2. 运输和物流运营商使用 GS1 条码实现对产品和物流单元的自动接收、存储和移动。

### 5.2.3 二维码（GS1 DL URI）应用工作流程

基础设施

二维码（GS1 DL URI）的大部分基础设施和 GS1 条码的基础设施相同，但重点在于消费者的智能手机等移动设备上的 App 或用于 B2B（如 GS1 Scan4Transport）的 App 扫描带有 GS1 DL URI 的二维码，从而通过 HTTP/HTTPS 从网络上检索信息并与网络服务进行交互。对于 GS1 DL URI 以外的语法，需要先将（简单或复合）GS1 标识代码和 AIDC 数据转换为标准化的网络 URI 格式。

解码过程

GS1 DL 标准定义了一种面向网络的 URI 语法，支持任何粒度级别的 GS1 标识符（例如 GTIN、GTIN+批号、GTIN+系列号），并且能通过使用专用链接类型和对 GS1 DL URI 的简单网络请求来链接或自动重新定向到网络上的多种信息和服务。

如果 QR 码或 Data Matrix 编码的是 GS1 DL URI，则没有如 5.2.2 中描述的 FNC1 或专用码制标识符来指示数据内容是由 GS1 标准定义的。相反，有必要检查提取的网络 URI 是否符合为 GS1 DL 定义的 URI 语法（参见 https：//www. gs1. org/standards/gs1-digital-link，特别是 URI Syntax 章节）。GS1 DL URI 标准定义了一种构建 GS1 DL URI 的正式语法，还提供了可用于检查任何网络 URI 是否可能是 GS1 DL URI 的常规表达式模式。一种测试网络 URI 是否指向符合 GS1 标准的 GS1 DL 解析器的方法是检查相关的 Well-Known 位置/. well-known/gs1resolver［RFC 8615］中是否存在解析器描述文件（Resolver Description File）。关于解析器描述文件详见 GS1 DL 标准的 Resolution 章节。

应用示例

1. 对于包装扩展应用，GS1 通用规范现在允许在常规 ISO/IEC 18004 QR 码或常规 ISO/IEC 16022 Data Matrix 内编码 GS1 DL URI。消费者可以使用智能手机上的原生相机、Web 浏览器、通用 app 或专用 app 扫描这样的二维码。专用 app 可能会警告消费者产品中的过敏原，还会参考消费者的饮食习惯或道德/环保方面的偏好向消费者提供选择建议。GS1 DL URI 还可以用来下载说明书、回收信息或药品的患者安全手册等。根据标识粒度，如果 GS1 DL URI 编码系列号或批号，则可以动态打印二维码；如果仅编码 GTIN，则可以与产品包装一起生成二维码。另外，还可以在 GS1 DL URI 的 URI 查询字符串中表示有效期、重量等附加数据。

2. 链接类型（Link Type）通常不在打印二维码时就包含在 URI 中。相反，移动 app 或其他软件可以在对 GS1 DL URI 进行 Web 请求时从 URI 查询字符串中指定一个链接类型的值。这种灵活的方式使单个二维码可以链接到网络上的多种信息和服务。当前定义的所有链接类型可见 GS1 网络词汇（https：//www. gs1. org/voc/? show=linktypes）。品牌商或其他 GS1 标识代码的持有者/发布者可以为每个 GS1 DL URI 指定多个转移指向记录，每个链接类型指示特定的服务类型。例如，gs1：pip =https：//gs1. org/voc/pip 指向产品信息页，而 gs1：instructions = https：//gs1. org/voc/instructions 指向说明书页。品牌商或其他 GS1 标识代码的持有者/发布者还可以指定默认链接，即客户端（如智能手机 app）未表达偏好时指向哪个链接。默认链接往往指向产品信息页，但也有例外。例如，法律可能规定药品的默认链接必须指向患者安全手册，并且对其结构和内容作出规定。

3. GS1 DL URI 可以翻译为单元数据串，单元数据串也可以翻译为 GS1 DL URI，只要它们至少包括一个主要 GS1 标识代码。GS1 GitHub 站点 https：//github. com/gs1 的开源工具包可以支持此功能。翻译功能使单个条码（编码 GS1 DL URI 的 QR 码）既能够用于供应链和零售 POS，又能够通过智能手机上的 app 用于面向消费者的包装扩展应用。

4. 即使在全球二维码迁移完成之前，将现有 GS1 条码翻译为 GS1 DL URI 格式也有很大的好处，那就是可以利用 GS1 DL 的解析器重新定向到网络上的各种信息和服务，既有面向消费者/B2C 的应用，也有 B2B 应用。虽然 GS1 DL 可以有多个解析器，但 GS1 全球根解析器 id. gs1. org 可以作为“最后一道防线”，即使现有的 GS1 条码没有在 GS1 DL URI 语法中指示任何互联网域名或主机名，也可以用 id. gs1. org 构造规范的（canonical）GS1 DL，由 GS1 运营的全球根解析器将其重新定向到 GS1 标识代码持有人指定的任何信息和服务。在某些情况下，这可能通过 GS1 MO 代表其成员运营的国家解析器来实现。

5. EPCIS v2. 0 将支持一种有限的（constrained）GS1 DL URI 作为 EPC URN 语法的替代。替代方案与现有的基于 GS1 标识符的 EPC 方案一一对应，但由于在 GS1 DL URI 中 GS1 公司前缀的长度没有意义，所以从 GS1 条码中采集 EPCIS 事件数据将变得更容易。扫描条码的一方即使不知道（或无法轻易确定）GS1 公司前缀的长度，也能够轻松地使用 GS1 DL URI 采集事件数据。最终，可追溯性事件数据采集将变得更容易、更准确，不管是何种类型的 AIDC 数据载体。

6. GS1 Scan4Transport 在物流/邮政/包裹递送领域使用二维 AIDC 数据载体。虽然有些地方为了保证数据在低互联网地区的可用性，会在 AIDC 数据载体内编码重要的地址、路线和递送信息，但有的公司也在探索利用 QR 码内的 GS1 DL URI 实时访问最新信息，从而支持对目的地地址、服务优先级等进行在途变更，替换打印在包裹上或编码在二维 AIDC 数据载体内的信息。

### 5.2.4 GS1 EPC/RFID 应用工作流程

#### 基础设施

RFID 基础设施由一或多个 RFID 读写器和一或多个 RFID 标签组成。

读写器通过调制无线电信号向标签发送标准化命令（目的是读取和写入）。读写器还通过发送连续波（continuous-wave，CW）信号向标签提供工作能量。标签是无源的，就是说它们通过这个信号接收所有的工作能量，而不需要依赖电池。为了响应读写器的命令（即提供 EPC 或确认操作的执行），标签调制其天线的反射系数，将信息以二进制信号返回（“反向散射”）给读写器。

GS1 的《EPC UHF“Gen2”空中接口》标准规定了物理接口（即信令、调制和其他无线电参数）和逻辑接口（即标签存储器、选择、库存和访问）。该标准是 ISO/IEC 18000-63 的一个子集，是过去 15 年几乎所有无源 UHF 部署的主干。

一些部署还使用了 GS1 的低层读写器协议（LLRP），它规定了 RFID 读写器和客户端之间的接口，以完全控制空中接口协议操作和命令。

#### 解码过程

按照 GS1《EPC 标签数据标准》（Tag Data Standard，TDS）编码产品电子代码（EPC）的 RFID 标签称为 EPC/RFID 标签。TDS 定义了序列化 GS1 标识代码的 EPC 编码方案（二进制和 URI 形式），以及将 EPC 转换为 GS1 单元数据串（反之亦然，前提是已知 GS1 公司前缀长度）的详细编码/解码算法。TDS 还规定了 EPC/RFID 标签的存储器布局，以及将附加 AI（如批号和有效期）编码到标签“用户”存储器中的过程。

在空中接口库存操作中，所谓“询问区”中的标签被读写器采集。读写范围通常与读写器相距最大 10m，但该距离可能因为（有意或无意）存在大量吸收或屏蔽材料而大幅减小或增大。

空中接口选择操作允许预筛选所需的标签，筛选特定 EPC（通过 GTIN 中的项目参考代码和系列号）或来自特定品牌商（通过 GS1 公司前缀）的对象。

读写器通常会将采集的标签的十六进制 EPC 编码输入应用程序级软件。软件可能执行额外的筛选，然后按照使用数据的业务流程应用程序的要求，进一步解码为 EPC 标签 URI、EPC 纯标识符 URI（例如，用于填充 EPCIS 事件数据）、GS1 单元数据串或 GS1 DL URI 格式。

GS1《EPC 标签数据翻译标准》（Tag Data Translation，TDS）是 TDS 标准的补充，该标准包括 TDS 编码/解码规则的机器可读版本，以支持这些格式之间的自动翻译。

#### 应用示例

1. 零售店库存管理：零售店收货处的 RFID 读写器采集每个物品在源头标识的单品级的 SGTIN，将其添加到该零售店的库存数据库中，理想情况是使用 EPCIS 事件数据。销售区的读写器在给定产品存量低时发出警报，从而触发货架的重新补货。销售点（POS）的读写器不只支持自助结账、监测商品未付款情况（电子物品监控，electronic article surveillance，EAS），还能更新零售店的库存数据库，从而触发自动进货。对物品精确到单品级的标识不但有助于减少缺货和所谓“NOSBOS”（not on shelf but on stock，不在货架上，但在库存中）的情况，还可以实现无纸化退货和保修索赔，大大提高顾客满意度。

2. 铁路行业——MRO 物料管理（MRO 即 Maintenance，Repair and Overhaul，保养、维修和大修）：机车零部件的 SGTIN 或 GIAI 在从制造到安装、再到维修和最终更换的整个生命周期中均被记录。这为乘客和货物的安全运输提供了保障，也为内——外部利益相关者之间的数据交换提供了明确的可视化数据基础。

3. 铁路行业——机车车辆可视化：安装在轨道边、枢纽站和终点站的识读单元采集每节车厢的 GIAI，同时将车辆的 GIAI 与其行驶方向、轴数、速度和长度联系起来。这样，整个铁路网内所有车辆的出发、到达和组成就变得实时可见。

4. 可回收运输资产（Returnable Transport Item，RTI）的管理：在 RTI 池仓库中，采集可回收容器（如托盘、塑料托盘、可折叠板条箱、推车等）的 GRAI，从到达到计数和分拣、清洗、维修、分配和发往给物流服务提供商的每一步骤都要进行采集。通过这样实现的自动化的库存和维护程序消除了人工干预和猜测的需要，提高了 RTI 池的操作员和其供应链客户之间的透明度。

### 5.2.5 传感器设备应用工作流程

#### 基础设施

市面上传感器系统的设计方式千差万别。

首先，一个传感器设备通常配备多个传感器来测量物理特性，如：温度、亮度、运动、湿度等。除了基本设备只能简单地采集观察到的物理特性之外，还有智能传感器设备，配备有本地处理单元，能基于本地的逻辑软件对原始传感器数据进行提取、过滤和聚合。

其次，一些传感器设备带有记录器功能，能够在传输或读取数据之前本地存储/缓存一定量的数据。在这方面，传感器可分为有源传感器和无源传感器，即有没有实现数据传输的自有电源。

最后，有几种技术可以将数据从传感器设备传输到基站：有些系统是利用传感器网关通过低功耗蓝牙（Bluetooth Low Energy，BLE）、RFID 或 Wi-Fi 等技术进行传输，而其他系统则通过蜂窝或低功率广域网（low power wide area Networks，LPWAN）直接传输数据。

#### 数据处理

综上，没有哪个工作流程能够适用于所有传感器的数据处理。然而，我们通过以下要点试着以通用的方式描述典型的工作流程（注意，输出非电子信号的设备，如面向消费者的智能变色标签，不在本文讨论范围内）：

■ 原始传感器数据按照厂商定义的协议记录在二进制（通常带有时间戳）数据集里。

■ 本地或中央采集程序基于一组业务规则解析、验证这些数据集，并将其翻译成更高级别的数据格式，使其可以更好地被业务应用程序处理。也就是说，数据可以被业务上下文数据增强。

✔ **注：**此步骤之后，输出 EPCIS 事件数据。基于传感器观测数据，提供事件的“什么”“何时”“何地”“为什么”和“状态”。EPCIS 和 CBV v2. 0 的框架更灵活，适用于各种传感器数据。

■ 然后，数据集就可供内部或外部业务应用程序使用。业务应用程序可能会触发业务过程，以对传感器检测到的事件作出正确的响应。

#### 应用示例

冷链合规性包括控制产品需要处于的温度范围和确保温度不超过规定的阈值。供应链组织在防止冷链中断方面有多种基础设施可以选择。例如，可以用传感器设备标记装载在卡车上的物流单元。传感器设备不断地将读数传输到固定网关。然后固定网关在进行一些本地过滤/聚合之后，将相应的数据集发送到中央采集程序。

如附图 5.2.5-1 所示，采集程序将数据集翻译为 EPCIS 事件。EPCIS 事件可以用于记录台账（左侧示例），或者在温度超过阈值时向相应流程责任人报警（右侧示例）。此外，含有传感器数据的可视化事件数据还和许多其他业务应用（例如，质量保证、智能业务、追溯）相关。

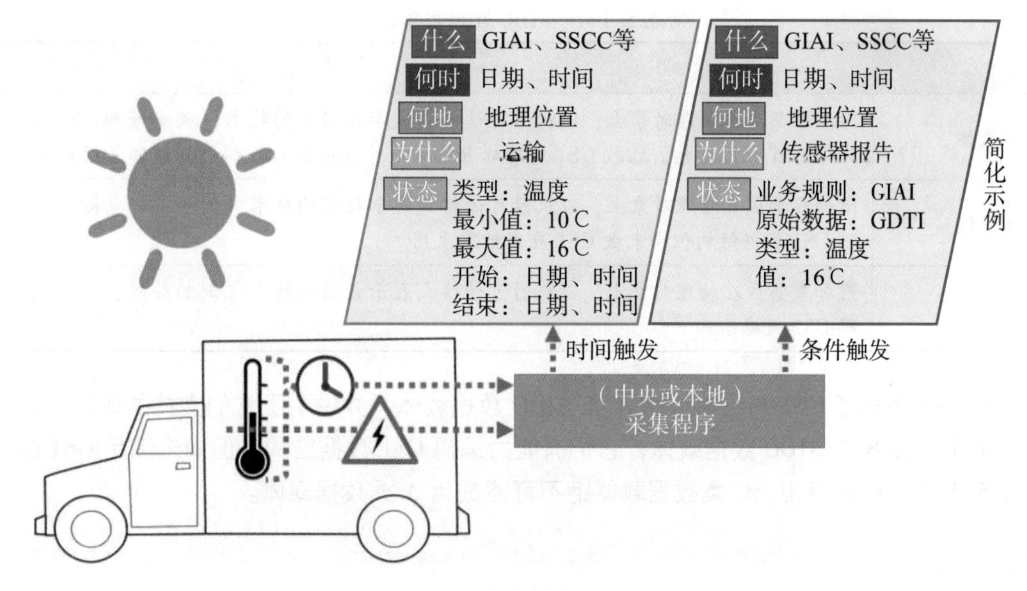


附图 5.2.5-1 冷链合规应用案例

## 5.3 AIDC 数据载体与数据无关

GS1 对 GS1 标识代码和 AIDC 数据的定义是与 AIDC 数据载体无关的。因此，无论使用哪种 AIDC 数据载体或电子消息，它们的语义都是相同的。示例见附图 5.3-1。

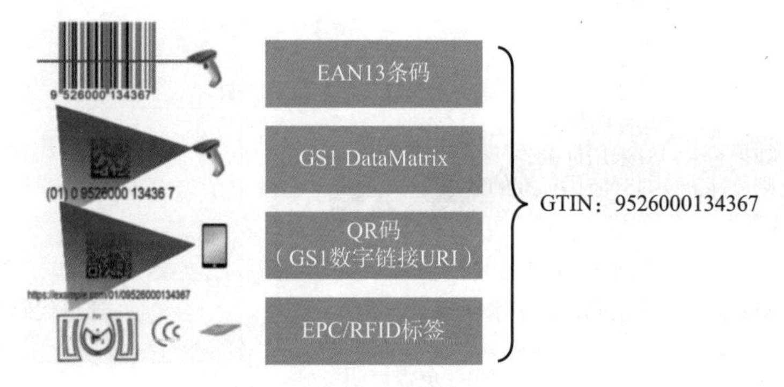


附图 5.3-1 4 种 AIDC 数据载体编码相同的 GTIN 9506000134352

## 5.4 AIDC 数据载体类型

GS1 把 AIDC 数据载体分为三类（见附表 5.4-1）。只有属于“A 类”的 AIDC 数据载体才被视为全球 AIDC 数据载体标准［例如 EAN/UPC、GS1 DataBar、GS1 二维码、二维码（GS1 DL URI）或 UHF EPC/RFID］。

许多 AIDC 数据载体技术也具有编码 GS1 数据结构的能力，这些技术被归类为“B 类”的原因是它们没有被引入到GS1系统中。

此外，还有一些数据载体技术（“C类”）无法编码GS1数据结构。两个例子是Deutsche Post Identcode（德国邮政身份码）和Channel Code（信道码），它们的规范禁止编码任何GS1标识代码。

附表5.4-1 AIDC数据载体类型

| 类型 | 定义 |
| --- | --- |
| A类数据载体 | 附加或集成在物理对象上，以机器可读格式表示数据元的技术（例如条码、RFID标签），编码GS1数据结构，已被GS1应用标准采用，并且符合GS1的数据载体采用标准 |
| B类数据载体 | 附加或集成在物理对象上，以机器可读格式表示数据的技术（例如条码、标签），能够编码GS1数据结构但尚未被GS1应用标准采用 |
| C类数据载体 | 附加或集成在物理对象上，以机器可读格式表示数据的技术（例如条码、标签），不能编码GS1数据结构 |

附图5.4-1概括了GS1系统中所有A类AIDC数据载体，并说明了它们支持的四种不同语法形式。还列举了许多B类AIDC数据载体，它们有能力编码GS1数据结构，但尚未满足GS1的采用标准。附图5.4-1还明确指出，C类数据载体绝不可能成为A类数据载体。

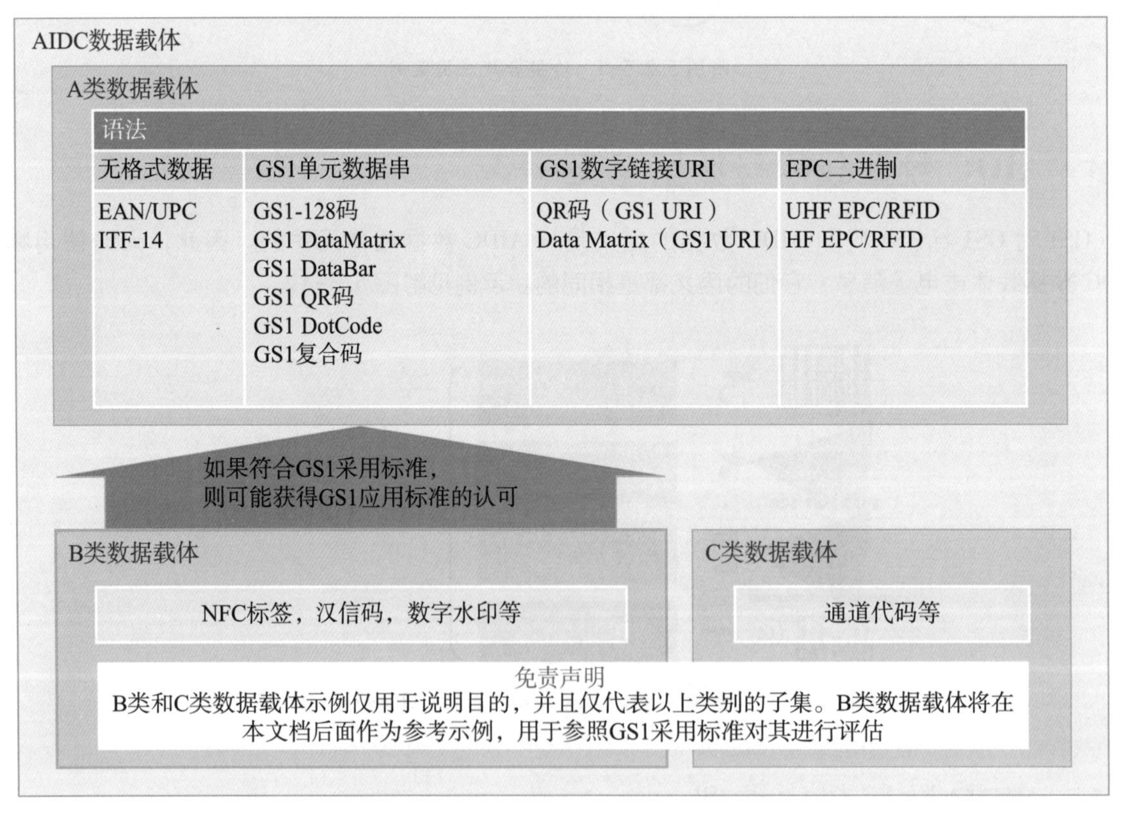


附图5.4-1 AIDC数据载体系统

以下段落重点介绍A类AIDC数据载体。

对于所有A类GS1 AIDC数据载体，数据会通过三个抽象级别传递，这三个级别从高到低分别是：

■ 应用层数据：以无关数据载体方式定义的GS1数据元。无论使用何种数据载体，业务应用程序看到的都是相同的数据。

■ 传输层编码：在采集程序和与 AIDC 数据载体交互的硬件设备（条码扫描仪或 RFID 读写器）之间的接口中使用的数据表示方法。

■ 载体内部表示：数据载体内部的数据表示形式，在条码中是条和空、正方形或圆点，在 RFID 标签中是存储在 RFID 芯片的数字存储器中的二进制数据。

AIDC 数据载体中的数据表示和相应的 GS1 标准见附表 5.4-2。

附表 5.4-2　AIDC 数据载体中的数据表示和相应的 GS1 标准

| 抽象级别 | 数据表示 | | 相应的 GS1 标准 | |
|---|---|---|---|---|
| | 条码 | RFID | 条码 | RFID |
| 应用层数据 | 纯数据值<br>EPC URI<br>GS1 DL 标准（URI） | | GS1 通用规范<br>EPC 标签数据标准<br>GS1 DL 标准 | |
| 传输层编码 | 纯数据值<br>GS1 单元数据串（应用标识符）<br>GS1 DL URI | EPC 标签 URI<br>EPC 二进制编码<br>ISO/IEC 15962 二进制数据 | GS1 通用规范 | EPC 标签数据标准 |
| 载体内部表示 | 条码符号 | EPC 二进制编码<br>ISO/IEC 15962 二进制数据 | GS1 通用规范 | EPC 标签数据标准 |

载体内部表示和传输层编码中可能存在三种类型的数据：

■ 应用层数据：从采集层传递到共享层的数据。应用层数据与 AIDC 数据载体无关。

■ 控制数据：用于控制与 AIDC 数据载体交互的数据。

■ 载体数据：用于描述 AIDC 数据载体本身的数据。

A 类 AIDC 数据载体中识别 GS1 数据结构的方法见附表 5.4-3。

附表 5.4-3　A 类 AIDC 数据载体中识别 GS1 数据结构的方法

| AIDC 数据载体 | 识别方法 |
|---|---|
| EAN/UPC | 根据符号规范，]E0、]E1、]E2、]E3、]E4 码制标识符仅限于 GS1 使用 |
| GS1 DataBar | 根据符号规范，]e0 码制标识符仅限于 GS1 使用 |
| 二维复合组分 | 根据符号规范，]e1 码制标识符仅限于 GS1 使用 |
| ITF-14 | 无（历史原因造成的例外情况） |
| GS1-128 | 根据符号规范，]C1 码制标识符、起始符、FNC1 字符 |
| GS1 QR 码 | ]Q3 码制标识符，FNC1 模式 |
| GS1 DataMatrix | 根据符号规范，]d2 码制标识符、FNC1 起始字符 |
| GS1 DotCode | 根据符号规范，]J2 码制标识符、起始符中无 FNC1 字符 |
| QR 码（GS1 URI） | ]Q1 码制标识符，GS1 DL URI 常规表达式 |
| Data Matrix（GS1 URI） | ]d1 码制标识符，GS1 DL URI 常规表达式 |
| UHF EPC/RFID | （按照 EPC TDS 标准规定）切换位（toggle bit）设为 0 |
| HF EPC/RFID | （按照 EPC TDS 标准规定）切换位（toggle bit）设为 0 |

# 6　共享——业务数据和通信

本节讨论 GS1 业务数据共享标准的系统架构。

GS1 业务数据共享标准支持两个或多个最终用户之间进行自动交互。首先，GS1 标准定义了业务数据的内容，保证了最终用户对于业务数据的结构和含义有相同的理解。其次，GS1 通信标准为最终用户提供了一种商定的交换业务数据的方法。另外，在开放的价值网络中最终用户可能无法事先知道去哪里寻找相关的业务数据，为此 GS1 制定了在价值网络中发现数据和服务的接口标准。最后，在国际环境中，标准在支持全球数据无缝流动的同时，还必须尊重各国主权和当地法规，GS1 全球联盟原则保证了 GS1 提供的数据发现服务能够满足这一要求。

下文将详细讨论 GS1 共享标准的四大主题：内容、通信、发现、联盟。

## 6.1　标准化的业务数据内容

GS1 数据标准的目标可以理解为定义实体之间的关系，以及将实体与相关数据关联起来。GS1 业务数据标准涉及三类数据：

■ 主数据是描述 GS1 标识代码标识的实体（包括贸易项目、参与方和物理位置）的数据元。

■ 交易数据包括与价值网络中业务流程相关的交易。

■ 可视化数据描述价值网络中“什么”活动“何时”“何地”“为什么”发生。可视化数据包括事件数据和描述当前位置、状态的数据。

### 6.1.1　主数据

主数据是描述实体的静态或近静态的数据元。例如，一个贸易项目类别的主数据可能包括贸易项目的尺寸、描述性文本、食品的营养信息等。一个法律实体的主数据可能包括组织名称、邮政地址、地理坐标、联系信息等。

主数据为应用程序提供了解实体并在业务流程中适当处理它们所需的信息。

GS1 系统中的数据共享是基于将周期性业务文档中出现的数据与主数据结合的模式：

■ 主数据将 GS1 标识代码与描述相应实体的数据元关联起来。

■ 带有交易数据和可视化事件数据的周期性业务文档引用 GS1 标识代码来指代实体。

■ 处理周期性业务文档的应用程序将业务文档中引用的 GS1 标识代码与关联的主数据结合起来，就能获得完整的信息集。这样可以避免在周期性业务文档中反复引用主数据元。

在 GS1 系统中，数据接收方可以通过六种方法从数据源接收主数据：

1. 提前同步：数据接收方在处理任何周期性业务文档之前获取主数据。之所以称为“同步”，是因为以这种方式获取主数据的过程会定期重复，以使数据接收方的主数据副本与数据源发布的主数据副本保持一致（即“同步”）。

2. 提前点对点通信：主数据的数据源可以通过专用的 EDI 报文（比如 GS1 XML 的 Item Data Notification 报文和 GS1 EANCOM 的 Price Sales Catalogue 报文）将主数据直接发送给数据接收方。

3. 按需查询：数据接收方向查询服务发出带有实体的 GS1 标识代码的查询请求，以获取指定实体的主数据。在按需查询方法中，获取主数据的时间可以推迟到数据接收方开始处理包含标识代码的业务文档。

4. 嵌入业务文档：业务文档本身除了 GS1 标识代码外还可以嵌入主数据。这样，应用程序就不需要从另外的来源获取主数据。

5. 嵌入 AIDC 数据载体：附加在实体上的 AIDC 数据载体（条码或 RFID 标签）可能包含描述实体的数据元。可以使用 GS1 采集标准来提取这些数据元并将其传递给业务应用程序。

6. 嵌入网页：可以使用 GS1 网络词汇在网络上发布主数据。可以使用 GS1 DL URI 指向此类数据。

前三种方法对主数据进行了预对齐。当无法或者不方便预对齐主数据时，采用第 4 种方法和第 5 种方法。第 6 种方法既可用于预对齐的情况，也可用于非预对齐的情况。

下面两小节分别详细介绍贸易项目的主数据和其他 GS1 标识代码的主数据。

#### 6.1.1.1 贸易项目的主数据

贸易项目的主数据可能适用于一个或多个贸易项目。贸易项目的主数据有五个不同的级别，对应五个不同的标识级别，见附表 6.1.1.1-1。

附表 6.1.1.1-1 主数据级别

| 主数据级别 | 说明 | 对应的标识符 | 示例 |
|---|---|---|---|
| 型号级 | 适用于所有属于某一贸易项目“型号”或“类型”的 GTIN 的数据元 | 全球型号代码 | 批准作为医疗器械使用并在监管机构注册的血管支架的材料成分 |
| 贸易项目级 | 适用于给定 GTIN 的所有实例的数据元 | 全球贸易项目代码 | 产品名和（定量贸易项目）物理尺寸 |
| 贸易项目变体级 | 适用于给定 GTIN 的特定变体的数据元 | 全球贸易项目代码加消费产品变体代码 | 季节性/节日性包装上的图片 |
| 批次级 | 适用于生产商定义的某一批次内所有 GTIN 实例的数据元 | 全球贸易项目代码加批次号 | 有效期，同一批次产品的有效期相同，不同批次产品的有效期不同 |
| 实例级 | 适用于由 GTIN 加上系列号标识的单个实例的数据元 | 全球贸易项目代码加系列号 | 手机的 IMEI（国际移动设备识别码） |

上述所有主数据在相关贸易项目实例的整个生命周期内都不会改变。正是这种数据元的静态特性使它们成为“主数据”。不同级别的主数据产生的数量和速度是不同的。GTIN 级主数据不常产生，每次引入新产品时才会产生。实例级主数据频繁产生，每次制造新的贸易项目实例时都会产生。批次级主数据的产生速度则介于两者之间。

全球产品分类代码（GPC）是对所有贸易项目进行分类的代码，因此，也是一个非常重要的主数据属性。GPC 既可以描述贸易项目，也可以确定适用于该贸易项目类别的主数据。

#### 6.1.1.2 与其他实体关联的主数据

除了贸易项目的主数据，最重要的主数据是位置和组织的主数据。位置和组织的 GS1 标识代码是 GLN。与 GLN 关联的主数据包括其功能、邮政地址、地理坐标、营业时间等。如果 GLN 标识的是一个组织，其主数据可能还包括公司注册代码、银行账户等。

任何可以由 GS1 标识代码标识的实体类型都可以有主数据。比如，由 SSCC 标识的物流单元的主数据有内容描述、交货日期、路线代码和危险品标志等。实践中，除了 GTIN 或 GLN 的主数据外，其他类型的主数据往往与交易数据或事件数据一起共享。

### 6.1.2 交易数据

交易数据是支持组织间协作业务流程的业务信息，通常与其同名的纸质文件（如采购订单和发票）在功能上相同。交易数据是用来给应用程序读取的，而不是给人读取的，这就意味着 GS1 交易数据的交换应遵循以下原则：只交换编码而不是明文信息；在交换交易数据前应该对齐主数据。

GS1 交易数据标准统称为 GS1 EDI 标准，用于实现经常发生在价值网络中的业务交易的自动化。这包括从买方向供应商订购货物开始，一直到买方收到货物、供应商收到现金为止的业务流程。GS1 EDI 标准也支持需求预测、运输、追溯、临床试验等业务流程。

交易数据始终在两个当事方之间的业务协议（合同）框架内共享。每个文档都确认执行协议的承诺，例如，发送方发送电子采购订单报文意味着他们希望按照合同中约定的条件接收订购的货物，并将为其付款。

GS1 交易数据标准包括：

■ GS1 EANCOM；

■ GS1 XML；

■ GS1 UN/CEFACT XML。

#### 6.1.2.1 EDI 标准的演进

EDI 标准的演进是为了支持新兴的业务需求。不同的业务需求可能会有不同的技术解决方案。另外，需求的范围也有大有小，从简单地添加一个新代码值，到创建一个新报文甚至一组新报文。为了促进一致性，找到最佳方法是标准演进过程中的关键一步，这要考虑到两个主要目标：

1. 减少复杂性和影响范围，尽量避免影响需求之外的其他社区。

2. 使标准尽可能地跨行业。

为了支持这些目标，GSMP 定义的工作流程中有一步是评估最相关的要点。当业务需求与采用尚未支持的新技术密切相关时，不能实行 GSMP 程序，即不能对现有标准进行扩展。

### 6.1.3 可视化数据

可视化数据由事件数据和状态数据组成。状态数据提供对象的位置或状况的当前或历史快照。事件数据通常记录状态的变化，而当前的状态信息可能需要考虑自上一个已知状态以来发生的多个事件的累积效应。

事件数据记录对物理或数字实体进行处理的业务流程步骤的完成情况。交易数据确认交易伙伴之间的法律或财务交互，而事件数据确认物理过程或类似数字过程的执行。可能成为事件数据主体的流程包括：给新生产的对象附加标识（“投入使用”）、发货、收货、从一个位置移动到另一个位置、拣货、包装、在销售点转移和销毁。

每个事件最多可以有五个数据维度：

■ 什么 What：事件中涉及的物理或数字对象的标识，以 GS1 标识代码表示（例如，GTIN 加系列号）。

■ 何时 When：事件发生的日期和时间。

■ 何地 Where：事件涉及的物理位置，可能包括：

　□ 事件发生的物理位置。

　□ 事件发生后对象预期出现的物理位置。

■ 为什么 Why：有关观察事件发生时的业务流程上下文的详细信息，可能包括：

　□ 事件发生时正在进行的业务流程的标识。

　□ 事件发生后对象的业务状态。

　□ 与相关交易数据的链接（特别是在可视化事件和业务交易同时发生的情况下）。

■ 状态 How：传感器采集到的关于物体或物理位置的条件信息（从简单或多维的物理观测结果，到智能传感器设备的输出，如化学物质和微生物的浓度等信息）。

GS1 EPCIS 标准定义了标准化的可视化数据的数据模型，以及用于采集和检索/查询可视化数据的标准化接口。虽然 EPCIS 数据模型主要关注事件数据，但也具有一些前瞻性的描述状态的字段，如 bizLocation（业务位置）、disposition（处理结果）和 persistent disposition（持续处理结果）。这些字段提供了一种方便的传输状态数据的机制，采集事件数据的组织可以使用一些内部逻辑，再加上本组织已知的先前事件的数据，就可以在本地计算出状态数据。传感器数据虽然被记录为事件，但实际上是记录了在某个时间点一个或多个物体或其环境的状态。

状态数据提供一个对象的位置或状况的当前或历史快照。事件数据通常记录状态的变化，而当前的状态信息可能需要考虑自上一个已知状态以来发生的多个事件的累积效应。

可视化状态数据指示对象当前的位置、状态或状况。这可能包括对象的处理结果，例如是否已召回或报失窃。状态数据通常是通过对迄今收集到的事件数据和交易数据的累积效应进行推导而得到的，可能还需要对主数据进行交叉检查，例如检查产品包装上的有效期是否与生产商或品牌商记录的该产品实例的有效期一致。将事件数据转换为状态数据可能涉及一组逻辑规则，这些逻辑规则可以表示为“有限状态机”或解释一系列允许/不允许的状态变化的流程图。

状态数据的一个例子是通过 GS1 Lightweight Verification Messaging（轻量级验证消息）标准检索到的数据。该标准为价值网络中的参与方提供了一个简单的、轻量的消息框架，以便彼此之间询问验证问题，如某个产品实例是否已被投入使用，以及是否适合进一步分发或发放。该标准定义了如何在各方之间共享可操作信息。消息传递基于对产品标识符和相关数据的各种身份验证检查。虽然 EPCIS 可检索有关单个产品实例的事件数据，但如果要获得有关该产品实例是否适合进一步分发或发放的可操作信息，可能需要检索和分析多个事件。

### 6.1.4 数据流

下面举三个例子，说明不同的业务流程会产生不同的数据：

■ 有时可视化事件与业务交易会同时发生，因此可能会有一段交易数据和一段事件数据描述同一事件的不同方面。例如，当产品从装载码头发运时，可能会有一条发运通知报文来确定发件人打算向收件人交付特定产品，以及一个或几个“发运”EPCIS 事件确认观察到产品离开了装载码头。

■ 有时可视化事件发生而没有相应业务交易发生，比如商品从零售商店的“后房”转移到消费者可以购买的销售区域。这个事件对于评估消费者能否购买产品是十分相关的，而且也改变了产品的状态，但它没有关联的业务交易。

■ 有时业务交易发生而没有相应可视化事件发生。例如，当买方向供应商发送订单报文时，只存在法律层面的交互，但在订购产品所在的物理世界中没有任何事件发生。

不同类型数据之间的关系见附图 6.1.4-1。

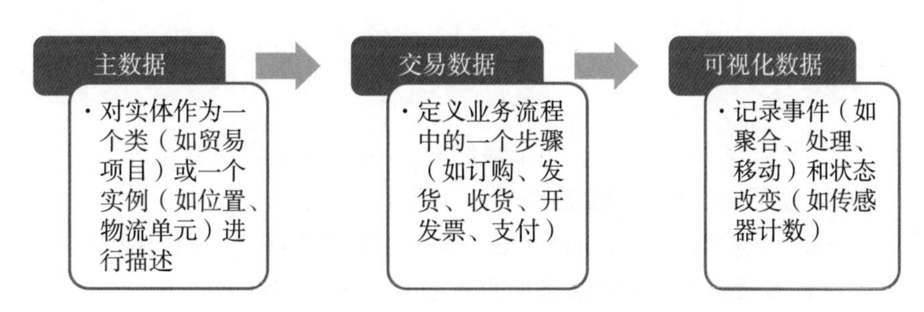


附图 6.1.4-1 不同类型数据之间的关系

## 6.2 业务数据通信

GS1 标准为最终用户之间交换业务数据提供了好几种方法：

■“推送”方法，即一方在另一方没有事先请求的情况下单方面向对方传输数据。推送方法可以进一步分类为：

□ 双边一对一推送，一方直接向另一方传输数据。

□ 发布/订阅，一方将数据传到数据池，数据池再将数据推送给先前通过注册订阅表达对该数据感兴趣的其他方（也称为“选择性推送”）。

□ 广播，即一方将业务数据发布在公开可访问的地方，如万维网页面，任何感兴趣的其他方都可检索数据。

■“拉”或“查询”方法，一方向另一方请求特定数据，另一方则回复所需的数据。

原则上，上述任何通信方法都可以用于由 GS1 业务数据标准管理的任何业务数据类别。但是在实践中，数据的类型决定了最合适的通信方法，而 GS1 标准支持最终用户把他们认为最有用的几种方法结合起来使用。附表 6.2-1 对这几种方法进行了总结。

附表 6.2-1 每种数据类型最有用的通信方法

| 数据类型 | 示例数据 | 数据标准 | 可用的通信方法 | | | |
|---|---|---|---|---|---|---|
| | | | 双边“推送” | 发布/订阅 | 广播 | “拉”（“查询”） |
| 主数据 | 贸易项目/目录项目主数据<br>批次级主数据 | GDSN（由 GS1 XML CIN 和 EANCOM PRICAT 支持） | √ | √ | | |
| | 实例级主数据 | EPCIS | | | | √（实例级主数据查询） |
| | 地点/组织信息 | GS1 网络词汇 | | | √（通过网页） | |
| 交易数据 | 订购<br>交付<br>支付 | GS1 EDI XML<br>GS1 EANCOM | √ | | | |
| 可视化事件数据 | 观察<br>聚合<br>转化 | EPCIS | √（通过 AS2） | √（定期查询） | | √ |

## 6.3 数据和服务发现

GS1 业务数据标准和通信标准是用于两个最终用户相互识别后提供可靠的共享业务数据的方法。GS1 数据和服务发现标准是为了帮助最终用户相互识别。

一般来说，一个最终用户可以通过四种方式来识别由其他最终用户拥有或维护的数据来源：

■ 预先安排：在许多情况下，一方最终用户是通过在一些 GS1 标准范围之外进行的预先安排来识别另一方最终用户。例如，通过 GS1 EDI 双边共享业务交易数据通常发生在事先识别彼此并同

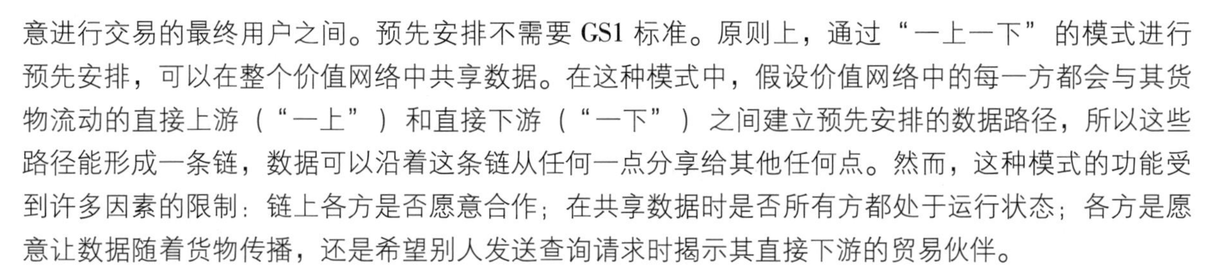

意进行交易的最终用户之间。预先安排不需要 GS1 标准。原则上，通过“一上一下”的模式进行预先安排，可以在整个价值网络中共享数据。在这种模式中，假设价值网络中的每一方都会与其货物流动的直接上游（“一上”）和直接下游（“一下”）之间建立预先安排的数据路径，所以这些路径能形成一条链，数据可以沿着这条链从任何一点分享给其他任何点。然而，这种模式的功能受到许多因素的限制：链上各方是否愿意合作；在共享数据时是否所有方都处于运行状态；各方是愿意让数据随着货物传播，还是希望别人发送查询请求时揭示其直接下游的贸易伙伴。

■ 源头方服务查找：在某些情况下，最终用户可能希望与特定实体的源头方共享数据，例如贸易项目的品牌商。源头方服务查找是指在价值网络中任何相关方都可以找到源头方并开始与其共享数据的方法。

■ 标识符解析：标识符解析是指将 GS1 标识符连接或重定向到一个或多个网络资源，这些资源提供与 GS1 标识代码标识的实体相关的信息和/或服务。

■ 事件数据发现：在某些情况下，最终用户可能希望在价值网络中给定实体的全生命周期中将可用的数据发布给所有与该实体进行过交互或对该实体表示感兴趣的参与方。例如，在通过价值网络“跟踪”货物时，获取处理货物的各方的观察结果，有利于更好地了解发生情况的全貌。事件数据发现指的是找到拥有相关数据的所有参与方，虽然这会引入信任和访问控制等相关问题。

源头方服务查找、标识符解析和事件数据发现需要超出贸易伙伴之间双边关系的额外服务，而这些服务可能由 GS1 标准支持。下文将对此进行更详细的解释。

### 6.3.1 源头方服务查找

GS1 DL 标准不只是 GS1 标识符的 Web URI 形式的语法，而且还规定了将 GS1 DL URI 链接到一个或多个相关信息和服务源的解析器/解析功能。GS1 DL 的解析器通常根据客户端指定的链接类型或解析器记录中指定的默认链接类型重定向到其中一个服务。任何一方都可以运营 GS1 DL 解析器，一个解析器可以重定向到另一个解析器。

GS1 在主机名 id. gs1. org 上运营 GS1 DL 全球根解析器。该解析器具有一个特殊策略，只允许 GS1 标识符的相应许可方配置该标识符的重定向记录。在某些情况下，如果 GS1 MO 也在运营 GS1 DL 解析器，那么全球根解析器会把 GS1 前缀的请求重定向到相应国家的 GS1 MO。

GS1 全球根解析器还充当“最后一道防线”，以支持以规范或参考格式解析 GS1 DL URI。如果 AIDC 数据载体编码的是单元数据串，而 GS1 DL URI 是通过翻译得来的，GS1 全球根解析器就会非常有用。

### 6.3.2 标识符解析

GS1 DL URI 的解析器将 GS1 标识的物品与一个或多个直接相关的在线资源关联起来。物品标识可以是任何粒度级别，资源可以是人类可读的也可以是机器可读的。示例包括产品信息页面、说明书、患者手册、临床数据、产品数据、服务 API、营销体验等。每个符合标准的 GS1 解析器都遵循基于现有 GS1 标识符和现有网络技术的通用协议，都是一个连贯但分布式的信息资源网络的一部分。

### 6.3.3 事件数据发现

事件数据发现是指在供应链网络或价值网络中，针对每个产品实例/每次发货，在其经过每个阶段的旅程中找到所有相关的可视化事件数据（可追溯性数据）。

由于商业敏感性，除非是在需要知道/有权知道的情况下，公司不愿意与除了 1 上/1 下直接的贸易伙伴之外的各方共享可追溯性数据。由于链接列表或连接证明可能具有商业敏感性，因此我们需要一种机制，既能够准备、共享和使用/导航链接列表或连接证明，又能够使对方无法获取敏感的商业情报。

一种机器可读的、加密的连接证明算法已经在开发当中，通过该算法，查询方能够证明自己与产品或货物的“连接性”。这样就能实现除了 1 上/1 下直接贸易伙伴之外的数据共享。

## 6.4　全球联盟

GS1 系统架构的一个基本原则是，每个最终用户都保留对其起源数据的控制权。但是，从逻辑上讲，某些类型的数据会在许多不同的最终用户之间聚合，比如 GDSN 中的主数据。因为不管数据的源头方是谁，每个用户其实都可以通过 GTIN 同步贸易项目的主数据，所以主数据会聚合在一起。

要实现这种全球信息资源，最直接的方法是建立由某个中央机构维护的单个数据库。然而，单一的、集中式的数据库有以下几个缺点：

■ 可扩展性不足：单个数据库必须足够大才能容纳全球范围内的数据和查询总量，这就会降低可扩展性。

■ 地方偏好难以满足：不同的国家对这类关键服务可能有不同的监管要求和文化偏好，单一数据库难以满足。

■ 侵犯国家主权：如果一个国家将这种服务视为其业务基础设施的重要组成部分，那么它可能不会舒服地接受由另一个国家托管的集中式服务。

相比之下，联盟式方法具有以下特点：

■ 数据分布在多个存储库中，以 GS1 标识代码作为分发基础。

GDSN 中存在多个经认证的 GDSN 数据池，每个数据池都是与一组 GS1 标识代码的子集相关联的主数据的“主”存储库。

因为 GS1 解析器可以由任何一方设置，因此 GS1 解析器也是联盟的一部分，特别是当它们根据查询需要相互重定向的时候。

■ 数据可以在存储库之间复制，这样一个存储库的故障不会影响其他存储库的用户。

在 GDSN 中，这是通过数据池同步来实现的。所有数据池都接收所有 GS1 标识代码的主数据的副本，而不管数据来自何处。

在 GS1 注册平台中，这是通过多个冗余服务器来实现的。

## 6.5　接口标准的分层——内容、语法和传输

GS1 标准定义的接口促进了最终用户在部署不同系统组件时的互操作性。接口规范通常分为三层。所有共享层中的标准，以及采集层中的一些基础设施标准，都是以这种分层的方式设计的。

■ 抽象内容层：这是接口规范的首要层，定义了通过接口进行交互的角色及它们具体的交互内容。GS1 标准中的抽象内容通常使用统一建模语言（Unified Modelling Language，UML）来描述。最近，越来越多的人对于语义数据模型开始感兴趣，这种数据模型无关具体语法。UML 可视化方法和 W3C 链接数据标准（如 RDF、RDFS、OWL 和 SKOS）都与这种语义建模相关。访问语义数据建模技术公告（Semantic Data Modelling Technical Bulletin）可了解 W3C 链接数据标准以及它们与 UML 类图之间的关系。

■ 具体语法层：本层规定了表示抽象内容层中定义的数据的具体语法。许多标准只定义一种具体语法，但有些标准可能提供两种或更多的可替代的具体语法。例如，GS1 EDI 支持 GS1 XML 和

GS1 EANCOM 两种语法，即将发布的 EPCIS 2. 0 版支持 JSON/JSON-LD 和 XML 两种数据绑定方法。

■ 消息传输层：本层规定了将具有具体语法的消息从接口的一端传递到另一端的方法。消息传输是技术选择最多样化的领域，各方之间可以协商确定。然而，分层结构能确保无论选择何种消息传输标准，消息的内容和语法都相同。

附图 6. 5-1 是对这种分层结构的展示（在附图 6. 5-1 中，提到的具体技术仅作为示例；不同的标准可能指定一组不同的技术选择）。

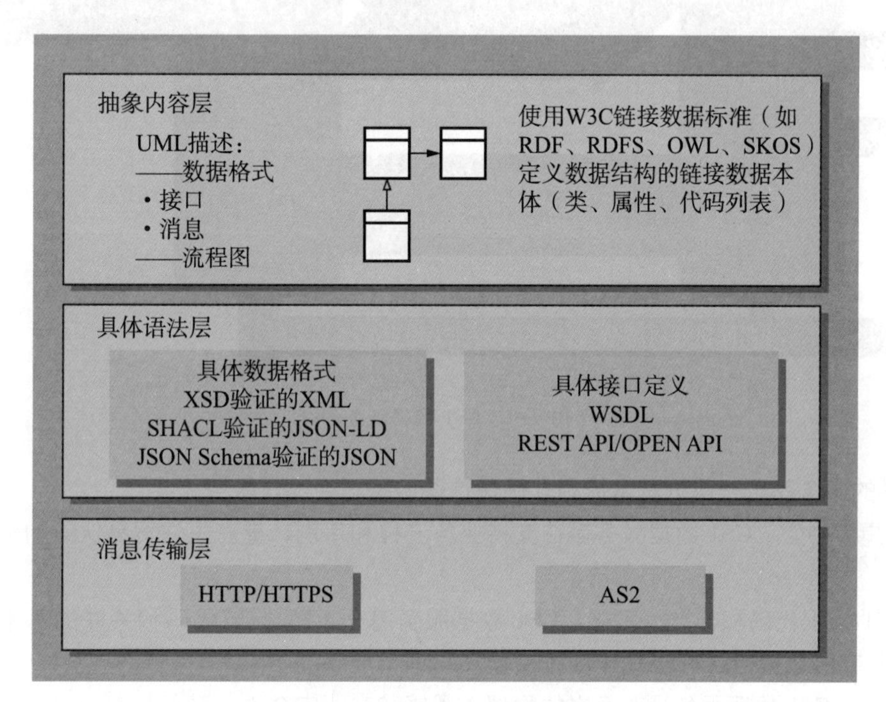


附图 6. 5-1 典型的 GS1 接口标准

# 7 GS1 数据服务

“GS1 数据服务”是 GS1 联盟为 GS1 系统用户提供的服务的总称。大部分服务由 GS1 GO 提供。但在某些情况下，只要被认证为与 GO 提供的服务相等，MO 可以自由提供自己的服务版本。此外，MO 可通过补充附加功能来增强 GO 提供的服务，只要其用户仍然可以使用 GO 提供的核心功能。每项 GS1 数据服务在全球范围内可用，并（从目标用户角度看）具有一致的功能。

一部分 GS1 数据服务的直接客户只有 MO。其中一些是所有 MO 必须实施的强制性服务，被称为核心数据服务，如附图 7-1 所示。此外，还有 SaaS 组件服务可供 MO 选择使用。

MO 必须向其成员公司提供强制性的核心数据服务，还可以灵活地在其地理区域内提供额外的增值服务。此类增值服务不一定在全球范围内提供，也不由 GO 协调，因此，增值服务不在本系统架构文档的范围。

GS1 还提供多项公共数据访问机制，包括 GS1 解析器服务、GEPIR 查询服务及 GS1 验证（Verified by GS1）公众查询服务（2021 年推出）。

GS1 维护并提供数据服务资源，包括 EPCIS 库和各种软件开发工具包（SDK）。

最后，GS1 维护 GS1 Global Registry™（GS1 全球注册平台），这是一个单一功能的注册表，仅在 GDSN 数据池内和跨数据池使用。它是 GDSN 的核心数据服务。

附图 7-1 展示了上述 GS1 数据服务，箭头仅表示提供服务（并不代表任何特定服务的来回数据流）。

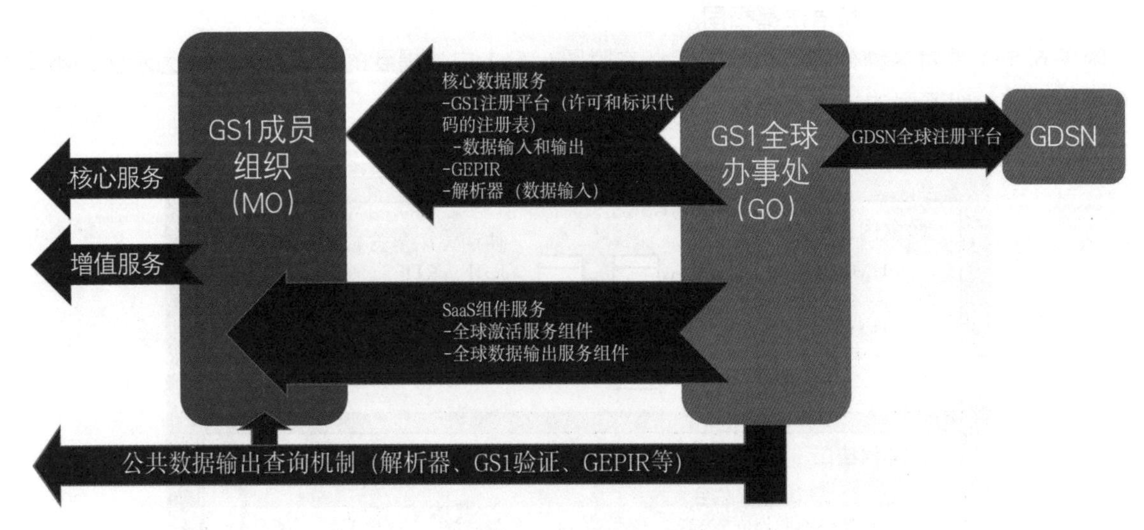


附图 7-1 GS1 数据服务细分

GO 提供的服务基于一系列基本原则，确保这些服务适合 MO 服务业界：

1. 以用户为中心：GS1 数据服务旨在支持业务流程和用例，重点关注贸易伙伴的需求和业务价值提供者。

2. 以 GS1 标识代码和标准为基础：GS1 数据服务基于 GS1 标识代码和关联的基本主数据。服务中存储和共享的数据格式符合 GS1 数据交换和验证标准。

3. 安全性：GS1 数据服务具有适当的物理、逻辑和商业安全性（访问控制、身份验证、不可抵赖性等）。

4. 数据质量和完整性：数据质量是所有 GS1 数据服务和支持程序设计的核心。

5. 法律合规性：MO 可利用 GS1 数据服务的框架助力企业实现当地和区域法律合规。

6. 服务可用性：GS1 数据服务应全球可用，随时可用（24×7×365），应易于访问和支持业界需求。

7. 可扩展性和向后兼容性：只有保证了可扩展性和灵活性，GS1 数据服务才能适应新技术、实现更高效的业务流程和扩大用户群体。

## 7.1 GS1 GO 向 MO 提供的服务

### 7.1.1 核心数据服务

核心数据服务是 GO 开发、面向 MO 的强制性服务，是支撑 MO 向系统成员提供核心服务的 IT 基础设施。

#### 7.1.1.1 GS1 全球注册平台

2019 年，GS1 同意开发一个全球注册平台，用于存储 GS1 公司前缀和一次性发放的 GS1 标识代码许可证（许可证注册表），和非常少量的与 GS1 标识代码关联的基本主数据元。这些可扩展的、全球的、精简的GS1标识代码注册表只能由MO通过标准的API框架访问，以输入和输出数据。截至2021年，已有许可证注册表和GTIN注册表。后续将根据行业优先级增加额外的GS1标识代码注册表。此外，这些注册表还可以记录指向其他数据源的链接（网络链接）。网络链接与GS1标识代码注册表无关（事实上也与是否存在给定GS1标识代码类型的注册表无关）。

GS1全球注册平台还为MO准备了一个数据分析环境，可提供平台使用情况、数据质量和完整性的报告分析。

#### 7.1.1.2 GEPIR

GEPIR（Global Electronic Party Information Registry）是一项独特的基于互联网的服务，提供与GS1公司前缀和一次性发放的GS1标识代码许可证（大多由MO发放，特殊情况下由GO发放）关联的基本联系信息。MO向组织分配GS1公司前缀或一次性发放GS1标识代码时，将在符合GEPIR规范的服务器上注册组织名称和联系方式。

GEPIR网络的主干是GEPIR根目录。根目录是一个XML文件，根据分配给各个MO的GS1前缀，提供有关网络中查询路由的信息。

GEPIR的查询服务由MO提供，提供多种不同的访问机制。

GO提供的GEPIR公共查询服务在7. 2. 1讨论。

#### 7.1.1.3 解析器

GS1解析器服务（https：//www. gs1. org/standards/gs1-resolver-service）虽然技术上集成在GS1全球注册平台的基础设施中，但它是一项独立的服务，允许MO向系统成员提供将其标识符链接到GS1 DL标准中定义的一个或多个信息源的能力。GS1解析器服务大大提高了GS1标识系统的价值：这意味着GTIN、GLN、SSCC、GRAI等标识符可以成为业务伙伴和消费者获得多种信息的门户。可能性是无穷的：将食品与追溯信息和过敏原信息链接起来，将资产与服务历史链接起来，将药物与患者和临床医生的信息链接起来，等等。有了解析器服务，每个条码和/或RFID芯片都可以执行多种功能，而无需在每次出现新用例时向物品附加新代码。

### 7.1.2 SaaS组件服务

#### 7.1.2.1 全球激活服务组件（全球数据输入服务组件）

全球数据输入服务组件使MO能够创建GS1标识代码，同时将这些标识代码和所需的属性注册到GS1全球注册平台中。该组件可以轻松地将必要的API集成到现有系统中。

#### 7.1.2.2 全球数据输出服务组件

全球数据输出服务组件是一个基于web的应用程序/工具，为MO提供用户界面，让其为系统成员提供GS1全球注册平台的查询机制。

## 7.2 GS1 GO向公众提供的服务

### 7.2.1 GEPIR查询服务

GO向公众提供GEPIR访问机制（https：//gepir. gs1. org）。用户可以查询任何GS1标识代码的许可证持有人信息，如果MO支持，还可以查询产品或地点信息。不过，为了保持GEPIR网络的完整性，每个IP地址每天只能进行一定数量的查询。

### 7.2.2 GS1解析器查询服务

公众可以无限制地查询GS1解析器。用户可查询任何GS1 DL提供的服务。

## 7.3　GS1 GO 向公众提供的标准支持资源

GS1 提供一系列支持公众采用 GS1 标准的资源。

### 7.3.1　GPC 浏览器

GPC 是一个标准化的分类系统（https://www.gs1.org/services/gpc-browser），为买家和卖家提供了一种全球通用的分类语言。官方的（规范性）GPC 模式和相应的 GPC 浏览器发布语言是牛津英语，同时也都被翻译成了其他语言。GPC 浏览器让最终用户可以浏览最新版 GPC 模式的所有组件（大类、中类、小类、细类和属性）和 GDSN 支持的 GPC 模式的所有组件（可能是旧版）。

### 7.3.2　全球数据字典（GDD）

全球数据字典（GDD）存储了所有 GS1 标准中定义的数据元（http://apps.gs1.org/gdd/SitePages/Home.aspx）。

GDD 的范围是 GDSN、GS1 XML for EDI、TDS 和 EPCIS 中的业务消息标准（Business Message Standards，BMS）、它们的组件和定义。业务消息由业务信息实体和数据元组成。业务信息实体包括类（classes）的信息。数据元的数据类型可能包括代码列表。

### 7.3.3　校验码计算器

由于大多数 GS1 标识代码都需要校验码，因此向公众提供校验码计算器（https://www.gs1.org/services/check-digit-calculator）。输入 GS1 标识代码的数值后，将自动准确地计算出校验码，确保 GS1 标识代码的完整性。

### 7.3.4　GS1 GitHub 站点

GS1 维护着一个 GitHub 站点（https://github.com/gs1），里面的源代码示例可以帮助解决方案供应商和其他第三方开发人员开发基于 GS1 标准系统的产品。任何人都可以用这个代码库来创建概念证明或整合到基于标准的解决方案中。目前的代码包括 GS1 DL 标准、EPCIS 和解码 GS1 条码的代码。

### 7.3.5　EPC 工具

这套 EPC 工具允许第三方使用 EPC 标准，或基于 EPC 标准构建产品。

#### 7.3.5.1　EPC 编码器/解码器

此交互式应用程序可按照 EPC TDS 1.13 翻译不同形式的产品电子代码（EPC）。

#### 7.3.5.2　EPCIS 工作台

EPCIS 工作台（https://epcisworkbench.gs1.org）是一个用于 EPCIS 标准的免费的交互式的工具。

#### 7.3.5.3　AIDC 翻译库

AIDC 翻译库（https://www.gs1.org/sites/default/files/docs/epc/gs1 aidc translator brochure 2020 06.pdf）是一款商业级授权软件，旨在处理所有 RFID 和条码数据翻译需求。其 API 可与任何应用程序快速集成。支持所有 EPC 方案及其相应的二进制格式。

#### 7.3.5.4　FREEPCIS

免费的 EPCIS 存储库（https://freepcis.gs1.org）用于开发和测试。它允许第三方供应商就 EPCIS 事件测试其系统。

### 7.3.5.5　RFIDcoder

RFID 编码和解码 API 服务（https：//rfidcoder.gs1.org）提供根据 GS1 EPC TDS 标准对 UHF Gen2 RFID 标签进行编码和解码的 REST API。

## 7.4　为 GDSN 网络提供的服务

GS1 GDSN 是一个具有互操作性的数据池网络，使用户能够基于 GS1 标准安全地同步主数据。GDSN 支持在订阅的贸易伙伴之间进行准确的贸易项目更新。GDSN 依赖于 GO 开发和维护的 GS1 全球注册平台的中央注册平台。GDSN 的工作原理见附图 7.4-1。

有关更多信息，请访问 https：//www.gs1.org/services/gdsn。

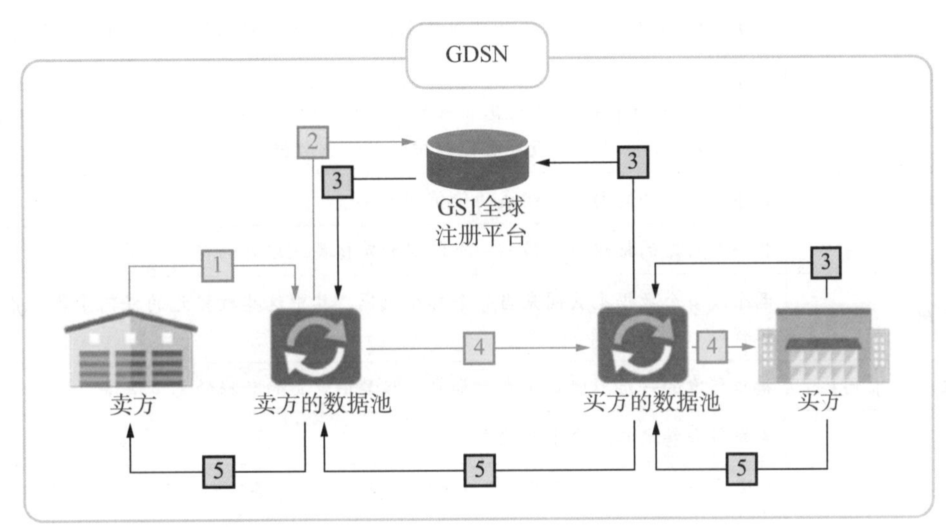


1.加载公司数据
2.注册公司数据
3.订阅卖方数据池
4.公布公司数据
5.确认收到公司数据

附图 7.4-1　GDSN 工作原理

# 8　术语表

附表 8-1 列出了本义档中应用的术语和定义。请访问 http：//www.gs1.org/glossary 在线版本。

附表 8-1　术语和定义

| 术语 | 定义 |
|---|---|
| 抽象内容层（标准层） | 接口标准的一层，规定接口上发生的交互，包括抽象的结构、含义和交互模式，但不包括具体语法和消息传输 |
| AIDC 载体数据 | 条码或标签中描述数据载体本身而非所附加的实体的数据（如码制起始符） |
| AIDC 控制数据 | 条码或标签中由数据采集程序用来控制与数据载体交互的数据（如 EPC RFID 标签中的过滤位） |

附表8-1(续)

| 术语 | 定义 |
| --- | --- |
| AIDC 数据 | 与 AIDC 数据载体关联的提供有关实体的业务信息的数据，例如保质期或重量 |
| AIDC 数据载体 | 条码和 RFID 标签的通称；一种在物理实体上附加机器可读数据的技术 |
| ALE | 见应用程序级事件 |
| 应用程序级事件 | 数据采集程序与一个或多个 RFID 询问器（识读器）之间的 GS1 标准接口 |
| 应用领域 | 应用 GS1 系统组件的案例（例如，追溯、患者安全、最后一公里、电子采购、消费者互动） |
| 归属 | 将一个特定的数据元与一个特定的实体关联起来的行为 |
| 采集标准 | 一类 GS1 标准，包括采集物理对象上携带的数据元的标准，连接物理世界和电子信息世界 |
| 载体内部表示 | AIDC 数据载体内部的数据表示形式，在条码中是条和空或者正方形，在 RFID 标签中是存储在 RFID 芯片的数字存储器中的二进制数据 |
| 封闭价值网络 | 由事先已知的贸易伙伴组成的价值网络 |
| 投入使用 | 将一个特定的标识符的值与一个特定的实体关联起来的行为 |
| 复合标识代码 | 两个或多个数据元共同充当一个标识代码，其中这些数据元的任何子集都不能作为标识代码 |
| 具体语法层（标准层） | 接口标准的一层，规定了表示抽象内容层中定义的数据的具体语法 |
| 一致性 | 系统符合特定标准要求的状态 |
| 数据采集程序 | 负责直接与 AIDC 数据载体交互并将这种交互与业务流程进行协调的软件 |
| 数据发现 | GS1 将要做的一项标准化工作，旨在帮助价值网络方定位价值网络中符合特定标准的所有数据源 |
| 数据元 | 一个与特定物品、交易或事件相关的信息或标识符。如果可以构造一个形如“[实体]的[数据元名称]是[数据元值]”的句子，则可以称为一个数据元 |
| 数据元定义 | 对数据元的含义和目的（语义）的描述 |
| 数据元编码 | 数据元的值可能会根据它存储或表示的位置以特定格式进行编码，例如：RFID 标签中的二进制字符串，条码中的特定格式（例如，6 位 YYMMDD 表示日期），XML/JSON 报文或数据结构中的 xsd：date 格式，所有这些格式可能具有相同的含义，但出于不同的目的而具有不同的编码方式 |
| 数据元字段 | 数据元值编码、存储、查询或传输的（文档、报文或数据集中的）数据位置 |
| 数据元字段名称 | 数据结构、报文或事件中属性的名称（例如，EPCIS 事件中的“eventTime”，GS1 网络词汇中的 gs1：expirationDate） |
| 数据元限定符 | AIDC 中说明数据元含义的字符（例如，应用标识符、数据标题） |
| 数据元语法 | 对字符集、格式和长度的描述 |
| 数据元值 | 实际组成数据元的字符（例如，ABC123，220708，117 Hopkins Street） |
| 数据标准 | 定义数据语法和语义的 GS1 标准 |
| 动态数据 | 在实体的生命内其值频繁更改的数据元（例如，产品的价格） |

附表8-1(续)

| 术语 | 定义 |
| --- | --- |
| DCI | 见 RFID 发现，配置和初始化接口 |
| 产品电子代码统一资源标识符（EPC URI） | 一种基于互联网统一资源标识符（URI）的语法，标识特定物理或数字对象的 1 类、2 类和 3 类标识代码都可以用这种统一的语法表示 |
| 最终用户 | 在其部分业务运营中应用 GS1 系统的组织 |
| 实体 | 在数据建模或标识中可以用数据标识或描述的东西（例如，贸易项目、资产、业务流程、患者记录、地点、组织） |
| 事件数据 | 物体状态变化的记录 |
| 全球数据字典（GDD） | 汇编了所有 GS1 标准中定义的数据元。GDD 本身不是 GS1 标准，而是一种有助于确保所有 GS1 标准保持一致性的工具 |
| GS1 应用标准 | 规定了范围、技术标准以及技术标准在特定应用领域的使用规则，可能还包括数据交换流程的 GS1 标准 |
| GS1 指南 | 提供对实施一项或多项 GS1 标准有用的信息的最佳实践文档，是平衡各利益相关者的代表后、经过透明的管理流程（GSMP）制定的。GS1 指南从来不会在其引用的标准之外引入、修改或删除规范性的内容 |
| GS1 标识代码级别 | 从 GS1 的角度对用作主要标识符的标识代码进行的一种分类，明确了由 GS1 和其他机构定义的各种标识代码与 GS1 系统之间的关系 |
| GS1 标识代码类型 | GS1 已经定义了标识代码并建立了分配规则的实体标识的各个领域（例如，贸易项目、物流单元、地点、参与方、资产、文件、服务关系） |
| 1 级 GS1 标识代码 | 完全由 GS1 定义、管理和维护的标识代码 |
| 2 级 GS1 标识代码 | 结构由 GS1 按照 1 级 GS1 标识代码的结构定义，但在其他方面由外部组织定义、管理和维护的标识代码 |
| 3 级 GS1 标识代码 | 完全由 GS1 以外的组织定义、管理和维护，但在 GS1 系统的某些部分得到明确支持的标识代码 |
| 4 级 GS1 标识代码 | 完全由 GS1 以外的组织定义、管理和维护，且不在 GS1 系统的任何部分得到明确支持的标识代码 |
| GS1 数据服务 | 为业界解决特定的业务需求而提供的基于 GS1 标准的应用 |
| GS1 解决方案 | GS1 为业界解决特定的业务需求而提供的结合了 GS1 标准、服务、指南和/或其他活动的解决方案 |
| GS1 标准 | 一项或多项文档，（a）是平衡各利益相关者的代表后、经过透明的管理流程（GSMP）制定的，提供规范性的规格和规则；（b）为各方之间数据交换的结构、含义和机制建立符合性要求，以促进开放价值网络的效率和互操作性 |
| GS1 标准产品 | 不是文件形式，但是必须遵守的规范性协议的来源的东西（例如可执行代码） |
| 基于 GS1 标准的产品 | 不是文件形式，也不是必须遵守的规范性协议的来源，但声称遵守 GS1 标准的东西（例如校验码计算器） |
| GS1 技术标准 | 一种定义系统组件的规范行为的 GS1 标准，如数据模型、规则和接口的定义 |
| GS1 网络词汇 | 概念、类（事物类型）、属性或谓词（关系、属性）及其定义的列表 |

附表8-1(续)

| 术语 | 定义 |
| --- | --- |
| 标识标准 | 定义唯一标识码的GS1标准，信息系统可以使用标识码来明确指代实体 |
| 类级标识代码 | 标识具有共同特征的实体的标识符 |
| 实例级标识代码 | 单个事物的标识符（例如，一罐番茄汤） |
| 接口标准 | 一种定义系统组件之间交互的GS1标准，通常通过定义系统组件之间交换的消息的语法和语义来实现 |
| 标识代码 | 在特定应用中与实体关联并唯一标识该实体的一个或多个数据元 |
| 低层读写器协议 | 单个RFID设备的GS1标准接口 |
| 主数据 | 描述实体的静态（在实体生命中保持不变）或近静态的数据元 |
| 消息传输层（标准层） | 接口标准的一层，规定了如何将消息从接口的一端传递到另一端 |
| 对象名称服务（Object Name Service，ONS） | 一项GS1服务标准，它提供了一种轻量级的功能来识别由标识代码源头方注册的、与GS1标识代码相关联的服务 |
| OID/值对 | ISO/IEC 9834中规定的对象标识符（OID）与特定对象的OID值的组合 |
| 开放价值网络 | 一种价值网络，完整的贸易伙伴集合事先未知、随时间变化，并且贸易伙伴一定程度上可以互换 |
| 纯文本语法 | 只含有GS1标识代码而没有附加字符或语法特征的GS1数据结构 |
| 配置文件 | 一种标准，其规范性内容仅包括对其他标准的引用以及对其使用的规范性约束 |
| 识读器管理 | GS1标准接口，监控应用程序可以通过该接口获取有关RFID询问器（识读器）的运行状况和状态的信息 |
| RFID发现、配置和初始化接口 | GS1标准接口，RFID询问器（识读器）可以通过该接口自动向网络提供信息，获取配置信息，并对自身进行初始化，以便与过滤、收集或应用软件进行通信 |
| 共享标准 | 促进业务应用程序和贸易伙伴之间的数据共享的GS1标准 |
| 简单标识代码 | 用作标识代码的单个数据元 |
| 解决方案供应商 | 一种组织，为最终用户开发基于GS1系统或实现GS1系统的系统 |
| 状态数据 | 提供对象的位置或状况的当前或历史快照的数据 |
| 静态数据 | 在实体的生命内其值不会更改的数据元（例如，某叉车的载重量） |
| 交易数据 | 贸易伙伴之间双边共享的业务文档，每个文档用于自动执行业务流程中涉及各方之间业务交易的步骤 |
| 传输层编码 | 在采集程序和与AIDC数据载体交互的硬件设备（条码扫描仪或RFID读写器）之间的接口中使用的数据表示方法 |
| 唯一GS1标识 | 对给定类型的GS1标识代码，一个标识代码的值只对应于指定应用领域内的一个实体；指定应用领域内的两个不同实体必须具有不同的标识代码值。这条原则适用于类级标识也适用于实例级标识 |
| 价值网络 | 由彼此在业务上有来往的各方组成的集合 |
| 可视化数据 | 由事件数据和状态数据组成的数据 |